Theo Mayer-Kuckuk

Kernphysik

Eine Einführung

7., überarbeitete und erweiterte Auflage

Mit 115 Abbildungen

B. G. Teubner Stuttgart · Leipzig · Wiesbaden

Die Deutsche Bibliothek – CIP-Einheitsaufnahme
Ein Titeldatensatz für diese Publikation ist bei
der Deutschen Bibliothek erhältlich.

Prof. Dr. rer. nat. Theo Mayer-Kuckuk

Studium in Heidelberg, anschließend wissenschaftlicher Mitarbeiter am Max-Planck-Institut für Kernphysik in Heidelberg, später am California Institute of Technology in Pasadena. Habilitation in Heidelberg. 1964 wissenschaftliches Mitglied des Max-Planck-Institutes für Kernphysik. Seit 1965 o. Professor an der Universität Bonn (Institut für Strahlen- und Kernphysik).

1. Auflage 1970
6. Auflage 1994
7., überarbeitete und erweiterte Auflage April 2002

Alle Rechte vorbehalten
© B. G. Teubner GmbH, Stuttgart/Leipzig/Wiesbaden, 2002

Der Verlag Teubner ist ein Unternehmen der Fachverlagsgruppe BertelsmannSpringer.
www.teubner.de

Umschlaggestaltung: Ulrike Weigel, www.CorporateDesignGroup.de

Gedruckt auf säurefreiem und chlorfrei gebleichtem Papier.

ISBN-13: 978-3-519-13223-3   e-ISBN-13: 978-3-322-84876-5
DOI: 10.1007/978-3-322-84876-5

Vorwort

Als im August 1845, so berichtet die Anekdote, Friedrich Wilhelm IV., König von Preußen, die neuerrichtete Sternwarte der Universität in Bonn besuchte und den Astronomen mit den Worten begrüßte: „Na, Argelander, was gibt es Neues am Himmel?", erhielt er zur Antwort: „Kennen Majestät schon das Alte?"

Die kleine Geschichte beleuchtet ein Dilemma, dem zu allen Zeiten Lernende und Lehrende gleichermaßen gegenüberstehen. Es ist deshalb die Hauptaufgabe eines einführenden Lehrbuchs, das Alte im Hinblick auf das Neue zu vermitteln. Die Zielsetzung des vorliegenden Studienbuches ist es daher, eine Übersicht über die etablierten Erscheinungen und Beschreibungskonzepte zu geben und die moderneren Perspektiven erkennbar werden zu lassen. Das Buch befaßt sich weder mit experimentellen noch mit theoretischen Techniken. Der Text beginnt zur Einführung mit der klassischen Behandlung elastischer Streuung anhand der Rutherford-Streuung. Streuprobleme werden dann im Kapitel 4 ausführlicher besprochen. Die Ergebnisse dienen als Grundlage für Kapitel 5 über Kernkräfte und Kapitel 7 über Kernreaktionen. In den Kapiteln 2 und 3 werden dazwischen die wichtigsten Grundzustandseigenschaften der Kerne und die Bedingungen des radioaktiven Zerfalls behandelt. Die Erscheinungen des β-Zerfalls werden im Zusammenhang mit der schwachen Wechselwirkung im letzten Kapitel dargestellt. Entsprechend der Zielsetzung des Buches wurden Gegenstände wie etwa der Durchgang ionisierender Strahlung durch Materie nicht besprochen. Sie sind zwar in der Kernphysik technisch sehr wichtig, gehören aber der Problemstellung nach in die Atom- und Festkörperphysik.

Zur Entlastung des Textes von Erläuterungen atomphysikalischer oder allgemeiner quantenphysikalischer Sachverhalte sind Hinweise auf entsprechende Stellen im Studienbuch „Atomphysik"[1] eingefügt, zitiert mit dem Buchstaben „A". Es bedeutet also z.B. (A, Gl. (2.25)) den Hinweis auf Gleichung (2.25) in der Atomphysik. Diese Hinweise sind jedoch nur als Hilfe gedacht und sollen an der Unabhängigkeit des vorliegenden Textes nichts ändern.

Voraussetzung für das Verständnis des Buches ist eine Kenntnis der Grundlagen der klassischen Physik und der einfachsten Begriffe der Quantenmechanik. Von der Schrödinger-Gleichung wird ausführlich Gebrauch gemacht. Ihr Verständnis genügt für den größten Teil des Buches. Der Leser sollte neben den physikalischen Grundvorlesungen daher eine Einführungsvorlesung über Quantenmechanik oder eine Vorlesung über Atomphysik gehört haben. Nicht benötigt wird die Algebra der Drehimpulskopplung, relativistische Quantenmechanik sowie eine Kenntnis der formalen Streutheorie, auf die das Buch vielmehr vorbereiten will.

An Einzelheiten über die Darstellung ist folgendes zu erwähnen. Symbole und Bezeichnungen sind nach Möglichkeit so gewählt, wie es in der Literatur allgemein

---
[1] Mayer-Kuckuk, T.: Atomphysik. 4. Aufl. Stuttgart: Teubner 1994.

üblich ist. Daher war die Benutzung des gleichen Buchstabens für verschiedene Größen nicht immer zu vermeiden[1]). Das Verzeichnis der Symbole soll helfen, Verwechslungen vorzubeugen. Die Literaturangaben im Text und am Schluß der einzelnen Abschnitte geben Hinweise auf einige wichtige zusammenfassende Artikel, auf Einzelarbeiten sowie auf historisch interessante Arbeiten. Vollständigkeit wurde dabei nirgendwo angestrebt. Am Schluß des Buches befindet sich ein Anhang mit Einheiten und Umrechnungsfaktoren, der bei der Rechnung mit konkreten Beispielen helfen soll. Die Formeln sind im allgemeinen als Größengleichungen geschrieben. In einigen Fällen ist eine Zahlenwertgleichung für praktische Rechnungen angefügt (z.B. in (4.98)). Hierfür sind dann spezielle Einheiten angegeben.

Die vorliegende 7. Auflage wurde in vielen Einzelheiten neueren Erkenntnissen angepaßt. Überarbeitet wurde insbesondere die Darstellung der schwachen Wechselwirkung. Neu hinzugefügt wurden Abschnitte über Kern-Astrophysik (7.10) sowie über neuere wichtige Neutrinoexperimente (8.7). Damit soll dem verstärkten Interesse an Fragen der Kosmologie Rechnung getragen werden. Naturgemäß gibt es dabei sehr viele offene Probleme, so daß die Darstellung sich insofern von der bei konsolidierten Bereichen der Kernphysik unterscheidet, als mehr Details und hypothetische Ansätze erwähnt werden müssen.

Einige Leser haben durch Zuschriften und Fehlerverzeichnisse zur Verbesserung des Buches beigetragen. Ihnen möchte ich hier besonders Dank sagen.

Der Teubner Verlag hat in bereits bewährter Zusammenarbeit keine Mühen gescheut, allen Wünschen Rechnung zu tragen.

Bonn, im Dezember 2001   Th. Mayer-Kuckuk

---

[1]) Es ist beispielsweise in der Kernphysik üblich, den Buchstaben T für folgende Größen zu gebrauchen: Isospin-Quantenzahl, Transmissions-Koeffizient, kinetische Energie, Übergangsamplitude bei direkten Reaktionen, Kerntemperatur, Operator für Bewegungsumkehr.

Inhalt

Verzeichnis der wichtigsten Symbole

Bei mehrfach gebrauchten Symbolen ist in Klammern das Kapitel oder der Abschnitt angegeben, in dem das Symbol in der angeführten Bedeutung auftritt. Griechische Symbole am Schluß des Verzeichnisses.

Hinweis. Verweise auf Gleichungen mit vorgestelltem „A", z.B. (A, Gl. (2.25)), beziehen sich auf das Studienbuch „Atomphysik" (siehe Vorwort). Hinweise der Art [w1] beziehen sich auf das Verzeichnis von URL-Adressen.

A	Nukleonenzahl; Aktivität (3.1)	R	Kernradius; R_0 = Potentialradius
a	Streulänge (4.5, 5.2); bei Halbwertzeit: Jahr	r_0	Konstante in Gl. (2.1)
		S	Separationsenergie (2); resultierender Spindrehimpuls; spektroskopischer Faktor (7.7); Kern-Entropie (7.5); Seltsamkeit (Strangeness) (5.4, 5.6)
B	Bindungsenergie; magnet. Induktion; reduziertes Matrixelement für elektromagnetische Übergänge		
b	Stoßparameter		
c	Lichtgeschwindigkeit	s	Spinquantenzahl
E	Energie	T	Isospin-Quantenzahl; Transmissionskoeffizient (3 und 7); Operator der kinetischen Energie
e	Elementarladung		
F	Fermi-Funktion (8)		
f	Streuamplitude	$t_{1/2}$	Halbwertzeit
ℓ	logarithmische Ableitung (7.4–7.6)	U	Anregungsenergie des Compoundkerns (7.5); optisches Potential (7.6 und 7.7)
g	Kopplungskonstante; g-Faktor		
H	Hamilton-Funktion		
$\mathscr{H}$	Helizität	u	atomare Masseneinheit
h	Plancksche Konstante; $\hbar = h/2\pi$	u	radiale Wellenfunktion
I	Kerndrehimpuls	V	Potential
J	Drehimpuls der Elektronenhülle	v	Teilchengeschwindigkeit
j	Teilchen-Stromdichte; Drehimpulsquantenzahl $j = l + s$	Z	Kernladungszahl
K	Rotationsquantenzahl (6.6)	α	Konversionskoeffizient (3.6)
k	Wellenzahl = $1/\lambda$	β	v/c; Deformationsparameter (6.6)
L	resultierender Bahndrehimpuls		
l	Bahndrehimpuls	Γ	Energiebreite
M	meist: Matrixelement	γ	Dirac-Matrizen (8)
m	Masse; magnetische Quantenzahl	Δ	Laplace-Operator
n	Sommerfeld-Parameter (4.7, 7.8)	δ	Paarungsenergie; Deformationsparameter (2.6, 6.3, 6.6); Kronecker-Symbol; Streuphasenverschiebung (4.5)
N	Neutronenzahl		
P	Wahrscheinlichkeitsdichte; Paritätsoperator		
p	Impuls	ε	Gesamtenergie eines Elektrons in der Einheit $m_0 c^2$ (8)
Q	Quadrupolmoment		

η　Streuwellen-Amplitude; Elektro-
　nenimpuls in $m_0 c$ (8)
ϑ　Winkel im Labor-System
θ　Winkel im Schwerpunkt-System;
　Kernträgheitsmoment (6.6, 7.5)
λ　Wellenlänge, $\lambdabar = \lambda/2\pi$;
　Zerfallskonstante
μ　magnetisches Moment
π　Paritätsquantenzahl

ρ　Ladungsdichte (2.1);
　Niveaudichte (7.5)
σ　Wirkungsquerschnitt; Spin-
　Operator
τ　mittlere Lebensdauer; Integrations-
　volumen; Isospin-Operator
ψ　Wellenfunktion
Ω　Raumwinkel; Operator
ω　Kreisfrequenz

1 Einleitung

1.1 Was ist Gegenstand der Kernphysik?

Philosophie und Naturforschung haben sich seit frühesten Zeiten mit der Frage beschäftigt, was Materie sei. Vielleicht wird diese Frage nie in endgültiger Form beantwortet werden können. Jedoch haben sich für die Physiker im Laufe der Zeit immer tiefere Einsichten in die Struktur der Materie eröffnet, wobei sich freilich auch jeweils neue Problemstellungen ergeben haben. In den letzten 30 Jahren wurden im Bereich der Teilchenphysik ganz neue Strukturprinzipien der Materie aufgedeckt, die im „Standard-Modell" der Teilchen und Wechselwirkungen ihren Ausdruck gefunden haben (Abschn. 8.7). Danach sind Quarks (Abschn. 5.6) und Leptonen die fundamentalen Bausteine der Materie und die Wechselwirkungen zwischen ihnen werden durch Bosonen als Feldquanten vermittelt. Das Modell erlaubt es, die Vielzahl der Erscheinungen, die bei Teilchen beobachtet werden, auf wenige einfache Strukturen zurückzuführen und es zeichnet sich durch Schönheit der Symmetrieprinzipien und eine ungewöhnliche Vorhersagekraft aus. Allerdings können Quarks aus prinzipiellen Gründen niemals als freie Teilchen beobachtet werden. Das ist eine erkenntnistheoretisch interessante Situation, die vielleicht bedeutet, daß man nun in der Tat keine noch elementareren Bausteine einführen kann.

Von diesen kleinsten zu größeren Strukturen fortschreitend, läßt sich die Materie in verschiedenen Organisationsebenen beschreiben. Die nächsthöhere Organisationsform bilden die Atomkerne, in denen sich Protonen und Neutronen durch die Kernkräfte zu Mehrteilchensystemen binden. Aber auch die elektromagnetische und die schwache Wechselwirkung sind im Atomkern wirksam. Kerne sind ihrerseits Bausteine der Atome, die sich wiederum zu Molekülen und Festkörpern vereinigen, durch deren Eigenschaften unsere Umwelt unmittelbar bestimmt wird. Hier dominieren die wohlbekannten elektromagnetischen Kräfte. Jede dieser Organisationsformen der Materie hat ihre eigenen Gesetze und eine steigende Vielfalt an Erscheinungsformen, je größer die einzelnen Strukturen werden, bis hin zu biologischen Objekten.

Hieraus bestimmt sich der Standort der Kernphysik: Kernphysik ist die Physik der kondensierten stark wechselwirkenden Materie. Das Faszinierende am Studium der Atomkerne besteht darin, daß die Eigenschaften dieses Vielteilchensystems von den leichtesten Kernen mit wenigen Nukleonen bis zu den schwersten Kernen lückenlos untersucht werden können. Das Studium von Vielteilchensystemen ist ein zentrales Thema in der modernen Physik. Die Kernphysik spielt hierbei insofern eine besondere Rolle, als sie mit Objekten zu tun hat, die einerseits genügend komplex sind, um eine Vielfalt kollektiver Phänomene und Symmetrien zu zeigen, die aber andererseits hinreichend elementar sind, um scharfe Quantenzustände zu entwickeln, die mit größter Präzision vermessen werden können.

Die elementaren Kräfte, die zur Wechselwirkung zwischen den Kernbausteinen führen, sind von komplizierter Natur und bis heute nur näherungsweise bekannt. Auch ihre Aufklärung ist Gegenstand der Kernphysik. Die Feinheiten der Wechselwirkungen spielen jedoch im allgemeinen keine große Rolle, wenn es um das Verständnis der Kerneigenschaften unter normalen Bedingungen geht. Die Kräfte, die zwischen zwei einzelnen Nukleonen wirken, sind durch Streuexperimente empirisch immerhin recht gut bekannt. Man könnte nun daran denken, alle Kerneigenschaften direkt auf die Kernkräfte zurückzuführen. Das ist jedoch wahrscheinlich weder möglich, noch läßt sich die Aufgabe der Kernphysik auf diese Frage reduzieren. Im Rahmen des Vielteilchenproblems treten völlig neue Ordnungsprinzipien auf, die als solche verstanden werden müssen. Ein Vergleich mit der Molekülphysik verdeutlicht das. Dort herrscht nur das Coulomb-Potential. Schon bei einfachen Molekülen stellen sich unter seinem Einfluß ganz überraschende Symmetrien ein, z.B. die Ringstruktur des Benzols. Benzolringe sind aber ihrerseits Bausteine sehr viel komplizierterer geordneter Strukturen. Der Versuch, sie auf das Coulomb-Gesetz zurückzuführen, ist wenig sinnvoll. Bei aller Phantasie ließe sich die Vielfalt der chemischen Verbindungen nicht aus der Coulomb-Wechselwirkung vorhersagen. Noch unsinniger wäre das Unterfangen, umgekehrt aus dem chemischen Verhalten der Moleküle auf die Feinheiten des elektrostatischen Potentials schließen zu wollen.

Ähnlich ist die Situation bei Kernen. Auch dort bilden sich näherungsweise Symmetrien des Vielteilchensystems aus, die charakterisiert sind durch approximative Quantenzahlen. Hier stellt sich die Frage nach den Ordnungsprinzipien der Materie auf der Organisationsebene des Viel-Nukleonen-Systems und den daraus resultierenden Gesetzmäßigkeiten. Im Gegensatz zur Molekülphysik liegt ein komplexeres Problem vor, da die Kernkraft sehr viel komplizierter als die Coulomb-Kraft ist. Gerade deshalb stellt sich im Vergleich zur Molekül- und Festkörperphysik die Frage: Welches sind die prinzipiellen Unterschiede in den Ordnungs- und Symmetrieprinzipien von Vielteilchensystemen mit so verschiedener Wechselwirkung? Lassen sich diese verstehen? In dieser Beziehung steht die Kernphysik der Molekül- und Festkörperphysik viel näher als der Teilchenphysik.

Werfen wir nun anhand von Fig. 1 einen genaueren Blick auf die Bausteine der Materie und die wirksamen Kräfte. Die kleinsten bekannten Bausteine, die starke Wechselwirkung zeigen, sind die Quarks. Die Kräfte zwischen ihnen werden durch Austausch von masselosen Bosonen, den Gluonen, vermittelt. Die Theorie dieser Wechselwirkung heißt Quantenchromodynamik (QCD). Zur Bildung eines Nukleons (Proton oder Neutron) müssen sich drei Quarks binden. Hierbei werden die starken Kräfte zwischen den Quarks weitgehend abgesättigt, so daß zur Bindung der Nukleonen untereinander zum Atomkern nur eine Art von Restwechselwirkung übrigbleibt. Sie läßt sich in guter Näherung durch den Austausch von Mesonen beschreiben, wobei die Hauptanziehung zwischen zwei Nukleonen vom doppelten π-Austausch herrührt. Es bewirkt eine Art starker van der Waals-Kräfte. Diese Kräfte sind bestimmend für die Kernstruktur unter normalen Bedingungen. Im Rahmen wesentlich größerer Distanzen wiederholt sich ein ähnliches Schema bei der elektromagnetischen Wechselwirkung, die zur Bindung von Kernen und Elek-

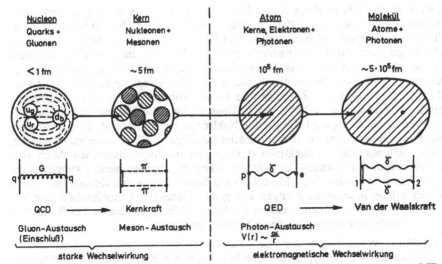

Fig. 1 Der stufenweise Aufbau der Materie und die wirksamen Kräfte. Die Bezeichnungen QCD (Quantenchromodynamik) und QED (Quantenelektrodynamik) sind Hinweise auf die feldtheoretische Beschreibung der Kräfte

tronen zu Atomen führt. Die Wechselwirkung kommt durch Austausch von Photonen zustande und wird durch die Quantenelektrodynamik (QED) beschrieben. Der Haupteffekt ist das Coulombpotential, das seinerseits ausreicht, sowohl die wichtigsten Erscheinungen der Atomstruktur als auch die Molekülbindung zu verstehen. Auf Einzelheiten von Fig. 1 kommen wir in Abschn. 5.6 zurück.

Die Klärung der vorhin erläuterten Fragen, z.B. nach den Symmetrieeigenschaften, ist Aufgabe der Kernstrukturphysik, die sich mit einfachen Anregungszuständen und Grundzustandseigenschaften der Kerne befaßt. Da die Eigenschaften eines Vielteilchensystems auch bei Kenntnis der Wechselwirkungen exakt nicht zu berechnen sind, muß man versuchen, geeignete Näherungsmethoden zu finden. Hierin liegt die Bedeutung der einzelnen „Modelle", mit denen Kerneigenschaften beschrieben werden können. Modelle ergeben sich durch die Wahl einer geeigneten Beschreibungsbasis, die es gestattet, einfache Näherungen für bestimmte Eigenschaften eines Vielteilchensystems anzugeben. Ein Beispiel ist das Schalenmodell der Kerne, bei dem die Zustände eines Nukleons in ähnlicher Weise berechnet werden wie die Elektronenzustände in der Atomhülle. Bei der Behandlung der Elektronenhülle eines Atoms kann man für jedes Elektron bestimmte, durch Quantenzahlen charakterisierte Bewegungszustände berechnen. Ein ähnliches Verfahren scheint für Kerne zunächst nicht anwendbar zu sein, da ein geeignetes Zentralpotential fehlt und die Nukleonen infolge der starken Wechselwirkung durch Stöße ihren Bewegungszustand ständig ändern müßten. Beide Argumente sind aber nicht zutreffend. Man kann sich nämlich ein Nukleon ausgewählt denken und zeigen, daß die Wirkung aller anderen Nukleonen auf dieses eine in guter Näherung zu einem statischen Potential gemittelt werden kann. Stöße zwischen Nukleonen kommen deshalb nicht in Betracht, weil im Grundzustand alle niedrig liegenden Zustände besetzt sind und das Pauli-Prinzip keine Möglichkeit für ein Nukleon offenläßt, seine Quantenzahlen zu ändern. Das ist die Grundlage des Schalenmodells, das es gestattet, die Energiezustände eines Nukleons in einem mittleren Potential zu berechnen. Auf der Basis dieses Modells lassen sich viele Eigenschaften der Grundzustände von Kernen sowie einige einfache Anregungszustände verstehen. Die meisten angeregten Zustände von Kernen können aber nur durch Anregung mehrerer Nukleonen erklärt werden. Dann müssen die Wechselwirkungen zwischen den zur Anregung beitragenden Nukleonen mit in Betracht gezogen werden. Es kann insbesondere zu einer kollektiven Anregung aller Nukleonen kommen. Wenn wir nur solche kollektiven Bewegungen ins Auge fassen, die durch eine Schwingung oder Rotation des gesamten Kerns beschrieben werden können, sprechen wir vom Kollektiven Modell. Viele Eigenschaften von Kernen lassen sich durch solche Modellvorstellungen mit großer Genauigkeit beschreiben. Die Zurückführung dieser halbempirischen Modelle auf die Eigenschaften der Kernkräfte ist eine wichtige Aufgabe der theoretischen Kernphysik.

Mit Modellvorstellungen der eben skizzierten Art beschreibbare Kernstruktureigenschaften werden typischerweise beobachtet bei Energien in der Größenordnung der Bindungsenergie der Nukleonen. In den Bereich dieser Modelle gehört auch die Beschreibung von Kernreaktionen, d.h. von Kernumwandlungen durch Stöße, sofern es sich um einfache Umordnungsprozesse handelt, bei denen nur wenige Freiheitsgrade betroffen sind und die zu Zuständen mit definierten Quantenzahlen führen. Die Beobachtung solcher Reaktionen liefert häufig direkte Strukturinformationen über die beteiligten Kerne.

Durch die neueren Konzepte aus dem Bereich der Teilchenphysik wird der etablierte Rahmen unserer Kernmodelle allerdings zunehmend in Frage gestellt: Die ursprünglich als strukturlose Bausteine der Kerne betrachteten Nukleonen sind selbst komplexe, aus Quarks zusammengesetzte Objekte, genannt Baryonen, mit inneren Freiheitsgraden und mit dem dazugehörigen Anregungsspektrum. Durch höhere Energien und spezifische Sonden lassen sich diese subnuklearen Strukturen auch in komplexen Kernen anregen. Dadurch können Systeme wechselwirkender Baryonen in einem viel allgemeineren Sinn als bisher untersucht werden. Insbesondere muß die Frage studiert werden, wie sich die Quarkstruktur der Nukleonen im Kernverband äußert. Welches sind die Effekte dieser subnuklearen Anregungen in den einzelnen Energiebereichen vom Grundzustand bis zum Ionenstoß mit höchsten Energien?

Vereinfacht ergeben sich daraus die folgenden konzeptionellen Alternativen zur Beschreibung des nuklearen Vielteilchensystems: Der Kern kann aufgefaßt werden als ein Multinukleonensystem, als ein Multibaryon-System oder als ein Multiquark-System. In der herkömmlichen Betrachtungsweise besteht der Kern aus Nukleonen im Grundzustand, die durch Mesonenaustausch wechselwirken (Multinukleonensystem). Dieses Bild reicht bei niedrigen Anregungsenergien des Kernes im allgemeinen aus. Wenn jedoch die Baryonenresonanzen experimentell angeregt werden, muß man den Kern als ein System aus Baryonen auffassen. Sie können in verschiedenen Anregungszuständen vorliegen und wechselwirken über eine verallgemeinerte Baryon-Baryon-Wechselwirkung, die z.Z. experimentell noch weitgehend unbekannt ist (Multibaryon-System). Der Grundzustand eines Baryons ist das Nukleon. Liegen alle Baryonen im Grundzustand vor, dann erhält man gerade das Modell eines Multinukleon-Systems. Da ein Baryon im wesentlichen aus drei Quarks besteht, ist es naheliegend, einen Kern der Baryonenzahl A als ein System von $(3A)$ Quarks aufzufassen (Multiquark-System). In einem solchen System aus $3A$ Fermionen hat das Pauliprinzip eine andere Wirkung als im System aus A Nukleonen. Wann eine solche Beschreibung angemessen ist, läßt sich zur Zeit noch nicht sagen.

Durch die Entwicklung der Beschleunigertechnik ist es in der Tat möglich geworden, immer schwerere Projektile auf immer höhere Energien zu beschleunigen. Viele der Erscheinungen, die man beim Stoß schwerer Ionen beobachtet, lassen sich unter dem Stichwort makroskopische Eigenschaften von Kernen zusammenfassen. Damit ist folgendes gemeint. Wenn man bei Stoßprozessen die Massen der Partner erhöht, spielen die typisch quantenmechanischen Diffraktionserscheinungen eine immer geringere Rolle und schließlich folgt der Prozeß fast den Regeln der klassischen Mechanik. Daher kann man bei Schwerionenstößen das Einmünden der mikroskopischen Quantengesetze in den Gültigkeitsbereich der makroskopischen Physik im Detail beobachten. Ein solcher Übergang kann auf zweierlei Art erfolgen. Eine Möglichkeit ist, ein System zu so hohen Quantenzahlen anzuregen, daß sich durch die kohärente Überlagerung vieler innerhalb der Energieunschärfe dicht beieinanderliegender Zustände ein Wellenpaket bildet, das fast klassisches Verhalten zeigt. So kann etwa ein zu sehr hohen Drehimpulsen angeregter Kern fast wie ein klassischer deformierter Körper rotieren. Eine andere Art des Übergangs zur klassischen Physik besteht dann, wenn sich bei einem System mit sehr vielen Freiheitsgraden viele Amplituden inkohärent überlagern. Die Interferenzen mitteln sich dann weg und es werden Methoden der klassischen Statistik anwendbar. Ein Beispiel ist der Massenaustausch beim Kontakt zweier schwerer Kerne, der in guter Näherung mit Hilfe klassischer Diffusionstheorien beschrieben werden kann.

Bei der Beschreibung der auftretenden Prozesse können Kerne oft unter dem Aspekt betrachtet werden, daß es sich um endliche Stücke von Kernmaterie handelt, deren Eigenschaften man beim Stoßprozeß untersuchen kann. Welches sind diese Eigenschaften? Lassen sie sich durch makroskopische Variable wie Kompressibilität und Temperatur in der Weise beschreiben, daß es gelingt, eine Zustandsgleichung der Kernmaterie aufzustellen? Sind hydrodynamische und Reibungskonzepte anwendbar? Dies sind Fragestellungen der Schwerionen-Physik.

Erhöht man die Reaktionsenergie über die mittlere Bindungsenergie pro Nukleon, so werden schließlich zwei wichtige Schwellen überschritten: Die Schallgeschwindigkeit in Kernmaterie und die Fermigeschwindigkeit der Nukleonen. Das Überschreiten der ersten Schwelle bedeutet, daß sich Schockwellen in Kernmaterie bilden können, und das Überschreiten der Fermigeschwindigkeit bewirkt, daß beim Stoß das Pauli-Prinzip dem räumlichen Überlapp der Kerne nicht mehr entgegensteht. Dies eröffnet einen Weg, Kernmaterie bei großer Energiedichte zu untersuchen. Den letzten Schritt auf diesem Wege bilden Stöße relativistischer schwerer

Ionen, bei denen die Lorenz-Kontraktion eine weitere Erhöhung der Energiedichte bewirkt. Schießlich sollten die Nukleonen ihre Identität völlig verlieren, und es sollte sich ein neuer Materiezustand, das „Quark-Gluon-Plasma" bilden. Danach wird in den Laboratorien, die über entsprechende Strahlen von relativistischen schweren Ionen verfügen, gegenwärtig intensiv gesucht.

Die Kernphysik steht in enger Wechselwirkung mit einer Reihe von anderen Disziplinen, bei denen sie inhaltlich oder methodisch Beiträge leistet. Für die Verbindung zur Teilchenphysik wurde bereits ein Beispiel gegeben mit der Untersuchung von Stößen zwischen relativistischen schweren Ionen. Die Beziehung zur Physik der Teilchen und Felder ist in der Tat naturgegeben und traditionell: Sowohl die schwache als auch die starke Wechselwirkung konnten zuerst an Kernen studiert werden. Fast in jeder Phase der Aufklärung von fundamentalen Wechselwirkungen hat der Kern eine Rolle gespielt als eine Art „Mikrolabor" in dem das Zusammenspiel der Wechselwirkungen im Vielteilchensystem studiert werden konnte. Das wahrscheinlich berühmteste Beispiel hierfür sind die Experimente, die gezeigt haben, daß die Naturerscheinungen der schwachen Wechselwirkung nicht spiegelsymmetrisch sind.

Ähnlich nah steht die Kernphysik traditionellerweise der Atomphysik. Die Wechselwirkungsenergien zwischen Kern und atomarer Umgebung, die zuerst als Hyperfeinstruktur in den Atomspektren beobachtet wurden, spielen nicht nur in der Atomphysik eine große Rolle, sondern auch in der Festkörperphysik, in der radioaktive Kerne als Sonden für die elektromagnetischen Felder im kristallinen Verbund benutzt werden können. Außerdem eröffnen die Schwerionenbeschleuniger neue Methoden zum Studium der Atomhülle. Beim Stoß schwerer Ionen können sich beispielsweise durch kurzzeitige Vereinigung der Kerne superschwere Quasi-Atome bilden, deren Spektren man beobachten kann.

Von größter Bedeutung ist die Kernphysik für die Astrophysik. Unterstützt durch irdische Experimente kann das nukleare Brennen in Sternen erforscht werden. Dies führt zur Einsicht in die zeitliche Entwicklung von Sternen, die mit der Bildung von Neutronensternen endet, die ihrerseits ein Beispiel für die Existenz von ausgedehnter Kernmaterie sind. Beim nuklearen Brennen der Sterne führen Kernumwandlungsprozesse zum Aufbau der schweren Elemente. Daher sind kernphysikalische Daten die Grundlage der Kosmochemie, die sich mit der Entstehung und Verteilung der Elemente und mit radioaktiven Datierungsmethoden befaßt. Sie hat ganz wesentlich dazu beigetragen, die Geschichte der Erde und des planetarischen Systems aufzudecken und die Zeitskalen für kosmologische Prozesse zu etablieren.

In ähnlicher Weise haben kernphysikalische Datierungsmethoden, ebenso wie mikroanalytische Methoden (z.B. durch Neutronen-Aktivierungsanalyse oder teilcheninduzierte Röntgenfluoreszenz) wichtige Anwendungen in den Geowissenschaften und in der Archäologie gefunden.

Auf der mehr praktischen Seite stehen die Anwendungen der Kernphysik im medizinischen und im technischen Bereich. In der medizinischen Diagnostik und Therapie sind kernphysikalische Methoden nicht mehr wegzudenken. Auch in vielen technischen Bereichen sind kernphysikalische Methoden wichtig geworden, z.B. bei Materialuntersuchungen und Verschleißmessungen.

1.2 Die Entdeckung des Atomkerns

Der Durchmesser eines Atoms liegt in der Größenordnung von 10^{-8} cm, der eines Atomkerns in der Größenordnung von 10^{-12} cm. Demgegenüber beträgt die Wellenlänge des für uns sichtbaren Lichts etwa $5 \cdot 10^{-5}$ cm. Wie erfahren wir etwas über den Durchmesser so kleiner Systeme? Bei Atomen ist das relativ einfach. Wenn wir annehmen, daß Atome in fester Materie dicht gepackt sind, ergibt sich eine Abschätzung in der richtigen Größenordnung aus der Dichte des Stoffes und der Loschmidt-Konstanten. Präzisere Aussagen ergeben sich etwa aus der kinetischen Gastheorie oder wenn man die Dichteverteilung der Elektronen durch Streuung von Röntgenquanten bestimmt.

Die Existenz des Atomkerns ist von Rutherford aufgrund der von Geiger und Marsden durchgeführten Streuexperimente mit α-Teilchen erschlossen worden (1911–1913). Streuexperimente ähnlicher Art gehören bis heute zu den wichtigsten Arbeitsmethoden der Kernphysik. Zur Diskussion stand damals das Thomsonsche Atommodell, wonach positive und negative Ladungen gleichmäßig im Atom verteilt sind. Dies war zweifellos zunächst eine plausible Annahme, doch zeigten Streuversuche von α-Teilchen an einer dünnen Goldfolie, daß gelegentlich Streuwinkel vorkamen, die so groß waren, daß sie mit einer praktisch homogenen Verteilung der Ladungen im streuenden Atom nicht verträglich waren. Rutherford erschien es deshalb am einfachsten anzunehmen, daß die positive Ladung im Zentrum des Atoms innerhalb eines sehr kleinen Volumens konzentriert sei. Er berechnete daher die Winkelverteilung für die Streuung von α-Teilchen unter der einfachen Voraussetzung, daß sie von einem reinen Coulomb-Feld verursacht wird [Rut 11]. Die Wirkung der Elektronen wird also vernachlässigt, sie ändert bei den in Frage stehenden Energien die Winkelverteilung nicht merklich. Wenn die Energie der einfallenden Teilchen festliegt, so besteht nach den Gesetzen der klassischen Mechanik ein eindeutiger Zusammenhang zwischen dem Streuwinkel ϑ und dem kürzesten beim Stoß erreichten Abstand vom Streuzentrum (vgl. hierzu Fig. 3). Es bestand daher die Hoffnung, aus den Abweichungen der experimentell beobachteten Winkelverteilungen von der für ein reines Coulomb-Feld berechneten Form den Radius R des „Ladungskerns" zu bestimmen (zur Anordnung vgl. A, Fig. 6). Bei der zur Verfügung stehenden Maximalenergie der α-Teilchen von einer Radium (B + C)-Quelle (7,7 MeV) ergaben sich zunächst überhaupt keine Abweichungen von der berechneten Verteilung. Diese Experimente wurden an Streufolien aus Gold, Silber, Kupfer und Aluminium ausgeführt (Geiger und Marsden [Gei 13]). Daraus folgt $R < 3 \cdot 10^{-12}$ cm. Bei der Streuung von α-Teilchen an Wasserstoff wurden von Rutherford 1919 die ersten Abweichungen gefunden [Rut 19]. Später wurde „anomale" Streuung an einer Reihe von leichten Elementen nachgewiesen. Daraus ergab sich ein kleinster Abstand der Stoßpartner zwischen $2,4 \cdot 10^{-13}$ cm (He) und $4 \cdot 10^{-13}$ cm (Mg). In dieser Größenordnung liegen also die Kernradien. Rutherfords Schlüsse beruhen allerdings auf einem glücklichen Umstand: Bei der klassischen Rechnung ergibt sich für die Streuformel das gleiche Resultat wie bei der korrekten quantenmechanischen Behandlung. Das ist eine zufällige Übereinstimmung, die nur für ein Coulomb-Potential gilt.

Die Methode, aus der Winkelverteilung bei Streuexperimenten auf die Form des Streupotentials zu schließen, ist von prinzipieller Bedeutung. Wenn die Teilchen-energien groß genug sind, um die Stoßpartner einander auf den Kernradius zu nähern, tragen die Kräfte zwischen den Nukleonen zum Streuprozeß bei. Mit modernen Beschleunigern lassen sich leicht Geschosse so hoher Energie erzeugen, daß sich aus den beobachteten Winkelverteilungen Einzelheiten des von den Kernkräften verursachten Potentials ableiten lassen. Verwendet man Neutronen als Geschoßteilchen, so wirkt gar kein Coulomb-Potential, so daß sich die Winkelverteilung bei allen Energien allein aus dem Kernkraft-Potential ergibt. Für diese Experimente ist eine quantenmechanische Interpretation allerdings unerläßlich. Ihre Grundzüge werden in Kapitel 4 beschrieben. Viele wichtige Zusammenhänge werden aber schon bei der klassischen Behandlung von Streuproblemen deutlich, wie sie in Abschn. 1.3 beschrieben wird.

1.3 Einfache Streuprobleme

Wir wollen jetzt die Rutherford-Streuung quantitativ beschreiben. Vorher müssen wir aber zunächst noch den Begriff des differentiellen Wirkungsquerschnitts bei einem Streu- oder Reaktionsexperiment einführen. Wir stellen uns vor, daß bei einem Streuexperiment ein paralleler Strom von Teilchen ein dünnes Target treffe. Unter dem Winkel ϑ gegen die Richtung des einfallenden Strahles befinde sich im Abstand r ein Detektor für die Streuteilchen der Fläche dF. Er weist die in das Raumwinkelelement $d\Omega = dF/r^2$ vom Target auslaufenden Teilchen nach. Wir fragen nach der Zahl der vom Detektor registrierten Streuteilchen, bezogen auf die Zahl der je Zeit- und Flächeneinheit einfallenden Teilchen. Da keine weitere Richtung physikalisch ausgezeichnet sein soll (etwa durch einen Spin oder ein Magnetfeld), wird die Streuintensität nicht vom Azimutwinkel φ, sondern nur von ϑ abhängen.

Wir können den Streuvorgang am besten beschreiben, indem wir einen „Wirkungsquerschnitt" angeben. Dazu gehen wir zunächst von der Vorstellung aus, daß wir jedem Streuzentrum eine definierte Fläche σ zuordnen können. Immer wenn der Schwerpunkt des einlaufenden Teilchens, das wir gegen σ als klein annehmen wollen, in diese Fläche trifft, soll sich eine „Reaktion" ereignen. Die Stromdichte j ist die Zahl der in einer Zeit dt auf eine Fläche A fallenden Teilchen. In dieser Fläche seien $\omega \cdot A$ Streuzentren, jeweils mit der Fläche σ, so daß die von den Streuzentren bedeckte Fläche $\omega A \sigma$ ist, und die Zahl der Reaktionen in der Zeit dt gegeben ist durch

$$\frac{\text{Zahl der Reaktionen}}{dt} = \omega \sigma \cdot jA \qquad (1.1)$$

Der Faktor $\omega \sigma$ gibt den Bruchteil der Targetfläche an, der durch die streuenden Flächen ausgefüllt ist. Dies ist gleich der Wahrscheinlichkeit W dafür, daß ein einfallendes Teilchen an einer Reaktion teilnimmt:

$$W = \omega \sigma \qquad (1.2)$$

Wenn wir es mit Prozessen zu tun haben, die quantenmechanisch beschrieben werden müssen, so liefert die Theorie als primäre Größe eine Aussage über die Reaktionswahrscheinlichkeit W. Die Vorstellung einer kleinen Streufläche ist dann nicht mehr sinnvoll. Wir definieren in diesem Fall σ durch (1.2). Indem wir (1.1) umdrehen, können wir nämlich schreiben

$$\sigma = \frac{\text{Zahl der Reaktionen in der Zeit } dt}{\text{Stromdichte } j \cdot \text{Zahl der Streuzentren } \omega A} \tag{1.3}$$

mit der Dimension einer Fläche. Hierbei ist ωA die Gesamtzahl der Streuzentren. Wir müssen ferner spezifizieren, auf welche spezielle Sorte von Ereignissen sich der Wirkungsquerschnitt beziehen soll. Wir schreiben daher statt (1.3)

$$\sigma = \frac{\text{Zahl der Reaktionen eines gegebenen Typs pro Streuzentrum/s)}}{\text{Stromdichte } j \text{ der einfallenden Teilchen}} \tag{1.4}$$

Als Einheit ergibt sich, wie es sein muß, $s^{-1}/(s^{-1}\,cm^{-2}) = cm^2$. Wenn wir den „gegebenen Typ" dadurch spezifizieren, daß wir alle Reaktionen betrachten, die zur Emission eines Teilchens in das Raumwinkelelement $d\Omega$ führen, sprechen wir vom differentiellen Wirkungsquerschnitt. Diese Größe wird mit $(d\sigma/d\Omega)_\vartheta$ bezeichnet. Der Index ϑ soll daran erinnern, daß $(d\sigma/d\Omega)$ vom Streuwinkel abhängt. Es ist demnach

$$\left(\frac{d\sigma}{d\Omega}\right)_\vartheta = \frac{\text{Zahl der in das Raumwinkelelement } d\Omega \text{ gestreuten Teilchen/s)}}{\text{Stromdichte } j \text{ der einfallenden Teilchen}} \tag{1.5}$$

bezogen auf ein Streuzentrum. Im Zähler von (1.5) steht die Stromstärke dI der in das Raumwinkelelement $d\Omega$ gestreuten Teilchen. Auch (1.5) hat, wie (1.4), die Dimension einer Fläche. Als Einheit wählt man in der Kernphysik häufig $10^{-24}\,cm^2 = 1$ Barn $= 1$ b (bzw. $10^{-27}\,cm^2 = 1$ mb). Wenn ein differentieller Wirkungsquerschnitt gemäß (1.5) gemeint ist, bringt man dies durch die Einheitenangabe (Millibarn/Steradian) = (mb/sr) zum Ausdruck.

Die Definitionen (1.4) und (1.5) sind auch für quantenmechanische Probleme brauchbar, da sie nicht von der Vorstellung einer Streufläche abhängen, insbesondere gilt Gl. (1.2) unverändert. Als totalen Wirkungsquerschnitt σ_T definieren wir das Integral über die volle Kugel

$$\sigma_T = \int \left(\frac{d\sigma}{d\Omega}\right) d\Omega \tag{1.6}$$

Wir können in der Definition (1.4) auch spezifizieren, daß wir alle Reaktionen betrachten wollen, die unter irgendeinem Azimutwinkel φ in den Streuwinkelbereich zwischen ϑ und $\vartheta + d\vartheta$ ausgesandt werden. Wir wollen diesen Wirkungsquerschnitt mit $(d\sigma/d\vartheta)$ bezeichnen. Die Teilchen laufen dann in ein ringförmiges Raumwinkelelement (vgl. Fig. 3a). Es ist daher

$$\left(\frac{d\sigma}{d\vartheta}\right) d\vartheta = \int_{\varphi=0}^{2\pi} \left(\frac{d\sigma}{d\Omega}\right)_\vartheta d\Omega = \left(\frac{d\sigma}{d\Omega}\right)_\vartheta \int_{\varphi=0}^{2\pi} 2\vartheta \sin\vartheta\, d\varphi = \left(\frac{d\sigma}{d\Omega}\right)_\vartheta 2\pi \sin\vartheta\, d\vartheta$$

$$\left(\frac{d\sigma}{d\vartheta}\right) = 2\pi \sin\vartheta \left(\frac{d\sigma}{d\Omega}\right)_\vartheta \tag{1.7}$$

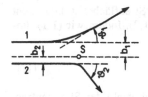

Fig. 2
Zwei Teilchenbahnen mit verschiedenen Stoßparameter b;
S = Streuzentrum

Im folgenden wollen wir Axialsymmetrie des Stoßprozesses voraussetzen. Dann genügt es, nur die Abhängigkeit vom Winkel ϑ zu betrachten. Bei einem klassischen Stoßprozeß besteht eine feste Beziehung zwischen dem Abstand b, unter dem die Teilchen auf das Streuzentrum einlaufen und dem Streuwinkel ϑ. Der Abstand b zwischen Streuzentrum und Asymptote der Bahn des einlaufenden Teilchens heißt Stoßparameter (Fig. 2). Der Streuwinkel ϑ ist daher eine Funktion von b und der Teilchenenergie E, d. h. $\vartheta = \vartheta(b, E)$. Wie Fig. 3a zeigt, werden alle Teilchen, die asymptotisch aus einem Kreisring zwischen b und $(b + db)$ um die Symmetrieachse kommen, eindeutig in den Raumwinkel dR gestreut. Aus der Erhaltung der Teilchenzahl folgt, daß die Anzahl der durch den Kreisring einfallenden Teilchen $j \cdot 2\pi b\, db$ gleich der in den Raumwinkel dR gestreuten sein muß. Mit $dR = 2\pi \sin \vartheta\, d\vartheta$

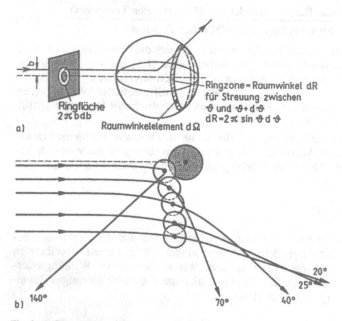

Fig. 3 a) Geometrische Verhältnisse bei der Streuung
b) Rutherford-Trajektorien für die Streuung von 20 MeV-Lithiumkernen an einem festgehaltenen Nickelkern in rund $3 \cdot 10^{12}$facher Vergrößerung. Ab einem Streuwinkel von 140° sollten in diesem Bild mit klassischen Trajektorien Abweichungen von der Rutherford-Winkelverteilung auftreten, die anzeigen, daß Targetkern und Projektilkern sich berühren (nach [Ege 81])

ist $j \cdot 2\pi \, b \, db = j dR \left(\dfrac{d\sigma}{d\Omega} \right) = j \, 2\pi \, \sin \vartheta \, d\vartheta \left(\dfrac{d\sigma}{d\Omega} \right)$

oder $\quad \left(\dfrac{d\sigma}{d\Omega} \right)_{\vartheta} = \dfrac{b}{\sin \vartheta} \left| \dfrac{db}{d\vartheta} \right|$ $\qquad\qquad\qquad\qquad$ (1.8)

Das Betragszeichen steht, da der Wirkungsquerschnitt definitionsgemäß nicht negativ werden kann. Wir können daher den differentiellen Wirkungsquerschnitt angeben, sobald die Funktion $\vartheta(b, E)$ bekannt ist.

Um eine anschauliche Vorstellung von den Trajektorien der Teilchen bei einem Streuprozeß im Coulombfeld zu geben, sind in Fig. 3b Teilchenbahnen für einen speziellen Fall maßstäblich dargestellt. Die Figur zeigt auch, daß sich bei hinreichend hoher Energie die Stoßpartner berühren können, was zu einer Abweichung der Streuwinkelverteilung von der an einem reinen Coulombfeld führen muß. Bei den Experimenten von Geiger und Marsden war jedoch die Energie der Alphateilchen nicht groß genug, um entsprechend kleine Stoßparameter zu erreichen.

Wir behandeln nun die Rutherford-Streuung, d.h. die Streuung am reinen Coulomb-Feld. Die wirksame Kraft zwischen einem Kern der Ladung Ze und einem Teilchen der Ladung $Z'e$ ist $F = - (ZZ'e^2)/r^2$ und das Potential

$$V(r) = \frac{ZZ'e^2}{r} = \frac{C}{r} \qquad\qquad\qquad\qquad (1.9)$$

wo $C > 0$ für ein abstoßendes Potential. Wir wollen annehmen, daß das Streuzentrum mit einer im Vergleich zum einlaufenden Teilchen sehr großen Masse verbunden sei, so daß Laboratoriums- und Schwerpunktkoordinaten identisch sind. In der klassischen Mechanik wird gezeigt (s. z.B. [Gol 63]), daß die Bahn eines Teilchens der Masse m und der kinetischen Energie E in diesem Fall gegeben ist durch

$$r = \frac{l^2/mC}{1 - \varepsilon \cos \phi} \qquad\qquad\qquad\qquad (1.10)$$

mit $\quad \varepsilon^2 = 1 + \dfrac{2El^2}{mC^2} = 1 + \dfrac{4E^2 b^2}{C^2}$ $\qquad\qquad\qquad$ (1.11)

Gl. (1.10) gilt in einem Polarkoordinatensystem mit dem Streuzentrum als Nullpunkt, ferner ist $l = bp = b\sqrt{2mE}$ der Bahndrehimpuls des Teilchens und b wieder der Stoßparameter. Statt des Polarwinkels ϕ benötigen wir den Streuwinkel ϑ. Wenn $1 - \varepsilon \cos \phi = 0$ wird, ist in (1.10) $r = \infty$, d.h. es ist dann $|\cos \phi| = \cos(\psi/2)$, wenn ψ der Winkel zwischen den Asymptoten der Teilchenbahn ist (Fig. 4a). Es ist also $1 - \varepsilon \cos \frac{1}{2} \psi = 0$ oder $\cos \frac{1}{2} \psi = 1/\varepsilon$. Ferner liest man in der Figur ab $\vartheta = \pi - \psi$, womit sich $\sin \frac{1}{2} \vartheta = \sin (\frac{1}{2} \pi - \frac{1}{2} \psi) = 1/\varepsilon$ ergibt. Hieraus und aus (1.11) folgt

$$\varepsilon^2 = 1 + \frac{4E^2 b^2}{C^2} = \frac{1}{\sin^2 \frac{1}{2} \vartheta} = 1 + \cot^2 \frac{1}{2} \vartheta$$

woraus wir

$$b = \frac{C}{2E} \cot \frac{1}{2}\vartheta \tag{1.12}$$

erhalten.

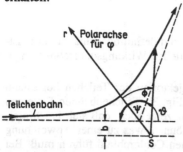

Fig. 4a
Zum Zusammenhang zwischen ϑ und ϕ

Das ist der gewünschte Zusammenhang zwischen E, b und ϑ. Mit Hilfe von (1.8) ergibt sich unter Benutzung von $\sin \vartheta = 2 \cos \frac{1}{2}\vartheta \sin \frac{1}{2}\vartheta$

$$\left(\frac{d\sigma}{d\Omega}\right)_\vartheta = \frac{C}{2E} \cdot \frac{\cos\frac{1}{2}\vartheta}{\sin\frac{1}{2}\vartheta} \cdot \frac{1}{2\cos\frac{1}{2}\vartheta\sin\frac{1}{2}\vartheta} \cdot \frac{C}{2E} \cdot \frac{1}{2\sin^2\frac{1}{2}\vartheta}$$

$$= \frac{C^2}{16E^2} \cdot \frac{1}{\sin^4\frac{1}{2}\vartheta} = \left(\frac{ZZ'e^2}{4E}\right)^2 \frac{1}{\sin^4\frac{1}{2}\vartheta} \tag{1.13}$$

Dies ist die berühmte Rutherfordsche Streuformel. Wenn das Streuzentrum nicht unendlich große Masse hat, gilt Gl. (1.13) in Schwerpunktkoordinaten, sofern E die kinetische Energie im Schwerpunktsystem $E = \frac{1}{2}m_r v_0^2$ ist (v_0 Relativgeschwindigkeit, $m_r = m_1 m_2/(m_1 + m_2)$).

Eine andere Schreibweise der Rutherford-Formel entsteht, wenn wir statt des Streuwinkels ϑ den Impulsübertrag $\vec{q} = \vec{p} - \vec{p}'$ einführen, wo $\vec{p}$ und $\vec{p}'$ die Impulse des Streuteilchens vor und nach dem Streuprozeß bedeuten. Da es sich um elastische Streuung handelt, ist $|\vec{p}| = |\vec{p}'|$. Nach Fig. 4b gilt

$$\sin \frac{1}{2}\vartheta = \frac{1}{2}\frac{q}{|p|} = \frac{q}{2mv}$$

womit die Streuformel (1.13) die Form annimmt

$$\left(\frac{d\sigma}{d\Omega}\right)_\vartheta = (ZZ'2me^2)^2 \cdot \frac{1}{q^4} \tag{1.13a}$$

d.h. der Streuquerschnitt ist umgekehrt proportional zur vierten Potenz des Impulsübertrags. Dies gilt auch quantenmechanisch bei der Behandlung des Problems in Bornscher Näherung (Abschn. 4.6).

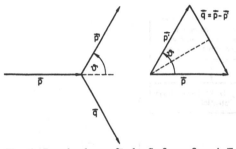
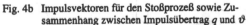
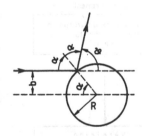

Fig. 4b Impulsvektoren für den Stoßprozeß sowie Zusammenhang zwischen Impulsübertrag q und ϑ

Fig.4c Elastische Streuung an einer harten Kugel

Die Untersuchung der Rutherford-Streuung war nicht nur von Bedeutung, um eine erste Abschätzung für den Radius der Atomkerne zu gewinnen. Da Gl. (1.13) die Ladung des streuenden Kernes im Quadrat enthält, eröffnete sich die Möglichkeit, durch Messungen direkte Aussagen über die Kernladung der Streusubstanzen zu erhalten. Solche von Chadwick durchgeführten Streuversuche haben neben den Beobachtungen Moseleys an Röntgenspektren wesentlich zu der Erkenntnis beigetragen, daß die Ladung eines Kernes gleich der Ordnungszahl im periodischen System ist [Cha 20].

Es sei hier noch ein weiteres Beispiel für die Anwendung von Gl. (1.8) angeführt. Wir fragen nach dem differentiellen Wirkungsquerschnitt für elastische Streuung an einer harten Kugel mit dem Radius R. Zwischen Einfalls- bzw. Ausfallswinkel α und Streuwinkel ϑ gilt jetzt die Beziehung (vgl. Fig.4c) $2\alpha + \vartheta = \pi$, $\alpha = \frac{1}{2}\pi - \frac{1}{2}\vartheta$, $\sin\alpha = \cos\frac{1}{2}\vartheta$. Für den Stoßparameter b ist $b = R\sin\alpha$, so daß sich ergibt $b^2 = R^2\cos^2\frac{1}{2}\vartheta$. Mit (1.8) erhalten wir (wieder mit $\sin\vartheta = 2\cos\frac{1}{2}\vartheta\sin\frac{1}{2}\vartheta$)

$$\left(\frac{d\sigma}{d\Omega}\right)_\vartheta = \frac{R}{2\sin\frac{1}{2}\vartheta}\cdot\frac{R}{2}\sin\frac{1}{2}\vartheta = \frac{R^2}{4} \tag{1.14}$$

Die Streuung ist also isotrop, da $(d\sigma/d\Omega)$ nicht von ϑ abhängt. Der totale Wirkungsquerschnitt ist nach (1.6)

$$\sigma_T = \frac{R^2}{4}\int d\Omega = \pi R^2$$

wie es der anschaulichen Vorstellung entspricht.

In diesem Abschnitt haben wir an zwei Beispielen gezeigt, wie man aus einer vorgegebenen Potentialform $V(r)$ den differentiellen Wirkungsquerschnitt für klassische Streuprobleme berechnet. Dabei haben wir die Potentiale $V(r) = C/r$ (Coulomb-Potential) und $V(r) = \begin{cases} +\infty & \text{für } r < R \\ 0 & \text{für } r > R \end{cases}$ (kugelförmiges Rechteckpotential) gewählt.

Wenn ein Streuzentrum mit unbekannter Potentialform vorliegt, so kann man durch Beobachtung der Winkelverteilung für die gestreuten Teilchen Aussagen über das Potential machen, indem man die Meßdaten mit berechneten Winkelverteilungen

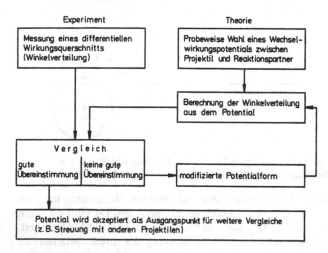

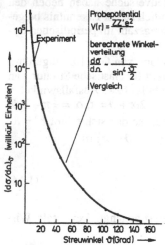

Fig. 5
a) Prinzip der Untersuchung eines Streupotentials durch Messung von Winkelverteilungen. b) Als Beispiel hierzu: Ergebnis der Rutherford-Streu-experimente für Streuung von 5,5 MeV α-Teilchen an Gold (Geiger und Marsden 1913)

vergleicht, die man für verschiedene, probeweise angenommene Potentialformen erhält. Man kann dann entscheiden, ob und in welchem Bereich der Parameter ein vorgegebenes Potential die tatsächlichen Verhältnisse richtig beschreibt. Das Prinzip dieser Schlußweise ist in Fig. 5 verdeutlicht. Dies war schon das von Rutherford angewandte Verfahren und genauso verfährt man auch heute noch bei der Interpretation von Streuversuchen, sei es zwischen zwei Elementarteilchen, zwischen Teilchen und Kernen oder zwischen zwei schweren Kernen. Wenn die Streupartner dabei soweit in Kontakt kommen, daß nicht nur die Coulombkräfte wirken, erfährt man etwas über die makroskopisch nicht beobachtbaren Kernkräfte. Dabei ist natürlich eine quantenmechanische Behandlung des Problems notwendig. Den entsprechenden Formalismus werden wir in Kapitel 4 beschreiben.

Es ist wichtig, dabei anzumerken, daß in vielen Fällen keine umkehrbar eindeutige Beziehung zwischen Potentialform und Streuverteilung besteht. Es ist durchaus möglich, daß Potentiale mit verschiedener Form oder verschiedenen Parametern zu den gleichen Winkelverteilungen führen. Ein Potential ist daher oft gar nicht eindeutig festzulegen und gilt als um so brauchbarer, je unabhängiger es von der speziellen Wahl der Reaktionspartner und des Energiebereichs ist. Daher die vorsichtige Formulierung im unteren Kästchen von Fig. 5.

Die Rutherford-Streuformel gilt nur für die Streuung spinloser Teilchen im Coulombfeld. Teilchen mit innerem Drehimpuls besitzen ein magnetisches Moment: Im Ruhesystem des Projektils tritt bei der Streuung ein Magnetfeld auf, das von der bewegten Ladung des Stoßzentrums herrührt. Das führt zu einer zusätzlichen magnetischen Wechselwirkungsenergie. Sie hat eine ähnliche Ursache wie die Spin-Bahn-Kopplungsenergie, die im Atom zur Feinstrukturaufspaltung führt (A, Abschn. 5.1). Die Streuformel muß entsprechend modifiziert werden. Für Coulomb-Streuung von Elektronen mit Spin 1/2 an einem spinlosen Target erhält man z.B. die Mottsche Streuformel

$$\left(\frac{d\sigma}{d\Omega}\right)_{\text{Mott}} = (2ZZ'e^2)^2 \frac{W^2}{(qc)^4}\left[1-\left(\frac{v}{c}\right)^2 \sin^2\frac{\vartheta}{2}\right]$$

Hier ist W die relativistische Gesamtenergie und v die Geschwindigkeit des Elektrons. Im nichtrelativistischen Grenzfall gilt $v \to 0$ und $W \to m_0 c^2$, dann geht (1.16) in (1.13 a) über. Für die Streuung an Targets mit Spin oder für die elastische Streuung identischer Teilchen aneinander muß die Formel nochmals erweitert werden, ebenso natürlich, wenn bei nahen Stößen außer dem Coulomb-Potential noch die Kernkräfte berücksichtigt werden müssen.

2 Eigenschaften stabiler Kerne

2.1 Kernradien

Unter normalen Verhältnissen befinden sich die Atomkerne auf der Erde im Grundzustand. Wir fragen daher zunächst nach den Eigenschaften, die sich an stabilen Kernen beobachten lassen. Die einfachste Beobachtungsgröße, der Radius, läßt sich aus den schon beschriebenen Rutherford-Streuexperimenten erschließen. Dabei zeigte sich schon sehr frühzeitig, daß der Kernradius R mit der Nukleonenzahl A in guter Näherung durch die Beziehung verknüpft ist

$$R = r_0 A^{1/3} \qquad (2.1)$$

Die Rutherford-Streuexperimente lieferten für r_0 den Wert $r_0 = (1,3 \pm 0,1) \cdot 10^{-13}$ cm [Pol 35]. Da sich alle Kerndimensionen in dieser Größenordnung bewegen, ist es üblich, in der Kernphysik 10^{-13} cm als spezielle Längeneinheit zu benutzen[1]):

$$10^{-13} \text{ cm} = 10^{-15} \text{ m} = 1 \text{ Femtometer} = 1 \text{ fm } (\text{,,} 1 \text{ Fermi}^{\text{``}})$$

Gl. (2.1) bedeutet, daß Kernmaterie eine konstante Dichte hat. Mit Hilfe der Loschmidt-Konstanten berechnet man dafür $\rho = 10^{14} \text{g/cm}^3$.

Die Angabe eines Kernradius ist nur sinnvoll, wenn man genau definiert, was darunter zu verstehen ist. Infolge der Unschärferelation gibt es keinen scharf definierten Kernrand. Man muß daher auf die Dichteverteilung der Kernmaterie zurückgehen, die durch das Quadrat der Kernwellenfunktion $|\psi(r)|^2$ gegeben ist. Der radiale Verlauf der Wellenfunktion hängt natürlich vom Potential ab, in dem die Teilchen gebunden sind. In einem Atom ist beispielsweise die durch das Coulomb-Potential hervorgerufene Dichteverteilung der Elektronen recht kompliziert und macht die genaue Definition des Atomradius schwierig. Im Gegensatz dazu zeigen die gleich zu besprechenden Experimente, daß Kerne einen verhältnismäßig gut definierten Rand haben. Das zeigt bereits, daß das für die Bindung der Nukleonen verantwortliche Potential eine ziemlich genau definierte endliche Reichweite hat.

Die Angabe eines Kernradius erfordert, wie gesagt, eine Definition, was bei gegebener Dichteverteilung des Kerns darunter zu verstehen ist. Dichteverteilungen lassen sich nur schwer direkt messen. Statt dessen kann aber die elektrische Ladungsverteilung eines Kerns sehr präzise vermessen werden. Die Ladungsverteilung entspricht der Dichteverteilung der Protonen und stimmt mit der Dichteverteilung des Kerns dann überein, wenn Protonen und Neutronen die gleiche räumliche Verteilung haben. Das ist für stabile Kerne in sehr guter Näherung der Fall. Im Folgenden sollen unter a) bis c) einige Methoden zur Bestimmung der Radien besprochen werden.

---

[1]) Die Bezeichnung Femtometer entspricht der internationalen Norm. Die Kernphysiker sagen nach altem Brauch lieber „Fermi". Dafür müßte man als Einheitszeichen wählen 1 Fm. Glücklicherweise ist 1 Fm = 1 fm.

a) Streuung hochenergetischer Elektronen an Kernen. Wenn man bei einem Streuexperiment zur Sondierung eines Kerns Elektronen statt Alpha-Teilchen benutzt, kann man die Ladungsverteilung des Kerns im einzelnen ausmessen. Die Elektronen spüren die Kernkräfte nicht, da sie mit dem Kern nur elektromagnetisch wechselwirken. Der Kern ist daher für Elektronen durchsichtig und man kann die Streuverteilung angeben, wenn man die Coulomb-Streuung an einer ausgedehnten Ladungsverteilung der Ladungsdichte ϱ $(\vec{r})$ berechnet. Wir wollen uns hier auf kugelsymmetrische Kerne beschränken. Da die Wellenlänge des Elektrons sehr kurz gewählt werden kann (500 MeV entsprechen $\lambda = 0{,}4$ fm), erreicht man hohe Auflösung. Wie später in Abschn. 4.6 (Gl. (4.79)) gezeigt wird, ergibt sich für die Winkelverteilung der Elektronen bei Streuung an einem ausgedehnten geladenen Objekt

$$\left(\frac{d\sigma}{d\Omega}\right) = \left(\frac{d\sigma}{d\Omega}\right)_{\text{Punkt}} \cdot F^2(q) \tag{2.2}$$

wobei $F^2(q)$ eine Funktion ist, die sich aus der Ladungsdichteverteilung $\varrho(r)$ berechnen läßt nach

$$F^2(q) = \left| \frac{1}{e} \int \varrho(r) e^{(i/\hbar)\vec{q}\cdot\vec{r}} \, d\tau \right|^2 \tag{2.3}$$

Hier ist $\vec{q}$ wieder der Impulsübertrag beim Streuprozeß. Die wichtige Funktion $F^2(q)$ führt den Namen Formfaktor. Der Formfaktor gibt an, wie sich die Streuung an einem ausgedehnten Objekt von der Streuung an einer Punktladung bei einem bestimmten q unterscheidet und wird experimentell bestimmt, indem man den beobachteten Wirkungsquerschnitt durch den für eine Punktladung beispielsweise nach der Mott-Formel (1.16) berechneten dividiert.

Da der Formfaktor (2.3) die Fourier-Transformierte der Ladungsdichteverteilung $\varrho(r)$ ist, läßt sich durch Inversion der Gleichung (2.3) im Prinzip $\varrho(r)$ bestimmen, falls die Funktion $F^2(q)$ in allen Details bekannt ist. Dieser Weg ist jedoch meist nicht gangbar, da die Impulsüberträge nur in einem durch das Experiment begrenzten Bereich gemessen werden können. Daher beschreitet man häufig einen Weg, der dem in Fig. 5 für die Gewinnung eines Potentials skizzierten Verfahren entspricht: man wählt eine Modellverteilung für $\varrho(r)$, deren Parameter man so variiert, daß der daraus berechnete Formfaktor mit dem gemessenen übereinstimmt. Häufig wird hierfür die Verteilung benutzt

$$\varrho(r) = \varrho_0 \frac{1}{1 + e^{\frac{r - R_{1/2}}{z}}} \tag{2.4}$$

Sie heißt Fermi-Verteilung und ist in Fig. 6 aufgezeichnet. Für $r = R_{1/2}$ sinkt die Ladungsdichte auf die Hälfte ab. Die Größe z gibt die Dicke der Randzone an. Innerhalb der Randdicke $t = 4{,}4\,z$ sinkt die Ladungsdichte von 90% auf 10%.

Die Methode, Ladungsverteilungen durch Elektronenstreuung zu ermitteln, ist vor allem von R. Hofstadter und Mitarbeitern am Linear-Beschleuniger in Stanford entwickelt worden. Fig. 7a zeigt als Beispiel für ein Meßergebnis die Winkelverteilung von elastisch gestreuten Elektronen der Energie 420 MeV an Kohlenstoff. Es sind zwei theoretisch aufgrund einer Modell-Ladungsverteilung gerechnete Anpassungen

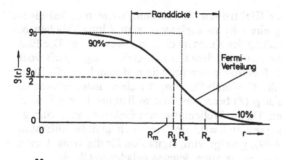

Fig. 6
Fermi-Verteilung und
Vergleich verschieden
definierter Ladungsradien

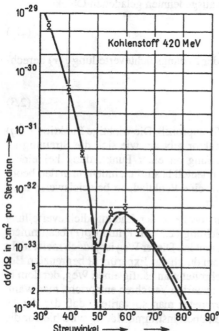

Fig. 7a
Winkelverteilung elastisch gestreuter
Elektronen an Kohlenstoff; nach [Hof 57]

eingezeichnet. Fig. 7b zeigt eine Übersicht über die Ladungsverteilungen der verschiedensten Kerne. Obwohl es sich um ein älteres Bild handelt, gibt es einen guten Eindruck vom allgemeinen Verhalten dieser Größe. Keineswegs alle Ladungsverteilungen lassen sich durch eine Fermi-Verteilung befriedigend beschreiben, vielmehr können die Dichten im Kerninneren abnehmen oder zunehmen. In den letzten Jahren sind solche Untersuchungen erheblich verfeinert worden, so daß inzwischen in einigen Fällen auch modellunabhängige Ladungsverteilungen angegeben werden können.

Um nun einen Kernradius anzugeben, bedarf es einer Definition dieser Größe anhand der gemessenen Ladungsdichte-Verteilung. In der Literatur sind verschiedene Definitionen gebräuchlich. Bereits definiert haben wir die Größe $R_{1/2}$. Wichtig ist weiter

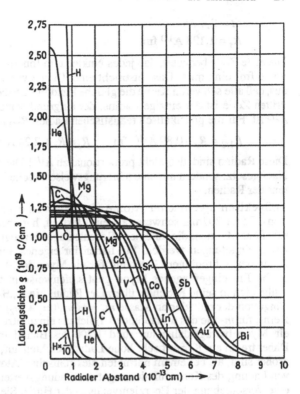

Fig. 7b
Ladungsdichteverteilung
für verschiedene Kerne;
nach [Hof 57]

der quadratisch gemittelte Radius

$$R_m^2 = \langle r^2 \rangle = \int_0^\infty r^2 \varrho(r) 4\pi r^2 \mathrm{d}r \tag{2.5}$$

Eine Entwicklung von $F^2(q)$, Gl. (2.3), nach Potenzen von q zeigt, daß für kleine Impulsüberträge ($qR \ll 1$) nur diese Größe aus der gemessenen Winkelverteilung abgeleitet werden kann. Für eine homogen geladene Kugel des Radius R_e ist

$$\langle r^2 \rangle = \frac{3}{5} R_e^2 \tag{2.6}$$

Anstelle von R_m wird oft der äquivalente Radius R_e einer homogen geladenen Kugel angegeben, d. h. es ist $R_e = 1{,}29\, R_m$. Die Definition dieser Radien ist in Fig. 6 erläutert. Weiter kann man einführen den Radius R_s einer homogen geladenen Vergleichskugel, die überall die Ladungsdichte ϱ_0 hat.

Die Ergebnisse der Ladungsdichte-Messungen für Kerne mit $A > 20$ lassen sich nun wie folgt zusammenfassen:

$$\varrho_0 = 0{,}17 \frac{Ze}{A} \mathrm{fm}^{-3} \tag{2.7a}$$

$$t = 2{,}4 \text{ fm} \tag{2.7b}$$

$$R_s = 1{,}128 \, A^{1/3} \text{ fm} \tag{2.7c}$$

Die erste Zeile bedeutet, daß jedes Nukleon im Innern schwerer Kerne ein Volumen von 6 fm³ einnimmt. Das entspricht einer Dichte von $2{,}7 \cdot 10^{14}$ g/cm³. Zeile 2 sagt aus, daß alle schweren Kerne die gleiche Randdicke haben. Der Äquivalentradius der dritten Zeile ist der einzige Radius, der aufgrund seiner Definition proportional zu $A^{1/3}$ ist. Für die physikalisch realistischen Radien $R_{1/2}$ und R_e gilt näherungsweise.

$$R_{1/2} = R_s - 0{,}89 \, A^{-1/3} \text{ fm} \qquad R_e = R_s + 2{,}24 \, A^{-1/3} \text{ fm}$$

Diese Radien sind also nicht proportional zu $A^{1/3}$! Die $A^{1/3}$-Regel (2.1) ist also kein Naturgesetz, sondern nur eine näherungsweise Bescheibung des allgemeinen Verhaltens der Radien.

b) Spektren myonischer Atome. Das Myon ist der nächste Verwandte des Elektrons. Es ist 207mal schwerer als ein Elektron, hat aber sonst sehr ähnliche Eigenschaften. Myonen, die an einem Beschleuniger erzeugt werden, können von einem Atom eingefangen werden. Sie haben ihr eigenes Term-Schema, das sich durch Lösen der Schrödinger-Gleichung für ein Myon im elektrischen Feld eines Atoms ergibt. Ein eingefangenes Myon geht stufenweise in tieferliegende Zustände und schließlich in seine K-Schale über. Der Radius einer „Bohrschen Bahn" $r = \hbar^2/m_r Z e$ hängt von der reduzierten Masse $m_r = m_1 m_2/(m_1 + m_2)$ ab. Für m_1 ist die Masse des Kerns, für m_2 die des umlaufenden Teilchens einzusetzen. Der Bahndurchmesser für ein Myon beträgt daher nur rund 1/200 des Bahndurchmessers für ein Elektron. Daher treten am Kernort sehr hohe Ladungsdichten auf, die etwa $200^3 \approx 8 \cdot 10^6$ mal größer sind, als bei einem normalen elektronischen Atom. Der Überlapp der positiven Ladung des Kerns mit der negativen Ladungsverteilung der Hülle bewirkt aber eine Verschiebung der Energieniveaus in der Hülle. Sie ist gegeben durch (vergleiche A, Gl. (9.26))

$$\Delta E_{\text{Vol}} = \int [\varphi_1(r)\varrho_1(r) - \varphi_2(r)\varrho_2(r)] \, \pi r^2 \, dr$$

Hier ist φ das von der Hülle am Kernort erzeugte elektrische Potential (gemessen z.B. in Volt). Wir interessieren uns dafür, welchen Einfluß die Ladungsverteilung des Kerns auf eine Spektrallinie hat, d.h. für die Energieänderung ΔE, die sich bei festem $\rho(r)$ für zwei Hüllenkonfigurationen 1 und 2 ergibt

$$\Delta E_{\text{Vol}} = \int [\varphi_1(r) - \varphi_2(r)]\varrho(r) \, 4\pi r^2 \, dr$$

Das Potential $\varphi(r)$ im Inneren einer homogen geladenen Kugel der Ladungsdichte $L(0)$ ist $\varphi(r) = (2/3)\pi L(0) r^2$, wobei wir $\varphi(0) = 0$ gewählt haben. Wir setzen dies ein, wobei $L(0)$ die Ladungsdichte der Hülle am Kernort bedeutet, die wir über das Kernvolumen als konstant annehmen. Es ergibt sich

$$\Delta E = \frac{2}{3}\pi[L_1(0) - L_2(0)] \int r^2 \varrho(r) \, 4\pi r^2 dr = \frac{2}{3}\pi \, \Delta L(0) R_m^2 \tag{2.8}$$

wobei R_m^2 der in (2.5) definierte quadratisch gemittelte Radius ist. Er ergibt sich offensichtlich aus der Linienverschiebung, die von der endlichen Ausdehnung der Kernladung verursacht wird. Die Spektrallinien myonischer Atome sind wegen der hohen Ladungsdichte $L(0)$ ihrer S-Zustände zur Beobachtung dieses Effekts besonders geeignet. Ein besonders einfaches Beispiel bietet das myonische Helium-Atom, das nur aus einem Alpha-Teilchen als Kern und einem Myon als Hülle besteht. Man kann für das Myon im wesentlichen Wasserstoff-Wellenfunktionen benutzen, nur muß man Ladung und reduzierte Masse ändern. Die Messung des Kernvolumen-Effekts ist am $2P_{3/2} \rightarrow 2S_{1/2}$-Übergang dieses Systems mit Hilfe eines frequenzveränderlichen Farbstofflasers gelungen und liefert für den Radius des Alpha-Teilchens $R_m = 1.6733(30)$ fm, das bedeutet eine Genauigkeit von 0,2%. Dieses am Helium-Kern angewandte Verfahren der Messung von ΔE mit Hilfe eines Lasers ist jedoch nicht typisch für Untersuchungen mit myonischen Atomen. Normalerweise werden die Übergänge zur myonischen K-Schale direkt gemessen. Ihre Energien liegen in der Größenordnung 100 keV bis 6 MeV, zur Messung eignen sich daher Halbleiterdetektoren.

c) Streuung von geladenen Teilchen und Neutronen an Kernen. Rutherford-Streuexperimente zielten ursprünglich nur darauf ab, die Teilchenenergie zu ermitteln, bei der Abweichungen von der aufgrund des Coulomb-Potentials zu erwartenden Winkelverteilung auftreten, um daraus den Abstand zu ermitteln, bei dem das einlaufende Teilchen mit dem Kern gerade in Kontakt kommt. Wenn man zu höheren Teilchenenergien übergeht, beobachtet man in der Winkelverteilung der elastisch gestreuten Teilchen eine ausgesprochene Beugungsstruktur. Sie kommt dadurch zustande, daß das Kernpotential auf die einfallende Welle wie eine Kugel mit einem bestimmten Brechungsindex wirkt. In die Form der Winkelverteilung geht der Kernradius R ein. Er kann daher aus den gemessenen Winkelverteilungen bestimmt werden (vgl. hierzu Abschn. 4.6 und 7.6). Bei der elastischen Streuung von Neutronen ist nur das Kernpotential wirksam. Bei der Streuung von geladenen Teilchen gehen das Coulomb-Potential und das Kernpotential in die Streuamplitude ein. (Die einzelnen Beiträge zur Streuamplitude sind dabei interferenzfähig, da wir dem elastisch gestreuten Teilchen prinzipiell nicht ansehen können, durch welchen Mechanismus es gestreut wurde). Diese Streuexperimente liefern keinen Radius der Ladungsverteilung, sondern einen Potentialradius für das aus den Kernkräften resultierende Wechselwirkungspotential zwischen Projektil und Kern. Näheres findet sich im Abschnitt über das optische Modell (Abschn. 7.6).

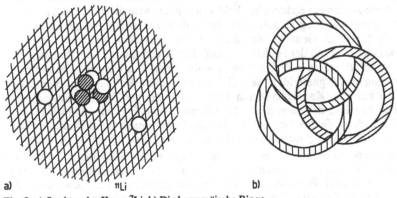

a)   ⁷Li   b)

Fig. 8 a) Struktur des Kerns ⁷Li, b) Die borromäische Ringe

Es muß hier angemerkt werden, daß die Voraussetzung gleicher Dichteverteilung für Protonen und Neutronen nur bei stabilen Kernen und solchen in der Nähe des Stabilitätstales gilt. In instabilen Kernen mit großem Neutronenüberschuß kann sich an der Kernoberfläche infolge der Fermi-Energiedifferenz zwischen Protonen und Neutronen (Abschn. 2.3) eine Neutronenhaut bilden. Krassere Verhältnisse werden bei einigen leichten Kernen an der Grenze der Stabilität beobachtet, die ein regelrechtes Neutronenhalo aufweisen. Das Paradebeispiel ist ^{11}Li, dessen Neutronenverteilung zu einem Radius führt, der fast so groß ist wie der des Bleikerns. Der Kern ^{11}Li besteht aus einem relativ dicht gebundenen Rumpf mit 3 Protonen und 6 Neutronen. Außerhalb dieses Rumpfes befinden sich die zwei Halo-Neutronen, wie in Fig. 8a schematisch dargestellt. Dieses Gebilde ist sehr zerbrechlich, es fällt auseinander, wenn man versucht, eines der Neutronen zu entfernen. Solche Kerne nennt man „borromeisch" wegen der ganz ähnlichen Bindungseigenschaft, die im Wappen der Familie Borromeo die drei ineinander verschlungenen Ringe haben (Fig. 8b). Entfernt man einen, fällt das Ganze auseinander.

Literatur zu Abschn. 2.1: [Bri 77, Bud 76]

2.2 Kernmassen, Kernbausteine und Bindungsenergien

Neben dem Radius ist die Masse das einfachste Bestimmungsstück eines Kernes. Im Gegensatz zum Radius haben Massen stabiler Kerne keine natürliche Unschärfe: Es ist daher möglich, die Massen der Kerne sehr genau anzugeben. Grundlage aller Massenangaben sind direkte Messungen mit dem Massenspektrographen. Daran lassen sich über Zerfalls- und Reaktionsdaten Massenbestimmungen weiterer, auch kurzlebiger Kerne anschließen. Moderne Massenspektrometer und Massenspektrographen stellen eine Weiterentwicklung des bereits von Thomson (1912) und Aston (1919) benutzten Prinzips dar: Die an einem bestimmten Punkt der Fokalebene auftreffenden Ionen der Untersuchungssubstanz sind entweder nacheinander oder gleichzeitig durch ein „Energiefilter" und ein „Impulsfilter" gelaufen. Die Masse ergibt sich dann aus $E = (1/2)mv^2$ und $p = mv$ zu $m = p^2/2E$. Um die Energie E festzulegen, benutzt man ein elektrisches Feld, etwa indem man die Teilchen durch eine Beschleunigungsspannung U laufen läßt. Es ist dann für ein Ion mit der Ladung Ze die Energie $E = ZeU$. Genauer wird die Messung, wenn man die Ionen in einem Zylinderkondensator mit der Feldstärke $\mathscr{E}$ auf einer Kreisbahn mit dem Radius ϱ laufen läßt. Dann gilt $mv^2/\varrho = Ze\mathscr{E}$, woraus $E = (1/2)Ze\mathscr{E}\varrho$. Zur Messung des Impulses $\vec{p}$ benutzt man ein Magnetfeld, in dem die Ionen unter der Wirkung der Lorentzkraft $\vec{F} = Ze\vec{v} \cdot \vec{B}$ auf einer Kreisbahn laufen. Hier gilt mit $mv^2/\varrho = ZevB$, so daß $p = mv = ZeB\varrho$. Man beachte, daß sowohl die Gleichung für die Energie als auch für den Impuls die Ladung Ze des Ions enthält. Da der Impuls quadratisch in die Massenbedingung eingeht, erhält man tatsächlich nur das Verhältnis Ze/m (vgl. A, Fig. 5).

Beim Massenspektrographen werden bei fest eingestellten Feldstärken alle Massen eines bestimmten Bereichs gleichzeitig in Form eines Linienspektrums auf einer Photoplatte registriert. Beim Massenspektrometer dagegen werden jeweils nur die auf einem festen Detektor (Faradaykäfig oder Sekundärelektronenvervielfacher) durch einen Schlitz auftreffenden Ionen einer bestimmten Masse nachgewiesen. Man erhält das Spektrum dann durch Veränderung der Felder. Bei der Konstruktion von Massenspektrographen muß man darauf achten, daß neben einer hohen Massenauflösung auch eine hinreichende „Lichtstärke" (Transmission) erreicht wird. Man erzielt dies durch die Anwendung richtungsfokussierender Felder, die dafür sorgen, daß auch solche Ionen auf den Detektor fokussiert werden, die die Quelle unter einem nicht zu großen Winkel zur Mittelebene des Instruments verlassen. Außerdem kann man die ionenoptischen Bedingungen so wählen, daß alle Ionen gleicher Masse, die mit etwas verschiedener Geschwindigkeit die Ionenquelle verlassen, auf den gleichen Punkt fokussiert werden (Geschwindigkeitsfokussierung). Fig. 9a zeigt die Feldanordnung des Mattauchschen Massenspektrographen. Die Meßgenauigkeit solcher Geräte ist außerordentlich groß. Die höchste Genauigkeit wird erzielt, wenn man zwei Ionen mit sehr nahe beieinanderliegenden Massen gleichzeitig in ein Massenspektrometer bringt, so daß eine Doppellinie entsteht (z.B. $^{12}C_{14}H_{12} - {}^{180}Hf$) aus der sich die Massendifferenz der beiden Ionen sehr genau bestimmen läßt (Dublett-Methode). Relative Atommassen lassen sich hieraus dann oft mit einer Genauigkeit von $1 : 10^8$ ableiten. Fig. 9b zeigt drei Linien zur Massenzahl 16, aufgenommen mit dem Mattauch-Spektrographen. Die relative Massenauflösung der Einzellinie beträgt hierbei $\Delta m/m = 1/107000$.

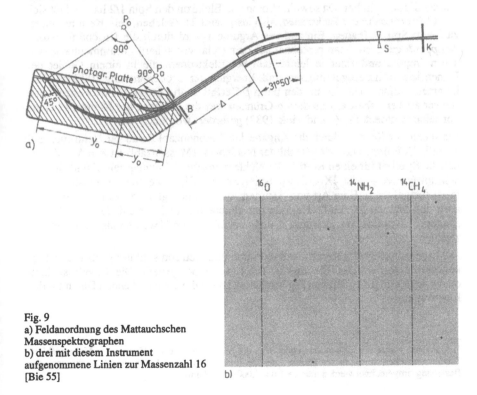

Fig. 9
a) Feldanordnung des Mattauchschen
Massenspektrographen
b) drei mit diesem Instrument
aufgenommene Linien zur Massenzahl 16
[Bie 55]

Als Einheit für die Angabe von Kernmassen ist durch internationale Konvention festgelegt die Masse m_u, die gleich ist dem zwölften Teil der Masse des neutralen Kohlenstoffatoms der Nukleonenzahl 12, also $m_u = (1/12)m_a(^{12}C)$. Als Einheitenzeichen für diese atomare Masseneinheit wird der Buchstabe u benutzt[1]). Es ist

$$m_u = 1 \text{ u} = 1{,}66056 \cdot 10^{-24}\text{g} = 931{,}5 \text{ MeV}/c^2$$

Häufig ist die Benutzung einer Millimasseneinheit 1 mu = 0.9315 MeV/c^2 bequem. Als relative Atommasse A_r für ein beliebiges neutrales Atom der Masse m_a gibt man an $A_r = m_a/m_u$ (oft ungenau „Atomgewicht" genannt).

Schon die ersten massenspektroskopischen Untersuchungen zeigten, daß für Atome mit gleicher Kernladung Z meist eine ganze Reihe von „Isotopen" mit unterschiedlicher Masse existiert und daß die Masse jedes einzelnen Isotops fast genau ein ganzzahliges Vielfaches der Masse des Wasserstoffatoms ist. Heute wissen wir, daß Kerne aus Protonen und Neutronen bestehen. Beide Teilchen können bei Kernreaktionen direkt beobachtet werden. Da anfänglich nur Protonen und Elektronen bekannt waren, mußte diskutiert werden, ob Kerne nur aus Protonen und Elektronen bestehen können. Diese Annahme führte bereits vor Entdeckung des Neutrons zu erheblichen Widersprüchen. Es war beispielsweise aus der Beobachtung von Bandenspektren bekannt, daß der Stickstoffkern der Ladungszahl $Z = 7$ und der Massenzahl $A = 14$ einen ganzzahligen Spin hat. Da sowohl Proton wie Elektron den Spin 1/2 haben, läßt sich aus 14 Protonen und 7 Elektronen, also insgesamt 21 Teilchen, kein Kern mit ganzzahligem Spin aufbauen. Ein anderes Argument wird durch die Unschärferelation $\Delta r \Delta p_r \approx \hbar$ geliefert. Man berechnet aus dem (relativistischen) Zusammenhang zwischen Impuls und Energie leicht, daß bei Elektronen, die in einem Gebiet der Dimension 10 fm eingeschlossen sind, Energien der Größenordnung 100 MeV vorkommen müßten. Das ist mit den beim β-Zerfall beobachteten Elektronenenergien schwer zu vereinbaren. Aus diesen Gründen war die Existenz des Neutrons bereits vor seiner Entdeckung (Chadwick 1932) gefordert worden.

Ein spezieller Kern ist durch die Angabe der Protonenzahl Z und der Neutronenzahl N völlig definiert. Die Gesamtzahl der Nukleonen (Massenzahl) ist $A = N + Z$. Das übliche Symbol für einen Kern X der Nukleonenzahl A, Ladungszahl Z und Neutronenzahl $N = A - Z$ ist $^A_Z X_N$, also beispielsweise $^{35}_{17}Cl_{18}$. Die Neutronenzahl N wird meist fortgelassen. Eine Art von Atomen, die alle den gleichen Kern haben, führt auch den Namen „Nuklid". Nuklide mit gleichem Z und verschiedenem A heißen „Isotope", Nuklide mit gleichem A und verschiedenem Z werden als „Isobare" bezeichnet.

Die Eigenschaften der Kernbausteine Proton und Neutron sind mit großer Genauigkeit vermessen worden. Sie sind in Tab.1 zusammengestellt. Die Tabelle schließt einige später zu diskutierende Eigenschaften sowie die entsprechenden Daten für das Elektron ein.

---

[1]) Vor 1960 wurde als Einheit verwendet 1/16 der Masse des Sauerstoffatoms der Massenzahl 16 (Einheitenzeichen amu). In der älteren Literatur finden sich daher Massenangaben, die nach der Beziehung umgerechnet werden müssen 1 u = 1,000317917 amu.

Tab.1 Teilcheneigenschaften von Proton, Neutron und Elektron [Par 90]

Teilchen	Masse in u	in MeV/c^2	Spin	g-Faktor	Mittlere Lebensdauer
Proton	1,00727647	938,272	1/2	5,5857	$> 2 \cdot 10^{31}$ a
Neutron	1,0086649	939,566	1/2	–3,8261	$(886,7 \pm 1,9)$ s
Elektron	$5,48580 \cdot 10^{-4}$	0,510999	1/2	2,00232	$> 2 \cdot 10^{22}$ a

Die Masse des Neutrons läßt sich massenspektroskopisch nicht direkt bestimmen, da es nicht geladen ist. Doch zeigt das folgende Beispiel, in welcher Weise Energie- und Massenbestimmungen verknüpft werden können, um Massenwerte zu erschließen, die der Messung nicht direkt zugänglich sind. Die Energie der γ-Quanten, die notwendig ist, um ein Deuteron zu spalten, läßt sich sehr genau messen. Daraus ergibt sich die Bindungsenergie B des Deuterons gemäß

$$^2_1D + \gamma \rightarrow {}^1_0n + {}^1_1H - B$$

Man findet $B = (2226 \pm 3)$keV. Offensichtlich gilt für die Masse m_D des Deuterons $m_D = m_n + m_H - 2226$ keV/c^2. Massenspektroskopisch läßt sich direkt bestimmen die Differenz $2 m_H - m_D = (1442 \pm 1)$keV/$c^2$. Beide Gleichungen zusammen ergeben $m_n - m_H = (784 \pm 4)$keV/c^2 oder $m_n = m_p + 784$ keV/$c^2 + m_e = (938,256 + 0,784 + 0,511)$MeV/$c^2 = (939,551 \pm 0,004)$MeV/$c^2$. (Die Fehlerangaben in diesem Beispiel beziehen sich auf spezielle Experimente).

In ähnlicher Weise lassen sich die Massen instabiler Kerne erschließen aus der Energiebilanz bei Kernreaktionen oder aus den Zerfallsenergien für die Emission von β- oder α-Teilchen. Solche Energien können häufig auf etwa 1 keV genau gemessen werden. Für einen Kern mit $A = 100$ ergibt das mit 1 u $\approx 10^9$ eV eine relative Genauigkeit der Massenbestimmungen von $(\Delta m/m) = (10^3 eV)/(100 \cdot 10^9 eV) = 10^{-8}$. Da viele Kernmassen auf mehr als einem Weg bestimmt werden können und häufig über komplizierte Reaktionsketten miteinander verbunden sind, ist es möglich und notwendig, über eine Ausgleichsrechnung konsistente Tabellen der Kernmassen herzustellen [Mat 65, Gar 69, Wap 71].

Aus den präzis vermessenen Kernmassen läßt sich eine Reihe sehr wichtiger Schlüsse ziehen. Zunächst stellen wir fest, daß die Masse eines Kernes der Nukleonenzahl $A = N + Z$ stets etwas kleiner ist als die Summe der Massen von N Neutronen und Z Protonen. Dieser Massendefekt entspricht der Bindungsenergie, die frei wird, wenn die einzelnen Nukleonen zu einem Kern vereinigt werden. Umgekehrt ausgedrückt, ist der Massendefekt äquivalent der Energie, die aufgebracht werden müßte, um den Kern in seine einzelnen Nukleonen zu zerlegen, wobei man die Nukleonen räumlich so weit trennen muß, daß sich keines mehr innerhalb der Reichweite der Kernkräfte eines anderen befindet. Die Bindungsenergie B ist daher gegeben durch

$$B(Z, N) = [Zm_H + Nm_n - m(Z, N)]c^2 \qquad (2.10)$$

Wir haben die Bindungsenergie hier positiv gerechnet. Es ist m_H die Masse eines neutralen Wasserstoffatoms, m_n die Masse des Neutrons und $m(Z, N)$ die Masse des betreffenden Atoms. Die Masse der Elektronen wird also stets mitgezählt[1]). Nach unserer Definition ist B eine positive Größe. Es ist zweckmäßig, auf der rechten Seite von (2.10) die Massen in MeV/c^2 einzusetzen. Dann ergibt sich B direkt in MeV. In der Kernphysik ist es weitgehend üblich, bei Massenangaben den Faktor c^2 als selbstverständlich wegzulassen und Massen kurzerhand in MeV anzugeben.

Eine Inspektion der Massentabellen zeigt, daß für Kerne mit $A > 30$ die Bindungsenergie B näherungsweise proportional zur Nukleonenzahl A ist. Es ist daher besonders interessant, die Bindungsenergie pro Nukleon B/A genauer zu betrachten. Für leichte Kerne zeigt B/A erhebliche Schwankungen. Tab. 2 gibt einige Beispiele. Man sieht insbesondere, daß das Deuteron eine besonders niedrige und das α-Teilchen mit 7 MeV eine besonders hohe Bindungsenergie pro Nukleon hat. Für größere A nimmt B/A einen mittleren Wert zwischen 7,5 und 8,5 MeV an. In Fig. 10 ist der Verlauf von B/A dargestellt, wobei die Abszisse bis $A = 30$ gespreizt ist. Im Bereich der leichten Kerne fällt auf, daß die Bindungsenergien für $^4_2\mathrm{He}_2$, $^8_4\mathrm{Be}_4$, $^{12}_6\mathrm{C}_6$, $^{16}_8\mathrm{O}_8$ und $^{20}_{10}\mathrm{Ne}_{10}$ besonders groß sind. Jede dieser Kerne enthält eine gleiche Zahl jeweils „gepaarter" Protonen und Neutronen.

Tab. 2 Bindungsenergie pro Nukleon für die leichtesten Kerne

Kern	$^2_1\mathrm{H}_1$ (d)	$^3_1\mathrm{H}_2$ (t)	$^3_2\mathrm{He}_1$	$^4_2\mathrm{He}_2$ (α)	$^6_3\mathrm{Li}_3$	$^7_3\mathrm{Li}_4$ ($\to 2\alpha$)	$^8_4\mathrm{Be}_4$	$^9_4\mathrm{Be}_5$	$^{10}_5\mathrm{B}_5$	$^{11}_5\mathrm{B}_6$	$^{12}_6\mathrm{C}_6$
B	2,225	8,482	7,717	29,29	31,99	39,24	65,49	58,16	64,75	76,20	92,16
B/A	1,11	2,83	2,57	7,07	5,33	5,60	7,06	6,46	6,47	6,93	7,67
S_n	2,22	6,25	–	20,6	5,66	7,25	18,9	1,67	8,44	11,4	18,7
S_p	2,22	–	5,49	19,8	4,65	9,98	17,2	16,9	6,59	11,2	15,9
δ_n	–	4,0	–	–	–	1,6	–	–	–	3	–
δ_p	–	–	3,3	–	–	–	7,22	14,9	–	–	4,7

Alle Energien in MeV; B, S_n und S_p nach [Eve 61]

Der Verlauf der Kurve in Fig. 10 hat praktische Konsequenzen für die Energiegewinnung aus Kernumwandlungen. Da B/A für $A \approx 60$ ein Maximum hat, läßt sich sowohl durch Verschmelzung leichter Kerne (Fusion) als auch durch Spaltung schwerer Kerne Energie gewinnen. Die Energieproduktion im Innern von Sternen beruht auf der Fusion von Wasserstoff zu Helium. Bei der technisch ausnutzbaren Kernspaltung werden Kerne mit $A > 230$ in zwei näherungsweise gleichschwere Bruchstücke zerlegt. Fig. 10 zeigt, daß dabei etwa 1 MeV pro Nukleon an Bindungsenergie gewonnen wird. Es werden daher rund 200 MeV pro Spaltungsprozeß frei. Diese Energie verteilt sich auf die Spaltungsbruchstücke (≈ 160 MeV), auf die Spaltungsneutronen sowie auf Elektronen, Neutrinos und γ-Strahlung.

---

[1]) Die Bindungsenergie der Elektronen ist häufig vernachlässigbar, jedoch ist sie in den gemessenen Atommassen enthalten. Für Atome mit hohem Z ist die Elektronenbindungsenergie durchaus von Bedeutung. Die gesamte Bindungsenergie der Hülle läßt sich mit dem Thomas-Fermi-Modell abschätzen [Fo151] und ist oft mit einem größeren Fehler behaftet, als die gemessenen Atommassen. Die sich daraus rechnerisch ergebenden Kernmassen sind dann mit der entsprechenden Unsicherheit behaftet.

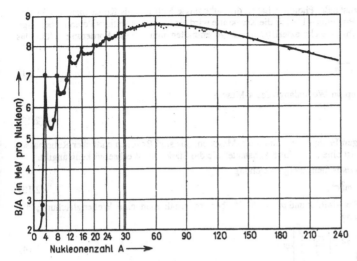

Fig. 10   Bindungsenergie pro Nukleon als Funktion von A für stabile Kerne; nach [Eva 55].
Abszisse bis $A = 30$ gespreizt

Aus der näherungsweisen Konstanz von B/A lassen sich einige wichtige Schlüsse auf die Natur der Kernkräfte ziehen. Wir wollen probeweise annehmen, daß jedes einzelne Nukleon eines Kerns mit jedem anderen in Wechselwirkung durch die Kernkräfte tritt. Wir stellen uns nun die A Nukleonen irgendwie numeriert vor. Von jedem der A Nukleonen gibt es dann ($A - 1$ „Bindungen" zu den anderen Nukleonen, also existieren insgesamt $A(A - 1)/2$-Bindungen. (Ohne den für unsere Betrachtung unwesentlichen Faktor 1/2 hätten wir jede Bindung doppelt gezählt.) Wäre diese Vorstellung richtig, sollten wir erwarten, daß die Bindungsenergie B proportional zu A^2 ansteigt. Das ist aber nicht der Fall. Wir müssen daher nach einer Form der Wechselwirkung suchen, die eine Bindungsenergie proportional zu A ergibt. Solche Kräfte mit „Sättigungscharakter" sind aus der Atomphysik wohlbekannt. Sie treten bei der homöopolaren Bindung von Atomen in Molekülen auf. Ein Beispiel ist die Bindung zwischen Wasserstoffatomen in einem Tropfen flüssigen Wasserstoffs. Es werden immer zwei Atome homöopolar zu einem H_2-Molekül gebunden. Die Bindungsenergie ist hierbei proportional zur Zahl der Paare, also proportional zur Zahl der gebundenen Teilchen. Die für die Molekülbindung verantwortlichen Kräfte sind Austauschkräfte quantenmechanischen Ursprungs. Sie werden verursacht durch den Austausch eines Elektrons zwischen den gebundenen Partnern. Wichtig ist, daß solche Kräfte immer nur zwischen zwei Partnern wirken. Es liegt nahe, in Analogie hierzu auch für die Kernkräfte eine Zweikörperkraft anzunehmen, die durch Austausch eines Teilchens bewirkt wird. Ein entsprechendes Teilchen wurde aufgrund verschiedener Überlegungen erst theoretisch gefordert (Yukawa 1935) und später experimentell gefunden (Powell 1946). Es führt den Namen π-Meson (Pion).

Yukawas Idee war, daß Kernkräfte durch ein Mesonenfeld vermittelt werden ähnlich dem elektromagnetischen Feld. Die elektromagnetische Wechselwirkung kommt durch Austausch von Photonen als Feldquanten zustande. Photonen haben die Ruhemasse Null und als Konsequenz ergibt sich ein langreichweitiges Potential $\sim 1/r$. Für die Kernkräfte wird ein kurzreichweitiges Potential benötigt, das eine für die Reichweite charakteristische Länge enthalten muß. Diese Forderung erfüllt das Yukawa-Potential

$$V(r) = g \frac{1}{r} e^{-\frac{m_\pi c}{\hbar} r} \qquad (2.11)$$

das als Länge die Compton-Wellenlänge des π-Mesons

$$\lambda_\pi = \frac{\hbar}{m_\pi c} \qquad (2.12)$$

enthält. Die zugehörigen Feldquanten sind die π-Mesonen, das sind Bosonen endlicher Ruhemasse. Die Größe g in (2.11) ist eine „Kopplungskonstante" die die Stärke der Wechselwirkung angibt.

Geht man in der relativistischen Energiegleichung

$$E^2 = p^2 c^2 + m_0^2 c^4 \qquad (2.13)$$

zu den Operatoren $E = -i\hbar \partial / \partial t$ und $p^2 = -\hbar^2 \nabla^2$ über, so erhält man eine Wellengleichung, die Klein-Gordon-Gleichung

$$\frac{1}{c^2} \frac{\partial^2 \psi}{\partial t^2} = \left\{ \nabla^2 - \left(\frac{m_0 c}{\hbar} \right)^2 \right\} \psi \qquad (2.14)$$

Sie ist für Bosonen geeignet. Für ein masseloses Photon mit $m_0 = 0$ reduziert sich das auf die normale Wellengleichung für das elektromagnetische Feld, wobei ψ entweder als das elektrische Potential oder als die Amplitude für das Photonfeld aufgefaßt werden kann. In Gl. (2.14) läßt sich für ein stationäres System der zeitabhängige Teil wie bei der Schrödingergleichung abspalten und man erhält

$$\left\{ \nabla^2 - \left(\frac{m_0 c}{\hbar} \right)^2 \right\} \phi = 0 \qquad (2.15)$$

Für eine Punktquelle des Feldes bei $r = 0$ hat diese Gleichung Kugelsymmetrie

$$\left\{ \frac{1}{r^2} \frac{\partial}{\partial r} \left(r^2 \frac{\partial}{\partial r} \right) - \left(\frac{m_0 c}{\hbar} \right)^2 \right\} \phi = 0 \qquad (2.16)$$

mit der Lösung

$$\phi(r) = \frac{g}{r} e^{-r/\lambda} \qquad (2.17)$$

Mit $\lambda = \lambda_\pi = \hbar / m_\pi c$ \qquad (2.18)

entspricht dies dem Yukawa-Potential (2.11) mit der Masse m_π für das Feldquant.

Mit Hilfe der Unschärferelation können wir aus der Masse des Pions eine grobe Abschätzung für die Reichweite der Kernkräfte gewinnen. Der durch das π-Meson verursachten „Massenunschärfe" des Nukleons muß gemäß $\Delta E \cdot \Delta t \approx \hbar$ eine Zeit Δt entsprechen. Man findet mit $\Delta E = m_\pi c^2 \approx 140$ MeV und $\hbar = 6,6 \cdot 10^{-22}$ MeVs für Δt einen Wert von $4,7 \cdot 10^{-24}$ s. Da das Pion höchstens mit Lichtgeschwindigkeit laufen kann, beträgt seine Reichweite $c \Delta t$. Mit dem eben berechneten Wert für Δt ergibt sich $c \Delta t = 1,4$ fm. Das stimmt überraschend gut mit dem Wert für r_0 in der Formel (2.1) für den Kernradius überein.

Qualitativ wissen wir über das Verhalten der Kernkräfte jetzt bereits folgendes: es sind Zweikörperkräfte von Sättigungscharakter und kurzer Reichweite, deren Verhalten für größere Abstände näherungsweise durch das Yukawa-Potential (2.11) beschrieben wird. Würde diese Kraft bis zum Abstand $r = 0$ anziehend bleiben, so würden alle Kerne auf einen Radius $R \approx r_0$, der der Reichweite dieser Kraft entspricht, schrumpfen. Das widerspricht aber der durch Gl. (2.1) ausgedrückten konstanten Dichte aller Kerne. Wir sind daher gezwungen, für kleine Abstände einen abstoßenden Potentialkern einzuführen. (In unserem Beispiel des H_2-Moleküls übernimmt die Coulomb-Abstoßung zwischen den Protonen die Rolle des abstoßenden Potentialkerns.) Nach diesen vorläufigen Betrachtungen erhalten wir den in Fig. 11 skizzierten Potentialverlauf. Die detaillierteren Eigenschaften der Kernkräfte werden später in Kapitel 5 diskutiert.

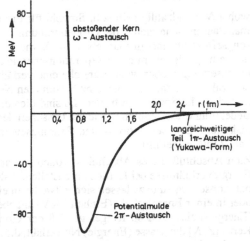

Fig. 11
Potential zwischen zwei Nukleonen im $^1S_0$-Zustand. Der gezeichnete Verlauf entspricht dem Potential von Reid [Rei 68], ist hier jedoch nur als qualitative Illustration des Potentialverlaufs zu verstehen

Unsere Betrachtungen über die Natur der Kernkräfte haben wir angeknüpft an eine Diskussion der mittleren Bindungsenergie pro Nukleon, wie sie aus Massewerten bestimmt werden kann. Aus den Massetabellen lassen sich aber noch weitere Schlüsse ziehen. Wir können beispielsweise danach fragen, wieviel Energie erforderlich ist, um aus einem speziellen Kern ein einzelnes Nukleon abzuspalten. Diese Energie heißt Separationsenergie. Sie entspricht der Ionisierungsenergie für die Atomhülle. Die Separationsenergie ist gegeben durch die Differenz zwischen der Masse des ursprünglichen Kerns und der Summe der Masse von Restkern und abgetrenntem Teilchen. Die Separationsenergie S_n für die Abspaltung eines Neutrons von Kern (Z, N) ist demnach

$$S_n(Z, N) = [m(Z, N-1) + m_n - m(Z, N)]c^2 = B(Z, N) - B(Z, N-1) \qquad (2.19)$$

Hier ist B die in (2.10) definierte Bindungsenergie. Entsprechend werden die Separationsenergien S_p und S_α für ein Proton oder ein α-Teilchen definiert. Trägt man die Separationsenergien aus den Massetafeln für verschiedene Kerne auf, so findet man Werte, die von wenigen MeV bis etwa 20 MeV variieren (vgl. z.B. [Yam 61]). Sie hängen von der später (Kapitel 6) zu besprechenden Schalenstruktur der Kerne in ähnlicher Weise ab wie die Ionisierungsenergien der Atome von der Struktur der

Elektronenhülle. Zwei auffällige Gesetzmäßigkeiten sollen aber hier erwähnt werden. Vergleicht man die Neutronen-Separationsenergie S_n von Kernen mit gerader Neutronenzahl mit der von Nachbarkernen mit ungerader Neutronenzahl, so stellt man fest, daß bei Kernen mit gerader Neutronenzahl stets eine wesentlich größere Energie zur Abspaltung erforderlich ist. Entsprechendes gilt für die Protonenseparationsenergien. Dies führt zur empirischen Einführung einer Paarungsenergie, die aufgebracht werden muß, um aus einer geraden Anzahl von identischen Nukleonen eines herauszulösen. Mit Hilfe der Separationsenergien S_n können wir für einen speziellen Kern als Neutronenpaarungsenergie definieren

$$\delta_n(Z, N) = S_n(Z, N) - S_n(Z, N - 1) \qquad (2.20)$$

wobei N geradzahlig sein soll. Sowohl für Protonen als auch für Neutronen findet man Paarungsenergien in der Größenordnung von 2 MeV. Sieht man von diesem Paarungseffekt ab, indem man etwa nur Kerne mit gerader Neutronenzahl betrachtet oder eine geeignete mittlere Separationsenergie einführt, so sieht man, daß die Separationsenergien über weite Bereiche eine verhältnismäßig glatte Funktion der Teilchenzahl sind, daß aber bei ganz bestimmten Neutronen- oder Protonenzahlen charakteristische Sprünge auftreten. Es sind dies die Zahlen 2, 8, 20, 50, 82, 126. Die Bedeutung dieser Zahlen sowie die Ursachen der Paarungskraft werden in Kapitel 6 diskutiert. Die Separations- und Paarungsenergien der leichtesten Kerne sind in Tab. 2 mit aufgeführt.

Zum Abschluß dieses Abschnitts wollen wir anhand von Fig. 12 die übliche Art, Energieverhältnisse bei Kernen darzustellen, diskutieren. Alle Anregungsstufen, Separationsenergien usw. lassen sich entweder in einer Massenskala (Einheit z.B. mu) oder in einer Energieskala (Einheit MeV) angeben. Der Nullpunkt der Massenskala (Energieskala) wird so festgelegt, daß der Grundzustand des gerade betrachteten Kerns [Z, N] die Masse (Energie) Null erhält, d.h. man subtrahiert von allen Angaben die Grundzustandsmasse. Wenn [Z, N] ein stabiler Kern ist, so ist zur Separation eines Neutrons sicherlich Energie erforderlich.

Die Summe der Massen des Kerns [Z, N − 1] und des Neutrons liegt daher höher als die Grundzustandsmasse des Kerns [Z, N]. Die Differenz ist die Separationsenergie S_0, die man an der Energieskala direkt in MeV ablesen kann. Entsprechendes gilt für

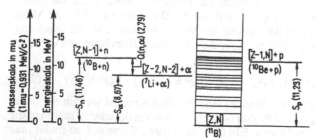

Fig. 12   Energiediagramm für einen Kern [Z, N]. In runden Klammern ein konkretes Beispiel. Zahlen in runden Klammern geben Energien in MeV an. Eine Reihe angeregter Zustände von ^{11}B ist eingezeichnet

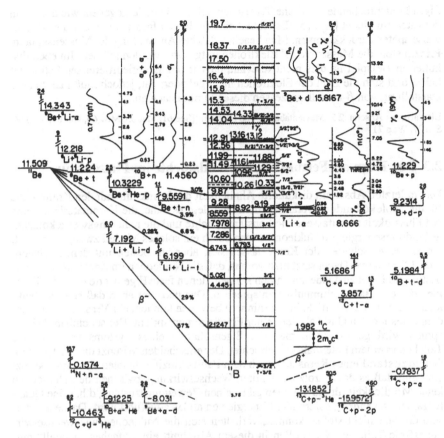

Fig. 13   Termschema von ^{11}B [Ajz 75] (mit freundlicher Genehmigung des Verlages North-Holland Publishing Company, entnommen aus F. Ajzenberg-Selove in: Nuclear Physics A 248 (1975) 1)

die Protonenseparationsenergie S_p. In Fig. 12 sind als konkretes Beispiel in runden Klammern die Verhältnisse für den Kern ^{11}B angegeben. In praktischen Fällen verwendet man fast immer die Energieskala in MeV. In der Figur ist ferner die Separationsenergie S_α für ein α-Teilchen eingetragen. Wenn man zum ^{10}B ein Neutron mit sehr kleiner kinetischer Energie hinzufügt, so erhält man einen ^{11}B-Kern mit der Anregungsenergie S_n. Emittiert dieser Kern nun ein α-Teilchen, so wird dazu die Separationsenergie S_α verbraucht. Die Differenz $Q = S_n - S_\alpha$ ist überschüssig und tritt als kinetische Energie oder innere Anregungsenergie der Endprodukte auf. Man bezeichnet sie als Q-Wert der entsprechenden Reaktion. In unserem Beispiel handelt es sich um die Reaktion ^{10}B + n → ^{7}Li + α oder, in der üblichen Notation, ^{10}B (n, α)^{7}Li. In analoger Weise kann man sich die Energieverhältnisse bei allen Kernreaktionen oder Kernzerfällen klarmachen. In Fig. 13 ist noch das dem Prinzip von

Fig. 12 entsprechende wirkliche Termschema des ^{11}B wiedergegeben, wie man es in der Literatur findet [Ajz 75]. Es enthält eine Fülle von Information, auf die wir teilweise später zurückkommen. Man beachte, daß bei Anwendung der Massenskala im Prinzip stets die Massen von Z Elektronen mitgezählt werden müssen. Im eben diskutierten Beispiel ist dies nicht relevant, da wir nur Energiedifferenzen betrachtet haben und sich die Zahl der Elektronen nicht geändert hat, jedoch muß man bei der Darstellung von β-Zerfallsprozessen diesen Punkt beachten.

Literatur zu Abschn. 2.2: Massentabellen und Formeln, [See 61, Mat 65, Mtw 65, Gar 69, Map 66, San 77, Wap 71]

2.3 Der Kern als Fermi-Gas, Zustandsdichte im Phasenraum

Die im letzten Abschnitt diskutierte Ähnlichkeit der Kernkräfte mit den Kräften, die für die Molekülbindung verantwortlich sind, legt es nahe, die Kernmaterie als eine Art Flüssigkeit aufzufassen. Die konstante Dichte und die näherungsweise konstante Bindungsenergie pro Nukleon werden durch ein solches Modell zwanglos erklärt. Andere Eigenschaften der Kerne lassen sich aber am besten mit dem „Schalenmodell" erklären. Dabei setzt man voraus, daß die Nukleonen im Kernpotential ganz bestimmte Eigenzustände annehmen können, denen feste Eigenwerte etwa der Energie oder des Bahndrehimpulses entsprechen. Das bedeutet aber, daß sich die Nukleonen frei und ohne Stöße im Kerninnern bewegen können, ein Verhalten, das eher dem eines idealen Gasts als dem einer Flüssigkeit entspricht. Der scheinbare Widerspruch wird gelöst, wenn man die Eigenschaften eines Systems von Spin-1/2 Teilchen in einem Potentialtopf betrachtet. Der entscheidende Punkt dabei ist, daß im Grundzustand eines Kerns alle nach dem Pauli-Prinzip erlaubten Zustände besetzt sind und daß es daher trotz der starken Wechselwirkung zwischen den Nukleonen keine Möglichkeit für ein Teilchen gibt, seinen Bewegungszustand, d.h. seine Quantenzahlen, zu ändern, sofern nicht Energie von außen zugeführt wird. Da sie aus diesem Grunde nicht stoßen können, verhalten sich die Nukleonen wie wechselwirkungsfreie Teilchen. Wir wollen in diesem Abschnitt ein einfaches „Modell" entwickeln, das uns helfen wird, die Eigenschaften der Kernmaterie besser zu verstehen.

Voraussetzung dieses Modells ist, daß es näherungsweise möglich sein soll, einen Kern als System unabhängiger, d.h. nicht direkt miteinander wechselwirkender Teilchen zu beschreiben. Denken wir uns ein Nukleon willkürlich herausgegriffen, so sollen sich seine Zustände ergeben durch Lösen der Schrödinger-Gleichung für dieses Teilchen in einem mittleren Kernpotential, zu dem sich die Wirkung aller anderen Nukleonen mitteln läßt. Demgegenüber sollen die paarweisen Wechselwirkungen mit einzelnen anderen Nukleonen von untergeordneter Bedeutung sein. Daß Kerne näherungsweise auf diese Art beschrieben werden können, ist durch den Erfolg des auf dieser Voraussetzung fußenden Schalenmodells nachgewiesen und kann auch direkt aus den Eigenschaften der Kernkräfte hergeleitet werden. Das Schalenmodell soll in Kapitel 6 im einzelnen besprochen werden. In diesem Abschnitt wollen wir nur einige Eigenschaften betrachten, die sich für ein System unabhängiger, d.h. wechselwirkungsfreier Spin-1/2-Teilchen in einem besonders einfachen Potential ergeben.

Der Versuch einer Beschreibung durch ein System wechselwirkungsfreier Teilchen ist in der Physik von prinzipieller Bedeutung. Für ein solches System läßt sich die Lösung exakt angeben. Die Schrödingergleichung für ein Vielteilchensystem mit Wechselwirkung ist dagegen exakt unlösbar. Man versucht daher zur Behandlung realer Systeme, bei denen immer Wechselwirkungen vorliegen, eine geeignete Beschreibungsbasis zu finden (z.B. durch Angabe eines gemeinsamen Potentials für die Teilchen), bei der die Lösung in erster Näherung gegeben ist durch das Verhalten eines Systems wechselwirkungsfreier Teilchen. Der Einfluß der paarweisen Wechselwirkungen kann dann als zusätzliche Korrektur behandelt werden. Ein solches Verfahren findet außer beim Schalenmodell des Kerns (s. Abschn. 6.1) und der Hülle (A, Abschn. 8.1, 8.2) bei vielen anderen Problemen der Physik Anwendung. Beim Fermi-Gas-Modell wird der Fall eines gänzlich wechselwirkungsfreien Systems in einem besonders einfachen Potential behandelt.

Welche Form das mittlere Kernpotential hat, wissen wir zunächst nicht. Im Gegensatz zur Atomhülle, wo sich die Elektronen in einem elektrostatischen Zentralpotential befinden, ist beim Kern nicht ohne weiteres ersichtlich, welche Potentialform sich aus der Mittelung über die Wirkung der Kernkräfte ergibt. Daß das Potential von den Nukleonen selbst erzeugt wird, ist an sich nicht weiter erstaunlich, da ja beispielsweise auch ein Flüssigkeitstropfen durch Kräfte zusammenhält, die von den Molekülen erzeugt werden. Für das im Folgenden zu besprechende Modell soll das Kernpotential nur der Forderung genügen, daß es den Durchmesser eines Kerns und einen relativ scharfen Rand hat. Ein einfaches Potential, das diese Forderung erfüllt, ist das kugelsymmetrische Rechteckpotential $V(r)$. Es hat innerhalb des Kernradius, also für $r < R$ einen konstanten Wert $-V_0$ und springt für $r = R$ auf Null. Die im Potential gebundenen Teilchen haben nicht genügend Energie, den Potentialtopf zu verlassen, d.h., der Potentialrand ist für sie undurchdringlich. Wir können daher ohne das Ergebnis für die gebundenen Teilchen wesentlich zu ändern, den Potentialsprung bei $r = R$ auch gegen $+\infty$ gehen lassen. Wenn wir noch den Nullpunkt der Energieskala bei $-V_0$ wählen, kommen wir zu folgendem Modell: ein System freier Spin-1/2-Teilchen ist von einer undurchdringlichen Wand bei $r = R$ eingeschlossen. Dieses spezielle Modell unabhängiger Teilchen heißt Fermi-Gas-Modell. Es wird auch bei einem anderen wohlbekannten System verwendet, nämlich bei Leitungselektronen in einem Metall. Innerhalb der Leitungsbänder können sich die Elektronen frei bewegen. An der Grenzfläche des Metalls treffen sie auf einen Potentialsprung.

Da die Teilchen untereinander nicht wechselwirken sollen, können wir folgendermaßen vorgehen. Wir betrachten zuerst die Zustände für ein einzelnes Teilchen und überlegen uns anschließend, wie diese Zustände bei einem System aus vielen Teilchen unter Beachtung des Pauli-Prinzips besetzt werden können.

Wir wollen daher zuerst die zeitunabhängige Schrödinger-Gleichung

$$-\frac{\hbar^2}{2m}\Delta\psi = -\frac{\hbar^2}{2m}\left(\frac{\partial^2\psi}{\partial x^2} + \frac{\partial^2\psi}{\partial y^2} + \frac{\partial^2\psi}{\partial z^2}\right) = E\psi \qquad (2.21)$$

für ein freies Teilchen im Rechteckpotential lösen. Dabei sei ein rechtwinkliges Koordinatensystem angenommen. Sei zunächst $X(x)$ eine Lösung der eindimensionalen Gleichung

$$-\frac{\hbar^2}{2m}\frac{\partial^2 X}{\partial x^2} = E_x X(x) \qquad (2.22)$$

mit dem Energieeigenwert E_x. In gleicher Weise seien $Y(y)$ und $Z(z)$ definiert. Dann ist $\psi(r) = X(x)Y(y)Z(z)$ eine Lösung von (2.21). Einsetzen liefert

$$YZE_xX + XZE_y\,Y + XYE_zZ = EXYZ \tag{2.23}$$

so daß $E = E_x + E_y + E_z$ (2.24)

Gl. (2.22) ist von der Form $\partial^2 X/\partial\, x^2 = -k^2 X$ mit

$$k = \frac{1}{\hbar}\sqrt{2mE} \tag{2.25}$$

und wird gelöst durch

$$X_\lambda = A_\lambda e^{ik_\lambda x} + B_\lambda e^{-ik_\lambda x} = A_\lambda(\cos k_\lambda x + i\sin k_\lambda x) + B_\lambda(\cos k_\lambda x - i\sin k_\lambda x) \tag{2.26}$$

wie man durch Einsetzen bestätigt. Die verschiedenen durch den Index λ bezeichneten Lösungen und die Konstanten A und B werden durch die Randbedingungen festgelegt. Wir betrachten jetzt statt des kugelsymmetrischen Potentials, das unserer Modellvorstellung am besten entsprechen würde, zunächst ein Potential von der Form eines Würfels mit der Kantenlänge a. Dann können wir die eben angegebenen Lösungen benutzen. Die Randbedingungen lauten dann $X(x) = Y(y) = Z(z) = 0$ für $x = y = z = \pm a/2$. Die durch (2.26) gegebenen Lösungen sind Sinus- und Cosinusfunktionen, die an den Potentialgrenzen Nullstellen haben. Für $\lambda = 1, 2, 3$ sind sie in Fig. 14 skizziert. Aus den Randbedingungen folgt für die vollständigen normierten Lösungen (siehe A, Abschn. 2.4)

$$X_\lambda^+ = \frac{2}{\sqrt{2a}}\cos k_\lambda^+ x \qquad X_\lambda^- = \frac{2i}{\sqrt{2a}}\sin k_\lambda^- x \tag{2.27}$$

$$\tag{2.28}$$

mit $\quad k_\lambda^+ = \dfrac{\pi\lambda^+}{a} \quad \lambda^+ = 1, 3, 5, \ldots \quad k_\lambda^- = \dfrac{\pi\lambda^-}{a} \quad \lambda^- = 0, 2, 4, \ldots$ (2.29)

$$\tag{2.30}$$

Daher sind die möglichen Energieeigenwerte des einen Teilchens, das sich im Potential befinden soll

$$E_x^{(\lambda)} = \frac{\hbar^2}{2m}k_\lambda^2 = \frac{1}{2m}\left(\frac{\pi\lambda_x\hbar}{a}\right)^2 \qquad \lambda = 0, 1, 2, 3, \ldots \tag{2.31}$$

Wir haben hier den Index x für die Lösung in x-Richtung wieder hinzugefügt. Entsprechende Relationen ergeben sich für E_y und E_z. Für die dreidimensionale Lösung gilt dann nach (2.24)

$$E = E_x + E_y + E_z = \frac{1}{2m}\left(\frac{\pi\hbar}{a}\right)^2 (\lambda_x^2 + \lambda_y^2 + \lambda_z^2) \tag{2.32}$$

Dies ist die Energie eines Teilchens, das durch die Wellenfunktion mit den Indizes λ_x, λ_y, und λ_z beschrieben wird. Der zugehörige Impuls ist gegeben durch

$$p^2 = 2mE = \left(\frac{\pi\hbar}{a}\right)^2 (\lambda_x^2 + \lambda_y^2 + \lambda_z^2) \tag{2.33}$$

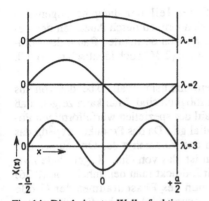

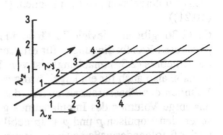

Fig. 14 Die drei ersten Wellenfunktionen $X(x)$ im Rechteckpotential der Kantenlänge a

Fig. 15 Phasenraumkoordinaten zur Beschreibung eines Fermi-Gases. Es sind nur Gitterpunkte in der x, y-Ebene eingezeichnet

Wir stellen uns jetzt ein dreidimensionales rechtwinkliges Koordinatensystem mit den Koordinaten λ_x, λ_y, und λ_z vor. Da λ ganzzahlig sein muß, bilden die Koordinaten ein räumliches Punktgitter (vgl. Fig. 15). Da weiter nach (2.30) $\lambda = a/\pi = ap/\pi\hbar$, ist ein Volumen Ω des von diesen Koordinaten definierten Raumes proportional dem Produkt von Volumen des Ortsraumes a^3 und Volumen des Impulsraumes p^3, gemessen in der Einheit h^3, also $\Omega \sim \lambda^3 \sim a^3 p^3$. Das Produkt von Orts- und Impulsraum heißt Phasenraum. Jeder Gitterpunkt des Koordinatensystems von Fig. 15 entspricht einem möglichen Eigenzustand des Teilchens unter den gegebenen Randbedingungen. Wir wollen jetzt die Zahl dn der möglichen Zustände, d.h. die Zahl der Gitterpunkte bestimmen, die in einer Kugelschale mit den Radien ϱ und $\varrho + $ dϱ liegen, wobei

$$\varrho^2 = \lambda_x^2 + \lambda_y^2 + \lambda_z^2 \tag{2.34}$$

sein soll. Sie ist für hinreichend dicht liegende Gitterpunkte offensichtlich gerade gleich dem Volumen d$\Omega = 4\pi\varrho^2$dϱ der Kugelschale, also

$$\mathrm{d}n = \frac{1}{8}\mathrm{d}\Omega = \frac{1}{2}\pi\varrho^2\mathrm{d}\varrho \tag{2.35}$$

Der Faktor 1/8 wurde eingefügt, weil die Gitterpunkte für positive λ nur einen Oktanden der Kugel füllen. Nach (2.34) und (2.33) ist $\varrho = ap/\pi\hbar$, d$\varrho = a/\pi\hbar)$dp, so daß sich ergibt

$$\mathrm{d}n = \frac{4\pi\tau p^2\mathrm{d}p}{h^3} = \frac{\tau p^2\mathrm{d}p}{2\hbar^3\pi^2} \tag{2.36}$$

Wir haben hier das Volumen des Potentialwürfels $a^3 = \tau$ gesetzt. Da sich das Teilchen im Innern des Rechteckpotentials frei bewegt, gibt Gl. (2.36) an, wieviel Zustände pro Impulsintervall dp für ein freies Teilchen existieren, das im Volumen τ eingeschlossen ist. Diese Zustandsdichte für ein freies Teilchen dn/dp hat allgemeine Bedeutung und wird oft gebraucht. Sie ergab sich einfach durch Abzählen der stehenden Wellen, die in dem durch die Potentialgrenzen definierten Raum des Volumens τ untergebracht werden können. (Daher ist Gl. (2.36) auch identisch mit A, Gl. (10.21)).

Gl. (2.36) gibt an, wieviele Zustände dn in einem Impulsintervall dp bei den von uns gewählten Randbedingungen für ein Teilchen möglich sind. Man kann zeigen, daß das Ergebnis (2.36) unabhängig ist von der Wahl des speziellen würfelförmigen Potentials, also auch für ein kugelförmiges Potential gilt. Da das Produkt $4\pi\tau p^2 \mathrm{d}p$ das Volumen des Phasenraumes angibt, das durch das Volumen τ des Ortsraumes und dasjenige Volumen des Impulsraumes gegeben ist, das von einer Kugelschale zwischen den Impulsen p und $p + \mathrm{d}p$ gebildet wird, drückt man den Inhalt von (2.36) auch oft folgendermaßen aus: in einem Volumen des Phasenraumes der Größe h^3 gibt es jeweils einen Zustand. Diese Beziehung wird sehr häufig gebraucht.

Wir stellen uns jetzt vor, daß im gleichen Potentialtopf mehrere Teilchen vorhanden sind. Wenn ein solches System mit mehreren unabhängigen Spin-1/2-Teilchen vorliegt, so kann jeder Zustand aufgrund des Pauli-Prinzips von höchstens zwei Teilchen besetzt werden.

Mit Hilfe von $p^2 = 2mE$ und $p^2\mathrm{d}p = \sqrt{2m^3E}\,\mathrm{d}E$ können wir nun (2.36) noch umformen in

$$\mathrm{d}n = m^{3/2}(\sqrt{2}\pi^2\hbar^3)^{-1}\tau\sqrt{E}\,\mathrm{d}E \equiv C_1\tau\sqrt{E}\,\mathrm{d}E \tag{2.37}$$

Die Größe C_1 haben wir zur Abkürzung der Konstanten eingeführt. In jedem möglichen Zustand lassen sich genau zwei Teilchen unterbringen. Angefangen vom Zustand mit der niedrigsten Energie sollen sie der Reihe nach alle Zustände besetzen. Dabei soll es keine „angeregten" Teilchen geben, die sich auf einem freien Zustand höherer Energie befinden. In der Sprechweise der Thermodynamik heißt das, das System hat die absolute Temperatur $T = 0$ K. Für einen Kern bedeutet diese Forderung, daß er sich im Grundzustand befindet. Die Zahl der Teilchen dn/dE pro Energieintervall ist dann nach (2.37) proportional zu $\sqrt{E}$ (vgl. Fig. 16). Wenn eines der beiden Teilchen im höchsten noch besetzten Zustand die Energie E_F hat, so können wir die Zahl der insgesamt im Potentialtopf untergebrachten Teilchen aus (2.37) berechnen:

$$n = \int_0^{E_F} 2\frac{\mathrm{d}n}{\mathrm{d}E}\,\mathrm{d}E = 2C_1\tau\int_0^{E_F}\sqrt{E}\,\mathrm{d}E = \left(\sqrt{8}m^{3/2}\right)(3\pi^2\hbar^3)^{-1}\tau E_F^{3/2} \tag{2.38}$$

Die Grenzenergie E_F, bis zu der alle Zustände gefüllt sind, heißt Fermi-Energie.

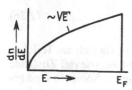

Fig. 16
Zustandsdichte in einem Fermi-Gas für $T = 0$ K

Aus (2.38) ergibt sich

$$E_F = (1/2m)3^{2/3}\pi^{4/3}\hbar^2\left(\frac{n}{\tau}\right)^{2/3} \tag{2.39}$$

Dies ist ein bemerkenswertes Resultat, weil es uns gestattet, die Fermi-Energie aus der Teilchenzahldichte n/τ zu berechnen. Diese Größe ist für Kerne bekannt, da hier $\tau = (4/3)\pi r_0^3 A$ und $n = A$. Es genügt also die Kenntnis von r_0 um E_F zu bestimmen! Einsetzen der Werte liefert $E_F \approx 30$ MeV. Die Tiefe $-V_0$ des Kernpotentials muß also mindestens diesen Wert haben. Wenn wir eine mittlere Separationsenergie für ein Nukleon von etwa 8 MeV hinzuzählen, gibt dieses grobe Modell als Abschätzung für $-V_0$ einen Wert von rund 40 MeV.

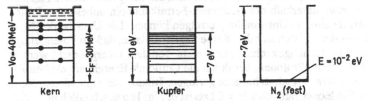

Fig. 17 Verhältnis von Fermi-Kante zu Potentialtiefe für verschiedene Systeme

Wir kommen nun noch einmal zurück auf die am Anfang dieses Abschnitts gestellte Frage nach dem Zustand der Kernmaterie. Hierzu vergleichen wir anhand von Fig. 17 Fermi-Energie und Potentialtopftiefe eines Kerns mit den entsprechenden Verhältnissen bei Leitungselektronen in Kupfer und bei festem Stickstoff. Kupfer hat ein Leitungselektron pro Atom. Daher ist n/τ in (2.39) gleich der Atomdichte, die man aus der Loschmidt-Konstanten und dem Verhältnis von Dichte zu relativer Atommasse berechnet zu $(n/\tau) = 6 \cdot 10^{23} \cdot (9/64) \approx 8 \cdot 10^{22}$ cm^{-3}. Gl. (2.39) liefert hiermit $E_F \approx 7$ eV. Dies ist die Energie des höchsten gefüllten Zustands. Um die Potentialtopftiefe zu erhalten, müssen wir die Abtrennarbeit eines Elektrons aus der Metalloberfläche von ≈ 4 eV hinzuzählen. Sie läßt sich mit dem photoelektrischen Effekt messen. Für das Leitungselektron-Gas in Kupfer ist also das Verhältnis von Potentialtiefe zu Fermi-Kante ähnlich wie bei den Nukleonen eines Kerns. Die zum Ablösen eines Teilchens erforderliche Energie ist in beiden Fällen kleiner als die Fermi-Energie. Ganz anders verhält sich ein anderes System von Fermionen, nämlich kondensierter fester Stickstoff. Auch zwischen Stickstoffatomen treten Austauschkräfte mit abstoßenden Potentialkernen auf, die zu Sättigungseigenschaften führen. Aber die paarweise Bindungsenergie von zwei Stickstoffatomen von rund 7 eV (Dissoziationsenergie) ist hier sehr viel größer als die „Fermi-Energie", die sich aus dem Atomabstand und der Masse des Atoms zu etwa 10^{-2} eV ergibt. Im Verhalten des Systems dominieren die paarweisen Kräfte gegenüber den Energiezuständen des Fermi-Gases. Ein Modell unabhängiger Teilchen ist daher keine gute Näherung. Der Vergleich zeigt: Die relative Stärke der Wechselwirkung zwischen zwei Stickstoffatomen ist größer als zwischen zwei Nukleonen; die Eigentümlichkeit der Kernmaterie besteht darin, daß sich Nukleonen bei der Temperatur $T = 0$ K näherungsweise wie ein System wechselwirkungsfreier Teilchen verhalten, dessen Eigenschaften gerade wegen der relativen Schwäche der Wechselwirkung durch das Pauli-Prinzip bestimmt werden (Näheres zu diesem Vergleich [Gom 58]).

Bis jetzt haben wir noch außer acht gelassen, daß der Kern aus zwei Sorten verschiedener Teilchen besteht. Wären die Protonen ungeladen, so könnten wir einfach jedes Niveau mit 2 Neutronen und 2 Protonen besetzen. Die abstoßende Coulomb-Kraft zwischen den Protonen bewirkt aber, daß ihre Bindungsenergie im Potentialtopf verringert wird. Der Kern besteht daher eigentlich aus zwei voneinander unabhängigen Fermigasen für Protonen und Neutronen mit unterschiedlichen Energieverhältnissen, wie das in Fig. 18 a skizziert ist. Das außerhalb des Kerns wirkende Coulomb-Potential der Protonen ist mit eingezeichnet. Da sich ein Neutron durch β-Zerfall in ein Proton umwandeln kann (und umgekehrt), falls dies im Kernverband energetisch möglich ist, müssen die Fermi-Energien für einen stabilen Kern wie in der Figur gezeichnet etwa gleich hoch liegen, da dann der energetisch tiefste Zustand vorliegt. Gäbe es etwa unterhalb der Neutronen-Fermikante ein unbesetztes Protonenniveau, so würde eine β-Umwandlung erfolgen können. Die Ursache des Neutronenüberschusses der meisten stabilen Kerne liegt also darin, daß im Potentialtopf für die Neutronen im Gleichgewichtszustand mehr Teilchen untergebracht werden können als in dem für die Protonen, der durch die Coulomb-Energie angehoben ist. Ein Kern mit Neutronenüberschuß hat eine geringere Bindungsenergie als ein Kern mit der gleichen Nukleonenzahl, aber $N = Z$. Das ist in Fig. 18b anschaulich gemacht, wo links der Potentialkopf für Protonen abgesenkt wurde, gewissermaßen durch Abschalten der Coulomb-Energie. Die gleiche Zahl von Nukleonen ist jetzt symmetrisch verteilt, aber die Summe der Energien, die nötig ist um alle Nukleonen aus dem Topf zu holen, d.h. bis zum Potentialrand anzuheben, ist größer geworden, als im unsymmetrischen Fall (rechts), wie man dem Bild unmittelbar ansieht.

Wir wollen jetzt quantitativ abschätzen, wie sich die gesamte Bindungsenergie eines Kerns durch die Ladung der Protonen ändert. Zunächst ergibt sich für die totale Energie E_T eines Fermi-Gases aus (2.37)

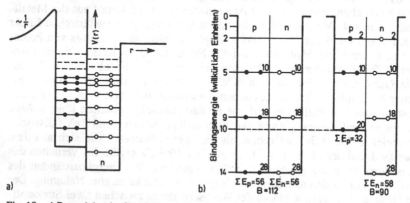

Fig. 18   a) Potentialverlauf und Fermi-Gas-Zustände für Protonen (p) und Neutronen (n) (schematisch). Ein realistischeres Potential ist in Fig. 81 wiedergegeben
b) Vergleich der Bindungsenergie im symmetrischen und unsymmetrischen Fermigas in einem schematischen Modell für 12 Nulcleonen. Bei den Nukleonen stehen die Bindungsenergien. Wegen der nach oben kleiner werdenden Niveauabstände ist die Summe der Bindungsenergien im unsymmetrischen Fall kleiner

$$E_T = \int\limits_0^{E_F} 2E \frac{dn}{dE} dE = 2C_1\tau \int\limits_0^{E_F} E^{3/2} dE = \frac{4}{5} C_1 \tau E_F^{5/2} \tag{2.40}$$

Trägt man hierin E_F aus (2.39) ein, so erhält man

$$E_T = C_2 n^{5/3} \tau^{-2/3} = C_3 n^{5/3} A^{-2/3} \tag{2.41}$$

Für die zweite Hälfte der Gleichung haben wir $\tau = (4/3)\pi r_0^3 A$ benutzt. Die auftretenden Konstanten sind durch C_2 bzw. C_3 abgekürzt. Wären die Protonen ungeladen, so gälte die linke Hälfte von Fig. 18b, und wir hätten in (2.41) für jede Hälfte zu setzen $n = A/2$. Die totale Energie wäre das Doppelte, nämlich

$$E_T = 2C_3 A^{-2/3} \left(\frac{A}{2}\right)^{5/3} \tag{2.42}$$

Da aber die Protonen geladen sind, gilt Fig. 18a und wir haben für den linken Teil $n = Z$ und für den rechten $n = N$ zu setzen, so daß sich ergibt

$$E_T = C_3 A^{-2/3} (N^{5/3} + Z^{5/3}) \tag{2.43}$$

Aus (2.42) und (2.43) ergibt sich eine Energiedifferenz

$$\Delta E = C_3 A^{-2/3} [N^{5/3} + Z^{5/3} - 2(A/2)^{5/3}] \tag{2.44}$$

Für den negativen halben Neutronenüberschuß führen wir noch die Bezeichnung $T_z = 1/2(Z - N)$ ein und formen (2.44) um in

$$\Delta E = C_3 A^{-2/3} \left[\left(\frac{A}{2} + T_z\right)^{5/3} + \left(\frac{A}{2} + T_z\right)^{5/3} - 2\left(\frac{A}{2}\right)^{5/3} \right] \tag{2.45}$$

Wenn wir diesen Ausdruck nach der Binomialformel entwickeln[1]) und nach dem quadratischen Glied abbrechen, ergibt sich als Näherung

$$\Delta E \sim T_z^2 / A \tag{2.46}$$

Diese Formel zeigt, wie die Energiedifferenz, die sich für einen Kern aus der ungleichen Zahl von Protonen und Neutronen gegenüber einem symmetrischen Kern ergibt, vom Neutronenüberschuß $2 T_z$ abhängt.

2.4 Das Tröpfchenmodell, Grenzen der Stabilität

Nachdem wir uns im letzten Abschnitt darüber klar geworden sind, unter welchen Einschränkungen eine Analogie zwischen dem Verhalten von Kernmaterie und dem einer Flüssigkeit besteht, wollen wir jetzt ein einfaches Kernmodell entwickeln, bei dem wir nur von den flüssigkeitsähnlichen Eigenschaften eines Kerns Gebrauch machen. Dieses Tröpfchenmodell verschafft uns Einsicht in den Verlauf der Bindungsenergien und damit der Kernmassen. Weitergehende Kerneigenschaften kann es nicht erklären.

---

[1]) Man setzt $(A/2 - T_z)^{5/3} = (A/2 - T_z)^{5/3} (1 - 2T_z/A)^{5/3}$ und entwickelt wie $(1 - x)^p$.

Für das Folgende betrachten wir den Kern als einen Tropfen einer inkompressiblen Flüssigkeit, die durch kurzreichweitige Kräfte mit Sättigungscharakter zusammengehalten wird. Die Bindungsenergie B des Tropfens ergibt sich als Summe

$$B = B_1 + B_2 + B_3 + B_4 + B_5 \qquad (2.47)$$

verschiedener Beiträge, die wir anschließend unter 1) und 5) diskutieren wollen. Dabei soll B als Funktion von Z und A dargestellt werden. Bei jedem einzelnen Beitrag interessiert uns zunächst nur der funktionale Zusammenhang zwischen diesen Größen. Die auftretenden Konstanten werden später empirisch bestimmt.

1) Hauptbeitrag zur Bindungsenergie ist die „Kondensationsenergie", die frei wird, wenn sich die Nukleonen zum Kern vereinigen. Sie muß proportional sein zur Zahl der gebundenen Teilchen. Dies entspricht der näherungsweisen Konstanz von B/A (Fig. 10). Die Proportionalitätskonstante sei a_V. Dann ist

$$B_1 = a_V A \qquad (2.48)$$

Da A proportional dem Kernvolumen ist, heißt B_1, auch Volumen-Energie.

2) Die Nukleonen an der Oberfläche des Tropfens haben weniger Bindungspartner als die im Inneren befindlichen, sie sind daher weniger stark gebunden. Dadurch wird die Bindungsenergie verringert. Wir fügen daher einen negativen Term B_2 hinzu, der proportional zur Kernoberfläche $4\pi R^2 = 4\pi r_0^2 A^{2/3}$ ist. Da uns nur die funktionale Abhängigkeit von A interessiert, setzen wir

$$B_2 = -a_S A^{2/3} \quad \text{(Oberflächenenergie)} \qquad (2.49)$$

3) Die Bindungsenergie wird weiter verringert durch die Coulomb-Energie zwischen den Protonen. Die Coulomb-Energie einer gleichmäßig geladenen Kugel mit dem Radius R und der Ladung q ist $(3/5) \cdot (q^2/R)$. Für den Kern ist $q^2 = e^2 Z^2$ und $R = r_0 A^{1/3}$. Es ergibt sich daher als weiterer Term

$$B_3 = -a_C Z^2 A^{-1/3} \quad \text{(Coulomb-Energie)} \qquad (2.50)$$

Wir haben uns wiederum nur für die Abhängigkeit von Z und A interessiert und die Konstante a_C eingeführt.

4) Da wir hier die Abhängigkeit der Bindungsenergie von Z und A betrachten, müssen wir bedenken, daß durch den Neutronenüberschuß eine Verringerung der Bindungsenergie gegenüber einem symmetrischen Kern eintritt. Diese Energiedifferenz hängt nach Gl. (2.46) vom Neutronenüberschuß ab: Wir setzen daher

$$B_4 = -a_A \frac{T_z^2}{A} = -a_A \frac{(Z - A/2)^2}{A} \quad \text{(Asymmetrie-Energie)} \qquad (2.51)$$

5) Aus der Systematik der Separationsenergien weiß man, daß gepaarte Nukleonen derselben Sorte stets eine besonders hohe Bindung bewirken. Die Paarungsenergie ist mit Hilfe des Flüssigkeitsmodells nicht zu erklären und muß in diesem Rahmen als empirische Korrektur hinzugefügt werden. Wenn sowohl Z als auch N gerade sind („gg-Kern"), ergibt sich eine besonders hohe, wenn Z und N beide ungerade sind („uu-Kern"), eine besonders niedrige Bindungsenergie. Wir führen daher einen Beitrag B_5 in folgender Weise ein

$$B_5 = \begin{cases} +\delta & \text{für gg-Kerne} \\ 0 & \text{für ug- oder gu-Kerne} \\ -\delta & \text{für uu-Kerne} \end{cases} \qquad (2.52)$$

Näherungsweise gilt für δ die empirische Formel

$$\delta \approx a_p A^{-1/2} \qquad (2.53)$$

Die Paarungsenergie hat keinen leicht durchschaubaren Ursprung. Dies wird besonders deutlich, wenn man bedenkt, daß ein einzelnes Paar gleichartiger Nukleonen überhaupt nicht gebunden ist. Es existiert weder ein gebundenes Di-Proton noch ein Di-Neutron. In diesen beiden Kernen müßten wegen des Pauli-Prinzips die beiden Nukleonen mit entgegengesetztem Spin orientiert sein. Dagegen hat das Deuteron im Grundzustand den Drehimpuls 1, also parallelen Spin der Nukleonen. Das zeigt, daß die Kernkräfte offenbar so beschaffen sind, daß bei parallelem Spin eine höhere Bindung auftritt. Die Paarungskraft kann demnach nicht einfach aus dem Potential, das zwischen zwei Nukleonen auftritt, verstanden werden. Sie ist vielmehr eine Erscheinung, die erst bei Systemen mit mehreren Nukleonen auftritt und deren Ursprung in Abschn. 6.5 besprochen wird.

Wir wollen jetzt die einzelnen Beiträge 1) bis 5) zur Bindungsenergie zusammenfassen. Dabei wollen wir gleich die Atommasse $m(Z, A)$ angeben. Nach (2.10) ist

$$m(Z, A) = Z m_H + (A - Z)m_n - B/c^2.$$

Hierin tragen wir B nach (2.47) unter Verwendung der Ausdrücke (2.48) und (2.52) ein, wobei wir den Faktor $1/c^2$ in die bisher noch nicht bestimmten Konstanten a_v bis a_p hineinziehen. Dann erhalten wir

$$m(Z, A) = Z m_H + (A - Z)m_n - a_v A + a_s A^{2/3} \\ + a_C Z^2 A^{-1/3} + a_A (Z - A/2)^2 A^{-1} \pm \delta \qquad (2.54)$$

Dieser Ausdruck ist unter dem Namen Weizsäckersche Massenformel bekannt (1935). Die in der Formel vorkommenden Konstanten werden nachträglich empirisch bestimmt. Im Prinzip würde dazu ein Satz von 5 Kernmassen genügen, doch macht man besser eine Anpassung an möglichst viele bekannte Massenwerte, da die Formel nur ein mittleres Verhalten beschreiben kann. Ein Satz von Werten für die Konstanten lautet [Wap 58]:

$$a_v = 17{,}011 \text{ mu} = 15{,}85 \text{ MeV}/c^2$$
$$a_s = 19{,}691 \text{ mu} = 18{,}34 \text{ MeV}/c^2$$
$$a_C = 0{,}767 \text{ mu} = 0{,}71 \text{ MeV}/c^2$$
$$a_A = 99{,}692 \text{ mu} = 92{,}86 \text{ MeV}/c^2$$
$$a_p = +12{,}3 \text{ mu} = 11{,}46 \text{ MeV}/c^2$$

Der Beitrag der einzelnen Terme von Gl. (2.54) zur Bindungsenergie pro Nukleon ist in Fig. 19 aufgetragen. Aus der Figur wird deutlich, in welcher Weise durch die Abnahme der Oberflächenenergie und die Zunahme der Coulomb-Energie das Maximum von B/A bei $A \approx 60$ hervorgerufen wird. Die Massenformel kann natürlich nur das mittlere Verhalten der Kerne und nicht etwa Schalenstruktureffekte wiedergeben. Sie ist daher erst ab etwa $A > 30$ anwendbar (vgl. Fig. 10). Oberhalb von $A = 40$ werden die Bindungsenergien auf etwa 1% genau wiedergegeben. Es ist immerhin erstaunlich, daß ein so einfaches Modell zu einer so guten Beschreibung der Bindungsenergien führt. Für praktische Anwendungen gibt es Massenformeln, die durch Zusatzannahmen verfeinert worden sind und die noch genauere Massenwerte geben als Gl. (2.54) (vgl. z.B. [See 61, Mye 66, Gar 69]).

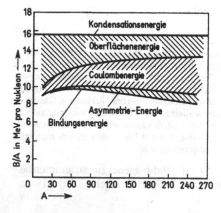

Fig. 19
Beitrag der einzelnen Terme der Massenformel zur mittleren Bindungsenergie pro Nukleon; nach [Eva 55]

Man kann übrigens aus dem Fermi-Gas-Modell die Konstante a_A im Asymmetrie-Term ausrechnen (vgl. 2.45). Die so berechnete Konstante ist nur etwa halb so groß wie die aus den Kernmassen empirisch bestimmte. Es gibt also noch einen anderen Beitrag zum Asymmetrie-Term. Er rührt her von der oben erwähnten Spinabhängigkeit der Kernkräfte. Da die Bindung zwischen Neutron und Proton, die sich parallel stellen können, im Kernverband im Mittel größer ist, als die zwischen zwei Neutronen, die wegen des Pauli-Prinzips nur antiparallel stehen können, haben Kerne mit Neutronenüberschuß eine entsprechend geringere Bindungsenergie. Dieser Beitrag ist proportional zu T_z/A.

Aus der Massenformel läßt sich eine Reihe von wichtigen Gesetzmäßigkeiten ableiten. Wir fragen zunächst nach der Variation der Kernmasse innerhalb einer Isobarenreihe, d.h., wir halten A fest und lassen nur Z in Gl. (2.54) variieren. Ein Blick auf die Gleichung zeigt, daß sie quadratisch in Z ist. Für ungerades A erhalten wir daher eine Parabel von der Art wie in Fig. 20a. Bei geradzahligem A ergeben sich wegen der Paarungsenergie $\pm \delta$ zwei getrennte Parabeln, je nachdem, ob wir es mit

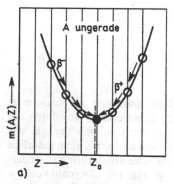

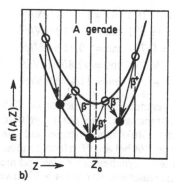

Fig. 20 Energieverhältnisse bei Kernen mit gleichem A. Stabile Kerne sind durch gefüllte Kreise markiert

einem gg-Kern oder einem uu-Kern zu tun haben (Fig. 20b). Kerne von benachbartem Z können durch Emission eines β^+- oder β^--Teilchens ineinander übergehen. Aus Fig. 20 liest man daher die Regel ab, daß es für ungerades A stets nur ein stabiles Isobar gibt, während bei geradem A mehrere stabile Isobare möglich sind.

Die Protonenzahl Z_0, für die bei festem A die Kernmasse ein Minimum hat, können wir aus

$$\left(\frac{\partial m(Z,A)}{\partial Z}\right)_{A=\text{const}} = 0$$

berechnen. Einsetzen von (2.54) ergibt

$$m_H - m_n + 2Z_0 a_C A^{-1/3} + 2a_A(Z_0 - A/2)A^{-1} = 0$$

oder, nach Z_0 aufgelöst,

$$Z_0 = \frac{A}{2}\left[\frac{m_n - m_H + a_A}{a_C A^{2/3} + a_A}\right] = \frac{A}{1,98 + 0,015 A^{2/3}} \tag{2.55}$$

Trägt man diese Werte in einem Diagramm von N gegen Z auf, so erhält man Fig. 21. Denkt man sich zusätzlich die Massenwerte der Kerne auf der N-Z-Ebene nach oben aufgetragen, so repräsentiert die Linie in Fig. 21 die Lage der β-stabilen Kerne. Sie liegen in der Talsohle des „Massentales".

Etwas realistischer ist das Massental in Fig. 22 dargestellt. Die stabilen Kerne sind hier schwarze Quadrate. Die gezackten Linien begrenzen den Bereich der bekannten gegen Betazerfall instabilen Nuklide. Ein detaillierter Ausschnitt aus dieser Darstellung findet sich für die leichtesten Kerne in Fig. 27. Auf der neutronenreichen Seite der Talsohle (in der Figur unten) tritt β^+-Zerfall auf, auf der anderen Seite β^--Zerfall, solange, bis ein stabiler Kern erreicht ist. Das entspricht den Zerfällen entlang der Isobarenschnitte von Fig. 20. In Fig. 22 sind weiter die „magischen" Nukleonenzahlen markiert, bei denen es besonders viele stabile Nuklide gibt (s. Abschn. 6.1) sowie die „Drip-Linien" bei denen spontane Neutronenemission oder Spaltung auftritt, wenn nämlich die Bindungsenergien $B_n = 0$ oder $B_f = 0$ werden.

Bei β-Umwandlungen ändert sich die Nukleonenzahl A im Kern nicht. Wir können die Massenformel aber auch benutzen, um uns einen Überblick darüber zu verschaf-

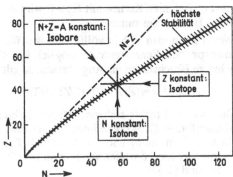

Fig. 21
Lage der stabilen Kerne in der N-Z-Ebene

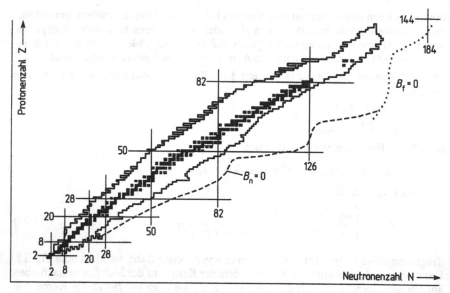

Fig. 22 Bereich der stabilen und instabilen Kerne in der Z-N-Ebene in grober Übersicht

fen, wann durch Abspaltung von Nukleonen aus dem Kern Energie gewonnen werden kann. Insbesondere können wir erwarten, daß die Abspaltung eines α-Teilchens wegen seiner hohen inneren Bindungsenergie häufig mit einem Energiegewinn verbunden sein wird. Das ist dann der Fall, wenn die Summe der Massen von α-Teilchen m_α und Restkern $m(Z-2, A-4)$ kleiner ist als die Masse des ursprünglichen Kerns. Die freiwerdende Zerfallsenergie ist daher

$$E_\alpha = [m(Z, A) - m(Z-2, A-4) - m_\alpha]c^2 \qquad (2.56)$$

Der Vergleich mit (2.19) zeigt, daß dies nichts anderes bedeutet als eine negative Separationsenergie. Wir können hieraus nun beispielsweise mit Hilfe der Massenformel die Gebiete in der N-Z-Ebene bestimmen, für die $E_\alpha > 0$; $> 2\,\mathrm{MeV}$, $> 4\,\mathrm{MeV}$, $> 6\,\mathrm{MeV}$ ist usw. Bei allen Kernen mit $E_\alpha > 0$ wird im Prinzip durch Abtrennen eines α-Teilchens Energie gewonnen.

Weiter kann man sich in völlig analoger Weise überlegen, wann durch einen Spaltungsprozeß Energiegewinn möglich ist. Wenn wir eine Spaltung in zwei gleich schwere Bruchstücke ins Auge fassen, so gilt für die Spaltungsenergie E_f

$$E_f/c^2 = m(Z, A) - 2m(Z/2, A/2) \qquad (2.57)$$

Die in (2.57) rechts stehende Massendifferenz können wir leicht explizit mit der Massenformel (2.54) berechnen. Dabei stellt sich heraus, daß sich bis auf den Oberflächen-Term mit a_S und dem Coulomb-Term mit a_C alle Beiträge wegheben. (Die Paarungsenergie δ wollen wir hier nicht in Betracht ziehen.) Es ergibt sich daher aus (2.54) und (2.57)

$$E_f/c^2 = a_S A^{2/3} (1 - 2^{1/3}) + a_C Z^2 A^{-1/3} (1 - 2^{-2/3}) \tag{2.58}$$
$$= (- 5{,}12 A^{2/3} + 0{,}284 Z^2/A^{-1/3})\ \text{mu}$$

Diese Größe wird positiv für stabile Kerne ab ungefähr $A = 90$.

Alle diese Betrachtungen zeigen zunächst nur, unter welchen Umständen bei der Emission von Teilchen Energie gewonnen wird. Darüber, ob tatsächlich ein Übergang stattfindet, geben sie keinen Aufschluß. Hierzu müssen wir die Übergangswahrscheinlichkeit betrachten. Wenn sie exakt oder in sehr guter Näherung gleich Null ist, ist ein Kern stabil, obwohl durch Abspaltung von Teilchen Energie gewonnen werden kann. Übergangswahrscheinlichkeiten für die verschiedenen Zerfallsarten sollen erst später (Abschn. 3.3 und 3.4) besprochen werden, doch wollen wir hier im Zusammenhang mit der Diskussion der Kernmassen die Frage nach der Stabilität von Kernen wenigstens qualitativ beantworten.

Wenn sich Kerne innerhalb einer Isobarenreihe umwandeln (Fig. 20), kann dies nur durch β-Zerfall geschehen. Wenn ein β-Zerfall unter Energiegewinn erfolgen kann, findet er auch in aller Regel statt. Die Halbwertzeiten hängen von der verfügbaren Energie und den Wellenfunktionen von Anfangs- und Endkern ab. Bei der Abspaltung von Nukleonen, sei es als α-Teilchen oder durch Kernspaltung, liegen völlig andere Verhältnisse vor, da die Nukleonen erst einen Potentialwall überwinden müssen, der durch die starken Kräfte verursacht wird, die den Kern zusammenhalten. Um einen ganz trivialen Vergleich zu haben, stelle man sich ein Glas voll Wasser vor. Beim Auslaufen würde zwar Energie gewonnen, aber der Potentialwall (das Glas) verhindert den Zerfall. Im Gegensatz zur klassischen Mechanik, kann nach den Regeln der Quantenmechanik jeder Potentialwall mit einer gewissen Wahrscheinlichkeit durchtunnelt werden. Sie hängt sehr empfindlich von der verfügbaren Energie und der Masse des Teilchens ab. Da bei Spaltungsprozessen die in Frage kommende Teilchenmasse sehr groß ist, tritt spontane Spaltung mit meßbarer Lebensdauer nur bei Kernen auf, für die der Potentialwall für diesen Prozeß sehr niedrig ist. Der leichteste Kern, für den spontane Spaltung beobachtet wurde, ist ^{232}Th. Im Gegensatz dazu können α-Teilchen breitere Potentialbarrieren durchtunneln. Man findet α-Strahler daher schon nahe der Begrenzungslinie, für die der Zerfall energetisch möglich ist. ^{144}Nd ist der leichteste bekannte α-Emitter nahe der Stabilitätslinie (Halbwertzeit $2 \cdot 10^{15}$ a). Je größer die zur Verfügung stehende Zerfallsenergie ist, desto kleiner ist der zu durchtunnelnde Potentialwall und desto kleiner daher die Halbwertzeit. Die Masseformeln zeigen, daß der Energiegewinn beim Zerfall mit steigendem Z immer größer wird. Für $Z \geqslant 84$ sind alle Kerne instabil. Die längsten Halbwertzeiten in diesem Bereich kommen bei den α-Strahlern $^{232}_{90}$Th ($1{,}4 \cdot 10^{10}$ a) und $^{238}_{92}$U ($4{,}5 \cdot 10^9$a) vor. Uran ist infolge dieser langen Halbwertzeit der schwerste auf der Erde natürlich vorkommende Kern. Er hat seit der kosmischen Synthese der Elemente überlebt.

Da die Halbwertzeit eines Kernes im wesentlichen durch die Zerfallsenergie, also durch die Massedifferenz zwischen Mutterkern und Tochterprodukten bestimmt wird, ist eine Extrapolation der Kernmassen in unbekannte Gebiete von Interesse. Es gibt viele Bemühungen, vorherzusagen, ob es superschwere Nuklide gibt. Damit hat es folgende Bewandtnis. Trägt man die Bindungsenergien der Kerne über der N-Z-

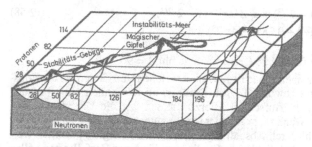

Fig. 23 Bindungsenergien der Kerne in Abhängigkeit von Z und N. In dieser Darstellung sind nur die über die Oberfläche herausragenden Kerne stabil. Die Stabilitätsinsel bei $N \approx 190$ enthält die superschweren Kerne

Ebene nach oben auf, erhält man ein „Gebirge", das neben dem durch das Tröpfchenmodell beschriebenen allgemeinen Verhalten zusätzlich Strukturen zeigt.

Bei bestimmten Neutronen- und Protonenzahlen, den sogenannten „magischen Zahlen", die sich mit dem später zu besprechenden Schalenmodell erklären lassen, tritt eine besonders hohe Bindungsenergie auf. Man erkennt dies in Fig. 23, wo ein solches Gebirge dargestellt ist, etwa bei N oder $Z = 82$ oder 126. In der Figur ist die Ebene der Bindungsenergie, unterhalb derer kurzlebige Instabilität eintritt, als eine Art Meeresoberfläche gezeichnet. Die Spekulation geht nun dahin, daß bei einer Extrapolation des Schalenmodells bei den höheren Neutronenzahlen $N = 184, 196$ und 318 weitere Schalenabschlüsse auftreten müßten, ebenso bei den Protonenzahlen $Z = 114$ und 164. Es könnte dann eine Insel von Kernen geben, die so hohe Bindungsenergien haben, daß sie langlebig genug für eine Beobachtung sind. Diese Vorhersagen beruhen auf einer Kombination von Tröpfchenmodell und Schalenmodell. Eine theoretische Abschätzung der Halbwertszeiten solcher superschwerer Kerne ist aber nur mit einer Ungenauigkeit von vielen Zehnerpotenzen möglich. Man muß erwarten, daß diese Kerne sowohl gegen α-Zerfall als auch gegen Spaltung instabil sind.

Die experimentellen Methoden zur Herstellung solch schwerer Elemente sind weitgehend bei der Gesellschaft für Schwerionenforschung (GSI) in Darmstadt entwickelt worden [w 7]. Dort ist es gelungen, durch Fusionsreaktionen die schweren Elemente von $Z = 107$ bis $Z = 112$ herzustellen. Element 107 wurde Bohrium (Bh) getauft, Element 108 Hassium (Hs) und Element 109 Meitnerium (Mt). Die Elemente 110 bis 112 haben noch keine Namen. Die Produktion der Elemente 114 und 116 wurde aus Dubna berichtet (2001). Auf die Technik der Herstellung kommen wir in Abschnitt 7.8 zurück.

2.5 Spin und Parität

Proton und Neutron sind Teilchen mit Spin 1/2. Sie können ihre Spins und ihre Bahndrehimpulse zu einem Gesamtdrehimpuls I des Kerns koppeln. Man bezeichnet I meist als Kernspin, obwohl zum Gesamtdrehimpuls auch der Bahndrehimpuls der Nukleonen beitragen kann. Da Bahndrehimpulse stets ganzzahlig sind, erwarten wir für Kerne mit geradem A ganzzahligen und für Kerne mit ungeradem A halbzahligen Kernspin. Der Drehimpuls I des Kerns ist mit einem magnetischen Moment μ_I verknüpft. Es ist wesentlich kleiner als das magnetische Moment der Atomhülle, da auch das magnetische Moment des einzelnen Nukleons wesentlich kleiner ist als das des Elektrons (s. Abschn. 2.6). Das liegt daran, daß das magnetische Moment bei gleichem Drehimpuls umgekehrt proportional zur Masse der Teilchen ist. Die Wechselwirkungsenergie zwischen dem magnetischen Moment des Kerns und der Hülle führt zu einer Aufspaltung der Spektrallinien, die als Hyperfeinstruktur bekannt ist. Sie wurde bereits 1891 von Michelson entdeckt und 1924 von Pauli im heutigen Sinne interpretiert. Kernspins von Grundzuständen werden meist aus Beobachtungen der Hyperfeinstrukturaufspaltung abgeleitet. Sie werden optisch mit hochauflösenden Interferometern vom Perot-Fabry-Typ oder durch Spektroskopie mit Mikrowellen durchgeführt.

Eine typische Schwierigkeit bei optischen Hyperfeinstrukturuntersuchungen wird durch die thermisch bedingte Dopplerverbreiterung der Spektrallinien verursacht, die in Gasentladungsröhren emittiert werden: Den entscheidenden experimentellen Fortschritt hat daher die Einführung von mit flüssiger Luft gekühlten Hohlkathoden gebracht, durch die man den Doppler-Effekt soweit herabdrücken konnte, daß die optische Bestimmung einer großen Reihe von Kerndrehimpulsen möglich wurde. Da die Wellenlängendifferenzen zwischen den Hyperfeinstrukturkomponenten meist im Mikrowellengebiet liegen, kann man die Aufspaltungen auch direkt durch Hochfrequenzspektroskopie mit der bei diesem Verfahren üblichen Genauigkeit der Frequenzmessung beobachten.

Aus Hyperfeinstrukturbeobachtungen gewinnt man zwei verschiedene Arten von Meßgrößen: 1) Zahl und relativen Abstand der Aufspaltungslinien und 2) absolute Größe der Aufspaltung. Die absolute Größe der Aufspaltung hängt vom Wert des magnetischen Moments μ ab, während die Größen unter 1) nur von Kernspin I und Hüllenspin J abhängen. Die Hyperfeinstrukturaufspaltung wird normalerweise im Zusammenhang mit der Atomphysik behandelt (A, Abschn. 9.1). Wir wollen hier kurz die für die Bestimmung von Kernspins wichtigen Meßgrößen unter a) bis c) zusammenfassen.

a) Zahl der Hyperfeinstrukturkomponenten. Kerndrehimpuls $\vec{I}$ und Hüllendrehimpuls $\vec{J}$ koppeln zum Gesamtdrehimpuls $\vec{F} = \vec{I} + \vec{J}$. Je nachdem, wie die beiden Drehimpulse relativ zueinander stehen, kann F mit ganzzahligem Abstand die Werte $(I + J), (I + J - 1), ..., |I - J|$ annehmen. Die Multiplizität der Aufspaltung ist daher $(2I + 1)$ für $I \geq J$ bzw. $(2J + 1)$ für $J < I$. Falls der Hüllenspin größer ist als der Kernspin, erhält man aus der Zahl der Aufspaltungskomponenten direkt den Kernspin. Da J für verschiedene Terme desselben Atoms verschieden sein kann, kann sich auch die Zahl der beobachteten Komponenten ändern, falls $I > J$ ist.

b) Relativer Abstand der Hyperfeinstrukturkomponenten. Die magnetische Wechselwirkungsenergie W für die Hyperfeinstrukturaufspaltung ist gegeben durch (A, Gl. (9.7))

$$\Delta E_{\text{HFS}} = -\frac{A}{2}[F(F+1) - I(I+1) - J(J+1)] \tag{2.59}$$

mit $\dfrac{A}{2} = \dfrac{\mu_I \mu_K B_0}{2IJ}$

A ist der Intervallfaktor. Für den relativen Abstand ergibt sich hieraus die Intervallregel, die besagt, daß der Abstand zweier Terme eines Hyperfeinstruktur-Multipletts proportional zum größeren der beiden F-Werte ist. Die absolute Größe der Aufspaltung hängt über den Intervallfaktor vom magnetischen Moment des Kerns und vom Hüllenfeld ab.

c) Aufspaltung der Hyperfeinstruktur im Magnetfeld. In einem schwachen Magnetfeld bleiben $\vec{I}$ und $\vec{J}$ zu $\vec{F}$ gekoppelt. Daher spaltet jedes Niveau in $(2F + 1)$ Komponenten F, $(F - 1)$, ..., $(- F)$ auf. Das ist der Zeeman-Effekt der Hyperfeinstruktur. Bei sehr starken Magnetfeldern sind $\vec{I}$ und $\vec{J}$ entkoppelt (Paschen-Back-Effekt). Da die Hülle ein wesentlich größeres magnetisches Moment hat als der Kern, ordnen sich die Niveaus in Gruppen mit gleichem m_J (s. A, Fig. 100 und Fig. 101). In jeder Gruppe beträgt die Zahl der Unterzustände direkt $(2I + 1)$. Das ist eine relativ ein-fache Methode zur Bestimmung von I. Die Auswahlregeln für die Übergänge sind $\Delta F = 0, \pm 1$; $\Delta m_F = 0, \pm 1$ im Zeeman-Gebiet und $\Delta m_I = 0, \pm 1$ oder $\Delta m_J = 0, \pm 1$ im Paschen-Back-Gebiet.

Die Spins der Grundzustände sind für alle stabilen sowie für die meisten radioaktiven Kerne bekannt. Man findet ausnahmslos für gg-Kerne den Grundzustandsspin Null. Für Kerne mit ungeradem Z oder N findet man meist Werte zwischen 1/2 und 9/2. Höhere Werte sind selten. So hat z.B. $^{176}_{71}$Lu den Spin 7 oder $^{125}_{50}$Sn den Spin 11/2. Auch über die Spins angeregter Zustände liegen umfangreiche Daten vor. Sie werden meist über Kernreaktionen oder Zerfallsprozesse erschlossen.

Neben dem Spin ist die Parität eine wichtige Größe zur Charakterisierung eines Kernzustandes. Die Parität ist eine Quantenzahl, die die Spiegelungssymmetrie der Wellenfunktion beschreibt und die kein Analogon in der klassischen Physik hat. Wir betrachten für den einfachsten Fall ein System, das durch eine der Schrödinger-Gleichung gehorchende Wellenfunktion $\psi(\vec{r})$ beschrieben wird. Die Eigenschaften des Systems sollen sich nicht ändern, wenn das Koordinatensystem am Nullpunkt gespiegelt wird, d.h. wenn wir $\vec{r}$ durch $-\vec{r}$ ersetzen. Dann darf sich auch die Wellenfunktion nicht ändern bis auf eine willkürliche Konstante π, da die Schrödinger-Gleichung in ψ homogen ist. Es ist also $\psi(-\vec{r}) = \pi\psi(\vec{r})$. Eine zweite Spiegelung muß zum ursprünglichen Zustand zurückführen. Daraus folgt unmittelbar $\pi^2 = 1$, oder $\pi = \pm 1$. Die Zahl π heißt „Parität" des Zustandes. Sie definiert den Symmetriecharakter der Wellenfunktion bei Raumspiegelungen.

Die Parität ist eine Erhaltungsgröße des Systems wie der Drehimpuls. Wir werden sie im Zusammenhang mit dem β-Zerfall in Abschn. 8.6 noch ausführlicher diskutieren. Hier wollen wir vorerst nur fragen, wie man die Parität eines Zustandes bestimmen kann. Da wir ja vorausgesetzt haben, daß die Eigenschaften des Systems nicht von einer Spiegelung des Koordinatensystems abhängen sollen, läßt sich die Parität aus Meßgrößen, in die $|\psi|^2$ eingeht, nicht erschließen. Anders verhält es sich bei Übergangswahrscheinlichkeiten, in die ein Matrixelement $\langle\varphi|\Omega|\psi\rangle$ zwischen zwei Zuständen ψ und φ eingeht. Je nach den Eigenschaften des Operators Ω ist es möglich, daß ein solches Matrixelement verschwindet, wenn die Paritäten von ψ und φ nicht gleich (oder nicht entgegengesetzt) sind. Aus der Beobachtung der Übergangswahrscheinlichkeiten lassen sich dann Angaben über die Gleichheit oder Ungleichheit der Parität zweier Zustände machen. Im übrigen muß die Parität aus dem mathematischen Charakter der Wellenfunktion, die das System beschreibt, bestimmt werden. Das ist z.B. einfach für Einteilchenzustände in einem Zentralpotential. Die Schrödinger-Gleichung kann dabei in einen Radialanteil und einen Winkelanteil separiert werden. Die Radialfunktion $R(r)$ hängt von einer Spiegelung der Koordinaten nicht ab. Der Winkelanteil wird gelöst durch Kugeloberflächenfunktionen $Y_l^m(\vartheta, \varphi)$. Das sind Eigenfunktionen des Bahndrehimpulses $\vec{l}$. Unter Raumspiegelung haben sie folgende Eigenschaft

$$Y_l^m(\pi - \vartheta, \varphi + \pi) = (-1)^l Y_l^m(\vartheta, \varphi) \tag{2.60}$$

Daraus folgt unmittelbar: Die Lösungen haben gerade Parität (d.h. $\pi = +1$) für geraden Bahndrehimpuls l und ungerade Parität ($\pi = -1$) für ungerades l. Diese Argumentation ist unabhängig vom Wert der Spinkoordinaten. Eine Folgerung ist beispielsweise, daß gg-Kerne im Grundzustand gerade Parität haben, da ihr Bahndrehimpuls gleich Null ist [1]).

Für Kerne mit ungerader Nukleonenzahl läßt sich häufig der Bahndrehimpuls der Grundzustandswellenfunktion aus dem Schalenmodell vorhersagen. Die Parität ist damit festgelegt. Man schreibt die Parität meist als rechten oberen Index an die Spinangabe, also beispielsweise 0^+ für gg-Kerne im Grundzustand oder z.B. $3/2^-$ für einen Zustand mit $I = l + s = 1 + 1/2$, der zum Bahndrehimpuls 1 gehört.

Liegt ein System aus mehreren Teilchen vor, dessen Wellenfunktion als Produkt der Wellenfunktionen für die einzelnen Teilchen geschrieben werden kann (oder als Summe von Produkten, wenn wir korrekt antisymmetrisieren), so leuchtet ein, daß die Parität des Systems gleich dem Produkt der Einzelparitäten für die Teilchen ist. Die Parität ist daher eine multiplikative Quantenzahl im Gegensatz etwa zur magnetischen Quantenzahl m, die additiv ist. Das hat seinen mathematischen Grund darin, daß die Parität zu einer diskreten Transformation gehört (der Inversion des Koordinatensystems), während die Quantenzahl m zur kontinuierlichen Drehgruppe gehört.

2.6 Magnetische und elektrische Momente

Wir haben im letzten Abschnitt bereits von der experimentell wohlbekannten Tatsache Gebrauch gemacht, daß ein System mit Drehimpuls in einem Magnetfeld B, das in z-Richtung stehe, verschiedene Energiezustände für die verschiedenen Dreh-

---

[1]) Die innere Parität der Teilchen Proton und Neutron wird durch Konvention als „gerade" festgelegt.

impulskomponenten I_z hat. Die Größe dieser magnetischen Energieaufspaltung ist proportional zu B. In der klassischen Physik ist die Energie V_{mag} eines magnetischen Dipols vom Dipolmoment $\vec{\mu}$ im Magnetfeld ebenfalls eine Größe, die proportional zu B ist

$$V_{mag} = -\vec{\mu} \cdot \vec{B} \tag{2.61}$$

Das magnetische Moment eines quantenmechanischen Systems ist eine Folge seines Drehimpulses, der anschaulich eine Rotation der Ladung bewirkt. Das magnetische Moment $\vec{\mu}_I$ eines Kerns wird daher proportional zum Drehimpuls $\vec{I}$ des Kerns sein, so daß wir schreiben können

$$\vec{\mu}_I = \text{const} \cdot \vec{I} \tag{2.62}$$

(vgl. zum folgenden A, Abschn. 4.1). Die Konstante in dieser Gleichung wird so gewählt, daß sie aus einer natürlichen Einheit μ_K mit der Dimension eines magnetischen Moments und einer dimensionslosen Meßzahl g_K besteht. Der Drehimpuls wird in Einheiten von $\hbar$ angegeben. Wir schreiben also

$$\vec{m}_I = g_K \mu_K \frac{\vec{I}}{\hbar} \tag{2.63}$$

Als natürliche Einheit μ_K des magnetischen Moments wählen wir ein Kernmagneton

$$\mu_K = \frac{e\hbar}{2m_p c} = 3{,}152 \cdot 10^{-14} \,\text{MeV/T} \tag{2.64a}$$

das ist das magnetische Moment, das sich bei klassischer Rechnung für ein mit dem Drehimpuls $\hbar$ rotierendes Proton ergibt. Es ist genauso gebildet wie das Bohrsche Magneton (A, Gl. (4.10))

$$\mu_B = \frac{e\hbar}{2m_0 c} = 0{,}58 \cdot 10^{-4} \,\text{eV/T} \tag{2.64b}$$

nur ist das Kernmagneton im Verhältnis $m_0/m_p = 1/1836$ kleiner als das Bohrsche Magneton.

Der Kern-g-Faktor g_K gibt also an, um welchen Faktor sich das wirkliche magnetische Moment des Kerns von demjenigen unterscheidet, das man für eine mit dem Drehimpuls $\vec{I}$ rotierende geladene Kugel klassisch berechnet. Den Betrag eines Drehimpulses $\vec{I}$ schreibt man meist als dimensionslose Zahl I, die gleich ist dem Maximum der Z-Komponente I_z von I in der natürlichen Einheit $\hbar$

$$I = \frac{\text{Max}(I_z)}{\hbar} \tag{2.65}$$

Ebenso können wir als Betrag des magnetischen Moments angeben die Zahl

$$\mu = \frac{\text{Max}(\mu_z)}{\mu_K} \tag{2.66}$$

Betrachen wir die z-Komponente von (2.63), so gilt offensichtlich für das mit I verbundene magnetische Moment

$$\mu_I = g_\mathrm{K} I, \quad g_\mathrm{K} = \frac{\mu_I}{I} \tag{2.67}$$

Der g-Faktor ist nicht gequantelt, d.h. er ist kein ganzzahliges Vielfaches irgendeiner Zahl. Für ein einzelnes Teilchen mit Bahndrehimpuls $\vec{l}$ und Spins s, die zu $\vec{j} = \vec{l} + \vec{s}$ koppeln, können wir uns g zerlegt denken in einen Teil g_l, der den Beitrag des Bahndrehimpulses und einen Teil g_s, der den Beitrag des Spins angibt:

$$\vec{\mu}_\mathrm{Op} = g_l \vec{l} + g_s \vec{s} \tag{2.68}$$

Der Index „Op" soll darauf hinweisen, daß Gl. (2.68) auch als Definitionsgleichung für einen Operator gelesen werden kann, wenn für l und s die entsprechenden Drehimpulsoperatoren eingesetzt werden. Wenn l und s zum Drehimpuls $j = l + s$ koppeln, so stimmt allerdings die Richtung des Vektors μ_Op nicht mehr mit der Richtung von j überein, da l und s mit verschiedenen Faktoren multipliziert werden. Nur j ist aber eine Konstante der Bewegung; μ_Op „rotiert" daher auf einem Kegel um j, wobei nur die Komponente in j-Richtung eine beobachtbare Größe ist. Wir können daher μ_Op ersetzen durch einen Vektor μ, der in Richtung von j zeigt und dessen Betrag gleich der Projektion von μ_Op auf j ist, also

$$\vec{\mu} = \frac{(\vec{\mu}_\mathrm{Op} \cdot \vec{j})}{|j|} \frac{\vec{j}}{|j|} \tag{2.69}$$

Hierbei sind die nichtbeobachtbaren Komponenten senkrecht zu j sozusagen zeitlich weggemittelt. Das magnetische Moment μ können wir korrekt definieren als Erwartungswert der z-Komponente von μ_Op, gebildet mit Zuständen, für die $m = I$ ist, da es sich um den Maximalwert der z-Komponente handeln soll

$$\mu = \int \psi^*(m = I)(\vec{\mu}_\mathrm{OP})_z \psi(m = I) \mathrm{d}\tau \tag{2.70}$$

Bei der Bildung des Erwartungswertes ist es gleichgültig, ob wir von einem Operator der Form (2.68) oder (2.69) ausgehen.

Die magnetische Energie eines Teilchens der Ladung e, das sich mit dem Bahndrehimpuls $\vec{l}$ bewegt, läßt sich aus der Schrödinger-Gleichung berechnen. Man findet $g_l = 1$. Das ist in Übereinstimmung mit dem Experiment sowohl für Elektronen wie für Protonen. Die vom Spin verursachte magnetische Energie des Elektrons muß mit Hilfe der Dirac-Gleichung berechnet werden. Es ergibt sich $g_s = 2$. Auch das stimmt, bis auf eine kleine Korrektur, die in der Quantenelektrodynamik erklärt werden kann, mit dem experimentellen Befund überein. Eigentlich sollte man das gleiche Ergebnis für das Proton erwarten, während das Neutron als ungeladenes Teilchen kein magnetisches Moment zeigen sollte. Die gleich zu schildernden Experimente ergeben jedoch ein völlig anderes Verhalten. Man findet [w1]

$$g_s = 5,5858, \quad g_l = 1 \text{ für das Proton}$$

$$g_s = -3,8261, \quad g_l = 0 \text{ für das Neutron}$$

(Die g_l-Faktoren sind hier noch einmal aufgeführt.) Die entsprechenden magnetischen Momente sind $\mu_\mathrm{p} = 2,79$ (Proton) und $\mu_\mathrm{n} = -1,91$ (Neutron). Diese anomalen magnetischen Momente der Nukleonen haben ihre Erklärung in der Unterstruktur der Nukleonen, wie sie im Quark-Modell beschrieben wird. Das negative Vorzeichen bei μ_n bedeutet, daß Spin und magnetisches Moment entgegengerichtet sind.

Für Kerne, die aus mehreren Nukleonen bestehen, hängt das resultierende magnetische Moment von der Kopplung sowohl der Spin- als auch der Bahndrehimpulse zum Gesamtdrehimpuls ab. Wegen der beträchtlichen Differenz der verschiedenen g-Faktoren für Proton und Neutron hängen die resultierenden Kernmomente sehr empfindlich vom Kopplungsschema ab.

Die Messung der magnetischen Momente beruht auf ihrer Wechselwirkung mit einem Magnetfeld B. Nach Gl. (2.59) läßt sich μ_I aus der Größe der Hyperfeinstrukturaufspaltung entnehmen, sofern das Hüllenfeld B_0 am Kernort hinreichend genau berechnet werden kann. Von dieser Beschränkung wird man frei durch Anwendung eines äußeren Magnetfeldes B. Die Hyperfeinstruktur-Niveaus spalten dann auf. Wenn der Hüllendrehimpuls $J = 1/2$ ist, läßt sich die Feldabhängigkeit der Aufspaltung in geschlossener Form angeben (Breit-Rabi-Formel). Zwar dominiert bei der Aufspaltung der Einfluß des Hüllenfeldes, doch läßt sich der Formel entnehmen, daß die Energiedifferenz ΔW zwischen einem Übergang mit $\Delta F = 1$, $\Delta m = 1$ ($m_2 \to m_1$) und einem mit $\Delta F = 1$, $\Delta m = -1$ ($m_1 \to m_2$) nur vom äußeren Feld und dem magnetischen Moment des Kerns abhängt. Solche Übergänge lassen sich in einem Atomstrahlenexperiment (Rabi 1939) beobachten. Hierbei handelt es sich um eine Weiterentwicklung des Stern-Gerlach-Versuches. Ein Strahl neutraler Atome oder Moleküle, der aus einem Ofen kommt, läuft zunächst durch ein inhomogenes Magnetfeld A (Fig. 24a). Es übt auf die Atome eine Kraft $F = \mu_z(\partial B_z/\partial_z)$ proportional zur z-Komponente von μ aus, so daß sie eine gekrümmte Bahn beschreiben. Der Magnet B am anderen Ende der Apparatur ist von gleicher Bauart wie A. Die Teilchen werden durch ihn daher in gleicher Richtung abgelenkt und gehen verloren (gestrichelte Bahn). Zwischen A und B befindet sich das homogene Magnetfeld C. Es übt keine Kraft auf die Teilchen aus. Im Bereich des C-Magneten wird über eine Induktionsschleife, die von einem Hochfrequenzgenerator gespeist wird, ein hochfrequentes elektromagnetisches Feld der Kreisfrequenz ω erzeugt. Wenn im C-Magnet beim

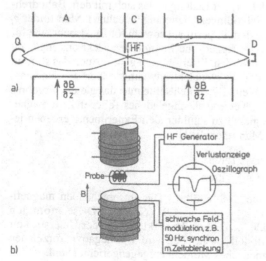

Fig. 24
a) Atomstrahlapparatur (schematisch)
b) Prinzip einer Kernresonanzapparatur

äußeren Feld B die zum gesuchten Übergang der Energie ΔW gehörige Frequenz $\omega = \Delta W/\hbar$ eingestrahlt wird, finden induzierte Dipolübergänge statt, die das Vorzeichen μ_z ändern. Die Teilchen werden dann durch den B-Magnet auf den Detektor zurückfokussiert (s.a. A, Abschn. 9.3 und Fig. 103).

Eine Kernresonanzanordnung ist im Prinzip einfacher aufgebaut. Die Kernmomente werden hierbei in diamagnetischer Umgebung in kondensierter Materie beobachtet, beispielsweise das magnetische Moment des Protons in einem Wassertropfen. Die Substanzprobe wird in ein homogenes Magnetfeld B gebracht. Es stehe in z-Richtung. Die Energiedifferenz ΔV_{mag}, die sich für verschiedene z-Komponenten I_z des Drehimpulses ergibt, ist nach (2.61), (2.63)

$$\Delta V_{mag} = g\mu_K \frac{\Delta I_z}{\hbar} \cdot B = g\mu_K B \Delta m_I \tag{2.71}$$

Um ΔV_{mag} zu messen, erzeugt man mit einer Induktionsspule, die senkrecht zu B steht, ein Hochfrequenzfeld in der Probe und beobachtet induzierte magnetische Dipolübergänge (Fig. 24b). Für Dipolübergänge gilt $\Delta m = \pm 1$, daher wird aus (2.71)

$$\Delta V_{mag} = \hbar\omega_L = g\mu_K B; \quad \omega_L = (1/\hbar)g\mu_K B \tag{2.72}$$

Die Frequenz ω_L heißt Larmorfrequenz. Man kann das Eintreten der Resonanz entweder dadurch feststellen, daß der Induktionsspule Energie entzogen wird (E. Purcell 1946) oder dadurch, daß in einer senkrecht zur Induktionsspule stehenden zweiten Spule ein Resonanzsignal induziert wird (F. Bloch 1946). Das magnetische Moment des Protons läßt sich auf diese Art leicht bestimmen. Für den Nachweis der Resonanz ist wichtig, daß die einzelnen Niveaus verschiedener magnetischer Energie unterschiedlich besetzt sind, weil sonst kein Netto-Energieverlust durch induzierte Übergänge in der Probe auftritt. Im thermischen Gleichgewicht ist das der Fall, denn das Verhältnis der Besetzungswahrscheinlichkeiten zweier Zustände ist durch den Boltzmann-Faktor $\exp(-\Delta V/kT)$ gegeben. Man muß daher bei einem Kernresonanzexperiment dafür sorgen, daß der thermische Ausgleich mit der Umgebung schneller stattfindet als die Änderung der Besetzungszahlen durch induzierte Übergänge. Sonst verschwindet das Resonanzsignal, wenn Gleichbesetzung erreicht ist.

Der g-Faktor des Neutrons läßt sich nicht direkt mit einer Atomstrahlapparatur messen, da man keine hinreichend hohen Strahldichten für Neutronen herstellen kann. Man kann dennoch das gleiche Prinzip wie in Fig. 24a benutzen, ersetzt aber den A- und B-Magneten durch Streukörper aus magnetisiertem Eisen. Der Streuquerschnitt hängt hierbei von der Orientierung des Neutronenspins relativ zur Magnetisierungsrichtung ab. Der erste Streukörper wirkt daher als Polarisator, der zweite als Analysator für den Neutronenspin. Bei Erreichen der Resonanzbedingung im C-Magneten wird der Polarisationsgrad des Strahles geändert, wodurch sich ein Absinken der Intensität im Detektor ergibt [Blo 48].

Eine Reihe von Meßdaten für magnetische Momente von Kernen ist in Fig. 25, geordnet nach dem Drehimpuls, eingetragen. Die Figur enthält außerdem Linien, die auf folgende Modellvorstellung zurückgehen (Th. Schmidt 1937). Alle gg-Kerne haben Spin 0. Es liegt daher nahe anzunehmen, daß sich alle Nukleonen einer Sorte, die als gerade Zahl vorliegen, zu Paaren, die jeweils den Drehimpuls Null haben, vereinigen. Bei ungerader Nukleonenzahl sollte daher der resultierende Drehimpuls und das magnetische Moment allein vom ungepaarten Nukleon herrühren. Der Kern-

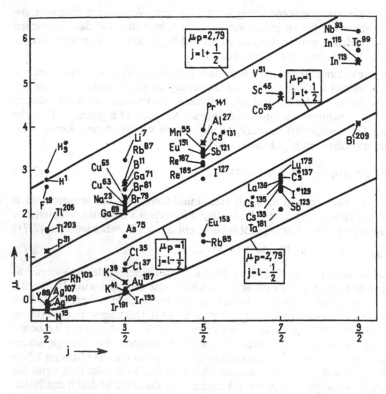

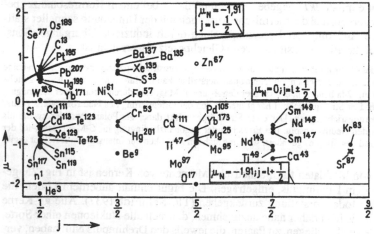

Fig. 25 Magnetische Momente und Schmidtlinien für Kerne mit ungepaartem Proton (oben) und ungepaartem Neutron (unten); nach [May 55]

spin $\vec{I}$ ergäbe sich dann aus Bahndrehimpuls $\vec{l}$ und Spin $\vec{s}$ dieses Nukleons zu $\vec{I} = \vec{j}$ $= \vec{l} + \vec{s}$, so daß $I = j = l \pm 1/2$. Die zugehörigen magnetischen Momente lassen sich leicht berechnen. Sie sind als „Schmidt-Linien" in Fig. 25 eingetragen, wobei beispielsweise zum Kernspin 5/2 zwei Werte gehören, einer für $j = 3 - 1/2$ und einer für $j = 2 + 1/2$.

Zur Berechnung von μ setzen wir (2.68) in (2.69) ein und erhalten

$$\vec{\mu} = g\vec{j} = (1/|j|^2)\{g_l(\vec{l} \cdot \vec{j}) + g_s(\vec{s} \cdot \vec{j})\}j$$

Hierin setzen wir $|j|^2 = j(j+1)$ und berechnen die Ausdrücke $(\vec{l} \cdot \vec{j})$ und $(\vec{s} \cdot \vec{j})$ durch Quadrieren der Identitäten $\vec{s} = \vec{j} - \vec{l}$ bzw. $\vec{l} = \vec{j} - \vec{s}$. Damit erhalten wir

$$g = \frac{g_l\{j(j+1) + l(l+1) - s(s+1)\} + g_s\{j(j+1) + s(s+1) - l(l+1)\}}{2j(j+1)} \qquad (2.73)$$

Hierdurch sind die Schmidt-Linien für Protonen und Neutronen bestimmt, wenn wir die entsprechenden Werte für g_l und g_s benutzen. Gl. (2.73) läßt sich übrigens umformen in

$$g = g_l \pm \frac{(g_s - g_l)}{2l+1} \quad \text{für } j = l \pm \frac{1}{2} \qquad (2.73a)$$

Das ist eine einfache Beziehung für den g-Faktor von Einteilchenzuständen.

Wäre dieses einfache Modell richtig, so müßten die gemessenen magnetischen Momente exakt auf die Schmidt-Linien fallen. Das ist zwar offensichtlich nicht der Fall, doch gruppieren sich die magnetischen Momente für ungerades Z in zwei Bändern zwischen den Linien. Um das zu verdeutlichen, sind zwei weitere Linien eingezeichnet, die für $\mu_p = 1$ (statt 2,79) berechnet sind. Das Modell ist also einerseits sicherlich zu einfach, enthält aber andererseits doch gewisse richtige Züge.

Wir wissen heute, daß die wenigsten Kernzustände durch Einteilchen-Konfigurationen korrekt beschrieben werden. Die Abweichung der magnetischen Momente von den Schmidt-Linien ist daher nicht erstaunlich. Bei leichten Kernen, für die das Einteilchenmodell gut zutrifft (z.B. ^{15}N, ^{15}O, ^{17}O), sind die berechneten und beobachteten Werte für μ in ganz guter Übereinstimmung. Bei schweren Kernen ist die Übereinstimmung weniger gut (^{55}Co, ^{207}Pb, ^{209}Bi). Die Abweichungen lassen sich vermutlich auf eine Polarisation des Rumpfes der abgeschlossenen Schalen zurückführen und vielleicht teilweise darauf, daß der g-Faktor eines Nukleons im Kernverband etwas verschieden von dem eines freien Teilchens ist.

Bisher haben wir nur vom magnetischen Moment gesprochen. Wir müssen diese Betrachtungen nun erweitern. Das klassische Analogon zum magnetischen Dipolmoment ist das Feld eines Kreisstromes. Wir können allgemeiner die Frage stellen, welche Energieverhältnisse sich ergeben, wenn wir im Kern eine beliebige Ladungs- und Stromverteilung annehmen und den Kern in ein elektromagnetisches Feld bringen. Diese allgemeine Fragestellung kann klassisch und quantenmechanisch formal durch eine Entwicklung nach Multipoltermen gelöst werden (vgl. A, Abschn. 9.1). Wir wollen hier nur noch den einfachen Fall einer nicht kugelsymmetrischen Verteilung der elektrischen Ladung betrachten. Wir gehen aus von der Energie W eines Kerns mit der Ladungsdichteverteilung $\varrho(\vec{r})$ in einem elektrischen Potential $\varphi(\vec{r})$. Es ist

$$W = \int \varphi(\vec{r})\varrho(\vec{r})d\tau \qquad (2.74)$$

Die Integration erstreckt sich über das Kernvolumen. Das Potential φ sei beispielsweise von der Elektronenhülle erzeugt. Der Nullpunkt des Koordinatensystems liege im Zentrum des Kerns. Wir stellen uns das Potential $\varphi(\vec{r})$ für $r = 0$ in eine Taylorreihe entwickelt vor

$$\varphi(\vec{r}) = \varphi_0 + \vec{r} \cdot (\text{grad } \varphi)_0 + ... \tag{2.75}$$

und tragen dies in (2.74) ein. Der erste Term $\varphi_0 \int \varrho(\vec{r}) d\tau = q\varphi_0$ ist die mit der Ladung q des Kerns verknüpfte Energie im Potential φ_0 am Kernort. Der zweite Term enthält drei Glieder der Form $(\partial\varphi/\partial z)\int z\varrho d\tau$. In unserer klassischen Betrachtung ist das die Energie eines Dipols vom Dipolmoment $\vec{D} = \int \vec{r}\varrho d\tau$ im Feld $\vec{E} = -\text{grad } \varphi$. Quantenmechanisch ist die Ladungsdichte des Kerns der Ladung q durch seine Wellenfunktion ψ gegeben

$$\varrho(\vec{r}) = q\psi^*(\vec{r})\psi(\vec{r}) \tag{2.76}$$

Da φ eine definierte Parität hat, ist $\varrho(-\vec{r}) = \varrho(r)$. Das Dipolmoment $\int \vec{r}\varrho(r) d\tau$ ist daher das Integral über ein Produkt aus einer geraden und einer ungeraden Funktion, d.h. es verschwindet. Kerne haben keine statischen Dipolmomente.

Der nächste Term in (2.74) mit der Entwicklung (2.75) enthält Glieder mit $\partial^2\varphi/\partial z^2$, sie hängen also vom Feldgradienten $\partial^2 E_z/\partial z$ ab. Zur Vereinfachung wollen wir gleich Zylindersymmetrie in z-Richtung voraussetzen. Für den Feldgradienten am Kernort schreiben wir $(\partial E_z/\partial z)_0 \equiv C$ und haben daher $E_z = Cz$. (Wir haben hier willkürlich $E_z = 0$ gesetzt für $z = 0$, da in unserer Betrachtung nur der Feldgradient interessiert.) Da das Feld von außen liegenden Quellen erzeugt wird, ist $\text{div}E = 0$, d.h.

$$\frac{\partial E_x}{\partial x} + \frac{\partial Ey}{\partial y} + C = 0$$

woraus unter Berücksichtigung der Symmetrie folgt $E_x = -(1/2)Cx$ und $E_y = -(1/2)Cy$. Wie man durch Differenzieren leicht prüft, hat $\varphi(\vec{r})$ deshalb die Form

$$\varphi(\vec{r}) = -\frac{1}{4}C(2z^2 - x^2 - y^2) = -\frac{1}{4}C(3z^2 - r^2)$$

es ergibt sich somit für die Energie

$$W - \int \varphi(\vec{r})\varrho(\vec{r}) d\tau - \frac{1}{4}\left(\frac{\partial E_z}{\partial z}\right)_0 e Q_z \tag{2.77}$$

mit $$Q_z = \frac{1}{e}\int (3z^2 - r^2)\varrho(\vec{r}) d\tau \tag{2.78}$$

Die hier eingeführte Größe Q_z heißt elektrisches Quadrupolmoment hinsichtlich der z-Achse. Es verschwindet für kugelsymmetrische Ladungsverteilungen. Daher ist (2.77) die potentielle Energie eines deformierten geladenen Körpers in einem inhomogenen elektrischen Feld. Bis jetzt ist unsere Betrachtung rein klassisch. Außerdem haben wir die z-Achse als Symmetrieachse des elektrischen Feldes gewählt. Die Größe Q_z hängt von der Orientierung der Deformationsachse relativ zur z-Richtung ab. Bei einem Kern hängen aber Deformationsachse und Drehimpulsrichtung zusammen. Er kann daher keine beliebige Orientierung hinsichtlich der durch das elektrische Feld definierten z-Achse einnehmen, sondern nur solche, bei denen die z-Komponente von I die quantenmechanisch erlaubten Werte hat. Der größte Wert für Q_z ergibt sich, wenn die Deformationsachse des Kerns so weit wie möglich in z-Richtung gedreht wird, d.h. für die Orientierung mit $m = I$. Um die Abweichung eines Kerns von der Kugelgestalt zu charakterisieren, definiert man daher als Quadrupolmoment Q den Erwartungswert des Operators

$$Q_{Op} = \frac{1}{e} \int (3z^2 - r^2)\varrho(\vec{r})d\tau = \frac{1}{e} \int r^2(3\cos^2\vartheta - 1)\rho(\vec{r})d\tau \qquad (2.79)$$

für einen Kern, dessen Spin in z-Richtung zeigt:

$$Q = \langle \Psi | Q_{Op} | \Psi \rangle \quad m = 1 \qquad (2.80)$$

Auch diese Größe ist nur für deformierte Kerne von Null verschieden. Bringt man einen Kern des Quadrupolmoments Q in ein inhomogenes Feld, z.B. in atomarer Umgebung, so ergeben sich, je nach Orientierung des Kerns, eine Reihe von Wechselwirkungsenergien E_Q, die als Hyperfeinstruktureffekte zu beobachten sind. Bei freien Atomen hängen diese Werte von der Drehimpulskopplung zwischen Kern und Hülle, d.h. von den Quantenzahlen J, I und F ab (A, Gl. (9.24)). Man kann daher Kern-Quadrupolmomente aus der Hyperfeinstrukturaufspaltung erschließen. Das in (2.80) eingeführte Quadrupolmoment heißt auch spektroskopisches Quadrupolmoment. Wir müssen es vom sogenannten inneren Quadrupolmoment eines Kerns unterscheiden, auf das wir in Abschn. 6.6 zu sprechen kommen.

Um ein Modell dafür zu haben, wie Quadrupolmoment und Deformation zusammenhängen, können wir mit (2.78) das klassische Quadrupolmoment für ein homogen geladenes Rotationsellipsoid der Ladung Ze mit den Halbachsen a und b (z-Richtung) berechnen. Es ergibt sich

$$Q = \frac{2}{5}Z(b^2 - a^2) = \frac{6}{5}Z\overline{R}^2\left(\frac{\Delta R}{\overline{R}}\right) \equiv \frac{6}{5}Z\overline{R}^2 \cdot \delta \qquad (2.81)$$

Da die Abweichungen von der Kugelgestalt meist nicht groß sind, haben wir auf der rechten Seite von (2.81) $a = \overline{R} - 1/2\Delta R$, $b = \overline{R} + \Delta R$ gesetzt, wo $\overline{R}$ der Radius einer vom gleichen Volumen ist. Die Größe $\delta = (\Delta R/\overline{R})$ heißt Deformationsparameter. Nach unserer Definition entspricht ein positives Quadrupolmoment einer zigarrenförmigen, ein negatives einer linsenförmigen Ladungsverteilung.

Zur experimentellen Bestimmung von Quadrupolmomenten nach (2.77) muß man den Feldgradienten ($\partial E_z/\partial z$) am Kernort kennen, der häufig nur schwer zu ermitteln ist. Daher sind Bestimmungen von Q oft ungenau. Die Lage der Hyperfeinstrukturlinien ist bei Vorhandensein eines Quadrupolmoments um die Wechselwirkungsenergie W verschoben. Die Linien befolgen dann nicht die Intervalkegel. Quadrupolmomente können daher aus Hyperfeinstrukturbeobachtungen, etwa durch Mikrowellenspektroskopie, bestimmt werden. In Fig. 26 ist eine Reihe von Meßwerten gegen die Zahl der ungeraden Nukleonen aufgetragen. Die Ordinate Q/ZR^2 gibt nach (2.79) direkt die Deformation des Kerns an. Der Verlauf der Werte spiegelt sehr deutlich die Schalenstruktur der Kerne wider (s. Kapitel 6).

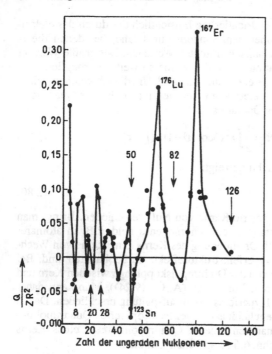

Fig. 26
Quadrapoldeformation von Kernen, aufgetragen gegen die Zahl der ungeraden Nukleonen (Z oder N)

Höhere statische elektrische oder magnetische Momente sind bei Kernen ebenfalls meßbar. Man erhält geeignete Operatoren für sie aus den höheren Gliedern der Multipolentwicklung und klassifiziert sie nach der Multipolordnung L, die einem 2^L-Pol entspricht. So ist für die elektrische Ladung $L = 0$, für das elektrische Quadrupolmoment $L = 2$ und für das magnetische Dipolmoment $L = 1$. Es seien noch folgende Regeln angegeben, die sich aus den Eigenschaften der betreffenden Operatoren ergeben:

1) Alle ungeraden elektrischen Multipolmomente verschwinden.

2) Alle geraden magnetischen Multipolmomente verschwinden. (Beweis wie beim elektrischen Dipolmoment: $\psi^*\psi$ ist immer eine gerade Funktion von $\vec{r}$, daher verschwindet $\int \psi^* \Omega \psi d\tau$, wenn Ω ungerade ist.)

3) Für einen Zustand mit dem Gesamtdrehimpuls I verschwindet der Erwartungswert aller Momente der Multipolordnung $L > 2I$ (Beweis mit Hilfe des Wigner-Eckart-Theorems). Hieraus folgt insbesondere, daß Kerne mit $I = 0, 1/2$ keine elektrischen Quadrupolmomente haben.

Es sei zum Abschluß darauf hingewiesen, daß wir in diesem Abschnitt nur von statischen Momenten und nicht von Übergangswahrscheinlichkeiten gesprochen haben. Elektrische Dipolstrahlung wird durchaus beobachtet.

3 Zerfall instabiler Kerne

3.1 Zerfallsgesetz

Die Kernphysik hat ihren Ausgang genommen von der Untersuchung natürlich radioaktiver Substanzen. Erst das detaillierte Studium von angeregten Zuständen und Umwandlungsarten hat im Laufe der Zeit Aufschluß gegeben über die Struktur der Kerne und die wirksamen Kräfte. Das Studium instabiler Kerne ist daher von zentraler Bedeutung.

Unter instabilen Kernen wollen wir sowohl Kerne im Grundzustand verstehen, die sich durch Teilchenemission in andere Kerne spontan umwandeln, als auch Kerne in angeregten Zuständen, die durch elektromagnetische Wechselwirkung in den Grundzustand übergehen können. Die Bedingungen, unter denen Teilchenemission energetisch möglich ist, haben wir in Abschn. 2.4 bereits untersucht. Die radioaktiven Kerne lassen sich zusammen mit den stabilen Kernen in der N-Z-Ebene auftragen (vgl. Fig. 22). In solchen „Nuklidkarten" sind die wichtigsten Eigenschaften der radioaktiven Kerne eingetragen. Fig. 27 zeigt einen Ausschnitt aus der Nuklidkarte mit den Nukliden ^{1}H bis ^{28}Si [See 74]. Die Karte enthält Angaben über Isotopenhäufigkeit, Zerfallsarten und wichtigste Teilchenenergien, Wirkungsquerschnitte für thermische Neutronen u.a. mehr. Eine kleine Liste häufig genannter radioaktiver Nuklide findet sich am Ende dieses Kapitels. Eine aktuelle Isotopentabelle findet man bei [w 3].

Für einen einzelnen Kern stellt man die energetischen Verhältnisse durch ein Termschema dar, das auch die radioaktiven Zerfallszweige enthält. Ein Beispiel war das in Fig. 13 dargestellte Termschema von ^{11}B. Ein weiteres Beispiel sei hier in Fig. 28 angefügt, in der ein vereinfachtes Zerfallsschema für ^{212}Pb (Thorium B) wiedergegeben ist. Man sieht, daß in einer radioaktiven Zerfallsreihe Verzweigungen auftreten können, wenn ein Kern sowohl α- als auch β-instabil ist.

Die wichtigsten Zerfallsarten instabiler Kerne sind: Beta-Umwandlungen, Emission von α-Teilchen, Kernspaltung und Emission elektromagnetischer Strahlung. Für jeden dieser Prozesse ist die Übergangswahrscheinlichkeit $\lambda = |C|^2$ durch das Quadrat einer quantenmechanisch zu berechnenden Übergangsamplitude $C = \langle \Psi_f | O | \Psi_i \rangle$ gegeben. Hier bezeichnen Ψ_i bzw. Ψ_f den Anfangs- bzw. Endzustand des Übergangs und O den Operator der beim Zerfall wirksamen Wechselwirkungsenergie. Je nach Zerfallsart hängen die Übergangsamplituden von ganz verschiedenen Faktoren ab. Explizite Ausdrücke dafür werden in den betreffenden Abschnitten gegeben. In die Übergangsamplituden C gehen fundamentale Naturkonstanten ($\hbar$, c, e, m_0 usw.) ein, sowie Kernwellenfunktionen, die ihrerseits wieder von den Konstanten der starken und schwachen Wechselwirkung abhängen, hingegen keine Größen, die durch „makroskopische" Einflüsse wie Temperatur, Druck oder Magnetfelder zu verändern sind. Die Zerfallswahrscheinlichkeit λ eines instabilen Zustands ist daher eine wohldefinierte konstante Größe.

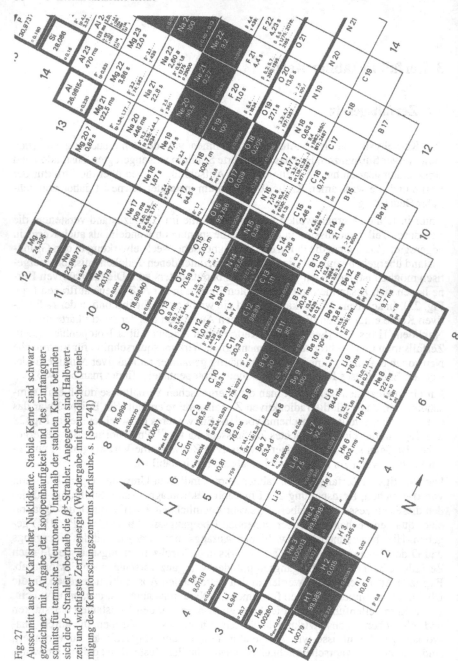

Fig. 27
Ausschnitt aus der Karlsruher Nuklidkarte. Stabile Kerne sind schwarz gezeichnet mit Angabe der Isotopenhäufigkeit und des Einfangquerschnitts für thermische Neutronen. Unterhalb der stabilen Kerne befinden sich die β^--Strahler, oberhalb die β^+-Strahler. Angegeben sind Halbwertzeit und wichtigste Zerfallsenergie (Wiedergabe mit freundlicher Genehmigung des Kernforschungszentrums Karlsruhe, s. [See 74])

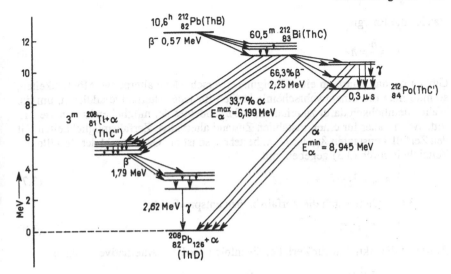

Fig. 28 Zerfallsschema für ^{212}Pb (ThB) mit Folgeprodukten, stark vereinfacht

Wir betrachten jetzt ein Ensemble von N instabilen Zuständen. Da die Zerfallswahrscheinlichkeit λ, festliegt, ist die Zahl der Zerfälle pro Zeiteinheit, die Aktivität A, gegeben durch

$$A = -\frac{dN}{dt} = \lambda N \tag{3.1}$$

Die Größe λ heißt auch Zerfallskonstante. Durch Integration folgt unmittelbar das Zerfallsgesetz: $(dN/N) = -\lambda dt$; $\ln N = -\lambda t + C$

$$N = N_0 e^{-\lambda t} \tag{3.2}$$

wobei die Integrationskonstante so gewählt ist, daß $N = N_0$ für $t = 0$. Für die Aktivität zur Zeit t folgt hieraus

$$A = -\lambda N_0 e^{-\lambda t} = A_0 e^{-\lambda t} \quad \text{mit} \quad A_0 \equiv -\lambda N_0 \tag{3.3}$$

Die Zeit, während der N auf die Hälfte abnimmt, heißt Halbwertzeit $t_{1/2}$. Setzt man in (3.2) $N = N_0/2$, ergibt sich

$$t_{1/2} = \frac{\ln 2}{\lambda} = \frac{0,69315}{\lambda} \tag{3.4}$$

Ferner bezeichnen wir als mittlere Lebensdauer τ die Zeit

$$\tau = \frac{1}{\lambda} = 1,443 t_{1/2} \tag{3.5}$$

Für $t = \tau$ ist die Aktivität jeweils auf $1/e = 0,36788$ abgesunken. Einem zerfallenden Zustand kann nach der Unschärferelation $\Delta E \cdot \Delta t \approx \hbar$ ein Energieintervall formal zugeordnet werden. Wir definieren daher als Zerfallsbreite Γ eines instabilen Zustandes die Energie

$$\Gamma = \frac{\hbar}{\tau} = \hbar\lambda \tag{3.6}$$

Gibt es für das Eintreten eines Ereignisses verschiedene alternative Möglichkeiten, so muß man die Einzelwahrscheinlichkeiten für jede Alternative addieren, um die Wahrscheinlichkeit dafür zu erhalten, daß irgendeines der möglichen Ereignisse eintritt. Wenn daher für einen instabilen Zustand alternative Zerfallsmöglichkeiten mit den Zerfallskonstanten $\lambda_1, \lambda_2, \lambda_3, \dots$ bestehen, so ist die Gesamtzahl der Zerfälle pro Zeiteinheit durch (3.3) gegeben, mit

$$\lambda = \lambda_1 + \lambda_2 + \lambda_3 + \dots \tag{3.7}$$

Nach (3.6) addieren sich die Zerfallsbreiten entsprechend

$$\Gamma = \Gamma_1 + \Gamma_2 + \dots \tag{3.8}$$

Ferner ist die Aktivität für Zerfälle, die infolge der k-ten Alternative erfolgen

$$A_k = \frac{-\mathrm{d}N_k}{\mathrm{d}t} = \lambda_k N = \lambda_k N_0 e^{-\lambda t} \tag{3.9}$$

Die Zahl N der zu einer bestimmten Zeit vorhandenen Zustände ist einfach gegeben durch das Produkt aus mittlerer Lebensdauer und Aktivität zu dieser Zeit, denn nach (3.1) und (3.5) ist

$$N = (\lambda N) \cdot \frac{1}{\lambda} = \frac{-\mathrm{d}N}{\mathrm{d}t} \cdot \tau \tag{3.10}$$

In allen bisherigen Erörterungen konnten wir unter der Zahl N der Zustände sowohl die Zahl radioaktiver Kerne eines β- oder α-Strahlers als auch etwa die Zahl der angeregten Niveaus eines Kernes verstehen, die durch γ-Strahlung zerfallen. Das gleiche gilt für die folgenden Betrachtungen, obwohl wir eine etwas speziellere Redeweise wählen, die sich auf radioaktive Zerfälle bezieht.

Das Produkt eines radioaktiven Zerfalls kann seinerseits instabil sein. Bei den natürlich radioaktiven Zerfallsreihen finden wir eine lange Sequenz von instabilen Kernen, die auseinander hervorgehen. Die Frage nach den zu einer bestimmten Zeit t vorhandenen Aktivitäten der einzelnen Zerfallsprodukte löst man durch folgende Betrachtung. Das i-te Glied der Zerfallskette habe N_i aktive Kerne mit der Zerfallskonstanten λ_i

$$N_1 \overset{\lambda_1}{\to} N_2 \overset{\lambda_2}{\to} N_3 \overset{\lambda_3}{\to} \dots N_k .$$

Die zeitliche Änderung von N_i ist gegeben durch

$$\dot{N}_i = \lambda_{i-1} N_{i-1} - \lambda_i N_i \tag{3.11}$$

Der erste Term ist die Zuwachs-, der zweite die Zerfallsrate. Dieses System von Differentialgleichungen kann durch den Ansatz gelöst werden

$$N_1 = C_{11}e^{-\lambda_1 t}$$
$$N_2 = C_{21}e^{-\lambda_1 t} + C_{22}e^{-\lambda_2 t}$$
$$\cdots$$
$$N_k = C_{k1}e^{-\lambda_1 t} + \ldots + C_{kk}e^{-\lambda_k t}$$

(3.12)

Mit diesem Lösungsansatz findet man für die Koeffizienten mit $i \neq j$ die Rekursionsformel

$$C_{ij} = (C_{i-1,j}) \cdot \frac{\lambda_{i-1}}{\lambda_i - \lambda_j} \quad \text{(für } i \neq j\text{)}$$

(3.13)

während sich für $i = j$ die Koeffizienten aus den Randbedingungen für $t = 0$ ergeben

$$N_i(0) = C_{i1} + C_{i2} + \ldots + C_{ii}$$

(3.14)

Als einfachstes Beispiel betrachten wir den Fall $k = 2$, also eine Mutter- und eine Tochtersubstanz. Die Gleichungen (3.12) lauten dann $N_1 = C_{11} \exp(-\lambda_1 t)$ und $N_2 = C_{21} \exp(-\lambda_1 t) + C_{22} \exp(-\lambda_1 t)$, und die Rekursionsformel (3.13) liefert $C_{21} = C_{11} \lambda_1/(\lambda_2 - \lambda_1)$. Für $t = 0$ sei vom Tochterzustand noch nichts vorhanden, also $N_2(0) = C_{21} + C_{22} = 0$ oder $C_{22} = -C_{21}$. Wenn wir noch beachten, daß $C_{11} = N_1(0)$ ist, können wir als Lösung schreiben

$$N_2(t) = N_1(0) \frac{\lambda_1}{\lambda_2 - \lambda_1} (e^{-\lambda_1 t} - e^{-\lambda_2 t})$$

(3.15)

Dabei müssen wir beachten, daß die Aktivität A_2 nicht durch dN_2/dt gegeben ist, siehe (3.11), sondern durch $\lambda_2 N_2$, da sich die Definition der Aktivität in (3.1) nur auf Zerfälle und nicht auf den Zuwachs bezieht. Für die Aktivitäten ergibt sich also aus (3.15)

$$A_2(t) = A_1(0) \frac{\lambda_2}{\lambda_2 - \lambda_1} (e^{-\lambda_1 t} - e^{-\lambda_2 t}) = A_1(t) \frac{\lambda_2}{\lambda_2 - \lambda_1} [1 - e^{-(\lambda_2 - \lambda_1)}]$$

(3.16)

In Fig. 29a haben wir den Verlauf von Mutter- und Tochteraktivität in halblogarithmischem Maßstab für die Fälle $\lambda_2 = 10\lambda_1$ (kurzlebige Tochter) und $\lambda_2 = 0.5\lambda_1$ (langlebige Tochter) aufgezeichnet. Man kann leicht folgendes zeigen: 1) das Maximum von A_2 tritt beim Schnittpunkt der Kurven für A_2 und A_1 auf, 2) dieser Punkt wird erreicht für t in der Größenordnung des kleineren τ, 3) für große t ist der Abfall der Aktivität bestimmt durch das größere τ.

Wenn mehr als zwei radioaktive Substanzen aufeinander folgen, können die Verhältnisse recht kompliziert werden: Ein spezieller Fall tritt auf, wenn für ein Glied der Zerfallsreihe τ sehr viel größer ist als für alle nachfolgenden Zustände. Ähnlich wie im Falle $\tau_2 = 0.1\tau_1$ in Fig. 29a, sind die Aktivitäten für alle Folgeprodukte dann praktisch gleich der Aktivität der langlebigen Substanz. Jedes Glied der Kette hat dann die gleiche Zahl von Zerfällen pro Sekunde und die Zahl der vorhandenen Atome ist für jedes Folgeglied umgekehrt proportional zu seiner Zerfallskonstante. Die Zerfallsreihe befindet sich im radioaktiven Gleichgewicht.

Als einfaches weiteres Beispiel wollen wir noch die Frage untersuchen, wie die Aktivität einer radioaktiven Substanz ansteigt, wenn sie mit konstanter Produktionsrate

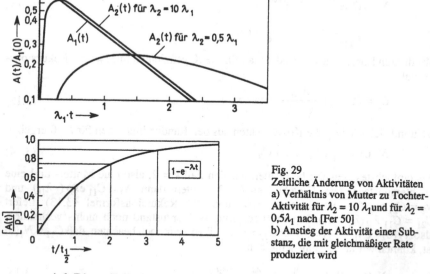

Fig. 29
Zeitliche Änderung von Aktivitäten
a) Verhältnis von Mutter zu Tochter-
Aktivität für $\lambda_2 = 10\ \lambda_1$ und für $\lambda_2 = 0,5\lambda_1$ nach [Fer 50]
b) Anstieg der Aktivität einer Sub-
stanz, die mit gleichmäßiger Rate
produziert wird

erzeugt wird. Dieser Fall tritt bei der Herstellung von Präparaten durch Bestrahlung an einem Beschleuniger oder Reaktor auf. Die Produktionsrate, d.h. die Zahl der pro Zeiteinheit erzeugten Kerne, sei P. Dann gilt $(dN/dt) = -\lambda N + P$. Die Lösung lautet

$$\lambda N(t) = A(t) = P(1 - e^{-\lambda t}) \tag{3.17}$$

wie man durch Einsetzen nachprüft. Man sieht am Anwachsen der Aktivität (Fig. 29b), daß es zwecklos ist, über einen Zeitraum zu bestrahlen, der sehr viel größer ist als die Halbwertzeit der Substanz.

Zum Schluß dieses Abschnitts sei noch eine Bemerkung über Einheiten angefügt. Die Zerfallskonstante λ wird üblicherweise in s^{-1} angegeben. Für die Aktivität A wird als Einheit benutzt

$$1\ \text{Becquerel} = 1\ \text{Bq} = 1\ \text{Zerfall/s}$$

Früher war die Angabe in der Einheit Curie üblich. Es ist

$$1\ \text{Curie} = 1\ \text{Ci} = 3,7 \cdot 10^{10}\ \text{Zerfälle/s}$$

Daher ist $1\ \text{Bq} = 0,27 \cdot 10^{-10}\ \text{Ci}$. Das Curie war ursprünglich definiert als die Aktivität einer Substanz, die mit 1 g Radium im radioaktiven Gleichgewicht steht:

In diesem Zusammenhang sollen noch die Einheiten erwähnt werden, die sich auf die Wirkung radioaktiver Strahlung beziehen. Meßtechnisch am einfachsten zu erfassen, z.B. mit einer Ionisationskammer, ist die durch Ionisation in einem Gas erzeugte Ladung. Darauf beruht die Einheit für die Ionendosis, nämlich 1 Röntgen. Es ist diejenige Strahlungsmenge an γ-Strahlung, die $2 \cdot 10^9$ Ionenpaare in einem Milliliter Luft erzeugt. Dies entspricht

$$1 \text{ Röntgen} = 1 \text{ R} = 2,58 \cdot 10^{-4} \frac{\text{C}}{\text{kg}} \text{ (Luft).}$$

Für die Wirkung einer Strahlung oft wichtiger ist die Energiedosis, das ist die durch die Strahlung pro Substanzmenge abgegebene Energie. Man gibt sie in folgender Weise an

$$1 \text{ Gray} = 1 \text{ Gy} = 1 \text{ J/kg}$$

Früher war die Einheit rad gebräuchlich. Es ist 1 rad = 1 rd = 10^{-2} Gy. Energiedosis und Ionendosis sind zueinander proportional. Für organisches Gewebe ist 1 R $\hat{=}$ 1 rd. Für Luft gilt 1 R $\hat{=}$ 0,838 rd = 6,77 · 10^4 MeV/ml. Die Energiedosis ist nicht nur schwer direkt zu messen, sondern für biologische Vergleiche auch deshalb ungeeignet, weil verschiedene Strahlungsarten verschiedene biologische Wirksamkeit haben. Daher führt man eine Äquivalentdosis ein, die das Produkt aus Energiedosis und einem biologischen Bewertungsfaktor q ist. Dieser Faktor wird so festgelegt, daß er für 200 keV Röntgenstrahlung gleich Eins ist. Als Einheit definiert man

$$1 \text{ Sievert} = 1 \text{ Sv} = q \cdot 1 \text{ Gy}$$

Die ältere Einheit ist das rem (*R*öntgen *e*quivalent *m*an). Sie war auf das rad als Energiedosis bezogen. Daher ist 1 rem = 10^{-2} Sv.
Für andere Strahlenarten muß man die Energiedosis mit dem Bewertungsfaktor q multiplizieren, um die Äquivalentdosis zu erhalten. Einige Bewertungsfaktoren seien angeführt: β-Strahlung $q \approx 1,5$; α-Teilchen $q \approx 20$, thermische Neutronen $q \approx 2$, schnelle Neutronen $q \approx 10$. Die natürliche Strahlungsbelastung des Menschen durch kosmische Strahlung, Luft- und Gesteinsaktivität beträgt 1 bis 5 mSv/Jahr und hängt stark vom Ort ab. Hinzu kommt die zivilisatorische Belastung z.B. durch Röntgenaufnahmen, die bis zu 4 mSv betragen kann. Ein Transatlantikflug beispielsweise bewirkt eine Dosis von ca. 0,3 mSv. Die gesetzlich definierten Grenzwerte für eine zulässige Strahlenbelastung unterliegen politischen Kursschwankungen. Nach der deutschen Strahlenschutz-Verordnung 2000 ist für die Bevölkerung ein Dosisgrenzwert von 1 mSv/Jahr vorgesehen [w 17].

Literatur zu Kerndaten s. bei Abschn. 3.8.

3.2 Natürliche Radioaktivität, Datierungsmethoden

Bei der Synthese der Elemente vor etwa 15 Milliarden Jahren ist eine große Anzahl radioaktiver Kerne entstanden. Nur wenige haben infolge ihrer langen Halbwertzeit bis heute überlebt. Zu ihnen gehören unter anderen ^{40}K(β^-, β^+; 1,25 · 10^9 a), ^{87}Rb(β^-; 4,9 · 10^{10} a), ^{147}Sm(α, 1,06 · 10^{11} a) und ^{187}Re(β^-, ~ 5 · 10^{10} a). In Klammern sind Zerfallsart und Halbwertzeit angegeben. Die schwersten dieser „primordialen" Kerne sind ^{232}Th, ^{235}U und ^{238}U. Die letzteren bilden jeweils die Muttersubstanz einer Zerfallsreihe, bei der die Folgeprodukte durch sukzessive α- oder β-Zerfälle gebildet werden. Da sich die Nukleonenzahl A bei einem α-Zerfall jeweils um 4, bei einem β-Zerfall gar nicht ändert, muß für alle Kerne einer bestimmten Zerfallsreihe gelten

$A = 4n + S$, wobei n ganzzahlig ist und $S = 0, 1, 2, 3$ die betreffende Zerfallsreihe charakterisiert. Da die Zerfallsreihen mit $S = 4$ und $S = 0$ offensichtlich identisch wären, kann es nur 4 verschiedene Reihen geben. Es sind folgende

A	Reihe	Mutterkern	$t_{1/2}$
$4n$	Thorium	^{232}Th	$1,40 \cdot 10^{10}$ a
$4n +1$	Neptunium	^{237}Np	$2,14 \cdot 10^6$ a
$4n +2$	Uranium	^{238}U	$4,47 \cdot 10^9$ a
$4n +3$	Aktinium	^{235}U	$7,04 \cdot 10^8$ a

Die Glieder der Neptuniumreihe kommen auf der Erde nicht natürlich vor, da die längste Halbwertzeit nur $2 \cdot 10^6$ a beträgt. In Fig. 30 sind die Uranium- und Thoriumreihe mit Angabe von Halbwertzeiten und Zerfallsarten dargestellt. An einigen Stellen der Reihen tritt eine Verzweigung auf, nämlich da, wo die Zerfallswahrscheinlichkeiten für β- und α-Zerfall in der gleichen Größenordnung liegen. Etwas detaillierter ist die Verzweigung beim Zerfall von ^{212}Pb = Th B in Fig. 28 wiedergegeben. Aus historischen Gründen führen viele Glieder der Zerfallsreihen spezielle Namen, z.B. Mesothorium 1 = ^{228}Ra.

Die Halbwertzeiten extrem langlebiger Kerne können meist nicht direkt gemessen werden, sondern müssen aus der spezifischen Aktivität einer Probe gemäß Gl. (3.10) durch ein Zählexperiment bestimmt werden. Ihre Kenntnis bildet die Grundlage wichtiger geologischer Datierungsmethoden. Man geht dabei von der Vorstellung aus, daß bei der Bildung von Mineralien eine zumindest teilweise chemische Trennung der radioaktiven Tochtersubstanz von der Muttersubstanz eintritt. Ferner muß man voraussetzen, daß die Mineralbildung in einer im Vergleich zum Alter des Minerals kurzen Zeit erfolgt ist und daß anschließend weder ein Verlust noch ein Zuwachs an Mutter- oder Tochtersubstanz stattgefunden hat. Dann ergibt sich die Zahl der Tochterkerne $N_2(t)$ zur Zeit t aus der Zahl der Mutterkerne N_1, nach

$$N_2(t) = N_1(0) - N_1(0)e^{-\lambda_1 t} = N_1(0)(1 - e^{-\lambda_1 t}) = N_1(t)(e^{-\lambda_1 t} - 1) \qquad (3.18)$$

was man auch aus (3.15) mit $\lambda_2 = 0$ erhält. Der Anstieg der Tochterkonzentration erfolgt also nach der in Fig. 29b wiedergegebenen Kurve. Die Zeit t nach Mineralbildung ergibt sich aus dem Verhältnis der Häufigkeiten $N_2(t)/N_1(t) = e^{-\lambda_1 t} - 1$, das beispielsweise massenspektrometrisch bestimmt werden kann. Die Meßgenauigkeit ist offensichtlich am größten, wenn $\lambda_1 t \approx 1$, d.h. für Zeiten in der Größenordnung der Halbwertzeit der Muttersubstanz. Die angeführten Voraussetzungen für die Anwendbarkeit der einfachen Gl. (3.18) sind in der Praxis allerdings selten ganz erfüllt, so daß Korrekturen und Fehlergrenzen nach komplizierteren Verfahren ermittelt werden müssen. Die wichtigsten für geologische Zwecke benutzten Zerfälle sind in Fig. 31 zusammen mit einer Zeitskala dargestellt. Das Alter der Erde und der Meteorite des Sonnensystems wurde mit Hilfe der kernphysikalischen Datierungsmethoden zu etwa $4,6 \cdot 10^9$ a bestimmt. Das Mondentstehungsalter (radioaktives Modellalter) wurde aus den von den verschiedenen Apollo-Missionen zur Erde gebrachten Proben zu etwa $4,6 \cdot 10^9$ a bestimmt, obgleich die Erstarrungsalter dieser Gesteine selbst zwischen 3,0 und $4,4 \cdot 10^9$ a liegen.

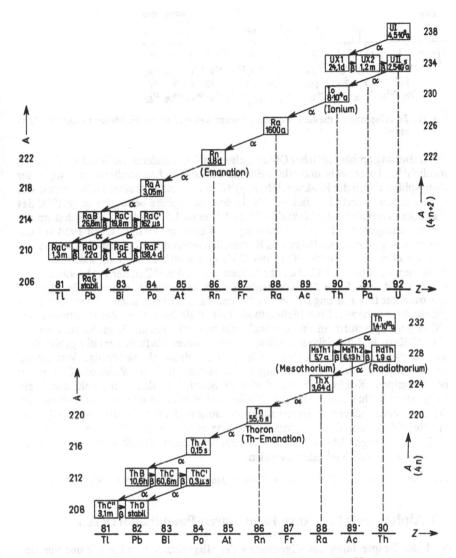

Fig. 30 Uranium- und Thoriumreihe. Ein Detail zur Thorium-Reihe zeigt Fig. 28

Kleine Zeitunterschiede ($\approx 10^6$ Jahre) in der Entstehungsphase des Sonnensystems können mittels $^{129}J \rightarrow {}^{129}Xe\,(1,1 \cdot 10^7\,a)$ und ^{224}Pu (spont. Spaltung; $8,2 \cdot 10^7\,a$; $\lambda_f/\lambda_\alpha = 1,25 \cdot 10^{-3}$) $^{131,132,134,136}Xe$ aufgelöst werden, da diese heute ausgestorbenen Radionuklide vor $1,6 \cdot 10^9$ a noch in geringen Mengen vorhanden waren und ihre Zerfallsprodukte daher in Meteoriten akkumuliert sind.

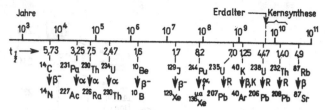

Fig. 31   Zerfallsprozesse, die zur Zeitmessung benutzt werden („R" bei den Pfeilen bedeutet Zerfalls-reihe)

Zur Datierung archäologischer Objekte eignet sich ein anderer „natürlicher" Strahler, nämlich ^{14}C. Es entsteht unter dem Einfluß der kosmischen Strahlung ständig in der Atmosphäre durch die Reaktion ^{14}N(n, p)^{14}C und zerfällt mit einer Halbwertzeit von 5730 a durch β-Zerfall zurück in ^{14}N. In der Atmosphäre betrug bis etwa 1900 das Häufigkeitsverhältnis der Nuklide C^{14} zu C^{12} etwa $1,5 \cdot 10^{-12}$. Es hat sich dann zunächst verringert durch die Verbrennung von Kohle und Öl und ist seit 1954 auf das Doppelte angestiegen als Folge von Kernwaffenversuchen. Ein lebender Organismus (Pflanze oder Tier) nimmt ^{14}C in der Gleichgewichtskonzentration auf. Nach dem Absterben zerfällt das ^{14}C. Aus der Konzentration des ^{14}C in der Probe kann daher die Zeit seit dem Ende der Kohlenstoffaufnahme bestimmt werden. Ein Massenspektrometer ist dafür ungeeignet, da ^{14}C und das stets vorhandene ^{14}N praktisch die gleiche Masse haben. Eine Meßmethode besteht deshalb darin, die β-Aktivität des ^{14}C in gut abgeschirmten Proportionalzählrohren zu messen. Da im Mittel aber nur ein ^{14}C-Kern in 5700 Jahren zerfällt, erfordert dieses Verfahren relativ große Substanzmengen. Besser ist es, den Kohlenstoff der Probe als gasförmige Verbindung der Ionenquelle eines Beschleunigers zuzusetzen und die Kohlenstoffkerne zu beschleunigen. Kohlenstoff und Stickstoff lassen sich dann im Strahl durch ein Magnetfeld leicht trennen, und die ^{14}C-Kerne sind mit einem Schwerionen-Detektor, der die verschiedenen Kohlenstoffisotope aufgrund ihrer spezifischen Ionisation unterscheiden kann, direkt nachzuweisen. Dieses sehr empfindliche Verfahren wird als Beschleuniger-Massenspektroskopie bezeichnet. Es läßt sich auch auf andere kosmogene Radionuklide anwenden.

Literatur zu Abschn. 3.2: [Her 99, Mom 86, Kir 78, Mei 66, Fau 66, Ham 65, Lib 55, Sch 66, Dal 69].

3.3 Alpha-Zerfall, Transmission durch Potentialbarrieren

Nach der Besprechung des allgemeinen Zerfallsgesetzes, wenden wir uns nun den einzelnen Zerfallsarten zu. Wir beginnen mit dem α-Zerfall. Man erkannte beim Studium der radioaktiven Strahlung, die 1896 durch Becquerel entdeckt worden war, frühzeitig, daß es verschiedene Arten von Strahlungen gibt, die sich durch ihr Durchdringungsvermögen und die Ablenkbarkeit im Magnetfeld unterscheiden. Die Natur der α-Teilchen als Heliumkerne wurde um 1908 von Rutherford aufgeklärt. Unter anderem wurde eine kleine Menge Radium-Emanation (^{86}Rn) in ein sehr dünnes, für α-Strahlung durchlässiges, Glasröhrchen eingeschmolzen und das Ganze in ein abgeschlossenes Gefäß gebracht, in dem eine Gasentladung erzeugt werden konnte. Nach einiger Zeit ließen sich darin die Spektrallinien des Heliums beobachten. Bis etwa 1930 wurde die Energie der α-Strahlen durch ihre Reichweite in Luft charakterisiert. Ein α-Teilchen von 5,3 MeV (^{210}Po) hat z.B. eine Reichweite von 3,84 cm. Erst seit etwa 1930 hat man die Energiespektren der α-Teilchen genauer untersucht durch Magnetspektrographen, bei denen die Teilchen im Magnetfeld abgelenkt und je nach Impuls auf verschiedene Stellen einer Photoplatte fokussiert werden. Mit diesen Instruenten läßt sich eine sehr große Energieauflösung erreichen. Bequemer zur Messung sind heute Halbleiterdetektoren (A, Fig. 80) mit denen α-Spektren leicht und genau vermessen werden können. Man findet keine kontinuierlichen Spektren, sondern diskrete α-Linien. Meist dominiert der Übergang zum Grundzustand.

Die Frage, wann ein α-Zerfall energetisch möglich ist, wurde schon in Abschn. 2.4 diskutiert. Wir wollen in diesem Abschnitt untersuchen, von welchen Faktoren die Zerfallswahrscheinlichkeit abhängt. Zunächst machen wir uns anhand von Fig. 32 die Potentialverhältnisse klar. Wir gehen dabei von den Endprodukten des Zerfalls aus und stellen uns vor, wir wollten ein vorher emittiertes α-Teilchen dem Tochterkern wieder zufügen. Bei Annäherung an den Kern erfährt das α-Teilchen die elektrostatische Abstoßung $V(r) = Z_1 Z_2 e^2/r$. Erst wenn das α-Teilchen und der Kern mit dem Radius R_K sich beim Wechselwirkungsradius $R = R_K + R_\alpha$ berühren, also für $r = R_K + R_\alpha$, beginnen die kurzreichweitigen Kernkräfte zu wirken. Die Höhe des Coulomb-Walls, also die zur Überwindung der elektrostatischen Abstoßung erforderliche Energie, ist demnach näherungsweise gegeben durch

$$V_C = \frac{Z_1 Z_2 e^2}{r_0(A_1^{1/3} + A_2^{1/3})} = \frac{Z_1 Z_2 e^2}{R} \qquad (3.19)$$

Wir haben hier für die Nukleonenzahlen von Kern und Projektil A_1 und A_2 geschrieben[1]).

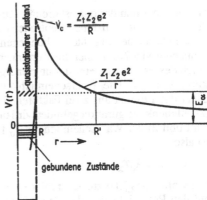

Fig. 32
Potentialverlauf und quasistationärer Zustand beim α-Zerfall. Gestrichelt: einfaches Modellpotential, durchgezogen: realistischeres Potential

[1]) Als grobe Faustformel für die Höhe des Coulomb-Walls kann man benutzen $V_C = Z_1 Z_2/A^{1/3}$, wobei man das Ergebnis direkt in MeV erhält. Beispiel: Protonen werden auf ^{27}Al geschossen. Damit ist $Z_1 = 1$, $Z_2 = 13$, $A^{1/3} = 3$, $V_C = 4,3$ MeV. Eine genauere Formel in praktischen Einheiten findet sich im Anhang.

Wenn das einfallende α-Teilchen in den Bereich der Kernkräfte gerät, wird es am Kern gebunden, jedoch muß seine Energie größer als Null sein, sonst wäre ein α-Zerfall nicht möglich. Diese negative Separationsenergie E_α können wir aus der Massenformel abschätzen (s. Gl. (2.19)). Das α-Teilchen befindet sich also in einer Art von metastabilem Zustand (s. Fig. 32). Seine Energie tritt nach dem Zerfall als kinetische Energie E_a in Erscheinung. Für den α-Zerfall von ^{226}Ra ist beispielsweise $V_C \approx 26$ MeV und $E_\alpha = 4,9$ MeV. Nach den Regeln der klassischen Physik wäre weder ein Zerfall noch der inverse Prozeß energetisch möglich. In der Quantenmechanik können wir eine Amplitude für das Durchtunneln des Potentialwalls angeben. Das bedeutet aber andererseits, daß es sich nicht um einen echten gebundenen Zustand, sondern nur um einen „zerfallenden" oder „quasistationären" Zustand handelt.

Um diese Situation weiter zu veranschaulichen, stellen wir uns die Wellenfunktion für ein einzelnes Teilchen im Potentialwall vor. Für einen gebundenen Zustand ist die Energie des Teilchens $E < 0$. Jede von innen an den Potentialrand laufende Welle wird dort reflektiert. Für die meisten Wellenlängen ergeben die im Potentialtopf hin und her reflektierten Wellen ein völlig unregelmäßiges Muster. Sie löschen sich daher durch destruktive Interferenz im Mittel gegenseitig aus. Nur für ganz bestimmte Wellenlängen, d. h. Energiewerte, können sich bei den gegebenen Potentialverhältnissen stehende Wellen ausbilden. Das sind die als Lösung der Schrödinger-Gleichung zugelassenen Eigenfunktionen. Für quasigebundene Teilchen ist $E > 0$. Es findet zwar immer noch Reflexion am Potentialrand statt, aber der Reflexionskoeffizient ist nicht mehr gleich Eins, da das Teilchen mit einer gewissen Wahrscheinlichkeit nach außen dringt. Die Amplitude der innen hin und her reflektierten Welle nimmt bei jeder Reflexion daher etwas ab: Die Welle ist gedämpft. Es ist anschaulich, daß sich zwar immer noch Eigenzustände ausbilden, daß diese aber durch die Dämpfung langsam verschwinden. Sie haben daher keine scharfe Energie mehr wie die gebundenen Zustände, sondern eine Energiebreite Γ, die sich aus ihrer mittleren Lebensdauer τ nach $\Gamma = \hbar/\tau$ ergibt. Solche quasistationären Zustände treten auch bei Compoundkernen auf. Wir werden in Abschn. 7.5 eine mehr quantitative Behandlung dieser Vorstellungen geben. Es sei aber noch angemerkt, daß auch für ein Neutron, dessen Energie wenig über Null liegt, solche quasistationären Zustände existieren, denn es wird auch ohne Coulomb-Wall am Potentialrand reflektiert, wie ein später zu beschreibendes Beispiel zeigt (Gl. (7.54)).

Wie entsteht nun der quasistationäre Zustand, aus dem ein α-Zerfall stattfindet? Da der Kern ja keine einzelnen Neutronen oder Protonen emittiert, befinden sich die einzelnen Nukleonen in echten gebundenen Zuständen; wie es Fig. 18 a entspricht. Erst wenn sich vier Nukleonen im Kerninnern zu einem α-Teilchen vereinigen, entsteht durch dessen hohe innere Bindungsenergie ein quasistationärer Zustand mit positiver Zerfallsenergie. Die Wahrscheinlichkeit λ für die Emission eines α-Teilchens ist daher das Produkt aus zwei Faktoren: 1) der Wahrscheinlichkeit λ_0 dafür, daß eine α-Teilchenkonfiguration gebildet wird und daß das Teilchen gegen den Potentialrand läuft und 2) der Wahrscheinlichkeit T_α für das Durchdringen des Potentialwalls. Es ist also

$$\lambda = \lambda_0 T_\alpha \tag{3.20}$$

Wir wollen uns jetzt zunächst mit dem Faktor T_α beschäftigen, der für ein einzelnes, auf den Potentialwall zulaufendes Teilchen die Wahrscheinlichkeit angibt, mit der das Teilchen den Wall durchdringt. Wir können daher auch definieren

$$T = \frac{\text{Zahl der erfolgreichen Durchdringungsversuche}}{\text{Zahl der Durchdringungsversuche ingesamt}} \tag{3.21}$$

Die Größe T heißt Transmissionskoeffizient. Wir haben den Index α jetzt zunächst weggelassen, da die folgenden Betrachtungen für beliebige Teilchen gelten. Die Definition (3.21) bedeutet, daß $1/T$ gegeben ist durch das Verhältnis der auf den Potentialrand einlaufenden zu der auf der anderen Seite austretenden Teilchenstromdichte j (gemessen z. B. in cm^{-2} s^{-1} im dreidimensionalen Fall oder s^{-1} im eindimensionalen Fall). Für ein Teilchen, das durch die Wellenfunktion $\psi(\vec{r})$ (dreidimensional) oder $u(r)$ (eindimensional) beschrieben wird, ist die Wahrscheinlichkeitsdichte gegeben durch $|\psi(\vec{r})|^2 = \psi * (\vec{r})\psi(\vec{r})$ bzw. $|u(\vec{r})|^2$ (Einheit cm^{-3} bzw. cm^{-1}). Die Stromdichte ist daher das Produkt aus Teilchendichte und Teilchengeschwindigkeit[1]

$$j = |\psi|^2 v \qquad [j] = \text{cm}^{-3} \cdot \text{cm s}^{-1} = \text{cm}^{-2}\text{s}^{-1} \qquad (3.22)$$

Sei nun j_e die auf den Potentialwall einfallende und j_a die auf der anderen Seite austretende Stromdichte, so ist der Transmissionskoeffizient T gegeben durch

$$T = \frac{j_a}{j_e} = \frac{|u_a|^2 v_a}{|u_e|^2 v_e} = \frac{|u_a|^2 k_a}{|u_e|^2 k_e} \qquad (3.23)$$

wobei wir für ein nichtrelativistisches Teilchen von der Beziehung $p = mv = \hbar k$ Gebrauch gemacht haben: Wir sind ferner von der Vorstellung eines Stromes paralleler in Richtung r laufender Teilchen ausgegangen. Dann genügt die Behandlung in einer Dimension[2].

Die beim α-Zerfall zu lösende Aufgabe besteht nun darin, den Ausdruck (3.23) für ein α-Teilchen zu berechnen, das auf den Potentialwall des Kerns zuläuft. Zur Vorbereitung beginnen wir mit einem einfachen Beispiel aus der elementaren Quantenmechanik. Ein Teilchen soll von links auf eine Rechteckbarriere der Breite d zulaufen (s. Fig. 33a). Wir behandeln die Aufgabe eindimensional, d.h., die Wellenfunktion $u(r)$ soll nur von der Koordinate r abhängen und der zeitunabhängigen, eindimensionalen Schrödinger-Gleichung

$$\frac{d^2u}{dr^2} + \frac{2m}{\hbar^2}[E - V(r)]\,u = 0 \qquad (3.24)$$

genügen, die wir für konstantes Potential $V(r) = V_0$ auch folgendermaßen schreiben können (vgl. A, Gl. (2.57))

$$u'' + k^2 u = 0 \quad \text{mit} \quad k\,\frac{1}{\hbar}\sqrt{2m[E - V_0]} \qquad (3.25)$$

Diese Differentialgleichung hat Lösungen der Form

$$u(r) = \alpha e^{ikr} + \beta e^{-ikr}. \qquad (3.26)$$

wie man durch Einsetzen bestätigt. Die Lösung (3.26) enthält Sinus- und Cosinusfunktionen mit dem Argument kr, daher steht die Wellenlänge λ dieser Funktionen mit k in der Beziehung

---

[1] Die genauere quantenmechanische Definition wird später bei Gl. (4.3) gegeben.
[2] Neben dem Transmissionskoeffizienten wird manchmal noch der Durchdringungsfaktor P als Verhältnis der Teilchendichten definiert: $P = |\psi_e|^2/|\psi_a|^2$. Ferner wird als Reflexionskoeffizient R definiert $R = 1 - T$.

$$k = \frac{2\pi}{\lambda} = \frac{p}{\hbar} \tag{3.27}$$

Wir können nun sofort die Lösung für die in Fig. 33a mit 1) und 3) bezeichneten Gebiete anschreiben. Im Gebiet 1) (für $r < 0$) ist $V(r) = 0$, daher lautet die Lösung

$$u_1 = a_1 e^{ik_1 r} + \beta_1 e^{-ik_1 r} \quad \text{mit} \quad k_1 = \frac{1}{\hbar}\sqrt{2mE} \tag{3.28}$$

Die Lösung der vollständigen, zeitabhängenden Schrödinger-Gleichung würde sich ergeben, wenn wir (3.28) mit dem Faktor $e^{-i\omega t}$ multiplizieren ($\omega = E/\hbar$). Da wir ein stationäres Problem behandeln und der zeitabhängige Faktor bei Bildung der uns interessierenden Größe u^*u wieder verschwinden würde, führen wir ihn nicht mit. Wenn man ihn jedoch bei (3.28) hinzuschreibt, erkennt man leicht, daß der von $+r$ abhängige Teil der Lösung eine in positiver r-Richtung fortschreitende Welle und der von $-r$ abhängige Teil eine in negativer r-Richtung fortschreitende Welle, darstellt. Der Koeffizient α_1 ist daher die Amplitude der in Gebiet 1) auf den Potentialwall einlaufenden Welle und der Koeffizient β_1 die Amplitude der reflektierten Welle.

Im Gebiet 2) ist $V(r) = V_0 > E$, daher wird $(E - V_0)$ negativ und die Wellenzahl k_2 imaginär. Es ist praktisch, eine reelle Wellenzahl k_2' einzuführen durch $k_2 = i k_2'$ und als Lösung zu schreiben

$$u_2 = \alpha_2 e^{-k_2'} + \beta_2 e^{-k_2' r} \quad \text{mit} \quad k' = \frac{1}{\hbar}\sqrt{2m(V_0 - E)}, \tag{3.29}$$

Im Gebiet 3) hat die Lösung die gleiche Form wie in Gebiet 1). Da es für $r > d$ keinen weiteren Potentialsprung geben soll, gibt es in Gebiet 3) keine von $-r$ abhängende reflektierte Welle. Die Lösung lautet daher einfach, da

$$u_3 = \alpha_3 e^{ik_1 r} \qquad k_3 = k_1 \tag{3.30}$$

Der Realteil der Lösungen u in den drei Gebieten ist in Fig. 33b dargestellt. In Gebiet 2) ist die Amplitude nach (3.29) durch eine Exponentialfunktion gegeben. Sie muß

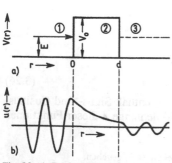

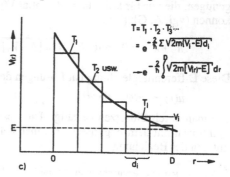

Fig. 33 a) Rechteckbarriere
b) Verlauf des reellen Teils der Wellenfunktion $u(r)$
c) Berechnung der Transmissionskoeffizienten für eine dicke Barriere

abfallend sein, da sie in Gebiet 3) an eine kleinere Amplitude als in Gebiet 1) anschließen muß.

Damit u'' überall endlich bleibt, müssen u und u' an den Potentialgrenzen stetig sein, d. h., wir müssen die üblichen Bedingungen erfüllen

$$u_1 = u_2 \quad \text{und} \quad u'_1 = u'_2 \quad \text{für} \quad r = 0$$
$$u_2 = u_3 \quad \text{und} \quad u'_2 = u'_3 \quad \text{für} \quad r = d \tag{3.31}$$

Einsetzen der Lösungen (3.28), (3.29) und (3.30) in die Bedingungen (3.31) liefert insgesamt vier Gleichungen zur Bestimmung der fünf vorkommenden Amplituden α_1, β_1, α_2, β_2 und α_3. Wir können daher das Verhältnis von je zwei Amplituden bestimmen. Hier interessiert uns α_3/α_1, da wir den Transmissionskoeffizienten berechnen wollen. Für u_e in (3.23) müssen wir nämlich den einlaufenden Teil von u_1 einsetzen, also $u_e = \alpha_1 e^{ik_1 r}$, so daß $|u_e|^2 = |\alpha_1|^2$. Entsprechend ist $|u_a|^2 = |\alpha_3|^2$. Da ferner $k_e = k_1 = k_3 = k_a$ ergibt sich für unser Beispiel einfach

$$T = \frac{|\alpha_3|^2}{|\alpha_1|^2} = \left|\frac{\alpha_3}{\alpha_1}\right|^2 \tag{3.32}$$

Das Einsetzen der Lösungen in (3.32) liefert nach geeigneter Umformung zunächst

$$2\frac{\alpha_1}{\alpha_3} = \left(1 + i\frac{q}{2}\right)e^{(ik_1 + k'_2)d} + \left(1 - i\frac{q}{2}\right)e^{(ik_1 - k'_2)d}$$

mit $q = (k'_2/k_1) - (k_1/k'_2)$

Wir nehmen hiervon das konjugiert Komplexe und bilden

$$\left|\frac{\alpha_1}{\alpha_3}\right|^2 = \left(\frac{\alpha_1}{\alpha_3}\right)\left(\frac{\alpha_1}{\alpha_3}\right)^* = 1 + \frac{1}{4}\left[2 + \left(\frac{k'_2}{k_1}\right)^2 + \left(\frac{k_1}{k'_2}\right)^2\right]\sinh^2 k'_2 d$$

wobei wir zur Umformung

$$\sinh^2 x = \frac{1}{4}(e^{2x} + e^{-2x}) - \frac{1}{2} \tag{3.33}$$

benutzt haben. Weiter ergibt sich aus (3.28) und (3.29)

$$\left(\frac{k'_2}{k_1}\right)^2 = \frac{V_0 - E}{E}$$

womit wir schießlich erhalten

$$T = \left|\frac{\alpha_3}{\alpha_1}\right|^2 = \left[1 + \frac{V_0^2}{V_0^2 - (2E - V_0)^2}\sinh^2 k'_2 d\right]^{-1}$$

Wir wollen jetzt den Grenzfall einer dicken Barriere betrachten, d.h., es soll gelten $k'_2 d \gg 1$ (oder $d \gg 1/k'_2 = \lambda_2$, wobei λ_2 die de-Broglie-Wellenlänge eines Teilchens mit der Energie $V_0 - E$ wäre). Für $x \gg 1$ ist nach (3.33) $\sinh^2 x = (1/4)e^{2x}$. Wir benutzen diese Näherung in Gl. (3.34), wobei wir die Eins in der Klammer vernachlässigen können. Es ergibt sich dann

$$T = 4\frac{V_0^2 - (2E - V_0)^2}{V_0^2}e^{-2k_2'd} \tag{3.35}$$

Der entscheidende Faktor ist hier die Exponentialfunktion, die von der Dicke des Potentialwalls abhängt. Der davorstehende Faktor ist von der Größenordnung Eins. Wir schreiben daher näherungsweise

$$T \approx e^{-(2/\hbar)\sqrt{2m(V_0 - E)}d} \tag{3.36}$$

wobei wir k_2' aus (3.29) eingetragen haben.

Wir können den Ausdruck (3.36) für den Transmissionskoeffizienten einer Rechteckbarriere in naheliegender Weise für eine Potentialbarriere $V(r)$ beliebiger Form verallgemeinern, indem wir schreiben

$$T \approx e^{-(2/\hbar)\int_0^D \sqrt{2m[V(r) - E]}dr} \tag{3.37}$$

Das folgt unmittelbar, wenn man sich die Barriere in schmale Streifen der Breite dr zerlegt denkt. Dann ist T das Produkt der Transmissionskoeffizienten für die einzelnen Streifen, so daß im Exponenten eine Summe entsteht, aus der beim Grenzübergang ein Integral wird, s. Fig. 33c.

Wie sich bei diesem Schritt der beim Übergang von (3.35) zu (3.36) vernachlässigte Faktor verhält, ist weniger leicht zu sehen: Es läßt sich aber mit Hilfe der „WKB-Näherung" zeigen, daß er in der Größenordnung von Eins bleibt.

Wir kehren jetzt zu der Aufgabe zurück, den Transmissionskoeffizienten für ein α-Teilchen zu berechnen, das sich im Kernpotential befindet. Hierzu müssen wir im Prinzip die dreidimensionale Schrödinger-Gleichung, die wir uns in Kugelkoordinaten r, ϑ, φ angeschrieben denken, lösen. Für ein Zentralpotential, d. h. für ein Potential, das nur von r abhängt, läßt sich die Schrödinger-Gleichung immer separieren[1]). Die Lösung $\psi(r, \vartheta, \varphi)$ ist dann ein Produkt aus einer nur von r abhängigen Radialfunktion $R(r)$ und von Winkelfunktionen $\Theta(\vartheta)$ und $\Phi(\varphi)$

$$\psi(r, \vartheta, \varphi) = R(r)\Theta(\vartheta)\Phi(\varphi) = R(r)Y_{lm})(\vartheta, \varphi) \tag{3.38}$$

Das Potential $V(r)$ geht nur in die Radialgleichung ein. Führt man nun die Substitution

$$u(r) = rR(r) \tag{3.39}$$

ein, so stellt sich heraus, daß $u(r)$ der eindimensionalen Schrödinger-Gleichung (3.25) gehorcht, wobei allerdings beim Potential ein weiterer Term auftaucht, der vom Bahndrehimpuls l abhängt. In Gl. (3.25) steht dann

$$k^2 = \frac{2m}{\hbar^2}\left[E - V(r) - \frac{l(l+1)\hbar^2}{2mr^2}\right] \tag{3.40}$$

Außerdem ist jetzt m die reduzierte Masse $m_1m_2/(m_1 + m_2)$, die aus den Massen von α-Teilchen und Kern gebildet wird. Für ein Teilchen mit Bahndrehimpuls l wird also nach (3.40) die Potentialbarriere noch vergrößert um den Betrag

[1]) Vgl. zum folgenden (A, Abschn. 3.1) und die Darstellung in Abschn. 4.3, Gl. (4.5) bis (4.8).

$$V_l = \frac{l(l+1)\hbar^2}{2mr^2} \tag{3.41}$$

Da im Zähler von (3.41) das Quadrat des Drehimpulses und im Nenner ein Trägheitsmoment steht, ist V_l eine Rotationsenergie. Das zusätzliche Potential V_l führt den Namen Zentrifugalbarriere. Es bewirkt, daß die Übergangswahrscheinlichkeit je nach der Größe des Bahndrehimpulses herabgesetzt wird, wenn die Teilchen mit $l \neq 0$ emittiert werden.

Wenn man eine Lösung $u(r)$ der eindimensionalen Gleichung hat, so kann man ψ nach (3.38) und (3.39) anschreiben und den Transmissionskoeffizienten berechnen. Im kugelsymmetrischen Fall ist T nach der Definition (3.21) gegeben durch das Verhältnis der über die ganze Kugeloberfläche integrierten Stromdichten, also

$$T = \frac{\int j_a r^2 d\Omega}{\int j_e r^2 d\Omega} = \frac{k_a \int |\psi_a|^2 r^2 d\Omega}{k_e \int |\psi_e|^2 r^2 d\Omega} = \frac{k_a |u_a|^2 \int |Y_l^m|^2 d\Omega}{k_e |u_e|^2 \int |Y_l^m|^2 d\Omega} = \frac{k_a |u_a|^2}{k_e |u_e|^2} \tag{3.42}$$

Dies ist identisch mit Formel (3.23). Die Lösung des eindimensionalen Problems ist also in der Tat ausreichend zur Berechnung der Transmissionskoeffizienten. Wenn man eine beliebige Potentialform $V(r)$ unter Einschluß des Drehimpulsterms in Betracht zieht, muß man T nach (3.42) berechnen, wobei u_a eine Lösung der vollen Radialgleichung (3.25) mit (3.40) für das gegebene Potential ist. In der speziellen Situation des α-Zerfalls dürfen wir die Näherung für eine dicke Barriere benutzen und T_α aus (3.37) berechnen. Im einfachsten Fall setzt man für $V(r)$ das Coulomb-Potential $Z_1 Z_2 e^2/r$ ein (gestrichelt in Fig. 32) und erhält

$$T_\alpha \approx e^{-G} \quad \text{mit} \quad G = \frac{2\sqrt{2m}}{\hbar} \int_R^{R'} \sqrt{\frac{Z_1 Z_2 e^2}{r} - E}\, dr \tag{3.43}$$

Die Integrationsgrenzen ergeben sich aus Fig. 32. Das Integral läßt sich in geschlossener Form angeben:

$$G = (2/\hbar)\sqrt{2m/E}\, Z_1 Z_2 e^2 \cdot \gamma(x)$$

worin $\gamma(x) = \arccos\sqrt{x} - \sqrt{x(1-x)}; \quad x \equiv R/R' = E/V_C$ \hfill (3.44)

Die Funktion $\gamma(x)$ ist tabelliert [Per 57], V_C ist die Höhe des Coulomb-Walls. Man bezeichnet G auch als Gamow-Faktor.

Man kann für $V(r)$ in Gl. (3.37) auch realistischere Potentiale einsetzen, wie sie durch Streuexperimente von α-Teilchen an Kernen bestimmt worden sind (durchgezogene Linie in Fig. 32). Die Integration muß dann numerisch erfolgen. Solche Rechnungen liefern erheblich genauere Werte für die Transmissionskoeffizienten [Ras 59]. Wir führen zur Illustration drei Werte für T_α an:

Kern	$t_{1/2}$	E_α	T_α
$^{212}_{84}$Po(ThC')	0,3 µs	8,78 MeV	$1,32 \cdot 10^{-13}$
$^{224}_{88}$Ra(ThX)	3,6 d	5,7 MeV	$5,9 \cdot 10^{-26}$
$^{144}_{60}$Nd	$2 \cdot 10^{15}$ a	1,838 MeV	$2,18 \cdot 10^{-42}$

Die Beispiele zeigen, daß die Koeffizienten T_α normalerweise sehr klein sind und über einen extrem großen Bereich variieren. Da der Gamow-Faktor (3.44) mit ansteigender α-Energie sehr rasch kleiner wird, sind die Halbwertzeiten um so kleiner, je größer die α-Energie ist. Am deutlichsten kommt dies nach Logarithmieren von (3.43) zum Ausdruck:

$$t_{1/2} \sim \frac{1}{\lambda} \sim \frac{1}{T} \sim e^G, \quad \log t_{1/2} \sim G \sim \frac{1}{\sqrt{E_\alpha}}$$

Es ist in Fig. 34 für einige α-Zerfallsreihen $\log t_{1/2}$ gegen $\sqrt{1/E}$ aufgetragen. Der hier abgeleitete Zusammenhang ist offenbar sehr gut erfüllt. Die Mitglieder einer Zerfallsreihe liegen jeweils auf der gleichen Geraden, da sich innerhalb der Reihe der Kernradius systematisch ändert. Die gesetzmäßige Beziehung zwischen Energie und λ ist schon 1911 empirisch gefunden worden als sich zeigte, daß man näherungsweise eine Gerade erhält, wenn man $\log t_{1/2}$ gegen die Reichweite von α-Teilchen einer bestimmten Zerfallsreihe aufträgt (Geiger-Nuttallsche Regel).

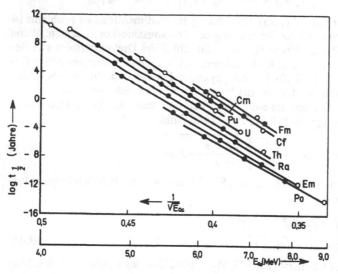

Fig. 34
$\log t_{1/2}$ gegen $1/\sqrt{E_\alpha}$, nach [Gal 57]. E_α ist die Zerfallsenergie

Bis jetzt haben wir den Faktor λ_0 in Gl. (3.20), der neben T_α zur Zerfallswahrscheinlichkeit beiträgt, noch nicht weiter in Betracht gezogen. Tatsächlich ist T_α der dominierende Faktor, der die Größenordnung von λ bestimmt. Wir können λ_0 wieder als Produkt zweier Wahrscheinlichkeiten auffassen: 1) für die Bildung eines α-Teilchens im Kerninneren und 2) für das Auftreffen dieses Teilchens auf den Potentialrand. Durch λ_0 ist die Zerfallswahrscheinlichkeit gegeben, die vorläge, wenn $T_\alpha = 1$ wäre. Man nennt λ_0 die „reduzierte Zerfallswahrscheinlichkeit" und entsprechend $\Gamma_0 = \hbar\lambda_0$ die reduzierte Zerfallsbreite. Der Beitrag 2) zu λ_0 ist im wesentlichen durch die kinetische Energie des Teilchens und den Kernradius gegeben. Beitrag 1) dagegen hängt sehr stark von der Nukleonenkonfiguration des betreffenden Kernes ab und kann nur sehr näherungsweise durch Modellrechnungen bestimmt werden. Wenn man aus

Streuexperimenten die Kernpotentialform hinreichend gut kennt und T_α verläßlich berechnen kann, so ist λ_0 durch eine Messung der Halbwertzeit festgelegt und läßt sich mit den Vorhersagen spezieller Kernmodelle vergleichen.

Im wesentlichen ist es hierzu notwendig, herauszufinden, mit welcher Amplitude im Mutterkern die Konfiguration Tochter plus α-Teilchen vorliegt. Diesen „α-spektroskopischen Faktor", der ähnlich such bei α-Transfer-Reaktionen auftritt, kann man etwa mit Hilfe von Schalenmodell-Wellenfunktionen bestimmen. Es ist durch richtige Beachtung des Pauli-Prinzips gelungen, einigermaßen realistische Werte zu bekommen [Fli 77].

Alphaübergänge müssen nicht notwendig zwischen den Grundzuständen zweier Kerne erfolgen. Das in Fig. 28 wiedergegebene Zerfallsschema von Th B zeigt; daß einerseits Übergänge in angeregte Niveaus des Tochterkerns erfolgen können, andererseits auch Übergänge aus angeregten Niveaus des Mutterkerns möglich sind: Da α-Teilchen den Spin 0 haben, sind Übergänge zwischen Niveaus mit verschiedenem Spin nur möglich, wenn bei der Emission Bahndrehimpuls mitgenommen wird. Durch die Zentrifugalbarriere sinkt dann die Übergangswahrscheinlichkeit entsprechend.

Literatur zu Abschn. 3.3: (Fli 77, Ras 65, Man 64, Per 54, Per 57, Hps 64].

3.4 Kernspaltung

Die Kernspaltung wurde 1938 von O. Hahn und F. Straßmann entdeckt [Hah39]. Lise Meitner und R. O. Frisch gaben als erste eine korrekte Interpretation des zugrunde liegenden Prozesses [Mei 39, Fri 39], und wenig später wurde von Bohr und

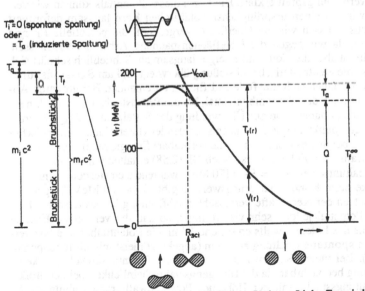

Fig. 35   Energieverhältnisse und Potentialverlauf bei der Spaltung. Links: Energiediagramm. Rechts: Potentialverlauf nach dem Tröpfchenmodell. Oben eingerahmt: Detail des Potentialwalls für die realistischere Beschreibung nach dem Spaltungs-Hybrid-Modell. Der Grundzustand ist hier deformiert

Wheeler die theoretische Behandlung der Spaltung mit Hilfe des Tröpfchenmodells entwickelt [Boh 39]. Am 2. Dezember 1942 setzte E. Fermi in Chicago die erste kontrollierte Kettenreaktion in Gang.

Auch die Kernspaltung tritt als Folge einer dynamischen Instabilität, ähnlich dem α-Zerfall, ein. Wir haben bereits in Abschn. 2.4 festgestellt, daß für viele Kerne bei der Spaltung in zwei Bruchstücke Energie frei wird. Wir wollen uns jetzt die Potentialverhältnisse bei der Spaltung anhand von Fig. 35 klarmachen. In dem Diagramm ganz links ist zunächst die Verteilung der Energie im Anfangs- und Endzustand dargestellt.

Der Q-Wert des Zerfalls ist gegeben durch die Massendifferenz zwischen Anfangszustand i und Endzustand f nach

$$Q = (m_i - m_f)c^2 = T_f - T_a$$

Diese Differenz der Bindungsenergien muß als kinetische Energie T_f der Bruchstücke auftreten, wenn sie so weit auseinandergelaufen sind, daß das Coulombpotential nicht mehr wirkt. Um die Spaltung einzuleiten, muß aber zunächst die Sattelpunktenergie (Aktivierungsenergie) T_a zugeführt werden, die dann in der Energie der Spaltbruchstücke enthalten ist. (Wir haben vorläufig die Energie der Spaltneutronen und innere Anregungen der Spaltbruchstücke nicht berücksichtigt).

Im rechten Teil der Figur ist nun der Potentialverlauf für die Spaltung dargestellt, wie er sich aus dem einfachen Tröpfchenmodell ergibt. Die Wahl des Energie-Nullpunkts ist durch den Verbindungspfeil erklärt. Die Form dieses Potentials können wir verstehen, wenn wir uns einen ursprünglichen sphärischen Kern langsam deformiert denken: Zunächst müssen wir die Oberfläche vergrößern, die potentielle Energie nimmt daher zu, da wir gegen die Oberflächenspannung Arbeit leisten müssen. Gleichzeitig nimmt aber die Coulomb-Energie langsam ab. Schließlich schnürt sich der Tropfen ein, die elektrostatische Abstoßung überwiegt und am Szissionspunkt beim Radius R_{sci} trennen sich die Teile und fliegen auseinander. Bei größeren Abständen wirkt nur noch das Coulombpotential, bis die Bruchstücke ihre volle kinetische Energie erreicht haben. Die zur Überwindung des Sattelpunkts nötige Energie ist gerade die Sattelpunktenergie T_a. Ein entscheidender Unterschied zum α-Zerfall besteht darin, daß bei Spaltungsprozessen die verfügbare Energie relativ zur Höhe V_C des Coulomb-Walls sehr viel größer ist. Nach Gl. (2.58) erhalten wir beispielsweise für ^{238}U eine Spaltungsenergie $Q = E_f \approx 170\,\text{MeV}$, während sich aus den Kernradien der Bruchstücke beim Kontakt näherungsweise ergibt $V_C \approx 220\,\text{MeV}$. Wegen der durch das Einsetzen der Kernkräfte verursachten Abflachung ist das tatsächlich zu überwindende Potential jedoch sehr viel geringer, so daß die verfügbare Energie nahezu der Höhe des Potentialwalls entspricht. Wenn die Potentialbarriere fast verschwindet, kann spontane Spaltung auftreten (abgekürzt meist mit s.f. für „spontaneous fission"). Bei vielen Kernen mit etwas höherer Potentialschwelle ist keine spontane Spaltung beobachtbar, da die Übergangswahrscheinlichkeit bei der großen Masse der Spaltungsstücke mit der Höhe des Potentialwalls rapide abnimmt. Es genügt aber, dem Kern einen meist relativ kleinen Energiebetrag T_a von außen zuzuführen, um die Potentialschwelle zu überwinden. Dann tritt induzierte Spaltung ein.

Um zu untersuchen, wie sich die Energie eines Kerns mit der Deformation ändert, benutzen wir am besten das Tröpfchenmodell. In Gl. (2.58) hatten wir bereits angegeben, welche Energie bei einem symmetrischen Spaltungsprozeß gewonnen wird. Die aus (2.58) errechnete Energie ist geringer als die aus dem Verlauf der Kurve für B/A (Fig. 10) abgeschätzte, weil beim Spaltungsprozeß zunächst keine stabilen Kerne entstehen, sondern solche mit hohem Neutronenüberschuß. Man sieht ferner an Gl. (2.58), daß für den Energiegewinn nur das Verhältnis von Oberflächen- zu Coulomb-Energie maßgebend ist. Ein Kern wird sicherlich gegen spontane Spaltung instabil sein, wenn Q größer ist als die Höhe V_C des Potential-Walls. Für symmetrische Spaltung ist nach (3.19)

$$V_C = [e^2(Z/2)^2]/[2r_0(A/2)^{1/3}] = C \cdot Z^2/A^{1/3}$$

wobei wir die Konstante C zur Abkürzung eingeführt haben. Mit Gl. (2.58) lautet die Bedingung $E_f \geqslant V_C$ für Instabilität daher

$$a_S' A^{2/3} + a_C' Z^2 A^{-1/3} \geqslant C Z^2 A^{-1/3}$$

oder $\quad \dfrac{Z^2}{A} \geqslant \dfrac{a_S'}{C - a_C'}$ \hfill (3.45)

Wir haben die Werte der Konstanten nicht eingesetzt, sondern mit a_S' bzw. a_C' bezeichnet, da der Potentialwall tatsächlich niedriger ist als es unserer einfachen Formel für V_C entspricht, aber die Betrachtung zeigt, daß Z^2/A der für die Stabilität gegen spontane Spaltung entscheidende Parameter ist.

Um zu einer mehr quantitativen Formulierung zu kommen, betrachten wir Oberflächen- und Coulomb-Energie eines Ellipsoids mit den Halbachsen a und b, dessen Volumen $(4/3)\,ab^2\pi$ gleich dem Volumen $(4/3)\,R^3\pi$ eines Kernes mit dem Radius R ist. Das erfordert $a = R(1 + \varepsilon)$ und $b = R(1 + \varepsilon)^{-1/2}$, wobei ε die Exzentrizität des Ellipsoids ist. Die Oberfläche des Ellipsoids ist näherungsweise gegeben durch $4\pi R^2 \cdot (1 + (2/5)\varepsilon^2 + ...)$ und daher die Oberflächenenergie in Erweiterung von (2.49) durch

$$E_S = a_S A^{2/3}\left(1 + \frac{2}{5}\varepsilon^2 + ...\right) \hfill (3.46)$$

Ferner ist die Coulomb-Energie eines geladenen Ellipsoides $(3/5)(e^2 Z^2/R) \cdot (1 - (1/5)\varepsilon^2 + ...)$, so daß aus (2.50) wird

$$E_C = a_C Z^2 A^{-1/3}\left(1 - \frac{1}{5}\varepsilon^2 + ...\right) \hfill (3.47)$$

Sei ΔE_S die Differenz zwischen der Oberflächenenergie der Kugel ($\varepsilon = 0$) und des Ellipsoids und ΔE_C die entsprechende Coulomb-Energiedifferenz, so ist die gesamte Deformationsenergie E_D nach Einsetzen der Konstanten

$$E_D = \Delta E_S + \Delta E_C = \varepsilon^2(7{,}34\,A^{2/3} - 0{,}142\,Z^2 A^{-1/3}) \quad \text{(in MeV)} \hfill (3.48)$$

Wenn E_D für kleine Deformationen positiv ist, so entspricht das Potential dem in Fig. 35 gezeichneten Verlauf. Es entsteht dann ein metastabiler Zustand. Nur wenn der Potentialwall relativ niedrig ist, findet Spaltung mit beobachtbaren Halbwertzeiten statt. Andernfalls sind die Kerne praktisch stabil. Wenn E_D hingegen negativ wird, so ist der Zustand instabil und der Kern spaltet sofort. Aus (3.48) ergibt sich als Kriterium für Instabilität mit unserem speziellen Satz von Konstanten aus (2.54)

$$Z^2/A \geqslant 51 \tag{3.49}$$

Die Größe $x = Z^2/(51 \cdot A)$ heißt Spaltungsparameter. Der kritische Wert für spontane Spaltung wird erst oberhalb von $Z = 100$ erreicht [für $^{244}_{100}$Fm ist $Z^2/A = 41$ $(x = 0,80)$]: Je kleiner Z^2/A bzw. x, um so größer wird die Halbwertzeit für Spaltung.

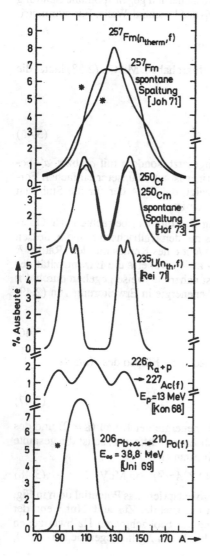

Fig. 36
Beispiele für die Massenausbeuten bei verschiedenen 2 Spaltungsprozessen. Die Kurven mit Stern entsprechen der Ausbeute nach Neutronenverdampfung, die anderen der Primärausbeute. (Für die Zusammenstellung der Figur danke ich Herrn Prof. P. David)

Gl. (3.48) gilt natürlich nur für kleine elliptische Deformationen und verliert sicher ihre Gültigkeit, wenn der Kern sich einschnürt.

Wir haben in unseren bisherigen Betrachtungen der Einfachheit halber vorausgesetzt, daß die Spaltung symmetrisch verläuft. Das ist im allgemeinen jedoch nicht der Fall. Für die neutroneninduzierte Uranspaltung (Fig. 36 Mitte) findet man ebenso wie bei vielen spontanen Spaltprozessen eine unsymmetrische Massenverteilung mit Massenschwerpunkten um $A = 100$ und $A = 140$. Die experimentell beobachteten Massenspektren zeigen jedoch starke Änderungen mit der Masse des spaltenden Kernes. Für Kerne im Gebiet des Polonium wird eine schmale, symmetrische Massenverteilung der Spaltfragmente beobachtet. Zum Radium hin tritt zur symmetrischen eine asymmetrische Massenverteilung. Von Thorium bis zu Californium ist die Massenverteilung asymmetrisch, bei ^{258}Fm ist wieder, wie bei Radium, auch symmetrische Spaltung günstig. Zusätzlich wird beobachtet, daß mit wachsender Anregungsenergie der spaltenden Compoundkerne die symmetrische Komponente wächst. Dies ist in Fig. 36 dargestellt.

Dieses Phänomen der symmetrischen und asymmetrischen Massenverteilungen sowie die Beobachtung von Resonanzstrukturen in den Anregungsfunktionen der Spaltungsquerschnitte und weiter die Beobachtung von zeitlich verzögerter Spaltung (Spaltisomerie) zeigen, wie kompliziert der hier ablaufende Prozeß in Wirklichkeit ist. Die Beschreibung im Rahmen theoretischer Modelle muß im allgemeinen Vorstellungen des Tröpfchenmodells und des Schalenmodells miteinander kombinieren. Diese Verfahren ergeben mehrdimensionale Flächen der potentiellen Energie des deformierten Kerasystems, die, im Unterschied zur Verwendung des einfachen Tröpfchenmodells allein, mehr Struktur aufweisen. Ein Schnitt entlang der Deformation, die in Fig. 35 durch den Abstand r zwischen den Schwerpunkten der beiden Kernhälften ausgedrückt ist, ergibt für viele Kerne neben dem Minimum bei der Kerngrundzustandsdeformation eine weitere Mulde der potentiellen Energie des spaltenden Systems. Werden die Energiezustände in dieser Potentialmulde bevölkert, so bilden sich bei vielen schweren Kernen isomere Zustände aus (Formisomerie). Die Isomere zerfallen fast vollständig durch Spaltung (Spaltisomere). Die meisten beobachteten Lebensdauern liegen zwischen einigen Nanosekunden und dem Mikrosekundenbereich.

Bei der Spaltung zerfallen Kerne in zwei Bruchstücke ähnlicher Masse, beim Alphazerfall dagegen wird ein Heliumkern der Masse 4 emittiert. Die Beobachtung zeigt, daß dies die bevorzugten Zerfallsprozesse bei der Umordnung der Nukleonen eines Kerns sind. Die Frage war lange Zeit offen, ob es andere Zerfallsprozesse gibt, bei denen Kernbruchstücke abgespalten werden, die leichter als Spaltfragmente aber schwerer als Heliumkerne sind. Das ist in der Tat der Fall. Der erste solche Zerfall wurde 1984 bei ^{223}Ra gefunden, das spontan ^{14}C-Kerne emittiert [Ros 84]. Neben dieser Kohlenstoff-Radioaktivität wurden seither spontane Zerfälle mit der Emission von ^{24}Ne und ^{28}Mg gefunden. Die Zerfallswahrscheinlichkeiten sind allerdings sehr klein. Einen einheitlichen theoretischen Ansatz zur Beschreibung aller dieser Fragmentierungsprozesse bietet das Zweizentren-Schalenmodell [Grei 90, Mar 72]. Bei diesem Modell wird untersucht, welche Zustände die Nukleonen einnehmen, wenn sich nach anfänglicher Deformation ein Kernpotential einstellt, das zwei Minima hat, deren Abstand als zeitabhängiger Parameter behandelt wird.

Die technische Bedeutung der induzierten Spaltung wird in Abschnitt 7.9 (Energiegewinnung durch Kernreaktionen) behandelt.

Literatur zu Abschn. 3.4: [Eis 87, Bra 58, Brc 72, Fra 66, Gla, Hal 59, Hyd 64, Sch 60, Str 66, Swi 72, Wil 64].

3.5 Elektromagnetische Übergänge

Wenn sich ein Kern im Grundzustand befindet, nehmen alle Nukleonen unter Beachtung des Pauli-Prinzips die tiefstmöglichen Energiezustände ein (vgl. Fig. 18). Ähnlich wie in der Atomhülle gibt es normalerweise noch eine große Zahl energetisch höherliegender Anregungszustände, in die der Kern durch Energiezufuhr versetzt werden kann. Es kann sich um einen Zustand handeln, bei dem nur ein Nukleon auf ein im Potentialtopf des Kerns höherliegendes Niveau angehoben wurde, es kann sich aber auch um eine Anregung vieler Nukleonen handeln. Angeregte Kerne können auf verschiedene Weise entstehen, etwa als Restprodukt eines radioaktiven Zerfalls oder einer Kernreaktion, oder durch elektromagnetische Anregung von außen. Wenn es sich um einen gebundenen Zustand handelt, d.h., wenn die Anregungsenergie unter der Schwelle für die Emission von Teilchen liegt, kann der Kern die Anregungsenergie nur durch elektromagnetische Wechselwirkung wieder abgeben, also normalerweise nur durch Emission eines γ-Quants. Aber selbst ungebundene Zustände sind, wie wir in den letzten Abschnitten diskutiert haben, häufig „quasistationär", d.h., der Potentialsprung am Kernrand verhindert eine sofortige Emission von Teilchen. Solch ein Zustand hat dann verschiedene Alternativen für den Zerfall: Je nachdem, ob die γ-Übergangswahrscheinlichkeit in den Grundzustand oder die Emissionswahrscheinlichkeit für ein Teilchen größer ist, wird der eine oder andere Prozeß überwiegen. Anders ausgedrückt: Die totale Zerfallsbreite ist eine Summe von γ-Zerfallsbreite Γ_γ und Teilchenemissionsbreite (vgl. Gl. (3.8)).

An der emittierten γ-Strahlung lassen sich folgende Größen beobachten: die Energie, die Übergangswahrscheinlichkeit und, sofern durch Fixierung der Spinrichtung des Kerns eine z-Richtung ausgezeichnet ist, die Winkelverteilung relativ zu dieser Richtung. Die Energie der γ-Strahlung gibt Aufschluß über die Lage der Niveaus im Kern. Wieweit man die Energien der angeregten Zustände verstehen kann, soll im Kapitel über Kernmodelle besprochen werden. Hier interessieren uns die Übergangswahrscheinlichkeiten und Winkelverteilungen. Um die Übergangswahrscheinlichkeiten zu berechnen, muß man die Wechselwirkung zwischen dem quantisierten elektromagnetischen Feld und den Kernzuständen betrachten. Das ist Aufgabe der Quantenelektrodynamik. Viele Erscheinungen können jedoch durch Betrachtungen aus der klassischen Elektrodynamik gut erläutert werden. Da die Rechnungen mathematisch recht schwierig sind, müssen wir uns in diesem Abschnitt teilweise damit begnügen, die wichtigsten Ergebnisse zu referieren.

In der klassischen Elektrodynamik kommt eine Abstrahlung von Energie zustande durch eine Änderung der Ladungs- oder Stromverteilung des Systems. Die einfachste Strahlungsart ist die elektrische Dipolstrahlung, wie sie klassisch von der harmonischen Schwingung einer Ladung erzeugt wird. Bei Übergängen in der Atomhülle spielt nur das quantenmechanische Analogon zur Dipolstrahlung eine wesentliche Rolle. Kompliziertere Strahlungsarten haben eine wesentlich geringere Übergangswahrscheinlichkeit (sie sind „verboten") und werden auch dann meist nicht beobachtet, wenn Dipolstrahlung nach den Auswahlregeln unmöglich ist, da eine Energieabgabe aus der Elektronenhülle fast immer auch auf andere Weise erfolgen kann, z.B. durch Stoßprozesse. Da Kernzustände viel weniger Wechselwirkung mit der Umgebung haben, kann ein Kern im Gegensatz zur Hülle seine Anregungsenergie nur durch einen elektromagnetischen Prozeß abgeben, indem er entweder ein γ-Quant aussendet oder aber seine Energie auf ein Hüllenelektron überträgt. Dann wird das Elektron anstelle des Quants emittiert. Dieser Prozeß heißt innere Konversion.

Wenn Dipolstrahlung aus Gründen der Drehimpulserhaltung verboten ist, muß der Kern seine Energie durch eine Multipolstrahlung höherer Ordnung abgeben. In der klassischen Elektrodynamik entspricht das der Änderung einer komplizierteren Strom- oder Ladungsverteilung als bei der Dipolstrahlung. Man muß daher eine allgemeinere Lösung der Maxwellschen Gleichungen für das Feld einer schwingenden Ladung suchen als im Falle des Dipols. Im Prinzip könnte man die Lösungen in Form ebener Wellen anschreiben. Das ist in diesem Falle aber nicht zweckmäßig. Ebene Wellen sind Eigenfunktionen des Impulses $\vec{p} = \hbar\vec{k}$. Die Zustände eines Kerns zwischen denen ein γ-Übergang erfolgt, sind meist als Eigenfunktionen des Drehimpulses und der Parität gegeben. Das sind die beim Übergang wichtigen Erhaltungsgrößen. Man sucht daher besser Lösungen in Form von Eigenfunktionen des Drehimpulses statt des Linearimpulses. Diese Lösungen nennt man Multipolfelder. Da der Drehimpuls l der entscheidende Parameter ist, werden die Lösungen nach l klassifiziert[1]. Lösungen, die Eigenfunktionen zu einem bestimmten l sind, entsprechen dem Strahlungsfeld eines schwingenden klassischen 2^l-Pols. Man nennt l daher die Multipolordnung. Für $l = 1$ ergibt sich die Dipolstrahlung. Nun gibt es aber zwei Sorten von Dipolstrahlung, elektrische und magnetische. Quelle einer elektrischen Dipolstrahlung ist ein schwingender elektrischer Dipol; Quelle einer magnetischen Dipolstrahlung ein schwingender magnetischer Dipol, d.h. beispielsweise eine Leiterschleife mit periodisch veränderlichem Strom. Die beiden Felder unterscheiden sich dadurch, daß elektrische und magnetische Vektoren gegeneinander vertauscht sind. So treten bei der elektrischen Dipolstrahlung keine Radialkomponenten des Magnetfeldes auf und bei der magnetischen Dipolstrahlung keine Radialkomponenten des elektrischen Feldes. Ebenso verhält es sich bei der Multipolstrahlung höherer Ordnung. Man muß daher neben der Multipolordnung l den „Charakter" der Strahlung angeben. Man bezeichnet die Strahlung eines schwingenden elektrischen 2^l-Pols als El-Strahlung und eines schwingenden magnetischen 2^l-Pols als Ml-Strahlung. Es bedeutet also beispielsweise $M1$ = magnetische Dipolstrahlung, $E2$ = elektrische Quadrupolstrahlung, $M3$ = magnetische Oktupolstrahlung.

In der klassischen Elektrodynamik geht man zur Behandlung der Multipolstrahlung folgendermaßen vor (s. z.B. [Jac 62]): Die Maxwellschen Gleichungen im quellenfreien Raum lauten (Gaußsches System)

$$\text{rot}\ \vec{E} = -\dot{\vec{B}}/c; \quad \text{rot}\ \vec{B} = -\dot{\vec{E}}/c \tag{3.50}$$

$$\text{div}\ \vec{E} = 0; \quad \text{div}\ \vec{B} = 0 \tag{3.51}$$

Wenn die Felder mit $\exp(-i\omega t)$ variieren, ergibt sich aus (3.50) mit $k = w/c$

$$\text{rot}\ \vec{E} = ik\vec{B} \quad \text{rot}\ \vec{B} = -ik\vec{E} \tag{3.52}$$

Hieraus läßt sich entweder $\vec{E}$ oder $\vec{B}$ eliminieren. Dann ergibt sich jeweils eine der folgenden Zeilen:

$$(\Delta + k^2)\vec{B} = 0 \quad \vec{E} = (i/k)\ \text{rot}\ \vec{B} \tag{3.53 E}$$

$$(\Delta + k^2)\vec{E} = 0 \quad \vec{B} = (-i/k)\ \text{rot}\ \vec{B} \tag{3.53 M}$$

---

[1] Das Symbol l bedeutet in diesem Zusammenhang nicht den Bahndrehimpuls eines Teilchens, sondern den Drehimpuls des Strahlungsfeldes. Er ist wie der Bahndrehimpuls ganzzahlig.

Zur Lösung geht man aus von den Lösungen ϕ der skalaren Wellengleichung

$$(\Delta + k^2)\phi - 0 \tag{3.54}$$

die für ein kugelsymmetrisches Problem lauten

$$\phi_l^m = f_l(kr)Y_{lm}(\vartheta,\varphi) \tag{3.55}$$

Sie sind das Produkt einer reinen Radialfunktion $f_l(kr)$ mit den Kugelflächenfunktionen Y_{lm}, wobei f_l im wesentlichen eine sphärische Bessel-Funktion ist. Die Y_{lm} sind Eigenfunktionen des Bahndrehimpulses l mit der z-Komponente m. Durch Anwendung des Drehimpulsoperators

$$\vec{L} = -i\,(r \times \vec{\nabla}) \tag{3.56}$$

lassen sich aus (3.55) Lösungen der beiden Vektorgleichungen (3.53 E, M) von jeweils folgender Form konstruieren

$$\vec{B}_l^m = f_l \vec{L} Y_{lm} \quad \vec{E}_l^m = (i/k)\text{rot}\,\vec{B}_l^m \tag{3.57 E}$$

$$\vec{E}_e^m = f_l \vec{L} Y_{lm} \quad \vec{B}_l^m = (-i/k)\text{rot}\,\vec{E}_l^m \tag{3.57 M}$$

Dies sind die Multipolfelder und zwar (3.57 E) für einen elektrischen 2^l-Pol und (3.57 M) einen magnetischen 2^l-Pol. Es ist bequem, zu ihrer Darstellung die normierten vektoriellen Kugelfunktionen

$$\vec{X}_l^m \frac{1}{\sqrt{l(l+1)}} \vec{L} Y_{lm} \tag{3.58}$$

zu benutzen. Es gilt dann (abgesehen von Normierungskonstanten)

$$\vec{B}_l^m \sim f_l \vec{X}_{lm} \quad \vec{E}_l^m - (i/k)\text{rot}\,f_l \vec{X}_l^m \tag{3.59 E}$$

$$\vec{E}_l^m = f_l \vec{X}_{lm} \quad \vec{B}_l^m = (-i/k)\text{rot}\,f_l \vec{X}_l^m \tag{3.59 M}$$

Diese Funktionen bilden ein vollständiges System, nach dem jedes beliebige Feld, das den Maxwellschen Gleichungen genügt, entwickelt werden kann. Die vollständige Multipolentwicklung für ein beliebiges Magnetfeld $\vec{B}$ lautet daher

$$\vec{B} = \sum_{l,m}[a(l,m)f_l \vec{X}_l^m - b(l,m)(i/k)\text{rot}f_l \vec{X}_l^m] \tag{3.60}$$

Die Koeffizienten a und b geben die Amplitude der jeweils zum Feld beitragenden Multipolstrahlungen an.

Die beschriebene Multipolentwicklung des elektromagnetischen Strahlungsfeldes mit Hilfe von Kugelfunktionen geschah zunächst völlig im Rahmen der klassischen Elektrodynamik. Bei der Quantisierung des Feldes nach den Vorschriften der Quantenelektrodynamik ergibt sich, daß ein zur Multipolstrahlung der Ordnung l gehörendes γ-Quant stets einen Drehimpuls vom Betrag $l\hbar$ mit der z-Komponente $m\hbar$ transportiert. Das ist nicht überraschend, da wir der Lösung (3.57) Eigenfunktionen zum Drehimpuls l zugrunde gelegt haben. Für $l = 0$ verschwinden die Lösungen (3.57) identisch Das ist eine Konsequenz aus der transversalen Natur des Lichtes (div $\vec{E} =$ div $\vec{B} = 0$). Ein γ-Quant transportiert daher stets mindestens den Drehimpuls $\hbar$.

Bei der Emission eines Quants der Multipolordnung l ist es zur Erhaltung des Drehimpulses erforderlich, daß die Summe der Vektoren für die Drehimpulse $\vec{I}_1$ bzw. $\vec{I}_2$ der beteiligten Kernzustände und für das emittierte Quant $\vec{l}$ konstant bleibt. Daraus folgt unmittelbar die Bedingung für die Quantenzahlen

$$|I_1 - I_2| \leqslant l \leqslant I_1 + I_2; \quad m = m_1 - m_2 \tag{3.61}$$

Die beiden Grenzfälle für diese Auswahlregel sind in Fig. 37 schematisch skizziert. Tatsächlich werden fast nur Übergänge mit dem niedrigst möglichen l beobachtet. Das liegt daran, daß die Übergangswahrscheinlichkeit von einem Faktor $(R/\lambda)^{2l}$ abhängt (s. Gl.(3.65)), wobei R der Kernradius und $\lambda = 2\pi \lambda$ die Wellenlänge der Strahlung ist. Zwischen den einzelnen Multipolordnungen ändert sich daher die Übergangswahrscheinlichkeit mit dem Faktor $(R/\lambda)^2$. Für einen Kern mit $A = 125$ ist $R = 6$ fm und für γ-Strahlung von 0,5 MeV ist $\lambda = 400$ fm, d.h., die Übergangswahrscheinlichkeit nimmt beim Schritt zur nächst höheren Multipolordnung jeweils mit dem Faktor $2{,}25 \cdot 10^{-4}$ ab[1]. In den meisten Fällen reduziert sich daher die Auswahlregel (3.61) zu

$$l = |I_1 - I_2| \tag{3.62}$$

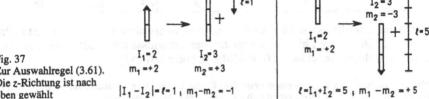

Fig. 37
Zur Auswahlregel (3.61).
Die z-Richtung ist nach
oben gewählt

Wenn die beiden Spins I_1 und I_2 gleich Null sind, ist offensichtlich gar keine γ-Emission möglich, da es keine Multipolstrahlung mit $l = 0$ gibt. Der Übergang kann dann nur strahlungslos erfolgen, etwa durch innere Konversion. Ist $I_1 = I_2 \neq 0$, so ist der niedrigste nach Gl. (3.61) mögliche Wert $l = 1$.

Außer dem Drehimpuls muß beim Emissionsprozeß die Parität erhalten bleiben. Das führt zu einer weiteren Auswahlregel. Aus den Transformationseigenschaften der Multipolfelder (3.57) beim Übergang $\vec{r} \to (-\vec{r})$ erkennt man, daß elektrische Multipolstrahlung die Parität $(-1)^l$ und magnetische Multipolstrahlung die Parität $(-1)^{l+1}$ hat. Ein Übergang kann also nur erfolgen, wenn für die Parität der beiden Kernzustände gilt

$$\begin{aligned}
\pi_1 &= (-1)^l \pi_2 \quad \text{für } El\text{-Strahlung} \\
\pi_1 &= (-1)^{l+1} \pi_2 \quad \text{für } El\text{-Strahlung}
\end{aligned} \tag{3.63}$$

Ein γ-Quant aus elektrischer Multipolstrahlung bewirkt also bei der Emission die gleiche Paritätsänderung wie ein Teilchen, das mit dem Bahndrehimpuls l emittiert wird.

Wir können nun in Tab. 3 die niedrigsten Multipolordnungen zusammenstellen, die bei einem γ-Übergang möglich sind, wenn Spin und Paritätsänderung gegeben sind. Wegen der Paritätsregel kann niemals E- und M-Strahlung gleicher Multipolordnung zusammen emittiert werden. Die Übergangswahrscheinlichkeiten für magnetische

---

[1] In der Atomhülle ist $R \approx 1$Å, $\lambda \approx 800$ Å, und daher $(R/\lambda)^2 \approx 10^{-6}$. Der Unterschied zwischen den Übergangswahrscheinlichkeiten ist dort also noch viel größer.

Strahlung sind stets um einige Zehnerpotenzen kleiner als für elektrische Strahlung gleicher Multipolarität. Daher kann zwar prinzipiell nach den Auswahlregeln eine $E2$-und $M3$-Strahlung gleichzeitig emittiert werden, aber die $M3$-Strahlung hat gegenüber der $E2$-Strahlung eine sehr kleine Übergangswahrscheinlichkeit, da gleichzeitig die Multipolordnung höher ist. Umgekehrt kann bei einem Übergang mit $\Delta I = 1$, (keine Paritätsänderung) die Übergangswahrscheinlichkeit der $E2$-Strahlung durchaus in die gleiche Größenordnung wie die der $M1$-Strahlung kommen.

Tab. 3 Multipolordnungen bei γ-Übergängen

Spinänderung $\lvert\Delta I\rvert$		0 kein $0 \to 0$	1	2	3	4	5
Paritätsänderung	ja	$E1$ $(M2)$	$E1$ $(M2)$	$M2$ $E3$	$E3$ $(M4)$	$M4$ $E5$	$E5$ $(M6)$
	nein	$M1$ $E2$	$M1$ $E2$	$E2$ $(M3)$	$M3$ $E4$	$E4$ $(M5)$	$M5$ $E6$

Die quantenmechanische Berechnung der Übergangswahrscheinlichkeiten ist recht schwierig. Daher seien hier nur die wichtigsten Ereignisse mitgeteilt. (Eine ausführliche Darstellung findet sich z.B. bei [Mol 65] oder [Bla 52].

Man geht meist davon aus, daß nur ein einzelnes Proton seinen Quantenzustand ändert und dadurch die Strahlung verursacht. Dafür ergibt sich als Übergangswahrscheinlichkeit

$$\lambda(\sigma l,m) = \frac{8\pi(l+1)}{l\hbar[2l+1)!!]^2}\left(\frac{\omega}{c}\right)^{2l+1}\left|M^{\sigma}_{lm}\right|^2 \tag{3.64}$$

(Gaußsches Maßsystem). Es bedeutet $5!! = 1 \cdot 3 \cdot 5$ und $6!! = 2 \cdot 4 \cdot 6$ usw. Hier steht $\sigma = E, M$ für den Multipolcharakter. Ferner ist M das Übergangsmatrixelement $M^{\sigma}_{l,m} = \langle\psi_2\lvert M_{op}\rvert\psi_1\rangle$, das zwischen den Protonenzuständen ψ_1 und ψ_2 mit dem Multipoloperator M_{op} gebildet wird. Für $l = 1$, $\sigma = E$ (elektrische Dipolstrahlung) ergibt (3.64) für die abgestrahlte Leistung $\lambda \cdot \hbar\omega \sim (\omega^4/c^3)D^2$, wobei D für das Dipol-Matrixelement steht. Das entspricht der klassischen Formel für einen Herzschen Dipol mit dem Dipolmoment D.

Die Matrixelemente $M_{l,m}$ sind für Schalenmodellzustände in einem Zentralpotential berechenbar. Über die Kugelfunktionen in ω kann separat integriert werden. Man erhält als Ergebnis [Mol 65]

$$\lambda(El) = \frac{2(l+1)\omega}{l[(2l+1)!!]^2}\left(\frac{e^2}{\hbar c}\right)\left(\frac{R}{\lambda}\right)^{2l} S\left|M_{El}\right|^2 \tag{3.65}$$

Die korrespondierende Formel für $\lambda(Ml)$ enthält zusätzlich den Faktor 10 $(\hbar/m_p cR)^2$. Über die nicht beobachteten magnetischen Unterzustände m ist hier gemittelt. Das Matrixelement M hängt nur noch von den radialen Wellenfunktionen ab; S ist ein statistischer Faktor, der von I_1, I_2 und l abhängt und von den Integralen über die Kugelfunktionen herrührt. Er ist meist nicht sehr von 1 verschieden. Eine einfache Abschätzung für die Matrixelemente M ergibt sich, wenn man die Radialfunktionen unter Beachtung der Normierung als konstant über das Kernvolumen voraussetzt. Dann ist beispielsweise

$$M_{El} = 3l/(3 + l) \tag{3.66}$$

Man gibt Übergangswahrscheinlichkeiten oft in Einheiten des nach (3.65) und (3.66) berechneten Wertes an (Weisskopf-Einheit). Eine Formel im praktischen Maßsystem findet sich im Anhang.

Wenn es sich um einen Übergang zwischen komplizierteren Konfigurationen handelt, so muß das Matrixelement in (3.64) durch eine Mittelung über die Anfangszustände und eine Summation über die Endzustände von folgender Form ersetzt werden:

$$B(\sigma l, I_1 \rightarrow I_2) = \frac{1}{2I_1 + 1} \sum_{m_1, m_2, m} \left| \sum_p M^{\sigma}_{l,m}(p) \right|^2 \tag{3.67}$$

Diese Größe heißt reduzierte Übergangswahrscheinlichkeit. Sie hängt nicht mehr von den Richtungsquantenzahlen, die die Geometrie des Experiments bestimmen, ab. Die Summe mit dem Index p ist eine Summe von Einteilchen-Matrixelementen über alle beteiligten Nukleonen. Die Größen B sind vor allem wichtig bei Übergängen zwischen Zuständen, die durch eine kollektive Anregung entstehen. Besonders bei kollektiven $E2$-Übergängen können die $B(E2)$-Koeffizienten um den Faktor 10 bis 100 größer sein als die Einteilchen-Matrixelemente.

Das Ergebnis der im Vorausgegangenen kurz skizzierten Rechnungen sind Übergangswahrscheinlichkeiten für elektromagnetische Strahlung. Daraus ergibt sich sofort die mittlere Lebensdauer $\tau = 1/\lambda$ für den angeregten Zustand, sofern er ausschließlich durch γ-Strahlung zerfällt. Zur Prüfung der Kernmodell-Vorstellungen, die in die Berechnung der Matrixelemente eingehen, muß man mit experimentell bestimmten Lebensdauern vergleichen. Die wichtigsten Methoden zur Bestimmung von Lebensdauern sind folgende:

a) Direkte Messung der Lebensdauer. Bei ganz langlebigen Zuständen kann man die Halbwertzeit der Aktivität beobachten. Für kurzlebige Zustände eignet sich in einem weiten Bereich von Lebensdauern die elektronische Messung durch verzögerte Koinzidenzen. Dazu braucht man ein Startsignal, das etwa durch die den Zustand bevölkernde Kernreaktion oder einen radioaktiven Zerfall geliefert werden kann. In bezug auf dieses Signal wird die zeitliche Verteilung der γ-Zerfallsereignisse registriert. Die Methode ist brauchbar bis zu Lebensdauern von etwa 10^{-10} s.

b) Dopplereffekt-Methoden. Ein angeregter Kern, der in einem sehr dünnen Target durch eine Kernreaktion erzeugt wird, verläßt das Target mit einem Impuls, der sich aus der Reaktionskinematik ergibt. Eine im Flug emittierte γ-Linie ist gegenüber der in Ruhe ausgesandten Linie durch Dopplereffekt verschoben. Man kann nun beispielsweise die Reaktionsprodukte nach einer einstellbaren Laufstrecke durch einen Auffänger stoppen. Die Kerne, die den Auffänger („Plunger") noch angeregt erreichen, liefern nach dem Stoppen eine unverschobene γ-Linie, die anderen zeigen Dopplereffekt. Trägt man das Intensitätsverhältnis der beiden Linien gegen den Abstand zum Auffänger bei bekannter Geschwindigkeit der Reaktionsprodukte auf, läßt sich die Lebensdauer ableiten (Plunger-Methode). Die Methode ist anwendbar im Lebensdauerbereich von etwa 10^{-9} s bis 10^{-12} s.

Noch kürzere Lebensdauern kann man beobachten, wenn der angeregte Rückstoßkern sofort in fester Materie gestoppt wird. Wenn die Lebensdauer des angeregten Niveaus in der Größenordnung liegt, die der Abbremsprozeß des Ions erfordert; kann man wieder vom Dopplereffekt Gebrauch machen. Unter Vorwärtsrichtung ergeben Emissionsprozesse am Anfang des Bremsprozesses eine verschobene, am Ende eine unverschobene Linie. Da bei der Emission alle Geschwindigkeiten vorkommen können, beobachtet man ein Kontinuum zwischen beiden Werten. In der Praxis bedeutet das meist, daß sich die γ-Linie verbreitert und ihr Schwerpunkt sich verschiebt. Eine zwar verbreiterte, aber unverschobene Linie registriert man unter 90° zum Strahl, da in dieser Richtung Impulskomponenten beider Vorzeichen gleich häufig sind. Die Ableitung einer Lebensdauer aus der Linienverschiebung erfordert eihe genaue Kenntnis über den Verlauf der Abbremsung eines Ions in Materie. Diese

Abschwächungsmethode der Dopplerverschiebung (Doppler Shift Attenuation Method) ist anwendbar ungefähr zwischen $5 \cdot 10^{-12}$ s und 10^{-13} s. Die Anwendung der Dopplerverschiebungsmethode ist erst möglich geworden durch die Einführung der relativ hochauflösenden Germanium-Halbleiterdetektoren, denn die vom γ-Spektrometer gelieferte Linienbreite muß kleiner oder vergleichbar der Dopplerverschiebung sein.

c) Messung der natürlichen Linienbreite. Die natürliche Linienbreite läßt sich in manchen Fällen durch Mößbauer-Effekt messen (Abschn. 3.7). Daraus ergibt sich unmittelbar die mittlere Lebensdauer.

d) Messung durch Coulomb-Anregung. Wird ein Kern durch den Induktionsstoß eines vorbeifliegenden Ions elektromagnetisch angeregt, spricht man von Coulomb-Anregung. Aus der Linienintensität läßt sich das reduzierte Matrixelement für den induzierten Übergang direkt bestimmen. Näheres findet sich in Abschn. 6.7. Die entsprechenden Lebensdauern liegen im Bereich von $\tau > 10^{-13}$ s.

Nach diesem Einschub über die Meßmethoden wollen wir uns eine Übersicht über die vorkommenden Lebensdauern verschaffen. Die Einteilchen-Übergangswahrscheinlichkeiten, die man unter den vereinfachenden Voraussetzungen von (3.65), (3.66) erhält (sowie die entsprechenden Formeln für magnetische Strahlung), sind in Fig. 38 als Funktion der γ-Energie dargestellt und zwar für $A = 100$, $S = 1$, $r_0 = 11{,}2$ fm. Man sieht, daß bei 0,5 MeV die Halbwertzeiten für die Übergänge zwischen 10^{-14} s (bei $E\,1$) und 10^8 s (bei $E5$, $M5$) variieren. Diese Rechnungen stellen nur eine grobe Näherung an die wirklichen Verhältnisse im Kern dar. Vergleicht man

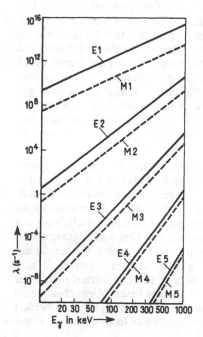

Fig. 38
Einteilchen γ-Übergangswahrscheinlichkeiten für verschiedene Multipolstrahlungen; nach [Mos 65]

die Einteilchen-Übergangswahrscheinlichkeiten mit den experimentellen Werten [Gol 65], so findet man folgendes Verhalten: $E1$-Übergänge sind normalerweise um einen Faktor 10^3 bis 10^7 langsamer, die meisten $E2$-Übergänge dagegen um einen Faktor von etwa 10^2 schneller als den Einteilchen-Werten entspricht. Die Lebensdauer der übrigen Übergänge liegt ungefähr in der richtigen Größenordnung oder ist bis zu einigen Zehnerpotenzen größer.

Die kleine Übergangswahrscheinlichkeit für elektrische Dipolstrahlung ist für Einteilchen-Übergänge nach dem Schalenmodell verständlich, da fast alle $E1$-Übergänge bei kleiner Energie zwischen sehr komplizierten Konfigurationen erfolgen. Bei einem „kollektiven" Dipolübergang müßte dagegen die gesamte Ladung des Kerns eine Translationsschwingung ausführen. Nach dem Tröpfchenmodell würde dann die Protonenflüssigkeit gegen die Neutronenflüssigkeit schwingen. Dazu ist eine sehr große Anregungsenergie erforderlich, die zwischen 14 und 25 MeV liegt. Entsprechende Übergänge werden tatsächlich beobachtet, etwa bei (p, γ)-Reaktionen im Energiebereich der sogenannten „Riesenresonanz" (s. Abschn.6.7). Umgekehrt geht die besonders hohe Übergangswahrscheinlichkeit für $E2$-Strahlung gerade auf kollektive Anregungen zurück, da sich ein Tropfen leicht in eine Quadrupolschwingung versetzen läßt.

Wenn die Spinverhältnisse eines Kerns für ein bestimmtes Niveau nur Übergänge sehr hoher Multipolordnung erlauben (z.B. $M4$, $E5$), so führt das zu Halbwertzeiten des angeregten Zustandes, die Stunden oder Tage betragen können Diese Erscheinung heißt Isomerie. Das erste Isomer wurde 1921 von O. Hahn bei $^{234}\text{Pa} = \text{UX2}$ gefunden und mit „UZ" bezeichnet. Heute sind sehr viele Isomere bekannt. Besonders häufig sind darunter $M4$-Strahler. (Beispiele: ^{110}Ag, $t_{1/2} = 253$ d oder ^{201}Pb, 61 s.)

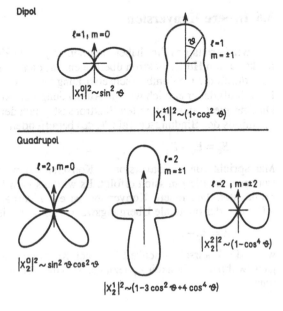

Fig. 39
Winkelverteilung $|X_l^m(\vartheta)|^2$ für
Dipol- und Quadrupolstrahlung

Zum Schluß dieses Abschnitts sei noch die Winkelverteilung der Multipolstrahlung kurz besprochen. Sie ergibt sich nach (3.59) unmittelbar aus den Eigenschaften der vektoriellen Kugelfunktionen $\vec{X}_l^m(\vartheta, \varphi)$. Die unter einem Winkel ϑ, φ gegen die z-Achse gemessene Intensität ist proportional zu $|\vec{X}_l^m|^2$. In Fig. 39 sind die resultierenden Verteilungen für Dipol- und Quadrupolstrahlung dargestellt. Der Fall $l = 1, m = 0$ entspricht dem Hertzschen Dipol. In die z-Richtung, in der die Spinkomponente gleich Null ist, werden keine Quanten ausgesandt. Umgekehrt gehen im Fall $l = 1$, $m = \pm 1$ die meisten Quanten in die z-Richtung. Im klassischen Bilde entspricht das der Emission eines Systems von zwei zueinander senkrechten Dipolen, die in der x-y-Ebene mit 90° Phasenverschiebung schwingen. Die in z-Richtung ausgesandte Welle ist in diesem Fall zirkular polarisiert, und zwar nach der üblichen Konvention in positiver z-Richtung rechts zirkular und in negativer z-Richtung links zirkular. Für das quantisierte Feld bedeutet das: rechts zirkulare Polarisation für m = + 1, links zirkulare für $m = -1$.

Für die kernspektroskopische Untersuchungen ist es wichtig, die Multipolarität von γ-Strahlung experimentell zu bestimmen. Nach Tab. 3 kann man dann Rückschlüsse auf die Spin- und Paritätsänderung ziehen. Prinzipiell läßt sich die Multipolarität aus der Winkelverteilung bestimmen. Dazu muß jedoch die z-Richtung festliegen. Ein Beispiel wird in Abschn. 3.8 besprochen. Aus der Übergangswahrscheinlichkeit lassen sich wegen der starken Modellabhängigkeit wenig Schlüsse auf die Multipolarität ziehen, doch lassen sich bei bekanntem Strahlungscharakter Modellrechnungen prüfen. Gut geeignet zur Bestimmung von Multipolaritäten ist die Messung der im nächsten Abschnitt behandelten Konversionskoeffizienten.

Literatur zu Abschn. 3.5: [Mos 65, Go165, Bla 52, Iac 62, Ros 55].

3.6 Innere Konversion

Wie wir bereits erwähnt haben, können angeregte Kernzustände ihre Energie auch direkt auf ein Hüllenelektron übertragen, das dann emittiert wird. Dieser Prozeß entsteht durch die Coulomb-Wechselwirkung zwischen dem Kern und den Elektronen. Er verläuft daher ähnlich wie die Aussendung von Auger-Elektronen aus der Hülle. Die Energie E_e des emittierten Elektrons ist gleich der Anregungsenergie E_γ des Kernes minus der Bindungsenergie B_e des betreffenden Hüllenelektrons

$$E_e = E_\gamma - B_e \tag{3.68}$$

Man spricht von K-Konversion, L-Konversion usw., je nachdem, aus welcher Elektronenschale die Emission erfolgt. Es wird also ein Linienspektrum der Elektronen beobachtet. Die innere Konversion ist ein Alternativ-Prozeß zur Emission eines γ-Quants, der die totale Übergangswahrscheinlichkeit λ erhöht. Es ist daher

$$\lambda = \lambda_\gamma + \lambda_e \tag{3.69}$$

wo λ_e die Wahrscheinlichkeit für einen Konversionsprozeß ist. Nur auf die γ-Übergangswahrscheinlichkeit λ_γ beziehen sich die Formeln (3.64), (3.65) des letzten Abschnitts.

Daß es sich bei der inneren Konversion um einen Alternativprozeß handelt und daß nicht etwa erst ein reelles γ-Quant vom Kern emittiert wird, das dann in der Hülle durch Photoeffekt ein Elektron auslöst, folgt aus den beobachteten Übergangswahrscheinlichkeiten, läßt sich aber in einem Fall auch direkt experimentell belegen. Die Halbwertzeit des isomeren Zustandes in ^{99}Tc (6 h) ändert sich nämlich mit der chemischen Verbindung, in der das Technetium vorliegt [Bai 53]. Das zeigt, daß kleine Änderungen in der Elektronendichteverteilung die totale Zerfallswahrscheinlichkeit λ beeinflussen. Gl. (3.69) läßt sich etwas umformen, wenn man setzt $\lambda_e = \lambda_\gamma(\lambda_e/\lambda_\gamma)$ $= \lambda_\gamma(\dot{N}_e/\dot{N}_\gamma)$, worin $\dot{N}_e$ und $\dot{N}_\gamma$ die Zählraten der emittierten Elektronen bzw. γ-Quanten sind. Es ist nämlich $(dN_e/dt) = -\lambda_e N$; $(dN_\gamma/dt) = -\lambda_\gamma N$; $(\dot{N}_e/\dot{N}_\gamma) = \lambda_e/\lambda_\gamma$. Damit ergibt sich

$$\lambda = \lambda_\gamma(1+\alpha) \quad \text{mit} \quad \alpha = \frac{\dot{N}_e}{\dot{N}_\gamma} \tag{3.70}$$

Die Größe α heißt Konversionskoeffizient. Sie kann nach Definition jeden Wert $\geqslant 0$ annehmen. Man bezeichnet ferner mit α_K, α_L... das Verhältnis der Zahl der Konversionselektronen aus der jeweiligen Elektronenschale zur Zahl der γ-Quanten. Die Indizes K, L usw. sind die in der Röntgenspektroskopie üblichen Bezeichnungen. Es ist daher

$$\alpha = \alpha_K + \alpha_L + \alpha_M + \cdots$$

Bei $0 \to 0$-Übergängen tritt nur Elektronenemission auf, da γ-Quanten nicht emittiert werden können. In diesem Fall ist die Definition (3.70) von α ohne Bedeutung.

Konversionskoeffizienten sind eine wichtige Beobachtungsgröße bei radioaktiven Zerfällen. Bei der inneren Konversion kann man näherungsweise das Elektron als außerhalb des Kerns betrachten: Dann gehen die Kernwellenfunktionen hier ebenso wie bei Strahlungsübergängen ein und beim Verhältnis beider Übergangswahrscheinlichkeiten kommt es nicht mehr auf die Kernwellenfunktionen an. Konversionskoeffizienten sind daher unabhängig von einem speziellen Kernmodell. Andererseits hängen sie stark vom Charakter des elektromagnetischen Übergangs ab, so daß ihre Messung, die relativ einfach ist, in vielen Fällen eine Bestimmung der Multipolarität des entsprechenden γ-Übergangs gestattet. Häufig werden hierzu nicht die Konversionskoeffizienten direkt herangezogen, sondern relative Verhältnisse von Konversionskoeffizienten, etwa das Verhältnis α_K/α_L, das man meist kurz K- zu L-Verhältnis nennt. Der Vorteil ist, daß man zu seiner Bestimmung nur das Verhältnis zweier Linienintensitäten im Elektronenspektrum beobachten muß.

Die Berechnung von Konversionskoeffizienten ist im einzelnen nicht einfach und kann hier nicht referiert werden. Die numerischen Ergebnisse solcher Rechnungen sind tabelliert [Hag 68, Ros 58, Sli 65] oder graphisch dargestellt [Ros 65]. Unter vereinfachenden Annahmen gilt für α_K bei elektrischen Übergängen [Bla 52, p. 618]

$$\alpha_K \approx Z^3\left(\frac{e^2}{\hbar c}\right)^4 \frac{l}{l+1}\left(\frac{2m_e c^2}{E_\gamma}\right)^{l+5/2} \tag{3.71}$$

Hierbei ist $Ze^2/\hbar c \gg 1$ und $\hbar\omega \geqslant B_e$ (die Bindungsenergie des Elektrons) vorausgesetzt. Das wesentliche Verhalten läßt sich an dieser einfachen Formel ablesen: α_K wächst stark mit Z und der Multipolarität l, nimmt jedoch mit E_γ ab. Beispielsweise ergeben sich für den Koeffizienten α_{LI} bei $E_\gamma = 50$ keV folgende Werte:

$$\alpha_{LI} = 0{,}65 \text{ für } Z = 33, \ E2\text{-Übergang}$$
$$\alpha_{LI} = 8{,}9 \cdot 10^5 \text{ für } Z = 92; \ M5\text{-Übergang}$$

Bei $E_\gamma = 500$ keV erhält man für die beiden Fälle die Werte $2 \cdot 10^{-4}$ bzw. 1,85. Der Bereich, in dem Konversionskoeffizienten variieren können, ist also beträchtlich.

Um den Multipolcharakter eines Übergangs zu bestimmen, vergleicht man die gemessenen Verhältnisse α_K/α_L oder ein ähnliches Verhältnis (z.B. $\alpha_{LI}:\alpha_{LII}:\alpha_{LIII}$) und gegebenenfalls die absoluten Konversionskoeffizienten mit den tabellierten Werten. Dabei muß man beachten, daß auch beim Konversionsprozeß Mischungen zwischen Übergängen verschiedener Multipolarität möglich sind. Wie bei den γ-Übergängen können jedoch wegen der Paritätserhaltung niemals elektrische und magnetische Prozesse der gleichen Multipolordnung l zusammen auftreten. Am häufigsten sind Mischungen des Typs $M1 + E2$. Als Konversionskoeffizient ergibt sich dann $\alpha = a_1\alpha(M1) + a_2\alpha(E2)$, mit $a_1 + a_2 = 1$. Die relativen Intensitäten a_1, a_2 hängen von der Kernstruktur ab.

Zur experimentellen Bestimmung von absoluten Konversionskoeffizienten gibt es eine Reihe verschiedener Methoden. Häufig wird der angeregte Zustand, um dessen Zerfall es sich handelt, durch einen β-Übergang von einem anderen Kern bevölkert. In diesem typischen Fall sind die Konversionslinien dem kontinuierlichen β-Spektrum überlagert. Der Konversionskoeffizient ergibt sich hier aus dem Verhältnis von Linienintensität zur Gesamtintensität des zugehörigen β-Spektrums. Ferner lassen sich Konversionskoeffizienten direkt bestimmen durch Registrierung von Elektronen und γ-Quanten mit Detektoren genau bekannter Nachweiswahrscheinlichkeit und hinreichender Energieauflösung (Halbleiterdetektoren, Szintillationszähler). Eine andere Methode besteht darin, die Zahl der K-Röntgenquanten, die der K-Konversion nachfolgt, mit der Zahl der unkonvertierten γ-Quanten zu vergleichen.

Zum Schluß dieses Abschnitts sei angefügt, daß noch ein weiterer elektromagnetischer Zerfallsprozeß für angeregte Zustände möglich ist, falls genug Energie zur Verfügung steht: innere Paarbildung. Wenn die Anregungsenergie größer als $2m_e c^2$ ist, kann im Kern ein Positron-Elektron-Paar gebildet und emittiert werden. Der Prozeß hängt nicht von der Elektronenhülle ab. Seine Z-Abhängigkeit ist daher relativ schwach. Die Übergangswahrscheinlichkeit nimmt im Gegensatz zum Konversionsprozeß mit der Energie zu. Innere Paarbildung wird z.B. beim Zerfall des 6,06 MeV $0 \to 0$-Übergangs in ^{16}O beobachtet.

Literatur zu Abschn. 3.6: [Ros 65, Ewa 65, Ros 60; Tabellen: Hag 68, Sli 65, Ros 58].

3.7 Kernresonanzabsorption (Mößbauer-Effekt)

Allen γ-Linien läßt sich eine natürliche Linienbreite $\Gamma = \hbar\lambda = \hbar\tau$ zuordnen. Als Beispiel nehmen wir den praktisch wichtigen Fall des 14,4 keV Übergangs in ^{57}Fe. Die mittlere Lebensdauer des Niveaus beträgt $\tau = 1,4 \cdot 10^{-7}$ s, woraus sich ergibt $\Gamma = 4,7 \cdot 10^{-9}$ eV. Für die relative Breite erhalten wir $\Gamma/E_\gamma = (4,7 \cdot 10^{-12}$ keV$)/(14,4$ keV$) \approx 3 \cdot 10^{-13}$. Die Linie hat also eine extrem geringe Breite. Das hat zur Folge, daß es mit normalen Mitteln unmöglich ist, Resonanzabsorption zu beobachten, d.h. ^{57}Fe-Kerne aus dem Grundzustand durch Einstrahlung der γ-Linie auf das entsprechende Niveau anzuregen. Um dies zu sehen, müssen wir die Rückstoßenergie betrachten, die der Kern bei Emission des Quants aufnimmt. Der Impuls des γ-Quants ist $p = \hbar k = \hbar\omega/c = E_\gamma/c$ und die vom Kern der Masse m aufgenommene Rückstoßenergie $E_r = p^2/2m = E_\gamma^2/2mc^2$. Im Fall des ^{57}Fe ergibt sich $E_r = (1,4 \cdot 10^{-2}$MeV$)^2/(114 \cdot 931$ MeV$) = 2 \cdot 10^{-3}$ eV Diese Energie fehlt dem γ-Quant. Sie ist um mehr als fünf Zehnerpotenzen größer als die Linienbreite. Beim Absorptionsprozeß wird auf den absorbierenden Kern noch einmal die gleiche kinetische Energie übertragen. Insgesamt fehlt also die Energie $2E_r$, um die Resonanzbedingung zu erfüllen.

Hierbei haben wir noch nicht berücksichtigt, daß sich Kerne in thermischer Bewegung befinden. Sei die von der thermischen Bewegung herrührende Impulskomponente in Emissionsrichtung p_t ferner p der Rückstoßimpuls und E_0 die Anregungsenergie des Kerns, so fordert der Energiesatz

$$E_0 + P_t^2/2m = E_\gamma + (p_t - p)^2/2m$$

woraus sich für die Energieverschiebung $\Delta E = E_0 - E_\gamma$ ergibt

$$\Delta E = \frac{p^2}{2m} - pv_t = \frac{E_\gamma^2}{2mc^2} - E_\gamma \frac{v_t}{c} \tag{3.72}$$

Hier ist $v_t = p_t/m$ die Komponente der thermischen Geschwindigkeit in Emissionsrichtung. Der erste Term in (3.72) beschreibt wie vorher die Rückstoßenergie, der zweite die Energieverschiebung aufgrund des Doppler-Effektes. Die Doppler-Verschiebung hat wegen der thermischen Geschwindigkeitsverteilung keinen festen Wert, liegt aber ungefähr in der gleichen Größenordnung wie die Rückstoßenergie. Wenn die Verteilung für v_t breit genug ist, kann es vorkommen, daß für einen Emissionsprozeß v_t gerade die richtige Größe hat, damit ΔE in (3.72) gleich Null wird. Wenn dann das emittierte Quant auf ein Absorberatom trifft, bei dem die gleiche Bedingung erfüllt ist, kann Resonanzabsorption eintreten (das gilt allgemeiner für alle Fälle, bei denen sich die Energieverschiebungen bei Emission und Absorption gerade aufheben). Die Wahrscheinlichkeit für solche Ereignisse ist aber sehr gering. In Fig. 40a sind die für Resonanzabsorptionsprozesse wichtigen Energiebereiche zusammengestellt.

Bis jetzt waren wir von Prozessen ausgegangen, die sich zwischen freien Atomen abspielen. Nur hierauf hat Gl. (3.72) Anwendung. Freie Atome können jeden Wert der kinetischen Energie annehmen. Die Rückstoßenergie E_r kann also in jedem Falle auf den Kern übertragen werden. Die Verhältnisse können sich drastisch ändern, wenn die Atome in Kristallgittern eingebaut sind. Dann kann rückstoßfreie Resonanz-

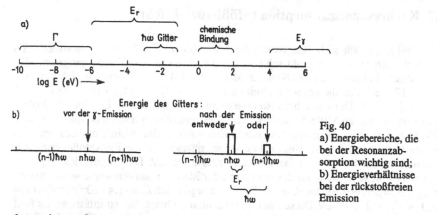

Fig. 40
a) Energiebereiche, die bei der Resonanzabsorption wichtig sind; b) Energieverhältnisse bei der rückstoßfreien Emission

absorption auftreten. Dieser Prozeß führt den Namen Mößbauer-Effekt. Er hat folgende Ursache. Ein Atom ist in einem Kristallgitter durch elastische Kräfte gebunden. Es kann in drei Freiheitsgraden harmonische Schwingungen ausführen, wobei die Energie der Oszillatorschwingungen in Beträgen $\hbar\omega$ gequantelt ist. (Man nennt ein Oszillatorquant $1\ \hbar\omega$ ein Phonon; die Frequenz ω ist charakteristisch für das betreffende Gitter.) Wenn bei einer γ-Emission die Rückstoßenergie E_r groß ist gegenüber $\hbar\omega$, so wird sie als Schwingungsenergie auf das Gitter übergehen und dessen Temperatur erhöhen. Falls aber $E_r < \hbar\omega$, tritt eine schwierige Situation ein. Da die Energien der Gitterschwingungen in der Größenordnung von 10^{-2} eV liegen und wir beispielsweise bei ^{57}Fe für E_r einen Wert von $2 \cdot 10^{-3}$ eV erhalten haben, ist dieser Fall durchaus realistisch. Wir stellen uns der Einfachheit halber vor, daß im Gitter nur eine einzige Frequenz ω vorkomme (Einstein-Modell). Das Gitter kann daher seine Energie bei der Emission nur um Beträge ändern, die ganzzahlige Vielfache von $\hbar\omega$ sind. Die Aufnahme einer beliebigen Rückstoßenergie E_r ist daher gar nicht möglich. Im Einzelprozeß kann nur entweder gar keine Energie übertragen werden oder aber mindestens $\hbar\omega$. Man kann daher lediglich die quantenmechanische Wahrscheinlichkeit dafür angeben, daß der eine oder andere Fall eintritt. Wenn gar keine Energie übertragen wird, liegt „rückstoßfreie" Emission vor.

Fig. 40b illustriert noch einmal die Situation: Vor der Emission sei der Energieinhalt des Gitters $n\hbar\omega$, nach der Emission kann er nur entweder unverändert sein oder $(n+1)\hbar\omega$, $(n+2)\hbar\omega$, usw. betragen. Als Ordinate ist die Häufigkeit dieser Prozesse aufgetragen. Man kann zeigen, daß bei Mittelung über viele Emissionsprozesse gerade die Energie E_r als mittlere Rückstoßenergie pro Prozeß auf das Gitter übertragen wird [Lip 62]. Wenn wir die Gitteranregung durch mehr als ein Phonon vernachlässigen, bedeutet diese an sich plausible Tatsache, daß für die Rückstoßenergie gilt $E_r = (1-f)\hbar\omega$, wo f den Bruchteil der Emissionsprozesse angibt, die rückstoßfrei erfolgen. Es ist also in dieser groben Näherung

$$f = 1 - \frac{E_r}{\hbar\omega} \tag{3.73}$$

Alle diese Betrachtungen gelten sowohl für den Emissions- wie für den Absorptionsprozeß.

Nach unserem Modell sollte man im Spektrum der emittierten γ-Strahlung eine unverschobene Linie mit der natürlichen Linienbreite erwarten und ferner eine um ein Phonon $\hbar\omega$ verschobene Linie. Die verschobene Linie ist jedoch nicht scharf, da einerseits die natürliche Breite einer Phonon-Linie relativ groß ist und andererseits das Gitter ein komplizierteres Schwingungsspektrum hat als dem Einstein-Modell entspricht. Die rückstoßfreie „Mößbauer-Linie" ist daher von einem nur relativ breit strukturierten Phononspektrum begleitet.

Der Begriff „rückstoßfreie" Emission, wie wir ihn gebraucht haben, bezieht sich nur auf den Energieübertrag an das Gitter und nicht etwa auf den Impulsübertrag. Der volle Rückstoßimpuls wird stets übertragen und vom gesamten Gitter aufgenommen. Impulsübertrag ohne Energieübertrag gibt es ja auch bei trivialen Beispielen in der Mechanik (Reflexion eines Balles an einer Wand). Der Impuls wird im Gitter mit Schallgeschwindigkeit übertragen ($\approx 10^5$ cm/s). Während der mittleren Lebensdauer eines ^{57}Fe-Kernes kann der Impuls daher auf einen Gitterbereich von $1{,}4 \cdot 10^{-2}$ cm Ausdehnung übertragen werden. Die Masse der in diesem Volumen enthaltenen Atome ist so groß, daß mit dem Impulsübertrag praktisch kein Energieübertrag verbunden ist.

Das Einstein-Modell eines Kristalls, das Gl. (3.73) zugrunde liegt, ist sicherlich zu grob zur Berechnung von f für reelle Gitter. Ähnlich wie bei der Debyeschen Theorie zur Behandlung der spezifischen Wärme fester Körper kann man zu einem Frequenzspektrum der Oszillatoren übergehen mit einer Maximalfrequenz ω_{max}. Hierbei definiert man als Debye-Temperatur $\Theta = \hbar\omega_{max}/k$ (k = Boltzmann-Konstante). Unter Benutzung der Debyeschen Näherung läßt sich der Bruchteil f der rückstoßfreien Absorption genauer berechnen, nach einem Verfahren, das dem bei der Behandlung der elastischen Streuung von Röntgenstrahlen oder Neutronen an einem Kristallgitter analog ist [Mös 58, 65]. Das Ergebnis lautet

$$f = \exp\left[-\frac{3E_r}{2k\Theta}\left(1 + \frac{4T^2}{\Theta^2}\int_0^{\Theta/T} \frac{x\,dx}{e^x - 1}\right)\right]$$

$$\approx \exp-\left[\frac{E_r}{k\Theta}\left(\frac{3}{2} + \frac{\pi^2 T^2}{\Theta^2}\right)\right] \quad \text{für } T \leqslant \Theta \tag{3.74}$$

(T absolute Temperatur, k Boltzmann-Konstante, Θ Debye-Temperatur, $E_r = E_0^2/2mc^2$). Werte des Integrals in (3.74) sind tabelliert [Mös 60]. Die Größe f heißt Debye-Waller-Faktor. Sein Verlauf ist in Fig. 41 für zwei typische Übergänge wiedergegeben. Die besondere Bedeutung des 14,4 keV-Übergangs von ^{57}Fe liegt darin,

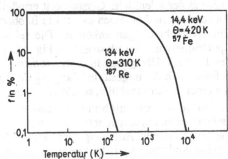

Fig. 41
Debye-Waller-Faktor für zwei typische
Übergänge; aus [Mös 65]

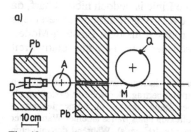

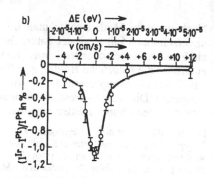

Fig. 42   Anordnung und Ergebnis der ersten Messung einer Mößbauer-Linie [Mös 59]
a) Versuchsgeometrie. A Absorber-Kryostat; Q rotierender Kryostat mit Quelle; D Szintillationsdetektor. M ist der bei der Messung ausgenützte Teil des Rotationskreises der Quelle

b) Relatives Intensitätsverhältnis ($I^{Ir} - I^{Pt}/I^{Pt}$ der hinter Iridium- bzw. Platinabsorbern gemessenen γ-Strahlung als Funktion der Geschwindigkeit der Quelle relativ zu den Absorbern. $\Delta E = (v/c) \cdot E_0$ ist die Energieverschiebung der 129 keV-Quanten relativ zu den ruhenden Absorbern. Als Strahlungsquelle diente eine 65 mCi starke Osmiumquelle, doren Zerfallsspektrum die 129 keV-Linie in Ir^{129} enthält

daß für diese Linie bei Zimmertemperatur $f = 0{,}91$ ist. In vielen anderen Fällen müssen Quelle und Absorber beim Experiment gekühlt werden, um hinreichend große Werte für f zu erhalten.

Wie wird nun die rückstoßfreie Resonanzabsorption experimentell beobachtet? In Fig. 42 ist Mößbauers erstes Experiment am 129 keV-Übergang in ^{191}Ir wiedergegeben. Das Wesentliche besteht darin, daß man die Quelle mit einer Geschwindigkeit v gegen den Absorber bewegt. Der Doppler-Effekt bewirkt dann eine Energieänderung der γ-Linie um den Betrag $\Delta E = E_0(v/c)$ (vgl. (3.72)). Man variiert nun v und trägt die durchgelassene Intensität gegen ΔE auf. So ergibt sich das Profil der γ-Linie. Wegen der kleinen Linienbreite sind die erforderlichen Geschwindigkeiten gering. In der ursprünglichen Arbeit benutzte Mößbauer eine tangential betrachtete rotierende Quelle, heute werden häufig elektromechanische Antriebe nach dem Lautsprecherprinzip benutzt. Die meßbare relative Breite der Mößbauer-Linien beträgt bei ^{191}Ir $(\Gamma/E_\gamma) = 3 \cdot 10^{-11}$, bei ^{57}Fe $(\Gamma/E_\gamma) = 3 \cdot 10^{-13}$ und bei ^{67}Zn $(\Gamma/E_\gamma) = 5 \cdot 10^{-16}$.

Diese außerordentliche Genauigkeit ermöglicht eine Reihe von spektroskopischen Anwendungen, bei denen es auf die Beobachtung sehr kleiner Aufspaltungen oder Linienverschiebungen ankommt. Die sei am praktisch wichtigen Beispiel des γ-Spektrums von ^{57}Fe illustriert. In Fig. 43a ist ein Termschema für die Aufspaltung des 14,4 keV Übergangs in einer atomaren Umgebung wiedergegeben. Ganz links befindet sich der ungestörte Übergang für den nackten Atomkern. Umgeben wir ihn mit einer Elektronenhülle, so können folgende Effekte auftreten:

1) Isomerie-Verschiebung (chemische Verschiebung). Ist die Elektronenhülle einigermaßen kugelsymmetrisch, so wird der Überlapp, der Ladungsdichte der Hülle mit dem Kern eine Änderung der Coulomb-Energie des Kerns bewirken. Dies bedeutet eine Änderung auch der Energie der Kernniveaus, deren Größe gerade durch den

Monopolterm der Hyperfeinwechselwirkung gegeben ist, also durch Gl. (2.8). Da Grundzustand und angeregter Zustand einen verschiedenen Radius haben können, ergibt sich eine kleine Verschiebung der Energie eines Gammaübergangs, wenn man die Elektronendichte am Kernort ändert, etwa durch Veränderung der chemischen Bindung, in der das betreffende Atom vorliegt. Sie heißt Isomerie-Verschiebung. Ihr Betrag liegt häufig in der Größenordnung der natürlichen Linienbreite. Die Isomerieverschiebung kann nur beobachtet werden, wenn in Quelle und Absorber verschiedene Elektronendichteverteilungen vorliegen. Die unsymmetrische Lage der Linien in Fig. 43b relativ zu $v = 0$ ist eine Folge der Isomerieverschiebung. Bei ^{57}Fe stellt sich heraus, daß der angeregte Zustand einen geringeren Radius hat als der Grundzustand. Die Isomerieverschiebung ist ein wichtiges Hilfsmittel, um Fragen der chemischen Bindung zu untersuchen.

2) Quadrupolaufspaltung. Wenn die Elektronenhülle unsymmetrisch ist und einen elektrischen Feldgradienten erzeugt, und wenn ferner der Kern deformiert ist, so daß er ein nichtverschwindendes Quadrupolmoment hat, so tritt auch bei den Kernzuständen eine Quadrupolenergie gemäß Gl. (2.77) auf. Diese Aufspaltung ist im Termschema weiter rechts gezeichnet. Da nach Bemerkung 3) von Seite 66 der Grundzustand mit Spin 1/2 kein Quadrupolmoment hat, trägt zur Aufspaltung nur der angeregte Zustand bei. Aus der Größe der Quadrupolaufspaltung lassen sich Schlüsse auf den Feldgradienten in der Umgebung des emittierenden Kerns ziehen.

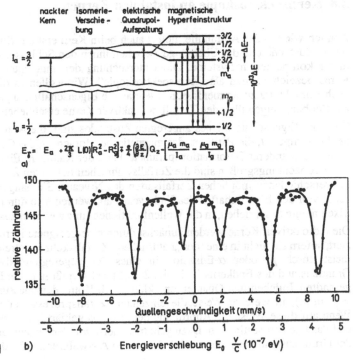

Fig. 43
a) Hyperfeinstrukturaufspaltung in ^{57}Fe (schematisch)
b) Zu den eingezeichneten Übergängen gehörendes Mößbauer-Spektrum; nach [Kis 60]

3) **Magnetische Aufspaltung von** γ-**Linien.** Ist schließlich ein Magnetfeld am Kernort wirksam, so hebt es die Drehimpulsentartung der Gammalinien vollständig auf. Es entsteht dann das ganz rechts im Termschema unter „magnetische Hyperfeinstruktur" gezeichnete Muster. Eingezeichnet sind die Gammalinien, die nach den Auswahlregeln (3.61), (3.62) erlaubt sind. Das resultierende Spektrum, das man bei einem Mößbauer-Experiment beobachtet, ist in Fig. 43b dargestellt. Hier wurde eine Quelle benutzt, bei der die Linie nicht aufgespalten ist (^{57}Fe diffundiert in rostfreiem Stahl) und ein Absorber, der eine Aufspaltung liefert (Fe$_2$O$_3$).

Soviel zur Aufspaltung der ^{57}Fe-Linien. Die große Genauigkeit, mit der Γ/E_γ gemessen werden kann, erlaubt auch die Prüfung von Aussagen der allgemeinen Relativitätstheorie durch terrestrische Experimente. Insbesondere war es möglich, die Gravitations-Rotverschiebung des Lichtes zu messen. Wenn Quanten gegen das Schwerefeld der Erde über eine Höhe h nach oben laufen, erfahren sie eine relative Energieänderung $(\Delta E/E) = gh/c^2$, die rund 10^{-16}/m beträgt. Pound und Rebka haben diesen Effekt mit der Mößbauer-Linie von ^{57}Fe bei einer Höhendifferenz von rund 23 m nachgewiesen mit einer Anordnung, bei der noch eine Energieverschiebung $(\Delta E/E) = 5 \cdot 10^{-16}$ gemessen werden konnte [Pou 60).

Literatur zu Abschn. 3.7: [Mös 65, Wer 64, Mös 62, Weg 65, Fra 63].

3.8 Kernspektroskopie an instabilen Kernen

Ähnlich wie bei der Atomhülle, liefert auch beim Kern erst das Studium der angeregten Zustände und der Übergänge zwischen ihnen den Schlüssel zum Verständnis dieser komplizierten Systeme. Die Untersuchung der angeregten Zustände eines Kerns bezeichnet man als „Kernspektroskopie". Wir wollen in diesem Abschnitt noch einmal kurz zusammenfassen, wie man die Eigenschaften angeregter Zustände aus Beobachtungen über den Zerfall radioaktiver Kerne erschließen kann.

Wichtige Eigenschaften eines angeregten Zustandes sind: die Anregungsenergie E, der Drehimpuls I, die Parität π, das magnetische Moment μ, das Quadrupolmoment Q (oder ein anderer Deformationsparameter) und der Radius R. Eine andere Gruppe von Beobachtungsgrößen sind die Zerfallswahrscheinlichkeiten $\lambda \sim |\langle \Psi_f | O | \Psi_i \rangle|^2$ für die verschiedenen möglichen Zerfallsarten des Niveaus. Sie hängen immer gleichzeitig von den Eigenschaften des Endniveaus ab, werden also durch Übergangsmatrixelemente beschrieben, in die Wellenfunktionen für zwei Kernzustände eingehen.

Die radioaktiven Kerne werden zunächst durch eine geeignete Kernreaktion produziert, sofern sie nicht in einer der „natürlichen" Zerfallsketten auftreten. Sie zerfallen meist durch β- oder α-Emission in eines der angeregten Niveaus oder den Grundzustand des Endkerns (vgl. Fig. 27). Zunächst mißt man die Energie der ausgesandten Teilchen und Quanten und klärt durch Koinzidenzmessungen (β–γ, α–γ, γ–γ usw.), in welcher Weise die einzelnen Zerfallsprozesse aufeinander folgen. Wenn auf diese Weise die Anordnung der Niveaus geklärt ist, versucht man, Spins und Paritäten zu bestimmen. Dazu geht man meist von den bekannten Eigenschaften der Grundzustände aus und erschließt aus den Auswahlregeln für den betreffenden

Übergang die Spin- und Paritätsänderung. Die Auswahlregeln für den β-Zerfall werden wir erst in Abschn. 8.5 besprechen, für γ-Übergänge sind sie in Gl. (3.61), (3.63) und Tab. 3 enthalten. Die Schlüsse aus den Auswahlregeln sind häufig nicht eindeutig. Man muß daher versuchen, unter Heranziehung aller zugänglichen Beobachtungsgrößen ein in sich konsistentes Zerfallsschema aufzustellen. Folgerungen aus den Auswahlregeln für den β-Zerfall sind besonders unsicher. Man muß zu ihrer Anwendung die Zerfallsenergie, die Halbwertzeit und womöglich die Form des β-Spektrums kennen. Die Auswahlregeln für γ-Strahlung lassen sich anwenden, wenn der Multipolcharakter der Strahlung bekannt ist, den man beispielsweise durch Messung des Konversionskoeffizienten bestimmen kann. Außerdem ist die Winkelverteilung der Strahlung für die Multipolordnung charakteristisch (vgl. Fig. 39). Man kann sie nur beobachten, wenn eine z-Richtung physikalisch ausgezeichnet ist.

Die einfachste Methode zur Ermittelung von Winkelverteilungen für γ-Strahlung besteht in einer Beobachtung von γ-γ-Winkelkorrelationen. Bei der Analyse von Winkelkorrelationen muß man im allgemeinen Fall von den Rechenregeln Gebrauch machen, nach denen Drehimpulse addiert werden. Da wir die Algebra der Vektoradditionskoeffizienten hier nicht besprechen wollen, soll nur das Prinzipielle des Verfahrens an einem einfachen Beispiel erläutert werden.

Das Wesentliche aller Winkelkorrelationsmessungen besteht darin, aus der Beobachtung von Linearimpulsen $\vec{p}$ auf die beteiligten Drehimpulse $\vec{I}$ zu schließen. In der klassischen Mechanik ist der Zusammenhang trivial: Wenn ein „Kern" mit Spin Null ein Teilchen mit Bahndrehimpuls $\vec{l}$ in die x-Richtung emittiert, muß der aufgrund der Drehimpulserhaltung resultierende Spin des Restkerns $\vec{I} = -\vec{l}$ in der y-z-Ebene liegen, da $\vec{l} = \vec{r} \times \vec{p}$ ist. Wird der Spin des Restkerns anschließend durch Emission eines zweiten Teilchens als Bahndrehimpuls davongetragen, so kann beispielsweise Emission in y-Richtung nur erfolgen, wenn $\vec{I}$ in z-Richtung steht. Durch Beobachtung der Impulsrichtung beider Teilchen liegt also die Spinrichtung des Zwischensystems eindeutig fest.

In der Quantenmechanik sind die Verhältnisse komplizierter, vor allem wenn es sich, wie bei der Emission von γ-Quanten, um extrem relativistische Prozesse handelt. Als einfaches Beispiel betrachten wir eine hypothetische γ-Kaskade zwischen drei Niveaus mit der Spinfolge $0 \rightarrow 1 \rightarrow 0$ (Fig. 44). Die Richtung von Quelle Q zum Detektor D_1 für das erste γ-Quant γ_1 sei als z-Achse definiert. Da $\Delta I = 1$ ist, liegt eine Dipolstrahlung vor. Von den beiden möglichen Winkelverteilungen $|X_1^0|^2$ und $|X_1^{\pm 1}|^2$ emittiert nur $|X_1^{\pm 1}|^2$ Quanten in z-Richtung (vgl. Fig. 39). Hinsichtlich der durch den

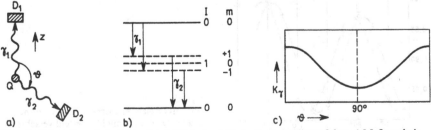

Fig. 44 Winkelkorrelation einer 0-1-0-Kaskade. a) Meßprinzip, b) Niveaufolge, c) Meßergebnis

Detektor D_1 definierten Quantisierungsrichtung können im Zwischenniveau also nur die Zustände mit den magnetischen Quantenzahlen $m = +1$ und $m = -1$ besetzt werden.

In Fig. 44b sind die Unterzustände getrennt gezeichnet, obwohl sie gleiche Energie haben. Man sieht aus der Figur ohne weiteres, daß das zweite γ-Quant γ_2 hinsichtlich der z-Richtung wieder eine Änderung von $\Delta m = \pm 1$ bewirken muß. Das entspricht der Verteilung $|X_1^{\ddagger 1}|^2$ (Fig. 39), die man beobachtet, wenn man die Koinzidenzzählrate K_γ gegen den Winkel ϑ zwischen D_2 und D_1 aufträgt. Dieses Beispiel verdeutlicht den entscheidenden Punkt: Durch Festlegung der Emissionsrichtung des ersten Quants werden die magnetischen Unterzustände des Zwischensystems hinsichtlich dieser Richtung verschieden besetzt. Daraus resultiert eine charakteristische Winkelverteilung für das zweite Quant. Für den allgemeinen Fall entwickelt man die Winkelverteilung $W(\vartheta)$ in eine Reihe nach geraden Legendre-Polynomen

$$W(\vartheta) = 1 + A_2 P_2(\cos \vartheta) + A_4 P_4(\cos \vartheta) + \dots \tag{3.75}$$

und bestimmt aus dem Experiment die Koeffizienten A. Diese werden dann mit berechneten tabellierten Werten für bestimmte Spinfolgen verglichen. Es werden nur gerade Polynome benötigt, da bei der Emission die Parität eine Erhaltungsgröße ist. Das bedingt eine zu $\vartheta = 90°$ symmetrische Winkelverteilung (vgl. Abschn. 8.6).

Das eben beschriebene Beispiel wird noch anschaulicher, wenn wir davon ausgehen; daß ein Dipol-Quant in Ausbreitungsrichtung entweder die Spinkomponente $+1$ oder -1 hat, d.h., daß der vom Quant transportierte Spin entweder parallel oder antiparallel zum Impuls des Quants steht. Nach dem $0 \to 1$-Übergang muß der Kernspin daher antiparallel oder parallel zur Emissionsrichtung stehen. Relativ zu dieser Richtung

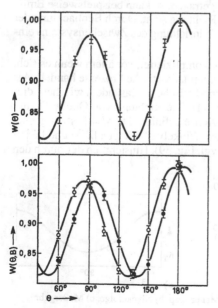

Fig. 45
Winkelkorrelation, oberes Diagramm ohne, unteres Diagramm mit Magnetfeld verschiedener Polung [Bod 61]

wird das zweite Quant mit der Dipolverteilung für $\Delta m = \pm 1$ ausgesandt. Wenn wir nun senkrecht zur Ebene der beiden Zähler ein Magnetfeld anbringen, so wird der Spin des Zwischenzustands mit der Larmorfrequenz (2.72) rotieren, bis die zweite Emission erfolgt. Wenn dabei die mittlere Lebensdauer des Zwischenzustandes nicht zu kurz ist, beobachtet man eine Verschiebung der Winkelverteilung um den mittleren Präzessionswinkel. Bei bekanntem Magnetfeld und bekannter mittlerer Lebensdauer läßt sich hieraus das magnetische Moment des Zwischenzustands bestimmen. Als Beispiel zeigt Fig. 45 oben eine Winkelverteilung für eine $2^+ \rightarrow 2^+ \rightarrow 0^+$-Kaskade (631 keV – 197 keV in ^{186}Os) und unten die verschobenen Verteilungen in einem zur Zählerebene senkrechten Magnetfeld verschiedener Polung (53500 Gauß). Die Halbwertzeit des Zwischenniveaus beträgt in diesem Fall $8{,}4 \cdot 10^{-10}$ s. Da man mit dieser Methode das Produkt aus g-Faktor und Feldstärke mißt, muß man den Beitrag der Elektronenhülle zum Feld am Kernort kennen, um den g-Faktor des angeregten Niveaus zu bestimmen. Umgekehrt kann man Schlüsse auf die Hüllenfelder ziehen, wenn man das Experiment an Kernen in verschiedener Umgebung ausführt.

Die kernspektroskopische Information, die man durch das Studium radioaktiver Kerne gewinnen kann, ist natürlicherweise begrenzt auf die bei den Zerfällen erreichbaren Niveaus. Eine wesentliche Erweiterung ergibt sich aus dem Studium direkter Kernreaktionen (Abschn.7.7), bei dem man auch energetisch sehr hoch liegende Zustände erreichen kann. Die kernspektroskopischen Daten für die einzelnen Kerne werden in umfangreichen Zusammenstellungen veröffentlicht, die regelmäßig ergänzt werden.

Literatur zu Abschn.3.8: Beispiele für die Diskussion einzelner Zerfallsschemata [Sie 55, Sie 65, Wu 60], Winkelkorrelationen [Fra 65, Fer 65, Hur 66], Kerndaten [Nuc A, Nuc B, Led 78, End 78, Ajz 78, 79, 80, 81, 82, Fia 73, 75, w1, w3, w4, w5].

Kleine Liste häufig erwähnter Nuklide

Nuklid	Zerfall Energie/MeV	Halbwertzeit	Bemerkung
^{3}H (Tritium)	β^- 0,018	12,3 a	Datierung, Fusionsbrennstoff
^{14}C	β^- 0,2	5736 a	Datierung s. Abschn. 3.2
^{22}Na	β^+ 0,5; 1,8 γ 1,275	2,6 a	Positronenquelle
^{32}P	β^- 1,7	14,3 d	β^--Quelle, Markierung in der Chemie
^{60}Co	β^- 0,3; 1,5... γ 1,17; 1,33	5,27 a	γ-Quelle (auch medizinisch)
^{90}Sr	β^- 0,5	28,5 a	wird im Knochen eingebaut!
^{131}J	β^- 0,6; 0,8 γ 0,36; 0,64	8,04 d	Markierung; med. zur Schilddrüsenbehandlung
^{137}Cs	β^- 0,5; 1,7 γ von ^{137}Ba* 0,662	30 a	γ-Quelle
^{239}Pu	α 5,14; 5,15	$2{,}4 \cdot 10^4$ a	radiotoxisch, kernwaffenfähig
^{241}Am	α 5,44; 5,48 spont. Spaltung	433 a	α-Quelle

4 Elastische Streuung[1])

4.1 Problemstellung

Wir sprechen von elastischer Streuung, wenn bei einem Stoßprozeß keine inneren Freiheitsgrade der beteiligten Partner angeregt werden und die Summe der kinetischen Energien konstant bleibt. Die bereits in Abschn. 1.3 besprochene Rutherford-Streuung ist ein Beispiel dafür. Die Rutherfordsche Streuformel gilt natürlich nur, solange die Streuung durch ein reines Coulomb-Feld verursacht wird. Wenn der Abstand zwischen den Streupartnern so klein wird, daß Kernkräfte ins Spiel kommen, müssen Abweichungen auftreten. Durch das Studium elastischer Streuprozesse gewinnt man folglich Aufschluß über das von den Kernkräften herrührende Potential zwischen Projektil und Targetkern. Das allgemeine Prinzip, wie man aus der gemessenen Winkelverteilung auf das wirksame Potential schließt, wurde schon im Zusammenhang mit Fig. 5 erläutert. Die Untersuchung elastischer Streuprozesse ist daher von fundamentaler Bedeutung in der Kernphysik und Teilchenphysik. Wir werden außerdem sehen, daß elastische Streuung ein unvermeidlicher Begleiter jeder Kernreaktion ist. In diesem Kapitel sollen die einfachsten quantenmechanischen Methoden zur Beschreibung der elastischen Streuung besprochen werden. Das ist insbesondere nötig, bevor wir uns mit den Kernkräften und Kernreaktionen beschäftigen.

Streuprobleme werden stets in Schwerpunkt-Koordinaten behandelt. Die Umrechnung in Laboratoriumskoordinaten ergibt sich aus Energie- und Impulssatz (vgl. Abschn. 7.2). Da die Summe der Impulse im Schwerpunktsystem vor und nach dem Streuprozeß gleich Null ist, fliegen die Teilchen nach der Streuung um 180° auseinander. Es gibt also nur einen Streuwinkel θ. Die kinetische Energie ist gegeben durch

$$E = \frac{1}{2} m_\mathrm{r} v^2, \text{ wo } v \text{ die Relativgeschwindigkeit } m_\mathrm{r} = \frac{m_1 \cdot m_2}{m_1 + m_2} \text{ die reduzierte Masse ist.}$$

Der Vorteil der Schwerpunkt-Koordinaten besteht darin, daß wir das Problem behandeln können als Streuung eines einzigen Teilchens mit der redutierten Masse m_r an einem im Schwerpunkt lokalisierten Kraftzentrum. In diesem Kapitel seien stets Schwerpunkt-Koordinaten vorausgesetzt, ferner sei unter m auch ohne besonderen Index immer die reduzierte Masse verstanden.

Ziel der folgenden Abschnitte ist es, eine Streuamplitude zu berechnen, als deren Quadrat sich der differentielle Wirkungsquerschnitt ergibt. Der Zusammenhang dieser Streuamplitude mit dem Streupotential ist dabei der entscheidende Punkt. Wie schon in Abschn. 1.3 erwähnt, können wir aber nicht erwarten, daß sich aus dem gemessenen differentiellen Wirkungsquerschnitt das Streupotential in eindeutiger Weise ableiten läßt. Der in der Streuamplitude enthaltene Informationsgehalt muß daher sorgfältig diskutiert werden.

---

[1]) Literatur zu Kapitel 4: [Bla 52, Mot 65, New 82, Rod 67, Mca 68].

Wir werden im Folgenden zwei verschiedene Methoden besprechen, die Streuamplitude und das Streupotential miteinander in Verbindung zu bringen: Partialwellenzerlegung (Abschn. 4.3 bis 4.5) und Bornsche Näherung (Abschn. 4.6). Zum
Schluß ist ein Abschnitt über die Besonderheiten bei der Streuung schwerer Ionen
angefügt. Die Diskussionen in diesem Kapitel sind notwendigerweise oft etwas formal, doch sind diese Entwicklungen unentbehrliches Rüstzeug für das Verständnis
von Streu- und Reaktionsprozessen.

4.2 Stationäre Behandlung der elastischen Streuung

Wir fragen also danach, welche Winkelverteilung der elastisch gestreuten Teilchen
wir für ein gegebenes Streupotential erwarten: Wenn dieses Problem gelöst ist, kann
man versuchen, Potentiale zu finden, die die beobachteten Winkelverteilungen für
bestimmte Experimente, beispielsweise die Nukleon-Nukleon-Streuung, wiedergeben. Wir wollen bei allen Betrachtungen annehmen, daß wir es mit einem lokalen
Zentralpotential zu tun haben, d. h., die Kraft soll stets in Richtung zum Schwerpunkt
hin wirken. Außerdem soll das Potential von kurzer Reichweite sein. Das ist für
Kernkräfte eine realistische Annahme. Für das Folgende genügt es meist anzunehmen, daß das Potential in großer Entfernung vom Streuzentrum stärker als $1/r$ abfällt.
In der klassischen Mechanik werden Streuvorgänge als zeitabhängige Prozesse behandelt. So haben wir auch bei der Rutherford-Streuung in Abschn. 1.3 verfahren.
Bei der quantenmechanischen Behandlung würde das bedeuten, daß wir mit Wellenpaketen rechnen müssen: Ein einlaufendes Wellenpaket trifft auf das Streupotential,
von dem kugelschalenförmige Wellenpakete herausgestreut werden. Diese Beschreibung ist mathematisch recht schwierig. Wir wollen daher den Grenzfall sehr scharf
definierter Energie der in z-Richtung gebündelt einfallenden Teilchen betrachten. Da
der Impuls p_z scharf definiert ist, hat infolge der Unschärfe-Relation die das einfallende Teilchen repräsentierende Welle in z-Richtung eine sehr große Ausdehnung.
Der Streuvorgang wird daher für eine gewisse Zeit praktisch stationär. Die Verhältnisse sind in Fig. 46 illustriert. Da ferner näherungsweise $p_x = p_y = 0$, ist wegen $p_x =$
$\hbar/\lambda_x$ die Wellenlänge λ_z, λ_y senkrecht zur Einfallsrichtung sehr groß, d.h., wir können mit einer ebenen einfallenden Welle rechnen. Vom Streuzentrum läuft dann eine
stationäre Kugelwelle aus. Wie in Fig. 46 skizziert, soll das einlaufende Teilchenbündel zwar einen großen Querschnitt im Vergleich zum Durchmesser des Streupotentials haben, aber andererseits so begrenzt sein, daß es den Detektor für die
Streuteilchen nicht trifft. Wir brauchen am Detektor also keine Interferenzen der
Streuwelle mit der einlaufenden Welle in Betracht zu ziehen. Diese Annahmen entsprechen durchaus den Gegebenheiten bei einem Experiment. Typisch wäre ein
Potentialdurchmesser von 5 fm für mittelschwere Kerne, ein Strahldurchmesser von
1 mm und ein Detektorabstand von 50 cm.

Als Wellenfunktion für die einlaufende (in z-Richtung fortschreitende) ebene Welle
schreiben wir $\exp[i(\vec{k} \cdot \vec{r} - \omega t)]$. Da wir ein stationäres Problem betrachten, können
wir den zeitabhängigen Faktor weglassen. Es bleibt $\exp(i\vec{k} \cdot \vec{r}) = \exp(ikz)$. Zur Veranschaulichung dient Fig. 47. Eine entgegengesetzt laufende Welle wird durch
$\exp(-i\vec{k}\,\vec{r})$ beschrieben. Das Vorzeichen im Exponenten ist dabei durch die Wahl des

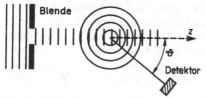

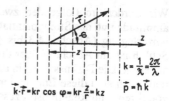

$$\vec{k}\cdot\vec{r} = kr\cos\varphi = kr\frac{z}{r} = kz \qquad \vec{p} = \hbar\vec{k}$$

Fig. 46 Einlaufende ebene Welle und auslaufende Kugelwelle bei der elastischen Streuung

Fig. 47 Zur Darstellung der ebenen
Welle $\exp(i\vec{k}\cdot\vec{r})$.
gestrichelt: Wellenfronten

Vorzeichens beim zeitabhängigen, hier weggelassenen Faktor festgelegt. (Siehe A, Anhang 1.) Entsprechend ist die auslaufende Kugelwelle gegeben durch e^{ikr}/r. Der Faktor $1/r$ bewirkt, daß die Teilchenstromdichte, die proportional zum Quadrat der Wellenfunktion ist, in der auslaufenden Kugelwelle mit $1/r^2$ abnimmt. Dadurch wird die Erhaltung der Teilchenzahl gewährleistet. (Die auslaufende Kugelwelle hat im Exponenten das gleiche Vorzeichen wie die einlaufende ebene Welle. Vom Streuzentrum aus gesehen laufen in unserer Skizze rechts beide Wellen aus. Links zeigt r in die negative z-Richtung.) Die Amplitude der auslaufenden Kugelwelle wird im allgemeinen vom Streuwinkel θ abhängen. Wir schreiben daher vor die Wellenfunktion für die Kugelwelle einen Amplitudenfaktor $f(\theta)$. Wegen der hier vorausgesetzten Axialsymmetrie des Problems brauchen wir den Azimutwinkel ϕ nicht zu berücksichtigen. Die totale Wellenfunktion ψ_T für den stationären Prozeß besteht aus der Summe von einfallender ebener Welle und auslaufender Kugelwelle, also

$$y_T(\vec{r}) = A[e^{ikr} + f(\theta)e^{ikr}/r] \tag{4.1}$$

Der Faktor A dient zur Erfüllung der Normierungs- und Randbedingungen. Er spielt für unsere weiteren Betrachtungen keine wesentliche Rolle. Zur Lösung des Streuproblems suchen wir nun eine Wellenfunktion der Form (4.1), die der Schrödinger-Gleichung genügt. Dabei müssen wir in die Schrödinger-Gleichung das Streupotential einsetzen. Wenn wir die Randbedingungen physikalisch sinnvoll wählen, läßt sich $f(\theta)$ berechnen.

Welche Beziehung besteht nun zwischen $f(\theta)$ und der experimentellen Beobachtungsgröße, dem differentiellen Wirkungsquerschnitt $(d\sigma/d\Omega)$? Das läßt sich aus folgender Betrachtung unmittelbar sehen. Die Teilchendichte P (Einheit z.B. cm^{-3}) ist gegeben durch $P = \psi^*\,\psi$. Für Teilchen, die mit der Geschwindigkeit v_e einlaufen, ist daher die Stromdichte $j_e = v_e P$ (in s^{-1} cm^{-2}). Für die einlaufende Welle in (4.1) ist $P = |Ae^{ikz}| = A^2$, also $j_e = A^2 v_e$. Wenn j_a die Stromdichte der auslaufenden Kugelwelle ist, so ist der Teilchenstrom dI durch das Flächenelement dF gegeben durch

$$j_a dF = v_a\,|\psi_a|^2\,dF = v_a|Af(\theta)e^{ikr}/r|^2\,dF = v_a A^2|f(\theta)|^2\,dF/r^2 \quad (s^{-1})$$

Da $dF = r^2\,d\Omega$, ist dies gleich $v_a A^2|f(\theta)|^2\,d\Omega$. Der differentielle Wirkungsquerschnitt ergibt sich nach Division durch die einlaufende Stromdichte j_e (vgl. Gl. (1.5)). Da für elastische Streuung $v_e = v_a$, erhalten wir die wichtige Beziehung

$$\left(\frac{ds}{d\Omega}\right) = |f(\theta)|^2 \quad (cm^2, mb) \tag{4.2}$$

d. h. der differentielle Wirkungsquerschnitt ist gleich dem Quadrat der Streuamplitude $f(\theta)$.

Formal läßt sich dieses Ergebnis auch erhalten unter Benutzung des quantenmechanischen Ausdrucks für die Teilchenstromdichte

$$\vec{j} = \frac{\hbar}{2mi}[\psi^*\vec{\nabla}\psi - \psi\vec{\nabla}\psi^*] \tag{4.3}$$

der mit Hilfe der Schrödinger-Gleichung aus $P = |\psi|^2$ und der Kontinuitätsgleichung $\dot{P} + \operatorname{div}\vec{j} = 0$ abgeleitet wird. Wenn wir die ebene Welle $\psi_e = A\exp(ikz)$ einsetzen, ergibt sich $\vec{j}_e$ $(\hbar/m)|A|^2\vec{k}$. Für die Streuwelle werden nur die Glieder größter Ordnung, die wie r^{-2} abklingen, berücksichtigt. Vom vollständigen Operator $\vec{\nabla}$ in Kugelkoordinaten brauchen wir dann nur den Radialanteil $\partial/\partial r$. Es ergibt sich $\vec{j}_a = (\hbar/m)|A|^2 f(\theta)|^2\vec{k}/\vec{r}_r^2$. Wie oben erhalten wir für den differentiellen Wirkungsquerschnitt $(d\sigma/d\Omega) = j_a r^2/j_e = |f(\theta)|^2$.

4.3 Partialwellen-Zerlegung[1])

Unser eigentliches Problem besteht darin, für ein gegebenes Streupotential die Amplitude $f(\theta)$ mit Hilfe der Schrödinger-Gleichung zu berechnen. Dann ist $(d\sigma/d\Omega)$ nach (4.2) gegeben. Bevor wir uns dieser Aufgabe zuwenden, wollen wir in diesem Abschnitt eine geeignete Parametrisierung einführen. Über das Streupotential machen wir daher vorläufig keine weitere Aussage:

Bei der Behandlung der Rutherford-Streuung in Abschn.3.1 waren wir vom Stoßparameter b ausgegangen. Bei einem klassischen Stoßprozeß gehört zu jedem b ein fester Streuwinkel θ (vgl. Fig. 3). Wir hatten den einfallenden Teilchenstrom in Ringzonen zwischen den Radien b und $b + db$ zerlegt und die in diesen Ringzonen einfallenden Teilchen mit einem Streuwinkelbereich in Beziehung gesetzt. Ein ähnliches Verfahren werden wir nun im quantenmechanischen Fall anwenden. Da der Impuls $\vec{p}$ für alle einfallenden Teilchen gleich sein soll, hat im klassischen Fall ein im Abstand b einlaufendes Teilchen den Bahndrehimpuls $\vec{b} \times \vec{p}$. Die Ringzonen-Zerlegung bedeutet daher eine Parameterisierung nach Bahndrehimpulsen der einfallenden Teilchen. Da der Bahndrehimpuls beim Stoßprozeß eine Erhaltungsgröße ist und sich in der Quantenmechanik Wellenfunktionen zu einem bestimmten Bahndrehimpuls l leicht angeben lassen, wollen wir auch jetzt die Teilchen durch ihren Bahndrehimpuls charakterisieren.

Um ein qualitatives Bild zu erhalten, können wir uns zunächst vorstellen, daß die Teilchen in senkrecht zum Streuzentrum liegenden Kreiszonen mit den Radien λ, 2λ, 3λ usw. einfallen (vgl. Fig. 48). Es ist $p = \hbar k = \hbar/\lambda$. Ein im Abstand $b = l\lambda$ einfallendes Teilchen hat daher den Bahndrehimpuls $pb = pl\lambda = l\hbar$. Nach dieser klassischen Betrachtung bewegen sich in der l-ten Zone Teilchen mit einem Bahndrehimpuls zwischen $l\hbar$ und $(l + 1)\hbar$. Der hierzu gehörige totale Wirkungsquerschnitt σ_l, ist gleich der entsprechenden Ringfläche, also

$$\sigma_l = (l+1)^2\lambda^2\pi - l^2\lambda^2\pi = (2l+1)\pi\lambda^2 \tag{4.4}$$

[1]) Eine Partialwellen-Zerlegung macht man auch bei entsprechenden Problemen der klassischen Physik. Sie ist zum erstenmal von Rayleigh für die Behandlung der Streuung von Schallwellen aagewandt worden [Ray 94].

Wenn die Energie des einfallenden Teilchens und damit seine Wellenlänge festliegt, hängt es von der Reichweite des Streupotentials ab, wieviele l zu dieser Summe beitragen können. Um nun zu einer quantiativen Beschreibung zu gelangen, müssen wir die einfallende ebene Welle e^{ikz} in Eigenfunktionen zum Bahndrehimpuls l zerlegen. Das ist sicher möglich, da diese Funktionen ein vollständiges System bilden.

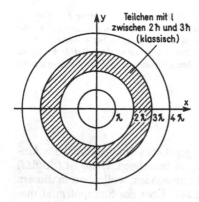

Fig. 48
Kreiszonenzerlegung des Strahls senkrecht zur Strahlrichtung. Eine Zone ist durch Schraffierung hervorgehoben

Zunächst sei an folgende einfache Tatsachen erinnert. Für jedes Zentralpotential $V(r)$ (nur von der Koordinate r abhängig) läßt sich die zeitunabhängige Schrödingergleichung $[(-\hbar^2/2m)\Delta + V(r)\psi = E\psi$ separieren, d.h., jede Lösung $\psi(\vec{r})$ läßt sich in Kugelkoordinaten als Produkt von drei Funktionen schreiben (vgl. A, Abschn. 3.1)

$$\psi(\vec{r}) = R(r)\ \Theta(\vartheta)\ \Phi(\varphi) \tag{4.5a}$$

die jeweils von nur einer Koordinate abhängen. Das Potential $V(r)$ geht in die winkelabhängigen Funktionen nicht ein. Die Lösung für den Winkelanteil lautet

$$\Theta(\vartheta)\ \Phi(\varphi) = Y_{l,m}(\vartheta,\ \varphi) = c_{l,m} P_l^m(\cos\vartheta)\, e^{\pm im\varphi} \tag{4.5b}$$

Die $Y_{l,m}(\vartheta,\ \varphi)$ sind Kugeloberflächenfunktionen, die $P_l^m(\cos\vartheta)$ sind zugeordnete Legendre-Funktionen. Eigenschaften und Werte dieser Funktionen findet man tabelliert [Jah 60, Abr 65, Mag 66, Bun 6] oder in Rechenprogrammen abrufbar. Wenn man die Lösungen normiert, treten in (4.5b) noch die Normierungskonstanten $c_{l,m}$ auf. In diese Lösungen für den winkelabhängigen Anteil gehen die Parameter l und m ein. Es sind die Eigenwerte des Bahndrehimpulses l und seiner z-Komponente (magnetische Quantenzahl m) für die betreffenden Lösungsfunktionen. Die Quantisierungsachse z soll bei unserem Streuproblem in Strahlrichtung gewählt sein. In dieser Richtung können keine Drehimpulskomponenten auftreten. Wir können daher $m = 0$ setzen. Die zu jedem festen l möglichen $2l+1$ Lösungsfunktionen für verschiedene Werte von m sind in diesem Fall entartet. Wenn $m = 0$ ist, reduziert sich (4.5 b) auf (A, (3.21 b))

$$Y_{l0}(\vartheta)\sqrt{\frac{2l+1}{4p}}\,P_l(\cos\vartheta) \tag{4.5c}$$

Diese Lösung enthält nur die gewöhnlichen Legendre-Funktionen $P_l(\cos\vartheta)$ (abgesehen von der Normierungskonstanten). Das sind Eigenfunktionen zum Bahndrehimpuls l.

Nur in die Radialgleichung $R(r)$ geht das Potential $V(r)$ ein. Die nach der Separation in Kugelkoordinaten erhaltene Radialgleichung vereinfacht sich beträchtlich durch die übliche Substitution

$$u(r) = rR(r) \tag{4.6}$$

Man erhält mit $u(r)$ die Schrödinger-Gleichung in der eindimensionalen Form (A, (3.25))

$$\frac{d^2u}{dr^2} + \frac{2m}{\hbar^2}\left[E - V(r) - \frac{l(l+1)\hbar^2}{2mr^2}\right]u = 0 \qquad (4.7a)$$

Mit $E = p^2/2m = \hbar^2 k^2/2m$ schreibt man auch häufig

$$\frac{d^2u}{dr^2} + \left[k^2 - \frac{l(l+1)}{r^2} - V(r)\frac{2m}{\hbar^2}\right]u = 0 \qquad (4.7b)$$

Insbesondere ist für ein freies Teilchen (d.h. $V(r) = 0$)

$$\frac{d^2u}{dr^2} + \left[k^2 - \frac{l(l+1)}{r^2}\right]u = 0 \qquad (4.7c)$$

Die Lösungen von (4.7) hängen vom Potential $V(r)$ und von l ab. Wir werden daher, wo nötig, u_l schreiben. Je nach Art des Potentials können die Lösungen der Radialgleichung recht kompliziert sein. Für ein Coulomb-Potential ergeben sich beispielsweise die Laguerreschen Polynome, wie bei der Behandlung des Wasserstoffatoms gezeigt wird. Im vorliegenden Fall interessieren uns die Lösungen für ein freies Teilchen. Sie werden durch die sphärischen Bessel-Funktionen $j_l(kr)$ gegeben. Es ist

$$u_l(kr) = r\,j_l(kr) = r\sqrt{\frac{\pi}{2kr}}J_{l+1/2}(kr) \qquad (4.8)$$

für ein freies Teilchen. Der zweite Teil der Gleichung definiert die $j_r(kr)$. Hierbei $J_{l+1/2}$ eine gewöhnliche Bessel-Funktion. Die Funktionen sind tabelliert, z.B. [Jah 60] (vgl. auch Fig. 49).

Wir kehren jetzt zu der Aufgabe zurück, die einfallende ebene Welle e^{ikr} nach Eigenfunktionen des Drehimpulses zu entwickeln, setzen also an

$$e^{ikz} = \sum_{l=0}^{\infty} A_l(r)P_l(\cos\theta)$$

Dabei enthält $A_l(r)$ die Lösungen der Radialgleichung für ein freies Teilchen $R(r) = j_l(kr)$ und Entwicklungskoeffizienten a_l

$$e^{ikz} = \sum_{l=0}^{\infty} A_l\,j_l(kr)P_l(\cos\theta)$$

Die nicht ganz einfache Bestimmung der Koeffizienten a_l liefert [z.B. Mot 65, p. 21] $a_l = (2l + 1)\,i_l$, so daß sich für die Darstellung der ebenen Welle ergibt

$$e^{ikz} = e^{ikr\cos\theta}\sum_{l=0}^{\infty}(2l+1)i^l\,j_l(kr)P_l(\cos\theta) \qquad (4.9)$$

Unabhängig von ihrer Herleitung, können wir diese Gleichung einfach als mathematische Identität benutzen. Die Radialabhängigkeit der Dichte des Teilchenstromes ist für einen festen Bahndrehimpuls l hiernach durch $[(2l + 1)j_l(kr)]^2$ gegeben. Der Verlauf der Funktionen $j_l(kr)$ ist in Fig. 49 dargestellt. Man sieht, daß für wachsendes l der wahrscheinlichste Abstand vom Streuzentrum immer größer wird. Das ist ein quantitativer Ausdruck für unsere im Zusammenhang mit Fig. 48 in naiver Weise vorgenommene Ringzonen-Zerlegung[1].

---

[1] In korrekter Weise kann der Zusammenhang zwischen klassischen Trajektorien und der quantenmechanischen Wellenfunktion mit Hilfe der WKB-Näherung beschrieben werden, siehe z.B. [Mca 68, p. 25 ff.].

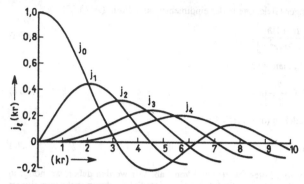

Fig. 49
Sphärische Bessel-Funktionen $j_l(kr)$. Es ist jeweils nur das erste Maximum für $l > 0$ gezeigt

Da wir uns bei der Lösung des Streuproblems gemäß den in Abschn. 4.2 diskutierten Voraussetzungen nur für die Amplitude in großer Entfernung vom Streuzentrum interessieren, genügt es, in Gl. (4.9) anstelle von $j_l(kr)$ eine Näherung für $r \gg l\lambda$ zu benutzen. Es gilt

$$j_l(kr) \rightarrow \frac{\sin\left(kr - \frac{1}{2}l\pi\right)}{kr} \quad \text{für} \quad kr \gg l \tag{4.10}$$

Unter Benutzung von $\sin\varphi = \frac{1}{2}i(e^{-i\varphi} - e^{i\varphi})$ wird hieraus

$$j_l(kr) \rightarrow \frac{i}{2kr}\left[e^{-i(kr - \frac{1}{2}l\pi)} - e^{(kr - \frac{1}{2}l\pi)}\right] \tag{4.11}$$

Für die einfallende ebene Welle ψ_e ergibt sich damit aus (4.9) in großer Entfernung vom Streuzentrum die Darstellung

$$\psi_e = e^{ikz} = \frac{1}{2kr}\sum_{l=0}^{\infty}(2l+1)i^{l+1}\left[e^{-i(kr - \frac{1}{2}l\pi)} - e^{i(kr - \frac{1}{2}l\pi)}\right]P_l(\cos\theta) \tag{4.12}$$

Nach dem im Zusammenhang mit Fig. 47 Gesagten, beschreibt in dieser Summe die erste Exponentialfunktion eine einlaufende, die zweite eine auslaufende Kugelwelle. Wir haben die ebene Welle daher formal in eine Summe von ein- und auslaufenden Kugelwellen zerlegt, deren Amplituden eine Winkelabhängigkeit gemäß $P_l(\cos\theta)$ haben.

Da sich jede Lösung der Schrödinger-Gleichung für freie Teilchen und große Entfernung vom Streuzentrum in ganz analoger Weise entwickeln läßt, können wir auch die totale Wellenfunktion ψ_T aus Gl. (4.1) in gleicher Weise darstellen. Wir stellen uns vor, daß das Streupotential zunächst ausgeschaltet sei. In diesem Fall ist die Entwicklung von ψ_T mit (4.12) identisch, denn es gibt ja dann nur die einlaufende ebene Welle. Was kann sich in der rechten Seite von (4.12) ändern, wenn das Potential „eingeschaltet" wird? Offenbar kann nur die auslaufende Kugelwelle durch den Streuprozeß modifiziert werden. Da wir elastische Streuung betrachten, kann sich aber die Wellenzahl k nicht ändern, es bleiben also nur Amplitude und Phase. Wir tragen dem

Rechnung, indem wir die auslaufende Kugelwelle mit einem Faktor η_l, der im allgemeinen eine komplexe Zahl sein wird, multiplizieren. Wir setzen also an

$$\psi_e = \frac{1}{2kr} \sum_{l=0}^{\infty} (2l+1) i^{l+1} \left[e^{-i\left(kr - \frac{1}{2}l\pi\right)} - \eta_l e^{i\left(kr - \frac{1}{2}l\pi\right)} \right] P_l(\cos\theta) \qquad (4.13)$$

Nun ist andererseits nach (4.1)

$$\psi_T = \psi_e + \psi_{Str} \quad \text{mit} \quad \psi_{Str} = f(\theta) \frac{e^{ikr}}{r}$$

Wir drücken jetzt die Streuwelle ψ_{Str} als Differenz von (4.12) und (4.13) aus, schreiben also

$$\psi_{Str} = f(\theta) \frac{e^{ikr}}{r} = \psi_T - \psi_e$$

$$= \frac{1}{2kr} \sum_{l=0}^{\infty} (2l+1) i^{l+1} (1 - \eta_l) e^{i\left(kr - \frac{1}{2}l\theta\right)} P_l(\cos\theta) \qquad (4.14)$$

woraus sich unmittelbar für die Streuamplitude ergibt[1])

$$f(\theta) = \frac{i}{2k} \sum_{l=0}^{\infty} (2l+1)(1 - \eta_l)(\cos\theta) \qquad (4.15)$$

Für den differentiellen Wirkungsquerschnitt erhalten wir, da nach (4.2) $(d\sigma/s\Omega)_\theta = f^*(\theta) f(\theta)$ ist,

$$(d\sigma/d\Omega)_\theta = \frac{1}{4k^2} \left| \sum_{l=0}^{\infty} (2l+1)(1-\eta_l) P_l(\cos\theta) \right|^2 \qquad (4.16)$$

Dieser Ausdruck enthält Interferenzterme zwischen verschiedenen P_l, wird also im allgemeinen zu unsymmetrischen Winkelverteilungen führen. Ersichtlich ist der Wirkungsquerschnitt durch Angabe eines Satzes von Zahlen η_l völlig bestimmt. Unsere Aufgabe ist also gelöst, wenn wir die Faktoren η_l für ein bestimmtes Streupotential angeben können. In Abschn. 4.4 soll an einem Beispiel gezeigt werden, wie dies geschehen kann.

Wir wollen jetzt noch den totalen Wirkungsquerschnitt für elastische Streuung $\sigma_s = \int (d\sigma/d\Omega) d\Omega$ berechnen. Hierzu benutzen wir die für Legendre-Polynome gültige Eigenschaft

$$\int_{(Kugel)} P_l(\cos\theta) P_{l'}(\cos\theta) d\Omega = \frac{4\pi}{2l+1} \delta_{l,l'} \qquad (4.17)$$

und erhalten ohne weiteres aus (4.16) nach Integration über $d\Omega$

$$\sigma_s = (\pi/k^2) \sum_l (2l+1) |1 - \eta_l|^2 \qquad (4.18)$$

Der totale Wirkungsquerschnitt läßt sich also in eine Summe von Streuquerschnitten $\sigma_{s,l}$ für festes l zerlegen, wobei

---

[1]) Wir benutzen i^l, $\exp(i\pi/2)$.

$$\sigma_{s,l} = \pi \hbar^2 (2l+1)|1-\eta_l|^2 \tag{4.19}$$

ist. Wenn wir dies mit Gleichung (4.4) vergleichen, sehen wir, daß die exakte Behandlung zu einem „Korrekturfaktor" $|1-\eta_l|^2$ gegenüber dem damaligen einfachen Bilde geführt hat.

Wir können nun die Möglichkeit einschließen, daß Kernreaktionen stattfinden. Mit „Reaktion" bezeichnen wir in diesem Zusammenhang jeden Prozeß, der von der elastischen Streuung verschieden ist, wir schließen also etwa unelastische Streuung und (n, γ)-Prozesse ein. Wenn nur elastische Streuung auftritt, ist das Integral $\int j_T \mathrm{d}\Omega$ über die zu ψ_T gehörigen Teilchenstromdichte j_T gleich Null, da durch eine Kugel, die das Streuzentrum umschließt, ebensoviele Teilchen austreten müssen wie eintreten. Wenn Reaktionen auftreten, ist dies nicht mehr der Fall; es ergibt sich ein einlaufender Gesamtstrom. Nach den Ausführungen in Abschn. 4.2 war der Wirkungsquerschnitt für Streuung mit der Stromdichte j_s der Streuteilchen verknüpft ($\mathrm{d}\sigma/\mathrm{d}\Omega$) = $j_s r^2 / j_e$. Um den Reaktionsquerschnitt zu berechnen, müssen wir von der totalen, zu ψ_T gehörigen Stromdichte j_T ausgehen. Dann ist

$$\sigma_r = (1(j_e) \int j_T r^2 \mathrm{d}\Omega$$

Hierin wird j_T mit (4.3) aus (4.13) berechnet und die Integration unter Benutzung von (4.17) durchgeführt. Man erhält als Ergebnis

$$\sigma_r = (\pi/k^2) \sum_l (2l+1)(1-|\eta_l|^2) \tag{4.20}$$

Ähnlich wie der Streuquerschnitt, läßt sich also auch der Reaktionsquerschnitt in eine Summe von Querschnitten $\sigma_{r,l}$ für festes l zerlegen, wobei gilt

$$\sigma_{r,l} = \pi/\hbar^2 (2l+1)(1-|\eta_l|^2) \tag{4.21}$$

Der Reaktionsquerschnitt wird gleich Null, wenn $|\eta_l| = 1$ ist. Das ist auch unmittelbar einleuchtend, da bei den auslaufenden Wellen in (4.13) für $|\eta_l| = 1$ keine Änderung der Amplitude, sondern nur eine Phasenänderung auftritt. Der größte Reaktionsquerschnitt ergibt sich für $|\eta_l| = 0$. Dann ist

$$\sigma_{r,l}^{max} = \sigma_{s,l} = \pi/\hbar^2 (2l+1) \tag{4.22}$$

Es tritt also bei jeder Reaktion auch eine Streuwelle auf. Den größten Streuquerschnitt erhält man für $\eta_l = -1$, nämlich

$$\sigma_{s,l}^{max} = 4\pi/\hbar^2 (2l+1) \tag{4.23}$$

Er ist 4mal so groß wie der größte Reaktionsquerschnitt. Das rührt daher, daß bei elastischen Streuungen die ein- und auslaufenden Kugelwellen kohärent interferieren können. Bei positiver Interferenz kann sich die Amplitude verdoppeln und daher der Wirkungsquerschnitt vervierfachen.

In Fig. 50 sind die Werte, die die Wirkungsquerschnitte und die Größen η_l annehmen können, graphisch dargestellt. Fig. 50a zeigt die Wirkungsquerschnitte entsprechend den Gleichungen (4.19) und (4.21). Nur innerhalb des schattierten Bereichs sind Streu- und Reaktionsprozesse möglich. Auf der Begrenzungslinie ist η reell.

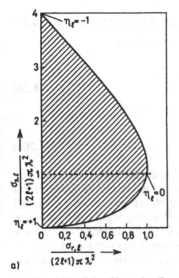 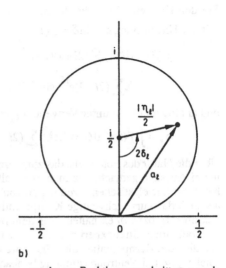

a)   b)

Fig. 50 a) Mögliche Werte des Streuquerschnitts $\sigma_{s,1}$ gegebenen Reaktionsquerschnitt $\sigma_{s,1}$; nach [Bla 52]
b) Darstellung der Partialwellenamplitude a als komplexe Zahl mit Amplitude a_l und Phasenwinkel $\frac{1}{2} \eta_l$ (nach der Konvention der Particle Data Group)

Zur Darstellung der η_l schließen wir uns einer häufig gebrauchten Konvention an. Wir wählen für die komplexen η_l die Schreibweise[1]

$$\eta_l = |\eta_l| e^{2i\delta_l} \tag{4.24}$$

mit dem reellen Phasenwinkel δ. Die Amplitude $f(\theta)$ aus Gl. (4.15) läßt sich nun folgendermaßen umschreiben

$$f(\theta) = \sum_l f_l(\theta)$$

$$f_l(\theta) = \frac{i}{2k}(2l+1)(1-\eta_l)P_l(\cos\theta) = \frac{1}{k}(2l+1)a_lP_l(\cos\theta) \tag{4.25}$$

worin gesetzt wurde

$$a_l = \frac{|\eta_l|e^{2i\delta_l}-1}{2i} = \frac{|\eta_l|}{2i}e^{2i\delta_l} + \frac{i}{2} \tag{4.25a}$$

Wenn wir die Partialwellenamplituden a_l in der komplexen Ebene auftragen, so liegen sie wegen $|\eta_l| \leqslant 0$ innerhalb eines Kreises wie in Fig. 50b gezeichnet. Bei einem Streuprozeß oder einer Reaktion kann man für jede zu einem bestimmten l gehörende Partialwelle den Verlauf von a_l in dieser Weise als Funktion der Energie auftragen. Eine solche Darstellung nennt man Argand-Diagramm.

---

[1] In der Literatur ist für den Betrag $|\eta_l|$ auch die Schreibweise η gebräuchlich.

Für den Fall rein elastischer Streuung, also $|\eta_l| = 1$, erhält man übrigens aus (4.25) mit der Umformung $e^{i\delta}\sin\delta = \frac{i}{2}(1 - e^{2i\delta})$ die oft benutzte Form

$$f(\theta) = (i/2k)\sum_l (2l+1)(1-e^{2i\delta_l})P_l(\cos\theta)$$

$$= \lambda\sum_l (2l+1)e^{i\delta_l}\sin\delta_l P_l(\cos\theta) \qquad (4.26)$$

und analog zu (4.18) unter Verwendung von (4.17)

$$\sigma_s = \int |f(\theta)|^2 \, d\Omega = 4\pi\lambda^2\sum_l (2l+1)\sin 2\delta_l \qquad (4.26a)$$

Über die Natur des Potentials, das zum Streuprozeß Anlaß gibt, haben wir bisher keinerlei Aussage gemacht. Da man es im allgemeinen mit geladenen Teilchen zu tun hat, trägt zur elastischen Streuung sowohl das langreichweitige Coulomb-Potential als auch das kurzreichweitige Kernpotential bei. Die Wirkung von beiden ist in den Faktoren η_l bzw. δ_l enthalten. Aus dem Beitrag des Coulomb-Potentials lernen wir aber bei einem Streuexperiment nichts neues. Wir wollen daher unter δ im Folgenden die vom Kernpotential allein herrührende Streuphase verstehen, wie man sie beispielsweise bei Neutronenstreuung beobachtet.

Wenn man die Coulomb-Wechselwirkung einschließt, so ist $\eta_l = \eta_l(\text{Kern}) \cdot \eta_l(\text{Coulomb})$ und in Formel (4.26) ist δ zu ersetzen durch $\delta + \sigma$, wobei σ die Coulomb-Streuphase ist. Oft ist dann folgende Schreibweise für die Streuamplitude bequem

$$f(\theta) = \frac{i}{2k}\sum_l (2l+1)[1-e^{2i(\delta_l+\sigma_l)}]P_l[\cos\theta)$$

$$= \frac{i}{2k}\sum_l (2l+1)[(1-e^{2i\sigma_l}) + e^{2i\sigma_l}(1-e^{2i\delta_l})]P_l[\cos\theta)$$

$$= \frac{i}{2k}\sum_l (2l+1)[(1-e^{2i\sigma_l})P_l(\cos\theta) + \frac{i}{2k}\sum_l (2l+1)e^{2i\sigma_l}(1-e^{2i\delta_l})P_l(\cos\theta)$$

$$= f_{\text{Coul}}(\theta) + \frac{i}{2k}\sum_l (2l+1)e^{2i\sigma_l}(1-e^{2i\delta_l})P_l[\cos\theta) \qquad (4.27)$$

Mit $f_{\text{Coul}}(\theta)$ wurde der erste Term der vorletzten Zeile bezeichnet. Es ist die Streuamplitude, die nur vom Coulombfeld herrührt und die der Rutherford-Streuung entspricht. Außerhalb der Reichweite des Kernpotentials, also bei entsprechend großem l, trägt nur dieser Term bei. Sobald das Kernpotential wirkt, trägt der zweite Term bei, der beide Streuphasen δ und σ enthält. Der Wirkungsquerschnitt erhält natürlich Interferenzglieder aus beiden Termen. Die Berechnung der Coulomb-Streuphasen ist mathematisch recht kompliziert und wird in der Praxis mit numerischen Methoden durchgeführt.

Ein einfacher Spezialfall ist die Streuung von Teilchen mit $l = 0$ (s-Wellen-Streuung). Da $P_0(\cos\theta) = 1$ ist, folgt aus (4.26)

$$f_0 = \lambda e^{i\delta_0}\sin\delta_0$$

und $\quad (d\sigma/d\Omega = |f_0|^2 = \lambda^2\sin^2\delta_0 \qquad (4.28)$

Der Wirkungsquerschnitt ist in diesem Falle isotrop. Der totale Wirkungsquerschnitt ist

$$\sigma_0 = 4\pi\lambda^2\sin^2\delta_0 = 4\pi|f_0|^2 \qquad (4.29)$$

d. h. das Streuzentrum wirkt wie eine Kugel mit dem Radius $2f_0$. Den Grenzwert von $-f_0$ für sehr große Wellenlängen der einfallenden Teilchen bezeichnet man als „Streulänge" a

$$\lim_{k \to 0}(-f_0) = a \tag{4.30}$$

Wir werden diesen Begriff in Abschn. 4.5 weiter diskutieren.

Nach dem eben Gesagten hängt der Wirkungsquerschnitt für s-Wellen-Streuung von Neutronen nur von einem einzigen Phasenverschiebungswinkel δ_0 ab. Physikalisch ist dieser Fall realisiert, wenn λ groß gegen den Durchmesser des Streupotentials ist (vgl. Fig. 48). Um eine konkrete Vorstellung zu haben, vergleichen wir den Durchmesser eines Kernes von 6 fm ($A = 125$) mit den nach $\lambda = 4{,}5/\sqrt{E}$ (E in MeV, λ in fm, siehe Anhang, Formel 63) berechneten Wellenlängen von Neutronen verschiedener Energie. Es ergibt sich Tab. 4.

Tab. 4

E	1 eV	1 keV	1 MeV	100 MeV
λ	4500 fm	140 fm	4,5 fm	0,45 fm

Für die Streuung thermischer und langsamer Neutronen ist die Voraussetzung für s-Wellen-Streuung daher sicher erfüllt. Umgekehrt sieht man, daß bei großen Energien λ kleiner wird als der Kerndurchmesser. Gleichzeitig nimmt die Wahrscheinlichkeit für das Auftreten einer Reaktion zu, so daß der Kern wie eine absorbierende Kugel wirkt. Das führt zu ausgeprägten Diffraktionsstrukturen in den Winkelverteilungen für die elastische Streuung. Formal kommen sie durch die Interferenzterme in Gl. (4.16) zustande. Eine bequemere Formel zu ihrer Berechnung werden wir in Abschnitt 4.6 angeben.

Mit Hilfe von (4.26) können wir noch eine manchmal gebrauchte Beziehung herleiten. Wenn man in (4.26) $\exp(i\delta_l) = \cos\delta_l + i\sin\delta_l$ einsetzt und beachtet, daß für $\theta = 0$ stets $P_l(1) = 1$ ist, sieht man durch Vergleich mit (4.26a) sofort, daß gilt

$$\text{Im } f(0) = \lambda \sum_l (2l+1)\sin^2\delta_l = \frac{\sigma_s}{4\pi\lambda} \tag{4.31}$$

Diese Beziehung zwischen dem totalen Wirkungsquersehnitt für elastische Streuung und dem Imaginärteil der Vorwärtsstreuamplitude wird als optisches Theorem bezeichnet. Der Name rührt daher, daß Im $f(0)$ in Beziehung steht zum Imaginärteil des Berechnungsindex n, den das Streupotential für die einfallende Welle hat. Es ist Im $f(0) = (k^2/2\pi)\text{Im } n$. Der Imaginärteil des Brechungsindex beschreibt die Absorption des Strahls. Das optische Theorem ist daher ein Ausdruck für den Zusammenhang von Absorption in Vorwärtsrichtung und totalem Wirkungsquerschnitt.

4.4 Ein einfaches Beispiel

Wir kehren nun zu der Aufgabe zurück, den differentiellen Streuquerschnitt für ein gegebenes Streupotential zu berechnen. Im letzten Abschnitt wurde gezeigt, daß der Wirkungsquerschnitt durch einen Satz von Phasenverschiebungswinkeln δ_l, vollständig bestimmt ist. Das Problem ist daher für einen konkreten Fall gelöst, wenn die δ_l angegeben werden können. Wie dies geschehen kann, wollen wir zunächst an einem einfachen Beispiel zeigen. Wir betrachten die Streuung von s-Wellen (d.h. $l = 0$) an einem anziehenden kugelförmigen Rechteckpotential. Wie wir wissen, wird ein Strahl langsamer Neutronen durch s-Wellen gut beschrieben. Das Rechteckpotential kann als grobe Näherung für ein Kernpotential gelten, da Kerne infolge der kurzen Reichweite der Kernkräfte einen relativ scharf definierten Rand haben. Schließlich besagt die Annahme eines Rechteckpotentials nichts anderes, als daß Nukleonen außerhalb des Kernradius ungebunden sind und sich innerhalb des Kernradius in einem konstanten attraktiven Potential befinden. Aus Abschn. 3.3 wissen wir ferner, daß eine einlaufende Welle an einem Potentialsprung immer wenigstens teilweise reflektiert wird. Es wird also sicher elastische Streuung beim Auftreffen der s-Wellen auf das Rechteckpotential geben.

Für s-Wellen gibt es nur einen Phasenverschiebungswinkel δ_0. Wir suchen daher eine Beziehung zwischen δ_0 und den Parametern des Rechteckpotentials. Die Tiefe des Potentials sei $-V_0$, seine Reichweite R_0, ferner sei E die kinetische Energie des einfallenden Teilchens (s. Fig. 51). Wir benötigen nun Lösungen der Schrödinger-Gleichung für $r < R_0$ und $r < R_0$ für die bei $r = R_0$ die Stetigkeitsbedingungen erfüllt werden müssen.

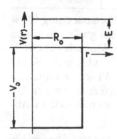

Fig. 51
Radialabhängigkeit des kugelförmigen Rechteckpotentials.
Es ist $V(r) = -V_0$ für $r < R_0$ und sonst $V(r) = 0$

Da das Potential nur von r abhängt, sind die Lösungen separierbar, und da wir $l = 0$ voraussetzen, ist $\Theta(\theta)\,\Phi(\phi) = 1$, d.h., ψ ist gleich der Lösung $R(r)$ der Radialgleichung. Mit der Substitution

$$u(r) = r R(r) = r \psi \tag{4.32}$$

und $l = 0$ nimmt die Schrödinger-Gleichung (4.7a) die Form an

$$u'' + \frac{2m}{\hbar^2}[E - V(r)]u = u'' + k^2 u = 0 \tag{4.33}$$

mit $\qquad k^2 = \frac{2m}{\hbar^2}[E - V]; \quad k = \frac{1}{\hbar}\sqrt{2m[E-V]} \tag{4.34}$

Gl. (4.33) hat für konstantes V Lösungen der Form

$$u = \alpha e^{ikr} + \beta e^{-ikr} \tag{4.35}$$

(vgl. (3.24) bis (3.26)). Die Konstanten α und β werden durch die Randbedingungen festgelegt.

Wir betrachten zunächst die Lösungen im Innenraum $r < R_0$, die mit dem Index i bezeichnet seien. Hier ist $V(r) = -V_0$, also

$$k_i = \frac{1}{\hbar}\sqrt{2m(E+V_0)} \tag{4.36}$$

Nach (4.35) ist

$$u_i = \alpha(\cos k_i r + i\sin k_i r) + \beta(\cos k_i r - i\sin k_i r) \tag{4.37}$$

Als Randbedingung verlangen wir $u_i = 0$ für $r = 0$, da sonst $\psi = u/r$ divergiert. Einsetzen von $r = 0$ ergibt $\alpha + \beta = 0$, so daß mit $\beta = -\alpha$ aus (4.37) wird

$$u_i = A\sin k_i r \tag{4.38}$$

Hier ist zur Abkürzung $2\alpha i = A$ gesetzt.

Im Außenraum $r > R_0$ (Index a) soll die Lösung in Form der Wellenfunktion ψ_T des Streuproblems nach Gleichung (4.1) bzw. (4.13) gegeben sein. Nach (4.13) ist für $l = 0$ und mit $\eta_0 = e^{2i\delta_0}$

$$u_T = r\psi_T = \frac{i}{2k_a}[e^{-ik_a r} - e^{2i\delta_0}e^{ik_a r}] = \frac{1}{k_a}e^{i\delta_0}\sin(k_a r + \delta_0)$$

$$= \frac{e^{i\delta_0}}{k_a}\sin k_a\left(r + \frac{\delta_0}{k_a}\right) \tag{4.39}$$

mit $k_a = (1/\hbar)\sqrt{2mE}$ \tag{4.40}

Für $r = R_0$ müssen die Stetigkeitsbedingungen für die Lösungen (4.38) bzw. (4.39) erfüllt sein, d.h., Funktionswerte müssen übereinstimmen. Das ergibt die Gleichungen

$$(1/k_a)e^{i\delta_0}\sin(k_a R_0 + \delta_0) = A\sin K_i R_0 \tag{4.41}$$

$$e^{i\delta_0}\cos(k_a R_0 + \delta_0) = Ak_i\cos k_i R_0 \tag{4.42}$$

Wir dividieren (4.41) durch (4.42) und erhalten $(1/k_a)\tan(k_a R_0 + \delta_0) = (1/k_i)\tan k_a R_0$, oder explizit nach δ_0 aufgelöst

$$\delta_0 = -k_a R_0 + \arctan\left\{\left(\frac{k_a}{k_i}\right)\tan k_a R_0\right\} \tag{4.43}$$

Dies ist der gewünschte Zusammenhang, da δ_0 eindeutig bestimmt ist durch R_0, durch die Teilchenenergie E über k_a nach (4.40) und durch V_0 über k_i nach (4.36). Wenn δ_0 bekannt ist, ist der differentielle Wirkungsquerschnitt durch (4.28) gegeben. Anhand dieses Beispiels können wir leicht zu einer anschaulichen Deutung der Phasenverschiebung δ kommen. Die einfallende ebene Welle ist für $l = 0$ nach (4.12) einfach gegeben durch

$$u_e = r\psi_e = \frac{i}{2k_a}[e^{-ik_a r} - e^{ik_a r}] = \frac{1}{k_a}\sin k_a r \tag{4.44}$$

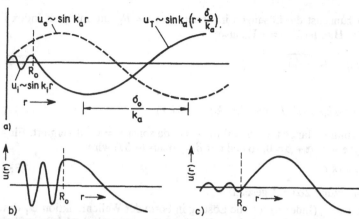

Fig. 52   a) Zur Veranschaulichung der Phasenverschiebung δ_0;
b) Anpassung der Wellenfunktion am Potentialrand im Falle der Resonanzstreuung;
c) im Falle der Potentialstreuung

Dies ist die Lösung bei „ausgeschaltetem" Potential. Wenn das Potential „eingeschaltet" wird, ergibt sich u_T nach Gleichung (4.39), d. h., die Sinuswelle wird um den Betrag δ_0/k_a auf der r-Achse verschoben. Die Verhältnisse sind in Fig. 52a skizziert. Durch das attraktive Potential wird die Welle sozusagen an den Potentialrand herangezogen. Das Bild zeigt, daß diese Phasenverschiebung offenbar nötig ist, um bei $r = R_0$ den stetigen Anschluß an u_i zu erzielen. Nach (4.38) ist auch u_i durch eine Sinuswelle gegeben, aber wegen der größeren Energie im Potentialtopf ist die Wellenlänge $\lambda_i = 1/k_i$ kürzer als im Außenraum (vgl. (4.36) und (4.40)).

Da die Wellenlänge im Inneren des Potentialtopfes vom Potential und der Teilchenenergie abhängt, kann es für bestimmte Einfallsenergien vorkommen, daß die Anpassung bei $r = R_0$ gerade in der in Fig. 52b gezeichneten Weise, d. h. mit waagerechter Tangente stattfindet. Die Welle im Innern des Potentialtopfes hat dann eine besonders große Amplitude. Man spricht von „Resonanzstreuung". Umgekehrt kann der in Fig. 52c gezeichnete Fall eintreten, bei dem die Anpassung nahe dem Nulldurchgang der Sinusfunktionen stattfindet. Dann hat man es mit „Potentialstreuung" zu tun. Gegenüber der reinen Potentialstreuung beträgt die Phasenverschiebung δ_0 bei der Resonanzstreuung offenbar gerade 90°. In einem Argand-Diagramm beschreibt a_l beim völligen Überstreichen einer Resonanz daher eine kreisförmige Figur. Resonanzerscheinungen werden in den Abschnitten 7.4 und 7.5 genauer diskutiert.

Die Behandlung der s-Wellen-Streuung am Rechteckpotential hat uns die wesentlichen Zusammenhänge gezeigt. Wie verfährt man nun bei Streuexperimenten an wirklichen Kernen? Nehmen wir an, es lägen für eine Reihe verschiedener Einschußenergien gemessene Winkelverteilungen für den elastischen Streuquerschnitt von α-Teilchen an einem bestimmten Kern vor. Man versucht dann zunächst, mit einem numerischen Iterationsprozeß auf der Rechenmaschine einen Satz von δ_l zu finden, der die gemessenen Verteilungen richtig wiedergibt. Dabei muß das Coulomb-Potential mit berücksichtigt werden. Man erhält so die Streuphasen in Abhängigkeit von der Energie. Man versucht dann, für eine realistische Potentialform, wie sie etwa

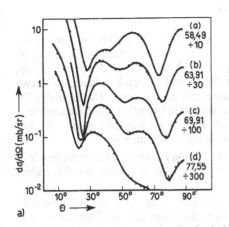

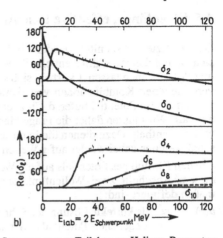

Fig. 53   a) Winkelverteilungen für die elastische Streuung von α-Teilchen an Helium. Parameter:
Einschußenergie; nach [Dar 65]
b) Realteil der Streuphasen δ_l als Funktion der Einschußenergie. Die δ_l sind so bestimmt,
daß sie die gemessenen Winkelverteilungen wiedergeben (durchgezogene Kurven in Fig.
53a); aus [Dar 65]

durch das optische Modell (Abschn. 7.6) gegeben wird, die Potentialparameter so zu
bestimmen, daß sich die gefundenen δ_l als Lösungen der Schrödinger-Gleichung
ergeben. Im Prinzip verfährt man wie im Beispiel des Rechteckpotentials, jedoch lassen sich die Lösungen in komplizierteren Fällen meist nur durch numerische
Methoden auf einer Rechenmaschine finden. Zur Illustration sind in Fig. 53a einige
Winkelverteilungen für die Streuung von α-Teilchen an Helium wiedergegeben und
in Fig. 53 b die zugehörigen numerisch bestimmten Streuphasen [Dar 65, Tom 63].
Es läßt sich leicht zeigen, daß bei der Streuung identischer 0^+-Teilchen nur gerade l
auftreten können. Man sieht in Fig. 53 b beispielsweise, daß sowohl die δ_2- als auch
die δ_4-Phase bei bestimmten Energien durch 90° gehen. Das entspricht Resonanz-
niveaus im Compoundsystem ^{8}Be bei 2,9 bzw. 11,4 MeV. Man kann diesen Niveaus
daher die Spins 2^+ bzw. 4^+ zuordnen. Alle Streuphasen beginnen positiv bei einer
Energie, die einem Stoßparameter von etwa 5 fm entspricht. In dieser Entfernung
macht sich also ein anziehendes Potential bemerkbar. Die $l = 0$ und die $l = 2$ Phase
werden negativ bei Einfallsparametern von 1 bis 2 fm. Wir werden im nächsten Abschnitt anhand von Fig. 56 sehen, daß eine negative Streuphase mit einem abstoßenden Potential verknüpft ist. Das Potential zwischen zwei α-Teilchen wird also
bei kleinen Abständen abstoßend.

In unserer Darstellung haben wir die Schrödinger-Gleichung benutzt, um eine Lösung für das Streuproblem zu finden. Dabei müssen wir die Randbedingungen gesondert angeben. Eine mathematisch
elegantere Formulierung ergibt sich durch Verwendung einer Integralgleichung. Die in ihr vorkommende Greensche Funktion enthält automatisch alle Randbedingungen. Diese sogenannte „Lipp-
mann-Schwinger-Gleichung" läßt sich dann aber nicht in geschlossener Form lösen, sondern erfordert
für konkrete Fälle die Verwendung numerischer Methoden. Inhaltlich sind beide Darstellungsformen
äquivalent. Für eine ausführliche Behandlung siehe z.B. [Mot 65, New 82, Rod 67, Mca 68]. Für den
Grenzfall hoher Energie werden wir in Abschn. 4.6 ebenfalls eine Integralgleichung benutzen.

4.5 Streulänge, effektive Reichweite

Das im letzten Abschnitt behandelte Beispiel des Rechteckpotentials hat gezeigt, wie sich δ_0 und damit der differentielle Streuquerschnitt aus den Potentialparametern V_0 und R_0 berechnen lassen. Es erhebt sich sogleich die Frage, ob sich das gleiche δ_0 bei verschiedenen Kombinationen von Werten für V_0 und R_0 ergeben kann, also etwa wenn man das Potential tiefer, dafür aber kurzreichweitiger macht. Das ist in der Tat der Fall. Wir müssen daher die Frage klären, welche Information eine Streumessung wirklich enthält. Dazu dienen die in diesem Abschnitt diskutierten Begriffe. Wir beschränken uns dabei wieder auf s-Wellen-Streuung von Neutronen.

Um den Einfluß des Potentials auf die Wellenfunktion zu untersuchen, wollen wir in diesem Abschnitt zwei Wellenfunktionen $u(r)$ und $u(r)$ benutzen, die folgendermaßen definiert sind:

$u(r)$ sei die korrekte Lösung der Schrödinger-Gleichung innerhalb und außerhalb des gegebenen Potentials. Wir wissen, daß außerhalb des Potentials u_a die Form hat

$$u_a \sim \sin(k_a r + \delta_0) \tag{4.45}$$

(vgl. (4.39)). Die Lösung u_i im Inneren hängt vom Potential ab, das wir nicht spezifizieren wollen. Für das Rechteckpotential war $u_i \sim \sin k_i r$ (vgl. (4.38)).

$v(r)$ sei eine Funktion, die im Außenraum $r > R_0$ mit $u(r)$ identisch sei, im Innenraum aber dieses Verhalten unbeeinflußt vom Potential fortsetzt. Wir wählen die Normierung der Funktion so, daß $v(0) = 1$. Das bedeutet

$$v(r) \equiv \frac{\sin(k_a r + \delta_0)}{\sin \delta_0} \tag{4.46}$$

Wir wollen wieder kurze Reichweite des Potentials voraussetzen und der Einfachheit halber in den folgenden Figuren einen scharfen Potentialrand bei R_0 einzeichnen. Die Existenz eines scharfen Randes ist jedoch keine Voraussetzung.

Zunächst betrachten wir nun die Lösungen für den Grenzfall $E \to 0$ sehr kleiner Teilchenenergie. Hierfür sollen die Wellenfunktionen mit dem Index 0 versehen werden. Für $E \to 0$ geht auch $k_a = (1/\hbar)\sqrt{2mE}$ gegen Null. Die Schrödinger-Gleichung (4.33) $u'' + k^2 u = 0$ reduziert sich daher zu $u_0'' = 0$, d.h., u_0 hat im Außenraum die Form

$$u_0 = c(r - a) \tag{4.47}$$

Das ist natürlich mit (4.45) für den Fall unendlich großer Wellenlänge identisch. Definitionsgemäß ist v_0 im Außen- und im Innenraum durch den Ausdruck (4.47) gegeben, wobei die Konstante c so gewählt sei, daß $v_0(0) = 1$ ist, d.h. $c = -1/a$, oder

$$v_0 = 1 - \frac{r}{a} \tag{4.48}$$

Aus (4.46) folgt [1]) andererseits für $k_a \to 0$

$$\frac{\sin(k_a + \delta_0)}{\sin \delta_0} \to 1 + k_a r \cot \delta_0 \tag{4.49}$$

---

[1]) Man benutzt $\sin(kr + \delta) = \sin kr \cos \delta + \cos kr \sin \delta$ mit $\sin kr \approx kr$ und $\cos kr \approx 1$ und dividiert den Nenner durch $\sin \delta$.

Durch Gleichsetzen der rechten Seiten von (4.48) und (4.49) findet man

$$k_a \cot \delta = -\frac{1}{a} \qquad (4.50)$$

Die Streuamplitude f_0 nach Gleichung (4.28) läßt sich nun folgendermaßen umschreiben[1])

$$f_0 = \frac{1}{k_a} e^{i\delta_0} \sin \delta_0 = \frac{1}{k_a \cot \delta_0 - i k_a} \qquad (4.51)$$

Läßt man hierin $k_a \to 0$ gehen, so zeigt der Vergleich mit (4.50), daß offensichtlich gilt

$$\lim_{k \to 0} f_0 = -a \qquad (4.52)$$

(vgl. (4.30)). Demzufolge beträgt der totale Streuquerschnitt nach (4.29)

$$\sigma_0 = 4\pi a^2 \qquad (4.53)$$

Für den Grenzfall sehr kleiner Teilchenenergie spielt sich der Prozeß also so ab, als ob alle Teilchen, die auf eine Kugel mit dem Radius $2a$ fallen, gestreut würden. Nach (4.48) ist a der Radius, bei dem v_0 die r-Achse schneidet. Die Verhältnisse sind in Fig. 54 skizziert. Die Größe a heißt „Streulänge". Jedes Potential, das die gleiche Streulänge liefert, führt für $E \to 0$ zum gleichen Wirkungsquerschnitt. Es wird aus der Figur anschaulich, daß die Anpassung der Wellenfunktionen bei ganz verschiedenen Radien R_0 erfolgen kann, ohne daß a sich ändert.

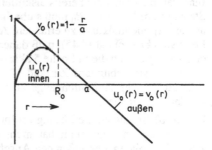

Fig. 54
Zur Erläuterung der Streulänge a

Wir hätten das Ergebnis (4.52) auch viel unmittelbarer erhalten können. Für $k \to 0$ wird nämlich aus der Wellenfunktion ψ_T von Gl. (4.1)

$$\psi_T = 1 + f_0/r, \quad \text{also} \quad u_0 = r \psi_T = r + f_0$$

Da andererseits nach (4.47) $u_0 = r - a$, folgt sofort $f_0 = -a$. (Die willkürliche Konstante c ist hier ohne Bedeutung, da wir uns nur für den Nulldurchgang von u_0 interessieren.) Betrag und Vorzeichen der Streulänge hängen davon ab, ob das Potential zwischen den Streupartnern abstoßend oder anziehend ist und ob die Anziehung

---

[1]) Man schreibt exp$(i\delta) = 1/(\cos \delta - i \sin \delta)$ und dividiert durch $\sin \delta$.

stark genug ist, einen gebundenen Zustand zu bilden. Wir wollen die einzelnen Fälle anhand der Zusammenstellung in Fig. 55 diskutieren und uns der Einfachheit halber wieder ein Rechteckpotential vorstellen. Wir unterscheiden dabei 3 Möglichkeiten:

a) anziehendes Potential, das stark genug ist, einen gebundenen Zustand zu bilden

b) anziehendes Potential, das für eine Bindung nicht ausreicht

c) abstoßendes Potential

In Spalte 1 der Figur ist die Potentialform skizziert. In Spalte 2 sind die Wellenzahlen k_i^2 und k_a^2 für Innen- und Außenraum angegeben. Spalte 3 enthält die Form der Lösung $u(r)$ für physikalisch sinnvolle Randbedingungen. Spalte 4 enthält zwei Angaben. Links steht, ob für den Grenzfall $E \to 0$ die Größe k^2 kleiner, gleich oder größer Null ist; rechts ist angegeben, ob die Lösungsfunktion u_0 demzufolge im Innenraum eine positive oder negative Krümmung hat, positiven Funktionswert vorausgesetzt[1]). Die Krümmung von u_0 im Außenraum ist immer gleich Null. Spalte 5 enthält eine Skizze der Lösungsfunktionen. Für $r = R_0$ müssen die Stetigkeitsbedingungen erfüllt sein. Durch Einzeichnen einer Tangente in diesem Punkt ergibt sich u_0 im Außenraum (gestrichelte Linie). Die Verlängerung dieser Geraden im Innenraum ist ein Bild von v_0. Entsprechend der gewählten Normierung muß $v_0 = 1$ für $r = 0$ werden. Der Schnittpunkt der gestrichelten Geraden mit der r-Achse ergibt die Streulänge a. Die sich aus der Figur ergebende Größe von a ist in Spalte 6 aufgeführt.

Für den Fall a) eines gebundenen Zustandes ist im Außenraum $k^2 < 0$, es ist also k imaginär, und in der Lösung vom Typ (4.35) treten reelle Exponenten auf. Da es physikalisch sinnvoll ist, für einen gebundenen Zustand $u \to 0$ für $r \to \infty$ zu verlangen, ergibt sich im Außenraum eine abfallende Exponentialkurve. Die Lösung im Innenraum ist von dem bereits diskutierten Typ (4.38), also eine Sinusfunktion. Ihre Steigung am Punkt $r = R_0$ muß sicherlich negativ sein, um einen stetigen Anschluß an die Exponentialkurve zu erlauben. Auch die Streulösung im Außenraum, die die Form $\sin(kr + \delta)$ hat (4.45), muß daher mit negativer Steigung angeschlossen werden. Es ergibt sich die in Spalte 5 skizzierte Situation mit $a > R_0$. Gezeichnet ist nur der niedrigste gebundene Zustand. Die Wellenfunktion im Inneren des Potentials kann zusätzliche Nulldurchgänge aufweisen, die höherliegenden gebundenen Zuständen entsprechen.

Im Fall b) ist sowohl die Lösung im Innen- wie im Außenraum eine Sinusfunktion. Die Lösung im Innenraum hat nicht genug Krümmung, um einen gebundenen Zustand zu bilden, der außen den Anschluß an eine abfallende Exponentialfunktion erforderte. Dann ergibt sich eine negative Streulänge $a < 0$.

Fall c) liefert im Innenraum $k^2 < 0$, also wieder eine Exponentialfunktion als Lösung, aber diesmal muß $u = 0$ für $r = 0$ sein. Man liest ab, daß $0 < a < R_0$ sein muß.

Es sei an dieser Stelle bemerkt, daß in den Wirkungsquerschnitt zunächst nur a^2 eingeht, daß also eine Bestimmung des Vorzeichens von a mit unseren bisherigen Formeln nicht möglich ist. Im Prinzip läßt sich a aus der gleich zu diskutierenden Gl. (4.62) bestimmen. Genauer sind jedoch Interferenzversuche (vgl. Abschn. 5.2).

---

[1]) Für negativen Funktionswert erhält man in Spalte 5 Figuren, die spiegelbildlich zur r-Achse sind. Dadurch ändert sich nichts an der Betrachtung.

Schrödingergleichung $u'' + k^2 u = 0$, $k^2 = \frac{2m}{\hbar^2}[E - V(r)]$

	1 Potentialform $V(r)$	2 k^2 i=Innenraum a=Außenraum	3 Form der Lösung $u(r)$	4 Bei der Streulösung für $E \to 0$ ist — k^2	4 — Krümmung $u_0'' = -k^2 u_0$	5 Skizze der Wellenfunktionen	6 Streulänge a
a)	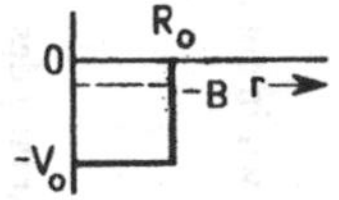 B=Bindungsenergie	$k_i^2 = \frac{2m}{\hbar^2}(V_0-B)>0$ $k_a^2 = \frac{2m}{\hbar^2}(-B)<0$ Für gebundenen Zustand (innen $E=-B$, $V(r)=-V_0$)	$\sin k_i r$ $e^{-|k_a|r}$	>0 0	Negativ (innen) 0	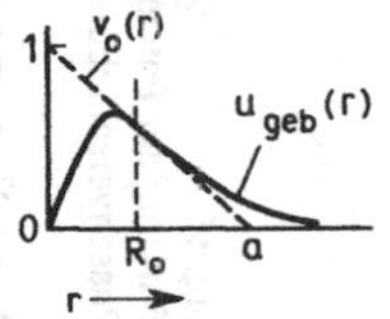	$a > R_0$
b)	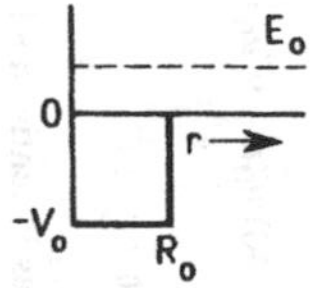	$k_i^2 = \frac{2m}{\hbar^2}(V_0+E_0)>0$ $k_a^2 = \frac{2m}{\hbar^2}E_0>0$	$\sin k_i r$ $\sin(k_a r + \delta)$	>0 0	Negativ (innen) 0	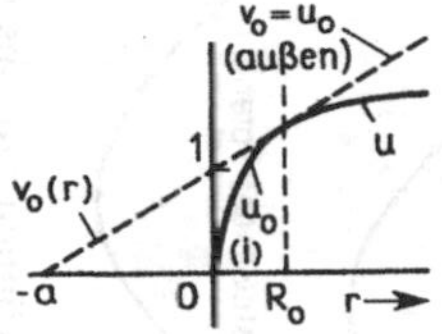	$a < 0$
c)	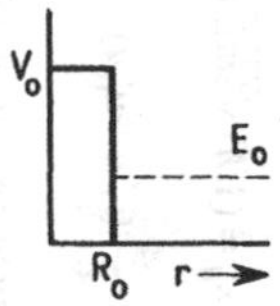	$k_i^2 = \frac{2m}{\hbar^2}(E_0-V_0)<0$ $k_a^2 = \frac{2m}{\hbar^2}E_0>0$	$e^{|k_i|r}$ $\sin(k_a r - \delta)$	<0 0	Positiv (innen) 0	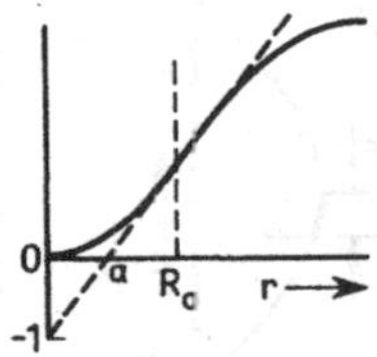	$0 < a < R_0$

Fig. 55 Zusammenhang zwischen Streulänge und Potentialform

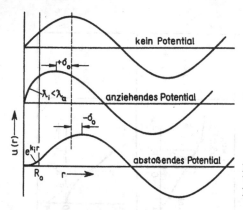

Fig. 56
Wirkung der Potentialform auf die
Phasenverschiebung δ_0

Im Anschluß an Fig. 55 können wir uns noch die Wirkung eines anziehenden und
abstoßenden Potentials auf die Phasenverschiebung δ_0 veranschaulichen. In Fig. 56
sind die Wellenfunktionen aus Spalte 5, Fall b) und c) von Fig. 55 noch einmal für
einen größeren Bereich kr gezeichnet. Man erkennt unmittelbar, daß ein anziehendes
Potential zu positivem δ_0, ein abstoßendes zu negativem δ_0 führt. Dies gilt jedoch
nur, solange $\delta_0 < 2\,\pi$ ist.

Bisher haben wir nur den Fall $E \to 0$ betrachtet und gesehen, daß der Wirkungsquerschnitt allein
durch die Streulänge gegeben ist, d.h. durch den Nulldurchgang der Funktion $v_0(r)$. Wir wollen die
Näherung sehr kleiner Energie jetzt aufgeben und fragen, welche weiteren Größen dann in den Wirkungsquerschnitt eingehen. Wir vergleichen hierzu die für $E \to 0$ genäherte Funktion $u_0(r)$ mit der
nicht genäherten Lösung $u(r)$ im Innenraum. Die Form des als kurzreichweitig angenommenen Potentials lassen wir völlig offen. Für diesen Vergleich kann man folgenden Weg einschlagen. Wir schreiben die Schrödinger-Gleichung im Innenraum für u und u_0 in der Form

$$\frac{\hbar^2}{2m}u'' + (E-V)u = 0 = \frac{\hbar^2}{2m}u''u_0 + (E-V)uu_0$$

$$\frac{\hbar^2}{2m}u_0'' - Vu_0 = 0 = \frac{\hbar^2}{2m}u_0''u + Vuu_0 \tag{4.54}$$

Hierbei haben wir die linken Seiten mit u_0 bzw. u multipliziert, um die rechten Seiten zu erhalten. Wir
subtrahieren rechts die zweite Gleichung von der ersten. Das gibt

$$\frac{\hbar^2}{2m}(u''u_0 - u_0''u) + Eu\,u_0 = 0$$

oder, mit $k_a = (1/\hbar)\sqrt{2mE}$ (vgl. 4.40) $u_0''u - u''u_0 = k_a^2 u u_0$, was wir in der Form schreiben wollen

$$\frac{\mathrm{d}}{\mathrm{d}r}(u_0'u - u_0'u) + k_a^2 u u_0 \tag{4.55}$$

Diese Gleichung enthält weder das Potential noch k_i. Die am Anfang des Abschnitts definierte Funktion $v(r)$ ist für $V = 0$ überall mit $u(r)$ identisch. Setzen wir in (4.54) $v(r)$ statt $u(r)$ und $V = 0$, so kommen wir statt zu (4.55) zu der Gleichung

$$\frac{\mathrm{d}}{\mathrm{d}r}(v_0'v - v'v_0) + k_a^2 v v_0 \tag{4.56}$$

Wir subtrahieren jetzt (4.56) von (4.55) und integrieren über r von 0 bis ∞:

$$(u_0'u - u_0'u_0 - v_0'v + v'v_0)\big|_0^\infty = \int_0^\infty (uu_0 - uu_0)\,dr \tag{4.57}$$

Nun ist definitionsgemäß $u = v$ und $u_0 = v_0$ für $r = \infty$, also ist die linke Seite für die obere Grenze gleich Null. Für $r = 0$ gilt nach (4.46) $v(0) = v_0(0) = 1$ sowie

$$v'(r) = \frac{k_a \cos(k_a r + \delta)}{\sin \delta}, \quad \text{also} \quad v'(0) = k_a \cot \delta \tag{4.58}$$

und nach (4.48) $v_0' = -1/a$. Ferner ist $u(0) = u_0(0) = 0$ entsprechend unserer Randbedingung. Einsetzen dieser Werte in (4.57) liefert

$$k_a \cot \delta = -\frac{1}{a} + k_a^2 \int_0^\infty (vv_0 - uu_0)\,dr \tag{4.59}$$

Man sieht zunächst, daß dies eine Erweiterung unserer früheren Gleichung (4.50) ist. Sie enthält noch keine Näherungen. Einen Beitrag zum Integranden gibt es nur, wo u und u_0 von v und v_0 verschieden sind, also innerhalb des Potentials. Wir nehmen jetzt an, daß die Teilchenenergie klein gegen die Tiefe des Potentialtopfes sei. Da die Tiefe des Kernpotentials 40 bis 50 MeV beträgt, ist dies bei nicht zu hohen Energien eine gute Näherung. In dieser Näherung können wir für die Lösung im Innenraum, wo das Integral beiträgt, setzen $u = u_0$ und $v = v_0$. Wir erhalten daher für $V \gg E$

$$k_a \cot \delta = -\frac{1}{a} + k_a^2 \int_0^\infty (v_0^2 - u_0^2)\,dr \tag{4.60}$$

Da wir die Teilchenenergie im Innenraum vernachlässigen, wird u_0 nur durch das Potential bestimmt. Die Funktion $v(r)$ ist so definiert, daß sie die Lösung bei „ausgeschaltetem" Potential beschreibt. Die im Integranden von (4.60) stehende Differenz gibt also die Wirkung des Potentials auf die Wellenfunktion wieder. In Fig. 57 sind die Funktionen für eine endliche aber gegen V kleine Energie dargestellt. Das Integral entspricht dem schraffierten Gebiet, das in grober Näherung gleich $\frac{1}{2} - R_0$ ist. Man definiert aus diesem Grunde eine Länge r_e durch

$$r_e = 2 \int_0^\infty (v_0^2 - u_0^2)\,dr \tag{4.61}$$

und nennt sie "Effektive Reichweite" des Potentials. Hiermit nimmt (4.60) die Gestalt an

$$k_a \cot \delta = -\frac{1}{a} + \frac{1}{2} r_e k_a^2 \tag{4.62}$$

Fig. 57
Radiale Wellenfunktionen zur Definition
der effektiven Reichweite

Der Wirkungsquerschnitt, der sich damit aus (4.28) ergibt, ist bei nicht zu großen Energien also durch zwei Größen völlig festgelegt: die Streulänge und die effektive Reichweite. Da praktisch jede kurzreichweitige Potentialform (Rechteckpotential, Yukawa-Potential) bei geeigneter Wahl der Parameter, insbesondere der Tiefe und der Reichweite, benutzt werden kann, um diese Größen zu erhalten, läßt sich, soweit unsere Voraussetzungen gelten, aus den experimentellen Streuquerschnitten zwar keine Aussage über die wirkliche Potentialform machen, wohl aber bei gegebener Potentialform über die Parameter des Potentials.

4.6 Die Bornsche Näherung

Die Partialwellen-Zerlegung, die wir in Abschn.4.3 besprochen haben, läßt sich prinzipiell für Streuprobleme in jedem Energiebereich anwenden, da sie keine Näherungen hinsichtlich der Energie enthält. Für hohe Teilchenenergien muß man aber sehr
viele Partialwellen berücksichtigen, so daß die Summe in (4.16) in praktischen Fällen sehr schwer zu berechnen ist. Die Betrachtungen in Abschn. 4.4 und 4.5 haben
wir daher auf den Grenzfall kleiner Energien beschränkt, bei dem wir nur den Beitrag
für $l = 0$ berücksichtigen müssen.

Um den Wirkungsquerschnitt für hohe Teilchenenergien zu erhalten, benutzt man daher besser die Bornsche Näherung, die wir in vereinfachter Form jetzt kurz besprechen wollen. Wir gehen dabei wieder von ebenen Wellen aus, wollen aber diesmal
auch das auslaufende Teilchen durch eine ebene Welle beschreiben. Für die einlaufende Welle sei der Wellenvektor $\vec{k}$, für die auslaufende $\vec{k}'$. Bei elastischer Streuung
ändert sich nur die Richtung von $\vec{k}$, d.h. es ist $k' = -k$. Die Teilchen seien daher
beschrieben durch

$$\frac{1}{\sqrt{\tau}} e^{i(\vec{k}\cdot\vec{r})} \text{ (einlaufend)} \quad \text{und} \quad \frac{1}{\sqrt{\tau}} e^{-i(\vec{k}\cdot\vec{r})} \text{ (auslaufend)} \tag{4.63}$$

Beide Ausdrücke sind auf das Volumen τ durch einen Faktor $1/\sqrt{\tau}$ normiert worden,
damit $\int |\psi|^2 \, d\tau = 1$ erfüllt ist.

Wir wollen nun die Übergangsrate $W(\vec{k}, \vec{k}')$ für den Übergang vom Anfangszustand
in den Endzustand berechnen. Hierzu benutzen wir die „goldene Regel" für die Übergangsrate, die sich aus der zeitabhängigen Störungsrechnung erster Ordnung ergibt
(A, Gl. (6.42)). Sie lautet in unserem Fall

$$w(\vec{k}, \vec{k}') = \frac{2\pi}{\hbar} \left| U(\vec{k}, \vec{k}') \right|^2 \frac{dn}{dE_0} \text{ (Einheit } s^{-1}) \tag{4.64}$$

$U(\vec{k}, \vec{k}')$ ist das Übergangsmatrixelement und dn/dE_0 die Zahl der möglichen Endzustände pro Energieintervall. Um (4.64) anwenden zu können, müssen wir voraus-
setien, daß wir das Streupotential $V(r)$ als „Störung" behandeln dürfen; also etwa daß
$E \gg V_0$ ist. Die Einheit von (4.64) ergibt sich, wenn man beachtet, daß $\hbar$ die Einheit
MeV · s und U die Einheit MeV hat. Mit $W_\theta(k, k')$ sei nun die Übergangsrate in ein
unter dem Streuwinkel θ stehendes Raumwinkelelement $d\Omega$ bezeichnet. Wir erhalten dann $(d\sigma/d\Omega)$ nach (1.5), wenn wir W_θ durch die Stromdichte der einfallenden
Teilchen j (cm^{-2}s^{-1}) dividieren:

$$(d\sigma/d\Omega) = W_\theta(\vec{k}, \vec{k}')/j \quad \text{(in cm}^2) \tag{4.65}$$

Das Übergangsmatrixelement $U(\vec{k}, \vec{k}')$ ist für die ebenen Wellen (4.63) und das
Streupotential $V(r)$ gegeben durch

$$U(\vec{k}, \vec{k}') = \frac{1}{\tau} \int (e^{i\vec{k}'\cdot\vec{r}})^* V(r) e^{i\vec{k}\cdot\vec{r}} d\tau = \frac{1}{\tau} \int V(r) e^{i(\vec{k}-\vec{k}')\cdot\vec{r}} d\tau \tag{4.66}$$

Wir müssen nun noch die Dichte dn/dE_0 der möglichen Endzustände angeben. Hierzu gehen wir von Gl. (2.36) aus, die gerade die Zahl der Zustands pro Impulsintervall

für ein freies Teilchen angibt. Da wir die Zahl der Zustände pro Energieintervall benötigen, dividieren wir (2.36) durch $dE = v\,dp$ und dividieren weiter durch 4π, um die Zahl der Zustände pro Raumwinkelelement zu erhalten. Das ergibt

$$\left(\frac{dn}{dE}\right)_\theta = \frac{\tau p^2}{(2\pi\hbar)^3 v} \quad (\text{MeV}^{-1}) \tag{4.67}$$

Wenn wir (4.66) und (4.67) einsetzen, erhalten wir $W_\theta(\vec{k}, \vec{k}')$: Um den Wirkungsquerschnitt zu erhalten, müssen wir nach (4.65) noch durch die Stromdichte j dividieren. Für die Stromdichte setzen wir $j = v/\tau$, worin v die Geschwindigkeit der einfallenden Teilchen ist (vgl. die Erörterungen im Anschluß an Gl. (4.1)). Daher ergibt sich schließlich

$$\left(\frac{dn}{dE}\right)_\theta = \frac{\tau^2}{4\pi^2\hbar^4}\frac{p^2}{v^2}|U(\vec{k},\vec{k}')|^2 = \frac{m^2}{4\pi^2\hbar^4}|\int V(r)e^{i(\vec{k}-\vec{k}')\cdot\vec{r}}d\tau|^2 \tag{4.68}$$

(Einheit cm²) [1]). Dies ist die Bornsche Näherungsformel für ebene Wellen.

Wir können (4.68) wieder als Quadrat einer Streuamplitude $f(\theta)$ auffassen. Setzen wir noch für den Impulsübertrag

$$\vec{q} = \vec{p} - \vec{p}' = \hbar(\vec{k} - \vec{k}') \quad \vec{k} - \vec{k}' = \frac{\vec{q}}{\hbar} \tag{4.69}$$

so ist $\quad \dfrac{d\sigma}{d\Omega} = |f(\theta)|^2$

für $\quad f(q) = \dfrac{m}{2\pi\hbar^2}\int V(r)e^{(i/\hbar)\vec{q}\cdot\vec{r}}d\tau \quad (\text{cm}) \tag{4.70}$

Der Gültigkeitsbereich von (4.68) ist nicht einfach zu übersehen. Ohne Herleitung sei angegeben, daß für

$$R_0 k\,|\sqrt{1\pm V_0/E}-1| \ll 1 \tag{4.71}$$

Gl. (4.68) eine gute Näherung ist. R_0 ist wieder die Reichweite des Potentials.

Für ein Zentralpotential (das wir stillschweigend vorausgesetzt haben) läßt sich das Integral in (4.68) bzw. (4.70) noch dadurch vereinfachen, daß wir die Integration über die Winkelkoordinaten ausführen. Wir führen hierzu ein Koordinatensystem r, θ', φ' ein, dessen Achse in Richtung von $\vec{q}$ zeigt. (Der Streuwinkel θ ist in einem System r, θ, φ definiert, das in Richtung von $\vec{k}$ zeigt.) Es gilt

$$\vec{q}\cdot\vec{r} = qr\cos\theta' \tag{4.72}$$

und $\quad d\tau = r^2 \sin\theta'\,dr\,d\theta'\,d\varphi' \tag{4.73}$

daher ist

$$\int e^{(i/\hbar)\vec{q}\cdot\vec{r}}d\tau = \int\limits_0^{2\pi}\int\limits_0^{\pi}\int\limits_0^{\infty} e^{(i/\hbar)\vec{q}\vec{r}\cos\theta'}r^2\sin\theta'\,dr\,d\theta'\,d\varphi'$$

Man substituiert $z = (i/\hbar)qr\cos\theta'$, womit $d\theta' = -dz/[(i/\hbar)qr\sin\theta']$ wird, d.h. es ergibt sich

$$-2\pi\int\limits_0^{\infty}\int\limits_{(i/\hbar)qr}^{-(i/\hbar)qr}\frac{e^z r}{(i/\hbar)q}dz\,dr = -2\pi\int\limits_0^{\infty}\frac{e^{-(i/\hbar)qr}-e^{(i/\hbar)qr}}{(i/\hbar)q}r\,dr$$

---

[1]) Die Einheiten sind am leichtesten nachzurechnen mit h in MeV · s und $m = E/c^2$ in MeV · s²/cm².

d.h. es ist

$$\int e^{(i/\hbar)\vec{q}\cdot\vec{r}}d\tau = \frac{4\pi\hbar}{q}\int\limits_0^\infty r\sin(qr/\hbar)dr\int\limits_0^\infty \frac{\sin(qr/\hbar)}{(qr/\hbar)}4\pi r^2 dr \tag{4.74}$$

Nach Integration über die Winkelkoordinaten ergibt sich aus (4.70) daher für die Streuamplitude

$$f(\theta) = \frac{2m}{\hbar q}\int\limits_0^\infty V(r)r\sin(qr/\hbar)dr = \frac{m}{2\pi\hbar^2}\int\limits_0^\infty V(r)\frac{\sin(qr/\hbar)}{(qr/\hbar)}4\pi r^2 dr \tag{4.75}$$

Wir wollen diese Gleichung zur Berechnung von drei einfachen Beispielen nutzen.

a) Rutherford-Streuung. Für das Potential müssen wir wie bei Gl. (1.9) einsetzen $V(r) = ZZ'e^2/r$.

Das gibt sofort

$$f(\theta) = \frac{2mZZ'e^2}{\hbar q}\int\limits_0^\infty \sin(qr/\hbar)dr = \frac{2mZZ'e^2}{\hbar q}\lim_{a\to\infty}\int\limits_0^\infty \sin(qr/\hbar)e^{-r/a}dr = \frac{2mZZ'e^2}{q^2}$$

$$\left(\frac{d\sigma}{d\Omega}\right)_q = |f(q)|^2 = (2mZZ'e^2)^2\cdot\frac{1}{q^4} \tag{4.76}$$

was identisch ist mit dem klassisch abgeleiteten Resultat (1.13a).

b) Streuung von Elektronen an einem Kern. Wir sind jetzt in der Lage, die in Abschn. 2.1 benutzte Beziehung für den Formfaktor herzuleiten. Die Elektronen sollen an einer Kugel mit der Ladungsverteilung $\varrho(r)$ gestreut werden.

Mit $\vec{r}$ ist hier die Radialkoordinate im Kern bezeichnet (s. Fig. 58). Die Elektronenkoordinate im Schwerpunktsystem sei $\vec{t}$. Da wir die Streuung des Elektrons betrachten, ist dies die Integrationsvariable bei der Berechnung der Streuamplitude. Weiter benötigen wir noch den Vektor $\vec{s}$ zwischen Elektron und einem beliebigen Volumenelement d^3r der geladenen Kugel. In der Figur läuft das Elektron außerhalb des Kerns vorbei, dies ist aber hier keine Bedingung. Das Volumenelement d^3r hat die Ladung $Ze\varrho(r)d^3r$. Es trägt zum Potential, in dem sich das Elektron befindet mit

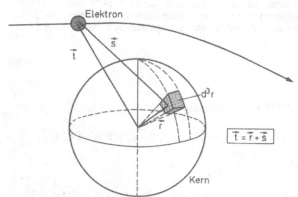

Fig. 58
Koordinaten zur Berechnung
des Formfaktors

$$dV(t) = \frac{Ze^2}{s} \varrho(r) d^3 r \tag{4.77}$$

bei. Daher ist das Potential

$$V(t) = \int \frac{Ze^2}{s} \varrho(r) d^3 r \tag{4.78}$$

Daraus ergibt sich die Streuamplitude nach (4.70), wenn man beachtet, daß die Integrationsvariable nun t ist, daß ferner $\vec{t} = \vec{r} + \vec{s}$ ist und daß für festes $\vec{r}$ statt $d^3 t$ auch $d^3 s$ geschrieben werden darf

$$
\begin{aligned}
f(\theta) &= \frac{mZe^2}{Z\pi\hbar^2} \iint \frac{\varrho(r)}{s} e^{(i/\hbar)\vec{q}\cdot(\vec{r}+\vec{s})} d^3 r d^3 t \\
&= \int r(r) e^{(i/\hbar)\vec{q}\cdot\vec{r}} d^3 r \cdot \frac{mZe^2}{Z\pi\hbar^2} \int \frac{1}{2} e^{(i/\hbar)\vec{q}\cdot\vec{s}} d^3 s \\
&= \underbrace{\int_0^\infty \varrho(r) \frac{\sin(qr/\hbar)}{(qr/\hbar)} 4\pi r^2 dr}_{\downarrow} \cdot \underbrace{\frac{2mZe^2}{\hbar q} \int_0^\infty \sin(qs/\hbar) ds}_{\downarrow}
\end{aligned} \tag{4.79}
$$

$$\frac{d\sigma}{d\Omega} = \quad F^2(q) \quad \times \quad (\delta\sigma/\delta\Omega)_{\text{Rutherford}}$$

Bei der dritten Zeile haben wir von (4.74) für ein Zentralpotential Gebrauch gemacht. Der zweite Faktor in dieser Zeile führt gerade zum Rutherford-Streuquerschnitt (4.76), so daß sich für den differentiellen Wirkungsquerschnitt die früher benutzte Gl. (2.3) ergibt. Die Größe $F^2(q)$ ist der Formfaktor. Durch die Schreibweise in der letzten Zeile von (4.79) wird besonders deutlich, daß es sich um eine Beugungserscheinung handelt. Integrale der gleichen Art treten bei der Beugung an kugelförmigen Objekten in der Optik auf.

c) Streuung am Rechteckpotential. Zum Schluß wollen wir wieder den Streuquerschnitt am Rechteckpotential (Fig. 51) berechnen. Es ist $V(r) = -V_0$ für $r < R_0$, sonst ist $V(r) = 0$. Daher ergibt sich aus (4.75)

$$f(q) = \frac{-2mV_0}{\hbar q} \int_0^{R_0} r \sin(qr/\hbar) dr \tag{4.80}$$

Die Funktion $r \sin(qr/\hbar)$ wird integriert durch

$$(\hbar^2/q^2) \cdot [\sin(qr/\hbar) - (qr/\hbar)\cos(qr/\hbar)],$$

so daß $\quad \left(\frac{d\sigma}{d\Omega}\right) = |f(q)|^2 = \frac{4m^2 V_0^2 \hbar^2}{q^6} [\sin(qR_0/\hbar) - (qR_0/\hbar)\cos(qR_0/\hbar)]^2 \tag{4.81}$

Die rechte Seite ergibt sich als Funktion von θ wenn man benutzt (s. Fig. 4b)

$$q = 2p\sin\frac{\theta}{2}; \quad \frac{q}{\hbar} = 2k\sin\frac{\theta}{2}$$

so daß man erhält

$$\left(\frac{d\sigma}{d\Omega}\right)_\theta \frac{4m^2V_0^2R_0^6}{\hbar^4} \frac{\left[\sin\left(2kR_0\sin\frac{1}{2}\theta\right)-2kR_0\sin\frac{1}{2}\theta\cos\left(2kR_0\sin\frac{1}{2}\theta\right)\right]^2}{\left(2kR_0\sin\frac{1}{2}\theta\right)^6} \qquad (4.82)$$

Im Gegensatz zu dem in Abschn. 4.4 diskutierten Fall extrem kleiner Energie, der zu isotroper Streuung geführt hat, gilt (4.82) für große Teilchenenergien und führt zu Winkelverteilungen, die einer Beugungsfigur entsprechen. In Fig. 59 ist die typische Abhängigkeit des Wirkungsquerschnitts vom Winkel aufgetragen, wie sie sich aus Gl. (4.82) ergibt. Eine wesentliche Intensität tritt nur in Vorwärtsrichtung auf, solange $qR_0 < \hbar$ oder

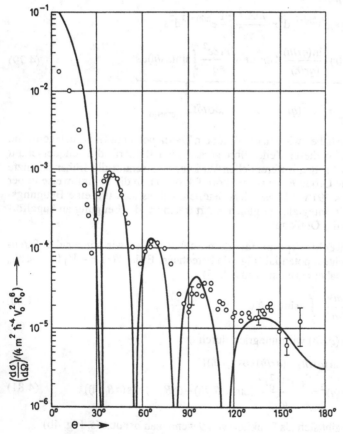

Fig. 59 Winkelverteilung für elastische Streuung am Rechteckpotential in Bornscher Näherung mit ebenen Wellen nach Gl. (4.82); $kR_0 = 8{,}35$. Meßdaten für 14,5 MeV Nartronen an Pb (s. dazu Fig. 115); Ordinatenwert am zweiten Maximum angepaßt

$$\sin\frac{1}{2}\theta < \frac{1}{2kR_0}$$

(Beispiel: $R_0 = 5$ fm, $\lambda = 0{,}5$ fm für 100 MeV Neutronen, $kR_0 = 10$, $\sin\frac{1}{2}\theta = 0{,}05$, $\theta = 6°$). Fig. 59 ist nach (4.82) gerechnet für $kR_0 = 8{,}35$. Das entspricht den Verhältnissen, die bei der Streuung von 14 MeV Neutronen an Pb vorliegen, wenn man $R_0 = r_0 A_{1/3}$ mit $r_0 = 1{,}7$ fm setzt. Man darf aus mehreren Gründen nicht erwarten, daß die entsprechenden Meßwerte durch die einfache Formel (4.82) gut wiedergegeben werden:

1) Wir haben ein Rechteckpotential anstelle eines wirklichen Kernpotentials benutzt,

2) wir haben der Möglichkeit nicht Rechnung getragen, daß Neutronen durch Kernreaktionen im Potential absorbiert werden,

3) Bedingung (4.71) für eine gute Näherung ist nicht erfüllt.

Der Vergleich mit den in Fig. 59 eingetragenen Meßwerten Zeigt in der Tat, daß die Intensitätsverhältnisse schlecht wiedergegeben werden. Trotzdem spiegelt die, gerechnete Kurve den Charakter der beobachteten Beugungsfigur qualitativ recht gut wider. Wir werden später bei Fig. 115 zeigen, wie man für die gleichen Daten durch ein realistischeres Potential eine sehr viel bessere Anpassung finden kann.

4.7 Elastische Streuung schwerer Projektile

In den vorausgehenden Abschnitten wurde der Formalismus zur Beschreibung der elastischen Streuung mit doppeltem Ziel entwickelt, einmal um uns in die Lage zu versetzen, aus den Nukleon-Nukleon-Streudaten Schlüsse auf die Kernkräfte zu ziehen (Abschn. 5.2) und weiter, um die Streuung von Nukleonen oder schwereren Projektilen an schweren Kernen beschreiben zu können. Solche Streuprozesse liefern Einsicht in das mittlere Kernpotential (optisches Modell Abschn. 7.6), das dann wiederum zur Beschreibung von Kernreaktionen sehr wichtig ist. Den Nutzen dieser Beschreibungsmethoden für die elastische Streuung werden wir daher erst in späteren Abschnitten haben. Als Beispiele haben wir bis jetzt nur die Streuung von Neutronen bei zwei verschiedenen Energien behandelt. Wenn die Energie so klein ist, daß die Neutronenwellenlänge viel größer als der Kerndurchmesser ist, also $\lambda \gg R$, tritt isotrope Streuung auf. Das rührt daher, daß von der gesamten Kernoberfläche in diesem Fall gleichphasige Kugelwellen ausgehen (Gl. (4.28)). Wenn umgekehrt $\lambda \ll R$ ist, erhält man in der Winkelverteilung eine ausgeprägte Diffraktionsstruktur (Fig. 59). In beiden Fällen brauchten wir keine Coulombeffekte zu berücksichtigen, außerdem haben wir der Einfachheit halber statt des Kernpotentials vorläufig nur ein Rechteckpotential betrachtet.

Die beiden Ansätze zur Beschreibung der elastischen Streuung, Partialwellenzerlegung und Bornsche Näherung, sind von quantenmechanischer Natur und entbehren einer gewissen Anschaulichkeit. Das trifft besonders zu, wenn Coulomb-Kräfte ins Spiel kommen. Andererseits stellt man sich Coulomb-Streuung gern im Bild klassischer Bahnen vor. Nun ist es in der Tat oft möglich, elastische Streuprozesse in halbklassischer oder klassischer Näherung gut zu beschreiben. Dies gilt besonders für die Streuung schwerer Ionen. Wir wollen daher in diesem Abschnitt die elastische Streuung schwerer Projektile gesondert besprechen.

Bei schweren Projektilen wird die de-Broglie-Wellenlänge sehr klein und man erreicht leicht Verhältnisse, bei denen die Wellenlänge wesentlich kleiner als der Durchmesser des Streupotentials wird. Die Wellenlänge λ ist durch die Formeln in den Zeilen 60 und 61 des Anhangs gegeben. Da bei schweren Projektilen die Coulomb-Barriere meist sehr hoch ist, muß man bei Kontakt der beiden Streupartner mit einer Wellenlänge rechnen, die der kinetischen Energie des Projektils auf dem Coulombwall entspricht. Man muß also einsetzen[1] $E = E^{CM} - V_c$. Wir erhalten z.B. für die Wellenlänge λ_c an der Coulomb-Barriere bei der Streuung von 100 MeV ^{12}C-Ionen an ^{16}O $\lambda_c \approx 0{,}2$ fm. Für den Beschuß von Uran mit Xenon-Ionen ergibt sich bei einer Energie von 20 MeV über der Coulomb-Barriere etwa der gleiche Wert. Diese kurzen Wellenlängen bedeuten gleichzeitig, daß sehr hohe Drehimpulse ins Spiel kommen. Ein am Kernrand einfallendes Teilchen hat den Bahndrehimpuls $|\vec{l}| = p \cdot R = \hbar k R = \hbar (R/\lambda)$ (vgl. auch Fig. 48). Für R müssen wir den Kontaktabstand $R = R_1 + R_2$ für die beiden Kerne mit den Radien R_1 und R_2 einsetzen. Für den Stoß von ^{12}C auf ^{16}O bei 100 MeV ergibt sich beispielsweise $l = |\vec{l}|/\hbar = R/\lambda) = 33$. Wie wir gleich sehen werden, führt diese kurze Wellenlänge zu Beugungserscheinungen am Kern, die sich mit Beugungsformeln, die aus der Optik bekannt sind, gut beschreiben lassen.

Nach diesen Vorbemerkungen stellen wir die Frage, wann sich die Stoßprozesse näherungsweise im Bild klassischer Trajektorien beschreiben lassen. Dies wird dann der Fall sein, wenn sich die Teilchen während des ganzen Prozesses durch gut definierte Wellenpakete beschreiben lassen, d.h., wenn bei Annäherung an das Potential keine wesentliche Verzerrung der Wellenpakete auftritt. Wie man mit einer zeitabhängigen Behandlung zeigen kann, gilt hierfür die auch unmittelbar einleuchtende Bedingung

$$|\text{grad } \lambda(\vec{r})|^2 \ll 1 \tag{4.83}$$

Das bedeutet, daß sich das Potential wenig ändert über den Bereich einer Wellenlänge. Wir interessieren uns hier vor allem für die Verzerrung der Wellenpakete im Coulomb-Potential außerhalb des Targetkerns; weil nämlich bei Bahnen, die durch den Kern führen, Stöße zwischen den Nukleonen eintreten, die zur Absorption des Projektils aus dem elastischen Kanal führen. Man kann leicht explizit zeigen, daß die Bedingung (4.83) für die Coulomb-Streuung erfüllt ist, wenn λ kleiner ist als der für die Streuung an einer Punktladung während des Stoßprozesses erreichte kleinste Abstand r_{min} der beiden Stoßpartner, also für

$$2\lambda \ll r_{min} \tag{4.84}$$

Der Faktor 2 entspricht einer üblichen Konvention. Für die Bewegung eines Teilchens mit der Gesamtenergie E_0 im Coulombfeld gilt

---

[1] Schwerpunktenergien unterscheiden sich bei Stößen zwischen schweren Ionen erheblich von Laborenergien. Man muß daher darauf achten, die richtigen Größen zu benutzen. Meist werden Schwerpunktenergien angegeben. Wir bezeichnen Schwerpunktgrößen mit CM.

$$E_0 = \frac{1}{2}mv_0^2 = T(r) + V(r) = \frac{1}{2}mv^2(r) + \frac{Z_1 Z_2 e^2}{r} \qquad (4.85)$$

$T(r)$ ist die kinetische Energie des Projektils und $v(r)$ seine Geschwindigkeit im Abstand r, ferner sei $v_0 = v(\infty)$. Bei zentralem Stoß ist die kinetische Energie gerade gleich Null, wenn das Projektil Minimalabstand hat, also $T(r_{min}) = 0$. Daher ist

$$\frac{1}{2}mv_0^2 = \frac{Z_1 Z_2 e^2}{r_{min}^{\text{zentral}}}, \qquad r_{min}^{\text{zentral}} = \frac{2Z_1 Z_2 e^2}{mv_0^2} \qquad (4.86)$$

so daß die Bedingung (4.84) mit $1/\lambda = (1/\hbar)mv_0$ nun lautet (für zentralen Stoß)

$$\frac{1}{2}\frac{r_{min}}{\lambda} = \frac{Z_1 Z_2 e^2}{\hbar v_0} \equiv n \gg 1 \qquad (4.87)$$

Wir haben hier den wichtigen Sommerfeld-Parameter n eingeführt, der bei der Behandlung von Stößen im Coulombfeld eine zentrale Rolle einnimmt. Es ist

$$n = \frac{Z_1 Z_2 e^2}{\hbar v_0} = \frac{Z_1 Z_2 \alpha}{(v_0/c)} = 0,16 Z_1 Z_2 \sqrt{\frac{m_r}{E_{CM}}} \qquad (4.88)$$

worin α die Feinstrukturkonstante ist, m_r die reduzierte Masse in u und E_{CM} die Schwerpunktenergie in MeV (man kann unter dem Wurzelzeichen auch Projektilmasse$/E_{lab}$ benutzen). Der Parameter n ist offensichtlich ein Maß für die Stärke der Coulomb-Wechselwirkung relativ zur Einschußenergie[1]. Großes n bedeutet gut definierte Wellenpakete, die sich auf Coulomb-Bahnen bewegen. Dementsprechend lassen sie sich schlecht durch ebene Wellen aber gut durch klassische Trajektorien beschreiben. Umgekehrt bedeutet kleines n relativ wenig Ablenkung der Teilchen durch Coulombkräfte und dementsprechend eine bessere Beschreibungsmöglichkeit mit ebenen Wellen. Da n das Produkt $Z_1 \cdot Z_2$ enthält, lassen sich für schwere Ionen verhältnismäßig große Werte erreichen. Dann wird nach unseren Überlegungen der Stoßprozeß gut durch eine klassische Bahn beschrieben und einen solchen Fall wollen wir im folgenden voraussetzen.

Je nach Stoßparameter und kinetischer Energie werden die Projektile entweder auf einer Coulomb-Trajektorie am Targetkern vorbeifliegen oder aber auf den Kern auftreffen. Wenn sie auftreffen, werden sie mit hoher Wahrscheinlichkeit eine Reaktion auslösen und jedenfalls nicht elastisch gestreut werden. Zwischen beiden Möglichkeiten liegen die Stoßprozesse, bei denen das Projektil den Targetkern gerade berührt. Zur Illustration sind in Fig. 60 eine Reihe von Bahnen aufgezeichnet: Bahn 1 entspricht einem Stoßparameter, bei dem nur das Coulomb-Potential wirkt. Bei Bahn 2 kommen die anziehenden Kernkräfte ins Spiel.

---

[1] Es ist $n = \dfrac{\text{Coulombenergie bei } r = 2\lambda}{\text{Einschußenergie}}$

da $\quad \dfrac{Z_1 Z_2 e^2}{r} \dfrac{2}{mv_0^2} = \dfrac{2}{kr} \dfrac{Z_1 Z_2 e^2}{\hbar v_0} = n \quad$ für $\quad r = \dfrac{2}{k} = 2\lambda$

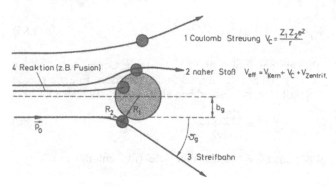

Fig. 60 Klassische Trajektorien für verschiedene Prozesse bei Stößen zwischen schweren Ionen. Der Kontaktradius ist $R = R_1 + R_2$

Das Teilchen bewegt sich daher in einem effektiven Potential, wie es dem später zu besprechenden optischen Modell entspricht und in dem es eine komplizierte Bahnkurve beschreibt. im Extremfall können dabei Bahnen auftreten, bei denen das Projektil den Targetkern ganz umrundet und unter Rückwärtswinkeln wieder austritt („Glory-Effekt"). Im Wellenbilde entspricht das Verhalten des Teilchens dem Eintreten der Welle in einen Bereich mit veränderlichem Brechungsindex, es handelt sich hier also um eine Brechungserscheinung im Gegensatz zu den gleich näher zu besprechenden Beugungserscheinungen. Um den differentiellen Wirkungsquerschnitt für solche Prozesse anzuschreiben, muß man eine Funktion suchen, die den Streuwinkel in Abhängigkeit vom Stoßparameter b angibt. Sie heißt Ablenkungsfunktion. Ein Beispiel ist in Fig. 61 skizziert. Der differentielle Wirkungsquerschnitt ergibt sich dann sofort aus der Beziehung (1.8). Die durchgezogene Kurve in Fig. 61 fällt für kleine ϑ mit der Ablenkungsfunktion für Coulomb-Streuung an einer Punktladung zusammen. Bei Verkleinerung des Stoßparameters biegt die Kurve dann unter dem Einfluß der Kernkräfte plötzlich wieder zu kleineren Winkeln um. Am Scheitelpunkt ändert sich ϑ mit b nur wenig, so daß Fokussierung in diesen Winkelbereich eintritt. Man erhält eine Art Regenbogen-Effekt, da dieser Punkt energieab-

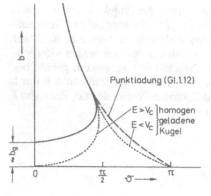

Fig. 61
Beispiele für Ablenkungsfunktionen. Durchgezogen: Ablenkungsfunktionen für Streuung eines geladenen Projektils an einem Kern (schematisch). Gestrichelt: Coulomb-Streuung an einer Punktladung. Gepunktet: Coulomb-Streuung an einer homogen geladenen Kugel mit Projektilenergien oberhalb und unterhalb des Coulomb-Walls

hängig ist. Wie weit solche Brechungseffekte, die sich aus einer Behandlung mit Bahnkurven ergeben, zur Interpretation der beobachteten Winkelverteilungen wirklich nötig sind, ist noch nicht ganz geklärt. Sie führen zu Effekten, die der gleich zu besprechenden Beugung am Kernrand sehr ähnlich sind. Jedenfalls führt die Annahme eines realistischen Potentials am Kernrand für einen engen Bereich von Stoßparametern zu Bahnen, die von Coulomb-Trajektorien abweichen.

Wir wollen diese Effekte für die weitere Behandlung der elastischen Streuung jedoch vernachlässigen, und einen gewissermaßen abrupten Übergang zwischen Streuung am Coulomb-Potential und Absorption des Projektils aus dem elastischen Kanal am Targetkern annehmen (Abschneide-Näherung). Dann bezeichnet Bahn 3 in Fig. 60 eine Streifbahn, bei der gerade dieser Übergang stattfindet. Bahn 4 würde einem Reaktionsprozeß entsprechen. Den zur Streifbahn gehörigen Stoßparameter haben wir mit b_g und den Streuwinkel ϑ_g bezeichnet (das „g" kommt vom englischen Wort „grazing"). Nach diesem sehr einfachen Modell müßten die Winkelverteilungen für kleine Streuwinkel einer Rutherford-Verteilung folgen und dann plötzlich bei Erreichen des Streifwinkels ϑ_g auf 0 absinken. Das ist natürlich auch unter Vernachlässigung der oben erwähnten Potentialeffekte nicht der Fall, weil der Wellencharakter der Teilchen zu Beugungserscheinungen führt, die die Winkelverteilung modifizieren. Wir wollen hierauf gleich zurückkommen, nachdem wir vorher noch einige Formeln für das Eintreten einer Streifreaktion angegeben haben.

Vorausgeschickt seien eine Beziehung zwischen Streuwinkel und Sommerfeld-Parameter bei der Rutherford-Streuung, sowie weitere nützliche Formeln. Wir bilden $n/|\vec{l}|$ mit

$$|\vec{l}| = p_0 b = m v_0 \cdot b \qquad (4.89)$$

wobei p_0 der Impuls bei großem Abstand vom Streuzentrum sei. Dann gilt

$$l \approx \frac{|\vec{l}|}{\hbar} = \frac{m v_0 b}{\hbar} = \frac{p_0 b}{\hbar} \qquad (4.90)$$

und

$$\frac{n}{l} = \frac{Z_1 Z_2 e^2}{2Eb} \qquad (4.91)$$

Unter Verwendung von (1.12) erhalten wir hiermit

$$\vartheta = 2 \arctan \frac{Z_1 Z_2 e^2}{2Eb} = 2 \arctan \frac{n}{l} \qquad (4.92)$$

$$n = l \tan \frac{\vartheta}{2} \qquad (4.93)$$

Beim Streuprozeß gelten Energieerhaltung (4.85) und Drehimpulserhaltung

$$r_{\min} \sqrt{2mT(r_{\min})} = b \sqrt{2m E_0^{CM}} \qquad (4.94)$$

E_0 ist die kinetische Energie bei großem Abstand (d.h. für $V(r) = V(\infty) = 0$). Für die Rutherfordstreuung folgt aus (4.85) und (4.94) für den Minimalabstand $r_{\min}$ zwischen Stoßpartnern bei einem Stoß mit dem Stoßparameter b

$$r_{\min} = \frac{C}{2E_0}(1 + \sqrt{1 + (2E_0 b/C)^2}) = b \frac{n}{l}(1 + \sqrt{1 + (l/n)^2}) \qquad (4.95)$$

mit $C = Z_1 Z_2 e^2$. Mit ähnlicher Argumentation ist Fig. 60 direkt zu entnehmen, daß für den Streifprozeß mit einem Kontaktabstand $R = R_1 + R_2$ gilt

$$p_0 \cdot b_g = R \cdot p_g \qquad \text{(Drehimpulserhaltung)}$$

$$b_g^2 = R^2 \frac{p_g^2}{p_0^2} = R^2 \frac{E_g}{E_0} = R^2 \left[\frac{E_0 - V(R)}{E_0} \right] \quad \text{(Energieerhaltung)} \qquad (4.96)$$

Hier ist für die kinetische Energie beim Kontakt E_g geschrieben. Die Gleichung gilt nicht nur für das Coulomb-Potential, sondern für jedes konservative Potential $V(r)$, da wir nur Energie- und Drehimpulserhaltung benutzt haben. Bei Annäherung an den Kern setzt sich $V(r)$ aus dem Coulomb- und dem Kernpotential zusammen $V_{eff} = V_C + V_{Kern}$. Wenn sich jedoch die Stoßpartner berühren, so daß Reibungskräfte auftreten, verliert die Argumentation ihre Gültigkeit.

Aus (4.96) erhalten wir einerseits den Reaktionsquerschnitt in der Abschneide-Näherung

$$\sigma_r = \pi b_g^2 = \pi R^2 \left[1 - \frac{V(R)}{E_0} \right] \qquad (4.97)$$

und andererseits den Bahndrehimpuls für den Streifprozeß

$$l_g = \frac{p_0 b_g}{\hbar} \, p_0 \frac{R}{\hbar} \sqrt{1 - \frac{V(R)}{E_0}} = 0,22 R \sqrt{m_r [E_{CM} - V(R)]} \qquad (4.98)$$

(m_r reduzierte Masse in u, Energien in MeV, R in fm). Man kann diese Beziehung benutzen, um aus beobachteten Werten von l_g Schlüsse auf R und $V_{eff}(R)$ zu ziehen. Für $V(s) = V_{coul}(R)$ ergibt sich der Streifdrehimpuls im Coulomb-Potential, den wir in (4.92) einsetzen können, um den Streifwinkel im Coulomb-Potential zu erhalten

$$\vartheta_g^{coul} = 2 \arctan \frac{n}{l_g} \qquad (4.99)$$

Wir wollen uns jetzt den Beugungserscheinungen zuwenden. Vorausgesetzt sei wieder $\lambdabar \ll R$. Wir haben angenommen, daß Teilchen, die mit $b < b_g$ einfliegen, vom Kern durch Reaktionen absorbiert werden (Abschneide-Näherung). Wenn das Projektil durch eine ebene Welle beschrieben werden kann, bedeutet das, daß aus dem Wellenfeld ein kreisrundes Stück herausgeschnitten wird. Das führt zu einer Beugungsfigur, die in der Optik als Fraunhofer-Beugung bekannt ist. Bei Fraunhofer-Beugung befinden sich Lichtquelle und Schirm im Unendlichen. Nach früher Gesagtem können wir das erwarten, wenn die Coulomb-Effekte auf die Teilchenbahnen klein sind, also für $n < 1$ und $E \gg V_C$. In dem bei schweren Ionen häufigen anderen Grenzfall $n > 1$ wird das Teilchenbündel im Coulombfeld stark divergent. Das optische Analogon ist dann die Beugungserscheinung, die ein divergentes Lichtbündel an einem Scheibchen mit dem Radius a hervorruft. Sie führt den Namen Fresnel-Beugung. Dies ist ein in der praktischen Optik wichtiger Fall, da hierbei Quelle und Schirm endlichen Abstand vom Streukörper haben. Wenn wir den größeren dieser Abstände mit d bezeichnen, so gilt als Bedingung für Fresnel-Beugung (siehe z.B. [Som 50])

$$\frac{a}{\lambda} \cdot \frac{a}{d} \gtrsim 1 \qquad (4.100)$$

Für die Teilchen im Coulomb-Feld sind die Verhältnisse in Fig. 62a skizziert. Die vom Kernrand abgeschatteten Teilchen scheinen von einem virtuellen Quellpunkt Q zu kommen, der vom Streuzentrum den Abstand

$$d = \frac{b_g}{\sin \vartheta_g} \qquad (4.101)$$

hat. Die Skizze lehrt, daß als Radius des Streukörpers $a = b_g$ zu wählen ist. Ferner ist (vgl. (4.90))

$$\lambda_g = \frac{1}{k} = \frac{\hbar}{p_g} = \frac{b_g}{l_g} \tag{4.102}$$

so daß die Bedingung für Fresnel-Beugung lautet

$$\frac{b_g}{b_g/l_g} \cdot \frac{b_g}{b_g/\sin\vartheta_g} = l_g \sin\vartheta_g \gtrsim 1 \tag{4.103}$$

während umgekehrt für Fraunhofer-Beugung gilt

$$l_g \sin\vartheta_g \ll 1 \tag{4.104}$$

Wenn eine der beiden Bedingungen erfüllt ist, können wir erwarten, daß die Winkelverteilung der Streuteilchen durch die entsprechende optische Beugungsformel gut wiedergegeben wird. Bei Streuprozessen ist meist ϑ_g klein, so daß $\sin\vartheta_g \ll 1$, $d \gg b_g$. Nach (4.99) gilt dann

$$n \approx \frac{1}{2} l_g \vartheta_g \tag{4.105}$$

In dieser Näherung bedeutet daher

$$n \ll 1 \quad \text{Fraunhofer-Beugung} \tag{4.106}$$

$$n \gtrsim 1 \quad \text{Fresnel-Beugung} \tag{4.107}$$

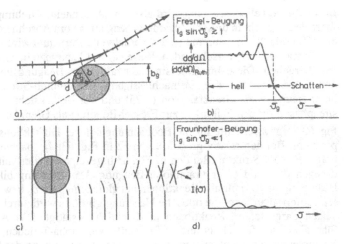

Fig. 62 Skizze zur Entstehung von Fresnel-Beugung und Fraunhofer-Beugung bei der Streuung schwerer Ionen. Links sind jeweils Wellenfronten dargestellt, rechts die Intensitätsverteilung im Beugungsbild

Der Wert 1 auf der rechten Seite dieser Ungleichung darf aber nicht zu ernst genommen werden.

Was erwarten wir nun für die Winkelverteilung der gestreuten Teilchen? Bei großem n tritt Fresnel-Beugung auf. Die Trajektorien sind durch die relativ starke Coulomb-Wechselwirkungstark gekrümmt. Wir erwarten Rutherford-Streuung für kleine Streuwinkel, d. h. große Stoßparameter. Wenn man den Beobachtungswinkel vergrößert, wird beim Erreichen des Streifwinkels die Intensität $\vartheta > \vartheta_g$ durch Absorption abgeschnitten. Dividieren wir die beobachtete Intensität durch die berechnete Rutherford-Intensität, sollten wir den Wert 1 erhalten, der beim Streifwinkel ϑ_g dann auf 0 absinkt. Diese Verteilung ist in Fig. 62b gestrichelt eingezeichnet. In Wirklichkeit wird der Intensitätsabfall bei ϑ_g aber durch eine Beugungsstruktur modifiziert sein, – genauso, wie die Schattengrenze, die eine undurchsichtige Kugel in einem divergenten Lichtbündel erzeugt, durch die Fresnel-Beugung modifiziert ist. Anders sind die Verhältnisse bei Fraunhofer-Beugung, die dann auftritt, wenn die Ablenkung der Projektile im Coulombfeld klein ist und wir praktisch mit ebenen Wellen rechnen können (Fig. 62c). Es gibt dann keinen Schatteneffekt, sondern man erhält eine Beugungsfigur, die der eines Scheibchens im parallelen Lichtbündel entspricht und die im wesentlichen durch eine Besselfunktion beschrieben wird (Fig. 62d).

Beide Beugungserscheinungen lassen sich als Grenzfälle aus einer Partialwellenzerlegung der Streuung herleiten. Voraussetzung ist zunächst $\lambda \ll R$, so daß $l_g \gg 1$. Die weitere Voraussetzung starker Absorption für $b < b_g$ und vernachlässigbaren Beitrags des Kernpotentials für $b > b_g$ bedeutet, daß man in der Partialwellenzerlegung (4.15) oder (4.27) setzen muß

$$\eta_l = 0 \quad \text{für} \quad l \leqslant l_g \tag{4.108}$$

$$\eta_l = 1 \quad \text{für} \quad l > l_g \tag{4.109}$$

In der Partialwellenzerlegung wird also ein „Abschneide-Drehimpuls" $l_a \approx l_s$ eingeführt. Man spricht in diesem Zusammenhang auch vom Abschneide-Modell („Sharp cut off model"). Die Summe in der Partialwellenzerlegungwird dann endlich, weil alle Terme für $l > l_a$ verschwinden. Wegen $l_g \gg 1$ kann man im Grenzfall zu Integralen übergehen. Diese Integrale sind äquivalent den Beugungsintegralen der Optik und führen für $n \ll 1$, d. h., Vernachlässigung der Coulomb-Streuphasen, zur Fraunhofer-Beugung als Grenzfall von (4.25) und bei Berücksichtigung der Coulombstreuphasen für den Fall $n \gtrsim 1$ zur Fresnel-Beugung als Grenzfall von (4.27).

Fig. 63 zeigt zwei Fälle für die Beobachtung solcher Diffraktionsstrukturen im Experiment. Bei den relativ großen n von 32 in Fig. 63a beobachtet man eine ausgeprägte Fresnel-Struktur. Bei den in Fig. 63 b gezeigten Fällen mit $n \approx 2$ erhält man dagegen das Bild einer Fraunhofer-Beugung. Das Beugungsbild sollte nach der Bedingung (4.104) für alle Reaktionen mit gleichem $l_g \sin \vartheta_g$ bzw. gleichem n gleich sein, sofern überhaupt die optische Näherung gilt. Das wird durch den Vergleich der beiden dargestellten Reaktionen eindrücklich bestätigt. Das Abschneide-Modell führt also auch für relativ leichte Projektile wie Alpha-Teilchen, wenn die übrigen Voraussetzungen gegeben sind, zu einer guten Beschreibung des Streuprozesses. In der Tat ist das Abschneide-Modell für die Streuung von Alpha-Teilchen lange vor dem Studium von Schwerionen-Reaktionen eingeführt worden (sog. Blair-Modell).

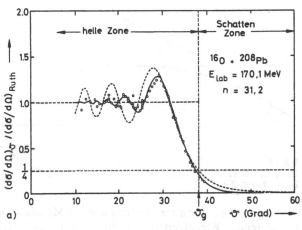

a)

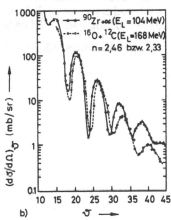

b)

Fig. 63
Vergleich von Fresnel- und Fraunhofer-Beugung bei der elastischen Streuung schwerer Ionen
a) Die gestrichelte Anpassung ist nach einer einfachen Formel für Fresnel-Beugung gerechnet, wobei der Kern als scharf berandete schwarze Kugel angenommen wird. Die besser passende durchgezogene Linie entspricht einem etwas realistischeren Modell
b) Wenn die Coulomb-Effekte kleiner sind, nimmt die Winkelverteilung den Charakter der Fraunhofer-Beugung an. Die beiden hier gezeigten Winkelverteilungen für nahezu gleiches n sind von der gleichen Gestalt [nach Frahn, Fra72]

Am Ende dieses Abschnitts sei noch etwas angefügt, das mit dem Vorhergehenden nichts zu tun hat, nämlich eine kurze Anmerkung über die Streuung identischer Teilchen, also Prozesse der Art p +, p, $\alpha + \alpha$, $^{12}C + ^{16}O + ^{16}O$ usw. Bei der elastischen Streuung identischer Teilchen aneinander ist es prinzipiell nicht möglich, zu entscheiden, welches der beiden Teilchen im Detektor nachgewiesen wird. Im Schwerpunktsystem sind die beiden in Fig. 64 skizzierten Fälle möglich. Die beiden Amplituden für Streuung unter den Winkeln θ und $\pi - \theta$ müssen daher kohärent addiert werden und zwar so, daß sich für Fermionen destruktive und für Bosonen konstruktive Interferenz ergibt (vgl. A, Abschn. 7.1). Für den Wirkungsquerschnitt ergibt sich also,

$$\left(\frac{d\sigma}{d\Omega}\right)_{\text{elastisch}} = |f(\theta) \pm f(\pi - \theta)|^2 \tag{4.110}$$

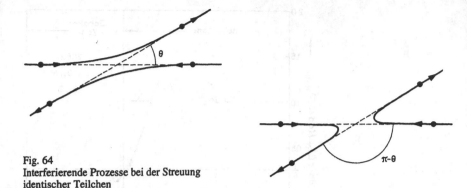

Fig. 64
Interferierende Prozesse bei der Streuung
identischer Teilchen

wobei das Pluszeichen für Bosonen und das Minuszeichen für Fermionen gilt. Die resultierenden Winkelverteilungen sind im Schwerpunktsystem immer symmetrisch zu 90° und zeigen zusätzliche Interferenzstrukturen, die entsprechend Gl. (4.110) nur von der Identität der Teilchen herrühren.

Literatur s. bei Abschn. 7.8.

5 Kernkräfte und starke Wechselwirkung

5.1 Eigenschaften des Deuterons

In den Kapiteln 2 und 3 haben wir im wesentlichen die meßbaren Eigenschaften der Kerne beschrieben und ein sehr einfaches Kernmodell, das Tröpfchen-Modell, entwickelt. Bevor wir weiterreichende Modelle besprechen, wollen wir zunächst die Frage nach den Kräften stellen, die zwischen einzelnen Nukleonen wirken. Uns tritt hier eine neue, in der klassischen Physik und in der Atomphysik nicht bekannte Wechselwirkung entgegen, die sogenannte starke Wechselwirkung. Sie ist kurzreichweitig und führt zu Prozessen, die in sehr kurzer Zeit ablaufen. Starke Wechselwirkung tritt nicht zwischen allen Teilchen auf, z.B. nicht zwischen Elektronen, wohl aber zwischen Nukleonen. Man bezeichnet stark wechselwirkende Teilchen gemeinsam als Hadronen, und die starke Wechselwirkung oft auch als hadronische Wechselwirkung. Zu den Hadronen gehören auch die Mesonen, über deren Rolle als Austauschteilchen in diesem Kapitel zu sprechen sein wird.

Wie wir von den Überlegungen bei dem Tröpfchen-Modell wissen, wirken auch in komplexen Kernen die Kräfte immer nur zwischen zwei Nukleonen. Sonst wird die Bindungsenergie pro Nukleon nicht näherungsweise konstant. Wir haben bereits gesehen, daß sich eine Austauschkraft zur Beschreibung dieses Verhaltens eignet. Das in Fig. 11 skizzierte Potential ist aber eine viel zu grobe Näherung, um daraus mehr als einige qualitative Schlüsse zu ziehen. Wie können wir mehr über das Kraftgesetz, das zwischen zwei Nukleonen wirkt, in Erfahrung bringen?

Es liegt nahe, Streuexperimente zwischen einzelnen Nukleonen auszuführen, um das Potential der Kernkräfte zu finden. Solche Experimente werden in Abschn. 5.2 beschrieben. Zunächst wollen wir jedoch die Eigenschaften des einzigen gebundenen Systems aus zwei Nukleonen, des Deuterons, betrachten. Schon hieraus lassen sich einige Züge des Nukleon-Nukleon-Potentials qualitativ ableiten.

Tab. 5 Eigenschaften des Deuterons

Masse	2,01355 u
Bindungsenergie	−2,22464(4) MeV
Spin	1
Quadrupolmoment	$2,86 \cdot 10^{-27}$ cm^2
Magnetisches Moment	$\mu = 0,857393 \, \mu_k$

Das Deuteron ist der einfachste zusammengesetzte Kern. Es besteht aus einem Proton und einem Neutron. Die beiden anderen Systeme aus zwei Nukleonen, das Di-Proton und das Di-Neutron sind ungebunden. Die Eigenschaften des Deuterons sind in Tab. 5 zusammengefaßt. Sie sollen hier kurz diskutiert werden:

Masse: Die Masse des Deuterons beträgt 2,014 u. Sie läßt sich massenspektroskopisch bestimmen.

Bindungsenergie: Die Bindungsenergie beträgt 2,225 MeV Sie läßt sich direkt bestimmen, z. B. durch Messung der zur Photospaltung des Deuterons (D + $\gamma \rightarrow$ n + p) nötigen γ-Energie oder umgekehrt durch Beobachtung der γ-Strahlung, die beim Einfang von Neutronen in protonenhaltiger Substanz entsteht. Diese γ-Strahlung von 2,2 MeV tritt z. B. in der Nähe von Kernreaktoren regelmäßig auf.

Spin: Das Deuteron hat die Spinquantenzahl 1. Das folgt aus Hyperfeinstrukturbeobachtungen.

Magnetisches Moment: Das magnetische Moment des Deuterons läßt sich durch Kernresonanz-Methoden bestimmen. Es beträgt $\mu = 0{,}857393$ Kernmagnetonen. Die Summe der magnetischen Momente von Proton und Neutron würde $\mu = 0{,}87975$ μ_k ergeben.

Quadrupolmoment: Das Deuteron hat ein kleines elektrisches Quadrupolmoment von $Q_D = 2{,}86 \cdot 10^{-27}$ cm^2. Es wurde zuerst erschlossen aus Abweichungen von der für ein kugelsymmetrisches System erwarteten Feldabhängigkeit der Zeeman-Aufspaltung der Hyperfeinstruktur-Linien [Ke140].

Aus den eben beschriebenen Eigenschaften des Deuterons lassen sich bereits einige wichtige Schlüsse auf die Natur der Kraft zwischen Proton und Neutron ziehen. Da der Spin des Deuterons gleich eins ist, stehen die Spins von Proton und Neutron „parallel", d. h., sie bilden einen Triplett-Zustand. Da ferner das magnetische Moment des Deuterons sehr nahe bei der Summe der magnetischen Momente von Proton und Neutron liegt, ist zu seiner Erklärung in erster Näherung kein Beitrag an Bahndrehimpuls erforderlich. Das heißt, das Deuteron befindet sich im Grundzustand im wesentlichen in einem $^3S_1$-Zustand. (Notation wie in der Atomspektroskopie: $^{2S+1}L_J$, hier also $L = \sum l = 0$, $S = \sum s = 1$).

Wir werden gleich sehen, daß wir einen „Radius" des Deuterons definieren können, der $R = 4{,}3$ fm beträgt. Die Fläche $\pi R^2 = 600 \cdot 10^{-27}$cm^2 ist sehr viel größer als das elektrische Quadrupolmoment Q_D. Das bedeutet, daß das Deuteron nur sehr wenig von der Kugelsymmetrie abweicht. Es kann daher näherungsweise durch ein Zentralpotential beschrieben werden. Andererseits existiert aber ein, wenn auch kleines, Quadrupolmoment. Das bedeutet eine kleine Deformation des Deuterons. Die einzige Richtung, die im Deuteron ausgezeichnet ist, ist die Spin-Richtung. Die Deformation muß daher von einem Teil der Wechselwirkung herrühren, der vom Spin der Teilchen abhängt und zwar so, daß sich eine Wirkung auf den Radialanteil der Wellenfunktion ergibt. Es gibt also einen Beitrag von einer nichtzentralen Kraft. Es ist dies die später zu beschreibende Tensorkraft (Gl. (5.39)). Die nichtzentrale Kraft bewirkt, daß dem Grundzustand ein kleiner Anteil an höherem Drehimpuls beigemischt ist. Er ist verantwortlich für die Abweichung des magnetischen Moments von der Summe der magnetischen Momente von Proton und Neutron. Da das Deuteron positive Parität hat, kommt ein P-Zustand hierfür nicht in Frage, da er wegen Regel (2.60) ungerade Parität hätte. Daher wird das Deuteron in seinem Grundzustand eine kleine Beimischung eines $^3D_1$-Zustandes zum $^3S_1$-Zustand haben.

Wenn wir zunächst den nicht-zentralen Anteil des Potentials vernachlässigen, können wir den Grundzustand des Deuterons als reinen S-Zustand beschreiben und folgende Betrachtung anstellen. Das Zentralpotential $V(r)$ sei in grober Näherung durch ein räumliches Rechteckpotential mit den Eigenschaften

$$V(r) = -V_0 \quad \text{für} \quad r < R_0 \qquad V(r) = 0 \quad \text{für} \quad r \geqslant R_0 \tag{5.1}$$

ersetzt (vgl. Fig. 51). Für ein Zentralpotential ist die Wellenfunktion separabel und es bleibt nach der Separation nur die Radialgleichung zu lösen (s. Gl. (4.6) u. (4.7)). Mit der Substitution $u(r) = r\psi(r)$ reduziert sich die Schrödinger-Gleichung in üblicher Weise zu

$$\frac{d^2 u}{dr^2} + \frac{2\mu}{\hbar^2}[3 - V(r)] = 0 \tag{5.2}$$

Für die reduzierte Masse μ gilt

$$\frac{1}{\mu} = \frac{1}{m_p} + \frac{1}{m_n} \tag{5.3}$$

Wir setzen daher in diesem Abschnitt $2\mu = m$, wobei m die Masse eines Nukleons ist. Die Lösungsfunktion $u(r)$ können wir dabei so interpretieren, daß $|u|^2 dr$ ein Maß ist für die Wahrscheinlichkeit, daß der Abstand zwischen Proton und Neutron zwischen r und $r + dr$ liegt. Als Randbedingungen für die Lösung verlangen wir $u(r) = 0$ für $r = 0$ und $r = \infty$. Die Forderung für $r = 0$ verhindert, daß $\psi(r) = u(r)/r$ am Nullpunkt divergiert. Für E haben wir die Bindungsenergie einzusetzen $E = -B = -2,2$ MeV. Ferner ist im Innern des Potentialtopfes $V(r) = -V_0$. Damit nimmt die Gleichung die Form an:

$$u'' + \frac{m}{\hbar^2}(V_0 - B)\, u = 0 \quad \text{für} \quad r < R_0$$
$$u'' - \frac{m}{\hbar^2} Bu \quad = 0 \quad \text{für} \quad r > R_0 \tag{5.4}$$

Beide Gleichungen werden gelöst durch $u = \alpha e^{ikr} + \beta e^{-ikr}$ (vgl. (4.35), wobei k durch (4.34) gegeben ist).

Unter Berücksichtigung der Randbedingung für $r = 0$ ist daher für $r < R_0$ (Index 1) analog zu (4.38)

$$u_1 = A_1 \sin k_1 r \quad \text{mit} \quad k_1 = (1/\hbar)\sqrt{m(V_0 - B)} \tag{5.5}$$

Für $r > R_0$ (Index 2) wird $k_2 = (i/\hbar)\sqrt{mB}$, so daß sich als Lösung unter Berücksichtigung der Randbedingung für $r = \infty$ ergibt

$$u_2 = A_2 e^{-r/R} \tag{5.6}$$

worin

$$R = -\frac{\hbar}{\sqrt{mB}} \tag{5.7}$$

Die Stetigkeitsbedingungen für $r = R_0$ verlangen

$$A_1 \sin k_1 R_0 = A_2 e^{-R_0/r} \tag{5.8}$$
$$k_1 A_1 \cos k_1 R_0 = -(A_2/R)e^{-R_0/r} \tag{5.9}$$

Division von (5.9) durch (5.8) ergibt

$$k_1 \cot k_1 R_0 = -\frac{1}{R}$$

Diese Gleichung enthält eine Beziehung zwischen Tiefe und Radius R_0 des Potentialtopfes. Etwas expliziter geschrieben lautet sie

$$\cot\left[\frac{m(V_0 - B)R_0^2}{\hbar^2}\right]^{1/2} = -\left[\frac{B}{V_0 - B}\right]^{1/2} \tag{5.10}$$

Der Potentialradius R_0 muß in etwa der Reichweite der Kernkräfte entsprechen, d.h., er muß nach unseren Betrachtungen in Abschn.2.2 zwischen 1,2 und 1,4 fm liegen. Setzen wir $R_0 = 1,4$ fm und $B = 2,2$ MeV in (5.10) ein, so erhalten wir $V_0 \approx 50$ MeV. Die Potentialtiefe ist daher wesentlich größer als die Bindungsenergie. Mit $V = \gg B$ können wir für (5.10) eine einfache Näherungsformel angeben. Der Betrag der rechten Seite der Gleichung ist in diesem Fall $\ll 1$, d.h., das Argument des Cotangens auf der linken Seite liegt sehr nahe bei $\pi/2$. Daher gilt näherungsweise

$$\left(\frac{\pi}{2}\right)^2 = \frac{mV_0R_0^2}{\hbar^2} \qquad V_0 = \left(\frac{\pi}{2}\right)^2 = \frac{\hbar^2}{mR_0^2} \tag{5.11}$$

oder $V_0 \approx 100/R_0^2$ (V_0 in MeV, R_0 in fm).

Je kurzzreichweitiger wir das, Potential wählen, desto tiefer muß es also sein. Unser Lösungsansatz liefert keine Aussage über die absolute Größe von R_0 oder V_0, sondern nur eine Beziehung der Art (5.10) bzw. (5.11).

Wie die Lösung (5.6), (5.7) im Außenraum zeigt, fällt die Amplitude der Wellenfunktion für den Abstand $r = R$ auf $1/e$ ab. Man bezeichnet deshalb R häufig als den „Radius des Deuterons". Unter Benutzung der Bindungsenergie von 2,2MeV ergibt sich für R ein Wert von 4,3 fm. Das ist wesentlich mehr als die Reichweite der Kernkräfte. Die Lösungsfunktion $u(r)$ ist in Fig. 65 schematisch skizziert. Innerhalb von R_0 steigt sie wie eine Sinusfunktion an und fällt im Außenraum exponentiell ab. Da es sich um den Grundzustand handelt, können innerhalb von R_0 keine Knoten vorkommen.

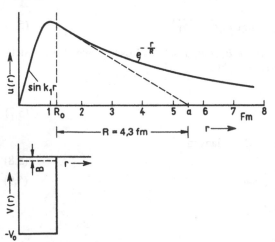

Fig. 65
Wellenfunktion und Potentialverlauf
für das einfachste Deuteron-Modell

Entsprechend der Bedeutung von $u(r)$ ist die Wahrscheinlichkeitsdichte für das System mit dem Abstand r zwischen Proton und Neutron proportional zu $|u(r)|^2$. Wenn man die gesamte Wellenfunktion normiert, stellt sich heraus, daß das Integral über den Außenraum mit $r > R_0$ einen größeren Beitrag liefert als das Integral für $r < R_0$. Der genaue Wert hängt von der Wahl des Potentialradius R_0 ab. Unter allen vernünftigen Annahmen für R_0 ist jedoch der Abstand zwischen Proton und Neutron für einen beträchtlichen Teil der Zeit größer als die Reichweite R_0 der Kräfte. Das spiegelt sich in der geringen Bindungsenergie des Deuterons von 1,1 MeV pro Nukleon. Schwerere Kerne mit ungefähr 8 MeV pro Nukleon bilden einen dichteren Verband.

Wenn man die spezielle vereinfachte Annahme eines Rechteckpotentials aufgibt und realistischere Potentialformen, etwa das Yukawa-Potential der Mesonentheorie einführt, ändert sich prinzipiell nichts an den bisherigen Betrachtungen. Zwischen Tiefe und Reichweite des Potentials ergeben sich ähnliche Beziehungen wie zuvor. Auch die Lösungsfunktionen haben ähnliche Form. Eine häufig benutzte Form der Lösung mit einfachen analytischen Eigenschaften, die der Lösung für das Rechteckpotential sehr nahe kommt, ist die sogenannte Hulthén-Wellenfunktion. Normiert hat sie die Form

$$u(r) = (e^{-r/R} - e^{-r/R_0'}) \sqrt{2\pi \left(R + R_0' - \frac{4RR_0}{R + R_0} \right)} \qquad (5.12)$$

Der Parameter R_0' spielt hier die Rolle der Reichweite des Potentials.

Alle Lösungen haben die Eigenschaft, daß das Potential tiefer wird, je kürzer R_0 gewählt wird. Über die Form des Potentials läßt sich aus den Grundzustands-Eigenschaften des Deuterons aber keine weitere Aussage machen. Wenn wir weiterhin die künstliche Beschränkung auf einen reinen S-Zustand aufgeben, müssen wir die Wellenfunktion als Summe eines S-Zustandes ψ_S und eines D-Zustandes ψ_D ansetzen: $\psi = \psi_S + \psi_D$. Zur Lösung werden jetzt zwei Radialfunktionen benötigt. Die winkelabhängigen Funktionen ergeben sich aus den Regeln für die Kopplung von Drehimpulsen. Die Lösung, auf die wir hier nicht eingehen wollen, kann benutzt werden, um das magnetische Moment und das Quadrupolmoment zu berechnen. Durch Vergleich mit dem experimentell bestimmten Wert ergibt sich die Wahrscheinlichkeit P_D dafür, das System im D-Zustand zu finden. Die genaue Rechnung enthält jedoch unsichere Korrekturen, die auf das Verhalten der anomalen magnetischen Momente von Proton und Neutron zurückgehen. Man muß sich daher mit dem Ergebnis begnügen, daß P_D zwischen 2 und 8 % liegt.

Ein Potentialansatz der in diesem Abschnitt beschriebenen Art reicht hin, einige einfache Eigenschaften des Deuterons zu verstehen. Er lehrt, daß wir bei der durch die Betrachtungen von Abschn. 2.2 nahegelegten Reichweite der Kernkräfte mit einer Potentialtiefe rechnen müssen, die in der gleichen Größenordnung liegt wie die aus dem Fermi-Gas-Modell erschlossene (vgl. Gl. (2.39)). Wir erhalten aber weder über die Form des Potentials Aufschluß noch können wir die Ursache für Spin und Quadrupolmoment des Deuterons verstehen. Man muß daher versuchen, durch Streuexperimente weiteren Aufschluß über das Nukleon-Nukleon-Potential zu gewinnen.

Literatur s. bei Abschn. 5.5.

5.2 Nukleon-Nukleon-Streuung, Spinabhängigkeit der Kernkräfte

Die Tatsache, daß kein gebundener Singulettzustand (Spin 0) des Deuterons beobachtet wird, weist auf eine Spinabhängigkeit der Neutron-Proton-Kraft hin. Eine quantitative Betrachtung zeigt, daß die Wechselwirkung zwischen den magnetischen Momenten von Proton und Neutron größenordnungsmäßig zu klein ist, um diese Erscheinung zu erklären[1]).

Genauere Einsicht in die Spinabhängigkeit der Kernkräfte gewinnt man durch das Studium von Neutron-Proton-Streuexperimenten bei niedriger Energie. Wir wollen zunächst voraussetzen, daß die Neutronenenergie so klein sei, daß reine s-Wellen-Streuung vorliegen (vgl. S. 121, Tab. 4). Die Streuung ist in diesem Falle isotrop und es genügt, den totalen Wirkungsquerschnitt anzugeben (Gl. (4.29)). Der Anschaulichkeit halber wollen wir zunächst fragen, welchen Wirkungsquerschnitt für die Neutron-Proton-Streuung wir erwarten, wenn wir das im letzten Abschnitt besprochene einfache Modell der Wechselwirkung zwischen diesen Teilchen zugrunde legen, also ein Potential der Form (5.1) und Wellenfunktionen der Form (5.5) und (5.6). Eine etwas allgemeinere Betrachtung werden wir anschließend geben. Wenn die Neutronenenergie hinreichend klein ist (Grenzfall $k \to 0$), ist der Wirkungsquerschnitt σ_0 nach (4.53) durch das Quadrat der Streulänge a gegeben: $\sigma_0 = 4\pi a^2$. Die Streulänge ist aus der Lösung (5.6) einfach zu berechnen. Man erhält a, wenn man eine Gerade mit der Steigung $(du_2/dr)_{r=R_0}$ durch den Punkt $r = R_0$ legt und ihren Schnittpunkt mit der r-Achse bestimmt (vgl. Fig. 54). Die einfache Rechnung ergibt

$$a = R + R_0 \qquad (5.13)$$

Die Streulänge ist in Fig. 65 eingezeichnet (vgl. auch Fall a in Fig. 55). Mit den von uns benutzten Werten $R_0 = 1,4$ fm und $R = 4,3$ fm ergibt sich für den totalen Wirkungsquerschnitt $\sigma_0 = 4\pi a_2 = 4\pi(5,7)^2$ fm$^2 = 4 \cdot 10^{-24}$ cm$^2 = 4$b. Für eine etwas realistischere Potentialform, etwa ein Yukawa-Potential, ergeben sich etwas andere Werte, jedoch überschreitet unter allen vernünftigen Annahmen σ_0 nicht den Wert von etwa 9 Barn.

Dieses Ergebnis muß verglichen werden mit den Meßwerten für den Streuquerschnitt bei kleinen Neutronen-Energien. Da sich unterhalb von etwa 10 eV der Einfluß der chemischen Bindung auf den Streuquerschnitt bemerkbar macht, vergleichen wir mit dem Wirkungsquerschnitt bei ungefähr 10 eV. Das Experiment ergibt hierfür $\sigma = 20,3$ b. Das steht in eklatantem Widerspruch zu unserer Erwartung.

Einen Ausweg hat zuerst Wigner durch folgende Betrachtung gezeigt: Beim Deuteron stehen im Grundzustand beide Spins parallel. Bei einem Streuexperiment von unpolarisierten Neutronen an Wasserstoff ist das nicht der Fall. Wenn wir etwa die Spinrichtung des einfallenden Neutrons als Quantisierungsrichtung nehmen, so kann der Spin des Protons parallel oder antiparallel dazu stehen. Da es drei Triplett-Zustände mit den magnetischen Quantenzahlen $m = 1, 0$ und -1 gibt, aber nur einen

---

[1]) Die magnetostatische Energie zwischen Proton und Neutron kann man nach Formel 68 des Anhangs abschätzen. Für einen mittleren Abstand zwischen Proton und Neutron von 4 Fermi erhält man eine magnetische Energie von etwa 1 keV. Da der Spin-1-Zustand mit 2,2 MeV gebunden ist, würde ein Effekt der elektromagnetischen Wechselwirkung nicht ausreichen, um zu erklären, daß der Spin-Zustand ungebunden ist.

Singulett-Zustand, verhalten sich bei einem Streuexperiment die statistischen Gewichte von Triplett- zu Singulett-Streuung wie 3/4 zu 1/4. Wenn nun – und das ist die entscheidende Annahme – die Kernkräfte spinabhängig sind, ist das Streupotential und damit der Wirkungsquerschnitt für die beiden Streuprozesse verschieden. Wir müssen dann schreiben

$$\sigma_0 = \frac{3}{4}\sigma_t + \frac{1}{4}\sigma_s = 20{,}3 \text{ Barn} \tag{5.14}$$

Für den Triplett-Wirkungsquerschnitt σ_t können wir den vom Deuteron-Potential abgeleiteten Wert nehmen, der Singulett-Wirkungsquerschnitt σ_s ergibt sich dann aus dem gemessenen totalen Wirkungsquerschnitt. Für eine realistische Annahme von σ_t = 4,4 Barn erhalten wir σ_s = 68 Barn. Der Hauptbeitrag rührt also von der Singulett-Streuung her, für den das Deuteron-Potential nicht benutzt werden darf.

Aus dem Wirkungsquerschnitt für die Singulett-Streuung läßt sich der Betrag der zugehörigen Streulänge a_s herleiten, in unserem Falle ergibt sich $|a_s|$ = 23,3 fm. Das Vorzeichen von a_s ist damit aber nicht bestimmt. Es ist aus folgendem Grunde interessant. Bei Fall b) von Fig. 55 wurde gezeigt, daß die Streulänge dann negativ wird, wenn das Potential zwar anziehend ist, aber kein gebundener Zustand existiert. Eine Bestimmung des Vorzeichens von a_s gibt also Aufschluß darüber, ob ein gebundener Zustand mit Spin 0 für das Proton-Neutron-System existiert oder nicht.

Das Vorzeichen von a_s läßt sich ermitteln aus der Streuung von langsamen Neutronen an Molekülen von Parawasserstoff [Sch 37]. Bei Orthowasserstoff stehen die Spins der beiden Protonen des H_2-Moleküls parallel, bei Parawasserstoff antiparallel. Parawasserstoff läßt sich bei Temperaturen von weniger als 20 K nahezu rein darstellen. Wenn die Neutronenwellenlänge groß ist gegenüber dem Abstand der beiden Protonen, überlagern sich die beiden auslaufenden Streuwellen kohärent. Man beobachtet daher bei der Streuung Interferenzeffekte, aus denen sich das Vorzeichen der Streulänge ergibt. Aus diesem Experiment folgt eindeutig, daß a_s negativ ist. Es kann also keinen gebundenen Singulett-Zustand des Proton-Neutron-Systems geben.

Das wesentliche Resultat dieser Betrachtungen ist, daß die Kraft zwischen Proton und Neutron von der relativen Spinorientierung abhängt. Die Kraft ist so beschaffen, daß nur bei parallelem Spin ein gebundener Zustand existiert. Da wir aus der Kleinheit des Quadrupolmoments wissen, daß beim Deuteron hauptsächlich Zentralkräfte wirken, haben wir es mit einer spinabhängigen Zentralkraft zu tun. Eine solche Kraft ist völlig verschieden etwa von einer Dipol-Dipol-Wechselwirkung und hat keine Analogie in der klassischen Physik oder der Atomphysik.

Die bisherigen Erörterungen basierten auf einem speziellen einfachen Modellpotential. Wir wissen aber bereits, daß ganz verschiedene Potentialformen zu dem gleichen Ergebnis für den Wirkungsquerschnitt führen können. Mit Hilfe der in Abschn. 4.5 entwickelten Begriffe können wir leicht eine Formulierung für den Streuprozeß angeben. Dabei können wir gleichzeitig die Beschränkung auf den Grenzfall $k \to 0$ aufgeben.

Ausgehend von $\sigma_0 = (4\pi/k^2)\sin 2\delta_0$ (4.28), (4.29) erhalten wir mit $^2\delta = 1/(1 + \cot^2 \delta)$ und Gl. (4.62) für niedrige Energien

$$\sigma_s = \frac{4\pi}{k^2 + \left[-a_s^{-1} + \frac{1}{2} r_{e(s)} k^2 \right]^2}; \qquad \sigma_t = \frac{4\pi}{k^2 + \left[-a_t^{-1} + \frac{1}{2} r_{e(t)} k^2 \right]^2} \qquad (5.15)$$

Hier ist r_e die effektive Reichweite und k die Wellenzahl im Außenraum. Die Indizes s und t beziehen sich auf Singulett- bzw. Triplett-Streuung. Die so bestimmten Größen σ_s und σ_t sind in (5.14) zu benutzen, um den totalen Streuquerschnitt σ_0 zu erhalten. Unabhängig von jeder Potentialform ist der Streuprozeß im Energiebereich bis etwa 10 MeV daher durch jeweils zwei Parameter für Triplett- und Singulett-Streuung völlig beschrieben. Eine Analyse der experimentellen Daten führt zu folgenden Werten [Noy 71, Dav 68]:

$$a_t = (5,426 \pm 0,004) \text{ fm} \qquad t_{e,t} = (1,763 \pm 0,005) \text{ fm}$$
$$a_s = (-23,715 \pm 0,015) \text{ fm} \qquad t_{e,s} = (2,73 \pm 0,03) \text{ fm}$$

Die Streuung von Neutronen mit $l = 0$, auf die unsere bisherigen Betrachtungen beschränkt waren, gibt zwar Aufschluß über die Spinabhängigkeit der Kernkraft, nicht aber über irgendwelche Einzelheiten der Potentialform. Um mehr zu erfahren, muß man zu Streuexperimenten mit Neutronen kürzerer Wellenlänge übergehen. Dann tragen höhere Bahndrehimpulse bei, so daß die Streuung nicht mehr isotrop ist. Wie Tab. 4 zeigt, ist λ für 100 MeV Neutronen kleiner als der Kerndurchmesser. Die Behandlung der Streuung nach der Bornschen Näherung in Abschn. 4.6 hat gezeigt, daß bei Streuung an einem Rechteckpotential die Hauptintensität der Streuteilchen in Vorwärtsrichtung geht (vgl. (4.81) und das anschließende Beispiel). Die Winkelverteilungen, die man in diesem Energiebereich bei der Neutron-Proton-Streuung expe-

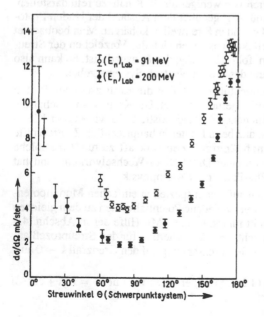

Fig. 66
n-p-Streuquerschnitt als Funktion des Streuwinkels im Schwerpunktsystem; nach [Boh 69]

rimentell beobachtet, stehen zu diesem Bilde in scharfem Kontrast (Fig. 66). Sie zeigen einen starken Anstieg unter Rückwärtswinkeln. Er läßt sich verstehen, wenn man annimmt, daß bei der Wechselwirkung ein π-Meson ausgetauscht wird. Beim Streuprozeß verwandelt sich dann das Neutron in ein Proton und umgekehrt, so daß sich das rückwärtslaufende Neutron auf der Bahn des ursprünglichen Protons bewegt (vgl. die Skizze in Fig. 67). Das entspricht unserer ursprünglichen Vorstellung vom Austauschcharakter der Kernkräfte. Wenn die Wechselwirkung aber nur von einem Potential bewirkt würde; das durch Koordinatenaustausch beschrieben wird, so würde der Anstieg unter Vorwärtswinkeln in Fig. 66 fehlen. Das Potential muß also einen weiteren Anteil enthalten, der nicht durch Koordinaten-Austausch verursacht wird.

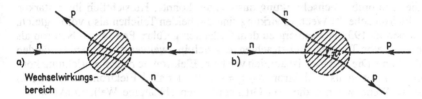

Fig. 67 n-p-Streuung a) ohne, b) mit Austausch eines π-Mesons (Schwerpunktkoordinaten)

Soweit unsere qualitative Diskussion der Streuexperimente bei höherer Energie. Quantitativ lassen sich die Winkelverteilungen durch eine Streuphasen-Zerlegung analysieren. Nach dem in Abschn.4.3 beschriebenen Verfahren kann man dann empirisch Potentialformen suchen, aus denen sich die gemessenen Streuphasen ergeben. In Abschn. 5.5 wird ein Beispiel hierfür gegeben. Um die Spinabhängigkeit des Potentials aufzuklären, muß man ferner Streuexperimente ausführen, bei denen auch die Polarisation der Streupartner beobachtet wird.

Literatur zu diesem Abschnitt wie bei Abschn. 5.5.

5.3 Ladungsunabhängigkeit der Kernkräfte, Isospinformalismus

Wir haben im letzten Abschnitt die Streuung zwischen Protonen und Neutronen betrachtet. Es erhebt sich jetzt die Frage, ob wir für die n-n-Streuung und die p-p-Streuung das gleiche Streupotential wie für die n-p-Streuung verwenden dürfen. Zunächst müssen wir dabei berücksichtigen, daß es sich bei den (n-n)- und (p-p)- Prozessen um die Streuung identischer Teilchen handelt. Im Streuquerschnitt treten also die üblichen Austauschterme (4.110) für die Streuung identischer Fermionen auf. Bei der Protonenstreuung addiert sich ferner zur Streuamplitude der Kernkräfte die Coulomb-Streuamplitude. Wenn man beide Effekte rechnerisch berücksichtigt, ergeben sich aus dem experimentell gemessenen Wirkungsquerschnitt tatsächlich nahezu die gleichen Parameter für alle 3 möglichen Streuprozesse zwischen Nukleonen. Der Streuquerschnitt hängt daher offensichtlich nicht von der elektrischen Ladung der Nukleonen ab: Die Kernkräfte sind ladungsunabhängig.

Ein genauer Vergleich der Streudaten zeigt allerdings, daß die n-p-Wechselwirkung etwa 1,5 % stärker zu sein scheint als die p-p-Wechselwirkung, jedoch gehen in die Analyse schwierig zu berechnende elektromagnetische Korrekturen ein, die mit einer gewissen Unsicherheit behaftet sind. Die n-n-Streulänge, die sich aus Reaktionen ermitteln läßt, bei denen zwei Neutronen im Endzustand auftreten, läßt jedoch den Schluß zu, daß n-n- und p-p-Wechselwirkung gleich stark sind. Diese Tatsache nennt man Ladungssymmetrie der Kernkräfte. Eine der Ursachen für den Unterschied zwischen n-p- und p-p-Streuamplitude liegt darin, daß beim p-p-Prozeß (und beim n-n-Prozeß) nur π^0-Mesonen ausgetauscht werden, während bei der n-p-Streuung geladene Mesonen beitragen. Der Massenunterschied zwischen π^0 und $\pi^\pm$ bewirkt eine verschieden starke Wechselwirkung.

Die Ladungsunabhängigkeit der Kernkräfte bedeutet folgendes. Proton und Neutron sind im Sinne des Pauli-Prinzips sicherlich zunächst keine identischen Teilchen. Die zwischen beiden Teilchen wirkende Kernkraft würde sich aber nicht ändern, wenn man die Coulomb-Wechselwirkung ausschalten könnte. Hinsichtlich ihrer starken (oder „hadronischen") Wechselwirkung sind die beiden Teilchen also völlig gleich. Das hat bereits 1932 Heisenberg zu dem Gedanken geführt, Proton und Neutron als ein und dasselbe Teilchen zu betrachten, das sich in zwei verschiedenen Zuständen befinden kann. Die Situation ist ähnlich wie beim Elektron. Je nach Spinrichtung können uns Elektronen als ↑-Elektronen ($m_s = + 1/2$) oder als ↓-Elektronen ($m_s = - 1/2$) begegnen. Wenn wir nur die von Ortskoordinaten abhängige Wellenfunktion betrachten, dürfen die beiden Elektronen zunächst nicht als identische Teilchen behandelt werden (vgl. A, Abschn. 7.2). Wenn man aber für das Elektron eine interne Variable $\vec{s}$ einführt, die zu genau zwei Eigenzuständen ↑ und ↓ führt, dürfen alle Elektronen als identisch behandelt werden, aber sie haben nun einen inneren Freiheitsgrad. Dies geschieht bei der Einführung des Elektronenspins. Wenn man ein Magnetfeld anlegt, kann man die beiden Zustände ↑ und ↓ des Elektrons experimentell unterscheiden. Die Wechselwirkung zwischen zwei Elektronen, d.h. die Coulombkraft, ist aber unabhängig davon, ob es sich um einen ↑- oder einen ↓-Zustand handelt.

Man kann nun versuchen, in Analogie hierzu Proton und Neutron als zwei Zustände des gleichen Teilchens, des Nukleons, aufzufassen, die wir mit ↑ und ↓ bezeichnen. Die Pfeile haben jetzt nichts mehr mit dem Ortsraum zu tun, sie unterscheiden Proton und Neutron in einem abstrakten Raum. Die beiden Zustände lassen sich durch Anlegen eines elektrischen Feldes unterscheiden, aber die Kernkräfte zwischen beiden Teilchen sind unabhängig davon, ob es sich um einen ↑- oder ↓-Zustand handelt. Die Orientierung unseres Pfeils ist eine Observable, d.h. sie wird durch einen hermitischen Operator beschrieben, der genau zwei Eigenwerte haben muß. Man kann daher versuchen, zur Unterscheidung von Proton und Neutron den gleichen mathematischen Apparat zu verwenden, der bereits bei Elektronen zur Unterscheidung von zwei alternativen Zuständen erfolgreich war. Dieses Konzept hat sich als außerordentlich weittragend erwiesen. Es führt zur Einführung eines Vektors, des Isospins, der alle mathematischen Eigenschaften eines Drehimpulses hat, der aber in einem abstrakten Raum definiert ist. Die Orientierung dieses Vektors im Isospin-Raum gibt den Ladungszustand des Systems an, dessen hadronische Wechselwirkung aber von dieser Orientierung unabhängig ist. Dieser Ansatz ist auch für die Teilchenphysik sehr wichtig. Wir wollen ihn für ein Nukleonensystem jetzt näher erläutern.

Es liegt nach dem eben Gesagten im Konzept des Isospins, daß man zu seiner Beschreibung den mathematischen Formalismus des gewöhnlichen Spins einfach übernehmen kann (A, Abschn. 4.3). Wir wollen trotzdem hier das Wichtigste wiederholen und gleichzeitig einige in der Kernphysik gebräuchliche Schreibweisen einführen. Man fügt zur Beschreibung des gewöhnlichen Spins der räumlichen Wellenfunktion eine zweikomponentige Größe etwa in der Form der Spaltenvektoren $\binom{1}{0}$ und $\binom{0}{1}$ hinzu, um die beiden Zustände zu unterscheiden. Ähnlich können wir bei der Unterscheidung der Nukleonen verfahren. Die Wellenfunktion eines Protons sei beschrieben durch $\psi_p = \psi_N \uparrow = \psi_N \binom{1}{0}$, wo ψ_N die Nukleonwellenfunktion ist. Dabei kann ψ_N etwa eine Lösungsfunktion der Schrödinger-Gleichung für ein Kernkraftpotential sein, ohne daß definiert wäre, ob es sich um ein Proton oder ein Neutron handelt. Entsprechend schreiben wir für das Neutron $\psi_p = \psi_N \downarrow = \psi_N \binom{0}{1}$. Da wir uns in diesem Zusammenhang nur für die Variable interessieren, die angibt, ob ein Proton oder Neutron vorliegt, lassen wir zur Abkürzung die Nukleonenwellenfunktion ψ_N fort (sie enthält die Raum- und Spinkoordinaten) und schreiben für einen Neutronenzustand des Nukleons $\binom{0}{1} = \nu$ und für einen Protonenzustand $\binom{1}{0} = \pi$. Solche zwei komponentigen Größen lassen sich rechnerisch durch zweireihige Matrizen verknüpfen.

Bis jetzt haben wir nur eine Variable in der Zustandsfunktion eingeführt, die eine Neutronen-Wellenfunktion von einer Protonen-Wellenfunktion unterscheidet. Wir brauchen nun noch einen (hermitischen) Operator, als dessen Eigenwerte sich zwei Quantenzahlen ergeben, die den Zustand des Nukleons als Proton oder Neutron charakterisieren. Dies ist die zugehörige „Observable" (Meßmethode: Anlegen eines elektrischen Feldes), die den zwei Spinzuständen des Elektrons $m_s = + 1/2$ und $m_s = - 1/2$ entspricht (Meßmethode: Anlegen eines Magnetfeldes). Da wir alles analog zum Spin konstruieren wollen, sollen die Isospin-Quantenzahlen die Werte $+ 1/2$ und $-1/2$ haben. Das ist für ein System mit nur zwei Zuständen die einzig sinnvolle Wahl, da sich die z-Komponenten einer Drehimpulsgröße immer mindestens um den Wert 1 unterscheiden müssen. Den gewünschten Operator nennen wir τ_z. Er ist definiert durch

$$\tau_z \pi = \frac{1}{2} \pi \qquad \tau_z \nu = -\frac{1}{2} \nu \qquad (5.16)$$

Genau wie s_z beim Spin, ist τ_z die nur zweier Werte fähige z-Komponente des Isospin-Vektors. Der Isospinraum hat aber, wie schon gesagt, weder mit dem Ortsraum noch mit dem Drehimpuls etwas zu tun. Eine z-Komponente $+ 1/2$ des Isospins charakterisiert also ein Proton, eine z-Komponente $- 1/2$ ein Neutron. Für den Operator τ_z läßt sich leicht eine Matrixdarstellung finden, nämlich $\tau_z = \frac{1}{2}\begin{pmatrix} 1 & 0 \\ 0 & -1 \end{pmatrix}$. Das kann man durch Nachrechnen leicht verifizieren:

$$\tau_z \pi = \frac{1}{2}\begin{pmatrix} 1 & 0 \\ 0 & -1 \end{pmatrix}\begin{pmatrix} 1 \\ 0 \end{pmatrix} = \frac{1}{2}\begin{pmatrix} 1 \\ 0 \end{pmatrix} = \frac{1}{2}\pi \qquad (5.17)$$

$$\tau_z \nu = \frac{1}{2}\begin{pmatrix} 1 & 0 \\ 0 & -1 \end{pmatrix}\begin{pmatrix} 0 \\ 1 \end{pmatrix} = -\frac{1}{2}\begin{pmatrix} 0 \\ 1 \end{pmatrix} = -\frac{1}{2}\nu \qquad (5.18)$$

Wir können weiter zwei Operatoren τ^+ und τ^- mit folgenden Eigenschaften definieren:

$$\tau^+v = \pi \qquad \tau^+\pi = 0 \qquad\qquad\qquad (5.19) \quad (5.21)$$

$$\tau^-v = 0 \qquad \tau^-\pi = v \qquad\qquad\qquad (5.20) \quad (5.22)$$

d.h., τ^+ auf eine Neutronenwellenfunktion angewandt, gibt eine Protonenwellen-funktion usw. Als Matrixdarstellung für die beiden Operatoren τ^+ und τ^- findet man

$$\tau^+ = \begin{pmatrix} 0 & 1 \\ 0 & 0 \end{pmatrix} \qquad \tau^- = \begin{pmatrix} 0 & 1 \\ 1 & 0 \end{pmatrix} \qquad\qquad (5.23)\,(5.24)$$

Wiederum rechnet man leicht nach

$$\tau^+v = \begin{pmatrix} 0 & 1 \\ 0 & 0 \end{pmatrix}\begin{pmatrix} 0 \\ 1 \end{pmatrix} = \begin{pmatrix} 1 \\ 0 \end{pmatrix} \qquad \tau^+v = \begin{pmatrix} 0 & 1 \\ 0 & 0 \end{pmatrix}\begin{pmatrix} 1 \\ 0 \end{pmatrix} = \begin{pmatrix} 0 \\ 0 \end{pmatrix} \quad \text{usw.}$$

Die Operatoren τ^+, τ^- entsprechen den „Leiteroperatoren" des gewöhnlichen Spins. In völliger Analogie zum Spin kann man ferner als Basis zur Darstellung aller mög-lichen Isospin-Operatoren folgenden Satz von Matrizen wählen:

$$\tau_x = \frac{1}{2}\begin{pmatrix} 0 & 1 \\ 1 & 0 \end{pmatrix} \qquad \tau_y = \frac{1}{2}\begin{pmatrix} 0 & -i \\ i & 0 \end{pmatrix} \qquad \tau_z = \frac{1}{2}\begin{pmatrix} 1 & 0 \\ 0 & -1 \end{pmatrix} \qquad (5.25)$$

und die Einheitsmatrix $1 = \begin{pmatrix} 1 & 0 \\ 0 & 1 \end{pmatrix}$.

Die Größen τ_x, τ_y und $\tau_z =$ sind gerade die 3 Komponenten des Isospinvektors $\vec{\tau}$. Allerdings ist nur die z-Komponente beobachtbar. Die beiden anderen Komponenten sind so gewählt, daß die Vertauschungsrelationen $\vec{\tau} \times \vec{\tau} = i\vec{\tau}$ erfüllt sind (vgl. A, (3.45)), in Komponenten also beispielsweise

$$\tau_x\tau_y - \tau_y\tau_x = i\tau_z \quad \text{usw.} \qquad\qquad\qquad (5.26)$$

Die beiden Operatoren τ^+ und τ^- lassen sich mit (5.25) in folgender Form schreiben:

$$\tau^+ = \tau_x + i\tau_y \qquad \tau^- = \tau_x - i\tau_y \qquad\qquad (5.27) \quad (5.28)$$

Man bestätigt die Relationen wiederum leicht durch Nachrechnen.

Wenn es nur darum ginge, Proton und Neutron zu unterscheiden, wäre die eben ein-geführte Beschreibungsmethode unnötig kompliziert. Das Entscheidende ist die Trag-fähigkeit dieses Konzepts bei konsequenter Anwendung der Analogie zwischen gewöhnlichem Spin und Isospin. Man kann nämlich den Isospin-Formalismus auf Systeme mit mehreren Nukleonen ausdehnen. Dies erlaubt es, Systeme von mehre-ren Nukleonen mit Hilfe von Isospin-Wellenfunktionen ladungsunabhängig zu be-schreiben. Zunächst können wir die Isospin-Vektoren $\vec{\tau}$ der einzelnen Nukleonen genau wie die Spin-Vektoren $\vec{s}$ zu einem Gesamtisospin $\vec{T}$ addieren:

$$\vec{T} = \sum_{k-1}^{A} \vec{\tau}_k \qquad\qquad\qquad (5.29)$$

Simultane Beobachtungsgrößen können nur sein die Eigenwerte von T^2 und die Werte der z-Komponente T_z. Dabei hat T^2 die Eigenwerte $T(T+1)$, wo T eine Zahl zwischen 0 und $A/2$ sein kann, da jeder Summand in (5.29) eine z-Komponente vom Betrag $1/2$ beiträgt („Isospinquantenzahl"). Für ein bestimmtes T gibt es $(2T+1)$ mögliche Werte von T_z. Das entspricht völlig dem normalen Spin-Formalismus.

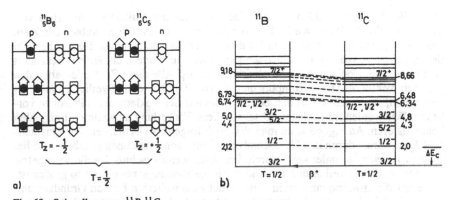

Fig. 68 Spiegelkernpaar ^{11}B-^{11}C
a) Nukleonen-Konfiguration (schematisch, die offenen Pfeil bezeichnen den Isospin)
b) „Isobarendiagramm": die Niveauleitern sind so gegeneinander verschoben, daß die Wirkung der Coulomb-Energie und der Neutron-Proton-Massendifferenz eliminiert wird. Die Isospin-Dubletts sind durch gestrichelte Linien verbunden. In Wirklichkeit liegt der ^{11}C-Grundzustand um die Energie ΔE_C höher

Was ist nun die Bedeutung des Vektors $\vec{T}$? Wir versuchen, dies anhand von Fig. 68 zu erläutern, wo unter a) Nukleonen-Konfigurationen für die beiden Spiegelkerne ^{11}C und ^{11}B schematisch dargestellt sind[1]). Spiegelkerne sind Kerne, die durch Vertauschen der Protonen- und Neutronenzahl auseinander hervorgehen, also durch elektrische „Umladung" der Nukleonen. Wenn wir uns nun die Coulomb-Wechselwirkung ausgeschaltet denken, sollten wegen der Ladungsunabhängigkeit der Kernkräfte die beiden Spiegelkerne exakt die gleichen Wellenfunktionen haben, also auch die gleichen Eigenschaften aufweisen. Wie das unter b) gezeigte Niveauschema für angeregte Zustände zeigt, ist das auch weitgehend der Fall. Die wirklichen Zustände sind natürlich durch die Coulombenergie gegeneinander verschoben, so daß ^{11}C eine größere Energie hat und durch β^+-Zerfall in ^{11}B übergehen kann. Im Konfigurationsschema der beiden Kerne sind die Isospinrichtungen der Nukleonen durch offene Pfeile eingezeichnet. Man erkennt sofort, daß zur Summe der z-Komponenten des Isospins der einzelnen Nukleonen nur das jeweils überschüssige Nukleon beiträgt, so daß die beiden Werte für T_z gerade $+1/2$ und $-1/2$ sind. Da es genau diese beiden z-Komponenten gibt, muß auch die Quantenzahl $T = 1/2$ sein. Die beiden Spiegelzustände unterscheiden sich also durch die Stellung des Vektors T im Isospinraum: Bei ^{11}C zeigt T nach „oben" ($T_z = +1/2$) und bei ^{11}B nach „unten" ($T_z = -1/2$). Verallgemeinert lautet die Lehre aus diesem Beispiel so: Wenn wir nur die Wirkung der Kernkräfte in Betracht ziehen, ist die Wellenfunktion eines Kerns völlig bestimmt

---

[1]) In dieser schematischen Darstellung ist einfach jeder fiktive, aufgrund der Kernkräfte (aber ohne elektromagnetische Wechselwirkung) entstehende Quantenzustand mit vier Nukleonen besetzt worden, nämlich je zwei für die beiden Spinrichtungen der jeweils identischen Teilchen. Proton und Neutron sind nicht identisch, daher dürfen sie im gleichen Nivesu untergebracht werden. Ihr Unterschied wird durch τ_z charakterisiert. Nach Abschalten der elektromagnetischen Wechselwirkung hat τ_z aber keinen Einfluß auf die Energie. In diesem einfachen Schema wurde auf die realistische Niveaufolge, wie sie sich aus dem Schalenmodell ergibt, keine Rücksicht genommen. Das ist für unsere gegenwärtige Argumentation belanglos.

durch die Besetzungszahlen der einzelnen Niveaus mit Nukleonen von zwei verschiedenen Sorten. Wenn wir im Rahmen des vom Pauli-Prinzip Erlaubten den Kern „umladen", also z. B. Protonen in Neutronen verwandeln, aber die Besetzungszahl der einzelnen Niveaus mit Nukleonen gleich welcher Sorte nicht ändern, so ändert sich an der nukleonischen Wechselwirkung nichts. Alle diese Zustände haben den gleichen Vektor $\vec{T}$. Die z-Komponenten T_z von $\vec{T}$ geben den jeweiligen Ladungszustand an, sagen also etwas darüber aus, wieviele der Nukleonen als Protonen vorliegen. Wir werden im nächsten Abschnitt diese Vorstellung an weiteren Beispielen konkretisieren. An Fig. 68 kann man sich noch folgendes klarmachen. Die Quantenzahl T_z ist immer durch den Überschuß einer Sorte von Nukleonen gegeben, also bei stabilen Kernen normalerweise durch den Neutronenüberschuß. Da die Symmetrie der Orts- und Spinwellenfunktion und somit die Bindungsenergie um so größer ist, je kleiner die Isospinquantenzahl T ist, findet man weiterhin für den Grundzustand immer $T = |T_z|$. Da τ_z nur die Werte $+1/2$ (Proton) oder $-1/2$ (Neutron) haben kann, ergibt sich für T_z aus (5.29) unmittelbar

$$T_z = \sum_{k=1}^{A} \tau_z^{(k)} = \frac{1}{2}(Z - N) \tag{5.30}$$

Die z-Komponente des Isospins für einen Kern aus mehreren Nukleonen hat also eine sehr anschauliche Bedeutung: Sie ist gleich dem halben Neutronen-Überschuß[1]. Mit dieser Beziehung hängt der Name „Isospin" zusammen. Für den Grundzustand einer Reihe von isobaren Kernen können wir nämlich nach (5.30) T_z sofort angeben:

Kern: $^{45}_{20}Ca_{25}$ $^{45}_{21}Sc_{24}$ $^{45}_{22}Ti_{23}$ $^{45}_{23}V_{22}$ $^{45}_{24}Cr_{21}$ $^{45}_{25}Mn_{20}$

T_z: $-5/2$ $-3/2$ $-1/2$ $+1/2$ $+3/2$ $+5/2$

Hier definiert also T_z einen bestimmten Kern aus einer Isobarenreihe. T erhielt daher ursprünglich den Namen „Isobaren-Spin" (ungenau auch „Isotopen-Spin"), der meist zu Isospin abgekürzt wird[2].

Es sie hier noch erwähnt, daß sich mit Hilfe des Isospin-Formalismus viele Eigenschaften der Nukleonen formal in einer manchmal bequemen Weise darstellen lassen: Einige Beispiele:

Elektrische Ladung $q = \left(\dfrac{1}{2} + \tau_z\right) e$ \hfill (5.31)

Masse $m = \left(\dfrac{1}{2} + \tau_z\right) m_p + \left(\dfrac{1}{2} - \tau_z\right) m_n = \dfrac{m_p + m_n}{2} + (m_p - m_n)\tau_z$ \hfill (5.32)

Magnetisches Moment $\mu = \left(\dfrac{1}{2} + \tau_z\right) \mu_p + \left(\dfrac{1}{2} + \tau_z\right) \mu_n = \dfrac{\mu_p + \mu_n}{2} + (m_p - m_n)\tau_z$ \hfill (5.33)

---

[1] Bei unserer Vorzeichen-Definition von $\tau_z = -1/2$ für das Neutron hat T_z für Kerne mit Neutronenüberschuß negatives Vorzeichen. Das Vorzeichen beruht auf Konvention. Die hier getroffene Wahl schließt sich dem Gebrauch in der Elementarteilchen-Physik an. In einem Teil der kerophysikalischen Literatur sind die Vorzeichen umgekehrt definiert.

[2] Bei der dargestellten Reihe von Grundzuständen handelt es sich nicht um ein Isospin-Multiplett! Ein Isospin-Multiplett liegt dann vor, wenn die verschiedenen z-Komponenten zum gleichen Wert von T gehören (vgl. Abb. 70). Für die Grundzustände der hier aufgeführten Isobarenreihe ist jedoch jeweils $T = |T_z|$.

Diese Gleichungen sind einfach Idenditäten, je nachdem ob für τ_z der Wert + 1/2 für das Proton oder − 1/2 für das Netitron eingesetzt wird. Die in diesen Beispielen angegebenen Operatoren setzen sich jeweils aus einem von τ_z unabhängigen („isoskalaren") und einem von τ_z abhängigen („isovektoriellen") Anteil zusammen.

Die bis jetzt nur formal angegebenen Zusammenhänge sollen im folgenden an einigen einfachen Beispielen erläutert werden. Wir werden mit einem System aus zwei Nukleonen beginnen.

Abschließend sei in diesem Abschnitt noch darauf hingewiesen, daß der Begriff des Isospins auch in der Teilchenphysik eine weittragende Bedeutung hat. Wir haben die beiden Nukleonenzustände durch τ_z unterschieden. Proton und Neutron bilden im Sinne der Teilchenphysik ein Isospin-Dublett. Man findet nun andere Gruppen von Teilchen, die in verschiedenen Ladungszuständen vorkommen, deren Masse und hadronische Wechselwirkung aber gleich sind. Ein Beispiel sind die Mesonen π^+, π^0, π^-. Sie bilden ein Isospin-Triplett mit $T = 1$. Ihre Ladungszustände werden durch T_z unterschieden. Das ist eine Erweiterung des Isospinbegriffs auf allgemeine ladungsunabhängige hadronische Systeme.

Literatur zum Isospin s. bei Abschn. 5.4.

5.4 Der Isospin von Kernen, Allgemeines über Erhaltungsgrößen

Der Abschnitt beschäftigt sich nicht mit den Kernkräften, sondern er dient dazu, den Begriff des Isospins von Atomkernen näher zu erläutern. Wir kommen auf die Kernkräfte im nächsten Abschnitt zurück.

Wir beginnen damit, die Konsequenzen des Isospinbegriffs für den einfachsten Kern, nämlich für ein System aus nur zwei Nukleonen zu diskutieren. Es gibt drei Möglichkeiten, einen Kern aus zwei Nukleonen zu bilden:

Das Di-Neutron (nn) mit $T_z = -1$, das Di-Proton (pp) mit $T_z = +1$ und das Deuteron (np) mit $T_z = 0$.

Dabei ist T_z einfach die Summe der τ_z für die beiden Nukleonen (vgl. (5.30)). Da nur zwei Nukleonen vorhanden sind, kann T nicht größer sein als Eins. Für die beiden Systeme (nn) und (pp) mit $|T_z| = 1$, muß also sein $T = 1$. Für das Deuteron mit $T_z = 0$ kann T die Werte 0 oder 1 haben. Die entsprechenden Isospin-Anteile der Wellenfunktion müssen wegen der Gleichheit des mathematischen Formalismus ebenso aussehen wie die Spin-Anteile der Wellenfunktionen für ein System aus zwei Spin-1/2-Teilchen.

Wenn wir die Symbole π für einen Protonzustand und ν für einen Neutronzustand benutzen und etwa $\pi(1)\nu(2)$ bedeuten soll, daß das erste Nukleon ein Proton, das zweite ein Neutron ist, haben daher die Isospin-Wellenfunktionen die gleiche Form wie die Spinfunktionen für ein System aus zwei Fermionen (A, Gl. (7.28) und Fig. 63):

Wellenfunktion	Eigenwerte		Symmetriecharakter
	T	T_z	

$$\varphi_1^1 = \pi(1)\pi(2) \qquad\qquad 1 \quad 1$$

Isospin-Triplett, symmetrisch   (5.34)

$$\varphi_0^0 = \frac{1}{\sqrt{2}}[\pi(1)\nu(2) + \nu(1)\pi(2)] \qquad 1 \quad 0$$

bei Vertauschung der Teilchen

$$\varphi_{-1}^1 \nu(1)\nu(2) \qquad\qquad\qquad 1 \;-1$$

$$j_0^0 = \frac{1}{\sqrt{2}}[\pi(1)\nu(2) - \nu(1)\pi(2)] \qquad 0 \quad 0$$

Isospin-Singulett, antisymmetrisch

In den ersten drei Zeilen (5.34) stehen die drei Funktionen φ_1^1, φ_0^1, φ_{-1}^1, die man unter der Bedingung konstruieren kann, daß sie symmetrisch bei Vertauschung der Teilchen sind. Dagegen ist φ_0^0 die einzig mögliche antisymmetrische Funktion (Vorzeichenwechsel bei Vertauschung). Die Faktoren $1/\sqrt{2}$ sorgen für die Normierung. Bei der Behandlung des Drehimpulses eines Systems aus zwei Spin-1/2-Teilchen läßt sich zeigen, daß die drei symmetrischen Funktionen Eigenfunktionen zum Gesamtdrehimpuls $I = 1$ (paralleler Spin) mit den z-Komponenten 1, 0, −1 sind. Dagegen beschreibt die antisymmetrische Funktion den Singulett-Zustand mit $I = 0$. Für die Isospin-Funktionen gilt entsprechendes, wenn wir I durch T ersetzen.

Die beiden Zustände φ_1^1 (Di-Proton) und φ_{-1}^1 (Di-Neutron) bestehen aus identischen Teilchen. Wegen des Pauli-Prinzips müssen ihre Spins daher antiparallel stehen, d. h. es ist $I = 0$ (s. Fig. 69). Entsprechend unserer Forderung nach Ladungsunabhängigkeit der Wechselwirkung sollte dann auch der dritte zum Triplett gehörende Zustand φ_0^1 antiparallelen Spin haben. Das kann nicht der Grundzustand des Deuterons sein, da dieser den Spin $I = 1$ hat. Für diesen kommt nur noch die Isospin-Funktion φ_0^0 in Frage (Isospin-Singulett). Da aber auch φ_0^1 einen Deuteronzustand beschreibt, kann dies nur ein angeregter Zustand sein. Wir wissen aber bereits, daß es keinen gebundenen Spin-0-Zustand des Deuterons gibt. Da wegen der Ladungsunabhängigkeit der Kernkräfte die Zustände φ_1^1, φ_0^1 und φ_{-1}^1 die gleiche Energie haben (von elektromagnetischen Korrekturen abgesehen), können wir folgern: Es gibt kein gebundenes Di-Neutron oder Di-Proton. Dies entspricht dem experimentellen Befund. Die drei Zustände sind in Fig. 69 veranschaulicht.

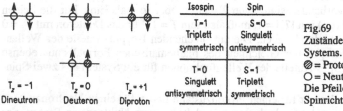

			Isospin	Spin	
			$T=1$ Triplett symmetrisch	$S=0$ Singulett antisymmetrisch	Fig.69 Zustände des Zwei-Nukleon-Systems. Es bedeutet
			$T=0$ Singulett antisymmetrisch	$S=1$ Triplett symmetrisch	⊘ = Proton (Isospin + 1/2). O = Neutron (Isospin −1/2). Die Pfeile bezeichnen die
$T_z = -1$ Dineutron	$T_z = 0$ Deuteron	$T_z = +1$ Diproton			Spinrichtung

Wieso haben nun die zu $T = 1$ und zu $T = 0$ gehörigen Zustände verschiedene Energie, obwohl wir doch von ladungsunabhängigen Kräften ausgegangen waren? Dies liegt daran, daß die Kernkräfte spinabhängig sind. Wie das Schema in Fig. 69

zu jedem der beiden Isospin-Zustände jeweils eine ganz bestimmte relative Orientierung des Spins, so daß sich für die beiden Zustände verschiedene Energien ergeben.

Wir kommen jetzt noch einmal auf das Pauli-Prinzip zurück. Ohne Berücksichtigung der Spin-Funktion, gilt das Pauli-Prinzip beispielsweise getrennt für $\uparrow$-Elektronen und für $\downarrow$-Elektronen. Für jede Sorte muß die Wellenfunktion bei Vertauschung von zwei Teilchen antisymmetrisch in den Ortskoordinaten sein. Bei Einführung der Spinfunktion werden alle Elektronen gleich behandelt, und die Wellenfunktion muß nun antisymmetrisch bei Vertauschung von Orts- und Spinkoordinate sein. Bei der Einführung des Isospins können wir diesen Schritt ein weiteres Mal wiederholen. Dies führt zu einer Generalisierung des Pauli-Prinzips in folgender Weise. Für N identische Spin-1/2-Teilchen mit den Ortskoordinaten r_k und den Spinkoordinaten σ_k ($k = 1, 2, ..., n$) fordert das Pauli-Prinzip, daß die Wellenfunktion $\psi(r_1\sigma_1 ..., r_N\sigma_N)$ antisymmetrisch sein muß für die Vertauschung von Spin- und Ortskoordinaten jedes beliebigen Paares. Bei einem System aus Proton und Neutron gilt dies zunächst separat für jede Sorte von Teilchen. Im Isospin-Formalismus werden jedoch Proton und Neutron als identisch betrachtet, aber durch die weitere Koordinate τ nach ihrem Ladungszustand unterschieden. Wir können daher das Pauli-Prinzip dahingehend verallgemeinern, daß die Wellenfunktion $\psi(r_1\sigma_1\tau_1, r_2\sigma_2\tau_2 ..., r_N\sigma_N\tau_N)$ antisymmetrisch sein muß gegen Austausch der Raum-, Spin- und Isospinkoordinate jedes beliebigen Paares von Teilchen. Wenn zwei Nukleonen von derselben Sorte ausgetauscht werden, ist der Isospin-Anteil der Wellenfunktion symmetrisch, so daß sich das ursprüngliche Pauli-Prinzip ergibt. Sind die beiden Nukleonen jedoch verschieden, kann der Isospinanteil symmetrisch oder antisymmetrisch sein, es ergibt sich also keine Einschränkung hinsichtlich der Symmetrieeigenschaften in den Raum- und Spinkoordinaten.

Wir wollen nun übergehen zum Isospin von Kernen mit mehr als zwei Nukleonen. Für $A = 3$ gibt es zwei Möglichkeiten, drei Nukleonen unter Beachtung des Pauliprinzips in der energetisch günstigsten Grundzustandskonfiguration unterzubringen: ${}^3_1H_2$ mit $T_z = -1/2$ und ${}^3_2He_1$ mit $T_z = +1/2$. Für die Grundzustände ergibt sich daher das in Fig. 70a skizzierte Bild. Für $A = 4$ gibt es nur eine Möglichkeit, alle vier Nukleonen in einem Zustand mit der gleichen Raumfunktion unterzubringen, das α-Teilchen (Fig. 70b). Die durch Spin- und Isospinfunktion bewirkte hohe Symmetrie der Raumfunktion führt zu der großen Bindungsenergie von 28 MeV.

Fig. 70
Zustände des Systems
a) mit $A = 3$
und b) mit $A = 4$

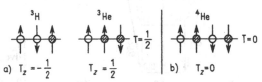

In Fig. 71 seien die Verhältnisse für das System $A = 12$ in der gleichen symbolischen Darstellung skizziert. Der Kern ${}^{12}C$ hat $T_z = 0$. Weiter hat der Grundzustand von ${}^{12}C$ ähnliche Struktur wie ein α-Teilchen: Das Pauli-Prinzip läßt keine Variation zwischen Neutronen und Protonen bei gleicher Besetzungszahl für die einzelnen Niveaus zu. Es gibt daher nur eine z-Komponente des Isospin, also ist $T = 0$. Anders ist es, wenn

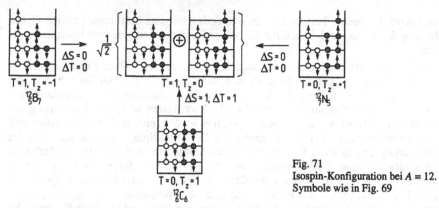

Fig. 71
Isospin-Konfiguration bei $A = 12$.
Symbole wie in Fig. 69

wir eines der Nukleonen auf das nächsthöhere Niveau heben. Dann sind die oben im Bild gezeichneten Konfigurationen möglich. Sie entsprechen den drei z-Komponenten eines Zustands mit $T = 1$, wobei der Zustand in ^{12}C angeregt sein muß, während es sich bei ^{12}B und ^{12}N um die Grundzustände handelt. Ladungsunabhängigkeit der Kernkräfte bedeutet, daß alle drei Zustände die gleiche Nukleonen-Wellenfunktion und die gleiche Energie haben müssen, sofern man Coulomb-Effekte vernachlässigt. Wir erwarten also einen angeregten Zustand in ^{12}C mit den gleichen Quantenzahlen (z.B. Spin und Parität) wie bei den Grundzuständen von ^{12}B und ^{12}N. Er sollte auch die gleiche Gesamtenergie haben, abgesehen von einer Verschiebung durch die Coulomb-Energie. In Fig. 72 ist ein vereinfachtes Niveauschema der $A = 12$ Kerne wiedergegeben das diesen Zustand zeigt.

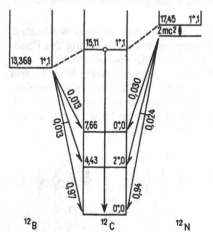

Fig. 72
Niveauschema der $A = 12$ Kerne, vereinfacht.
Bei jedem Niveau sind Energie, Spin und Isospin angegeben

Da die Coulomb-Verschiebung $\Delta E_c \approx (6/5)Z(e^2/R)$ im allgemeinen recht gut berechenbar ist, lassen sich in vielen Isobaren-Reihen solche Multipletts auffinden. Allgemein gilt, daß der Grundzustand den niedrigsten möglichen Isospin hat, also $T = |T_z|$, wie bereits im letzten Abschnitt erläutert.

Wenn man sich die elektromagnetische Wechselwirkung abgeschaltet denkt, haben alle drei $T = 1$-Niveaus in Fig. 71 die gleiche Konfiguration und die gleiche Wellenfunktion. Lediglich der Vektor $\vec{T}$ hat im Isospinraum verschiedene Orientierung, wobei die Komponente T_z angibt, wieviele Protonen und Neutronen vorhanden sind. In Abwesenheit der elektromagnetischen Wechselwirkung sind also T-Multipletts entartet. Diese Aussage ist gleichbedeutend mit der Ladungsunabhängigkeit der Kernkräfte. Das bedeutet, daß die Hamilton-Funktion unabhängig von der Orientierung von $\vec{T}$ ist, oder, anders ausgedrückt

$$[H_{\mathrm{h}}, \vec{T}] = 0 \tag{5.35}$$

d. h. der Isospin $\vec{T}$ ist eine Erhaltungsgröße. Die Bezeichnung H_{h} soll andeuten, daß in der Hamilton-Funktion nur hadronische Wechselwirkung berücksichtigt ist. In Wirklichkeit läßt sich natürlich die elektromagnetische Wechselwirkung nicht ausschalten. Dadurch wird die Entartung der T-Multiplettkomponenten aufgehoben und der Isospinraum ist nicht länger isotrop, vielmehr ist die z-Richtung mit der elektrischen Ladung verbunden. Auch der Erhaltungssatz für den Isospin ist daher nur näherungsweise erfüllt. Durch ein elektrisches Feld wird die durch (5.35) ausgedrückte

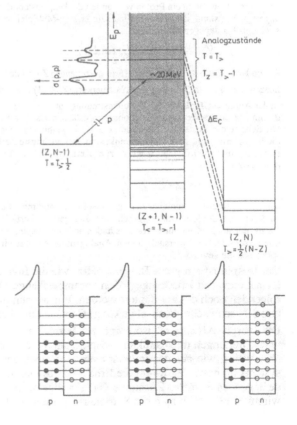

Fig. 73
Niveauschema und
Konfigurationsbilder zum
Zustandekommen
von Analogresonanzen

Invarianz eines Systems unter Drehungen im Isospinraum aufgehoben. In ganz ähnlicher Weise wird für ein System mit Drehimpuls $\vec{I}$ die Invarianz unter Drehungen im Ortsraum $[H, \vec{I}] = 0$ durch ein Magnetfeld aufgehoben. Nur kann man Systeme mit Drehimpuls ohne die Gegenwart eines Magnetfeldes sehr leicht studieren, während beim Isospin die „symmetriebrechende" elektrische Ladung prinzipiell immer vorhanden ist. Ähnlich wie auch nach Einschalten eines Magnetfelds die z-Komponente I_z des Drehimpulses eine Erhaltungsgröße ist, weil das System um die z-Richtung rotationsinvariant bleibt, ist auch beim Isospin die Komponente T_z stets eine Erhaltungsgröße. Dies bedeutet nichts anderes als die Erhaltung der elektrischen Ladung.

Der Erhaltungssatz für den Isospin hat interessante Konsequenzen. Eine davon ist die Beobachtbarkeit von Isobaren-Analogresonanzen. Was es damit auf sich hat, sei an Hand von Fig. 73 erläutert. Bei dem vorher in Fig. 71 und 72 illustrierten $A = 12$-System kann der mit 15,1 MeV angeregte $T = 1$-Zustand in ^{12}C als wohldefiniertes diskretes Niveau aufgefunden werden. Ähnlich liegen die Verhältnisse bei anderen leichten Kernen. Bei schwereren Kernen liegen die angeregten Mitglieder des Isospin-Multipletts, die „Analogzustände", im Kontinuum sich überlappender relativ breiter Zustände und sollten nicht einzeln beobachtbar sein. Überraschenderweise ist dies aber doch der Fall. Gehen wir von dem in Fig. 73 rechts dargestellten Kern (N, Z) aus, dessen Grundzustand und dessen tiefliegende Zustände den Isospin $T_> = (N - Z)/2$ haben. Wenn wir uns, ohne die Konfiguration zu ändern, das oberste Neutron in ein Proton verwandelt denken, entsteht der Kern $(Z + 1, N - 1)$ in einem hochangeregten Zustand, der offensichtlich zum Isospin-Multiplett von $T_>$ gehört. Der Grundzustand dieses Kerns hat dagegen den Isospin

$$T_< = \frac{(N-1)-(Z+1)}{2} = \frac{N-Z-2}{2} = T_> - 1.$$

Die im Kontinuum des angeregten Kerns auftretenden Zustände lassen sich z.B. beobachten als Resonanzen in der Proton-Streuung vom Nachbarkern $(Z, N - 1)$ aus. Er hat den Isospin $\frac{(N-1)-Z}{2} = T_> - \frac{1}{2}$.

In der Anregungsfunktion der Protonenstreuung entdeckt man sehr scharfe Resonanzstrukturen, die den um die Coulombenergie verschobenen Zuständen des $T_>$-Kerns entsprechen (Analogresonanzen). Die Schärfe der Zustände rührt daher, daß sie langlebig sind, weil ihre Zerfallsmöglichkeiten durch die Isospinerhaltung stark eingeschränkt sind. Der wichtigste Zerfall, nämlich durch Neutronenemission, kann nicht stattfinden. Er würde zum Kern $(N - 2, Z + 1)$ führen, dessen tiefliegende Zustände den Isospin

$$\frac{1}{2}[N - 2) - (Z + 1] = T_> - \frac{3}{2}$$

haben. Das Neutron kann aber nur den Isospin 1/2 abführen. Die Protonenzerfallsbreite andererseits ist durch den Coulombwall eingeschränkt. Die geringe Zerfallswahrscheinlichkeit des Analog-zustands, der in ein Kontinuum von Zuständen anderen Isospins eingebettet ist, führt zu seiner großen Energieschärfe. Die Untersuchung von Analogzuständen ist zu einem wichtigen Hilfsmittel der Kernspektroskopie geworden.

Der Isospin ist ein gutes Beispiel dafür, wie die Invarianz unter bestimmten Transformationen mit Erhaltungsgrößen zusammenhängt. Dieser Zusammenhang soll im folgenden noch etwas erläutert werden. Wir werden davon in Abschn. 5.6 (Quarks) und 8.7 (schwache Wechselwirkung) Gebrauch machen.

Die Isospin-Algebra ist isomorph zur normalen Spin-Algebra. Aus der Invarianz unter Drehungen im abstrakten Isospinraum folgt die Erhaltung des Isospins in gleicher Weise, wie aus der Invarianz eines Systems unter Drehung des Koordinatensystems im normalen Raum die Erhaltung des Drehimpulses folgt. Um den zugrunde liegenden formalen Zusammenhang in allgemeiner Weise zu betrachten, beginnen wir mit der Einführung eines Symmetrieoperators U. Darunter wollen wir einen linearen Operator verstehen, der eine Zustandsfunktion ψ in ψ' so transformiert, daß beide der gleichen Schrödingergleichung genügen:

$$\psi'(\vec{r},t) = U\psi(\vec{r},t) \tag{5.36}$$

Um die Erhaltung der Teilchenzahl zu gewährleisten, muß bei Anwendung von U die Norm erhalten bleiben

$$\int \psi^*\psi \, d\tau = \int (U\psi)^* U\psi \, d\tau = \int \psi^* U^+ U\psi \, d\tau \tag{5.37}$$

U^+ ist der zu U hermitisch adjungierte Operator[1]). Aufgrund von (5.37) muß also gelten

$$U^+ U = 1, \quad U^+ = U^- \tag{5.38}$$

Operatoren mit dieser Eigenschaft heißen unitär.

Der Symmetrieoperator ist mit H vertauschbar, da $U\psi$ die gleichen Eigenwerte wie ψ haben soll. Man prüft diese leicht nach

$$i\hbar \frac{\partial \psi}{\partial t} = H\psi; \quad i\hbar \frac{\partial U\psi}{\partial t} = HU\psi; \quad i\hbar \frac{\partial \psi}{\partial t} = U^{-1}HU\psi$$

also $$H = U^{-1}HU \quad UH - HU = [U,H] = 0 \tag{5.39}$$

Nun wird U im allgemeinen nicht gleichzeitig auch hermitisch sein, so daß keine reellen Eigenwerte als Erhaltungsgrößen existieren. Für eine kontinuierliche Transformation, wie z.B. eine Drehung, läßt sich jedoch zu U immer ein Operator Q mit reellen Eigenwerten zuordnen durch

$$U = e^{i\varepsilon Q} = 1 - i\varepsilon Q + \frac{(i\varepsilon Q)^2}{2!} + \ldots \tag{5.40}$$

Dabei ist ε ein willkürlicher reeller Parameter. Die Wirkung von U besteht also darin, daß man ψ mit einem Phasenfaktor multipliziert, der Q enthält. Aus historischen Gründen nennt man dies eine Eichtransformation. Zunächst folgt aus der Unitarität von U, daß Q hermitisch ist und daher reelle Eigenwerte hat:

$$U^+ U = e^{-i\varepsilon Q^+} e^{i\varepsilon Q} = e^{i\varepsilon(Q-Q^+)} = 1$$

also $$Q - Q^+ = 0 \quad Q = Q^+$$

Man nennt Q den Generator von U. Jede endliche Transformation läßt sich aus infinitesimalen Transformationen mit $\varepsilon Q \ll 1$ aufbauen. Für diese gilt nach (5.40) $U \to 1 + i\varepsilon Q$. Für die infinitesimale Transformation ist unmittelbar zu erkennen, daß auch Q mit H vertauschbar ist

$$UH - HU = (1 + i\varepsilon Q)H - H(1 + i\varepsilon Q) = 0$$

$$QH - HQ = [Q,H] = 0 \tag{5.41}$$

Zu jedem Symmetrieoperator U existiert also eine observable Erhaltungsgröße Q mit reellen Eigenwerten.

Ein einfaches Beispiel für diesen formalen Zusammenhang sind Drehungen im Raum. Bei einer Rotation mit dem Betrag $\delta\varphi$ um die z-Achse geht ψ über in

---

[1]) Der zu dem Operator $\mathcal{O}$ hermitisch adjungierte $\mathcal{O}^+$ ist definiert durch $\int (\mathcal{O}\,\psi) * \psi d\tau = \int \psi^* \, \mathcal{O}^+ \, \psi d\tau$. Ein hermitischer Operator ist selbstadjungiert $\mathcal{O} = \mathcal{O}^+$. Er hat reelle Eigenwerte (vgl. A, (2.47)).

$$\psi \to \psi(\varphi + \delta\varphi) = U\psi(\varphi) \tag{5.42}$$

Für eine infinitesimale Drehung ist

$$\psi \to (\varphi + \delta\varphi) + \psi(\varphi) + \delta\varphi \frac{\partial\psi(\varphi)}{\partial\varphi} \tag{5.43}$$

also $U = 1 + \delta\varphi \dfrac{\partial}{\partial\varphi}$ (5.44)

Durch Vergleich mit dem Drehimpulsoperator $L_z = -i\hbar\partial/\partial\varphi$ (A, (3.37)) ergibt sich

$$U = 1 + \delta\varphi \frac{i}{\hbar} L_z \tag{5.45}$$

Für eine endliche Drehung um φ können wir die der Gleichung (5.43) entsprechende vollständige Entwicklung ansetzen und erhalten

$$U = e^{i\varphi L_z/\hbar} = 1 + i\varphi \frac{L_z}{\hbar} + \dots \tag{5.46}$$

Vergleich mit (5.40) zeigt, daß die Erhaltungsgröße Q gerade gleich $L_z/\hbar$ ist mit den bekannten ganzzahligen Eigenwerten für die z-Komponente des Bahndrehimpulses: Natürlich ist L_z mit H vertauschbar und die z-Komponente des Drehimpulses ist eine Erhaltungsgröße.

Es war bequem, aber nicht nötig, bei Gl. (5.45) auf den bekannten Drehimpulsoperator L_z zurückzugreifen. Man kann vielmehr die oben gegebene Betrachtung leicht auf Drehungen um eine beliebige Achse verallgemeinern und dann die Eigenschaften der Drehimpulsoperatoren, z.B. ihre Vertauschungsrelationen, daraus ableiten. Die Raumdrehungen bilden eine 3-parametrige, kontinuierliche, nicht-abelsche (nicht-kommutative) Transformationsgruppe. Aus der Invarianz unter diesen Transformationen folgt die Drehimpulserhaltung und die Algebra der Drehimpulsoperatoren. Die Bahndrehimpulsoperatoren L sind jedoch nicht das einfachste Beispiel für eine solche Algebra. Die elementarste Stufe bilden die Drehimpulsoperatoren für ein System mit nur zwei Zuständen. Dies ist die Algebra, die zur Beschreibung eines Teilchens mit Spin 1/2 benötigt wird. Nach dem eben Ausgeführten sind die Spin-Operatoren die Generatoren der zugehörigen unitären Symmetrietransformationen, die in Raumdrehungen des Spinvektors bestehen, der jedoch nur zwei z-Komponenten haben darf. Diese Operatoren lassen sich, wie in Abschn. 5.3 gezeigt, darstellen durch (2×2)-Matrizen, nämlich die drei Pauli-Matrizen (5.25). Zusammen mit der vierten linear unabhängigen Matrix, der Einheitsmatrix, läßt sich eine geschlossene Algebra (eine Lie-Algebra) für den Spin-1/2-Drehimpuls angeben. Genau das gleiche gilt natürlich für den Isospin. Bei der zugehörigen Symmetrietransformation handelt es sich um die Gruppe der speziellen (Determinante + 1) unitären Drehungen in 2 Dimensionen, $SU(2)$.

Das dem Isospin zugrunde liegende Konzept sollte nun noch deutlicher werden. Erhaltungsgröße und Symmetrietransformation gehören immer zusammen. Ladungsunabhängigkeit eines Systems wurde formal beschrieben durch Invarianz eines Vektors $\vec{T}$ unter Rotation im Isospinraum. Die zugehörigen Erhaltungsgrößen sind T_z, d.h. die elektrische Ladung, und die Quantenzahl T, die eine Strukturgröße ist und die Zahl der möglichen z-Komponenten, also der Ladungszustände des Systems angibt. Das Konzept wird dadurch physikalisch sinnvoll, daß man bei Zerfällen, z.B. von

Analogresonanzen, beobachtet, daß T in der Tat eine Erhaltungsgröße ist. Dann muß es auch die zugehörige Symmetrietransformation geben.

Es ist eine sehr typische Situation in der Quantenphysik, daß man Quantenzahlen, die eine Erhaltungsgröße charakterisieren, zunächst nur als Hilfsmittel zur Buchhaltung bei der Beschreibung von Umwandlungsprozessen eingeführt hat. Ihr wahrer Charakter als Erhaltungsgrößen enthüllt sich oft erst später, wenn die Quantenzahlen als Folge der Invarianz unter einer Symmetrietransformation erkannt werden. Das beste Beispiel ist die Einführung von „Quantenzahlen" zur Klassifizierung der Spektralterme in Atomen durch die frühen Atomspektroskopiker. Der gleiche Vorgang wiederholt sich heute noch in der Teilchenphysik. Man erschließt Erhaltungsgrößen aus Übergangswahrscheinlichkeiten (gemessen z. B. als Resonanzbreite bei einer Teilchenreaktion) und ordnet Quantenzahlen als Bilanzierungsgrößen zu. Dann sucht man die Symmetrieoperatoren, die der Erhaltungsgröße durch eine Eichtransformation der Art (5.40) zugeordnet werden.

Ein Beispiel dafür ist die Seltsamkeit S (Strangeness) von Teilchen. Man beobachtete schon 1947, daß K-Mesonen und Hyperonen, z.B. Λ-Teilchen, zwar mit großem Reaktionsquerschnitt durch starke Wechselwirkung erzeugt werden, aber nur sehr langsam in einer für schwache Wechselwirkung charakteristischen Zeit zerfallen. Außerdem werden solche Teilchen nur paarweise erzeugt. Ein Beispiel ist die Reaktion

$$p + \pi^- \to K^0 + \Lambda^0$$
$$S = 0 + 0 = +1 - 1 \tag{5.47}$$

Zur Beschreibung führten Gell-Mann und Nishijima die neue additive Quantenzahl S ein mit den Regeln: bei starken und elektromagnetischen Prozessen bleibt S erhalten ($\Delta S = 0$), bei schwachen Prozessen gilt $\Delta S = 1$. Man legt für Nukleonen und π-Mesonen $S = 0$ fest. Die paarweise Produktion im Beispiel (5.47) und die langsame Zerfallsrate der Produkte in „normale" $S = 0$-Teilchen wird damit zwangsläufig beschrieben. Wir kommen auf die Bedeutung von S in Abschn. 5.6 zurück.

In ähnlicher Weise hat man andere Quantenzahlen eingeführt, um Eigenschaften zu bilanzieren, die nach der Beobachtung offenbar Erhaltungsgrößen sind. Hierzu gehört die Baryonzahl B, die den Wert $+1$ für alle Baryonen (Nukleonen, Hyperonen) hat und den Wert -1 für die Antibaryonen. Für alle anderen Teilchen ist $B = 0$. Ebenso verfährt man bei der Einführung der Leptonzahl L mit den Werten ± 1 für Leptonen bzw. Antileptonen. Die elektrische Ladung Q eines Teilchens ist mit B, S und T_z durch die wichtige Relation verbunden

$$Q = \frac{B+S}{2} + T_z \quad \text{(Gell-Mann, Nishijima-Formel)} \tag{5.48}$$

Man prüft sie leicht an konkreten Beispielen nach. Z.B. ist für das Proton $B = 1$, $S = 0$ und $T_z = +1/2$. Die Größe

$$B + S = Y \tag{5.49}$$

führt auch den Namen Hyperladung. Wir werden an diese Begriffe in Abschn. 5.6 anknüpfen.

Literatur zu Abschn. 5.3 und 5.4 [Rob 66, And 69, Wi 169, Wic 58, Ing 53] zu den Invarianzproblemen [Gre 79].

5.5 Struktur der Kernkräfte

Wir kehren jetzt zur Behandlung der Kernkräfte zurück. In Abschn. 5.1 bis 5.3 hat sich ergeben, daß die Beobachtungsergebnisse folgende Eigenschaften der Kernkräfte wahrscheinlich machen:

1) es gibt eine Zentralkraft
2) es gibt eine spinabhängige Zentralkraft
3) es gibt eine nicht-zentrale Kraft
4) Kernkräfte sind in sehr guter Näherung ladungsunabhängig

Die Eigenschaften 1) und 3) folgten aus den Eigenschaften des Deuterons, Eigenschaft 2) aus der Tatsache, daß die Singulett-Neutron-Proton-Streuung sehr viel stärker ist als die Triplett-Neutron-Proton-Streuung und 4) steht im Einklang mit allen bekannten Beobachtungen. Dazu kommt, aus der Analyse der Hochenergie-Proton-Proton-Streuung, die Existenz von Spin-Bahn-Kopplungstermen in den Kernkräften [Cas 50]. Weiterhin wissen wir, daß die Kernkräfte Austauschcharakter haben und, als ihr hervorstechendes Merkmal, von kurzer Reichweite und stark repulsiv für sehr kleine ($r < 0,5$ fm) Nukleonenabstände sind.

Wie sieht das Kraftgesetz zwischen zwei Nukleonen nun wirklich aus? Wenn wir diese Frage stellen, denken wir zunächst an die Angabe eines allgemeinen Potentials, aus dem sich die Beobachtungsergebnisse ableiten lassen, und zwar für alle der Beobachtung zugänglichen Energien. Es sei hier vorweggenommen, daß sich ein solches Potential im Sinne eines universellen Fundamentalgesetzes nicht angeben läßt. Im übrigen kann man die Frage stellen, ob die Beschreibung der Wechselwirkung zwischen Nukleonen, insbesondere bei hohen Energien, durch Angabe eines Potentials als überhaupt sinnvoll ist. Bei Energien, die oberhalb der Schwelle für die Erzeugung von π-Mesonen liegen ($E > 300$ MeV), treten Erzeugungs- und Vernichtungsprozesse auf. Das Modell von der nichtrelativistischen Potentialstreuung ist dann nur noch bedingt gültig. (Erwähnt werden sollte, daß bei 450 MeV die inelastische Streuung weniger als 10% der elastischen Streuung ausmacht, um dann jedoch auf über 40% Anteil am totalen Wirkungsquerschnitt bei 650 MeV anzusteigen? Die Angabe einer vollständigen „Streumatrix" für zwei Nukleonen, aus der sich die Übergangsamplitude für alle Zustände ergibt, würde diese Schwierigkeit vermeiden und eine definierte Beschreibung bei allen Energien erlauben. Nun besteht die Aufgabe der Kernphysik aber darin, ein System aus A Nukleonen zu behandeln. Das macht die Benutzung der Schrödinger-Gleichung und daher die Angabe eines Potentials erforderlich. Man muß deshalb versuchen, wenigstens für den Energiebereich unterhalb 450 MeV ein Nukleon-Nukleon-Potential anzugeben.

Die einfachste Form eines Potentialansatzes bestände darin, ein überall anziehendes reines Zentralpotential anzunehmen, das vom Bahndrehimpuls der Nukleonen unabhängig ist. Alle diese einfachen Forderungen müssen beim Versuch, die Nukleon-Nukleon-Wechselwirkung zu verstehen, aufgegeben werden. Bei dieser Situation ist es sinnvoll, zunächst einmal die Frage zu stellen, welches die allgemeine mathematische Struktur eines Potentialansatzes ist, der den wichtigsten Erhaltungssätzen und einigen einfachen Zusatzforderungen genügt. Eine solche Überlegung ist zuerst von Eisenbud und Wigner angestellt worden [Eis 41]. Dabei wurde für das System vorausgesetzt: a) Translationsinvarianz, b) Galilei-Invarianz, c) Rotationsinvarianz, d) Symmetrie unter Teilchenaustausch, e) Ladungssymmetrie. Ferner wurde die einschränkende Annahme gemacht, daß höchstens lineare Funktionen des Impulses $\vec{p}$ auftreten sollen. Wir wollen diesen Betrachtungen hier nicht im einzelnen folgen, sondern versuchen, einen plausiblen Ansatz aufzuschreiben, der den oben an das Kraftgesetz gestellten Forderungen 1) bis 4) genügt. Das Ergebnis (5.56) deckt sich im wesentlichen mit dem Resultat der erwähnten Invarianzbetrachtungen.

Der einfachste Term, den wir für den Potentialansatz benötigen, ist das kurzreichweitige Zentralpotential, das nur eine Radialabhängigkeit enthält. Wir schreiben dafür $V_c(r)$. Die kurzreichweitige Zentralkraft führt häufig den Namen „Wigner-Kraft".

Als nächstes benötigen wir einen Ausdruck für die spinabhängige Zentralkraft. Da die Kraft unabhängig vom Koordinatensystem sein muß, suchen wir einen Skalar, der die Spins der beiden Nukleonen $\vec{\sigma}_1$ und $\vec{\sigma}_2$ enthält[1]). Wegen der Relation für die Spinkomponenten $\sigma_i \sigma_k = \delta_{ik} + i\varepsilon_{ikl}\sigma_1$ gibt es nur zwei Skalare im Spinraum: 1 und $(\vec{\sigma}_1 \cdot \vec{\sigma}_2)$. Für den spinabhängigen Potentialterm können wir daher schreiben

$$V_\sigma(r)\frac{1}{2}(1+\vec{\sigma}_1 \cdot \vec{\sigma}_2) \equiv V_\sigma(r)P_\sigma \tag{5.50}$$

Die Radialabhängigkeit wird durch $V_\sigma(r)$ beschrieben. Der Operator $P_\sigma = \frac{1}{2}(1+\vec{\sigma}_1 \cdot \vec{\sigma}_2)$ hat für einen Triplett-Zustand den Eigenwert $+1$ und für einen Singulett-Zustand den Eigenwert -1. Man überzeugt sich davon leicht, indem man die Größe $\vec{S} = \frac{1}{2}(\vec{\sigma}_1 \cdot \vec{\sigma}_2)$ betrachtet. Mit $\vec{S}^2 = \frac{1}{4}(s_1^2 + s_2^2 + 2\vec{\sigma}_1 \cdot \vec{\sigma}_2)$ wird

$$\vec{\sigma}_1 \cdot \vec{\sigma}_2 \frac{1}{2}(-\sigma_1^2 - \sigma_2^2 + 4S^2) \tag{5.51}$$

Die Eigenwerte $S(S + 1)$ von S^2 sind $+2$ für den Triplett-Zustand ($S = 1$) und 0 für den Singulet-Zustand. Ferner ist der Eigenwert von $\sigma^2 = \sigma_x^2 + \sigma_y^2 + \sigma_z^2 = 3$. Somit ergeben sich für $\vec{\sigma}_1 \cdot \vec{\sigma}_2$ als Eigenwerte $+1$ für den Triplett- und -3 für den Singulett-Zustand.

Daraus folgen die behaupteten Eigenwerte von P_σ. Wenn man nun die Spin-Eigenfunktionen für Triplett- und Singulett-Zustand betrachtet, die von der gleichen Form wie (5.34) sind, sieht man, daß die Operation „Vertauschung der Teilchenspins" gerade zum Faktor $+1$ für den symmetrischen Triplett-Zustand und zum Faktor -1 für den antisymmetrischen Singulett-Zustand führt. Daher ist P_σ der sogenannte Spin-Austauschoperator.

Die Form der nicht-zentralen Kraft ergibt sich aus folgendem Argument. Proton und Neutron sind Spin-1/2-Teilchen und können daher keine höheren Momente als ein Dipol-Moment haben (Satz 3 vom Ende Abschn. 2.6). Wir erwarten daher eine Winkelabhängigkeit der Kraft, wie sie für eine Dipol-Wechselwirkung charakteristisch ist. In der klassischen Physik ist die potentielle Energie eines elektrischen Dipols $\vec{d}_1$, im Feld eines anderen $\vec{d}_2$ gegeben durch:

---

[1]) Hier ist $\vec{\sigma}$ ein Vektor dessen Komponenten die Paulischen Spinmatrizen sind. Für den Spinvektor $\vec{s}$ gilt $\vec{s} = (\hbar/2)\vec{\sigma}$ (vgl. A, Gl. (4.30)).

$$-(1/r^3)[3\,(\vec{d}_1 \cdot \vec{r}/r)(\vec{d}_2 \cdot \vec{r}/r) - (\vec{d}_1 \cdot \vec{d}_2)] \tag{5.52}$$

Die Radialabhängigkeit mit r^{-3} rührt vom elektrischen Feld her. Wir ersetzen sie für die Kernkräfte durch eine Funktion $V_T(r)$, die vom Meson-Feld abhängt, behalten aber die Form der Winkelabhängigkeit bei. Wir schreiben daher für die „Tensor-Kraft"

$$V_T(r)S_{1,2} \quad \text{mit} \quad S_{1,2} = 3(\vec{\sigma}_1 \cdot \vec{r}/r)(\vec{\sigma}_2 \cdot \vec{r}/r) - (\vec{\sigma}_1 \cdot \vec{\sigma}_2) \tag{5.53}$$

Man sieht ohne weiteres, daß auch die Tensorkraft spinabhängig ist. Ferner verschwindet im Singulett-Zustand die Tensorkraft $S_{1,2}$. Dann ist nämlich $\vec{\sigma}_1 = -\vec{\sigma}_2$, woraus folgt $(\vec{\sigma}_1 \cdot \vec{\sigma}_2) = -\sigma_1^2 = -3$ und außerdem $(\vec{\sigma}_1 \cdot \vec{r}/r)(\vec{\sigma}_2 \cdot \vec{r}/r) = -(\vec{\sigma}_1 \cdot \vec{r}/r)^2 = -1$. Nach (5.53) ist dann $S_{1,2} = 0$.

Wenn wir die bisher diskutierten Terme zusammenfassen, ergibt sich für das Kernkraft-Potential

$$V_c(r) + V_\sigma(r)P_\sigma + V_T(r)S_{1,2} \tag{5.54}$$

Wir können diese Form weiter verallgemeinern, indem wir der Ladungsunabhängigkeit Rechnung tragen. Ladungsunabhängigkeit bedeutet Invarianz der Hamiltonfunktion unter Rotation im Isospin-Raum. Sie muß daher skalare Größen, die aus dem Isospin-Vektoren $\vec{\tau}_1$ und $\vec{\tau}_2$ gebildet werden, enthalten. Wiederum gibt es, wie beim Spin, nur zwei linear unabhängige Skalare, für die wir 1 und $(\vec{\tau}_1 \cdot \vec{\tau}_2)$ wählen. In Analogie zu Gl. (5.50) bilden wir den Operator

$$P_\tau = \frac{1}{2}(1 + \vec{\tau}_1 \cdot \vec{\tau}_2) \tag{5.55}$$

Da P_τ hinsichtlich des Isospins die gleichen Eigenschaften hat wie P_σ hinsichtlich des gewöhnlichen Spins, ist P_τ der Isospin-Austauschoperator. Eine verallgemeinerte Form für das Kernkraftpotential ergibt sich daher, wenn man in Betracht zieht, daß die Radialabhängigkeiten sich beim Vertauschen der Isospins ändern können. Das Potential hat jetzt die Form

$$V = [V_c + V_\sigma P_\sigma + V_T S_{1,2}] + P_\tau[V_c' + V_\sigma' P_\sigma + V_T' S_{1,2}] \tag{5.56}$$

Dieser Potentialansatz enthält 6 zunächst unbekannte Radialfunktionen. Bei unserer vereinfachten Behandlung des Deuterons hatten wir nur ein $V_c(r)$ berücksichtigt und gesehen, daß sich aus den Eigenschaften des Deuterons keine Aussage über die Form von $V_c(r)$ machen läßt. Man hat daher versucht, basierend auf der Operatorbasis in (5.56) und unter Berücksichtigung aller verfügbaren Streudaten sowie der Aussagen der Mesonentheorie einen Satz von Radialfunktionen zu finden, mit dessen Hilfe alle Beobachtungen konsistent beschrieben werden. Dies hat sich als unmöglich erwiesen. Man muß daher eine noch allgemeinere Invarianzbetrachtung als die von Eisenbud und Wigner anstellen. Das ist durch Okubo und Marshak geschehen [Oku 58]. Zusätzlich zu den vorher erwähnten Invarianzforderungen (a) bis (e) wurde dabei verlangt: (f) Invarianz unter Raumspiegelung, (g) Zeitumkehrinvarianz, (h) Hermitizität. Gleichzeitig wurden die Beschränkungen hinsichtlich der Impulsabhängigkeit aufgegeben. Das Ergebnis dieser Betrachtungen besteht darin, daß (5.56) um zwei weitere Operatoren erweitert werden muß, die folgende Form haben

$$\vec{L} \cdot \vec{S} = \frac{1}{2}[\vec{r} \times \vec{p}] \cdot (\vec{\sigma}_1 + \vec{\sigma}_2) \tag{5.57}$$

und $\frac{1}{2}(\vec{\sigma}_1 \cdot \vec{L}\vec{\sigma}_2 \cdot \vec{L} + \vec{\sigma}_2 \cdot \vec{L}\vec{\sigma}_1 \cdot \vec{L})$ $\hspace{3cm}$ (5.58)

Die in $\vec{p}$ linearen Terme der Form $V_{SL}(r)$ $(\vec{L} \cdot \vec{S})$ entsprechen einer Spin-Bahnkopplungsenergie.

Das Auftreten einer Spin-Bahn-Kopplungsenergie bei den Kernkräften läßt sich verhältnismäßig leicht experimentell beobachten. Streut man beispielsweise polarisierte Protonen, deren Spins nach oben zeigen, an einem spinlosen Targetkern, z.B. ^{4}He oder ^{12}C, so beobachtet man in der Winkelverteilung eine Links-Rechts-Asymmetrie. In Fig.74 ist ein solcher Streuprozeß skizziert, wobei zunächst die Coulombwechselwirkung ausgeschaltet sei, so daß nur die anziehenden Kernkräfte wirken. Je nachdem, in welche Richtung das Proton läuft, stehen Spin $\vec{S}$ und Bahndrehimpuls $\vec{L}$ einmal parallel und einmal antiparallel. Wenn wir dem für die Streuung verantwortlichen Zentralpotential ein Spin-Bahn-Potential $V_{LS}(r)(\vec{L} \cdot \vec{S})$ hinzufügen, hat das Skalarprodukt $\vec{L} \cdot \vec{S}$ einmal positives und einmal negatives Vorzeichen. Das führt zur beobachteten Asymmetrie im Streuquerschnitt. Wenn man das Coulombpotential hinzunimmt, tritt allerdings zusätzlich eine elektromagnetische Spin-Bahn-Kopplung auf, wie sie aus der Feinstruktur in der Atomhülle wohlbekannt ist. Ihr Effekt ist aber sehr viel schwächer als der auf die Kernkräfte zurückgehende[1]).

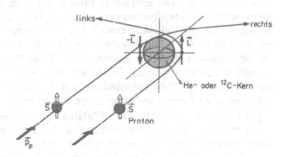

Fig. 74
Beobachtung der Spin-Bahn-Kopplung bei der Streuung polarisierter Protonen

Bis jetzt haben wir nur eine allgemeine, mit vernünftigen Invarianzforderungen verträgliche, mathematische Form für das Nukleon-Nukleon-Potential angegeben.

Die darin enthaltenen 10 Radialfunktionen sind aber noch unbestimmt. Das Potential ist daher erst bekannt, wenn wir darüber eine Aussage machen können, wobei es natürlich möglich ist, daß einige dieser Funktionen verschwinden. Als Kriterium für eine gute Wahl der Radialfunktionen muß man verlangen, daß bei Benutzung des Potentials folgende Beobachtungsgrößen richtig beschrieben werden: 1) die Streupha-

---

[1]) Wenn man einen unpolarisierten Protonenstrahl benutzt, so sind die nach rechts bzw. links gestreuten Protonenbündel teilweise polarisiert. Der Prozeß wirkt als Polarisator. Die Polarisation der Teilbündel läßt sich durch einen zweiten Streuprozeß als Analysator beobachten. Polarisierte Protonen lassen sich jedoch effektiver durch eine spezielle Ionenquelle herstellen, in der ein Atomstrahl im Magnetfeld nach seinen Hyperfeinstrukturkomponenten getrennt wird. Einer der magnetischen Unterzustände wird dann durch induzierte Emission entvölkert. Der in Fig.74 skizzierte Streuprozeß ist jedoch als Analysator für den Polarisationsgrad unentbehrlich.

sen für die Nukleon-Nukleon-Streuung, 2) die Eigenschaften spezieller, einfach zu beschreibender Kerne, insbesondere des Deuterons, 3) Sättigungsdichte, Bindungsenergie und Symmetrie-Energie für Kernmaterie, ferner die Oberflächenenergie für endliche Kerne (diese Größen ergeben sich empirisch aus den Konstanten der Massenformel (2.54)).

Man kann sich auf zwei prinzipiell verschiedene Weisen die Radialfunktionen verschaffen. Der ältere Ansatz besteht darin, einen Satz von Funktionen, der die eben gestellten Forderungen erfüllt, empirisch zu finden (phänomenologische Potentiale). Physikalisch sinnvoller ist es, die Funktionen aus den Eigenschaften der Meson-Austauschprozesse, die für die Kernkräfte verantwortlich sind, herzuleiten.

Bekannte phänomenologische Potentiale sind das Hamada-Johnston-Potential [Ham 62] sowie das Potential von Reid [Rei 68]. Diese Potentiale unterscheiden sich in ihrem Verhalten bei kleinen Radien. Die $^1S_0$-Nukleon-Nukleon-Streuphase geht nämlich bei etwa 200 MeV durch Null und wird dann negativ. Das bedeutet, daß das Potential beim entsprechenden Radius plötzlich abstoßend wird (vgl. Fig. 56). Daher hat etwa das Hamada-Johnston-Potential einen abstoßenden „harten Kern" (hard core), es geht beim Radius 0,485 fm gegen unendlich. Das Verhalten der Streuphase wird jedoch auch von anderen Potentialen ohne harten Kern korrekt beschrieben. Die phänomenologischen Potentiale enthalten jeweils eine große Anzahl von Parametern, beim Hamada-Johnston-Potential sind es 32. Als Beispiel wurde der Verlauf der $^1S_0$-Radialfunktion für das soft-core-Potential von Reid in Fig. 11 wiedergegeben.

Auf die Herleitung der Kernkräfte aus den Meson-Austauschprozessen ist viel Mühe verwandt worden. Der einfachste Prozeß, der vom Austausch nur eines Pions herrührt, beschreibt nur den langreichweitigen Teil der Wechselwirkung Für Radien > 1,4 fm. Er hat die Yukawa-Form (2.11). Die Potentialmulde, d.h. der attraktive Teil mittlerer Reichweite, wird durch Zwei-Pion-Austauschprozesse geliefert. Es ist dabei interessant, daß dieser anziehende Teil des Potentials in einer Weise zustande kommt, die ganz analog zur Entstehung der van der Waals-Kräfte zwischen neutralen Molekülen ist. Molekül-Bindung läßt sich als Zwei-Photon-Austausch beschreiben. Das erste Photon induziert einen elektrischen Dipol in Molekül 2 und dieser Dipol emittiert seinerseits ein virtuelles Photon, das in Molekül 1 einen weiteren Dipol induziert. Die Wechselwirkung der beiden Dipole erzeugt die van der Waals-Kraft. In den Prozeß geht als charakteristische Konstante die elektrische Polarisierbarkeit ein. Im Fall der Nukleon-Nukleon-Wechselwirkung treten Pionen an die Stelle der Photonen. Der Erzeugung eines elektrischen Dipolmoments entspricht die Anregung eines Nukleons in eine Δ-Resonanz. Kerne werden daher hauptsächlich durch eine Art pionischer van der Waals-Kräfte zusammengehalten, vgl. Fig. 1. Der im Tröpfchenmodell erkennbare Sättigungscharakter der Kräfte hat deshalb in der Tat eine ganz ähnliche Ursache wie der Sättigungscharakter der Molekülbildung. Die erfolgreiche Beschreibung des Hauptanteils des anziehenden Potentials durch Zwei-Bosonenaustausch macht es übrigens wahrscheinlich; daß im Kern auch Drei-Körperkräfte auftreten. Sie tragen zur Bindungsenergie aber wenig bei.

Ein vielverwendetes mesonentheoretisches Potential ist das Paris-Potential [Vin 79], basierend auf den dispersionstheoretischen Wechselwirkungsmodellen der Stony-Brook-Gruppe [Bro 76]. Auf einem expliziten feldtheoretischen Modell beruht das Bonn-Potential [Mac 87, Hol 81].

Der kurzreichweitige Teil der Nukleon-Nukleon-Wechselwirkung wird durch Drei- (und mehr)Pion-Austauschprozesse geliefert. Der wesentliche Anteil dieser Prozesse kann effektiv durch Austausch einer 3π-Resonanz, nämlich des ω-Mesons (Spin 1, $m_\omega = 783,8$ MeV) gut beschrieben werden. Der ω-Austausch ist für zwei wichtige andere Eigenschaften der Kernkräfte verantwortlich: Für den abstoßenden Kern des Potentials und für die Spin-Bahn-Kopplungskräfte. Beides läßt sich wieder in Analogie zu elektromagnetischen Prozessen plausibel machen. Der Austausch eines ω-Mesons mit Spin 1 ist analog zum Austausch eines Photons. Bei der elektromagnetischen Wechselwirkung bewirkt der Photon-Austausch eine abstoßende Kraft zwischen gleichen Teilchen. Ähnlich bewirkt der Austausch ω-Mesonen zwischen Nukleonen eine abstoßende Kraft, nur daß diese wegen der großen Masse der Mesonen außerordentlich kurzreichweitig ist. Dies ist die Ursache für den abstoßenden Kern des Potentials. Aus diesem Argument wird auch sofort einleuchtend, daß sich bei einem Nukleon-Antinukleon-Paar der abstoßende Kern in ein stark anziehendes Potential bei kurzen Distanzen verwandelt.

Auch das Auftreten der Spin-Bahn-Kopplungs-Terme läßt sich auf Grund der erwähnten Analogie mit den elektromagnetischen Prozessen verstehen. Die Spin-Bahn-Kopplung in der Elektronenhülle kann nur in relativistischer Behandlung verstanden werden, aber es handelt sich um einen Prozeß, der, wie alle elektromagnetischen Prozesse, durch Photonenaustausch beschrieben werden kann. Geht man analog vom Photonaustausch zum Austausch von ω-Mesonen zwischen Nukleonen über, so muß sich das Vorzeichen der Kopplungsenergie umdrehen, da ja nun, im Gegensatz zum Atom, der Austauschprozeß zwischen gleichen Teilchen wirkt. Dies äußert sich z.B. darin, daß im Schalenmodell die durch Spin-Bahn-Kopplung aufgespaltenen Terme genau in umgekehrter Reihenfolge liegen, wie bei entsprechenden Elektronenzuständen in der Atomhülle.

Literatur zu Abschn. 5.5: [Mac 89, Bro 76, Ho 181, Mor 63].

5.6 Quarks und starke Wechselwirkung

Das Ziel der im letzten Abschnitt beschriebenen Versuche, die Nukleon-Nukleon-Wechselwirkung zu verstehen, besteht darin, Meson-Austauschpotentiale anzugeben, in die nur die Massen und Kopplungskonstanten der Mesonen eingehen. Die Meson-Austauschmodelle sind sehr erfolgreich, aber sie sind keine „fundamentale" Theorie, sondern eine effektive Beschreibung der starken Wechselwirkung bei niedrigen Energien. Mesonen und Nukleonen haben Unterstrukturen, die immer besser verstanden werden. Die Beschreibung ihrer Wechselwirkung muß daher in den allgemeineren Rahmen einer Theorie der starken Wechselwirkung eingebettet werden, nämlich der Quantenchromodynamik. Über einige Aspekte dieser Theorie soll in diesem Abschnitt referiert werden, soweit sie für kernphysikalische Probleme von Interesse sind.

Von allen Wechselwirkungen am besten verstanden ist bisher die elektromagnetische Wechselwirkung. Ihre Beschreibung im Rahmen der Quantenelektrodynamik war ungemein erfolgreich und hat das Modell dafür geliefert, wie Wechselwirkungen im allgemeinen zu verstehen sind. Die Coulomb-Anziehung zwischen zwei geladenen Teilchen, z.B. zwischen Proton und Elektron, kommt bei dieser Beschreibung zustande durch den Austausch virtueller γ-Quanten. Verallgemeinert lautet dieses Konzept: zwei Fermionen wechselwirken durch den Austausch von Bosonen als „Feldquanten", im Fall der elektrischen Wechselwirkung durch Austausch von masselosen Bosonen mit Spin 1 (sogenannten Vektorbosonen). In analoger Weise versucht man die schwache Wechselwirkung (Abschn. 8.7) zu beschreiben und ebenso die starke Wechselwirkung, von der hier die Rede sein soll. Kurzgefaßt ergibt sich folgendes Bild. Bestandteile der Hadronen (Mesonen und Baryonen) sind elementare Fermionen, genannt Quarks, die durch Austausch masseloser Vektorbosonen, genannt Gluonen[1]), wechselwirken. Elektromagnetisch wechselwirken können nur elektrisch geladene Objekte. Ähnlich ordnet man den Quarks eine „Ladung" in verallgemeinertem Sinne zu, die für die starke Wechselwirkung verantwortlich ist. Sie führt den Namen „Farbladung" im Unterschied zur elektrischen Ladung, mit der sie nichts zu tun hat. Im Gegensatz zur elektromagnetischen Wechselwirkung, bei der die Feldquanten (die γ-Quanten) elektrisch neutral sind, tragen die Gluonen der starken Wechselwirkung aber Farbladungen.

Wie ist man zu diesen Vorstellungen gekommen? Ausgangspunkt war die Spektroskopie der Mesonen und Baryonen. Nachdem viele hunderte davon gefunden waren, war es klar, daß sie nicht „elementar" sein konnten. Man ordnete sie nach den in Abschn. 5.4 beschriebenen Quantenzahlen Q (Ladung), I (Spin)[2]), S (Seltsamkeit) und B (Baryonenzahl), die durch die Gell-Mann Nishijima-Relation (5.48) verbunden sind. Erinnert sei an die Festlegung Hyperladung $Y = B + S$. Bei einer Systematisierung der Teilchen nach diesen Quantenzahlen durch Gell-Mann und Ne'eman ergaben sich überraschende Multiplettstrukturen. Trägt man z. B. in einer T_z-Y-Ebene die Baryonen mit Spin $\frac{1}{2}^+$ der die Mesonen mit Spin 1^- oder mit Spin 0^- auf, so ergeben sich jeweils regelmäßige Oktettmuster, wobei der Nullpunkt doppelt besetzt ist (Fig. 75a). Für festes $Y = 1$ enthält diese Darstellung z. B. gerade das Isospindublett der Nukleonen. Durch Hinzunahme der Hyperladung, d. h. eigentlich der Seltsamkeit, gewinnt die Darstellung aber eine zusätzliche Dimension. Zum Isospindublett gehört, wie wir gesehen haben, die Transformationsgruppe $SU(2)$. Wenn man Y hinzunimmt, benötigt man eine höherdimensionale Transformationsgruppe, nämlich $SU(3)$. Analog zur Darstellung der $SU(2)$ bei der Besprechung des Isospins in Abschn. 5.3 lassen sich die Zustände jetzt durch 3-zeilige Spaltenvektoren und die Operatoren durch $(3 \times 3$-Matrizen darstellen. Davon gibt es neun linear unabhängige, die man so wählen kann, daß man außer der Einheitsmatrix acht auf höhere Dimension verallgemeinerte Pauli-Matrizen mit Spur 0 hat. Daraus ergibt sich die Oktett-Darstellung der Teilchen. Wir wollen dem nicht im Einzelnen nachgehen. Wesentlich ist jedoch folgendes. Die niedrigste irreduzible Darstellung einer Gruppe heißt Fundamentaldarstellung. Für die Isospingruppe $SU(2)$ besteht sie aus dem Isospindublett mit $T_z = \pm 1/2$ (Fig.75b) mit den Mitgliedern Proton und Neutron. Bei der Gruppe $SU(3)$ kommt eine weitere Koordinate hinzu. Es gibt dann zwei nichtäquivalente Fundamentaldarstellungen [3] und [$\bar{3}$], die in Fig.75c dargestellt sind. Die Isospinkomponente T_z hat darin die Werte 0, $\pm 1/2$, aber die Hyperladung ist drittelzahlig.

---

[1]) griech. $\gamma\lambda o\iota\acute{o}\zeta$, das Harz; engl. glue, der Leim.
[2]) In diesem Buch sind J der Hüllenspin, I der Kernspin und T der Isospin. In der Teilchenphysik sind die Bezeichnungen gebräuchlich J = Teilchenspin und I = Isospin.

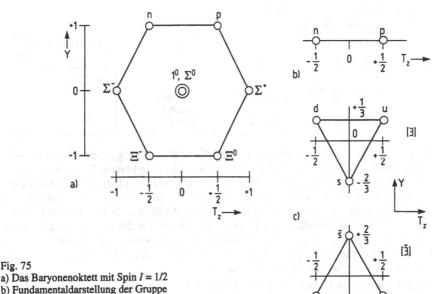

Fig. 75
a) Das Baryonenoktett mit Spin $I = 1/2$
b) Fundamentaldarstellung der Gruppe $SU(2)$ und
c) der Gruppe $SU(3)$ (Quarks)

Gell-Mann und Zweig haben 1963 versuchsweise den Punkten in diesem Diagramm elementare Teilchen zugeordnet und sie „Quarks" genannt[1]). Wenn man die Gültigkeit der Relation (5.48) voraussetzt, hat die Drittelzahligkeit von Y allerdings zur Folge, daß die Quarks Baryonzahlen $\pm 1/3$ und Ladungen $\pm 1/3$, $\pm 2/3$ haben müssen (Beispiel für das u-Quark in Fig.75c: $S = 0$, $B = 1/3$, $Y = 1/3$, $T_z = 1/2$, $Q = 1/6 + 1/2 = 2/3$). Man bezeichnet die zu [3] gehörenden Quarks mit den Buchstaben u (für „up", $T_z = +1/2$), d (für „down", $T_z = -1/2$) und s (für „strange", nur dieses hat $S = -1$. Zu [$\bar{3}$] gehören die Antiquarks $\bar{u}$, $\bar{d}$ und $\bar{s}$, bei denen sich das Vorzeichen der Quantenzahlen umkehrt. Die bis jetzt beschriebene $SU(3)$-Struktur reicht als Grundlage zur Klassifizierung der meisten Hadronen aus. Nach 1974 wurden jedoch bei Teilchenreaktionen weitere Erhaltungsgrößen entdeckt, denen nach der gleichen Logik wie bei der Seltsamkeit neue Quantenzahlen zugeordnet wurden, bezeichnet mit C (Charm) und B^* (Beauty). Dies hat zur Folge, daß man eine entsprechend höhere Transformationsgruppe benötigt und weitere Quarks (c- und b-Quark) einführt. Ein sechstes, das t-Quark, wurde 1994 bei pp-Stößen gefunden. Seine Masse ist größer 170 GeV/c². Die Quarks sind in Tab. 6 mit ihren Quantenzahlen zusammengestellt. Alle haben Spin 1/2 und $B = 1/3$. Sie unterscheiden sich durch ihre Ladung Q und je eine weitere Quantenzahl, die im jeweiligen Feld von Tab. 6 eingetragen ist (T_z, S, C oder B^*; die Werte sind gleich Null, sofern nicht anders aufgeführt).

---

[1]) Taufpate war James Joyce's „– Three quarks for Muster Mark!" (Finnigans Wake) und nicht das Goethesche „in jeden Quark begräbt er seine Nase".

Tab. 6 Quarks und ihre Quantenzahlen

Q	Name („Flavour")			
$+\dfrac{2}{3}$	(u) up $T_z = +\dfrac{1}{2}$	(c) charm $C = 1$	(t) top	Alle haben Spin 1/2, Baryonzahlen 1/3 und je 3 Farbladungen z.B. r, g, b.
$-\dfrac{1}{3}$	(d) down $T_z = -\dfrac{1}{2}$	(s) strange $S = -1$	(b) bottom (beauty) $B* = 1$	

Haben Quarks eine reale Existenz als Teilchen? Das ist möglicherweise eine mehr erkenntniskritische als physikalische Frage. Noch ist es in keinem Experiment gelungen, freie Quarks zu erzeugen und dies ist aus gleich zu schildernden Gründen auch vielleicht unmöglich. Aber das Quark-Modell hat eine enorme Vorhersagekraft. Die Natur verhält sich also, „als ob" es Quarks gäbe. Ähnlich ist es bei anderen Erscheinungen. Die Natur verhält sich z.B. auch so, „als ob" ein Elektron einmal Teilchen und einmal Welle wäre. Daran haben wir uns längst gewöhnt, und niemand stellt die Frage, was ein Elektron „wirklich" sei. In diese Kategorie gehört wohl auch die Frage nach der „wirklichen" Existenz von Quarks.

Wir schildern weiter das Modell. Quarks q und Antiquarks $\bar{q}$ können sich durch Kräfte binden in der Weise, daß Baryonen immer aus drei Quarks qqq bestehen und Mesonen aus einem Quark-Antiquark-Paar $q\bar{q}$. Das sind Zustände in einem Quark-Potential, die im Grundzustand Bahndrehimpuls Null haben. Nach den üblichen quantenmechanischen Regeln können angeregte Zustände mit höheren Radialquantenzahlen auftreten und außerdem können sich die Spins der Quarks in verschiedener Weise koppeln. Weiter gibt es bei angeregten Zuständen Bahndrehimpuls, Spin-Bahn-Kopplung usw. In Tab. 7 sind einige Beispiele für den Quarkgehalt von Mesonen und Baryonen aufgeführt. Beim Meson-Zustand u$\bar{d}$ z.B. können die Spins bei Bahndrehimpuls Null in verschiedener Weise koppeln, nämlich antiparallel ↑↓ zu 0, das ist das π^+-Meson; oder parallel ↑↑ zu 1, das ist das ϱ_+-Meson. Die üblichen spektroskopischen Bezeichnungen für die beiden Zustände; nämlich $^1S_0$ und $^3S_1$ sind in der Tabelle mit angegeben. Ähnlich verhält es sich bei den Baryonen. Das Proton z.B. ist ein (u↑u↓d↑)-Zustand mit Spin 1/2. Energetisch höher liegt der (u↑u↓d↑)-Zustand mit Spin 3/2, die Δ^+-Resonanz des Protons. Man beobachtet sie experimentell bei der

Tab. 7 Quarkgehalt einiger Mesonen und Baryonen

Mesonen q$\bar{q}$				Baryonen qqq		
Name $^1S_0$ $^3S_1$	q$\bar{q}$	Q	S	Name	qqq	Q	S
π^+, ϱ^+	u$\bar{d}$	1	0	p, Δ^+	uud	1	0
π^-, ϱ^-	d$\bar{u}$	−1	0	n, Δ^0	ddu	0	0
π^0, ϱ^0	u$\bar{u}$ ⎫	0	0	Λ^0, Σ^0	dus	0	−1
η^0, ω^0	d$\bar{d}$ ⎬	0	0	Δ^-	ddd	−1	0
η^0, ϕ^0	s$\bar{s}$	0	0	Σ^+	uus	1	−1
K^+, K^{+*}	u$\bar{s}$	1	1	Ξ^0	uss	0	−2
K^0, K^{0*}	d$\bar{s}$	0	1	Ω^-	sss	−1	−3

Wechselwirkung von π-Mesonen mit Nukleonen. Sie hat eine Anregungsenergie von 294 MeV. Diese beiden Zustände des Nukleons unterscheiden sich durch den Symmetriecharakter ihrer Wellenfunktion.

Bei der Anwendung des Modells zur Erklärung der Teilchenspektren trat allerdings ein erhebliches Problem auf. Das Ω^--Teilchen z. B. kann nur als ein $(s\!\uparrow s\!\uparrow s\!\uparrow)$-Zustand mit Spin 3/2 erklärt werden, und ähnlich ergibt sich für den Δ^{++}-Zustand die Konfiguration $(u\!\uparrow u\!\uparrow u\!\uparrow)$. Das sind symmetrische Fermionzustände, die mit dem Pauli-Prinzip nicht vereinbar sind. Deshalb hat man zunächst ad hoc einen neuen Freiheitsgrad mit drei Werten eingeführt, den man „Farbe" genannt hat. Die drei Farbwerte kann man mit r, g und b bezeichnen und man kann, wenn man will, rot, gelb und blau dazu sagen. Damit läßt sich zunächst das Pauli-Prinzip retten, denn das Ω^- ist jetzt ein $(s_r\!\uparrow s_g\!\uparrow s_b\!\uparrow)$-Zustand. Die Einführung des Farbfreiheitsgrades erlaubt nun die Einführung folgender Regeln. Zu jeder Farbe, z. B. r, gibt es eine Antifarbe $\bar{r}$. Antiquarks tragen Antifarbe. Die Kombination der drei Farben rgb ergibt „farblos"(oder„weiß"), ebenso die Kombination einer Farbe mit ihrer Antifarbe, z. B. $r\bar{r}$. Farbfreiheitsgrade sind für die direkte Beobachtung jedoch immer verborgen: nur farblose Systeme treten als freie Teilchen auf. Damit wird der Befund beschrieben, daß man experimentell immer nur Teilchen der Sorte $q_r q_g q_b$ (Baryonen) oder $q_r \bar{q}_r$ (Mesonen), aber keine freien Quarks findet. Das Ganze sieht zunächst wie eine formale Spielerei aus. Man kann diese Vorstellung jedoch zu dem Konzept erweitern, daß die Eigenschaft „Farbe" auf einer Farbladung beruht, die für die starke Wechselwirkung die gleiche Bedeutung hat, wie die elektrische Ladung für die elektromagnetische Wechselwirkung.

Diese Idee führt zu einer Theorie der starken Wechselwirkung in Analogie zur Quantenelektrodynamik. Die punktförmigen Quarks tragen Farbladungen r, g oder b. Da-

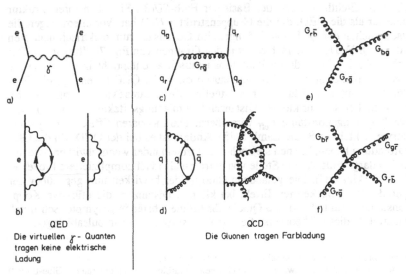

QED

Die virtuellen γ-Quanten tragen keine elektrische Ladung

QCD

Die Gluonen tragen Farbladung

Fig. 76 Graphen zur elektromagnetischen (QED) und starken (QCD) Wechselwirkung

neben soll es als Austauschteilchen masselose Vektorbosonen (Spin I) geben, die die Farbladungen austauschen können. Sie heißen Gluonen. Gluonen sind elektrisch neutral, aber sie tragen Farbladungen. Wir bezeichnen ein Gluon, das r gegen g austauscht, mit $G_{r\bar{g}}$, da bei seiner Emission rote Farbladung emittiert und gelbe Ladung absorbiert wird, was gleich bedeutend ist mit der Emission von $\bar{g}$-Ladung (siehe den linken Vertex in Fig. 76c). Da es insgesamt drei Farben gibt, werden wir für den möglichen Farbgehalt von Gluonen zu dem in Tab. 8 wiedergegebenen Schema geführt. In der Diagonale müßten eigentlich drei Gluonen der Art $G_{r\bar{r}}$ stehen, die die Farbladung nicht ändern. Da es aber nur 3 Farben gibt, ist durch zwei Farben die dritte bestimmt. Daher gibt es nur zwei unabhängige Gluonen dieser Art, die mit G_1 und G_2 bezeichnet sind. Auf diese Art wird plausibel, daß es acht verschiedene Gluonen mit Farbladung gibt. Dies folgt mathematisch aus der zugehörigen Transformationsgruppe, nämlich einer $SU(3)$ im Farbladungsraum, für die das weiter oben über $SU(3)$ Gesagte gilt. Diese Farb-$SU(3)$ darf jedoch nicht verwechselt werden mit der alten „Flavour"-$SU(3)$, die, wie geschildert, zunächst zum Quarkmodell geführt hat, die jedoch seit Entdeckung der Quantenzahlen C und B^* unvollständig ist.

Tab. 8 Farbladung der Gluonen

	q_r	$q_{\bar{g}}$	q_b
q_r	$G_1 + G_2$	$G_{r\bar{g}}$	$G_{r\bar{b}}$
q_g	$G_{g\bar{r}}$	$G_1 + G_2$	$G_{g\bar{b}}$
q_b	$G_{b\bar{r}}$	$G_{b\bar{g}}$	$G_1 + G_2$

Mit den Gluonen aus Tab. 8 als Austauschteilchen läßt sich nun in Analogie zur Quantenelektrodynamik (QED) eine Theorie der starken Wechselwirkung konstruieren. Sie heißt Quantenchromodynamik (QCD) und ist ihrer Natur nach eine nicht-abelsche Eichtheorie auf der Basis der Farb-$SU(3)$. Sie ist in ihrer Struktur komplizierter als die QED, die die Gruppenstruktur $U(1)$ hat. Vor allem tragen die Austauschteilchen der QCD Farbladungen, im Gegensatz zum elektrisch neutralen γ-Quant der QED. Der Unterschied ist in den Graphen von Fig. 76 illustriert[1]). Der Coulombwechselwirkung durch Photonenaustausch a) entspricht in der QCD die Quark-Wechselwirkung durch Gluonaustausch c). In der QED treten typische Prozesse der Art b) auf, z.B. Bildung eines virtuellen e^+e^--Paares (Vakuumpolarisation), die bewirken, daß bei sehr kleinen Distanzen Raumladungseffekte auftreten, die die effektive Kopplungskonstante α_{eff} vergrößern. Die meßbaren Effekte sind jedoch normalerweise klein (z.B. die Lamb-Shift). Anders ist es bei der QCD. Da die Gluonen Farbladung haben, können sie auch direkt miteinander wechselwirken, wie unter e) und f) dargestellt. An die Stelle von b) treten also viel kompliziertere Prozesse, wie unter d) skizziert[2]). Die geladenen Gluonfelder bewirken nun gegenüber der QED gerade den umgekehrten Effekt bei kleinen Distanzen: die effektive Kopplungskonstante nimmt ab, so daß Quarks für kleine Abstände „asymptotisch freie" Teilchen sind. In dieser Theorie ist die Kopplungsgröße daher impulsabhängig.

---

[1]) Zur Bedeutung von Graphen s. Abschn. 8.4 oder z.B. [Loh 81].
[2]) Es ist auch denkbar, daß sich zwei oder drei Gluonen zu farblosen Konglomeraten („Glue-Balls") binden, die als freie Teilchen in Erscheinung treten.

All das bedeutet, daß sich die üblichen störungstheoretischen Methoden in der QCD nicht anwenden lassen. Deshalb ist es auch schwierig, zu zeigen, wie der Einschluß (confinement) der Quarks zustande kommt, der es unmöglich macht, freie Quarks zu beobachten. Ein Quarkpotential, das proportional zu r ansteigt (oder vielleicht auch ~ r^2) wäre mit den Befunden der Mesonenspektroskopie verträglich. Wenn man gegen dieses Potential Arbeit leistet und Quarks zu trennen versucht, hat man schließlich irgendwann genug Energie aufgewendet, um ein $q\bar{q}$-Paar zu erzeugen, das als Meson in Erscheinung tritt. Daher führt Energiezufuhr zur Produktion von Mesonen. Man hat versucht, diesen Erscheinungen mit der folgenden, recht intuitiven Modellvorstellung Rechnung zu tragen. Die Farbfeldlinien zwischen den Quarks q_r und dem Antiquark $\bar{q}_{\bar{r}}$ zeigen nicht das bekannte Verhalten der elektrischen Feldlinien (Fig. 77a), sondern sind in eine räumliche Blase eingeschlossen (Fig. 77b). Das ist das „Quarkblasen-Modell" eines Mesons (Bag-Modell). Ersetzen wir in diesem Bild $\bar{q}_{\bar{r}}$ durch $q_b q_g$, so erhalten wir entsprechend ein Baryon (Fig. 77c). Nach dieser Vorstellung sind Hadronen farblose Blasen im Vakuum. Quarks und Farbladungen können nur im Inneren dieses Gebietes existieren. Wenn man Quark und Antiquark auseinanderzieht (Fig. 77d), ergibt sich ein Schlauch paralleler Farbfeld-linien, so daß ein Potential ~ r resultiert. Hat man genügend Energie aufgewendet, so wird ein neues $q\bar{q}$-Paar erzeugt. Da nun die Feldlinien im linken und im rechten Teil gesättigt sind, entstehen, wie bei einer Zellteilung, zwei Blasen. Die Tatsache, daß Farbfeld-linien nur im Inneren der Blase existieren, kann man auch so ausdrücken, daß die

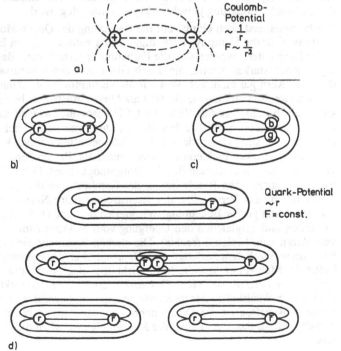

Fig.77
Zum Blasenmodell
der Hadronen
(Bag-Modell)

„Farb-Dielektrizitätskonstante" innen gleich eins und außen gleich Null ist. Der Blasenrand grenzt zwei Sorten von Vakuum gegeneinander ab: das „normale" Vakuum außen und ein Vakuum höherer Energiedichte innen. Diese Vorstellungen sind noch sehr grob und vieles ist ad hoc eingeführt. Das Bag-Modell ist jedenfalls vorläufig als eine Hilfe aufzufassen bei der Beschreibung des noch unverstandenen Einschlusses des Quarks.

Wir wollen uns hier mit dieser qualitativen Schilderung der Konzepte begnügen und nur noch eine Bemerkung zur Masse der Quarks machen. Da ein Nukleon aus drei Quarks besteht und die Masse $m_N \approx 1$ GeV/c^2 hat, sollte die Quarkmasse ungefähr 1/3 GeV/c^2 betragen. Das ist jedoch eine scheinbare Masse, da sie die sehr hohe Bindungsenergie der Quarks enthält. Wegen der Bindungsenergie beträgt die wahre Quarkmasse möglicherweise nur wenige MeV/c^2. Es ist jedoch bemerkenswert, daß sich manche Beobachtungsgrößen völlig korrekt aus der scheinbaren Masse ergeben. Wir können beispielsweise analog zu (2.64) ein Quark-Magneton definieren

$$\mu_q = \frac{Q_q \hbar}{2 m_q c} \tag{5.59}$$

Wenn man nun mit der üblichen Dirac-Theorie das magnetische Moment der Nukleonen unter Benutzung einfacher Quark-Wellenfunktionen für Proton und Neutron berechnet und dabei den Wert m_q der Quarkmassen an den Beobachtungswert anpaßt, findet man $m_u \approx m_d \approx 335$ MeV/c^2. Das ist gerade die scheinbare Quarkmasse. Aber diese einfache Erklärung täuscht, wie gleich dargelegt wird.

Wir kommen erst noch einmal auf die Bedeutung des Quark-Modells für die Kernkräfte und für die Kernphysik im allgemeinen zurück. Bei den Energiedichten normaler Kernmaterie werden sich die Farbkräfte innerhalb von „Bags" absättigen. Die eigentlichen starken Kräfte, die durch Gluon-Austausch verursacht werden, treten daher im Kern gar nicht auf. Was wir als Kernkräfte beobachten, sind nur eine Art von Restwechselwirkungen, die sich als Meson-Austausch beschreiben lassen. Sie sind nicht unmittelbar mit Hilfe der QCD beschreibbar, weil störungstheoretische Näherungsmethoden nur bei den kleinen Distanzen gelten, bei denen Quarks fast freie Teilchen sind. Diese kleinen Abstände betreffen nur den kurzreichweiten, abstoßenden Kern des Nukleon-Nukleon-Potentials. Bei größeren Abständen versagt vorläufig eine solche direkte Beschreibungsmöglichkeit. Daher ist der Anschluß der mesonentheoretischen Beschreibung der Kernkräfte an die QCD ein noch offenes Problem. Für das Verständnis der Kernstruktur unter Normalbedingungen ist das aber nicht von großer Bedeutung. Wir greifen hier noch einmal auf Fig. 1 von Seite 11 zurück und vergleichen den Übergang vom Nukleon zum Kern (links) mit dem vom Atom zum Molekül (rechts). Die starken Farbkräfte sind innerhalb des Nukleons im wesentlichen gesättigt. Den Hauptanteil an der Bindungsenergie des Kerns liefert der Mehr-Pion-Austausch. Er wirkt über eine Polarisation der Nukleonen im Pionfeld ähnlich, wie der Mehr-Photon-Austausch über eine elektrische Polarisation die van-der-Waalskräfte der molekularen Bindung bewirkt. Für das Verständnis der Kerneigenschaften ist die Quantenchromodynamik zunächst ebenso wenig erforderlich, wie für das Verständnis der Moleküleigenschaften die Quantenelektrodynamik.

Man wird nach dem eben Gesagten erwarten, daß Quarkfreiheitsgrade im Kern erst bei Experimenten auffällig werden, bei denen ungewöhnliche Zustände durch hohe Impulsüberträge oder hohe Energiedichten erzeugt werden. Solche Experimente an Kernen könnten dann möglicherweise zum Verständnis des Quark-Einschlusses mehr beitragen, als Experimente an freien Hadronen. Eine evidente Frage ist unter anderem die nach der Größe der „Bags". Ein bekanntes Modell sagt eine Größe von etwa 1 fm voraus (MIT-Bag). Das entspricht auch etwa der elektrischen Ladungsverteilung des Protons. Aber dann wären ca. 60% des Kernvolumens mit Bags gefüllt. Wieso funktioniert dann das Schalenmodell der Kerne so gut, das auf einer unabhängigen Bewegung der Nukleonen basiert?

Im Bereich subnuklearer Strukturen sind viele Fragen offen, und es hat in den letzten Jahren viele Überraschungen gegeben. Schon bei der genauen Untersuchung der Struktur des Protons gab es unerwartete Ergebnisse, die zeigen, daß das bisher geschilderte Quarkmodell viel zu naiv ist. Die innere Struktur des Nukleons kann durch Streuexperimente mit hochenergetischen Elektronen oder Myonen sichtbar gemacht werden. Solche Experimente, bei denen nur die elektromagnetische Wechselwirkung ins Spiel kommt, sind im Prinzip den Rutherfordschen Streuexperimenten ähnlich. Je höher der Impulsübertrag Q beim Streuprozeß, desto größer ist die räumliche Auflösung Δr. Aus der Unschärferelation erhalten wir die Abschätzung

$$\Delta r \approx \frac{\hbar}{\sqrt{q^2}} = \frac{0,2}{\sqrt{Q^2}} \text{ fm} \qquad Q^2 \text{ in } (\text{GeV}/c)^2 \qquad (5.60)$$

(vgl. Anhang Zeile 65). Mit Q ist der relativistische Dreierimpuls gemeint. Elektron-Streuexperimente mit $Q^2 > 10$, die seit langem möglich sind, haben daher eine Auflösung von rund 0,1 fm, genug, um die Unterstrukturen eines Protons zu erkennen. Bei diesen kleinen Distanzen sind die Quarks näherungsweise frei und am Streuprozeß nimmt jeweils nur ein einzelnes Quark teil, das einen Bruchteil x des Viererimpulses des gesamten Nukleons trägt.

Die Analyse der Experimente ergab folgendes Bild des Protons. Neben den drei Quarks, die als Träger der Quantenzahlen Ladung und Isospin des Protons auftreten und die deshalb oft als „Valenzquarks" bezeichnet werden, enthält das Proton virtuelle Quark-Antiquark-Paare (Seequarks) und Gluonen. Nur 40 % des Impulses werden von den Valenzquarks getragen, 10% von den Quark-Antiquark-Paaren und 50% von den Gluonen. Es ist deshalb nicht ganz überraschend, daß sich der Spin des Protons nicht einfach aus dem Spin der Valenzquarks ergibt, wie dies der naiven Diskussion im Zusammenhang mit (5.59) entspricht. Das haben Streuexperimente von hochenergetischen polarisierten Elektronen mit überraschender Deutlichkeit gezeigt. Die Analyse der Streudaten ergibt, daß nur 30% des Protonspins von den Valenzquarks herrühren. Weitere 10% tragen überraschenderweise virtuelle Seequarks mit Strangeness bei. Der größere Rest muß dem Spin der Gluonen und Bahndrehimpulsbeiträgen von allen Konstituenten zugeschrieben werden. Die Experimente werden zur weiteren Klärung fortgesetzt. Man spricht von der „Spin-Anomalie" des Protons. Das Proton hat also ein recht kompliziertes Innenleben.

Da die Streuereignisse der geschilderten Experimente direkt an den Quarks stattfinden, sollte man erwarten, daß es keine Rolle spielt, ob die Nukleonen in einem Kernverband eingebaut sind oder nicht. Deshalb war die Überraschung groß, als sich herausstellte, daß gebundene Nukleonen in der Tat ein anderes Verhalten zeigen als freie. Man hat dies zuerst entdeckt bei der Streuung von 280 GeV Myonen an Targets aus Eisen. Die räumliche Auflösung ist für Myonen wegen ihrer großen Masse besonders groß und beträgt bei diesen Experimenten etwa 0,02 fm. Es ergab sich ein deutlicher Unterschied in den gemessenen „Strukturfunktionen" zwischen Eisen und Deuterium, der wahrscheinlich zeigt, daß im Kernverband ein Teil der Quarks und Gluonen von allen Nukleonen geteilt wird. Das ist als „EMC-Effekt" bekannt geworden (von European Myon Collaboration).

Ein anderer Weg, etwas über die Quarkdynamik im Kernverband zu erfahren, besteht darin, in einem Nukleon des Kerns ein u- oder d-Quark durch ein s-Quark zu ersetzen. Dann entsteht im Kern ein Hyperon, nämlich ein Λ- oder Σ-Teilchen. Die Erzeugung im Kern kann beispielsweise geschehen durch eine Strangeness-Austauschreaktion der Art

$$K^- + n \rightarrow \Lambda^0 + \pi^- \qquad K^- + p \rightarrow \Sigma^+ + \pi^- \qquad (5.61)$$

wobei sich die im „Hyperkern" gebildeten Zustände durch Spektroskopie der auslaufenden Pionen untersuchen lassen. Die Experimente setzen allerdings einen K-Strahl voraus. Wenn in einem Hyperkern alle Quarks fest in den Baryonen gebunden sind, können sich aufgrund des Pauliprinzips andere Strukturdetails ergeben als wenn die Einschlußgrenzen für die Quarks teilweise durchlässig sind. Aus den bisher vorliegenden spektroskopischen Befunden über Hyperkerne ergeben sich bei einer Interpretation im Rahmen des Schalenmodells im wesentlichen folgende Tatsachen. Die Potentialtiefe ist für ein Λ-Teilchen viel geringer als für ein Nukleon, ebenso ist für ein Λ im Kern die Spin-Bahn-Wechselwirkung außerordentlich klein, während sie für ein Σ besonders groß zu sein scheint. Zu einem vollen Verständnis sind umfangreichere Daten nötig.

Dies alles betrifft Kerne im oder nahe dem Grundzustand. Eine gänzlich andere Situation ergibt sich, wenn durch Stöße relativistischer schwerer Ionen Tröpfchen aus Kernmaterie mit einer extrem hohen Dichte erzeugt werden. Der Quarkeinschluß sollte bei diesen Energiedichten aufgehoben sein. Die Hadronen schmelzen in einen primitiveren Zustand, nämlich ein Plasma aus Quarks und Gluonen. Da die Natur der starken Farbkräfte eine störungstheoretische Behandlung des Problems im Rahmen der QCD nicht zuläßt, sind Vorhersagen über das Verhalten eines hochangeregten dichten Quarksystems nicht einfach. Zur Berechnung bietet sich ein statistisches numerisches Verfahren an, das unter dem Namen „Gittereichtheorie" bekannt geworden ist. Berechnungen mit dieser Methode zeigen, daß in der Tat ein Phasenübergang von normaler Kernmaterie in ein Quark-Gluon-Plasma stattfinden sollte. Wir kommen darauf in Abschnitt 7.10 zurück.

Literatur zu Abschn. 5.6: [Clo 79, Bec 81, Gre 79, Loh 81].

6 Kernmodelle

6.1 Einteilchenzustände im mittleren Kernpotential

In den vorausgegangenen Kapiteln haben wir mehrfach von der Vorstellung Gebrauch gemacht, daß sich die Nukleonen eines Kerns in einem „Potentialtopf" befinden. Sie wird dadurch nahegelegt, daß innerhalb eines relativ scharf definierten Kernradius anziehende Kräfte herrschen müssen, die für den Zusammenhalt des Kerns sorgen, und die einen Potentialsprung am Kernrand bewirken, der (neben dem Coulomb-Feld) auch für die Streuung einfallender Teilchen verantwortlich ist. In der Tat gibt das im Abschn. 2.3 behandelte Fermi-Gas-Modell manche Kerneigenschaften recht gut wieder. Bei diesem Modell haben wir angenommen, daß sich die Nukleonen in einem durch einen scharfen Potentialsprung begrenzten Gebiet wechselwirkungsfrei bewegen. Da wir andererseits aber aus dem Verhalten der Bindungsenergien wissen, daß die Kernkräfte vorwiegend zwischen jeweils zwei Nukleonen wirken, ist nicht ohne weiteres einzusehen, wie ein solches mittleres Kernpotential überhaupt zustande kommen kann.

Wir wollen daher zum Vergleich zunächst die Verhältnisse in der Elektronenhülle eines Atoms betrachten. Hier sind Herkunft und Form des auf ein Elektron wirkenden Potentials viel einfacher anzugeben, da hier hauptsächlich die langreichweitige und genau bekannte Coulomb-Kraft wirkt. Der für die Hülle fast punktförmige Kern bewirkt ein Coulomb-Feld $-Ze^2/r$, das durch die Wechselwirkung zwischen den gleichnamig geladenen Elektronen noch modifiziert wird. Man kann hierfür ein mittleres Feld in einem selbstkonsistenten Verfahren zur Lösung der Schrödinger-Gleichung finden und zeigen, daß sich die Wellenfunktion für einen Hüllenzustand in guter Näherung als antisymmetrisiertes Produkt von Einteilchen-Wellenfunktionen für dieses mittlere Feld schreiben läßt (Hartree-Fock-Verfahren) (A; Abschn. 8.1).

Das Wesentliche dieses Verfahrens soll hier kurz skizziert werden. Das Problem wird beschrieben durch eine Schrödinger-Gleichung für N Elektronen, die untereinander und mit dem Kern elektromagnetische Wechselwirkung haben. In der Schrödinger-Gleichung $H\psi = E\psi$ hat H daher die Form

$$H = \sum_i T_i + \sum_i V_C(r_i) + \sum_{\substack{i,j \\ i<j}} V_{ij}(|r_i - r_j|) \tag{6.1}$$

wobei wir für die kinetische Energie

$$T_i = \frac{-\hbar^2}{2m_i} \tag{6.1a}$$

geschrieben haben. Die Summation erstreckt sich über alle N Teilchen. Dabei ist V_C das gemeinsame Zentralpotential und V_{ij} das Wechselwirkungspotential zwischen je zwei Elektronen. Wir haben also schon vorausgesetzt, daß wir nur Zweikörperkräfte in Betracht zu ziehen brauchen. Die Summierungsvorschrift in (6.1) sorgt dafür, daß alle möglichen Paarungen zwischen zwei Teilchen gerade einmal vorkommen. Die Vielteilchen-Gleichung (6.1) ist zunächst unlösbar. Man versucht daher, die

Summe der paarweisen Wechselwirkungen V_{ij} die auf jedes Teilchen wirken, durch die Wirkung eines gemittelten Potentials V_i zu ersetzen, d. h. man schreibt probeweise statt (6.1)

$$H = \sum_i [T_i + V_C(r_i) + V_i(r_i)] \tag{6.2}$$

Für jedes Glied dieser Summe gibt es eine Lösungsfunktion φ_i (Einteilchen-Wellenfunktion) mit dem Energieeigenwert ε_i. Eine spezielle Lösung von (6.2) ist das Produkt dieser Funktionen φ_i, z. B.

$$\psi = \varphi_1(\vec{r}_1) \cdot \varphi_2(\vec{r}_2) \cdot \ldots \cdot \varphi_N(\vec{r}_N)$$

oder auch eine Linearkombination mit allen möglichen Permutationen solcher Produkte. Dabei ist $E = \varepsilon_1 + \varepsilon_2 + \ldots + \varepsilon_N$. Um dem Pauli-Prinzip zu genügen, muß eine vollständig antisymmetrische Lösung Ψ gebildet werden. Dies geschieht durch Bildung der Slater-Determinante

$$Y = \frac{1}{\sqrt{N!}} \mathrm{Det} \, |\varphi_i(\vec{r}_k)|$$

Man setzt nun zunächst vernünftig erscheinende mittlere elektrostatische Potentiale V_i in (6.2) ein und berechnet die Lösungsfunktionen φ_i. Die Größe $e|\varphi_i(\vec{r})|^2$ gibt die Ladungsdichteverteilung für jedes Elektron an. Man kann daher aus der Lösung φ_i durch Mittelung über die Beiträge aller Elektronen umgekehrt wieder das mittlere Potential V_i', das auf das i-te Teilchen wirkt, berechnen. Stimmt es mit dem ursprünglich gewählten zufällig überein, so ist das Problem gelöst; falls nicht, versucht man durch Variation der V_i Selbstkonsistenz zu erzielen. Für die Elektronenhülle lassen sich solche selbstkonsistenten Lösungen in der Tat nach verhältnismäßig wenigen Wiederholungen finden.

Im Kerninnern gibt es zunächst nichts, das dem zentralen Coulomb-Potential bei der Hülle vergleichbar wäre. Da aber im Gegensatz zur Abstoßung zwischen den einzelnen Hüllenelektronen die Kräfte zwischen den Nukleonen anziehend sind, kann man trotzdem versuchen, nach einem Hartree-Verfahren ein selbstkonsistentes mittleres Potential zu gewinnen. In Gl. (6.1) und (6.2) tritt dann kein Zentralpotential V_C mehr auf. Anstelle von (6.1) müssen wir jetzt schreiben

$$H = \sum_{i=1}^{A} T_i + \sum_{\substack{i,j=1 \\ i<j}}^{A} V_{ij} \tag{6.3}$$

wobei V_{ij} durch das Nukleon-Nukleon-Potential gegeben ist. Jetzt kann man wieder versuchen, anstelle der V_{ij} für jedes Teilchen ein mittleres Potential V_i einzuführen. Man betrachtet also ein willkürlich gewähltes einzelnes Nukleon, nämlich das i-te, und stellt sich vor, daß die Wirkung aller anderen Nukleonen auf dieses eine näherungsweise zu einem Potential V_i gemittelt werden kann. Eigenfunktionen φ_i und Energiezustände ε_i dieses Nukleons lassen sich dann aus V_i bestimmen. Da dieses Verfahren nur eine Näherung darstellt, ist zu erwarten, daß restliche Paarwechselwirkungen verbleiben, die nicht in die Mittelung einbezogen werden können. Daher spalten wir (6.3) in folgender Weise auf

$$H = H_0 + V_R \tag{6.4}$$

darin ist $H_0 = \sum_{i=j}^{A} (T_i - V_i) = \sum h_i$ mit $h_i \equiv T_i + V_i$

$$\tag{6.5}$$

und $V_R = \sum_{i<j} V_{ij} - \sum V_i$ $$\tag{6.6}$$

Gl. (6.5) ist im wesentlichen identisch mit (6.2). Aus dem darin eingeführten mittleren Potential V_i ergeben sich wieder Einteilchen-Wellenfunktionen φ_i, die der Gleichung $h_i \varphi_i = e_i \varphi_i$ genügen. Die Aufspaltung (6.4) in der beschriebenen Weise ist dann sinnvoll, wenn sich zeigen läßt, daß die Energieverhältnisse im wesentlichen durch H_0 bestimmt sind und daß die Restwechselwirkungen V_R dagegen vergleichsweise klein sind. Es ist nun in der Tat möglich, durch ein Hartree-Fock-Verfahren, das im wesentlichen von den Kernkräften ausgeht, zu zeigen, daß diese Annahme gerechtfertigt ist. Sie bildet die Grundlage des Schalenmodells. Für die Lösung der Hartree-Fock-Gleichungen bildet zwar die Existenz des abstoßenden Kerns im Nukleon-Nukleon-Potential mathematisch ein gewisses Hindernis, doch kann man diese Schwierigkeit durch Einsetzen eines ad hoc gewählten effektiven Potentials für diese Region umgehen, da das Ergebnis im wesentlichen nur vom langreichweitigen Teil des Nukleon-Nukleon-Potentials abhängt, dessen Form im übrigen aus der Mesonentheorie gut zu begründen ist.

Die eben erwähnte theoretische Begründung für den Ansatz eines mittleren Kernpotentials, das auf das einzelne Nukleon wirkt, ist allerdings erst erbracht worden, nachdem sich bereits gezeigt hatte, daß sich mit der Annahme eines solchen Modells viele Kerneigenschaften zwanglos erklären lassen. Man war ursprünglich nicht von den Kernkräften ausgegangen, sondern von den empirisch aufgefundenen „magischen Zahlen", die sich in vielfältiger Weise bei den beobachtbaren Kerneigenschaften äußern.

Trägt man z. B. für eine Reihe verschiedener Kerne die Separationsenergie für ein Proton gegen die Protonenzahl Z oder die Separationsenergie für ein Neutron gegen die Neutronenzahl N auf, so zeigt sich, daß immer dann charakteristische Sprünge in den Separationsenergien auftreten, wenn entweder N oder Z einen der Werte 2, 8, 20, 28, 50, 82 oder 126 annimmt, und zwar ist die Separationsenergie bei diesen magischen Zahlen immer gerade besonders groß. Fügt man ein weiteres Nukleon hinzu, also etwa das einundfünfzigste Neutron, so ist dessen Separationsenergie wesentlich kleiner. Man darf allerdings die Separationsenergie eines Neutrons für einen Kern mit $N = 50$ nicht unmittelbar mit der für $N = 51$ vergleichen, da hierbei noch die Paarungsenergie zu berücksichtigen ist. Man kann aber entweder über die Paarungsenergie in geeigneter Weise mitteln [Bei 61, 64] oder man betrachtet nur den Verlauf der Separationsenergien für jeweils ungerade Neutronen- oder Protonenzahlen.

Nach der in Abschn. 2.4 besprochenen Massenformel sind die Sprünge in der Bindungsenergie bei den magischen Zahlen nicht verständlich, man sollte vielmehr einen glatten Verlauf der Bindungs- bzw. Separationsenergien mit den Nukleonenzahlen erwarten. Die experimentell gefundene Situation ist aber ähnlich wie bei den Elektronen der Atomhülle. Dort treten jeweils bei den Edelgasen besonders hohe Separationsenergien (Ionisierungsenergien) für die Elektronen auf, bei den Alkaliatomen besonders kleine. Da der Sprung in den Ionisierungsenergien vom Abschluß der Elektronenschalen herrührt, liegt es nahe, für den Kern eine ähnliche Erklärung zu suchen. Das bedeutet, daß man zunächst die Zustände eines Nukleons in einem von den anderen verursachten mittleren Zentralpotential berechnen muß. Dann betrachtet man den Kern als ein System voneinander unabhängiger Teilchen, wie wir dies beim Fermi-Gas-Modell getan haben, und besetzt jeden Zustand mit der nach dem Pauli-Prinzip erlaubten Zahl von Nukleonen. Ein „Schalenabschluß" ergibt sich bei diesem Verfahren dann, wenn ein Zustand, der zum nächsthöheren eine besonders große Energiedifferenz hat, voll besetzt ist.

Über die Form des mittleren Kernpotentials weiß man bei diesem empirischen Vorgehen zunächst nichts, doch kann man sich von der Vorstellung leiten lassen, daß die Nukleonen in der Kernmitte von allen Seiten im Mittel die gleiche Kraft erfahren, daß das Potential in der Mitte also flach ist. Wir können diese Vorstellung noch präzisieren, wenn wir beachten, daß der Potentialverlauf in der Umgebung des Kernmittelpunkts symmetrisch und stetig sein muß, damit sich vernünftige Lösungen ergeben. Diese Forderungen sind nur dann gleichzeitig zu erfüllen, wenn $(dV/dr)_{r=0} = 0$ ist. Eine weitere Forderung an das Potential besteht darin, daß es wegen des relativ scharf definierten Kernradius in der Nähe des Kernrandes ziemlich schnell auf Null abfallen muß. Das von uns mehrfach benutzte kugelsymmetrische Rechteckpotential (Fig. 51) erfüllt diese Bedingungen, doch ist es für das Kernpotential sicher nur eine grobe Näherung. Es hat aber den Vorteil, daß sich dafür die Eigenzustände leicht berechnen lassen. Eine andere Potentialform, die unseren Forderungen entspricht, ist das Potential des harmonischen Oszillators

$$V(r) = -V_0[1 - (r/R)^2] \qquad (6.7)$$

Am realistischsten wird eine Potentialform sein, die zwischen diesen beiden Fällen liegt. Ein Potentialverlauf, der dies erfüllt, ist das Woods-Saxon-Potential, das zudem die gemessene Dichteverteilung für die Nukleonen gut wiedergibt, vgl. Gl. (2.4). Es hat die Form

$$V(r) = -V_0\left[1 + e^{\frac{r-R}{a}}\right]^{-1} \qquad (6.8)$$

Der Parameter a ist ein Maß für die Randunschärfe. Die drei erwähnten Potentialformen sind in Fig. 78a zusammengestellt. Das Potential (6.8) hat den Nachteil, daß sich Lösungen der Schrödinger-Gleichung dafür nicht in geschlossener Form angeben lassen.

Da alle drei Potentiale zentralsymmetrisch sind, läßt sich für die Berechnung der Eigenzustände eines Nukleons in einem solchen Potential die Schrödinger-Gleichung in Kugelkoordinaten in der üblichen Weise separieren (s. Gl. (4.5)). Die Lösungen der Radialgleichung lassen sich für Rechteck- und Oszillatorpotential relativ leicht angeben, wenn man die Potentiale für $r = R_0$ nicht gegen Null gehen läßt, sondern sie bis ins Unendliche fortsetzt. Man kann zeigen, daß dies für die tieferliegenden gebundenen Zustände nur eine unwesentliche Korrektur bringt. Um einigermaßen realistische Energieniveaus zu erhalten, kann man entweder die Energiewerte zwischen den Lösungen für Rechteck- oder Oszillatorpotential interpolieren, oder man berechnet sie numerisch aus dem Potential (6.8). In einem Modell unabhängiger Teilchen läßt sich jedes so berechnete Energieniveau mit einer bestimmten Zahl von Teilchen besetzen, die durch die Entartungen hinsichtlich der Quantenzahlen l und m und das Pauli-Prinzip gegeben ist. Ein „Schalenabschluß" tritt für Teilchenzahlen auf, bei denen ein Niveau gerade voll besetzt ist, das einen besonders großen Abstand zum nächsthöheren Niveau hat. Für keines der drei besprochenen Potentiale ergeben sich jedoch bei diesem Verfahren die richtigen Schalenabschlüsse bei allen magischen Nukleonenzahlen.

In Fig. 78b sind die Energieniveaus dargestellt, die man für den harmonischen Oszillator (links) und das Rechteckpotential (rechts) erhält. In der Mitte befinden sich

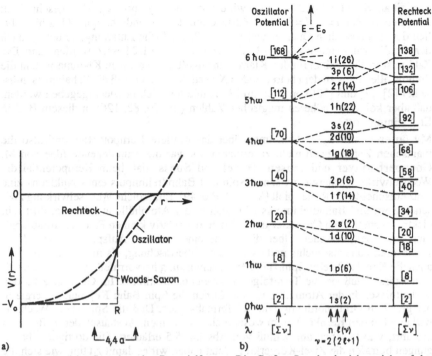

a)
b)

Fig. 78 a) Drei häufig gebrauchte Potentialformen. Die Größen R und a beziehen sich auf das Woods-Saxon-Potential Gl. (6.8)
b) Energieniveaus im Oszillator- und im Rechteckpotential, in der Mitte interpolierte Werte; nach [May 55]

die interpolierten Werte. Beim isotropen Oszillator muß man die Schrödinger-Gleichung für das Potential $V(r) = \frac{1}{2}m\omega^2 r^2$ lösen. Aus der Radialgleichung (4.7) ergeben sich die Energieeigenwerte $E_{l,n}$. Sie hängen vom Bahndrehimpuls l und der Radialquantenzahl n ab, die angibt, wieviele radiale Nullstellen die Wellenfunktion hat. Die Lösung lautet

$$E_{n,l} \equiv E_\lambda = \left(\lambda + \frac{3}{2}\right)\hbar\omega \quad \text{mit} \quad \lambda = 2(n-1)+l = 0,1,2,\ldots$$
$$(n = 1,2,3,\ldots; l = 0,1,2,\ldots) \tag{6.9}$$

Die Energieniveaus sind also äquidistant. Sie sind in Fig.78b links nach Abzug der hier nicht interessierenden Nullpunktsenergie $E_0 = (3/2)\hbar\omega$ in Einheiten von $\hbar\omega$ aufgetragen. Abgesehen von den zwei untersten Niveaus sind die Lösungen für verschiedene Paare der Werte von n und l beim Oszillator „zufällig" entartet, da beispielsweise $l = 3$; $n = 1$ und $l = 1$, $n = 2$ den gleichen Wert $\lambda = 3$ ergeben. Diese Entartung wird beim Übergang zum Rechteckpotential aufgehoben. Daher hängen die Energien, die in der Mitte und rechts in Fig. 78b eingezeichnet sind, von n und l

explizit ab. Statt $l = 0, 1, 2, \ldots$ haben wir die üblichen Symbole s, p, d, ... geschrieben; 2p bedeutet also $n = 2$, $l = 1$. Jeder Zustand mit dem Bahndrehimpuls l hat hinsichtlich der magnetischen Quantenzahl m eine $(2l + 1)$fache Entartung, so daß er nach dem Pauli-Prinzip mit $\nu = 2(2l + 1)$ Teilchen vom Spin 1/2 besetzt werden kann. Die Zahl ν ist in Fig. 78b in runden Klammern zugefügt. In eckigen Klammern steht die Summe aller ν bis zu dem betreffenden Niveau. Man sieht, daß die Schalenabschlüsse bei [2], [8] und [20] von allen drei Niveauleitern richtig wiedergegeben werden, daß aber keine der höheren magischen Zahlen (28, 50, 82, 126) in diesem Bild in Erscheinung tritt.

Mit unseren bisherigen Annahmen über das mittlere Kernpotential sind also die magischen Zahlen noch nicht zu erklären. Es war die grundlegende Idee von M. Goeppert-Mayer und Jensen, Haxel und Suess, daß beim Kernpotential die Wechselwirkungsenergie zwischen Spin und Bahndrehimpuls eines Nukleons eine ganz entscheidende Rolle spielt [May 49, Hax 49]. Eine solche Wechselwirkung zwischen Spin und Bahndrehimpuls tritt auch in der Atomhülle auf. Sie hat dort rein elektromagnetischen Charakter und führt zu der relativ kleinen Feinstrukturaufspaltung der Energieniveaus. Über die Größe einer solchen Aufspaltung beim Kern wußte man zunächst nichts und es war eine Überraschung, als man entdeckte, daß auch die Kernkräfte eine Spin-Bahn-Wechselwirkung hervorrufen, und zwar von solcher Stärke, daß sie die Termfolge entscheidend bestimmt. Im Gegensatz zu den Verhältnissen in der Atomhülle ist bei Kernen die Spin-Bahn-Kopplungsenergie in der gleichen Größenordnung wie die Termabstände. Daß die Spin-Bahn-Wechselwirkung bei den Kernkräften im wesentlichen von einem Austausch der ω-Bosonen herrührt, wurde schon am Schluß von Abschn. 5.5 erläutert. Die dortigen Überlegungen betrafen die Zwei-Körperkraft. Jetzt haben wir es damit zu tun, wie sich die Spin-Bahn-Kopplung im effektiven mittleren Kernpotential des Schalenmodells äußert. Das kann man leicht empirisch feststellen, beispielsweise indem man die Zustände des ^{5}He studiert. Man kann aus einer Streuphasenzerlegung für die Streuung von Neutronen an ^{4}He erschließen, daß der energetisch tiefste Streuzustand

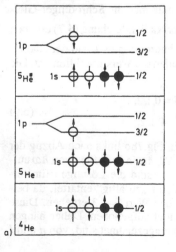

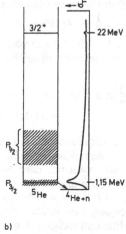

Fig. 79
Durch Streuung von Neutronen an ^{4}He gewonnene Drehimpulszuordnung der tiefliegenden Zustände im ^{5}He.
a) Konfigurationen
b) Termschema

den Drehimpuls 3/2 und der nächsthöhere den Drehimpuls 1/2 hat (s. Fig. 79). Da bei ^{4}He nach Fig. 78 für Protonen und Neutronen die 1 s-Schale abgeschlossen ist, muß das Neutron in einen p-Zustand mit $l = 1$ gestreut werden. Es liegt nahe, die beiden Streuzustände so zu interpretieren, daß durch eine Spin-Bahn-Wechselwirkung der l = 1-Zustand in einen energetisch tieferen mit $j = 1 + 1/2 = 3/2$ und einen höheren mit $j = 1 - 1/2 = 1/2$ aufspaltet. Wie das Experiment zeigt, ist also die Termfolge dieser Aufspaltung genau umgekehrt wie die Termfolge bei der Feinstrukturaufspaltung in der Atomhülle. Das ist in Übereinstimmung mit unserem Argument vom Ende von Abschn. 5.5 über das Vorzeichen der Spin-Bahn-Kopplung bei den Kernkräften.

Um der Spin-Bahn-Wechselwirkung Rechnung zu tragen, müssen wir dem bisher betrachteten Zentralpotential $V(r)$ einen weiteren Energieterm hinzufügen, der vom Skalarprodukt aus $\vec{l}$ und $\vec{s}$ abhängen muß. Somit ergibt sich für das Kernpotential

$$V_i = V(r) + V_{ls}(r)(\vec{l} \cdot \vec{s}) \tag{6.10}$$

Hierin ist $V_{sl}(r)$ eine zunächst unbekannte Radialfunktion und $\vec{s}$ der Spin des Nukleons. Wir können den Erwartungswert von $\vec{l} \cdot \vec{s}$ durch Quadrieren der Identität $\vec{j} = \vec{l} + \vec{s}$ berechnen und finden

$$\langle \vec{l} \cdot \vec{s} \rangle = \frac{1}{2}[\langle \vec{j}^2 \rangle - \langle \vec{l}^2 \rangle - \langle \vec{s}^2 \rangle)] = \frac{\hbar^2}{2}\left[j(j+1) - l(l+1) - \frac{3}{4} \right] \tag{6.11}$$

Für $j = l + 1/2$ erhalten wir hieraus $(\vec{l} \cdot \vec{s}) = \frac{1}{2} l$ und für $j = l - 1/2$ entsprechend $\langle \vec{l} \cdot \vec{s} \rangle = -\frac{1}{2}(l + 1)$. Den Faktor $\hbar^2$ haben wir in V_{ls} aufgenommen. Die potentielle Energie beträgt nach (6.10) für die beiden Fälle daher

$$V(r) + \frac{1}{2}V_{ls}l \qquad \text{für} \quad j = l + \frac{1}{2} \tag{6.12a}$$

$$V(r) - \frac{1}{2}V_{ls}(l+1) \quad \text{für} \quad j = l - \frac{1}{2} \tag{6.12b}$$

Wenn $V_{ls}(r)$ ebenso wie $V(r)$ negativ ist, liegen also die Zustände für $j = l - 1/2$ energetisch höher als die für $j = l + 1/2$. Bilden wir die Differenz zwischen (6.12a) und (6.12b), so sehen wir, daß für die Energieaufspaltung ΔE zwischen den beiden Zuständen gilt

$$\Delta E \sim l + (l + 1) = 2l + 1 \tag{6.13}$$

Die Spin-Bahn-Kopplung bewirkt also für jedes ursprüngliche Niveau mit dem Drehimpuls l eine Aufspaltung, deren Größe proportional zu l ist.

Über die Radialfunktion $V_{ls}(r)$ können wir vorläufig keine Aussage machen. Für eine einfache Diskussion der Niveaufolge kann sie konstant gesetzt werden. Realistischer ist es, davon auszugehen, daß sich ein Teilchen im inneren, flachen Teil des Potentials in einem homogenen Medium befindet, in dem es kein Zentrum gibt, hinsichtlich dessen ein Bahndrehimpuls definiert werden könnte. Daher sollte in V_{ls} vor allem die Kernoberfläche beitragen. Man kann daher den Ansatz machen

$$V_{ls}(r) \sim \frac{1}{r}\frac{dV(r)}{dr} \tag{6.14}$$

und enthält damit einen Ausdruck, der dem Thomas-Term (A, Gl. (5.7)) bei der Feinstruktur der Hülle analog ist.

Die sich nach Einführung der Spin-Bahn-Aufspaltung ergebende Niveaufolge ist in Fig. 80 wiedergegeben und zwar getrennt für Protonen und Neutronen, da das für die Protonen zusätzliche vorhandene Coulomb-Potential etwas verschiedene Niveaufolgen für die beiden Nukleonenarten bewirkt. Fig. 80 ist nach Vergleich mit Fig. 78b leicht verständlich. Links sind noch einmal die nichtaufgespalteten Niveaus eingezeichnet, wie sie sich im Mittelteil von Fig. 78b ergeben haben. Bei den aufgespalteten Niveaus ist der Wert von j als Index beigefügt. Es bedeutet also 2p3/2 $n = 2$, $l = 1, j = 1 + 1/2 = 3/2$.

Jedes Niveau mit gegebenem j kann jetzt mit $2j + 1$ Teilchen besetzt werden. Die resultierenden Besetzungszahlen stehen wieder in runden Klammern. Wenn man alle Teilchen, die bis zu einem bestimmten Niveau untergebracht werden können, aufsummiert, ergeben sich die Zahlen in eckigen Klammern. Es treten jetzt tatsächlich bei den magischen Zahlen besonders große Energieabstände auf. Die Ursache der Ver-

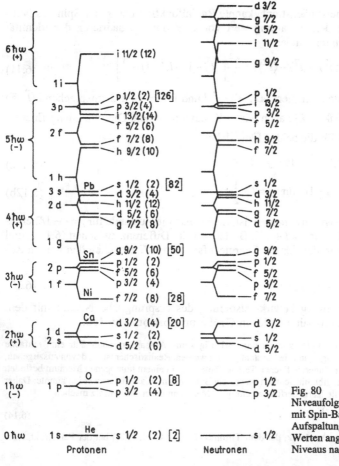

Fig. 80
Niveaufolge des Schalenmodells mit Spin-Bahnaufspaltung. Die Aufspaltung ist experimentellen Werten angepaßt. Abstände der Niveaus nach [Kli 52]

änderung gegenüber Fig. 78b ist leicht zu sehen: Jedesmal, wenn oberhalb der Teilchenzahl 20 ein neuer Bahndrehimpuls auftritt (f, g, h, i), bewirkt die zu l proportionale Aufspaltung einen besonders großen Abstand der beiden Niveaus mit $l + 1/2$ und $l - 1/2$. Die Größe der Spin-Bahn-Aufspaltung ist hier durch Anpassung an die empirisch bekannten Energieverhältnisse festgelegt worden. Ganz links in Fig. 80 sind noch einmal die Oszillatorzustände angegeben, aus denen die aufgespaltenen Niveaus hervorgingen. Sie bewirken eine Gruppierung nach geraden oder ungeraden Werten von l, so daß jeder Gruppe eine bestimmte Parität (bezeichnet mit + und – für gerade bzw. ungerade Parität) zugeordnet werden kann (vgl. Gl. (2.60)).

Mit (6.10) haben wir in empirischer Weise ein mittleres Kernpotential gefunden, mit dessen Hilfe man die Schalenabschlüsse bei den magischen Zahlen erklären kann. Wir sind dabei im wesentlichen den Überlegungen gefolgt, die zur Aufstellung des Schalenmodells geführt haben. Inzwischen ist es mit Erfolg gelungen, die empirischen Annahmen des Schalenmodells aus mesonentheoretisch begründeten Nukleon-Nukleon-Potentialen nach einem Hartree-Verfahren selbstkonsistenter Felder herzuleiten.

Literatur zu Abschn. 6.1: [May 55, Bau 68, Gre 68].

6.2 Einfache Vorhersagen des Schalenmodells

Bisher haben wir nur die „Einteilchen-Niveaus" betrachtet, die wir für ein einzelnes Nukleon im mittleren Kernpotential erhalten. Als „Schalenmodell" bezeichnet man die Vorstellung, daß ein Kern näherungsweise als System voneinander unabhängiger, d.h. nicht direkt miteinander wechselwirkender Nukleonen im mittleren Potential betrachtet werden kann. Dies ist natürlich eine Näherung, da wir die Restwechselwirkungen (6.6) zwischen den Nukleonen vernachlässigt haben. Die Wellenfunktion Ψ für ein System unabhängiger Teilchen ist eine Linearkombination aus Produkten der Wellenfunktionen für die einzelnen Teilchen. Da Nukleonen Fermiteilchen sind, muß Ψ antisymmetrisch sein. Das ist gleichbedeutend damit, daß das Pauli-Prinzip erfüllt sein muß: Jeder durch die Quantenzahlen n, l, j, m_j charakterisierte Zustand kann nur durch jeweils ein Teilchen besetzt werden. Solange keine Richtung im Kern ausgezeichnet ist, ist jedes Niveau mit festem j hinsichtlich m_j jeweils $(2j + 1)$fach entartet, es kann daher mit je $(2j + 1)$ Teilchen besetzt werden. Im Gegensatz zu den durch die magischen Zahlen definierten Schalen wollen wir ein Niveau mit festem l und j als „Unterschale" oder „j-Schale" bezeichnen. Wir sprechen also etwa von der f7/2-Schale.

Wie durch das Auffüllen der Niveaus die Schalenabschlüsse zustande kommen, haben wir schon im letzten Abschnitt gesehen. Im Prinzip könnten wir jedes Niveau mit ebenso vielen Protonen wie Neutronen besetzen, da es sich um nichtidentische Teilchen handelt. Die Protonenniveaus haben jedoch nicht die gleichen Energien wie die Neutronenniveaus mit denselben Quantenzahlen, da bei Protonen die Coulomb-Energie sowie die Asymmetrieenergie hinzukommt (vgl. Fig. 18a). Für Protonen muß das mittlere Kernpotential (6.10) daher u.a. durch Hinzufügen des Coulomb-Potentials $V_{Coul}(r)$ ergänzt werden. Das bedingt einerseits, daß die Protonenniveaus in ihrer Gesamtheit energetisch höher liegen als die Neutronenniveaus, wie wir dies bei Fig. 18a gezeichnet haben, und andererseits, daß Änderungen in der Niveaureihenfolge oberhalb von $N = 50$ auftreten (s. Fig. 80). Man stellt sich daher am besten vor, daß Neutronen- und Protonenniveaus unabhängig voneinander aufgefüllt werden.

Das Auffüllen der Kernschalen erfolgt in ganz ähnlicher Weise wie das Auffüllen der Elektronenschalen in der Hülle. Wir müssen jedoch einen wichtigen Unterschied in der Bezeichnungsweise beachten. Unsere Radialquantenzahl n stimmt nicht mit der in der Hüllenphysik üblichen Hauptquantenzahl, die wir n' nennen wollen, überein, vielmehr ist $n' = n + l$. In der Hülle ist die Wahl von n' wegen der speziellen Entartungen beim Coulomb-Feld bequem. Da in der Hülle die Spin-Bahn-Kopplung klein ist, können in jedes Niveau mit dem Bahndrehimpuls l je $v = 2(2l + 1)$ Elektronen eingebaut werden. Es ergibt sich daher das folgende Schema für die ersten Schalen (Schalenabschlüsse = große Energieabstände zum nächsten Niveau, sind durch senkrechte Striche markiert; Niveaubezeichnungen zum Vergleich in kernphysikalischer und atomphysikalischer Notation):

$n'l$	1s	2s	2p	3s	3p	4s	3d	4p
nl	1s	2s	1p	3s	2p	4s	1d	3p
$v = 2(2l + 1)$	2	2	6	2	6	2	10	6
Σv	2 He	4	10 Ne	12	18 Ar	20	30	36 Kr

Unten in diesem Schema sind die Edelgase angegeben, bei denen die Schalenabschlüsse auftreten.

Beim Kernschalenmodell erhalten wir zum Vergleich das folgende Schema (nur kernphysikalische Notation; unten sind jeweils die „doppelt magischen" Kerne angegeben):

nlj	1 s 1/2	1 p 3/2	1 p 1/2	1 d 5/2	2 s 1/2	1 d 3/2	1 f 7/2
$v = 2j + 1$	2	4	2	6	2	4	8
Σv	2 $^4_2\text{He}_2$	6	8 $^{16}_8\text{O}_8$	14	16	20 $^{40}_{20}\text{Ca}_{20}$	28 $^{48}_{20}\text{Ca}_{28}(^{56}_{28}\text{Ni}_{28})$

Die magischen Protonen- und Neutronenzahlen sind in Fig.22 als Linien eingezeichnet. Wo sie sich kreuzen, befinden sich doppelt magische Kerne. Nur wenige davon sind stabil.

Der doppelt magische Kern $^{56}_{28}\text{Ni}_{28}$ ist nicht mehr stabil, da hier die Coulomb-Energie der Protonen bereits zu hoch ist. Die Halbwertzeit von ^{56}Ni ist jedoch deutlich größer (6,1 d) als die seiner Nachbarn $^{57}\text{Ni}(36\,\text{h})$ und $^{55}\text{Co}(18\,\text{h})$. Ein doppelt magischer stabiler Kern tritt erst wieder auf bei $^{208}_{82}\text{Pb}_{126}$.

Man hat in Schwerionen-Reaktionen auch wenige Exemplare der doppelt magischen Kerne ^{48}Ni und ^{78}Ni gefunden. Sie sind sehr kurzlebig, da sie sich am Rande der Driplinien für Protonen bzw. Neutronen befinden. Da solche Kerne eine große Randunschärfe haben, ändert sich vermutlich auch die übliche Niveaufolge des Schalenmodells.

Ein Kernmodell mit unabhängigen Teilchen hatten wir bereits in Abschn. 2.3 beim Fermi-Gas behandelt. Dieses Modell sollte nicht Aufschluß über die Lage einzelner Niveaus geben, sondern nur ein mittleres Verhalten der Niveaudichte beschreiben. Die Lage der einzelnen tiefliegenden Niveaus im kugelsymmetrischen Rechteckpotential (Fig. 78b rechts) ergibt sich durch Lösung der Schrödinger-Gleichung (4.5) in Kugelkoordinaten. Unsere frühere Fig. 18 müssen wir jetzt durch das realistischere Bild ersetzen, das sich ergibt, wenn man die Nukleonenzustände im Schalenmodell-Potential mit Spin-Bahn-Kopplung berechnet. Das ist für den konkreten Fall der Neutronenzustände für $N = 80$ ($^{138}_{58}\text{Ce}_{80}$) in Fig. 81 gezeichnet.

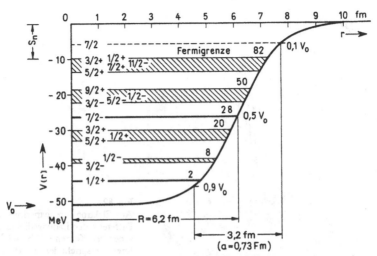

Fig. 81   Realistische Darstellung der Verhältnisse beim Schalenmodell. Neutronenniveaus eines
Kerns mit $N = 80$ im Kernpotential; R und a sind Parameter des Woods-Saxoo-Potentials
Gl. (6.8); nach [Bei 64]

Die Wellenfunktionen für die Schalenmodellzustände erhält man durch numerische
Lösungen der Schrödinger-Gleichung für ein realistisches mittleres Kernpotential
der in Fig. 81 gezeigten Art. Durch die Wellenfunktion ist die Radialabhängigkeit der
Aufenthaltswahrscheinlichkeit des betreffenden Nukleons gegeben. Diese radiale
Aufenthaltswahrscheinlichkeit läßt sich tatsächlich beobachten, wenn man die räum-
liche Ladungsdichteverteilung zweier benachbarter Kerne, die sich nur durch ein
Proton unterscheiden, mit den in Abschn. 2.1 besprochenen Methoden sehr präzise
vermißt und dann die Differenz der Ladungsdichteverteilung bildet. Fig. 82 zeigt ein
Beispiel. Die Einzelheiten sind in der Legende erläutert. Dies gibt eine sehr anschau-
liche Vorstellung vom Verlauf einer wirklichen Wellenfunktion.

Bis jetzt haben wir mit dem Schalenmodell nur die Sprünge in der Separationsenergie bei den magischen Zahlen erklärt. Wir können aber sogleich einige weitere
Schlüsse ziehen. Da in jeder abgeschlossenen j-Schale alle magnetischen Quantenzahlen m_j vollständig besetzt sind, müssen alle Nukleonen dieser Schale zum Drehimpuls Null koppeln. Abgeschlossene Neutronen- oder Protonenschalen haben, wie
das Experiment zeigt, in der Tat den Drehimpuls Null. Solche Zustände müssen
kugelsymmetrisch sein. Ein Blick auf Fig. 26 zeigt, daß in der Tat die Quadrupol-
deformation bei den magischen Nukleonenzahlen immer gerade durch Null geht.
Weiter folgt, daß bei Kernen, bei denen es nur ein einziges Nukleon außerhalb einer
abgeschlossenen Unterschale gibt, Spin und Parität des Grundzustandes durch das
Niveau bestimmt wird, in dem sich dieses Nukleon befindet. Ebenso wie ein einzelnes Nukleon außerhalb einer abgeschlossenen Konfiguration verhält sich ein einzelnes Loch in einer sonst abgeschlossenen Schale. Diese Erwartung wird experimentell glänzend bestätigt. So hat beispielsweise $^{15}_{8}O_7$ den Drehimpuls $(1/2)^-$; da es ein
Loch in der 1 p 1/2-Schale hat, während $^{17}_{8}O_9$ den Grundzustandsspin $(5/2)^+$ hat, da

$${}^{206}_{82}\text{Pb} - {}^{205}_{81}\text{Tl} \qquad (\pi\,3s_{1/2})^{-1}$$

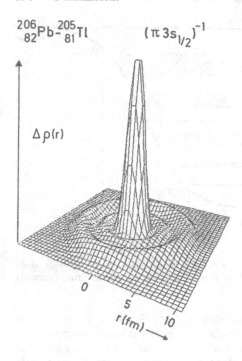

$\Delta\rho(r)$

0

5

$r\,(fm)$ 10

Fig. 82
Aus Elektron-Streuexperimenten gewonnene Differenz der Ladungsdichteverteilung zwischen den Kernen ^{206}Pb und ^{207}Tl. Die Differenz entspricht dem 82. Proton im Blei und zeigt die typische Form einer Dichteverteilung für eine s-Wellenfunktion, wie man sie für die $3s_{1/2}$ Unterschale erwartet. Einteilchenwellenfunktionen sind nach diesem Resultat offenbar eine gute Beschreibung selbst bis in die zentrale Region dieses schweren Kerns (nach [Cav 82])

sich hier gerade ein Neutron in der 1 d 5/2-Schale befindet. Einige weitere Beispiele, die man sich anhand von Fig. 80 leicht erklären kann, sind:

$${}^{35}_{16}\text{S}_{19}(3/2^+);\ {}^{87}_{38}\text{Sr}_{49}(9/2^+);\ {}^{41}_{20}\text{Ca}_{21}(7/2^-);\ {}^{13}_{6}\text{C}_7\ \text{und}\ {}^{13}_{7}\text{N}_6\ (\text{beide}\ 1/2^-).$$

Bei Kernen mit nur teilweise gefüllten j-Schalen wird die Situation schwieriger. Die Nukleonen können dann im Prinzip zu ganz verschiedenen Drehimpulsen koppeln, beispielsweise zwei Nukleonen der f7/2-Schale zu I = 0, 2, 4 oder 6 (die Werte 1, 3, 5 und 7 sind durch das Pauli-Prinzip ausgeschlossen. Alle diese Zustände haben in unserem bisherigen Modell unabhängiger Teilchen die gleiche Energie, eine Vorhersage des Grundzustands-Spins ist also nicht möglich. Diese Entartung wird aber aufgehoben, wenn man zusätzlich die Restwechselwirkungen in Betracht zieht. Dies soll in Abschn. 6.4 und 6.5 genauer diskutiert werden. Für die Diskussion von Grundzustandseigenschaften kann man die Wirkung der restlichen Zweikörperkräfte in folgende einfache Kopplungsregeln zusammenfassen:

1) Alle geradzahlig vorkommenden Nukleonen koppeln zum Drehimpuls Null: Der Grundzustand von gg-Kernen hat daher immer den Spin Null.

2) Bei gu- oder ug-Kernen koppeln die Nukleonen in der j-Schale mit ungerader Teilchenzahl zum Drehimpuls $I = j$, in seltenen Fällen zu $I = j - 1$.

3) Bei uu-Kernen haben die beiden ungeraden Nukleonen die Tendenz, wie beim Deuteron zu einem Triplett-Zustand zu koppeln. Man muß zwei Fälle unterscheiden:

a) Wenn für eines der beiden ungeraden Nukleonen l und s parallel, für das andere antiparallel stehen, also $j_p = l_p + 1/2$, $j_n = l_n - 1/2$ (oder umgekehrt), so koppeln sie zum Drehimpuls $I = |j_p - j_n|$ (starke Nordheim-Regel). b) Wenn für beide ungerade Nukleonen l und s parallel (oder für beide antiparallel) stehen, dann suchen sich die Drehimpulse zu addieren, aber nicht notwendig zum größten Wert $I = j_p + j_n$ (schwache Nordheim-Regel).

Mit Hilfe dieser einfachen Regeln und der Niveaufolge in Fig. 80 läßt sich eine große Fülle experimenteller Daten über Spins und Paritäten der Grundzustände erklären. Die Regeln lassen sich allerdings nicht ohne weiteres bei stark deformierten Kernen anwenden, für die unser bisheriges Modell nicht gilt. Für deformierte Kerne hat man sinngemäß die Richtungsquantenzahlen $\vec{l}$ und $\vec{s}$ bezüglich der körperfesten Symmetrieachse zu nehmen.

Der Versuch liegt nahe, auch angeregte Niveaus von Kernen mit dem Schalenmodell zu interpretieren. Hierzu muß man jedoch normalerweise die Kopplung mehrerer Nukleonen in Betracht ziehen, die in Abschn. 6.4 besprochen wird. Nur verhältnismäßig wenige angeregte Niveaus von Kernen mit einem einzelnen ungeraden Nukleon außerhalb einer ganz oder fast ganz abgeschlossenen Schale lassen sich als reine Einteilchen-Anregungen deuten. Es gibt aber eine andere Erscheinung, die wir mit den bis jetzt entwickelten Vorstellungen leicht deuten können: das gehäufte Auftreten langlebiger Isomere in bestimmten Gegenden der Isotopenkarte. Isomere treten auf, wenn die Übergangswahrscheinlichkeit für γ-Strahlung sehr klein wird. Dies ist für Übergänge hoher Multipolarität der Fall (vgl. Fig. 38), die nach den Auswahlregeln (Tab. 3) eine besonders große Spindifferenz der beteiligten Niveaus voraussetzen. Nun kann der erste angeregte Zustand eines Kerns mit ungeradem A dadurch zustande kommen, daß das ungerade Nukleon auf ein dicht über dem Grundzustand liegendes Schalenmodell-Niveau gehoben wird. Wir erwarten daher das Auftreten isomerer Zustände vor allem für solche Kerne, bei denen das Grundzustandsniveau einem anderen mit stark verschiedenem j dicht benachbart ist. Ein Blick auf Fig. 80 zeigt, daß diese Situation bei ganz bestimmten j-Schalen auftritt. So werden für N oder Z zwischen 39 und 49 die 2p 1/2-Schale und, als Folge der Restwechselwirkungen, gleichzeitig die 1g9/2-Schale besetzt. Einteilchenanregungen zwischen beiden Niveaus entsprechen $\Delta I = 4$ mit Paritätsänderung. Nach Tab. 3 sollte daher der Übergang durch eine $M4$-Strahlung erfolgen. Tatsächlich werden für Kerne mit den angeführten Nukleonenzahlen 17 Fälle von $M4$-Isomeren beobachtet. Weitere „Isomerie-Inseln" liegen zwischen den Nukleonenzahlen 65 und 81 (3/2 oder 1/2 $\rightarrow$ 11/2) und zwischen 101 und 125 (5/2, 3/2 oder 1/2 $\rightarrow$ 13/2). Auch sie werden experimentell in Übereinstimmung mit dem Schalenmodell beobachtet.

Eine weitere aus der Schalenstruktur vorhersagbare Größe sollte das magnetische Moment μ der Grundzustände sein. In Zusammenhang mit Fig. 25 haben wir aber bereits gesehen, daß der j-Wert des ungeraden Nukleons zwar mit den magnetischen Momenten insofern verknüpft ist als die Beobachtungswerte zwischen den Schmidt-Linien liegen, daß aber normalerweise starke Abweichungen von den Schmidt-Werten (Gl. (2.73)) auftreten, da die Größe von μ wegen der anomalen magnetischen Momente der Nukleonen sehr empfindlich von den Feinheiten der Kopplung abhängt.

Literatur zu Abschn. 6.2: [May 55].

6.3 Zustände im deformierten Potential

Bei der Herleitung der Niveaufolge für das Schalenmodell haben wir ein kugelsymmetrisches Potential vorausgesetzt. Für Kerne mit abgeschlossenen Schalen ist diese Voraussetzung auch erfüllt, jedoch zeigt der Verlauf der Quadrupoldeformationen (Fig. 26), daß außerhalb abgeschlossener Schalen starke Kerndeformationen auftreten. Wir wollen die Ursache für die Deformationen erst später besprechen (Abschn. 6.5) und vorerst nur fragen, wie sich das Niveauschema ändert, wenn statt des kugelsymmetrischen ein deformiertes Potential benutzt wird. Der einfachste Fall ist eine axial-symmetrische elliptische Deformation des Potentials. Da jetzt eine spezielle Achse im Kern ausgezeichnet ist, wird die Entartung der Niveaus mit festem j hinsichtlich der Quantenzahl m aufgehoben. Für das Folgende liege die Deformationsachse in z-Richtung. Da die Deformation zur x-y-Ebene symmetrisch sein soll, ist beim Kern nur eine Achse und keine Richtung ausgezeichnet. Das bedeutet, daß die Zustände mit $+ m$ die gleiche Energie haben wie die zugehörigen Zustände mit $- m$. Ein Niveau mit $j = 5/2$ wird also beispielsweise in die 3 Komponenten mit $|m| = 5/2$, $3/2$, $1/2$ aufspalten.

In welcher Weise fächert nun die Energie dieser Zustände auf, wenn wir ein ursprünglich kugelförmiges Potential langsam deformieren? Zur Beantwortung dieser Frage verwendet man am besten das folgende Modellpotential, das auf S.G. Nilsson zurückgeht [Nil 55]. Da ein deformiertes Woods-Saxon-Potential mathematisch schwierig zu behandeln ist, geht man von einem Oszillatorpotential aus, das aber nicht mehr kugel-, sondern nur noch axial-symmetrisch ist. Anstelle des Zentralpotentials $V(r)$ in (6.10) schreiben wir daher

$$V(\vec{r}) = \frac{m}{2}[\omega_{xy}^2(x^2 + y^2) + \omega_z^2 z^2]$$

Ferner setzen wir $V_{ls}(r) = \text{const} = C$. Um die Form des Oszillatorpotentials der des Woods-Saxon-Potentials anzunähern, kann man noch ein Korrekturglied Dl^2 hinzufügen. Das von Nilsson benutzte Potential lautete daher

$$V_i = \frac{1}{2}m[\omega_{xy}^2(x^2 + y^2) + \omega_z^2 z^2] + C\vec{l}\cdot\vec{s} + Dl^2 \tag{6.15}$$

Die beiden Oszillatorfrequenzen ω_{xy} und w_z dürfen sich nur unterscheiden, wenn das Potential deformiert ist. Mit Hilfe des Deformationsparameters δ definiert man

$$\omega_z = \omega_0\left(1 - \frac{2}{3}\delta\right) \quad \omega_{xy} = \omega_0\left(1 + \frac{1}{3}\delta\right) \tag{6.16}$$

Mit dieser Wahl ist dem konstanten Kernvolumen Rechnung getragen. Der Parameter δ ist identisch mit dem in Gl. (2.81) gebrauchten[1].

Man kann (6.15) noch umschreiben, indem man auf Kugelkoordinaten transformiert (s. z.B. [Bau 68]). Dann ergibt sich folgende Form

$$V_i = V_0(r) + V_d(\delta, r)Y_2^0(\vartheta) + C\vec{l}\cdot\vec{s} + Dl^2 \tag{6.17}$$

---

[1] In der Literatur wird oft auch ein Parameter $\varepsilon \approx \delta\left(1 + \frac{1}{2}\delta\right)$ gebraucht, ferner sind die Bedeutungen von ε und δ manchmal vertauscht.

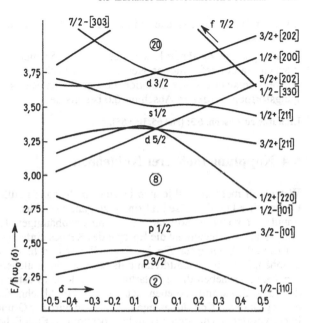

Fig. 83
Einteilchenniveaus im deformierten Potential (Nilsson-Diagramm); aus [Nat 65]

Hier ist $V_0(r)$ ein zentrales Oszillatorpotential mit der Frequenz ω_0 und V_d eine Radialfunktion der Form

$$V_d(\delta, r) = - \text{const } \delta \omega_0^2 r^2 \tag{6.18}$$

Ferner ist

$$Y_2^0(\vartheta) = \text{const}\,(3 \cos^2 \vartheta - 1) \tag{6.19}$$

Nach numerischem Lösen der Schrödinger-Gleichung mit dem Potential (6.17) findet man die Energieniveaus in Abhängigkeit vom Deformationsparameter δ. Sie sind in dem Nilsson-Diagramm (Fig. 83) dargestellt. Rechts liegen zigarrenförmige, links linsenförmige Deformationen. Zur Charakterisierung der Niveaus verwendet man häufig einen Satz spezieller Quantenzahlen $[N, n_z, l_z]$, die für große Deformationen näherungsweise Konstanten der Bewegung sind. Es bedeutet N = Zahl der Oszillatorquanten im Oszillatorpotential, n_z= Zahl der Knotenebenen senkrecht zur Symmetrieachse, l_z = Bahndrehimpulskomponente in z-Richtung. Diese Quantenzahlen sind rechts in Fig. 83 angegeben.

Mit Hilfe des Nilsson-Diagramms kann man die Grundzustands-Spins vieler deformierter Kerne befriedigend erklären. Man geht hierbei von der Deformation aus, die dem gemessenen Quadrupolmoment entspricht, und denkt sich die einzelnen Niveaus in der Reihenfolge mit Nukleonen besetzt, die sich dafür aus Fig. 83 ergibt. Jedes Niveau mit gegebenem m_j kann jetzt natürlich nur mit zwei Teilchen besetzt werden. Das letzte ungerade Nukleon sollte nach den Kopplungsregeln dann den Grundzustand-Spin bestimmen. Da die Niveaus, vor allem in der Nähe der Überschneidungsstellen, teilweise sehr dicht liegen, ist die Aussage meist nicht eindeutig, doch stimmt der gemessene Spin in der Regel mit einem der in Frage kommenden Werte überein.

Über angeregte Zustände lassen sich aus Fig. 83 nicht ohne weiteres Vorhersagen machen, da bei deformierten Kernen immer auch kollektive Anregungen auftreten, die beispielsweise einer Rotation des gesamten Kerns entsprechen. Diese Anregungsformen werden in Abschnitt 6.6 besprochen.

Literatur zu Abschn. 6.3: [Nat 65, Bau 68].

6.4 Kopplung mehrerer Nukleonen

Wenn sich mehrere Nukleonen in einer nicht ganz gefüllten j-Schale befinden, so können ihre Drehimpulse im Prinzip zu ganz verschiedenen Werten des Kern-Drehimpulses I koppeln. Solange wir es mit unabhängigen Teilchen in einem Zentralpotential zu tun haben, ist die Energie des Kernes einfach gegeben durch die Summe der Einteilchenenenergien $E = \sum \varepsilon_j$ (vgl. Gl. (6.5)), d. h., die Energie des Zustandes ist unabhängig vom Gesamtdrehimpuls, zu dem die Teilchen koppeln. Die Restwechselwirkungen heben diese Entartung auf. Für den Zustand niedrigster Energie, d. h. den Grundzustand, ergeben sich dann die in Abschn. 6.2 aufgeführten empirisch gut begründeten Kopplungsregeln. Hiernach wird der Grundzustandsspin im wesentlichen vom letzten ungeraden Nukleon bestimmt („Einteilchen-Modell"). Diese Kopplungsregeln lassen sich aus dem Verhalten unabhängiger Teilchen naturgemäß nicht erklären, sie kommen vielmehr durch die bisher vernachlässigten Restwechselwirkungen Gl. (6.6) zustande.

Für das Verständnis angeregter Zustände müssen wir alle möglichen Drehimpulskopplungen der Nukleonen in der obersten Schale ins Auge fassen und nach der durch die Restwechselwirkungen bewirkten Energieaufspaltung zwischen diesen Zuständen fragen. Wir wollen dabei voraussetzen, daß die Energiedifferenzen, die sich durch verschiedene Kopplung der Nukleonen in der obersten j-Schale ergeben, klein sind gegen die Abstände zwischen den j-Schalen. Andernfalls wäre das Schalenmodell unbrauchbar, da dann die Niveaufolge durch die Restwechselwirkungen und nicht durch die Einteilchen-Energien bestimmt würde. In diesem Abschnitt sollen zunächst nur die verschiedenen Formen der Drehimpulskopplung besprochen werden. Auf die Natur der Restwechselwirkungen werden wir erst in Abschn. 6.5 eingehen. Wir wollen wieder von einem kugelsymmetrischen Kernpotential mit starker ls-Kopplung ausgehen. Die Wellenfunktionen für jedes Nukleon sind dann durch ein bestimmtes j gekennzeichnet oder anders ausgedrückt, sie sind Eigenfunktionen des Drehimpulsoperators j. (Da sie gleichzeitig Energie-Eigenzustände sind, ist j mit dem Hamiltonoperator vertauschbar: j ist eine Erhaltungsgröße.) Wenn die Energie der Spin-Bahn-Kopplung groß ist gegenüber den restlichen paarweisen Wechselwirkungen zwischen den Nukleonen, wird die Kopplung der Drehimpulse darin bestehen, daß für jedes Nukleon l und s fest zu j gekoppelt sind und daß sich der Kerndrehimpuls I als Vektorsumme der einzelnen j ergibt (jj-Kopplung). In allen vollbesetzten j-Schalen müssen die Teilchen wegen des Pauli-Prinzips wie erwähnt zum Drehimpuls Null koppeln. Daher sind nur die Nukleonen in der obersten, nicht voll besetzten j-Schale, für unsere folgenden Betrachtungen von Belang. Wir können sie, in Analogie zur Bezeichnung in der Hüllenphysik, „Valenznukleonen" nennen. Die darunter liegenden vollen Schalen bezeichnen wir als „Rumpf". Er soll nur zum mittleren Kernpotential beitragen, während die Restwechselwirkungen zwischen den Valenznukleonen für die Zustände verantwortlich sind, die aus diesen Nukleonen gebildet werden.

Sei nun die oberste j-Schale mit k Teilchen teilweise gefüllt. Diese Valenznukleonen können in verschiedener Weise auf die zur Verfügung stehenden Niveaus verteilt werden. Jede solche Verteilung nennt man eine Konfiguration. Um eine Grundzustands-Konfiguration zu charakterisieren, bedient man sich meist folgender Schreibweise: $(\nu nlj)^\kappa (\pi n'l'j')^\lambda$. Der Buchstabe ν bzw. π bedeutet, daß es sich um eine Neutronen- bzw. Protonen-Anordnung handelt, nlj sind die Quantenzahlen des Niveaus und κ bzw. λ die Besetzungszahlen. Der Grundzustand des $^{53}_{24}\text{Cr}_{26}$ wird beispielsweise beschrieben durch $(\pi 1f7/2)^4 (\nu 2p3/2)^1$, d. h., es befinden sich 4 Protonen in der 1f7/2-Schale und ein Neutron in der 2p3/2-Schale. Bei Anregung des Kerns können einige dieser Valenznukleonen auf höhere Niveaus gehoben werden; so daß andere Konfigurationen entstehen. Da im folgenden nur einige prinzipielle Fragen der Nukleonenkopplung besprochen werden sollen, wollen wir der Einfachheit halber nur Nukleonen einer Sorte, etwa Neutronen, betrachten und annehmen, daß die Protonen gerade eine abgeschlossene Schale bilden. Da die Radial-Quantenzahl n für die Drehimpulskopplung unerheblich ist, genügt es dann, eine Konfiguration durch $(j_1)^{k_1}(j_2)^{k_2} \dots (j_i)^{k_i}$ zu charakterisieren. Die Zahlen k geben an, wieviele Nukleonen sich in jedem Niveau befinden. Es ist $k_1 + k_2 + \dots k_i$ die Zahl der Valenznukleonen. Befinden sich alle Nukleonen in der gleichen j-Schale, so genügt die Angabe $(j)^k_I$. Der Index I gibt hier den Gesamtdrehimpuls an, zu dem die Nukleonen koppeln. Anhand eines Beispiels mit 4 Nukleonen sind die Verhältnisse in Fig. 84 erläutert, wobei von den 12 Konfigurationen, die mit den angegebenen Niveaus gebildet werden können, nur 4 gezeichnet sind. Es entspricht auch keineswegs jeder Konfiguration jeweils nur ein einziger Drehimpuls I oder Energiezustand. Wenn sich beispielsweise alle 4 Nukleonen in der (f5/2)-Schale befinden, können sie zum Gesamtdrehimpuls $I = 0, 2$ oder 4 koppeln. Diese Zustände haben aber wegen der Restwechselwirkung etwas verschiedene Energien. Andere Werte für I können, wie wir gleich sehen werden, wegen des Pauli-Prinzips nicht zustandekommen.

Wir wollen nun den einfachsten Fall, nämlich die Kopplung von nur zwei Nukleonen, etwas näher betrachten. Jedes Nukleon sei durch eine Einteilchen-Wellenfunktion φ^j_m beschrieben (Eigenfunktion des Operators h_i aus Gl. (6.5)). Die beiden Nukleonen sollen sich in Niveaus mit den Drehimpulsen j_1 bzw. j_2 befinden. Entspre-

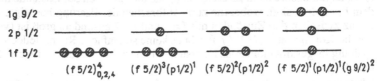

Fig. 84 Beispiel für vier verschiedene Konfigurationen, die von vier Nukleonen in den gezeichneten Niveaus gebildet werden können

chend der Zahl der möglichen m-Werte gibt es $(2j_1 + 1)(2j_2 + 1)$ verschiedene Produkte $\varphi_{m_1}^{j_1}(1)\varphi_{m_2}^{j_2}(2)$ der Wellenfunktionen für die beiden Teilchen (1) und (2). Die Lösung ψ_M^I für ein System, bei dem beide Nukleonen zum Spin I mit der z-Komponente M koppeln, muß eine Linearkombination dieser Produkte sein:

$$y_M^I = \sum_{m_1=-j_1}^{j_1} \sum_{m_2=-j_2}^{j_2} (j_1 j_2 m_1 m_2 | IM) \varphi_{m_1}^{j_1}(1) \varphi_{m_2}^{j_2}(2) \tag{6.20}$$

Das in runden Klammern stehende Symbol charakterisiert die Koeffizienten, die erforderlich sind, wenn die Drehimpulse $\vec{j}_1$ und $\vec{j}_2$ der Zustände $\varphi_{m_1}^{j_1}$ und $\varphi_{m_2}^{j_2}$ zu I mit der z-Komponente M gekoppelt werden sollen. Die Koeffizienten verschwinden, falls nicht $|j_1 - j_2| \leqslant I \leqslant j_1 + j_2$ und $m_1 + m_2 = M$ ist. Wenn man die Lösung normiert, sind die Koeffizienten bis auf einen Phasenfaktor, den. man durch Konvention festlegt, bestimmt. Sie heißen Vektor-Additionskoeffizienten oder Clebsch-Gordan-Koeffizienten und sind tabelliert [Edm 64, Con 53]. Die Lösung (6.20) ist noch nicht antisymmetrisch, doch kann man leicht eine antisymmetrische Form erhalten, indem man analog zu (5.34) bildet

$$y_M^I = \frac{1}{\sqrt{2}} \sum_{m_1,m_2} (j_1 j_2 m_1 m_2 | IM) [\varphi_{m_1}^{j_1}(1) \varphi_{m_2}^{j_2}(2) - \varphi_{m_1}^{j_1}(2) \varphi_{m_2}^{j_2}(1)] \tag{6.21}$$

Sind beide Nukleonen in verschiedenen Niveaus, ist also j_1 von j_2 verschieden, so kann I alle Werte zwischen $j_1 + j_2$ und $|j_1 - j_2|$ annehmen (z.B.: $j_1 = 5/2$, $j_2 = 3/2$, $I = 4, 3, 2, 1$). Dies gilt jedoch nicht, wenn sich beide Teilchen in der gleichen j-Schale befinden. Dann durchlaufen die Summationsindizes m_1 und m_2 die gleichen Werte, und einige Terme in (6.21) verschwinden. Das entspricht der Forderung des Pauli-Prinzips, daß sich die Zustände der beiden Teilchen in mindestens einer Quantenzahl unterscheiden müssen. Wenn man die algebraischen Eigenschaften der Vektoradditions-Koeffizienten benutzt, kann man zeigen, daß I in diesem Fall nur geradzahlig sein kann. Zwei Teilchen in der gleichen j-Schale können daher nur koppeln zu $I = 0, 2, 4, \ldots 2j - 1$. (Z. B.: $j = 5/2$, $I = 0, 2, 4$. Dies sind auch die in Fig. 84 bei $(f5/2)^4$ stehenden Werte, da die beiden Löcher in der mehr als halb gefüllten j-Schale wie Teilchen koppeln.)

In welcher Weise spaltet nun die Energie der Zustände mit verschiedenem I infolge der Restwechselwirkungen auf? Das hängt natürlich von der Form des Wechselwirkungspotentials V_{ij} zwischen den Nukleonen ab. Die einfachste Annahme ist, daß die Paarungskraft dominierend ist. Wenn sich beide Nukleonen in der gleichen j-Schale befinden, also für die Konfiguration $(j_1)^2$, liegt der energetisch tiefste Zustand, dann bei $I = 0$. Im nächsten Abschnitt werden wir die Wirkung der Paarungskraft etwas eingehender besprechen. Es ergibt sich, daß die Energien der Zustände nach steigendem I geordnet sind, wobei die zum Aufbrechen der Paarung benötigte Energiedifferenz zwischen den Zuständen mit $I = 0$ und $I = 2$ besonders groß ist (vgl. Fig. 87). Für die Konfiguration $(j_1)^1 (j_2)^2$ gibt es keine so einfache Regel. Jedoch ist die Aufspaltung insgesamt kleiner als im ersten Fall, da keine Paarung aufgebrochen werden muß (Fig. 87).

Wir betrachten nun die Kopplung von mehr als zwei Nukleonen. Wir denken uns zunächst der eben betrachteten Konfiguration $(j_1)^2$ ein weiteres Teilchen hinzugefügt. Wird es in der gleichen j-Schale eingebaut, entsteht die Konfiguration $(j_1)^3$, andernfalls $(j_1)^2 (j_2)^1$. Für den Fall $(j_1)^2 (j_2)^1$ muß der Drehimpuls j_2 vektoriell zu den verschiedenen Drehimpulsen I der Konfiguration $(j_1)^2$ addiert werden. Im Grundzustand werden die beiden Nukleonen mit gleichem j wieder zu $I = 0$ gepaart sein; dann ergibt sich der Gesamtdrehimpuls $I = j_2$. Da die Paarungsenergie dominiert, liegen die verschiedenen anderen Zustände um etwa den Energiebetrag höher, der der Differenz zwischen den Zuständen mit $I = 0$ und $I = 2$ entspricht.

Wenn wir dagegen durch Zufügen eines Teilchens in die gleiche j-Schale die Konfiguration $(j_1)^3$ bilden, tritt eine komplizierte Situation ein. Wir müssen bei der Kopplung das Pauli-Prinzip beachten, d.h., wir müssen eine antisymmetrische Wellenfunktion für die drei Teilchen bilden, ähnlich wie es in Gl. (6.21) für zwei Teilchen geschehen ist. Der Bereich der resultierenden Drehimpulse wird hierdurch wiederum eingeschränkt. Die Berechnung der erlaubten Fälle mit Hilfe der Vektoradditions-Koeffizienten ist recht umständlich. Eine Tabelle der möglichen Gesamtdrehimpulse (auch für mehr als drei Nukleonen im gleichen Niveau) findet sich bei [May 55]. Die Energie der einzelnen Zustände hängt wieder von der Form der Restwechselwirkung ab. Für kurzreichweitige Kräfte ergibt sich wieder $I = j_1$, d.h., zwei der drei Nukleonen sind gepaart, aber die ersten angeregten Zustände liegen viel dichter beim Grundzustand als im Falle $(j_1)^2 (j_2)^1$, da die Wechselwirkung zwischen den Nukleonen besonders groß ist, wenn sie sich im gleichen Niveau befinden.

Wir können uns nun sukzessive weitere Nukleonen in die gleiche j-Schale eingefüllt denken, insgesamt seien es k. Dann muß man, um die Kopplungsmöglichkeiten zu übersehen, eine in allen k Nukleonen antisymmetrische Wellenfunktion konstruieren und die zugelassenen Vektorkopplungen aufstellen. Die Tabelle der resultierenden Gesamtdrehimpulse zeigt, daß der gleiche Drehimpuls I mehrfach auftreten, also durch verschiedene Kopplungsformen zustandekommen kann. Diese Zustände sind normalerweise nicht entartet. Die Angabe der Konfiguration und des resultierenden Gesamtdrehimpulses, z.B. $(g9/2)^5_{9/2}$, genügt daher nicht, um den Zustand eindeutig zu charakterisieren. Im angeführten Beispiel können die 5 Nukleonen in 3 verschiedenen Arten zu $I = 9/2$ koppeln. Es ist daher eine weitere „Quantenzahl" zur Charakterisierung des Zustandes erforderlich. Hierzu eignet sich die Zahl s der ungepaarten Nukleonen. Man nennt s die Seniorität des Zustandes. In unserem Beispiel liegt wegen der Paarungskräfte der energetisch tiefste, nämlich der Grundzustand dann vor, wenn 4 Nukleonen paarweise zum Drehimpuls Null koppeln und das fünfte für den Gesamtdrehimpuls $I = j$ verantwortlich ist. Dann ist $s = 1$. Die anderen zwei Zustände mit $I = 9/2$ müssen zu höheren Werten der Seniorität gehören, nämlich zu $s = 3$ oder 5, da man mit 5 Teilchen nur 0, 1 oder 2 Paare bilden kann. Nach allem über die Paarungskräfte Gesagten, wird die Energie der Zustände um so höher liegen, je größer die Seniorität ist.

Die Klassifikation nach s ist auch dann zweckmäßig, wenn sich in der gleichen Schale Protonen und Neutronen befinden, wie dies bei leichteren Kernen vorkommt. Da diese Teilchen nicht identisch sind, ändern sich die möglichen Kopplungen. In der Konfiguration $(v5/2)^2 (\pi5/2)1$ zum Beispiel, können die Neutronen zu $I = 0, 2, 4$ koppeln und jeder dieser Zustände kann mit dem Proton $I = 5/2$ liefern. Die vollständige Klassifikation erfordert in diesem Fall die Angabe des Isospins (Symmetriecharakter), seiner z-Komponente (Neutronenüberschuß) und der Seniorität (Zahl der gebildeten Paare). Der Grundzustand der erwähnten Konfiguration aus 3 Nukleonen mit $j = 5/2$ ist daher beispielsweise beschrieben durch $T = 1/2$, $T_z = -1/2$, $s = 1$.

Wir haben uns eben eine Konfiguration aus k Teilchen in derselben j-Schale entstanden gedacht durch sukzessives Hinzufügen von jeweils einem weiteren Teilchen. Bei der mathematischen Beschreibung geht man häufig genauso vor, indem man einen Zustand mit k Teilchen ausdrückt durch eine als bereits bekannt vorausgesetzte antisymmetrische Wellenfunktion aus $k - 1$ Teilchen und eine Einteilchen-Wellenfunktion. Die vollständig antisymmetrische Wellenfunktion der $k - 1$ Teilchen ($k - 1 < 2j + 1$) sei mit $\psi(k - 1, I_a, \alpha)$, bezeichnet. Hierbei gibt I_a den Drehimpuls des Zustandes an und α alle Quantenzahlen, die zur Charakterisierung sonst noch erforderlich sind, also etwa die Seniorität s, falls Paarungskräfte für das Zustandekommen des Zustands wesentlich sind. Einen Zustand aus k Teilchen mit dem Drehimpuls I_b und den sonstigen Quantenzahlen β können wir uns nun konstruieren durch Ankoppeln eines weiteren Teilchens und Antisymmetrisieren. Für das k-te Teilchen benutzen wir eine Einteilchen-Wellenfunktion $\varphi(j)$ für die betreffende j-Schale, die wir durch geeignete Vektorkopplung analog (6.20) mit dem $(k - 1)$-Teilchenzustand zu einem Zustand mit dem Drehimpuls I_b koppeln. Das soll abgekürzt durch das Multiplikationszeichen $\overset{\times}{\cdot}$ ausgedrückt werden:

$$\psi(k - 1, I_a, \alpha) \overset{\times}{\cdot} \varphi(j). \tag{6.22}$$

Diese Funktion aus k Teilchen ist noch nicht antisymmetrisch, man kann jedoch den in k Teilchen antisymmetrischen Endzustand $\psi(k, I_b, b)$ nach solchen nur in $k - 1$ Teilchen antisymmetrischen Produkten entwickeln. Da sich bei Hinzufügen des k-ten Teilchens wegen des Pauli-Prinzips alle schon vorhandenen $k - 1$ Teilchen umordnen müssen, kommen in der Entwicklung alle möglichen Anfangszustände des $(k - 1)$-Teilchensystems vor. Daher lautet die Entwicklung

$$\psi(k, I_b, \beta) = \sum_{I_a, \alpha} \langle k - 1, I_a, \alpha; j | \} k, I_b, b \rangle \, \psi(k - 1, I_a, \alpha) \overset{\times}{\cdot} \varphi(j) \tag{6.23}$$

Die in spitzen Klammern stehenden Größen sind die von Racah [Rac 43] erstmalig benutzten Entwicklungskoeffizienten. Sie führen in der Literatur den Namen Abstammungskoeffizienten (coefficients of fractional parentage, cfp) und sind tabelliert [Rac 49, Jah 51, Edm 52]. Die Abstammungskoeffizienten sind also definiert als die Entwicklungskoeffizienten eines antisymmetrischen k-Teilchen-Zustandes nach Produkten aus einem antisymmetrischen $(k - 1)$-Teilchen-Zustand und einem Einteilchenzustand. Sie sind gleich dem Überlapp zwischen den Zuständen, die sich nach Hinzufügen des k-ten Teilchens mit und ohne die durch das Pauli-Prinzip bewirkte Umordnung ergeben. Diese Größen sind bei der Behandlung direkter Kernreaktionen (Abschn. 7.7) sehr wichtig.

Bis jetzt haben wir vorausgesetzt, daß bei Kernen jj-Kopplung vorliegt, daß sich also der Gesamtdrehimpuls I als Vektorsumme aus den Drehimpulsen $j = l + s$ der einzelnen Nukleonen ergibt $I = \sum j_k$. Das ist jedoch nur richtig, wenn die Energie der Spin-Bahn-Kopplung groß ist gegenüber anderen, kurzreichweitigen Wechselwirkungen zwischen den Nukleonen. Für leichte Kerne trifft diese Voraussetzung nicht mehr zu (vgl. (6.13)). Die Zustände von ${}^6_3$Li und ${}^6_2$He lassen sich vielmehr durch das entgegengesetzte Kopplungsschema, die LS-Kopplung, am besten beschreiben. Die jeweils zwei in der 1p-Schale befindlichen Nukleonen koppeln in diesem Fall ihre Bahndrehimpulse $\vec{l}_1$ und $\vec{l}_2$ zum Drehimpuls $\vec{L} = \vec{l}_1 + \vec{l}_2$ und entsprechend ihre Spins zu $\vec{S} = \vec{s}_1 + \vec{s}_2$. Der Gesamtdrehimpuls I ergibt sich durch vektorielle Addition $\vec{I} = \vec{L} + \vec{S}$. Für zwei p-Nukleonen sind offenbar die Werte $L = 0, 1, 2$ und $S = 0, 1$ möglich. Die übliche Schreibweise für einen Zustand in LS-Kopplung ist ${}^{2S+1}L_I$, wobei für L das entsprechende Buchstabensymbol für den Bahndrehimpuls gewählt wird. Demnach wird beispielsweise ein Zustand mit $L = 1$, $S = 1$, $I = 0$ durch ${}^3P_0$ oder ein Zustand mit $L = 0$, $S = I = 1$ durch $^3S_1$ bezeichnet[1]). Für etwas schwerere Kerne, in denen die 2s- und 1d-Schale aufgefüllt werden, also bis $N = Z = 20$, liegt normalerweise keine der beiden Kopplungsformen rein vor. Man spricht vom Bereich der „intermediären Kopplung".

Literatur zu Abschn. 6.4: [Sha 63, Kur 65, May 55]. Wir haben uns teilweise an die Darstellung bei [Kur 60] gehalten.

6.5 Restwechselwirkungen, Paarungskräfte und Quasiteilchen

Im letzten Abschnitt haben wir die verschiedenen Formen der Drehimpulskopplung für Zustände aus mehreren Nukleonen besprochen und darauf hingewiesen, daß die Energie dieser Zustände durch die Restwechselwirkungen (6.6) bestimmt wird, also durch jenen Teil der Wechselwirkung zwischen den Nukleonen, die nicht im mittleren Kernpotential enthalten ist. Es ist eine Voraussetzung des Schalenmodells, daß die Restwechselwirkungsenergien klein sind gegenüber dem mittleren Kernpotential und der Erfolg des Schalenmodells zeigt, daß diese Voraussetzung recht gut erfüllt ist. In der Tat liegt etwa die Paarungsenergie in der Größenordnung von 1 bis 2 MeV, während der Abstand zwischen den magischen Schalen in der Größenordnung von 10 MeV liegt. Allerdings liegen die Abstände zwischen den einzelnen j-Schalen durchaus in der Größenordnung etwa der Paarungsenergie. Zur gesamten Bindungsenergie eines Kerns tragen die Restwechselwirkungen daher zwar relativ wenig bei, da sie jedoch für die Kopplungsform der Valenznukleonen entscheidend sind, bestimmen sie Kerneigenschaften wie Spin, magnetisches Moment oder Quadrupolmoment.

Die wichtigste Folge der Restwechselwirkungen ist das Auftreten der Paarungskräfte, die sich in vielfältiger Weise manifestieren. Beispiele sind die besonders hohe Separationsenergie für ein gepaartes Nukleon (Abschn. 2.2) und die Tatsache, daß alle gg-Kerne im Grundzustand den Drehimpuls Null haben. Wir haben den Paarungskräften bisher lediglich durch Einführung empirischer Regeln Rechnung getragen, etwa durch das Korrekturglied (2.52) zur Massenformel oder durch die Kopplungsregeln aus Abschn. 6.2. Ein weiterer von den Paarungskräften verursachter Effekt zeigt sich in den Anregungsspektren der Kerne. Vergleicht man die Energiezustände von gg-Kernen mit solchen von den anderen Kernen, in denen ungerade Neutronen- oder Protonenzahlen vorkommen, so zeigt sich, daß bei gg-Kernen tiefliegende Anregungszustände (unterhalb etwa 0,5 bis 1 MeV), sofern sie nicht kollektiver Natur sind, fast völlig fehlen. Diese „Energielücke" kommt dadurch zustande, daß bei der nicht-kollektiven Anregung von gg-Kernen erst eine Paarung zwischen zwei Nukleonen aufgebrochen werden muß. Auch das Anheben eines ganzen Paares auf einen höheren Zustand erfordert viel Energie. Tatsächlich sind durch die Paarungskräfte auch schon höhere Niveaus teilweise besetzt, so daß keine Teilchenpaare mehr hineinpassen (vgl. Fig. 88).

---

[1]) Es ist leider üblich den Buchstaben S in diesem Zusammenhang für zwei ganz verschiedene Dinge zu gebrauchen. Einmal ist S die Spinquantenzahl $S = \sum s_k$, das andere Mal die Bezeichnung für einen Zustand mit Bahndrehimpuls $L = 0$.

Die Wirkung der Paarungskräfte besteht darin, daß zwei Nukleonen gleicher Sorte im Kernverband die Tendenz haben, zum Drehimpuls Null zu koppeln, wobei sie einen energetisch günstigen Zustand einnehmen. Es ist naheliegend, dafür den ganz kurzreichweitigen Teil der Kernkräfte verantwortlich zu machen. Man kann sich das Auftreten einer Paarungskraft für ein sehr kurzreichweitiges anziehendes Potential zwischen zwei Nukleonen leicht klarmachen, wenn man bedenkt, daß die Wechselwirkungsenergie dann im wesentlichen vom Überlapp der räumlichen Dichteverteilung für die beiden Teilchen abhängt. Wir beginnen daher der Einfachheit halber mit der Annahme einer „δ-Kraft" zwischen den beiden Teilchen, d. h. eines Potentials der Form

$$V_{1,2} = -V_0 \, \delta(\vec{r}_1 - \vec{r}_2) \tag{6.24}$$

Dann ist die Wechselwirkungsenergie ausschließlich durch den räumlichen Überlapp der Wellenfunktion für die beiden Teilchen gegeben. Das mittlere Einteilchenpotential rührt im wesentlichen vom langreichweitigen Teil der Kernkräfte her, da es sich kaum ändert, wenn man eines der Teilchen ein wenig verschiebt. Daher werden die Restwechselwirkungen vom kurzreichweitigen Beitrag der Kernkräfte erzeugt, die man grob durch eine Deltakraft annähern kann. Die Wirkung einer solchen Kraft wollen wir uns zunächst anhand einfacher Figuren anschaulich klarmachen.

Wir betrachten hierzu ein Teilchen mit dem Bahndrehimpuls $\vec{l}$, der in z-Richtung zeige, d. h., es soll $m = l$ sein. Vom Spin wollen wir zunächst absehen. Die räumliche Dichteverteilung des Teilchens hat dann die in Fig. 85a skizzierte Form. Fügen wir ein zweites Teilchen mit gleichem l hinzu, so überlappen sich die räumlichen Verteilungen offensichtlich dann am besten, wenn die beiden Bahndrehimpulse „antiparallel" stehen, d. h., wenn sie, wie in Fig. 85b gezeigt, zum Drehimpuls Null koppeln[1]):

Im Gegensatz dazu bewirkt Parallelstellung keinen so guten Überlapp. Wir machen uns dies an einem konkreten Beispiel klar, bei dem $l_1 = l_2 = 1$ sein soll. „Parallelstellung" bedeutet $L = l_1 = l_2 = 1$. Da aber $|\vec{l}| = \sqrt{l(l+1)}$ ist, bilden die beiden Vektoren $\vec{l}_1$ und $\vec{l}_2$ einen Winkel von 120°, wie man sich anhand von Fig. 85c veranschaulicht. Die Dichteverteilung der Teilchen überlappen sich daher sehr schlecht (Fig. 85d). Das gleiche Bild entsteht in diesem speziellen Fall übrigens auch für $L = 1$, da dann der Winkel zwischen den Drehimpulsvektoren 60° beträgt (Fig. 85e). Der beste Überlapp und daher auch der energetisch tiefste Zustand tritt also auf, wenn die beiden Teilchen zum Drehimpuls Null koppeln, d. h., wenn $M = m_1 + m_2 = 0$ ist[2]).

Im eben diskutierten Beispiel haben wir nur Bahndrehimpulse betrachtet. Es illustriert daher am unmittelbarsten die Verhältnisse, wie sie bei LS-Kopplung vorliegen. Tatsächlich koppeln bei ^{6}Li die beiden in der p-Schale befindlichen Nukleonen ihre Bahndrehimpulse in der in Fig. 85b bis c gezeigten Art. Beim Übergang zur starken Spin-Bahn-Kopplung ändert sich jedoch wenig an der eben besprochenen Situation. Anstelle der Bahndrehimpulse $\vec{l}$ müssen jetzt die Drehimpulse $\vec{j} = \vec{l} + \vec{s}$ betrachtet wer-

---

[1]) Das gilt allerdings nur für die gezeichnete Phasenbeziehung zwischen l_1 und l_2. In Gl. (6.26) kommen diese Phasenbeziehungen durch die Koeffizienten zum Ausdruck.

[2]) Wir haben in Fig. 85 nur den Beitrag der Wellenfunktion für $m = l$ gezeichnet. Der vollständige Zustand ergibt sich durch Summation über alle m, vgl. (6.20). Er ist dann, wie es für $L = 0$ sein muß, im Laboratoriumssystem kugelsymmetrisch.

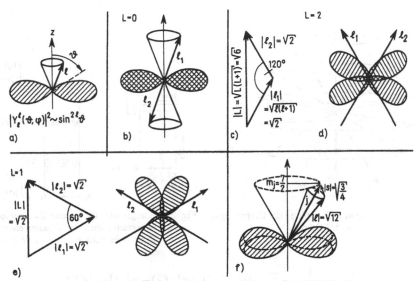

Fig. 85 Zur Veranschaulichung der Wechselwirkungsenergie zwischen zwei Nukleonen bei verschiedener Kopplung (vgl. hierzu [Ing 69])

den, d.h., Fig. 85a ist durch Fig. 85f zu ersetzen, die für den konkreten Fall $j = 3 + 1/2 = 7/2$ gezeichnet ist. Die Dichteverteilungen sind etwas verbreitert, aber nach wie vor überlappen sich bei einer Kopplung der in Fig. 85b gezeigten Art die Wellenfunktionen am besten. Anstelle der $\vec{l}$ koppeln jetzt die $\vec{j}$ zu Null, d.h., für den energetisch tiefsten Zustand muß $M_j = m_{j1} + m_{j2} = 0$ oder $m_{j1} = - m_{j2}$ sein.

Um die Wirkung der eben anschaulich erklärten Paarungskraft quantitativ zu erfassen, müssen wir von der Wellenfunktion ψ_M^I der zum Drehimpuls I gekoppelten beiden Teilchen ausgehen, s. Gl. (6.20). Die unter dem Einfluß des Potentials (6.24) entstehenden Energiewerte E_I für die einzelnen Werte des Gesamtdrehimpulses I erhält man dann aus

$$E_I = \langle \psi^I | V_0 \delta (\vec{r}_1 - \vec{r}_2) | \psi^I \rangle \tag{6.25}$$

Wie zu erwarten, ergibt sich der energetisch tiefste Zustand für die Wellenfunktion $\psi^{I=0}$, die explizit lautet

$$\psi_0^0 = \sum_m (jjm - m | 00) \varphi_m^j(1) \varphi_{-m}^j(2)$$

$$= (2j+1)^{-1/2} \sum_m (-1)^{j-m} \varphi_m^j(1) \varphi_{-m}^j(2) \tag{6.26}$$

Dies ist der gepaarte Zustand der beiden Teilchen, in dem alle Paare von Quantenzahlen $(m, -m)$ mit gleichem Gewicht besetzt sind und in dem ganz bestimmte Phasenbeziehungen bei der Kopplung eingehalten werden. In Fig. 86 ist noch gezeigt, welche Paarungen in einer 5/2-Schale entstehen können. Zwei Nukleonen können in drei gepaarten Zuständen auftreten. Jeder der drei Zustände kommt mit dem Gewicht 1/3 vor, denn nach (6.21) und (6.26) gilt

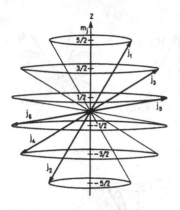

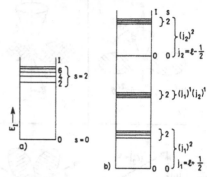

Fig. 86 Paarweise Kopplung der Drehimpulse in einer 5/2-Schale

Fig. 87 Energieaufspaltung eines Zweinukleonensystems unter der Wirkung einer δ-Kraft (schematisch); s ist die Seniorität

$$\Psi_0^0 = \frac{1}{\sqrt{2}\sqrt{2j+1}} \sum_m (-1)^{j-m} [\varphi_m^j(1)\varphi_{-m}^j(2) - \varphi_{-m}^j(1)\varphi_m^j(2)]$$

$$= \sqrt{\frac{2}{2j+1}} \sum_{m>0} (-1)^{j-m} \varphi_{-m}^j(1)\varphi_{-m}^j(2)$$

d. h. jedes Paar hat den Gewichtsfaktor $2/(2j+1)$.

Das durch die Wirkung einer δ-Kraft entstehende Energiespektrum für verschiedene Kopplung der beiden Teilchen läßt sich also aus (6.25) und (6.20) berechnen, wenn man in (6.20) die entsprechenden Einteilchen-Wellenfunktionen benutzt. Das Ergebnis ist in Fig. 87a dargestellt. Die besonders niedrige Energie des Zustandes mit $I = 0$ wird hier deutlich. Dabei haben wir vorausgesetzt, daß sich beide Teilchen in derselben j-Schale befinden. Bei verschiedenem j ist Paarung nicht mehr möglich. Ziehen wir für die beiden Teilchen daher zwei j-Schalen j_1 und j_2 in Betracht, so ergibt sich für die Konfiguration $(j_1)^2$ jeweils das gleiche Aufspaltungsbild wie in Fig. 87a, für die Konfiguration $(j_1)^1 (j_2)^1$ fehlt jedoch der gepaarte Zustand. Man erhält dann eine Niveaufolge, wie sie in Abb. 87b gezeichnet ist. Diese Bilder illustrieren die in Abschn. 6.4 qualitativ diskutierten Energieverhältnisse für verschiedene Drehimpulskopplung zweier Nukleonen.

Anstelle der δ-Kraft benutzt man bei der theoretischen Behandlung der Paarungseffekte meist eine andere Näherung, die man als „reine Paarungskraft" bezeichnet. Dies ist eine Kraft, die so eingeführt wird, daß sie ausschließlich zwischen zwei Nukleonen wirkt, die sich zum Drehimpuls $I = 0$ paaren. Man kann die Paarungsenergie G formal beschreiben durch einen Operator $\tilde{G}$ mit der Eigenschaft

$$\langle (jj)IM | \tilde{G} | (j'j')I'M' \rangle = - \sqrt{(2j+1)(2j'+1)} \, G \, \delta_{I0}\delta_{I'0}\delta_{M0}\delta_{M'0} \tag{6.27}$$

Dem liegt folgende Vorstellung zugrunde. Im Teilchenbild besteht der Zustand Fig. 85b (oder Gl. (6.26)) aus zwei gegenläufig auf derselben „Bahn" um die z-Achse rotierenden Teilchen. Da der Überlapp ihrer Wellenfunktion gut ist, kann ein Streuprozeß auftreten. Wegen der Drehimpulserhaltung muß auch der Endzustand Drehimpuls Null haben, so daß er wieder aus zwei auf derselben Bahn gegenläufigen Teilchen besteht. Es hat sich lediglich die Ebene der beiden Teilchen gedreht. Das Matrixelement (6.27) verbindet gerade solche Zustände.

Da die Kraft (6.27) ihrer Definition nach ausschließlich zwischen gepaarten Zuständen mit $I = 0$ wirkt, hat ihre Benutzung anstelle der δ-Kraft in (6.25) zur Folge, daß in Fig.87 die Niveaugruppen mit der Seniorität $s = 2$ entartet sind. Am natürlichsten ergibt sich die Paarungskraft (6.27) aus einer Formulierung mit Erzeugungs- und Vernichtungsoperatoren, von der wir jedoch hier keinen Gebrauch machen wollen.

Die Benutzung einer Paarungs-Kraft vom Typ (6.27) hat sich für die Beschreibung der Kerneigenschaften als besonders tragfähig erwiesen. Sie hat die Eigenschaft, nur zwischen zwei jeweils gepaarten Zuständen zu wirken und zwar auch dann, wenn diese Zustände zu verschiedenen j-Schalen gehören. Diese Wechselwirkungsenergie bewirkt eine Konfigurationsmischung, die darin besteht, daß sich ein Paar von Valenznukleonen mit einer gewissen Amplitude in mehr als einer j-Schale befinden kann. Die störungstheoretische Rechnung zeigt, daß sich der niedrigste Energiezustand eines Kernes bei Benutzung der Paarungskraft (6.27) tatsächlich dann einstellt, wenn gepaarte Valenznukleonen teilweise auf Niveaus dicht über der Fermikante angehoben sind. Das ist folgendermaßen verständlich. Ohne Restwechselwirkungen ergibt sich der energetisch niedrigste Zustand, wenn alle Niveaus genau bis zur Fermi-Grenze gefüllt sind. Sobald paarweise Wechselwirkungen zwischen den Nukleonen zugelassen werden, treten Streuprozesse auf. Diese können nur in freie Zustände oberhalb der Fermi-Grenze führen. Die Paarungskraft als wichtigste kurzreichweitige Restwechselwirkung hat genau diese Folge: Wenn durch ihre Hinzunahme die Teilchen nicht mehr wechselwirkungsfrei sind, wird die Fermi-Grenze aufgeweicht. Dies ist in Fig. 88a dargestellt, in der die Besetzungswahrscheinlichkeit $v^2(\varepsilon_j)$ gegen die Energie ε_j der Einteilchenniveaus für den Grundzustand eines gg-Kerns aufgetragen ist. Es ist also $v^2(\varepsilon_j)$ das Verhältnis der Zahl der in einem Einteilchenniveau der Energie ε_j vorhandenen, zur Zahl der nach dem Pauli-Prinzip in diesem Niveau insgesamt unterbringbaren Teilchen. Dem Modell unabhängiger Teilchen entsprach eine volle Besetzung der Niveaus bis genau zur Fermi-Kante (gestrichelte Verteilung). Die Paarwechselwirkung ändert diese Verteilung und bewirkt eine Übergangszone der Breite 2Δ mit nur teilweise gefüllten Niveaus (durchgezogene Kurve). An die Stelle der Fermi-Energie tritt der Wendepunkt der Verteilungskurve bei der Energie λ, die häufig als „chemisches Potential" bezeichnet wird. Die Größe Δ ist proportional zur Stärke G der Paarungskraft. Das „Einschalten" der Restwech-

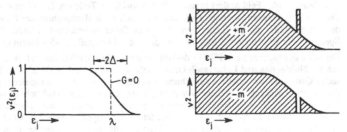

Fig. 88 a) Niveaubesetzungsdichte unter dem Einfluß der Paarungskraft. Nicht maßstäblich! Es ist $\lambda \approx 50$ MeV, $\Delta = 1$ MeV
b) Bildung eines Quasiteilchens

selwirkungen bewirkt also, daß sich ein Paar von Valenznukleonen mit einer gewissen Wahrscheinlichkeit gleichzeitig oberhalb und unterhalb von λ befindet und zwar jeweils mit den gleichen Quantenzahlen $(m, -m)$.

Aus der durch die Paarungskraft bewirkten Verteilung der Besetzungswahrscheinlichkeiten ergibt sich eine interessante Konsequenz. In Fig. 88b sind die Verteilungen für die Zustände mit $+ m$ und $- m$ getrennt gezeichnet. Da positive und negative m-Werte mit gleicher Wahrscheinlichkeit besetzt sind, sind die beiden Verteilungen identisch. Wir denken uns jetzt ein einzelnes Nukleon in einer teilweise freien j-Schale oberhalb λ hinzugefügt und zwar mit einer Komponente $+ m_j$. Die Folge ist, daß in der Verteilung für die negativen m-Komponenten gleichzeitig ein Loch entsteht, da die vorhandenen Nukleonenpaare den Zustand $(m_j, - m_j)$ nicht mehr benutzen können. Das neu hinzugefügte Teilchen besteht also gleichzeitig aus einem Teilchen im Zustand $+ m_j$ und einem Loch im Zustand $- m_j$, wie dies in Fig. 88b angedeutet ist. Man bezeichnet dies als einen Quasiteilchenzustand. Da die vorher vorhandene Verteilung der Besetzungswahrscheinlichkeiten einen energetisch besonders günstigen Zustand darstellte, der jetzt teilweise zerstört ist, hat das Quasiteilchen eine etwas geringere Bindungsenergie als dem betreffenden Einteilchenniveau entspricht. Würde ein zweites Teilchen in der gleichen j-Schale mit der Komponente $- m_j$ unter Bildung eines Paares hinzugefügt, so käme es in einen völlig leeren Zustand, seine Bindungsenergie wäre also besonders groß.

Der Begriff des Quasiteilchens taucht bei vielen Mehrkörperproblemen auf: Für Systeme aus mehr als zwei wechselwirkenden Teilchen gibt es weder in der klassischen Mechanik noch in der Quantenmechanik exakte Lösungen. Man ist daher auf geeignete Näherungsmethoden angewiesen. Da sich für ein System aus nichtwechselwirkenden Teilchen leicht Lösungen finden lassen (wie wir am Beispiel des Fermi-Gases gesehen haben), versucht man normalerweise, Mehrkörperprobleme zu reduzieren auf die Behandlung von Systemen unabhängiger oder nur sehr schwach wechselwirkender Teilchen, bei denen die restliche Wechselwirkung als kleine Störung behandelt werden darf.

Das Hartree-Verfahren ist ein Beispiel für dieses Lösungs-Prinzip. Die nahezu unabhängigen Teilchen, die bei diesem Verfahren rechnerisch eingeführt werden, haben aber häufig andere Eigenschaften als die wirklichen Teilchen. Sie führen daher den Namen Quasiteilchen. Man ersetzt also die realen wechselwirkenden Teilchen im Lösungsmodell durch nahezu unabhängige Quasiteilchen. Ein Beispiel hierfür ist die Behandlung von Leitungselektronen in einem Kristallgitter. Man kann dabei die wirklichen Elektronen der Masse m, die sowohl untereinander als auch mit den Gitterionen wechselwirken, durch ein System praktisch freier Quasiteilchen der Masse μ ersetzen. Die Differenz der Massen kommt durch die Wechselwirkungen zustande, die bewirken, daß das Quasiteilchen auf ein beschleunigendes Feld anders reagiert als das wirkliche Teilchen. Die oben geschilderte Einführung der Quasi-Nukleonen bedeutet also, daß man auch nach Hinzunahme der Paarungswechselwirkung den Kern wieder als ein System unabhängiger Teilchen beschreiben kann, daß aber das Energie-Spektrum der Einteilchen-Zustände dann durch das Quasiteilchen-Spektrum ersetzt werden muß.

Die in Zusammenhang mit Fig. 17 diskutierte Analogie zwischen den relativen Energie-Verhältnissen bei Nukleonen und Leitungselektronen läßt sich tatsächlich auf das durch Paarungskräfte verursachte Quasiteilchenverhalten ausdehnen. Zwei Elektronen mit nahezu gleicher Energie können durch die Wechselwirkung mit dem Gitter Phononen austauschen. Dadurch entsteht eine anziehende Austauschkraft. Bei sehr tiefen Temperaturen kann sie stärker werden als die Coulomb-Abstoßung. Dann tritt Supraleitung auf. Die Quasiteilchen der Supraleitung sind daher Elektronenpaare. Im Anregungsspektrum der Elektronen (es liegt im Ultraroten) beobachtet man, ähnlich wie bei gg-Kernen, eine Energielücke. Eine entsprechende Theorie der Supraleitung ist von Bardeen, Cooper und Schrieffer angegeben worden („BCS-Theorie") [Bar 57]. Mit der gleichen mathematischen Methode läßt sich auch das Quasiteilchenspektrum bei Kernen berechnen [Boh 58]. Ein Unterschied der beiden Systeme besteht darin, daß man es bei der Supraleitung mit Korrelationen in den Ortskoordinaten und bei Kernen mit Korrelationen in den Winkelkoordinaten zu tun hat.

Bei der Behandlung solcher Probleme kann man häufig nicht ohne weiteres sagen, welcher Statistik die Quasiteilchen gehorchen. Die Elektronenpaare der Supraleitung beispielsweise sind Bosonen. Ein elegantes mathematisches Verfahren, das diese Schwierigkeit vermeidet, ist von Bogolyubov [Bog 58] angegeben worden. Es besteht in der Einführung kollektiver Koordinaten durch eine kanonische Transformation der ursprünglichen Teilchenkoordinaten in solcher Weise, daß die Statistik der Quasiteilchen definiert ist. Mit den so konstruierten Zuständen läßt sich dann ein verallgemeinertes Hartree-Fock-Verfahren durchführen [s. z.B. Man 68].

Die eben erwähnte Supraleitungstheorie erlaubt es, das Quasiteilchenspektrum von Nukleonen nach Einschluß der Paarungskräfte wenigstens prinzipiell zu berechnen. Danach ist die Anregungsenergie eines Quasiteilchens in der j-Schale eines gg-Kerns gegeben durch

$$E_j = \sqrt{(\varepsilon_j - \lambda)^2 + \Delta_j^2} \qquad (6.28)$$

Hier ist ε_j die entsprechende Einteilchenenergie, λ das chemische Potential und Δj der sogenannte Energielückenparameter (vgl. Fig. 88a). Die kleinste Anregungsenergie eines Quasiteilchens ist danach Δj, und da bei einem gg-Kern zur Bildung eines angeregten Zustandes ein Paar aufgebrochen werden muß, also mindestens zwei Quasiteilchen erzeugt werden, ist die kleinste Anregungsenergie eines solchen Kernes $2\Delta j$ (wenn man von kollektiven Anregungszuständen absieht). Das entspricht der experimentell beobachteten Energielücke. Daher ist Δ ein unmittelbares Maß für die Stärke der Paarungsenergie. Für $G = 0$ ist auch $\Delta = 0$ und aus (6.28) ergeben sich gerade die Einteilchen-Anregungsenergien.

Bis jetzt haben wir nur den kurzreichweitigen Teil der Restwechselwirkungen betrachtet. Bei einer vollständigen Beschreibung müssen wir noch den langreichweitigen Komponenten Rechnung tragen. Es ist nützlich, sich hierzu das Potential $V(r_{1,2})$ zwischen zwei Nukleonen nach Multipolordnungen entwickelt zu denken.

$$V(r_{1,2}) = \sum_k R_k(r_1, r_2) P_k(\cos \vartheta) \qquad (6.29)$$

Ursprungsort des Koordinatensystems sei der Kernmittelpunkt, ferner sei ϑ der Winkel zwischen den beiden Teilchen (Fig. 89a). Eine solche Entwicklung ist allerdings nur für skalare, spinunabhängige Kräfte möglich. Für feste k ist die Winkelabhängigkeit von (6.29) in Fig. 89b skizziert. Ein wesentlicher Beitrag zum Potential tritt nur für $\vartheta < 1/k$ auf. Nach Fig. 89a ist ferner $\vartheta \approx r_{1,2}/R$, d.h. $r_{1,2} < R/k$. (Wir haben vorausgesetzt, daß beide Teilchen die gleiche Radialfunktion haben und daß R der mittlere Radius sei.) Es tragen also für den kurzreichweitigen Teil der Kraft die Glieder mit hohem k und für den langreichweitigen die Glieder mit niedrigem k bei. Für $k = 0$ ist $P_0(\cos \vartheta) = 1$, d.h., es ergibt sich ein Zentralpotential. Es ist naturgemäß schon im mittleren Kernpotential enthalten und spielt daher für die Restwechselwirkungen keine Rolle. Der nächste Term mit $k = 1$ (Dipol-Term) ergibt eine Winkelabhängigkeit mit $\cos \vartheta$. Er bewirkt eine Schwerpunktsbewegung des gesamten Systems und kann daher auch außer Betracht bleiben[1].

---

[1] Der Dipolterm spielt jedoch eine Rolle bei der Schwingung aller Protonen relativ zu den Neutronen, die sich in der Dipol-Riesenresonanz äußert (s. Abschn. 6.7).

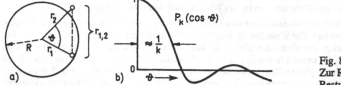

Fig. 89
Zur Reichweite der
Restwechselwirkungen

Daher ist der Quadrupol-Term mit $k = 2$ der wichtigste Beitrag zur langreichweitigen Komponente des Restwechselwirkungspotentials. Sofern es in einem Kern genügend Teilchen außerhalb einer abgeschlossenen magischen Schale gibt, führt das Quadrupol-Potential zu einer stabilen ellipsenförmigen Deformation, die um so größer ist, je mehr Teilchen (oder Löcher) sich außerhalb einer magischen Schale befinden. Das drückt sich im Verlauf der Quadrupolmomente (Fig. 26) aus. Wie sich die Schalenmodellzustände bei der Deformation des Potentials ändern, haben wir schon in Abschn. 6.3 besprochen. Es sei darauf hingewiesen, daß die mit (6.29) eingeführte Entwicklung rein phänomenologischer Natur ist. Im Rahmen einer „mikroskopischen" Kerntheorie, die von einem realistischen Nukleon-Nukleon-Potential ausgeht, ergeben sich die Gleichgewichtsdeformationen aus einem geeigneten Selbstkonsistenzverfahren.

Literatur zu Abschn. 6.5: [Bro 64, Bau 68, Lan 64].

6.6 Kollektive Anregungen

Das Schalenmodell mit kugelsymmetrischem Potential (Abschn. 6.1 und 6.2) ist am besten gteignet zur Beschreibung von Kernen mit ganz oder nahezu abgeschlossenen Nukleonenschalen. Die Nukleonen einer abgeschlossenen Schale besetzen gleichmäßig alle verfügbaren magnetischen Unterzustände m und erzeugen dadurch eine kugelsymmetrische Dichteverteilung des Kerns. Bei der Besetzung der Unterzustände gibt es keine offenen Freiheitsgrade. Für Kerne mit mehreren Nukleonen außerhalb einer abgeschlossenen Schale ändert sich die Situation. Die Zustände der Valenznukleonen werden weitgehend durch die Restwechselwirkungen bestimmt. Befinden sich nur einige wenige Nukleonen außerhalb einer abgeschlossenen Schale, so kann man versuchen, Kopplungsformen und Energiezustände, die diese Nukleonen unter dem Einfluß der Paarungskraft einnehmen, im Detail zu verstehen. Dieses Verfahren ist jedoch nur für eine relativ kleine Zahl von Valenznukleonen durchführbar. Befinden sich viele Nukleonen außerhalb einer abgeschlossenen Schale, so erscheint es hoffnungslos, die Anregungszustände eines solchen Systems auf der Basis des Schalenmodells zu verstehen. In den Anregungsspektren treten jedoch neue und relativ einfach zu interpretierende Gesetzmäßigkeiten auf. Diese Anregungszustände gehen auf eine korrelierte kollektive Bewegung aller Nukleonen zurück. Für diese Korrelationen in der Nukleonenbewegung ist vorwiegend der langreichweitige Teil der Kernkräfte verantwortlich. Je mehr Nukleonen sich nämlich außerhalb einer abgeschlossenen Schale befinden, desto stärker wird die Wirkung der in

Abschn. 6.4 und 6.5 diskutierten langreichweitigen Komponente der Restwechselwirkungen. Das liegt daran, daß für die Nukleonen jetzt viele Freiheitsgrade der gegenseitigen Orientierung offen sind, so daß sich die über den ganzen Kerndurchmesser reichende Quadrupolkomponente der Kernkraft auswirken kann.

Wir wollen uns für das Folgende vorstellen, daß der Kern aus einem Rumpf mit einer abgeschlossenen Schale besteht, außerhalb derer sich n zusätzliche Nukleonen befinden sollen. Wir wollen diese Extra-Nukleonen, auch wenn ihre Zahl groß ist, weiterhin „Valenznukleonen" nennen. Wenn n in der Gegend von Eins liegt, erwarten wir bei Anregung des Kerns ein „Einteilchen-Spektrum", wie es vom Schalenmodell vorhergesagt wird. In Fig. 90a ist als Beispiel für ein Einteilchen-Spektrum die Niveaufolge von ^{207}Pb wiedergegeben, die durch Anregung des Neutronenlochs in der abgeschlossenen Neutronenschale $N = 126$ entsteht.

Die einzige kollektive Bewegung der Nukleonen, die für einen kugelsymmetrischen Kern im Prinzip möglich ist, besteht im Auftreten von Oberflächenschwingungen. Wenn man sich den Kern als Flüssigkeitstropfen vorstellt, so entspricht das kleinen elastischen Schwingungen in der Form des Tropfens um die kugelförmige Gleichgewichtslage. Wenn wir nun die Zahl n der Valenznukleonen etwas vergrößern, so behält der Kern zwar unter dem Einfluß der Paarungskräfte zunächst seine Kugelgestalt, er wird aber leichter deformierbar. Die Frequenz und damit die Energie der Oberflächen-Vibration nimmt damit ab. Die Vibrationszustände werden im Spektrum beobachtbar. Als Beispiel ist in Fig. 90b ein Vibrationsspektrum für den Kern $^{76}_{34}$Se wiedergegeben.

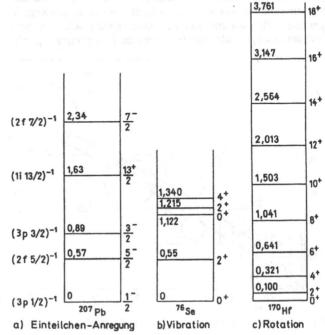

Fig. 90
Vergleich verschiedener
Anregungsspektren
(Energie in MeV)

a) Einteilchen-Anregung   b) Vibration   c) Rotation

Vergrößert man n weiter, so nimmt die Tendenz zur Deformation unter dem Einfluß der Quadrupolkomponente der Kernkraft zu, da diese unter den leicht beweglichen Valenznukleonen eine korrelierte räumliche Anordnung zu erzeugen sucht. Schließlich wird der kugelförmige Zustand instabil, und es tritt ein elliptisch deformierter Gleichgewichtszustand des Kerns ein. Der deformierte Kern kann dann als Ganzes rotieren. Die Rotationsenergie ist gequantelt, es treten daher im Anregungsspektrum Rotationszustände auf (Beispiel in Fig. 90c). Die experimentell beobachteten großen Quadrupoldeformationen für Kerne zwischen den magischen Schalen (Fig. 26) sind mit dem Einteilchen-Modell überhaupt nicht zu erklären, sondern lassen sich nur als Folge einer durch die langreichweitige Kraft zwischen vielen Nukleonen bewirkten Korrelation verstehen. In Fig. 91 ist noch einmal ein schematisches Bild der Nuklidkarte gezeigt, wobei das umgrenzte Gebiet alle Kerne mit einer Halbwertzeit von mehr als einer Minute umfaßt. Ferner sind Linien bei den magischen Protonen und Neutronenzahlen eingezeichnet. In den schraffierten Gebieten in der Mitte zwischen den magischen Zahlen werden Rotationsspektren beobachtet. Man kann stabile Gleichgewichtsdeformationen überall innerhalb der gestrichelt umgrenzten Regionen erwarten.

Diese verschiedenen Anregungsspektren der Kerne haben eine Analogie bei den Molekülspektren. Bei den Molekülen können Anregungen einzelner Elektronen, ferner Vibrationen der Atome gegeneinander und Rotationen des gesamten Moleküls auftreten. Es ist häufig statthaft, diese Anregungsformen separat zu betrachten, d. h. die Hamilton-Funktion als eine Summe getrennter Terme für die innere Anregung, die Vibrations- und Rotationsenergie anzuschreiben. Von dieser Voraussetzung wollen wir auch bei Kernen ausgehen, obwohl sie keineswegs immer erfüllt ist. Im folgenden wollen wir uns auf eine phänomenologische Beschreibung der einzelnen kollektiven Anregungsformen beschränken. Eine mikroskopische Beschreibung, die von

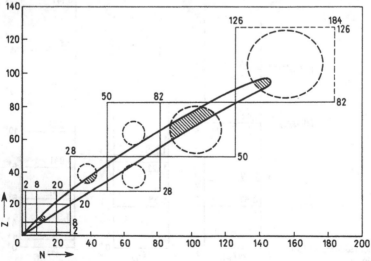

Fig. 91   Gebiete starker Kerndeformation [nach Mar 63]

den Kernkräften ausgeht und auf den bereits erwähnten Selbstkonsistenzverfahren beruht, ist durchaus möglich aber mathematisch recht kompliziert (s. z.B. [Bau 68]). Wir beginnen mit einer Betrachtung der Rotationszustände. Es soll also ein Kern mit einer stabilen Deformation vorliegen, und wir interessieren uns nur für die Änderungen der räumlichen Orientierung dieses Kerns. Wir wollen weiter voraussetzen, daß der Kern axialsymmetrisch sei. Diese Voraussetzung ist im allgemeinen sehr gut erfüllt.

Bevor wir dieses naive Bild eines starren rotierenden Körpers weiter benutzen, müssen wir einige Anmerkungen machen. Wir wissen, daß die Nukleoneen im Kerninnern mit bestimmten Bahndrehimpulsen umlaufen. Die Umlauffrequenz um die Achse des Kernpotentials wäre für ein Nukleon mit Drehimpuls j klassisch gegeben durch $\omega_j = j/mr^2$. Wenn nun der gesamte Kern mit einem Drehimpuls I um eine Achse senkrecht zur Deformationsachse rotiert, so ist diese Rotationsfrequenz I/Mr^2 wesentlich langsamer als ω_j, da I und r in der gleichen Größenordnung wie vorher sind, aber die Nukleonenmasse m durch die Kernmasse M ersetzt wird. Dem gleich zu besprechenden Rotationsmodell liegt diese „adiabatische Näherung" zugrunde, daß nämlich der Kern als Ganzes vergleichsweise langsam rotiert und diese Rotation die inneren Bewegungen wenig stört.

Wir stellen uns nun den Kern als deformiertes Objekt vor und führen ein körperfestes Koordinatensystem mit den Achsen 1, 2, 3 ein, dessen 3-Achse mit der Symmetrieachse des Kerns zusammenfällt. Daneben benutzen wir die „Laborkoordinaten" x, y, z mit beliebiger Richtung, wobei die z-Richtung durch ein äußeres Feld ausgezeichnet werden kann (Fig. 92). Jetzt müssen wir folgendes beachten. Wird ein Objekt durch irgendeine Achse um den Winkel $\Delta\varphi$ gedreht, so gilt für die Bahndrehimpulskomponente $L_\varphi = -i\hbar(\partial/\partial\varphi)$ hinsichtlich dieser Achse die Unschärferelation

$$\Delta\varphi\,\Delta L_\varphi \gtrsim \hbar \qquad (6.30)$$

Daraus ergeben sich zwei Folgerungen. In der 3-Richtung (Symmetrieachse) läßt sich keine Winkeländerung physikalisch definieren, daher ist $\Delta\varphi = \infty$ und die Bahndrehimpulskomponente in 3-Richtung hat einen scharf definierten Wert: 3-Komponenten des Drehimpulses sind „gute Quantenzahlen". Umgekehrt erlaubt die Kerndeformation eine Drehung $\Delta\varphi$ um die 2-Achse festzulegen. Daraus folgt, daß in dieser Richtung ΔL_φ endlich ist und daß senkrecht zur 3-Achse stets viele Drehimpuls-Komponenten beitragen.

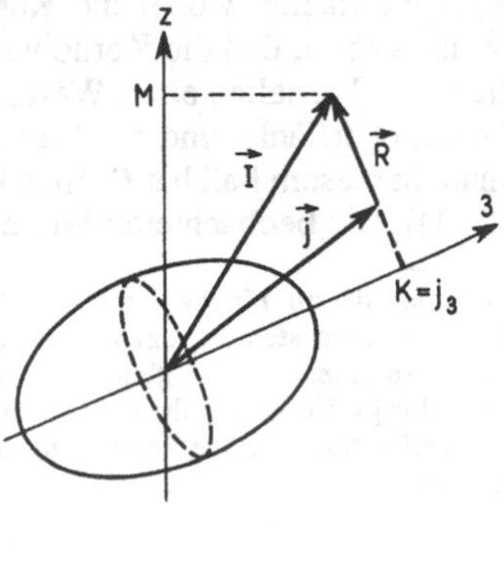

Fig. 92
Drehimpulskopplung bei einem rotierenden
deformierten Kern

Ähnlich wie bei der Rotation eines klassischen starren Körpers ergibt sich für die Rotationsenergie ein besonders einfacher Ausdruck, wenn wir das Koordinatensystem (1, 2, 3), das in der Kernachse orientiert ist, benutzen, nämlich

$$H_{rot} = \sum_{i=1}^{3} \frac{R_i^2}{2\theta_i} \tag{6.31}$$

wobei $\vec{R}$ der Rotations-Drehimpuls und die Konstanten θ_i effektive Trägheitsmomente hinsichtlich der Koordinatenachse sind. Da es nicht möglich ist, Zustände zu unterscheiden, die durch eine Drehung um die 3-Achse hervorgerufen werden, ist der quantenmechanische Erwartungswert eines Trägheitsmomentes θ_3 in dieser Richtung gleich Null. Das führt zu unendlich hohen Anregungsenergien für Rotationen um die 3-Achse, so daß wir zur Berechnung der Anregungsstufen die 3-Komponente in (6.31) vernachlässigen und gleich Null setzen können. Daher steht der Vektor R senkrecht auf der 3-Achse und der Kern rotiert senkrecht zu seiner Symmetrieachse. Wir betrachten jetzt zunächst einen Kern mit dem „inneren" Drehimpuls Null; also beispielsweise einen in 3-Richtung deformierten gg-Kern[1]). Dann ist der Gesamtdrehimpuls des Systems $\vec{I} = \vec{R}$ (vgl. Fig. 92 für $j = 0$). Wegen der Axialsymmetrie setzen wir außerdem $\theta_1 = \theta_2 \equiv \theta$. Wenn wir noch für $R^2 = I^2$ den quantenmechanischen Eigenwert $I(I+1)\hbar^2$ benutzen, ergibt sich aus (6.31) für die Rotationsenergie des Kerns

$$E_{rot} = \frac{\hbar^2}{2\theta} I(I+1) \qquad I = 0, 2, 4, \ldots \tag{6.32}$$

Wir haben dabei die Quantenzahl I auf geradzahlige Werte eingeschränkt, da die Spiegelsymmetrie hinsichtlich der (1, 2)-Ebene ungerade Drehimpulseigenfunktionen ausschließt. Rotationsspektren, die diesem Gesetz folgen, werden in der Tat bei vielen Kernen beobachtet. In Fig. 90c ist ein Beispiel gegeben.

Die Konstante θ in (6.32) läßt sich aus den beobachteten Spektren bestimmen. Es erweist sich, daß θ durchweg kleiner ist als das für die betreffenden Kerne berechnete Trägheitsmoment θ_s eines starren Körpers. Das zeigt, daß bei der Rotation des Kerns eine relativ komplizierte Bewegung der Nukleonen vorliegt. Prinzipiell sind zwei Grenzfälle denkbar. Der eine entspricht der Bewegung des Kerns als starrer Körper mit dem Trägheitsmoment $\theta_s = (2/5) Am R_0^2$ (m = Nukleonen-Masse). Der andere Grenzfall entspricht im Tröpfchenmodell einer Rotation der ellipsenförmigen Kernoberfläche, wobei die Kernmaterie aber nicht mitrotiert, sondern in solcher Weise strömt, daß die Kernoberfläche von außen betrachtet als Ganzes rotiert, ähnlich dem Verhalten einer Wasserwelle, bei der man zwischen dem Fortschreiten der Wellenoberfläche und der Bewegung der einzelnen Wassermoleküle unterscheiden muß. In diesem Fall hat θ einen kleineren Wert, nämlich $\theta_F = (2/5) Am R_0^2 \delta^2$ (δ aus Gl. (2.81)). Die beobachteten Werte von θ liegen zwischen beiden Grenzfällen. Ihre Er-

---

[1]) Es sei darauf hingewiesen, daß diese Deformation für einen Kern mit Drehimpuls Null im Laboratoriumsystem (x, y, z) nicht beobachtbar ist, da für das System alle Orientierungen der 3-Achse relativ zu einer z-Achse gleichwahrscheinlich sind. Die gemittelte Verteilung im Laborsystem ist daher für gg-Kerne kugelsymmetrisch und die beobachteten spektroskopischen Quadrupolmomente sind gleich Null. Auf die Vorstellung einer „inneren" Deformation von gg-Kernen kommen wir gleich zurück.

klärung erfordert ein detailliertes Studium der Bewegungskorrelationen in Kernen [Nat 65].

Wir müssen nun (6.32) noch für den Fall erweitern, daß der rotierende Kern einen inneren Drehimpuls besitzt. Er sei hier mit j bezeichnet zum Unterschied von Gesamtdrehimpuls I, der die Rotation einschließe. Wir können uns etwa vorstellen, daß dem vorher betrachteten gg-Kern gerade ein weiteres Nukleon mit dem Drehimpuls j zugefügt worden sei. Es ist jetzt $\vec{I} = \vec{R} + \vec{j}$ (Fig. 92), wobei R aus den genannten Gründen wieder senkrecht zur 3-Achse stehe. In der Hamilton-Funktion sollen die inneren Anregungen durch einen Term H_i berücksichtigt sein, daher ist jetzt (vgl. (6.31))

$$H = H_i + \sum_i \frac{R_i^2}{2\theta_i} \tag{6.33}$$

Für den Rotationsterm erhalten wir mit $\vec{R} = \vec{I} - \vec{j}$ unter Weglassen des Gliedes mit R_3

$$(1/2\theta)[I_1^2 + I_2^2 + j_1^2 + j_2^2 - 2(I_1 j_1 + I_2 j_2)]$$

Da der Beitrag $(1/2\theta)(j_1^2 + j_2^2)$ nur die innere Struktur des Kerns betrifft, sei er in H_i aufgenommen. Wir setzen noch $I_1^2 + I_2^2 = I^2 - I_3^2$ und erhalten aus (6.33)

$$H = H_i' + \frac{1}{2\theta}(\vec{I}^2 - I_3^2) - \frac{1}{\theta}(I_1 j_1 + I_2 j_2) \tag{6.34}$$

Der letzte Term entspricht klassisch der Coriolis-Wechselwirkung. Wenn wir ihn als klein betrachten, ergeben sich für den Rotationsterm die Energiewerte

$$E_{\text{rot}} = \frac{\hbar^2}{2\theta}[I(I+1) - K^2] \tag{6.35}$$

worin $K = j_3$ die Komponente des inneren Drehimpulses in Richtung der Symmetrieachse bezeichnet (Fig 92). Das Spektrum (6.35) unterscheidet sich von (6.32) nur durch die Konstante K^2, die durch die inneren Eigenschaften des Kerns gegeben ist. Zu jedem Wert des inneren Drehimpulses, zu dem die Nukleonen koppeln können, gehört also eine durch (6.35) beschriebene Rotationsbande. Da durch $\vec{j}$ die beiden Orientierungen des Kerns in 3-Richtung unterschieden werden können, und da $|I| \geqslant K$ (Fig. 92), kann I in (6.35) die Werte annehmen

$$I = K, K+1, K+2, \ldots \quad (K \neq 0) \tag{6.36}$$

Im Falle $K = 1/2$ entsteht eine spezielle Situation. Der Operator $I_1 j_1 + I_2 j_2$ trägt nur für $K = 1/2$ in erster Ordnung der Störungsrechnung bei. Die zugehörige Rotationsbande enthält die Zustände $I = 1/2$, $(2 \pm 1/2)$, $(4 \pm 1/2)$, ... mit Energieabständen wie bei einer $I = 0, 1, 2, 3, \ldots$-Bande („Entkopplung").

In unserer vereinfachten Darstellung haben wir einen klassischen Kreisel betrachtet und nur die Energiewerte in Form der üblichen Eigenwerte des Drehimpulses angeschrieben. Bei der korrekten Behandlung geht man von einer Hamilton-Funktion der Form (6.33) aus, in der für $\vec{R}$ der entsprechende Drehimpulsoperator benutzt wird. Die Lösungen enthalten die D-Funktionen, mit denen sich die Kugeloberflächenfunktionen Y_l^m unter einer Rotation um die Euler-Winkel α, β, γ transformieren nach

$$Y_l^m(\vartheta, \varphi) = \sum_{m'=-l}^{l} Y_l^{m'}(\vartheta', \varphi') D_{mm'}^l(\alpha, \beta, \gamma) \tag{6.37}$$

Die Eigenfunktion von (6.33), für die in Fig. 92 skizzierte Kopplung, ist dann gegeben durch

$$\Psi^I_{MK} = [(2I+1)/8\pi^2]^{1/2} D^I_{MK}(\alpha,\beta,\gamma)$$

mit den Eigenwerten (6.36).

Es sei darauf hingewiesen, daß die in Fig. 92 gezeichneten Drehimpulsvektoren nicht starr in einer Ebene verknüpft sind, sondern Präzessionsbewegungen ausführen, und zwar präzediert $\vec{j}$ schnell um die 3-Richtung, die 3-Achse langsam um die Richtung von $\vec{I}$ (Konstante der Bewegung) und gegebenenfalls $\vec{I}$ noch langsamer um ein äußeres Feld in z-Richtung.

Wir wollen jetzt die elektromagnetischen Übergangswahrscheinlichkeiten zwischen Rotationszuständen besprechen. Da sich hierbei die innere Wellenfunktion des Kerns nicht ändern soll, handelt es sich um Übergänge zwischen verschieden schnell rotierenden deformierten Ladungsverteilungen. Naturgemäß geht hierbei die Deformation, d.h. das elektrische Quadrupolmoment ein. Wir müssen jetzt aber unterscheiden zwischen dem spektroskopischen Quadrupolmoment (2.80), wie es im Laborsystem (x, y, z) beobachtet wird und dem „inneren" Quadrupolmoment Q_0 eines Kernes, das im körperfesten Koodinatensystem (1, 2, 3) gebildet wird. Wir gehen wieder aus von der Betrachtung eines in 3-Richtung deformierten klassischen Systems. Dafür können wir ein inneres Quadrupolmoment Q_0 im (1, 2, 3)-System berechnen. Wenn wir das Quadrupolmoment Q_β angeben wollen hinsichtlich einer z-Achse, die gegen die Deformationsachse um den Winkel β gedreht ist, erhalten wir (A, Gl. (9.20))

$$Q_\beta = \frac{1}{2}(3\cos^2\beta - 1)Q_0 \qquad (6.38)$$

Für ein Quantensystem entspricht Q_β dem spektroskopischen Quadrupolmoment, wenn β so klein wie möglich wird, d.h.für $m = I$. Um analog zur klassischen Betrachtung vorzugehen, berechnen wir ein „inneres" Quadrupolmoment für den Kern im (1, 2, 3)-System nach

$$Q_0 = \langle \chi | Q_{0\mathrm{p}} | \chi \rangle \qquad (6.39)$$

Hier ist χ die innere Wellenfunktion im deformierten Potential und $Q_{0\mathrm{p}}$ der übliche Quadrupoloperator (2.79), angewandt im körperfesten System. Wenn man ein Modell für die Drehimpulskopplung zugrunde legt, kann man das spektroskopische Quadrupolmoment Q aus Q_0 berechnen. Für das Rotationsmodell in der eben besprochenen adiabatischen Näherung ergibt sich

$$Q = \frac{3K^2 - I(I+1)}{(I+1)(2I+3)} Q_0 \qquad (6.40)$$

das ist in diesem Fall das Analogon zur klassischen Beziehung (6.38).

Das spektroskopische Quadrupolmoment muß für Kerne mit Drehimpuls 0 oder 1/2 verschwinden (Regel 3 vom Ende des Abschnitts 2.6). Gl. (6.40) zeigt, daß das in der Tat der Fall ist, auch wenn Q_0 von 0 verschieden ist. In beiden Fällen, $K = I = 0$ oder $K = I = 1/2$, wird der erste Faktor in (6.40) zu 0. Die Größe Q_0 ist daher z.B. für den Grundzustand von gg-Kernen keine Observable, sie tritt aber auf in den Übergangswahrscheinlichkeiten zwischen verschiedenen Rotationszuständen.

Um die Übergangswahrscheinlichkeiten zu finden, müssen wir von Gl. (3.65) ausgehen, wobei wir für das Matrixelement die reduzierte Übergangswahrscheinlichkeit (3.67) einzusetzen haben. Da sich für einen Quadrupolübergang zwischen zwei Rotationsniveaus nur die Eigenfunktion für die Rotation des ganzen Kerns, aber nicht die innere Eigenfunktion ändert, ist das reduzierte Matrixelement von relativ einfacher Form:

$$B(E2, I_1 \rightarrow I_2) = (5/16\pi)e^2 Q_0^2 \,|(I_1 2K0\,|\,I_1 K)|^2 \tag{6.41}$$

(In Klammern steht ein Clebsch-Gordan-Koeffizient.) Für einen $2 \rightarrow 0$-Übergang reduziert sich dies zu $B(E2, 2 \rightarrow 0) = (1/16\pi)Q_0^2$. Da das Quadrupolmoment Q_0 für einen deformierten Kern wesentlich größer ist als das im Einteilchenmodell für ein einziges Valenznukleon berechnete, ergeben sich aus (6.41) auch wesentlich höhere Übergangswahrscheinlichkeiten als für Einteilchen-Übergänge. Einer Änderung der Quantenzahl K entspricht hingegen eine Änderung der inneren Kernstruktur, daher liegen die Übergangswahrscheinlichkeiten zwischen Zuständen, die zu verschiedenen K-Banden gehören, nur in der Größenordnung der Einteilchen-Übergangswahrscheinlichkeiten. Man kann ferner zeigen, daß für elektrische Quadrupolübergänge die Auswahlregel $\Delta K = 0, \pm 1, \pm 2$ gilt. Aus den beobachteten Übergangswahrscheinlichkeiten lassen sich durch Beziehungen der Art (6.41) innere Quadrupolmomente Q_0 erschließen.

Als nächstes sollen jetzt die Vibrationszustände besprochen werden. Wir gehen wieder von einer klassischen Betrachtungsweise aus und fragen nach den Schwingungen, die ein kugelförmiger Flüssigkeitstropfen durch kleine Formänderungen ausführen kann. Die Oberfläche des schwingenden Tropfens wird beschrieben durch

$$R(\vartheta, \varphi) = R_0 \left[1 + \sum_{\lambda, \mu} a_{\lambda\mu} Y_\lambda^\mu {}^* (\vartheta, \varphi) \right] \tag{6.42}$$

(Y_λ^μ Kugeloberflächenfunktionen, R_0 mittlerer Radius). Da sich für $\lambda = 0$ Kugelgestalt ergibt und $\lambda = 1$ eine Translationsbewegung der Kugel bedeutet, ist $\lambda = 2$ die niedrigste interessierende Ordnung der Entwicklung (Quadrupolschwingung). Für $\lambda = 2$ kann μ die Werte 2, 1, 0, −1, −2 durchlaufen, es gibt also 5 verschiedene unabhängige Schwingungsformen. Wenn wir uns auf kleine Deformationen beschränken, führt jede Amplitude $a_{\lambda\mu}$ eine harmonische Schwingung aus. Jeder dieser Schwingungen entspricht daher eine Vibrationsenergie

$$H_{\text{vib}} = \frac{1}{2} B_\lambda \,|\dot{a}_{\lambda\mu}|^2 + \frac{1}{2} C_\lambda \,|a_{\lambda\mu}|^2 \tag{6.43}$$

wobei die von μ unabhängigen Konstanten B_λ die träge Masse des Systems von C_λ die rücktreibende Kraft charakterisieren. Die Konstanten B und C hängen nicht von μ ab, da der Hamiltonoperator drehinvariant sein soll. Die Frequenz jeder Teilschwingung ist durch $\omega_\lambda = \sqrt{C_\lambda/B_\lambda}$ und ihre Energie durch $\hbar\omega_\lambda$ gegeben. Das quantenmechanische Anregungsspektrum der einzelnen harmonischen Oszillatoren besteht in einer Serie äquidistanter Niveaus mit dem Abstand $\hbar\omega$. Jedes Phonon einer Quadrupolschwingung mit $\lambda = 2$ trägt einen Drehimpuls von $2\hbar$. Man erwartet daher für eine Quadrupolvibration ein Anregungsspektrum wie in Fig. 93 links gezeichnet.

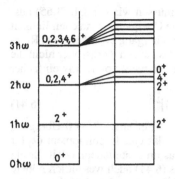

Fig. 93
Vibrationsspektrum (schematisch).
Rechts: Aufspaltung bei nicht-harmonischer Schwingung

Da die Phononen der Bose-Statistik genügen, sind nur symmetrische Wellenfunktionen zulässig. Daraus ergeben sich die eingezeichneten Spinwerte. Die positive Parität aller Zustände folgt aus dem Spiegelungsverhalten der Funktion Y_2^μ. Die Entartung der Zustände zu einem festen Wert von $\hbar\omega$ wird aufgehoben, wenn man zu nichtharmonischen Schwingungen übergeht. Dann entsteht eine Aufspaltung wie in Fig. 93 rechts gezeigt. Zum Vergleich ist in Fig. 90b das Vibrationsspektrum des ^{76}Se wiedergegeben.

Wir können nun noch die Beschränkung auf einen sphärischen Kern aufgeben und Vibrationen eines bereits deformierten Systems betrachten. Es ist zweckmäßig, das Koordinatensystem für die Entwicklung (6.42) dann so zu wählen, daß seine Achse mit der Symmetrieachse des Kerns zusammenfällt. Nach dieser Transformation ist die Form der Schwingung durch zwei der ursprünglich 5 Koeffizienten $a_{2\mu}$ völlig bestimmt, da die restlichen Koeffizienten die Orientierung im Raum angeben. Wenn wir die Koeffizienten im körperfesten System mit α bezeichnen, sind dies $\alpha_{20} = \alpha_{20}^*$ und $\alpha_{22} = \alpha_{2-2}^*$. Man führt statt dessen meist zwei neue Parameter β und γ ein durch

$$\alpha_{20} = \beta\cos\gamma$$
und $\quad\alpha_{22} = (1/\sqrt{2})\beta\sin\gamma$ \hfill (6.44)

In dieser Darstellung beschreibt β die Größe der Deformation, während γ die Form charakterisiert: Für eine axialsymmetrische zigarrenförmige Deformation ist $\gamma = 0$, für eine linsenförmige Deformation ist $\gamma = \pi$. Für $\gamma \neq n\,\pi/3$ liegt ein Ellipsoid mit drei ungleichen Achsen vor. Man kann die Schwingungsformen eines deformierten Kerns näherungsweise trennen in Schwingungen des Deformationsparameters β (β-Vibrationen) und Schwingungen des Formparameters γ (γ-Vibrationen), die zu nicht axialsymmetrischen Verformungen führen. Beispiele für die beiden Schwingungstypen sind in Fig. 94 in Form von Schnitten durch den deformierten Kern skizziert. Die gezeichnete β-Vibration entsteht durch eine Stauchung in Richtung der Symmetrieachse (3-Achse), die γ-Vibration durch Stauchung in Richtung der 1-Achse, wobei der Kern seine Axialsymmetrie verliert.

Für $\gamma \approx 0$ ist $\alpha_{20} \approx \beta$, und man erhält aus (6.42) für die Form des Kerns

$$R = R_0[1 + \beta Y_2^0(\vartheta,\varphi)]$$ \hfill (6.45)

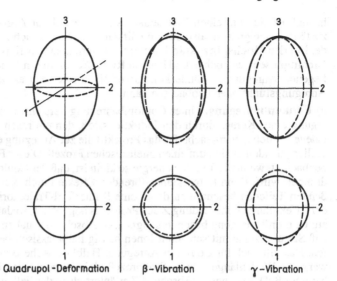

Fig. 94
Zur Illustration
verschiedener
Schwingungsformen

Quadrupol-Deformation   β-Vibration   γ-Vibration

Man kann für diese Form den Deformationsparameter δ (2.81) berechnen. Er steht mit β in der Beziehung

$$\beta = 1,06\,\delta \tag{6.46}$$

Weiter kann man beispielsweise das innere Quadrupolmoment Q_0 für ein homogen geladenes Ellipsoid der Form (6.45) nach (2.78) berechnen, wobei z in die Symmetrieachse gelegt werden muß. Dafür ergibt sich (ähnlich wie in (2.81))

$$Q_0 = (3/\sqrt{5\pi})\,ZR_0^2\,\beta(1 + 0,36\beta + \ldots) \tag{6.47}$$

Dies kann als Näherungsformel für Kerne mit einer Quadrapoldeformation benutzt werden.

Literatur zu Abschn. 6.6: [Nat 65, Bro 64, Lan 64, Bau 68, Boh 60].

6.7 Weiteres zu kollektiven Anregungen: Coulomb-Anregung, Hochspin-Zustände, Riesenresonanzen

Bisher wurden nur einige der besonders wichtigen und auffälligen kollektiven Anregungen von Kernen besprochen. In Wirklichkeit gibt es eine enorme Fülle von solchen Bewegungsmoden der verschiedensten Art, und es sind mit verfeinerten Experimentiertechniken immer Neue entdeckt worden. Ein Beispiel sind die bei Elektron-Streuexperimenten entdeckten „Scheren-Schwingungen" (scissor modes), bei denen die Protonenverteilung eines Kerns gegen die Neutronenverteilung wie die beiden Teile einer Schere schwingen.

Dieser Abschnitt soll den vorhergehenden durch drei spezielle Themen ergänzen, die untereinander nur in losem Zusammenhang stehen. Bei der Coulombanregung

handelt es sich um einen Mechanismus der speziell zur Anregung von Rotationszuständen geeignet ist, also um ein Hilfsmittel zur Untersuchung kollektiver Zustände. Bei den Hochspinzuständen wird das Verhalten von Kernen bei extrem hohen
Drehimpulsen besprochen und bei den Riesenresonanzen handelt es sich um hoch-
liegende Anregungszustände kollektiver Natur, die man als breite Resonanzen in
Anregungsfunktionen beobachten kann.

a) Coulombanregung. Unter Coulombanregung versteht man die elektrische Anregung eines Kernes durch den Induktionsstoß, den ein rasch vorbeifliegendes geladenes Teilchen verursacht. Da das Projektil die zur Anregung erforderliche Energie
verliert, handelt es sich um einen unelastischen Prozeß. Dieser Effekt wird am besten
beobachtet, wenn die Teilchenenergie so klein ist, daß der Coulombwall nicht durch-
drungen wird. Dann treten keine störenden Effekte durch Kernkräfte auf. Die stoßenden Teilchen beschreiben dabei eine Rutherford-Trajektorie. Naturgemäß wird
der Effekt durch hohe Ladung Z des Projektils begünstigt, so daß sich schwere Ionen
zur Coulombanregung besonders eignen. In Abschn. 4.7 haben wir bereits erläutert,
daß Streuprozesse mit schweren Ionen häufig halbklassisch behandelt werden dürfen. Das gilt auch für Coulomb-Anregung. Halbklassische Behandlung ist sinnvoll,
wenn die Wellenlänge λ beim Stoßprozeß klein ist gegen den Minimalabstand r_{min}
beim Stoß. Das ist, wie in Abschn. 4.7 erläutert, dann der Fall, wenn für den die Stärke der Coulombwechselwirkung charakterisierenden Sommerfeld-Parameter (4.88)
gilt $n \gg 1$. Weiter ist für eine einfache Behandlung wichtig, daß der Anregungsprozeß
plötzlich und nicht adiabatisch verläuft, das heißt, daß die Vorbeiflugzeit des Projektils klein ist gegen die Schwingungsdauer der Anregung. Diese Bedingung läßt sich
folgendermaßen formulieren. Sei v die Projektilgeschwindigkeit und $a = \frac{1}{2} r_{min}$, so ist
die Vorbeiflugzeit charakterisiert durch a/v. Dies soll klein sein gegen $1/\omega_{if} = \hbar/(E_f$
$-E_i)$, wobei E_i und E_f die Energien der beteiligten Anregungszustände sind. Man
kann daher einen Parameter ξ, der angibt, wie adiabatisch der Prozeß verläuft, fol-
gender-maßen definieren

$$\xi = \frac{a}{v} \frac{(E_f - E_i)}{\hbar} = \frac{Z_1 Z_2 e^2}{\hbar v} \cdot \frac{\Delta E}{2T} = n \frac{\Delta E}{2T} \ll 1 \qquad (6.48)$$

Wir haben a für einen zentralen Stoß nach (4.86) eingesetzt, n ist der Sommerfeld-
Parameter und T die kinetische Energie des Projektils. Das Kleiner-Zeichen gilt für
einen „plötzlichen" Prozeß. Unter diesen Bedingungen ist der differentielle Wirkungsquerschnitt gegeben als Produkt von Rutherford-Querschnitt und Anregungs-
wahrscheinlichkeit P

$$\frac{d\sigma}{d\Omega} = \left(\frac{d\sigma}{d\Omega}\right)_{Ruth} \cdot P \qquad P = \sum |b_{if}|^2 \qquad (6.49)$$

wobei P das Quadrat einer Anregungsamplitude b_{if}, summiert über die magnetischen
Unterzustände ist. In Störungsrechnung erster Ordnung lassen sich diese Amplituden
berechnen nach

$$b_{if} = -\frac{i}{\hbar} \int_{-\infty}^{+\infty} \langle f|H'(t)|i \rangle e^{i\omega_{fi}t} dt \qquad (6.50)$$

(siehe A, Gl. (6.34)), wobei $H'(t)$ die zeitabhängige elektromagnetische Wechselwirkung zwischen Target und Projektil ist. Die Kerneigenschaften gehen daher in
den Wirkungsquerschnitt nur durch die Matrixelemente der elektrischen und magnetischen Multipolmomente ein. Wie immer bei elektromagnetischen Prozessen, ist die
Rechnung nicht einfach. Das Ergebnis für den totalen Wirkungsquerschnitt bei elektrischer Multipolanregung lautet z. B.

$$\sigma = \left(\frac{Z_1 e}{\hbar v}\right)^2 a^{-2l+2} B(El) f(\xi) \tag{6.51}$$

Hier ist $B(El)$ die reduzierte Übergangswahrscheinlichkeit und $f(\xi)$ eine Funktion,
die außer von ξ von der Multipolarität abhängt und deren Wert für E2-Übergänge bei
$\xi \ll 1$ nahe bei 1 liegt. Aus der Beobachtung der Coulomb-Anregung erhält man also
die elektromagnetischen Übergangswahrscheinlichkeiten, die man dann u. a. benutzen kann, um mit Hilfe von Beziehungen der Art (6.41) Deformationseigenschaften
abzuleiten. Gl. (6.51) zeigt, daß z. B. für $l = 2$ gilt

$$\sigma \sim \left(\frac{Z_1 e}{\hbar v}\right)^2 a^{-2} = \left(\frac{mv}{Z_2 e\hbar}\right)^2 \tag{6.52}$$

In den Wirkungsquerschnitt geht also die Projektilmasse im Quadrat ein. Die Wirkungsquerschnitte werden daher für schwere Ionen besonders groß. Eine experimentell häufig benutzte Anordnung besteht darin, das γ-Spektrum nach Coulomb-Anregung mit einem Halbleiterdetektor zu beobachten in Koinzidenz mit den nahezu in
Rückwärtsrichtung gestreuten Projektilen. Bei dieser Anordnung werden nur Stöße
beobachtet, die fast zentral sind. Genau hierfür war die Bedingung (6.48) formuliert.
Für kleine Ablenkwinkel wird der Prozeß meist adiabatisch und der Wirkungsquerschnitt wird sehr klein für Stöße unter Vorwärtswinkeln.

Zur Illustration eines Stoßprozesses, der zur Coulomb-Anregung führt, ist in Fig. 95a
der Stoß zwischen einem ^{40}Ar-Projektil und einem Urankern unter Angabe realistischer Distanzen und Zeitintervalle gezeichnet. Am Rande des Urankerns sind die
elektrostatischen Kräfte in ihre Komponenten zerlegt. Man erkennt, wie schon auf
Grund dieser klassischen Betrachtung ein Drehmoment auf den deformierten Kern
ausgeübt wird. Aus den bei Uran und bei anderen Kernen beobachteten elektroma-

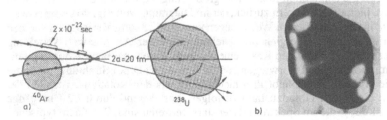

Fig. 95 a) Bild zur Veranschaulichung der Coulombanregung eines deformierten Kerns. Die elektrostatischen Kräfte, die den Kern beim Stoß in Rotation versetzen, sind am Rande des Uran-
Kerns eingezeichnet.
b) Modell der Form eines ^{234}U-Kerns, abgeleitet aus den durch Coulomb-Anregung bestimmten E2 und E4-Momenten [nach Mcg 72]

gnetischen Übergangswahrscheinlichkeiten läßt sich nicht nur das Quadrupolmoment, sondern auch das elektrische Hexadekapolmoment ermitteln. Die daraus abgeleitete Form des Urankerns ist in Fig. 95b wiedergegeben. [Literatur: Ald 66].

b) Hochspinzustände. Kerne mit sehr hohen Drehimpulsen sind ein Extremfall kollektiver Bewegung. Sie können relativ leicht erzeugt werden durch Fusionsreaktionen mit schweren Ionen als Projektil. Schwere Ionen haben wegen ihrer Masse einen sehr großen Impuls, und sie können dementsprechend hohe Drehimpulse $\vec{r} \times \vec{p}$ übertragen, wenn sie im Abstand r vom Schwerpunkt auftreffen. Beispiele haben wir bereits in Abschn. 4.7 erwähnt. So können etwa ^{16}O-Ionen von 100 MeV Drehimpulse zwischen 40 $\hbar$ und 50 $\hbar$ auf schwerere Kerne übertragen (Näheres über diese Reaktionen in Abschn. 7.8). Diese hohen Drehimpulse erzeugen wegen der starken Zentrifugalfelder extreme Bedingungen in der Kernmaterie, und es ist nicht überraschend, daß dabei eine Reihe neuer Effekte auftritt. Wir wollen einiges zunächst qualitativ an Hand von Fig. 96 diskutieren, die ein „Zustandsdiagramm" zeigt, in dem die Anregungsenergie gegen den Drehimpuls eines Kerns aufgetragen ist. Wie wir gesehen haben, gilt bei Rotation mit festem Trägheitsmoment θ für die Rotationsenergie

$$E_{\text{rot}} = \frac{\hbar^2}{2\theta} I(I+1) \qquad\qquad \text{(Gl. (6.32) v. S. 216)}$$

Es gibt daher für jeden Drehimpuls I einen Zustand minimaler Energie des Kerns, der gerade der Rotationsenergie entspricht. Diese Zustände liegen in Fig. 96 auf der sogenannten Yrast-Linie[1]. Kerne auf der Yrast-Linie haben keine innere Anregung, ihre gesamte Anregungsenergie steckt in der Rotation. Die Kerne rotieren „kalt". Oberhalb der Yrast-Linie liegen alle die vielen Zustände, bei denen innere Anregungen hinzukommen, unterhalb der Yrast-Linie gibt es gar keine Zustände.

Zunächst einiges zum Experimentellen. Ein Compoundkern, der durch Verschmelzung zweier schwerer Ionen erzeugt wird, hat einen meist hohen Drehimpuls senkrecht zur Reaktionsebene und große Anregungsenergie. Er wird zunächst eine Anzahl von Neutronen abdampfen, die jeweils ihre Separationsenergie und kinetische Energie von im Mittel ungefähr 2 MeV mitnehmen. Die Neutronen können wegen ihres relativ kleinen Impulses jedoch nur wenig Drehimpuls abführen. Wenn die Anregungsenergie schließlich nicht mehr groß genug ist, um weitere Neutronen zu verdampfen, bleibt ein Restkern zurück, der im Diagramm von Fig. 96 beispielsweise irgendwo in der schraffierten Wolke liegen kann, da die beim Verdampfen von den Neutronen abgeführten Energien und Drehimpulse einer Art Maxwell-Verteilung folgen. Der Kern wird nun den Rest seiner inneren Anregungsenergie durch „statische" γ-Emission abgeben, vorwiegend durch elektrische Dipol-Strahlung, bis er die Yrast-Linie erreicht. Dort bleibt ihm nichts übrig, als den Rotationszuständen der Reihe nach bis in den Grundzustand zu folgen, vorwiegend durch E2-Übergänge (Yrast-Kaskade), die im Spektrum daher stark vertreten sind. Bei einem typischen Experiment wird man die γ-Strahlung des im Beschleunigerstrahl befindlichen Tar-

---

[1] „Yrast" ist der Superlativ des schwedischen Wortes für „rotierend", bedeutet also ungefähr „am meisten rotierend".

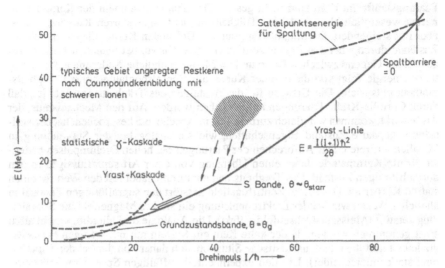

Fig. 96   Yrast-Linie in einem E-I-Zustandsdiagramm für einen deformierten Kern mit $A \approx 160$ (seltene Erden), schematisch. Unterhalb der Yrast-Linie gibt es keine Zustände. Dünn schraffiert ist eine mögliche Population von Zuständen, die nach Abdampfen von Protonen und Neutronen aus einem mit hohem Drehimpuls gebildeten Compoundkern entstehen (s. Abschn. 7.8)

gets mit hochauflösenden Halbleiterdetektoren registrieren und die einzelnen Banden dadurch isolieren, daß man in Koinzidenz mit einem möglichst tiefliegenden Übergang beobachtet. Aus γ-γ-Winkelverteilungen kann man überdies die Multipolaritäten der Strahlung und damit die Drehimpulse der Anregungszustände bestimmen.

Zur detaillierten Untersuchung dieser Vorgänge werden heute höchst aufwendige Apparaturen von kugelschalenförmig angeordneten Detektorelementen benutzt, die eine Entwirrung der unzähligen γ-Linien durch Koinzidenzmessungen ermöglichen. Das einzelne Detektormodul besteht in der Regel aus einem großvolumigen gekühlten Germanium-Detektor, der von einer Szintillatorschale aus Wismutgermanat (BGO) in Antikoinzidenz umgeben ist. Damit wird die Registrierung von Compton-Streuprozessen, die einen unerwünschten Untergrund liefern, im Hauptkristall unterdrückt. Die derzeit größten Projekte dieser Art sind der Euroball III und die Gammasphere. Der Euroball, am dem 6 europäische Länder beteiligt sind, besteht aus 69 Einheiten mit insgesamt 231 Germaniumkristallen, die Gammasphere (USA) umfaßt 110 Detektormodule [Lie 97].

Wir wollen nun das Verhalten eines deformierten Kerns entlang der Yrast-Linie betrachten. Bei kleiner Energie und kleinen Drehimpulsen findet man die im letzten Abschnitt besprochene Rotationsstruktur, in der Figur bis etwa $I = 20$. In diesem Bereich haben die meisten deformierten Kerne im Gebiet der seltenen Erden zigarrenförmige Deformation mit $\beta \approx 0,3$. Die Zentrifugalkräfte sind noch klein und die

Paarungskräfte im Kern sind nicht gestört. Das Trägheitsmoment der Kerne ist zunächst wesentlich kleiner als das Trägheitsmoment eines starren Körpers, wächst aber mit steigendem Drehimpuls langsam an. Bei vielen Kernen liegen die Yrast-Zustände durchgehend auf einer kontinuierlichen Kurve, bei manchen Kernen tritt aber in der Gegend zwischen $I = 16$ und $I = 24$ eine plötzliche Änderung auf. Die Rotationsenergie folgt von da an einer Kurve, die einem spontan erhöhten Trägheitsmoment entspricht. Die Ursache für das Ansteigen des Trägheitsmoments ist, daß durch Coriolis-Kräfte Paarungen aufgebrochen werden. Auf den Mechanismus, der das bewirkt, kommen wir gleich zurück. Wie in Abschn. 6.5 besprochen, hat der vollständig gepaarte Zustand Eigenschaften, wie sie analog bei der Supraleitung in Metallen auftreten. Das Aufbrechen der Paarungen bei hohen Drehimpulsen bedeutet für die Kernmaterie daher einen Übergang von einer Art supraflüssigen in den normalflüssigen Zustand. Das Trägheitsmoment nimmt dabei fast den Wert für einen starren Körper an. Das starke Zentrifugalfeld zerstört den supraflüssigen Zustand in ähnlicher Weise, wie bei der Elektronenleitung ein starkes Magnetfeld die Supraleitung zerstört (Meissner-Ochsenfeld-Effekt). Die Analogie darf allerdings nicht allzu ernst genommen werden, da der kalte Kern ein System mit nur wenigen Freiheitsgraden ist und die quantenstatistische Situation sich daher von der bei der Supraleitung stark unterscheidet). Um den experimentell auffälligen Sprung im Trägheitsmoment bei $I \approx 20$ hervorzurufen, scheint im allgemeinen der Aufbruch eines Paares von Nukleonen mit besonders hohem Eigendrehimpuls j zu genügen. Ein vollständigeres Aufbrechen der Paarungen kann jedoch bei noch höheren Drehimpulsen erwartet werden. Unter diesem Aspekt sind die gleich zu besprechenden superdeformierten Zustände von besonderer Bedeutung.

Wir kommen jetzt etwas ausführlicher auf den Sprung im Trägheitsmoment zurück.

Die Energien der Anregungszustände im Bereich der axialen Deformation folgen der eben aufgeführten Gleichung (6.32). Aus dem Abstand der Niveaus kann man das effektive Trägheitsmoment ermitteln nach (man beachte, daß $\Delta I = 2$ gilt)

$$\theta \approx \frac{\hbar^2}{2} \frac{\Delta[I+1)]}{\Delta E} = \frac{\hbar^2}{2} \frac{I(I+1) - (I-2)(I-1)}{E_I - E_{I-2}} = \frac{\hbar^2}{2} \frac{4I-2}{E_I - E_{I-2}} \qquad (6.53)$$

Weiter läßt sich die Rotationsfrequenz ω_{rot} des Systems bestimmen nach (gebildet wie $v = dE/dp$)

$$\omega_{rot} = \left(\frac{\partial E_{rot}}{\partial |I|} \right)_{q \approx const} = \frac{\partial E}{\hbar \partial \sqrt{I(I+1)}} \approx \frac{1}{\hbar} \frac{\Delta E}{\Delta I}$$

$$= \frac{1}{\hbar} \frac{E_I - E_{I-2}}{I - (I-2)} = \frac{1}{2\hbar} (E_I - E_{I-2}) \qquad (6.54)$$

Effekte, die zu einer Änderung des Trägheitsmoments führen, werden besonders deutlich, wenn man das experimentell bestimmte Trägheitsmoment gegen das Quadrat der Rotationsfrequenz aufträgt. Eine solche Darstellung ist in Fig. 97b für den Kern ^{164}Er wiedergegeben. Bei steigendem Drehimpuls nimmt das Trägheitsmoment zunächst nahezu linear zu. Dieses Verhalten spiegelt im wesentlichen einen allmählichen Aufbruch der Paarung durch Coriolis-Kräfte wider.

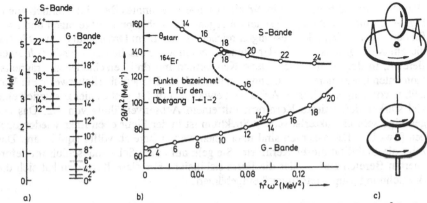

Fig. 97 a) Auszug aus dem Termschema und b) Trägheitsmoment aufgetragen gegen $(\hbar\omega)^2$ für den
Kern ^{164}Er, beobachtet mit der Reaktion ^{160}Gd(^{9}Be, Sn) ^{164}Er bei 59 MeV Einschußenergie
(nach Boh 77); c) zur Wirkung der Coriolis-Kräfte

Ein Teil des Anstiegs ist verständlich in einem Modell, das Rotations-Vibrationskopplungen in Betracht zieht. Bei $I = 14$ biegt die Kurve plötzlich ab und bei $I = 16$ bis $I = 20$ hat sich die Rotationsfrequenz trotz steigenden Drehimpulses verringert. Das bedeutet eine Vergrößerung des Trägheitsmoments. Der Effekt ist ähnlich wie das Ausstrecken der Arme bei dem berühmten Drehschemel-Versuch: Das Trägheitsmoment erreicht nun fast den Wert des starren Körpers. Eine genaue Vermessung des Termschemas (Fig. 97a) zeigt, daß es sich tatsächlich um das Kreuzen zweier Rotationsbanden mit verschiedenem Trägheitsmoment handelt, wie dies in Fig. 96 dargestellt ist. Da das System den energetisch günstigsten Wert bevorzugt, geht es bei Erreichen des entsprechenden Drehimpulses von der G-Bande (Grundzustandsbande) in die S-Bande (Stockholm-Bande) über. Im hier gezeichneten Fall lassen sich beide Banden jedoch noch ein Stück über den Kreuzungspunkt hinaus verfolgen. Rechts in der Figur ist unter c) anschaulich illustriert, wodurch der Sprung im Trägheitsmoment bewirkt wird. Wenn sich ein Kreisel mit beliebiger Drehachse auf einem Drehteller befindet (oben), bewirken die Coriolis-Kräfte schließlich eine Parallelstellung der beiden Drehachsen (unten). Bei kleinen Drehimpulsen hatten wir die in Gl. (6.34) auftretenden Coriolis-Terme als klein vernachlässigt. Wenn jedoch der Drehimpuls steigt, bewirken die Coriolis-Kräfte ein Aufbrechen der Paarungen, da sie die Nukleonen zwingen, ihre Spins parallel zur Rotationsachse aufzurichten (Coriolis-Antipaarungseffekt). Wenn bei Kernen mit Valenznukleonen von besonders hohem inneren Drehimpuls j ein Paar an der Fermikante aufgebrochen und gleichgerichtet wird, kommt es zu dem sehr plötzlichen Anstieg des Trägheitsmoments der sich im Rückbiegen der Kurve in Fig. 97b äußert (Rückbiege-Effekt, „Backbending Effect"). Bei den seltenen Erden handelt es sich dabei um ein $j =$ i 13/2-Neutronenpaar. Durch die Ausrichtung der beiden Neutronen gewinnt man einen großen Betrag an Drehimpuls ohne entsprechenden Energieaufwand. (Dieser Prozeß heißt auch Rotations-Ausrichtung, „rotational alignement".) Bei der S-Bande handelt es sich also hier um eine Zwei-Quasiteilchen-Bande von in der Rotationsachse ausgerichteten i 13/2-Neutronen.

Bei noch höheren Drehimpulsen ist die zigarrenförmige Gestalt der deformierten Kerne nicht länger stabil, es kann zum Übergang in andere Formen kommen. Das ist ähnlich wie bei den Gleichgewichtsformen rotierender klassischer Flüssigkeitskugeln, die ebenfalls vom Drehimpuls abhängen. Um das Verhalten schnell rotierender Kerne zu verstehen, bietet sich daher ein Modell an, das die Eigenschaften rotierender Tropfen mit Schaleneffekten kombiniert. Es kann dann, je nach den Verhältnissen, zu prolaten (zigarrenförmigen), oblaten (linsenförmigen) und dreiachsigen Deformationen kommen.

Wir betrachten anhand von Fig. 98 ein besonders bekanntes Beispiel. Ähnlich wie in Fig. 96 ist hier die Anregungsenergie gegen den Drehimpuls aufgetragen und zwar für den Kern ^{152}Dy. Die Messungen reichen bis zu einem Drehimpuls von 60 $\hbar$. Bei diesem Kern gibt es, wie in der Figur zu erkennen, zwischen 24 $\hbar$ und 40 $\hbar$ einen Bereich, in dem drei verschiedene Kernformen mit drei verschiedenen Trägheitsmomenten koexistieren. Während man bei prolaten Kernen überlicherweise ein Verhältnis von langer zu kurzer Achse von etwa 1:1,3 findet, gibt es hier zusätzlich eine viel stärker deformierte Kernform mit einem Achsenverhältnis von 1:2. Das zugehörige sehr charakteristische γ-Spektrum ist in der Figur oben links wiedergegeben [Twi 86]. Die γ-Linien sind über einen weiten Bereich völlig äquidistant. Das zeigt die Stabilität dieser Kernform. Sie geht auf einen Schalenabschluß im deformierten Bereich zurück, der die Form stabilisiert. Für diese Kernform hat sich die Bezeichnung „superdeformiert" eingebürgert.

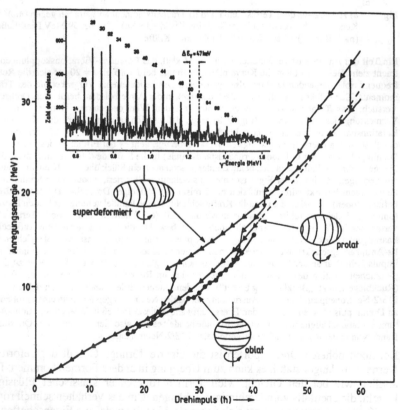

Fig. 98 Energie-Drehimpulsdiagramm für die elektromagnetischen Übergänge des schnell rotierenden Kerns ^{152}Dy. Links oben das γ-Spektrum für die Rotationsübergänge im superdeformierten Zustand. Die kleinen Zahlen am Spektrum geben den Drehimpuls an, aus dem der betreffende Übergang erfolgt (nach [Twi 86])

c) Riesenresonanzen. Zu den kollektiven Anregungen gehören auch die sogenannten Riesenresonanzen. Dabei handelt es sich um kollektive Schwingungen des Kerns, an denen ein erheblicher Anteil aller Nukleonen beteiligt ist und die energetisch sehr hoch liegen. Der Name „Riesenresonanzen" hängt mit der Entstehungsgeschichte zusammen. Man beobachtete nämlich im totalen Reaktionsquerschnitt für photoinduzierte Reaktionen der Art (γ, n) oder $(\gamma,$ Spaltung) eine sehr auffällige Resonanzstruktur mit der ungewöhnlichen Breite von etwa 3 bis 6 MeV. Die Resonanzenergie nimmt langsam mit der Masse ab, ungefähr proportional zu $A^{-1/3}$. Ein Beispiel für eine solche Resonanz zeigt Fig. 99. Diese Anregung wurde zuerst von Goldhaber und Teller [Gol 48] als eine Schwingung aller Protonen gegen alle Neutronen erklärt. Steinwedel und Jensen haben dieses Modell in der Weise verfeinert, daß sich dabei die Form des Kernes nicht ändert. Es handelt sich also um eine Art „Entmischungsschwingung" der Protonen- und Neutronenflüssigkeit, wobei die Symmetrieenergie als rücktreibende Kraft wirkt. Dieses Modell liefert die richtige A-Abhängigkeit $\sim A^{-1/3}$.

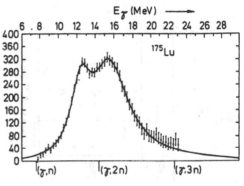

Fig. 99
Beispiele für eine Riesenresonanz in der Anregungsfunktion für $(\gamma,$ n-Prozesse an ^{175}Lu. Für deformierte Kerne ist der doppelte Höcker charakteristisch, da in der Deformationsachse eine andere Schwingungsfrequenz auftritt als senkrecht dazu [nach Ber 75a]

Die Dipolresonanz ist jedoch nur eine der möglichen Schwingungsformen bei Riesenresonanzen. Im Lauf der Zeit sind immer neue Schwingungsformen zwischen Neutronen und Protonen aufgefunden worden. Am einfachsten veranschaulicht man sich das in einer Darstellung wie in Fig. 100a, die sich an das hydrodynamische Modell anlehnt. Die Schwingungsformen sind zunächst nach ihrer Form eingeteilt in Monopol-, Dipol- und Quadrupolschwingungen. Für jede Kategorie gibt es verschiedene weitere Fälle, die durch die Werte von ΔT und ΔS unterschieden sind. Wenn Protonen und Neutronen gleichphasig, d.h. ohne „Entmischung" schwingen, gibt es im System keine Änderung des Isospins. Solche Moden heißen *isoskalar*, es ist $\Delta T = 0$. So ist beispielsweise die isoskalare Monopolresonanz (links oben) eine Kompressionsschwingung der Kernmaterie. Eine andere Situation liegt vor, wenn die Protonenflüssigkeit gegen die Neutronenflüssigkeit schwingt. Bei der entsprechenden Monopolresonanz (zweite Skizze in der oberen Reihe) strömen dann abwechselnd Neutronen ins Innere der Kugel und Protonen nach außen und umgekehrt. In jedem Volumelement vertauschen sich daher fortwährend Protonen und Neutronen, d.h. die z-Komponente des Isospins schwingt von $+1/2$ nach $-1/2$. Das ist eine *isovektorielle* Resonanz mit $\Delta T = 1$. Nun gibt es aber noch einen weiteren

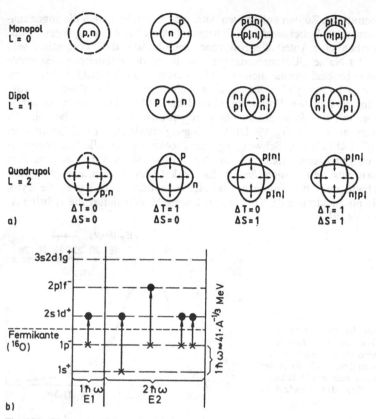

Fig. 100   Veranschaulichung der Riesenresonanzen a) im hydrodynamischen und b) im Oszillator-Schalenmodell

Freiheitsgrad, nämlich den Spin der Nukleonen. Auch seine z-Komponente kann sich während der Schwingung durch einen Spinflip mit $\Delta S = 1$ ändern. Es führen also beispielsweise bei der isoskalaren ($\Delta T = 0$), $\Delta S = 1$ Quadrupolresonanz Protonen und Neutronen eine Quadrupolschwingung ohne Entmischung aber mit Spinflip aus. Der komplizierteste Fall tritt auf, wenn sich sowohl die Spin- als auch die Isospinkomponente ändert. Das sind die $\Delta T = 1$, $\Delta S = 1$-Resonanzen. In einem Volumenelement gehen daher Neutronen mit Spin nach oben in Protonen mit Spin nach unten über und umgekehrt. In Analogie zum entsprechenden Übergang beim Betazerfall (vgl. Fig. 136) spricht man von „Gamow-Teller-Resonanzen". Die meisten der hier aufgeführten Resonanzformen sind im Experiment aufgefunden worden.

Die hydrodynamischen Modelle können naturgemäß nur eine sehr grobe Beschreibung der Riesenresonanz geben. Eine „mikroskopische" Beschreibung muß von der Wellenfunktionen der Nukleonen ausgehen. Beim einfachsten Ansatz beginnt man mit Zuständen in einem Oszillatorpotential (vgl. Fig. 78). Man vernachlässigt also zunächst unter anderem die Spin-Bahn-Aufspaltung. In einem solchen Modell muß man die Riesenresonanz beschreiben als eine kohärente Überlagerung von Ein-Teilchen-

Übergängen unter dem Einfluß einer Wechselwirkung, die solche kohärenten Übergänge hervorruft. In Wirklichkeit sind die Energien der Zustände natürlich nicht nach Oszillatorzuständen entartet, sondern aufgespalten. Bei den experimentell beobachteten breiten Resonanzen handelt es sich also um die Überlagerung einer ganzen Gruppe von Zuständen, die ihrerseits nicht energiescharf sind, da bei der hohen Anregungsenergie alle möglichen Zerfallskanäle offenstehen, und sich die Energie schnell auf eine Reihe nichtkollektiver Anregungsformen des Kerns verteilen kann. Solche Oszillator-Übergänge sind in Fig. 100b gezeichnet. Bei den elektrischen Dipol-Resonanzen handelt es sich um eine Gruppe von Übergängen mit $E_n - E_0 \approx 1\ \hbar\omega_0$, wobei ω_0 die Frequenz des Oszillatorpotentials ist ($\hbar\omega_0 \approx 41 \cdot A^{-1/3}$ MeV). Die Quadrupolübergänge finden entweder mit $\Delta E = 0\ \hbar\omega_0$ in der gleichen Oszillatorschale statt, – das sind die niedrigliegenden 2^+-Zustände, – oder mit $\Delta E = 2\ \hbar\omega_0$.

Ein wichtiger Zusammenhang besteht bei der Riesenresonanz zwischen dem totalen Wirkungsquerschnitt und den elektromagnetischen Übergangswahrscheinlichkeiten. Bei einem Dipolübergang für ein einzelnes Teilchen erhält man als Wirkungsquerschnitt für die Anregung eines einzelnen Niveaus aus (A, (6.52)), wenn man die Absorptionsrate durch die Flußdichte $\mathcal{E}^2 c/8\pi\hbar\omega$ der einfallenden Strahlung dividiert (Übergang $0 \rightarrow n$, Faktoren für die Polarisationsrichtungen heben sich weg)

$$\sigma_{0n} = \frac{4\pi^2}{c\hbar}\omega_{0n}|D_{n0}|^2 \tag{6.55}$$

wobei $D_{n0} = \langle\Psi_n|D|\Psi_n\rangle$ das elektrische Dipolmatrixelement ist. Führt man die sogenannte Oszillatorenstärke

$$f_{n0} = \frac{2m}{\hbar}\omega_{0n}|D_{n0}|^2 \tag{6.56}$$

ein, so wird aus (6.55) $\sigma_{0n} = 2\ \pi^2\hbar f_{n0}/mc$ und nach Summation über alle möglichen Endzustände

$$\int\sigma(E)dE = \frac{2\pi^2\hbar}{mc}\sum_n f_{n0} \tag{6.57}$$

Die Summe über alle Endzustände liefert nach einer allgemeinen Regel für die Oszillatorenstärke bei einem einzelnen Teilchen gerade den Wert 1 (Thomas-Kuhnsche Summenregel). Für einen Kern muß man über die effektiven Ladungen der Teilchen summieren. Das Ergebnis lautet für die Dipol-Übergänge

$$\int\sigma(E)dE = \frac{2\pi^2\hbar^2}{mc}e^2\frac{NZ}{A} \approx 60\frac{NZ}{A}\ \text{MeV}\cdot mb \tag{6.58}$$

Tatsächlich ist der beobachtete Wirkungsquerschnitt nicht sehr viel größer als dieser Wert. Man sagt, daß der Wirkungsquerschnitt „die Summenregel fast ausschöpfe".

Literatur: [Spe 81, Goe 82].

7 Kernreaktionen

7.1 Übersicht über die Reaktionsmechanismen

Die Kernzustände, die durch die Untersuchung radioaktiver Isotope studiert werden können, sind auf einen relativ niedrigen Energiebereich begrenzt. Eine weitaus größere Zahl angeregter Zustände ist nur über Kernreaktionen zugänglich. Es ist von großer prinzipieller und praktischer Bedeutung, den Ablauf der vielfältigen Umordnungsprozesse zu verstehen, die sich beim Zusammenstoß zweier Kerne ereignen können. Um den Mechanismus der Kernreaktionen zu verstehen, müssen wir unsere Betrachtungen von Kapitel 4, die sich nur auf elastische Streuung bezogen, erweitern.

Wenn ein Teilchen a auf ein Targetkern A fällt, können verschiedene Prozesse auftreten, z.B.

$$A + a \rightarrow \begin{cases} A + a & \text{elastische Streuung (Summe der kinetischen Energien} \\ & \text{bleibt konstant)} \\ A^* + a' & \text{unelastische Streuung (A* angeregt)} \\ B_1 + b_1 & \text{eigentliche Kernreaktion, b kann ein Teilchen oder} \\ B_2 + b_2 & \text{auch ein } \gamma\text{-Quant sein} \\ \vdots \end{cases}$$

Üblicherweise schreibt man eine solche einfache Reaktion in der Form A(a,b)B, es steht also z.B. ^{23}Na (p, α)^{20}Ne für ^{23}Na + p $\rightarrow$ ^{20}Ne + α. Es können jedoch auch kompliziertere Prozesse ausgelöst werden. Ein Beispiel ist die induzierte Spaltung, für die man z.B. ^{235}U(n, f) schreibt (f steht für „fission"). Bei hohen Einschußenergien des Projektils kann es auch zum Aufplatzen des Targetkerns in verschiedene schwere Bruchstücke kommen (Spallation) und bei Reaktionen zwischen schweren Ionen zur Verschmelzung der Kerne (Fusion) oder zu einem Austausch größerer Bruchteile der Kernmasse.

Wenn man eine Reaktion betrachtet, für die alle relevanten Quantenzahlen festgelegt sind, z.B. Teilchensorte, Wellenzahl k, Energie der Relativbewegung E, Drehimpuls des Teilchens und des Targetkerns sowie deren relative Kopplung, so spricht man von einem bestimmten „Kanal", über den die Reaktion verläuft. Entsprechend definiert man „Eingangskanäle" und „Ausgangskanäle". Ein Spezialfall ist der „elastische Kanal", über den die elastische Streuung verläuft. Die vektorielle Summe $\vec{S}_i = \vec{I}_A + \vec{I}_a$ der Spins von Targetkern $\vec{I}_A$ und Projektil $\vec{I}_a$ bezeichnet man auch als Kanalspin. Er koppelt mit dem relativen Bahndrehimpuls $\vec{l}_i$ zum Gesamtdrehimpuls des Eingangskanals $\vec{I}_i = \vec{S}_i + \vec{l}_i$. Entsprechendes gilt für den Ausgangskanal.

Bei einer Kernreaktion gibt es außerordentlich viele Beobachtungsgrößen. Stellen wir uns ein bestimmtes Projektil, etwa ein Proton und einen Targetkern A vor, und denken wir uns zunächst die Einschußenergie festgehalten, so können wir verschiedene Endprodukte beobachten, die etwa den Reaktionstypen (p, p), (p, p'), (p, γ), (p, α), (p, n), (p, d) usw. entsprechen. Außer bei der elastischen Streuung zeigt jede Sorte von auslaufenden Teilchen ein Energiespektrum, das Aufschluß über die Energie-Niveaus des Restkerns gibt. Hierbei können die relativen Intensitätsverhältnisse der einzelnen Linien wichtig sein. Durch Variation des Beobachtungswinkels ergeben sich Winkelverteilungen für die Linienintensitäten, die Aufschluß über den Reaktionsmechanismus und die beteiligten Drehimpulse geben. Alle diese Größen lassen sich in Abhängigkeit von der Einschuß-Energie untersuchen. Verwendet man Neutronen als Projektil, so kann man solche Messungen in einem Bereich von wenigen Elektronenvolt bis zu einigen Hundert MeV, also über einen Energiebereich von etwa 8 Zehnerpotenzen ausführen. Trägt man den Wirkungsquerschnitt für eine bestimmte Reaktion gegen die Einschußenergie auf, so nennt man das eine Anregungsfunktion. In Fig. 13 sind neben dem Niveauschema solche Anregungsfunktionen für verschiedene Reaktionen wiedergegeben. Schließlich kann man die Spinrichtungen der beteiligten Reaktionspartner festlegen, um Aufschluß über die Polarisationszustände zu gewinnen.

Um den Ablauf einer Kernreaktion zu beschreiben, bedient man sich verschiedener Modellvorstellungen, mit deren Hilfe man jeweils eine bestimmte Klasse von Reaktionen in guter Näherung beschreiben kann. Die Situation ist bei den Reaktionsmodellen also ähnlich wie bei den Kernmodellen. Man kann z. B. anknüpfen an das von den Nukleonen eines Kerns erzeugte mittlere Kernpotential. Wenn sich ein Geschoß dem Kern auf eine kurze Distanz nähert, steht es unter der Wirkung des Potentials. Es kann nun entweder elastische Streuung auftreten oder aber das Projektil dringt in den Kern ein und löst durch Wechselwirkung mit dessen Nukleonen eine Kernreaktion aus. Es wird dann aus dem elastischen Kanal herausabsorbiert. Wir hatten dem bei unseren früheren Betrachtungen bereits dadurch Rechnung getragen, daß der Faktor η_l (die Amplitude der Streuwelle) in Gl. (4.18) bis (4.21) im Betrag von 1 verschieden sein konnte.

Zur Beschreibung des Streuvorgangs am Kernpotential können wir auch folgende Betrachtungsweise wählen. Die das einfallende Teilchen repräsentierende Welle erfährt beim Auftreffen auf das Kernpotential eine Brechung, ähnlich der Brechung einer Lichtwelle beim Eintritt in ein anderes Medium. Beispielsweise ist für ein Rechteckpotential der Tiefe $-V_0$ und eine Einfallsenergie E des Teilchens der Brechungsindex n gegeben durch $n = \sqrt{1 + V_0/E}$. Wenn das Potential nicht konstant ist, sondern einen Verlauf hat wie beim Woods-Saxon-Potential (Fig. 78 a), so ist der Streuvorgang vergleichbar dem Auftreffen einer Lichtwelle auf eine Glaskugel mit radial veränderlichem Brechungsindex. Das Auftreten von Reaktionen entspricht einer Absorption der Welle im Inneren des Kerns. Dem kann man Rechnung tragen durch Zufügen eines Imaginärteils zum Potential. Die Schrödinger-Gleichung hat für ein Potential der Form $U(r) = -V(r) - iW(r)$ Lösungen der Form $e^{ik_1 \cdot r} \cdot e^{-k_2 \cdot r}$, d. h., es ergibt sich ein Absorptionsterm. Das optische Analogon hierzu besteht in einer getrübten Glaskugel. Man spricht daher vom „optischen Modell" der elastischen Streuung. Es wird in Abschn. 7.6 näher diskutiert. Typische Potentialtiefen für Nukleonen sind $V \approx 40$ MeV und $W \approx 3-10$ MeV. Mit zunehmender Einfallsenergie nimmt die Absorption zu, da die Wahrscheinlichkeit einer Wechselwirkung mit einem Nukleon des Kern dann ansteigt. Bei sehr starker Absorption beobachtet man daher Winkelverteilungen, die der Beugung von Licht an einer schwarzen Kugel entsprechen. Bereits in Abschn.4.7 haben wir ja von einer optischen Analogie bei der Beschreibung der elastischen Streuung schwerer Ionen Gebrauch gemacht.

Welches Schicksal erleidet nun ein Teilchen, das aus dem elastischen Kanal absorbiert wird und eine Reaktion auslöst? Eine Reihe von verschiedenen Wechselwirkungsmechanismen mit den Nukleonen des Kerns ist in Fig. 101 schematisch dargestellt. Das einlaufende Teilchen kann einen Teil seiner Energie auf ein einzelnes Nukleon übertragen und selbst mit verminderter Energie weiterlaufen (Fig. 101a, unelastische Streuung). Dabei bleibt der ursprüngliche Kern in einem angeregten Zustand zurück. Das Energiespektrum der inelastisch gestreuten Teilchen spiegelt daher das Anregungsspektrum des Targetkerns. Der Energieübertrag an den Targetkern kann auch so erfolgen, daß eine kollektive Bewegung, d.h. ein Vibrations- oder Rotationszustand angeregt wird (Fig. 101b). Das Projektil kann ferner im Potentialtopf eingefangen werden und seine Energie auf ein anderes Teilchen übertragen, das den Kern verläßt (Fig. 101c). Diese drei „direkten" Reaktionsprozesse verlaufen in einer Zeit, die etwa der Flugzeit eines Nukleons durch den Kern entspricht, d.h. in etwa 10^{-22} s.

Es kann aber auch sein, daß weder das Projektil noch das im primären Wechselwirkungprozeß angestoßene Nukleon den Kern verläßt. Bei niedriger Projektilenergie

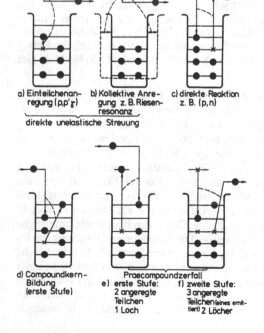

a) Einteilchenan-
regung (p,p'ᵧ)

b) Kollektive Anre-
gung z.B.Riesen-
resonanz

c) direkte.Reaktion
z. B. (p,n)

direkte unelastische Streuung

d) Compoundkern-
Bildung
(erste Stufe)

Praecompoundzerfall
e) erste Stufe:
2 angeregte
Teilchen
1 Loch

f) zweite Stufe:
3 angeregte
Teilchen(eines emit-
tiert) 2 Löcher

Fig. 101
Schematische Darstellung
verschiedener Reaktions-
prozesse

kann schon nach dem ersten Stoß die Situation eintreten, daß keiner der Stoßpartner genug Energie hat, um das Potential zu verlassen (Fig. 101d). In einem sehr komplizierten Prozeß wird sich die Energie der Reihe nach auf viele Nukleonen verteilen, und diese Verteilung wird sich so lange ändern, bis auf ein Teilchen wieder einmal so viele Energie übertragen wird; daß es den Kern verlassen kann. Man nennt das eine Compound-Kern-Reaktion. Sie dauert sehr viel länger als eine direkte Reaktion, etwa bis zu 10^{-16}s. Bei höherer Einschußenergie wird häufig einer der Reaktionspartner nach dem ersten Stoß noch über genügend Energie verfügen, um den Kern verlassen zu können. Dann kann entweder direkte Emission eintreten, oder es kommt zu einem weiteren Stoß innerhalb des Kerns, bei dem ein weiteres Teilchen angeregt wird. Setzt sich diese Kette fort, kommt es schließlich wieder zu der für einen Compoundkern typischen Verteilung der Energie auf viele Freiheitsgrade des Kerns. Wenn während der Relaxationsphase ein Teilchen emittiert wird, spricht man von Präcompound-Emission. In Fig. 101e ist die Präcompound-Emission eines Teilchens aus einem Dreiteilchen-Zweiloch-Zustand skizziert. Da Lebensdauer τ und Energieschärfe Γ eines Systems durch die Unschärferelation $\tau \approx \hbar / \Gamma$ miteinander verknüpft sind, kann man erwarten, daß sich Wirkungsquerschnitte bei direkten Kernreaktionen nur sehr langsam mit der Energie ändern, bei Compound-Kern-Prozessen aber eine sehr starke Energieabhängigkeit haben werden. Scharfe Resonanzen im Wirkungsquerschnitt treten daher nur für Compound-Kern-Reaktionen auf.

Eine Kernreaktion ist dann vollständig beschrieben, wenn es gelingt, für alle beobachtbaren Parameter (Energie, Winkel, Teilchensorte usw.) den Wirkungsquerschnitt anzugeben. Der Wirkungsquerschnitt ist im wesentlichen gleich dem Quadrat der Übergangsamplitude zwischen Anfangs- und Endzustand (vgl. Gl. (4.68), (7.10)). Diese Reaktionsamplitude ist nur bei direkten Kernreaktionen näherungsweise mit Hilfe der Kernmodelle berechenbar. Bei Compound-Kern-Reaktionen treten außerordentlich komplizierte Zwischenzustände auf. Sie haben so viele Freiheitsgrade, daß man, ähnlich wie bei der kinetischen Gastheorie, nur Aussagen über Mittelwerte von Größen machen kann. Dies geschieht im Rahmen des statistischen Modells angeregter Kerne (Abschn. 7.5).

In Abschn. 7.2 und 7.3 sollen zunächst einige allgemeine, für alle Reaktionstypen gültige Gesetzmäßigkeiten besprochen werden. Dann folgt eine ausführlichere Diskussion der einzelnen Modellvorstellungen (Abschn. 7.4 bis 7.8).

Allgemeine Literatur zum Gebiet der Kernreaktionen: [Hod 71, Aus 70, Jac 70, Mca 70, Mah 69, End 62, Bla 52].

7.2 Energieverhältnisse, Kinematik

In diesem Abschnitt sollen Gesetzmäßigkeiten besprochen werden, die die Energieverhältnisse und die Kinematik betreffen. Wir beginnen mit einer Bemerkung über die Koordinatensysteme. Alle experimentellen Beobachtungen werden im Laborsystem (Lab-Koordinaten) gewonnen. Da die Schwerpunktbewegung für den eigentlichen Mechanismus der Kernreaktion ohne Belang ist, rechnet man die Beobachtungswerte vor der physikalischen Interpretation in das Schwerpunktsystem um

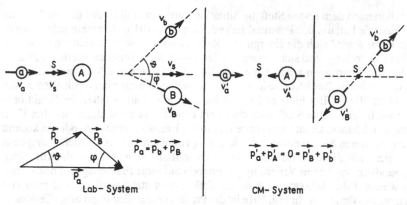

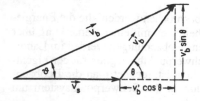

Fig. 102 Kinematische Verhältnisse für die Reaktion A(a, b)B im Lab- und CM-System. Gestrichene Größen (v', p') beziehen sich auf das CM-System, v_s ist die Schwerpunktgeschwindigkeit, S ist der Schwerpunkt

(CM-Koordinaten; CM steht für „Center of Mass"). In Fig. 102 sind die kinematischen Verhältnisse in beiden Systemen für die Reaktion A(a, b)B skizziert. Im CM-System ist die Summe der Impulse immer gleich Null. Daher laufen die Reaktionspartner nach dem Stoß in genau entgegengesetzter Richtung auseinander: es gibt nur einen Streuwinkel θ. In diesem Kapitel sind die Streuwinkel im Schwerpunktsystem mit θ, ϕ, im Laboratoriumsystem mit ϑ, φ bezeichnet. Zur Umrechnung der Winkel gehen wir von Fig. 103 aus, in der man abliest

$$\tan\vartheta = \frac{v'_b\sin\theta}{v'_b\cos\theta + v'_s} = \frac{\sin\theta}{\cos\theta + (v'_s/v'_b)} \tag{7.1}$$

Die Bedeutung der Größen folgt aus den Fig. 102 und 103. Es ist ferner $m_a\vec{v}'_a = -m_A\vec{v}'_A$ und daher $v_s\vec{v}'_A = -(m_a/m_A)\vec{v}'_a$, so daß in Gl. (7.1) gilt $(v_s v'_b) = (m_a v'_a)/(m_A v'_b)$. Bei elastischer Streuung ist $v'_a = v'_b$, daher wird in diesem Fall aus (7.1)

$$\tan\vartheta = \frac{\sin\theta}{\cos\theta + (m_a/m_A)} \approx \tan\theta \quad \text{für} \quad m_a \ll m_A \tag{7.2}$$

Man beachte, daß bei Umrechnung eines im Lab-System gemessenen differentiellen Wirkungsquerschnitts $(d\sigma/d\Omega)_\vartheta$ in das CM-System auch das Raumwinkelelement $d\Omega$ umgerechnet werden muß, um $(d\sigma/d\Omega)_\theta$ zu erhalten. Die Umrechnung zwischen den Koordinatensystemen ist in den Programmen und Tabellen für kinematische Rechnungen stets enthalten.

Fig. 103
Zur Umrechnung der Streuwinkel ϑ (Lab-System) und θ (CM-System). Bezeichnung der Größen wie in Fig. 102

Als nächstes sei auf die bei Kernreaktionen gültigen Erhaltungssätze hingewiesen. Wir werden davon ausgehen, daß für folgende Größen Erhaltungssätze gelten: 1) Zahl der Nukleonen, 2) Elektrische Ladung, 3) Energie, 4) Impuls, 5) Drehimpuls, 6) Parität. Näherungsweise erhalten ist: 7) Isospin. Keine Erhaltungsgrößen sind beispielsweise magnetische Dipol- oder elektrische Quadrupolmomente. Aus den Erhaltungssätzen 5) und 6) folgt mit (2.60) die wichtige Regel

$$\pi_a \cdot \pi_A \cdot (-1)^{l_a} = \pi_b \cdot \pi_B \cdot (-1)^{l_b} \tag{7.3}$$

worin π die Paritäten (+ 1 oder −1) und 1 die Bahndrehimpulse der Reaktionspartner (im CM-System) sind.

Wir kommen nun zur Diskussion der Energieverhältnisse. Zwar bleibt bei einer Kernreaktion die Gesamtenergie (unter Einschluß der Ruhemassen) konstant, nicht aber notwendigerweise die Summe der kinetischen Energien, da die Reaktionspartner verschiedene Bindungsenergien haben. Man definiert daher als Q-Wert der Reaktion die Differenz der kinetischen Energien E nach und vor der Reaktion:

$$Q = E_B + E_b - E_a = [m_A + m_a) - (m_B + m_b)]c^2 = E_f^\infty - E_i^\infty \tag{7.4}$$

Die Größen mit den Indices A, a, B, b beziehen sich auf das Laborsystem. Ganz rechts steht jedoch der Q-Wert ausgedrückt als Differenz der kinetischen Energien von Eingangskanal i und Ausgangskanal f im Schwerpunktsystem. Das Zeichen ∞ soll andeuten, daß die Teilchen soweit voneinander entfernt sein müssen, daß das Wechselwirkungspotential nicht mehr wirkt. Wegen der Erhaltung der Gesamtenergie entspricht Q gleichzeitig der Differenz der Ruhemassen des Anfangs- und Endzustandes. Daher ist der Q-Wert unabhängig vom Koordinatensystem. Ein konkretes Beispiel war bereits in Fig. 12 für die Reaktion ^{10}B(n, α)^{7}Li eingezeichnet. Der Q-Wert ist hier gleich der (mit c^2 multiplizierten) Differenz der Massen von ^{10}B + n und von ^{7}Li + α.

Wir fragen nun nach dem im Laborsystem beobachteten Zusammenhang zwischen dem Q-Wert, den Teilchenenergien und den Reaktionswinkeln. Aus dem Impulsdiagramm für das Lab-System in Fig. 102 liest man für die Projektionen in Richtung von $\vec{p}_a$ und senkrecht dazu mit $p = \sqrt{2mE}$ ab

$$\sqrt{2m_B E_B} \cos\varphi + \sqrt{2m_b E_b} \cos\vartheta + \sqrt{2m_a E_a}$$
$$\sqrt{2m_b E_b} \sin\varphi - \sqrt{2m_B E_B} \sin\vartheta = 0 \tag{7.5}$$

Aus Gl. (7.4) und (7.5) können je zwei Parameter eliminiert werden. Meist werden bei einer Reaktion die Größen φ und E_B nicht beobachtet. Elimination dieser Parameter und Auflösung nach Q führt zu dem als Q-Wert-Gleichung bezeichneten Ausdruck

$$Q = E_b\left(1 + \frac{m_b}{m_B}\right) - E_a\left(1 - \frac{m_a}{m_B}\right) - \sqrt{E_b}\frac{\sqrt{m_a m_b E_a}}{m_B}\cos\vartheta \tag{7.6}$$

Er eignet sich zur Bestimmung eines unbekannten Q-Wertes aus den Teilchenenergien und dem Reaktionswinkel. Häufig ist jedoch nach der Abhängigkeit der Energie E_b des Reaktionsprodukts von der Einschußenergie E_a und dem Reaktionswinkel ϑ

gefragt. Wir substituieren daher in (7.6) $x \equiv \sqrt{E_b}$ und lösen die entstehende in x quadratische Gleichung. Die Lösung hat folgende Form

$$\sqrt{E_b} = r \pm \sqrt{r^2 + s} \tag{7.7a}$$

mit $$r = \frac{\sqrt{m_a m_b E_a}}{m_b + m_B} \cos \vartheta \tag{7.7b}$$

und $$s = \frac{m_B Q + E_a (m_B - m_a)}{m_b + m_B} \tag{7.7c}$$

Physikalisch zulässig sind für (7.7a) nur Lösungen, für die E_b reell und positiv ist. Gl. (7.7) gilt, wie alle Betrachtungen in diesem Abschnitt, in nicht-relativistischer Näherung. Diese Voraussetzung ist bei Kernreaktionen meist gut erfüllt. Alle Gleichungen dieses Abschnitts werden relativistisch korrekt, wenn man jede Masse m durch $m + (E/2c^2)$ ersetzt, wobei E die kinetische Energie des betreffenden Teilchens in Lab-Koordinaten ist [Bro 51].

Anhand von Gl. (7.7) können wir eine Reihe verschiedener Fälle für das Verhalten des Reaktionsprodukts diskutieren. Grundsätzlich müssen wir zunächst unterscheiden zwischen Reaktionen, für die $Q > 0$ ist (exotherme Reaktion) und solchen, für die $Q < 0$ ist (endotherme Reaktion).

Wir beginnen mit dem Fall $Q > 0$. Zunächst ist klar, daß die Winkelabhängigkeit von E_b um so kleiner sein wird, je größer Q ist, da Q nur in den winkelunabhängigen Ausdruck s eingeht. Wenn $m_a < m_B$, also das Projektil leichter als der Restkern ist, folgt aus (7.7 c) $s > 0$. Es gibt dann immer genau eine positive Lösung für E_b. Wegen der Abhängigkeit von $\cos \vartheta$ nimmt E_b seinen kleinsten Wert für $\vartheta = 180°$ an. Geht die Energie E_a des Projektils gegen Null (z.B. bei thermischen Neutronen), so geht auch r gegen Null, und man erhält $E_b \approx s \approx (Q\, m_B)/(m_b + m_B)$. Als Beispiel für eine Reaktion mit $Q > 0$ kann wieder der Prozeß ^{10}B(n, α)^{7}Li mit $Q = 2{,}79$ MeV gelten.

Wir betrachten nun den Fall $Q < 0$. Da sich nach (7.4) beim Übergang zur inversen Reaktion das Vorzeichen von Q umdreht, können wir als Beispiel jetzt den umgekehrten Prozeß ^{7}Li(α, n) ^{10}B mit $Q = -2{,}79$ MeV wählen: Für $E_a \to 0$ gilt wieder $r \to 0$, aber s wird jetzt negativ, so daß sich für E_b in (7.7a) kein positiver Wert ergibt. Es gibt also für jeden Winkel ϑ eine Energie $E_a^{(S)}(\vartheta)$, unterhalb derer keine Reaktion möglich ist. Diese Energie liegt am niedrigsten für $\vartheta = 0°$. Man bezeichnet $E_a^{(S)}(0°)$ als Schwellenenergie E_s. Sie wird erreicht, sobald in (7.7a) $r^2 + s = 0$ wird. Daraus berechnet man

$$E_S = -Q \frac{m_b + m_B}{m_b + m_B - m_a} \tag{7.8}$$

Die Schwellenenergie muß naturgemäß immer größer sein als der Betrag des Q-Wertes, da beim Stoß auf den Restkern kinetische Energie übertragen wird. Die Reaktionsprodukte erscheinen im Laborsystem bei Erreichen der Schwelle sofort mit der Energie

$$E_b = r^2 = E_S \frac{m_a m_b}{(m_b + m_B)^2} \tag{7.9}$$

obwohl sie im Schwerpunktsystem praktisch ohne kinetische Energie emittiert werden. In Fig. 13 ist eine Anregungsfunktion für die Reaktion $^7\mathrm{Li}(\alpha, \mathrm{n})^{11}\mathrm{B}$ bei Emission der Neutronen unter $0°$ wiedergegeben (im Bild oben rechts). Die Schwellenenergie ist dort mit „THRESH" bezeichnet („threshold" = Schwelle). Erhöht man E_a etwas über die Schwellenenergie, so hat (7.7a) unter $\vartheta = 0°$ zwei positive Lösungen. Das gleiche gilt für jeden Winkel ϑ, unter dem überhaupt Teilchen ausgesandt werden können. Es werden also zwei Gruppen von Teilchen mit diskreten Energien beobachtet. Dies ist einleuchtend, wenn man das Vektordiagramm in Fig. 104 betrachtet, in dem die Schwerpunktgeschwindigkeit v_s und Geschwindigkeit v_b' der Reaktionsprodukte für verschiedene Emissionsrichtungen im CM-System eingezeichnet sind.

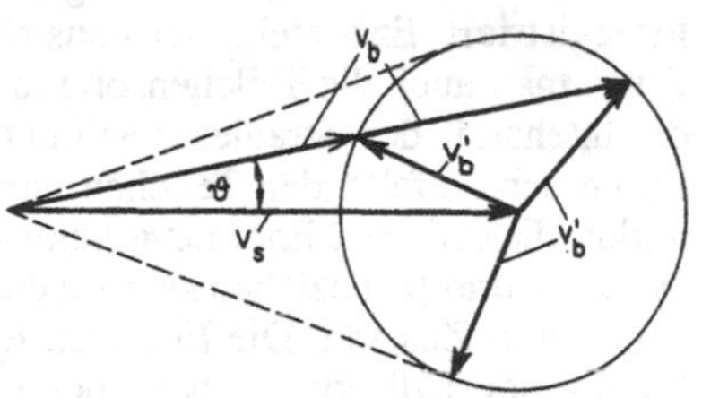

Fig. 104
Geschwindigkeitsvektoren bei einer endothermen
Reaktion

Unter dem Winkel ϑ kommen im Lab-System zwei Geschwindigkeiten v_b vor, wobei sich v_b' einmal zu v_s addiert und einmal subtrahiert. Man sieht ferner, daß außerhalb des gestrichelten Kegels überhaupt keine Teilchen im Lab-System beobachtet werden. Die Öffnung dieses Kegels wird gleich $90°$, wenn $v_b' = v$, wird. Dann wird in jeder Richtung nur noch eine Energie beobachtet. In Gl. (7.7) entspricht dies der Energie E_a, oberhalb derer E_b einen eindeutigen positiven Wert hat. Die Bedingung hierfür lautet $E_a = - Q m_B/(m_B - m_a)$. Nach Ablauf der Reaktion muß der Restkern B

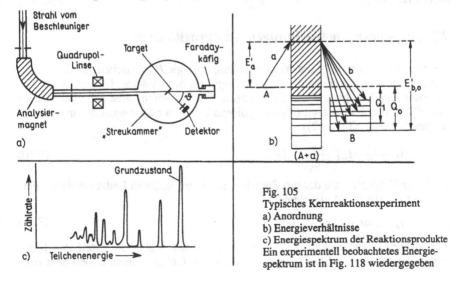

Fig. 105
Typisches Kernreaktionsexperiment
a) Anordnung
b) Energieverhältnisse
c) Energiespektrum der Reaktionsprodukte
Ein experimentell beobachtetes Energiespektrum ist in Fig. 118 wiedergegeben

nicht notwendigerweise im Grundzustand zurückbleiben. Wenn die Reaktion auf einen angeregten Zustand B* des Restkerns führt, ist die Definition des Q-Wertes in Gl. (7.4) nach wie vor brauchbar, nur daß jetzt E_B^* bzw. mit m_B^* eingesetzt werden müssen. Das bedeutet, daß zu jedem Nivean des Restkerns mit der Anregungsenergie E_x ein spezieller Q-Wert $Q_x = Q - E_x$ gehört. Bei Beobachtung unter einem festen Winkel ϑ entspricht daher jedem angeregten Niveau des Restkerns eine bestimmte, durch Gl. (7.7) gegebene Energie E_b im Energiespektrum der Reaktionsprodukte.

Die typischen Verhältnisse bei einem Reaktionsexperiment sind in Fig. 105 dargestellt. Fig. 105a zeigt schematisch die experimentelle Anordnung. Der Analysiermagnet legt die Energie der einfallenden Teilchen fest. Das Energiespektrum der unter dem Winkel ϑ aus dem Target austretenden Reaktionsprodukte wird im Detektor registriert. Er besteht meist aus einem oder mehreren Halbleiter-Detektoren, mit denen man auch die Teilchensorte identifizieren kann. Mit dem Faraday-Käfig wird die Intensität des Strahles bestimmt, damit man die registrierte Zählrate auf den Strom der einfallenden Teilchen normieren kann. Fig. 105b zeigt noch einmal die vorhin diskutierten Energieverhältnisse (vgl. hierzu auch Fig. 12 und 13). Die Q-Werte Q_0 und Q_1 beziehen sich auf die Übergänge zum Grundzustand und zum ersten angeregten Zustand. Die Energien E_a' und E_b' sind nicht die Laborenergien aus Gl. (7.7), sondern die kinetischen Energien des Eingangskanals und des Ausgangskanals im CM-System. Fig. 105c zeigt schematisch das am Detektor registrierte Energiespektrum der leichten Reaktionsprodukte.

Wir haben hier nur die einfachsten Grundformeln der Reaktionskinetik besprochen. Über dieses Gebiet existiert spezielle Literatur. Konkrete Rechnungen werden meist mit Hilfe von Tabellen oder elektronischen Rechenanlagen durchgeführt. Literaturhinweise gibt das anschließende Verzeichnis.

Literatur zu Abschn. 7.2: Kinematik: [Mic 67, Bal 63, Hag 63], Tabellen für Q-Werte: [Mat 65, Map 66; Gov 72, Lan 73].

7.3 Phasenraumbetrachtungen, Reziprozitätssatz

Bei einer Kernreaktion ist die Wechselwirkungsenergie H_w zwischen den Reaktionspartnern meist klein gegen die Gesamtenergie H_0 des Systems. Dann darf zur Berechnung der Übergangswahrscheinlichkeit W vom Anfangszustand (Wellenfunktion Ψ_i) in den Endzustand (Ψ_f) die goldene Regel der Störungsrechnung benutzt werden (siehe A, Gl. (6.42))

$$W = \frac{2\pi}{\hbar} |H_{fi}|^2 \frac{dn}{dE_0} \quad (s^{-1}) \tag{7.10}$$

worin (dn/dE_0) die Zahl der pro Energieintervall erreichbaren Endzustände ist. Ferner steht H_{fi} für das Matrixelement

$$H_{fi} = \langle \Psi_f | H_w | \Psi_i \rangle = \int \Psi_f^* H_w \Psi_i \, d\tau \tag{7.11}$$

Das Matrixelement enthält die eigentliche Information über die beteiligten Kernzustände und den Wechselwirkungsmechanismus. Um aus einem Experiment Aussagen über das Matrixelement machen zu können, muß man zunächst wissen, wie der Faktor (dn/dE_0) in den Wirkungsquerschnitt eingeht. Das soll in diesem Abschnitt untersucht werden. Das Ergebnis erlaubt einige einfache Aussagen über die Energieabhängigkeit von Wirkungsquerschnitten. Obwohl das Matrixelement H_{fi} im allgemeinen eine sehr komplizierte Größe ist, darf es doch innerhalb kleiner Energieintervalle oft als konstant betrachtet werden. Einer typischen Reaktionszeit von 10^{-22}s für eine direkte Reaktion entspricht z.B. nach der Unschärferelation eine Energieunschärfe von etwa 6,6 MeV, so daß sich H_{fi} in einem dazu vergleichsweise kleinen Intervall nicht stark ändern kann. Bei Compoundkern-Reaktionen treten zwar scharfe Resonanzen in den Anregungsfunktionen auf, trotzdem ändert sich der mittlere Wirkungsquerschnitt in kleinen Energieintervallen wenig (vgl. Abschn. 7.6). Unter diesen Voraussetzungen ist die Energieabhängigkeit des Wirkungsquerschnitts im wesentlichen durch den Faktor (dn/dE_0) gegeben.

Wenn die Reaktionsprodukte nach der Reaktion so weit auseinandergelaufen sind, daß Kern- und Coulombkräfte vernachlässigbar sind, unterliegen sie keinem Potential mehr: Wir können daher für die auslaufenden Teilchen die Zustandsdichte von freien Teilchen mit Impuls p in einem Volumen τ benutzen. Sie ist gegeben durch (2.36), so daß wir schreiben können

$$\frac{dn}{dE_0} = \frac{1}{dE_0} \frac{4\pi\tau p^2 dp}{(2\pi\hbar)^3} \quad (\text{MeV}^{-1}) \tag{7.12}$$

Die folgenden Betrachtungen gelten für die Reaktion A(a, b)B im Schwerpunktsystem. Im Endzustand gilt für die Impulse der Teilchen

$$\vec{p}_b = -\vec{p}_B, \tag{7.13}$$

es gibt daher nur einen unabhängigen Impuls. Wir wählen hierfür $\vec{p}_b$. Wir beziehen (7.12) ferner auf das gesamte zur Verfügung stehende Energieintervall $dE_0 = dE_b + dE_B$. Hiermit ergibt sich zunächst

$$\frac{dn}{dE_0} = \frac{1}{dE_b + dE_B} \frac{4\pi\tau p_b^2 dp_b}{(2\pi\hbar)^3} \tag{7.14}$$

Mit Hilfe von $dE = (p/m)dp$ und unter Benutzung von (7.13) erhalten wir

$$dE_b + dE_B = \frac{p_b}{m_b} dp_b + \frac{p_B}{m_B} dp_B = \left(\frac{1}{m_b} + \frac{1}{m_B}\right) p_b dp_b = \frac{1}{m_f} p_b dp_b \tag{7.15}$$

wobei wir die reduzierte Masse im Endzustand mit m_f bezeichnet haben. Aus (7.14) ergibt sich mit (7.15)

$$\frac{dn}{dE_0} = \frac{4\pi\tau}{(2\pi\hbar)^3} m_f p_b = \frac{4\pi\tau}{(2\pi)^3\hbar^2} m_f k_f \tag{7.16}$$

Hier haben wir unter Benutzung von $p_b = \hbar k_f$ die Wellenzahl k_f im Endzustand eingeführt. Man erhält die Beziehung (7.16) auch unmittelbar aus (7.12), wenn man bedenkt, daß im Schwerpunktsystem die Schwerpunktbewegung bedeutungslos ist. Wenn man in (7.12) den Relativimpuls p und die Relativenergie E_0 benutzt, die über $dE_0 = (p/m_f)dp$ zusammenhängen, ergibt sich sofort (7.16).

Der Ausdruck (7.16) gilt zunächst nur für spinlose Teilchen. Bei Reaktionsprodukten mit Drehimpuls I können in jedem durch (7.16) gegebenen Zustand nach dem Pauli-Prinzip $2I + 1$ Teilchen untergebracht werden, entsprechend der Zahl der magnetischen Unterzustände. Dies gilt für jedes der beiden Reaktionsprodukte, daher müssen wir einen Faktor $(2I_b + 1)(2I_B + 1)$ hinzufügen, so daß wir schließlich erhalten

$$\frac{\mathrm{d}n}{\mathrm{d}E_0} = \frac{4\pi\tau}{(2\pi)^3\hbar^2}(2I_b + 1)(2I_B + 1)m_f k_f \tag{7.17}$$

Dies muß in (7.10) zur Berechnung von W eingesetzt werden. Dieser Ausdruck ist allerdings nur sinnvoll, wenn keine spinabhängigen Effekte auftreten.

Der Zusammenhang zwischen W und dem differentiellen Wirkungsquerschnitt ergibt sich aus Gl. (1.5):

$$\left(\frac{\mathrm{d}\sigma}{\mathrm{d}\Omega}\right)_\theta = \frac{W_\theta}{j} = \frac{W}{4\pi j} \quad (\mathrm{cm}^2) \tag{7.18}$$

wobei $W_\theta = (1/4\pi)W$ die auf ein Raumwinkelelement bezogene Übergangswahrscheinlichkeit ist. Die Stromdichte j der einfallenden Teilchen ist das Produkt ihrer Geschwindigkeit v_i und ihrer Teilchendichte $P = |\psi|^2$. Wenn wir uns auf ein einfallendes Teilchen beziehen, ist $P = 1/\tau$ und daher $j = v_i/\tau$. Dies erhält man auch für ebene Wellen $\psi = (1/\sqrt{\tau})e^{ikz}$ aus Gl. (4.3). Daher ergibt sich aus (7.18)

$$\left(\frac{\mathrm{d}\sigma}{\mathrm{d}\Omega}\right)_\theta = \frac{W_\tau}{4\pi v_i} = \frac{W_\tau m_i}{4\pi \hbar k_i} \tag{7.19}$$

Dabei haben wir $v_i = p_i/m_i = \hbar k_i/m_i$ gesetzt, wobei m_i die reduzierte Masse und k_i die Wellenzahl im Anfangszustand sind. Das ist richtig, weil wir uns bei der Definition des Wirkungsquerschnitts den Targetkern als ruhend gedacht haben und daher v_i die Relativgeschwindigkeit vor der Reaktion ist. Fassen wir (7.19), (7.10) und (7.17) zusammen, so ergibt sich schließlich

$$\left(\frac{\mathrm{d}\sigma}{\mathrm{d}\Omega}\right)_\theta = \frac{(2I_b + 1)(2I_B + 1)}{(2\pi)^2\hbar^4}|H_{fi}|^2 \, m_i m_f \frac{k_f}{k_i} \quad (\mathrm{cm}^2) \tag{7.20}$$

Eigentlich sollte hier im Zähler noch der Faktor τ^2 auftauchen. Wenn wir uns aber die Wellenfunktion in (7.11) mit dem Faktor $1/\sqrt{\tau}$ normiert denken, so erscheint vor $|H_{fi}|^2$ der Faktor $1/\tau^2$, der sich in (7.20) wegkürzt. Allerdings hat jetzt $|H_{fi}|$ die Einheit MeV $\cdot$ cm^3 (vgl. die expliziten Ausdrücke (4.63), (4.66) und (4.68)). Man beachte, daß die Winkelabhängigkeit des differentiellen Wirkungsquerschnitts ganz in $|H_{fi}|$ enthalten ist.

Wir können nun von Gl. (7.20) zum entsprechenden Ausdruck für die inverse Reaktion, die in umgekehrter Richtung verläuft, übergehen. Der Einfachheit halber schreiben wir jetzt $\sigma_{i \to f}$ für den Wirkungsquerschnitt (7.20). Beim Übergang zu $\sigma_{f \to i}$ müssen die Indizes vertauscht werden. Da der frühere Anfangszustand mit den Teilchen a und A zum Endzustand wird, muß der Drehimpulsfaktor jetzt die Drehimpulse I_a und I_A enthalten. Unter der wichtigen Voraussetzung

$$|H_{fi}|^2 = |H_{fi}|^2 \tag{7.21}$$

erhält man daher für das Verhältnis der beiden Reaktionsquerschnitte

$$\frac{\sigma_{i \to f}}{\sigma_{f \to i}} = \frac{(2I_b + 1)(2I_B + 1)k_f^2}{(2I_a + 1)(2I_A + 1)k_i^2} \tag{7.22}$$

Dies ist der **Reziprozitätssatz** für Kernreaktionen[1]). Die Voraussetzung (7.21) ist erfüllt, wenn H_{fi} hermitisch ist. Jedoch ist dies eine stärkere Annahme als (7.21). Für (7.21) genügt die Forderung nach Invarianz von H_{if} unter einer Zeitumkehrtransformation $t \to -t$.

Wir wollen nun die am Anfang des Abschnitts besprochene Annahme machen, daß $|H_{fi}|^2$ in einem kleinen Energiebereich als konstant betrachtet werden darf. Da wir uns jetzt nur für die Energieabhängigkeit des Wirkungsquerschnitts interessieren, fassen wir alle Konstanten in (7.20) einschließlich der Massen zusammen und schreiben

$$\sigma = \text{const} \cdot \frac{k_f}{k_i} = \text{const} \cdot \frac{v_b}{v_a} \tag{7.23}$$

Die Geschwindigkeiten $v_b = p_b/m_b = \hbar k_f/m$ und $v_a = \hbar k_i/m_a$ gelten im CM-System, doch sind sie bei leichtem Projektil und schwerem Targetkern näherungsweise gleich den Teilchengeschwindigkeiten im Lab-System. Der Unterschied zwischen differentiellem und totalem Wirkungsquerschnitt ist für (7.23) ohne Belang, da der entsprechende Faktor in die Konstante eingeht. Wir wollen nachfolgend unter a) bis e) verschiedene Reaktionstypen anhand von Gl. (7.23) diskutieren.

a) **Elastische Streuung ungeladener Teilchen.** Es ist $v_a = v_b$ und daher $\sigma = \text{const}$, d.h., σ variiert nicht mit v_a (Fig. 106a).

b) **Exotherme, neutroneninduzierte Reaktion.** Der Q-Wert liegt in der Größenordnung 1 MeV, die Neutronenenergie in der Größenordnung 1 eV. Dann ist v_b praktisch

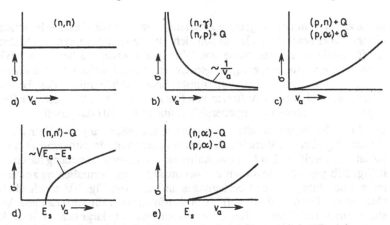

Fig. 106 Energieabhängigkeit des Wirkungsquerschnitts für verschiedene Reaktionstypen

---

[1]) Wir haben die Reziprozitätsbeziehung unter Benutzung der Störungstheorie hergeleitet. Tatsächlich ist die Aussage, daß die Reaktionswahrscheinlichkeiten für zeitumgekehrte Reaktionen gleich sind, aus den Eigenschaften der Streumatrix ganz allgemein beweisbar. Diese Aussage gilt unabhängig von den Voraussetzungen der Störungsrechnung, die bei Kernreaktionen oft nur schlecht erfüllt sind.

konstant und $\sigma \sim 1/v_a$ (Fig. 106b). Dies gilt zunächst nur, wenn auch das Reaktionsprodukt ungeladen ist, also für einen (n, γ)-Prozeß. Bei geladenen Teilchen gehen in $|H_{fi}|^2$ Durchdringungsfaktoren von der Art des Gamow-Faktors (3.43) ein

$$|H_{fi}|^2 \sim e^{-(G_a + G_b)} \tag{7.24}$$

Bei einer neutroneninduzierten Reaktion mit geladenem Produkt ist $G_a = 0$ und $G_b \approx$ const, daher gilt unverändert $\sigma \sim 1/v_a$.

c) Exotherme Reaktion, von geladenem Teilchen induziert. Wie zuvor, ist der Wirkungsquerschnitt proportional zu $1/v_a$ jedoch multipliziert mit dem Faktor $\exp(-G_a)$ aus (7.24). Daher ist $\sigma \sim (1/v_a)\exp(-G_a)$. Da die starke Energieabhängigkeit von $\exp(-G_a)$ dominiert, verläuft der Wirkungsquerschnitt wie in Fig. 106c.

d) Unelastische Neutronenstreuung (n, n'). Dieser Prozeß ist immer endotherm. Direkt oberhalb der Schwelle kann man näherungsweise $v_a \approx$ const setzen, da sich v_b mit der Energie stark ändert. Oberhalb der Schwelle ist die Energie E_b des Reaktionsprodukts im wesentlichen durch den Energieüberschuß über der Schwelle gegeben $E_b \approx E_a - E_s$. Daher ist $v_b \sim p_b \approx \sqrt{2m_b(E_a - E_s)}$. Für den Wirkungsquerschnitt erhält man damit $\sigma \sim \sqrt{E_a - E_s}$ (Fig. 106d). Das Gleiche gilt bei geladenem Projektil, sofern die Schwellenenergie über dem Coulomb-Wall liegt.

e) Endotherme Reaktion, geladenes Teilchen als Produkt. Der unter d) angegebene Wirkungsquerschnitt muß mit $\exp(-G_b)$ multipliziert werden. Dieser Faktor dominiert. Daher ergibt sich für den Wirkungsquerschnitt $\sigma \sim \sqrt{E_a - E_S}\exp(-G_b)$ mit einem Verlauf wie in Fig. 106e.

7.4 Resonanzen

In diesem und in den folgenden Abschnitten wollen wir einzelne Reaktionsmechanismen näher besprechen. Dabei soll nicht etwa versucht werden, das Matrixelement H_{fi} für konkrete Kernzustände und Wechselwirkungen zu berechnen. Wir wollen zunächst nur versuchen, einige Eigenschaften dieser Größe, z.B. ihre Energieabhängigkeit, zu verstehen. Die auffälligste Energieabhängigkeit des Wirkungsquerschnitts zeigt sich beim Auftreten von Resonanzen. Zwei Beispiele für Resonanzen in ganz verschiedenen Energiebereichen sind in Fig. 107 dargestellt.

Um dieses Resonanzverhalten zu verstehen, schließen wir an die Betrachtungen von Abschn. 4.4 über das Verhalten der Wellenfunktion bei der Streuung an einem Potential an. Ein intuitives Bild für das Auftreten von Resonanzstreuung haben wir bereits in Fig. 52b gegeben. Bevor wir uns der quantitativen Formulierung zuwenden, wollen wir den Inhalt dieser Überlegungen an Hand von Fig. 108 anschaulich klarmachen. In der Figur sind unter a) die Wellenfunktionen für verschiedene Anregungsstufen eines Teilchens im Kernpotential schematisch dargestellt. Wir denken dabei zunächst der Einfachheit halber an Einteilchen-Zustände unter Vernachlässigung der Wechselwirkung zwischen den Nukleonen. Bei den gebundenen Zuständen ① und ② muß die Wellenfunktion außerhalb des Potentialtopfes verschwinden. Der Grundzustand ① hat scharfe Energie und unendlich lange Lebensdauer. Anders der angeregte Zustand ②. Er kann durch Emission von elektromagnetischer Stahlung zerfal-

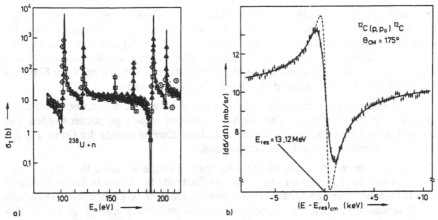

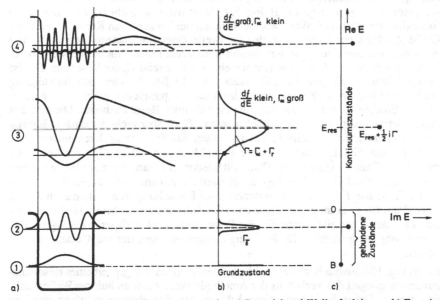

Fig. 107   Zwei Beispiele für die Beobachtung von Resonanzen. a) Im totalen Wirkungsquerschnitt beim Beschuß von ^{238}U mit Neutronen im Energiebereich von 100 bis 200 eV [Gar 76]; b) im differentiellen Wirkungsquerschnitt für die elastische Streuung von Protonen an ^{12}C ($E_{lab} = 14{,}2$ MeV). Die Resonanz tritt beim ersten $T = 3/2$-Zustand in ^{13}N auf [Hin75]

Fig. 108   Zur Entstehung von Resonanzzuständen. a) Potential und Wellenfunktionen; b) Energiebreite der Zustände; c) Darstellung in der komplexen Ebene

len. Daher hat er endliche Lebensdauer und demzufolge eine natürliche Linienbreite Γ_γ, die sich aus der Zeit-Energie-Unschärfe $\Gamma \cdot \tau \approx \hbar$ ergibt. Diese Energieverteilung ist unter b) dargestellt. Sie hat die Gestalt einer Lorentz-Kurve der Halbwertbreite Γ.

In zeitabhängiger Darstellung wird ein solcher Zustand durch eine exponentiell ge-
dämpfte Wellenfunktion beschrieben, die man erhält, wenn man in der Wellenfunktion beim zeitabhängigen Faktor exp $[i\omega t]$ = exp $[iEt/\hbar]$ eine komplexe Energie
$E = E_0 + i\Gamma/2$ einführt. Dann ist $|\psi(t)|^2$ nicht länger stationär, sondern mit dem Faktor
exp $[-\Gamma t/\hbar]$ = exp $[-t/\tau]$ gedämpft (s. A, Abschn. 6.4). Unter c) sind in der Figur die
Energien der Zustände daher als komplexe Zahlen dargestellt.

Die nach oben gezeichnete reelle Achse entspricht unserer auch sonst bei Potentialen
gebrauchten Energieskala, wobei Bindungsenergien negativ gerechnet werden. Bei
dieser Darstellung entspricht der Imaginärteil der Energie gerade der Breite $\Gamma/2$ des
Zustands. Soviel zu den gebundenen Zuständen.

Resonanzen treten auf, wenn das Teilchen mehr Energie als seine Bindungsenergie
hat, sich also im Kontinuum ungebundener Zustände bei $E > 0$ befindet. Während
aber bei den gebundenen Zuständen das Verschwinden der Wellenfunktion außerhalb
des Potentials eine eindeutige Form der Funktion im Inneren erzeugt, gibt es bei den
Kontinuumszuständen immer eine Wellenfunktion im Außenraum. Das Verhältnis
der Amplituden innen und außen hängt von den Anschlußbedingungen der Funktion
am Kernrand ab. Von diesem Amplitudenverhältnis wiederum hängt es ab, wie leicht
das Teilchen in der einen oder anderen Richtung durch den Potentialrand läuft. Das
günstigste Amplitudenverhältnis ergibt sich, wenn sich beim Potentialrand eine
waagrechte Tangente ergibt (vgl. Fig. 52). Sonst tritt eine mehr oder minder starke
Reflexion der Welle auf. Wenn wir die Steigung der Tangente am Kernrand mit einer
Größe f_0 charakterisieren, wird also die Breite einer Resonanzerscheinung davon
abhängen, wie stark sich f_0 ändert, wenn wir die Energie des Teilchens etwas ändern.
Wenn also df_0/dE groß ist, erwarten wir eine kleine Breite Γ_α der Resonanz. Das ist
in den Fällen ③ und ④ in Fig. 108 veranschaulicht. Bei ④ ändert sich die Steigung
der Wellenfunktion am Kernrand und damit das Amplitudenverhältnis weit rascher
mit der Energie als bei ③, das bedeutet eine kleinere Resonanzbreite. Die sich aus
dieser Betrachtung ergebende „Teilchenbreite" Γ_α ist aber nicht der einzige Beitrag
zur gesamten Resonanzbreite Γ. Vielmehr kann das Teilchen im Kerninneren seine
Energie durch Herausstoßen von anderen Nukleonen aus dem Kern verlieren oder
auch durch Gamma-Übergänge. Dann tritt wieder eine Dämpfung der Welle ähnlich
wie beim Zustand ② auf. Die zugehörige Breite bezeichnen wir als „Reaktionsbrei-
te" Γ_r. Es ist also $\Gamma = \Gamma_\alpha + \Gamma_r$. In zeitabhängiger Darstellung ist natürlich auch Γ_α mit
einer Dämpfung verknüpft, da Γ_α ja auch die Entkommwahrscheinlichkeit des Teil-
chens aus dem Potential beschreibt. Ein Resonanzzustand ist daher in der Figur unter
c) mit dem Imaginärteil $i\Gamma/2$ der Energie einzuzeichnen, der zur Gesamtbreite Γ
gehört.

Der in Fig. 108 qualitativ skizzierte Verlauf der Energieabhängigkeit eines Resonanz-
zustandes spiegelt das Verhältnis der Amplitude von innerer zu äußerer Wellenfunktion wider. Daher beschreibt diese Bild ebenso den Resonanzeinfang und die
Resonanzstreuung eines von außen kommenden Projektils wie etwa die Emission
eines Teilchens, das im Kern durch ein Gamma-Quant angeregt wird. Die in Fig. 108
zur Veranschaulichung der prinzipiellen Zusammenhänge gezeichnete Einteilchen-
Wellenfunktion ist natürlich völlig fiktiv, da wir von der Wechselwirkung des
Teilchens mit den anderen Nukleonen abgesehen haben. Normalerweise entsteht im

Kern eine Wellenfunktion, die nicht einer Einteilchen-Anregung, sondern einer sehr komplizierten Konfiguration entspricht. Das führt zu einer empfindlichen Abhängigkeit von f_0 von E und damit zu Breiten, die sehr viel kleiner als die skizzierten Einteilchen-Breiten sind. Das ändert aber nichts am prinzipiellen Bild. Auf die realen Verhältnisse kommen wir in Abschn. 7.5 zurück.

Zur quantitativen Beschreibung der Resonanzerscheinungen gehen wir am besten von dem in Kap. 4 entwickelten Streuformalismus aus. Wir haben dort die Streuwellen-Amplituden η_l eingeführt (Gl. (4.13)): Bei Kenntnis dieser Größen läßt sich sowohl der Wirkungsquerschnitt für elastische Streuung als auch für Reaktionen berechnen, wobei wir unter „Reaktion" in diesem Zusammenhang einfach alle nichtelastischen Prozesse verstanden haben (vgl. Gl. (4.16), (4.18) bis (4.21)). Unser Ziel ist daher festzustellen, für welche Werte von η die Bedingung für eine waagrechte Tangente $u'(R) = 0$ erfüllt ist, um dann das Verhalten des Wirkungsquerschnitts in der Nähe eines solchen Wertes studieren zu können.

Die einzige Voraussetzung, die wir vorläufig machen, ist die Existenz eines relativ scharfen Kernrandes bei R. Die Stetigkeitsbedingungen für die Wellenfunktion am Kernrand lauten $u_i(R) = u_a(R)$, $u_i'(R) = u_a'(R)$.

Wir können beide Bedingungen zusammenfassen, indem wir die zwei Gleichungen durcheinander dividieren und Stetigkeit der Größe u'/u bei $r = R$ fordern. Es hat sich hierbei als zweckmäßig erwiesen, eine Größe f, die man die logarithmische Ableitung am Kernrand nennt, folgendermaßen zu definieren

$$f_l = R \left(\frac{1}{u_l(r)} \frac{\mathrm{d}u_l(r)}{\mathrm{d}r} \right)_{r=R} = R \left(\frac{\mathrm{d}\ln u_l(r)}{\mathrm{d}r} \right)_{r=R} \tag{7.25}$$

Die Größe wollen wir benutzen, um die Steigung der Wellenfunktion am Kernrand zu charakterisieren. Wir haben einen Index l hinzugefügt, weil die Stetigkeitsbedingung für jede Partialwelle separat erfüllt werden muß. Wegen der Forderung nach Stetigkeit sind die f_l durch die Verhältnisse im Kerninnern vollständig festgelegt. Für den Fall einer Resonanz werden wir nach dem eben Gesagten fordern $f_l = 0$.

Wir fragen nun zunächst nach dem Zusammenhang zwischen f_l und η_l, damit wir über η_l eine Beziehung zum Wirkungsquerschnitt herstellen können. Dabei beschränken wir uns wieder auf den Fall $l = 0$ und ungeladener Projektile, da daran alles physikalisch Wesentliche zu erkennen ist. Für $l = 0$ ist die Wellenfunktion $u_a(r) = r \psi_T(r)$ im Außenraum nach (4.13) gegeben durch

$$u_a(r) = \frac{\mathrm{i}}{2k}(\mathrm{e}^{-\mathrm{i}kr} - \eta_0 \mathrm{e}^{\mathrm{i}kr}) \tag{7.26}$$

Hieraus berechnen wir mit (7.25)

$$\frac{f_0}{R} = \frac{u_a'}{u_a} = \frac{-\mathrm{i}k\mathrm{e}^{-\mathrm{i}kR} - \mathrm{i}k\eta_0 \mathrm{e}^{\mathrm{i}kR}}{\mathrm{e}^{-\mathrm{i}kR} - \eta_0 \mathrm{e}^{\mathrm{i}kR}}$$

woraus man erhält

$$\eta_0 = \frac{f_0 + \mathrm{i}kR}{f_0 - \mathrm{i}kR} \mathrm{e}^{-2\mathrm{i}kR} \tag{7.27}$$

Dabei ist k die Wellenzahl im Außenraum. Man sieht, daß sich für reelles f_0 ergibt $|\eta_0|^2 = 1$. Nach (4.20), (4.21) verschwindet dann der Reaktionsquerschnitt. Beim Auftreten von Reaktionen ist also f_0 immer komplex.

Durch Einsetzen von (7.27) in (4.19) können wir zunächst den Streuquerschnitt σ_s als Funktion von f_0 ausdrücken:

$$\sigma_{s,0} = \frac{\pi}{k^2}\left|1 - \frac{f_0 + ikR}{f_0 - ikR}e^{-2ikR}\right|^2$$

$$= \frac{\pi}{k^2}\left|\frac{-2ikR}{f_0 - ikR} + e^{-2ikR} - 1\right|^2 = \frac{\pi}{k^2}\left|A_{\text{res}} + A_{\text{pot}}\right|^2 \tag{7.28}$$

Zur Streuung tragen also zwei Amplituden kohärent bei[1]). Wir bezeichnen sie mit

$$A_{\text{res}} = \frac{-2ikR}{f_0 - ikR} \tag{7.29}$$

$$A_{\text{pot}} = e^{2ikR} - 1 \tag{7.30}$$

Wir interpretieren A_{res} als die Amplitude für Resonanzstreuung und A_{pot} als die Amplitude für Potentialstreuung. Da nämlich nur A_{res} die logarithmische Ableitung f_0 enthält, kann nur dieser Term von den inneren Kerneigenschaften abhängen und zu Resonanzerscheinungen Anlaß geben. A_{pot} entspricht der Amplitude für die Streuung der einfallenden Welle durch den Potentialsprung am Kernrand. Wenn dieser Potentialsprung unendlich groß wird, also eine reflektierende „harte" Kugel vorliegt, so muß $u(r) = 0$ werden für $r = R$. Nach (7.25) wird dann $f_0 = \infty$ und daher $A_{\text{res}} = 0$, wie es unserer Interpretation entspricht. Näherungsweise ist dieser Fall in Fig. 52c dargestellt. In den Wirkungsquerschnitt gehen die beiden Amplituden A_{res} und A_{pot} kohärent ein. Das muß so sein, da man am elastisch gestreuten Teilchen experimentell nicht feststellen kann, durch welchen Mechanismus es gestreut wurde. Der Wirkungsquerschnitt enthält also normalerweise Interferenzglieder aus beiden Amplituden (s. jedoch Gl. (7.70)). Als nächsten Schritt stellen wir nun die Beziehung zwischen dem Reaktionsquerschnitt $\sigma_{r,0}$ aus (4.21) und f_0 mit Hilfe von (7.27) her. Einsetzen und leichtes Umformen liefert

$$\sigma_{r,0} = \frac{\pi}{k^2} \frac{-4kR\,\text{Im}\,f_0}{(\text{Re}\,f_0)^2 + (\text{Im}\,f_0 - kR)^2} \tag{7.31}$$

Wie wir schon festgestellt haben, muß diese Größe für reelles f_0 verschwinden.

Um nun die Energieabhängigkeit von f_0 in der Nähe der Resonanz studieren zu können, müssen wir einige einfache Annahmen über die Wellenfunktion $u_i(r)$ im Kerninneren machen. Auf der Innenseite des Kernrandes wird es sicher eine einlaufende Welle $\exp(-iKr)$ geben. Die Wellenzahl im Innenraum sei hier mit K bezeichnet. Es wird aber auch eine aus dem Kerninneren kommende reflektierte Welle geben. Wenn das Teilchen im Kern durch Reaktionsprozesse absorbiert werden kann, so ist die

---

[1]) Die zweite Zeile von (7.28) ergibt sich aus der ersten, wenn man den in Betragzeichen stehenden Ausdruck durch $\exp(-2ikR)$ dividiert und $(f_0 - ikR)/(f_0 - ikR) - 1$ addiert.

Amplitude der zum Kernrand hin auslaufenden Welle kleiner als die der einlaufenden. In unserer nicht-zeitabhängigen Betrachtung tragen wir diesen Absorptionsprozessen durch einen Faktor exp $(-2q)$ Rechnung, wobei q eine positive Zahl sei. Außerdem kann die Welle eine Phasenverschiebung 2ξ erfahren haben. (Die Faktoren 2 sind nur zur bequemen Umformung eingeführt.) Wir setzen also an

$$u_i(r) = e^{-iKr} + e^{-2q}e^{i(Kr+2\xi)} = \frac{1}{2}[e^{-i(Kr+\xi+iq)} + e^{i(Kr+\xi+iq)}] \cdot 2e^{(i\xi-q)}$$

$$= \text{const} \cdot \cos(Kr + \xi + iq) \tag{7.32}$$

Die Konstante hängt nicht von r ab und ist daher für die Randbedingungen unbedeutend. Für die Wellenfunktion u_i bilden wir mit (7.25)

$$f_0 = -KR \tan(KR + \xi + iq) \tag{7.33}$$

Von K und ξ wollen wir nur annehmen, daß sie mit der Energie relativ langsam veränderlich sind. Von q wollen wir dagegen voraussetzen, daß es klein gegen Eins sei. Das bedeutet relativ schwache Absorption im Kerninneren und daher geringe Dämpfung der innen hin und her reflektierten Welle. Da wir uns für energiescharfe Resonanzprozesse interessieren, ist diese Voraussetzung vernünftig, weil starke Dämpfung eine kurze Lebensdauer und daher große Energiebreite der quasistationären Zustände bedeutet. Dies rechtfertigt auch die stationäre Behandlung des Problems.

Unter diesen Voraussetzungen benutzen wir jetzt (7.33), um das Verhalten von f_0 in der Nähe einer Resonanz zu studieren. Als Resonanzbedingung verlangen wir $f_0 = 0$ für $E = E_{res}$ wobei E_{res} die Resonanzenergie sei. Wir nehmen ferner an, daß q klein sei und setzen eine Taylor-Entwicklung für $f_0(E, q)$ an der Stelle $E = E_{res}$, $q = 0$ an, die wir nach dem ersten Gliede abbrechen

$$f_0 = (E - E_{res})\left(\frac{\partial f_0}{\partial E}\right)_{E=E_{res}} + q\left(\frac{\partial f_0}{\partial E}\right) \tag{7.34}$$

Die Ableitungen lassen sich im Prinzip aus (7.33) bestimmen. Wir setzen [1]

$$-\left(\frac{\partial f_0}{\partial E}\right)_{E=E_{res}} \equiv a \tag{7.35a}$$

und $\quad q\left(\frac{\partial f_0}{\partial q}\right)_{q=0} = -iKRq = -ib \quad \text{mit} \quad b \equiv KRq \tag{7.35b}$

Bei der Ableitung von Gl. (7.35b) aus (7.33) haben wir davon Gebrauch gemacht, daß bei Resonanz $f_0 = 0$ und daher $\tan(Kr + \xi + iq) = 0$ sein muß. Für $\tan x = 0$ gilt $(d \tan x/dx) = 1$. Die beiden Größen a und b sollen innerhalb des für eine Resonanz wichtigen Energieintervalls als Konstanten betrachtet werden. Dann ist

$$f_0 = -(E - E_{res})a - ib \tag{7.36}$$

---

[1] Man kann in der Reaktionstheorie allgemein zeigen, daß $(\partial f_0/\partial E) < 0$. Wir wählen hier ein negatives Vorzeichen, damit a positiv wird.

Hiermit können wir nun in die Ausdrücke (7.28) und (7.31) für die Wirkungsquerschnitte eingehen.

Als erstes wollen wir die Amplituden A_{res} für Resonanzstreuung betrachten. Einsetzen von (7.36) in (7.29) liefert (nach Division durch $-a$)

$$A_{res} = \frac{2i(kR/a)}{(E - E_{res}) + i(kR/a + b/a)}$$

Um dies bequemer zu schreiben, führen wir die folgenden Größen ein

$$\Gamma_\alpha = \frac{2kR}{a} \quad \text{(Teilchenbreite, Einheit MeV)} \tag{7.37}$$

$$\Gamma_r = \frac{2b}{a} \quad \text{(Reaktionsbreite, Einheit MeV)} \tag{7.38}$$

$$\Gamma = \Gamma_\alpha + \Gamma_r \quad \text{(totale Breite)} \tag{7.39}$$

Diese Größen haben wir bereits bei unserer qualitativen Diskussion zu Beginn des Abschnitts benutzt. Man sieht, daß nur Γ_r über b von der Stärke der Absorption des Teilchens abhängt und daß Γ_α die in Fig. 108 skizzierte Abhängigkeit $\Gamma_\alpha \sim (\partial f_0/\partial E)^{-1}$ hat.

Die Maßeinheit für die Breite ergibt sich, wenn wir beachten, daß kR und b dimensionslos sind und a nach (7.35 a) die Dimension (Energie)$^{-1}$ hat, da f_0 ebenfalls dimensionslos ist (vgl. (7.25) oder (7.33)). Die Bedeutung der für die Größen Γ gewählten Bezeichnungen wird aus dem Folgenden noch klarer werden. Für die (dimensionslose) Streuamplitude A_{res} erhalten wir nun

$$A_{res} = \frac{i\Gamma_\alpha}{(E - E_{res}) + \frac{1}{2}i\Gamma} \tag{7.40}$$

Hieraus bilden wir nach (7.28) den Wirkungsquerschnitt für Resonanzstreuung $\sigma_{s,res}$, wobei wir von der Potentialstreuung vorläufig absehen

$$\sigma_{s,res} = \frac{\pi}{k^2} A_{res} \cdot A_{res}^* = \frac{\pi}{k^2} \frac{\Gamma_\alpha^2}{(E - E_{res})^2 + \frac{1}{4}\Gamma^2} \tag{7.41}$$

Der Verlauf des Wirkungsquerschnitts wird danach durch eine typische Dispersionskurve wiedergegeben. Wir überblicken ihren Verlauf am besten, wenn wir $E_{res} = 0$ wählen und (7.41) in der Form schreiben $(4\pi\Gamma_\alpha^2/k^2\Gamma^2)[\Gamma^2/(4E^2 + \Gamma^2)]$. Der Verlauf dieser Lorentz-Kurve ist in Fig. 109 dargestellt. Die Resonanz hat bei halbem Maxi-

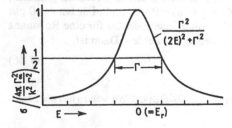

Fig. 109
Verlauf des Resonanz-Streuquerschnitts (7.43)
(Lorentz-Kurve)

malwert des Wirkungsquerschnitts gerade die Breite Γ. Da nach (7.38) nur die Reaktionsbreite Γ_r den Absorptionsfaktor b enthält (vgl. (7.35b) und (7.32)), können wir für eine reine Resonanzstreuung ohne Reaktion $\Gamma_r = 0$ setzen. Dann ist in (7.41) $\Gamma = \Gamma_\alpha$. Daher ist Γ_α die Breite für Re-Emission des eingedrungenen Teilchens. Die totale Breite $\Gamma = \Gamma_\alpha + \Gamma_r$ für einen Resonanzprozeß entspricht der Summe aus den Übergangswahrscheinlichkeiten für eine Resonanzstreuung und eine Resonanzreaktion, bei der das Teilchen aus dem elastischen Kanal absorbiert wird.

Setzt man in (7.41) $\Gamma = \Gamma_\alpha$ (d. h. $\Gamma_r = 0$) und $E = E_{res}$, so ergibt sich für das Maximum des Wirkungsquerschnitts

$$\sigma_{s,res}^{max} = \frac{4\pi}{k^2} = 4\pi\lambdabar^2 \tag{7.42}$$

in Übereinstimmung mit unserem früheren Ergebnis (4.23). Weit außerhalb der Resonanz, d. h. für $|E - E_{res}| \gg \Gamma$ geht (7.41) gegen Null, dann verbleibt für den Streuquerschnitt (7.28) nur die bisher vernachlässigte Potentialstreuung. Für diese gilt (unter Benutzung von (7.30))

$$\sigma_{s,pot} = \frac{\pi}{k^2}|A_{pot}|^2 = \frac{2\pi}{k^2}(1 - \cos 2kR) \tag{7.43}$$

Da wir $l = 0$ vorausgesetzt haben; ist $(1/k) = \lambdabar \gg R$ (Fig. 48), und wir dürfen nähern mit $\cos x = 1 - x^2/2$. Daher wird

$$\sigma_{s,pot} \approx \frac{2\pi}{k^2}\frac{4k^2R^2}{2} = 4\pi R^2 \tag{7.44}$$

in Übereinstimmung mit (4.53).

Für Energien zwischen $E = E_{res}$ und $|E - E_{res}| \gg \Gamma$ können A_{res} und A_{pot} in gleicher Größenordnung liegen und zu Interferenzen führen. Wenn man Γ_α in (7.40) gegen $E - E_{res}$ vernachlässigt und in (7.30) $kR \ll 1$ setzt, sieht man, daß für $E < E_{res}$ die beiden Amplituden entgegengesetztes Vorzeichen haben und zu destruktiver Interferenz führen, während sie für $E > E_{res}$ zu konstruktiver Interferenz führen. Es ergibt sich daher unter Berücksichtigung von (7.41), (7.42) und (7.44) der in Fig. 110 gezeigte Verlauf für den Streuquerschnitt.

Wir müssen nun noch den Reaktionsquerschnitt betrachten. Man erhält ihn ohne weiteres durch Ersetzen von (7.36) in (7.31). Nach Division durch a^2 ergibt sich

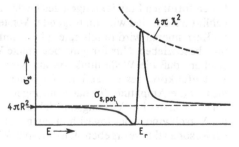

Fig. 110
Wirkungsquerschnitt für elastische Streuung bei $l = 0$ in der Nähe einer Resonanz. Man vergleiche mit diesem Bild die zweite Resonanz in Fig. 107. Bei Berücksichtigung des Spins ist die Interferenz weniger ausgeprägt

$$\sigma_{r,0} = \frac{\pi}{k^2} \frac{(2kR/a)(2b/a)}{(E - E_{res})^2 + \frac{1}{4}(2b/a + 2kR/a)^2}$$

$$= \frac{\pi}{k^2} \frac{\Gamma_\alpha \Gamma_r}{(E - E_{res})^2 + \frac{1}{4}\Gamma^2} \tag{7.45}$$

Wenn wir hierzu (7.41) unter Beachtung von (7.39) addieren, können wir noch den totalen Wirkungsquerschnitt für Resonanzprozesse angeben

$$\sigma_{T,res} = \sigma_{s,res} + \sigma_r = \frac{\pi}{k^2} \frac{\Gamma \Gamma_\alpha}{(E - E_{res})^2 + \frac{1}{2}\Gamma^2} \tag{7.46}$$

Diese Wirkungsquerschnitte zeigen den gleichen Verlauf wie in Fig. 109, nur muß die Ordinate entsprechend geändert werden. Gl. (7.46) führt meist den Namen Ein-Niveau-Breit-Wigner-Formel. Bei ihrer Herleitung haben wir vorausgesetzt, daß nur ein einziger Resonanzzustand zum Wirkungsquerschnitt beiträgt. Sie zeigt das wesentliche Verhalten einer Resonanzreaktion. Da wir Spin und Ladung der einfallenden Teilchen vernachlässigt haben, gilt die Formel in der angegebenen Form nur für Reaktionen mit langsamen Neutronen (s-Wellen), sie kann aber für komplizierte Fälle modifiziert werden.

Zum Schluß sei darauf hingewiesen, daß die in Abschn. 7.3 besprochenen Phasenraumfaktoren in den hier abgeleiteten Formeln bereits enthalten sind. Sie haben im vorliegenden Fall eine besonders einfache Form, da wir von der Streuamplitude für elastische Streuung ausgegangen waren und sich der Reaktionsquerschnitt aus der Differenz zwischen einfallendem und elastisch gestreutem Teilchenstrom ergab. Über das Schicksal der aus dem elastischen Kanal absorbierten Teilchen erfahren wir bei dieser Betrachtungsweise nichts. Aus Fig. 110 ergibt sich, daß der Streuquerschnitt außerhalb der Resonanz konstant ist, in Übereinstimmung mit Fall a aus Fig. 106. Ferner sieht man unter Zuhilfenahme von (7.37) und (7.38), daß für den Reaktionsquerschnitt nach (7.45) bei kleinen Energien gilt $\sigma_s \sim 1/k \sim 1/v$, wie es Fall b in Fig. 106 entspricht.

7.5 Compound-Kern-Reaktionen

In den formalen Entwicklungen des letzten Abschnitts, die zu den Resonanzformeln geführt haben, sind wir von folgender Vorstellung ausgegangen. Die Wellenfunktion im Kerninneren wird durch eine relativ einfache Funktion, etwa eine Cosinusfunktion, beschrieben. Nur für ganz bestimmte Wellenzahlen K läßt sich die Bedingung erfüllen, daß die Wellenfunktion am Kernrand mit waagerechter Tangente an die Wellenfunktion des einlaufenden Teilchens anschließt. Für die betreffenden Energien ist die Amplitude für das Eindringen in den Kern am größten: Man beobachtet eine Resonanz im Wirkungsquerschnitt. Die mathematische Bedingung hierfür ist das Verschwinden der logarithmischen Ableitung $f_0 = 0$ am Kernrand. Für die Form der Resonanzkurve ergeben sich die Breit-Wigner-Formeln. Indessen haben wir noch keine Aussagen über die wichtigste dabei vorkommende Größe, die Resonanzbreite Γ gemacht. Es ist nach dem Gesagten klar, daß das Amplitudenverhältnis von äußerer und innerer Wellenfunktion in dem Maße abnimmt, wie sich f_0 mit der Energie ändert. Daher ist $\Gamma \sim (\partial f_0/\partial E)^{-1}$, wie es sich aus Gl. (7.35a), (7.37) und (7.38) ergibt. Um eine einfache Modellvorstellung zu haben, könnten wir Γ nach dieser Vorschrift aus einer Wellenfunktion in einem Rechteckpotential von ca. 50 MeV Tiefe berechnen, wobei wir uns vorstellen, daß ein Neutron von relativ geringer Energie einfalle. Man findet ein Γ in der Größenordnung von 1 MeV. Ein kleinerer Wert ist auch nicht zu erwarten, da sich die Wellenzahl $K = (1/\hbar) \cdot \sqrt{2m(E - V_0)}$ nur langsam mit E ändert, sofern $E \ll |V_0|$ ist. Ähnliche Werte für Γ ergeben sich, wenn man anstelle des Rechteckpotentials ein realistischeres Kernpotential verwendet. Man bezeichnet eine Resonanz dieses Typs als Einteilchen-Resonanz, ihre Breite soll mit Γ_e bezeichnet sein. Solche Resonanzen waren in Fig. 108 skizziert.

In scharfem Gegensatz zu dieser Vorstellung beobachtet man bei Experimenten mit langsamen Neutronen Resonanzbreiten in der Größenordnung von 0,003 bis 1 eV (Fig. 107). Wie ist das zu erklären? Offensichtlich spielt hier die Wechselwirkung mit den bereits im Kern vorhandenen Nukleonen eine Rolle. Wir erinnern uns hierzu an die Beschreibung angeregter Zustände mit dem Schalenmodell. Für eine bestimmte Nukleonenkonfiguration (im Sinne von Fig. 84) ergibt sich, solange man die Teilchen als unabhängig betrachtet, eine relativ einfache Wellenfunktion. Sie ist ein Produkt aus Einteilchen-Wellenfunktionen. Dazu gehört eine feste Energie, die eine Summe von Einteilchen-Energien ist. Aber dieser Zustand ist hoch entartet: Die Energie ist beispielsweise von der Drehimpulskopplung unabhängig. In Wirklichkeit heben die Restwechselwirkungen diese Entartung auf, so daß der Zustand aufspaltet und sich für ein gegebenes Energie-Niveau Wellenfunktionen verschiedener Konfigurationen mit bestimmten Amplituden addieren können (Konfigurationsmischung).

Wir gehen nun von einem Kern im Grundzustand aus, der A Nukleonen und die inneren Koordinaten ξ habe, und fügen ein weiteres Teilchen mit den Koordinaten x durch eine Reaktion zu. Die Wellenfunktion Ψ genügt $H\Psi = E\Psi$ mit

$$H = H_\xi + T(r) + \sum_{i=1}^{A} V_i(\xi_i, x) = H_\xi + T(r) + V_{opt} + [\sum_i V_i(\xi_i, x) - V_{opt}] \qquad (7.47)$$

wobei H_ξ die Hamiltonfunktion des Targetkerns und $T(r)$ die kinetische Energie des Projektils ist. Weiter enthält H die Summe über die paarweisen Nukleon-Nukleon-Wechselwirkungen zwischen den Nukleonen des Targetkerns und dem einfallenden Teilchen. In der rechten Seite der Gleichung sind diese Wechselwirkungen aufgespalten in die Wirkung eines mittleren Potentials V_{opt} und den in Klammern stehenden Ausdruck für die Restwechselwirkungen (vgl. hierzu S. 186). Ohne die Restwechselwirkungen würde das einfallende Teilchen in der Tat einen Einteilchenzustand mit der Breite Γ_e in dem von A Targetnukleonen gebildeten Potential V_{opt} bilden. Die Restwechselwirkungen bewirken aber, daß der Einteilchenzustand in eine große Zahl von einzelnen Niveaus aufspaltet, die ihrerseits aus komplizierten Konfigurationsmischungen bestehen. Zur Veranschaulichung diene Fig. 111, wo unter a) zwei Einteilchenniveaus des Kerns $A + 1$ gezeichnet sind. Sie sind relativ breit, da es sich um ungebundene zerfallende Zustände handeln soll. Die Wechselwirkungen V_i bewirken die unter b) gezeichnete Aufspaltung in viele Niveaus.

Die Wellenfunktion für jedes einzelne dieser Niveaus ist eine sehr komplizierte Summe aus Wellenfunktionen der verschiedenen dazu beitragenden Konfigurationen. Im Gegensatz zu der einfachen Cosinusfunktion des Einteilchenzustandes enthält diese Wellenfunktion daher sehr viele Fourier-Komponenten. Die Folge ist, daß sich auch $(\partial \varphi_0/\partial E)$ sehr empfindlich mit der Energie ändert und die Breite Γ_c dieser Zustände entsprechend klein wird. Man bezeichnet solche Zustände, an deren Zustandekommen viele Nukleonen des Targetkerns beteiligt sind als Compound-Zustände. Wenn man daher eine Anregungsfunktion mit sehr hoher Energieauflösung mißt, beobachtet man viele schmale Einzelresonanzen (Fig. 111c). Es stellt sich jedoch heraus, daß der Einteilchencharakter der Wellenfunktion nicht völlig verlorengeht. Wenn man nämlich die Anregungsfunktion mit einem Energieintervall $\Gamma_e > \Delta E > \Gamma_c$ mittelt (entweder nachträglich oder durch Verwendung eines energieunscharfen Strahles), erhält man eine Grobstruktur (gestrichelte Linie) von der Breite einer Einteilchenresonanz. (Ausführliches zu diesem Bilde bei [Lan 58, Bro 59, Bro 64].)

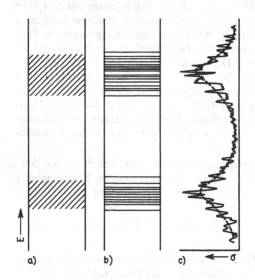

Fig. 111
Niveauaufspaltung bei der Bildung eines Compound-Kerns

Für die Compound-Kern-Zustände ergibt sich aus der kleinen Breite Γ_c eine sehr lange mittlere Lebensdauer, die bei niedrigen Einfallsenergien etwa 10^6mal so groß ist wie die eines Einteilchenzustands. Das hat zu der Vorstellung geführt, daß Bildung und Zerfall eines Compound-Kerns voneinander unabhängig sind, oder, was dasselbe bedeutet, daß sich der Wirkungsquerschnitt als Produkt aus der Bildungs- und Zerfallswahrscheinlichkeit schreiben läßt (N. Bohr 1936, [Boh 36]). Die ursprüngliche Idee dabei war, daß sich die Energie ziemlich gleichmäßig auf alle Nukleonen verteilt und die Re-Emission nach Durchlaufen eines langen Zyklus von Bewegungen erfolgt, so daß der Compound-Kern jede Erinnerung an seinen Entstehungsprozeß verloren hat. Unserem eben entwickelten Bilde entspricht eher die folgende, etwas genauere Vorstellung für eine Reaktion, die über eine einzelne Compound-Kern-Resonanz abläuft. Die Übergangsamplitude vom Anfangs- in den Endzustand enthält eine sehr komplizierte Summe von Einzelamplituden, die sich mit verschiedenen Phasen addieren. Da das System außerordentlich viele Freiheitsgrade hat, kann man unterstellen, daß diese Einzelamplituden einer stochastischen Verteilung genügen. Zwischen den zur Bildung und zum Zerfall gehörenden Einzelamplituden herrschen keine Korrelationen. Bei der Bildung des Wirkungsquerschnitts, also beim Quadrieren der Amplitude, treten alle möglichen Interferenzterme auf, die sich jedoch wegen ihrer stochastischen Phasenbeziehungen im Energiemittel wegheben (Zufallsphasen-Näherung)[1]. Der Wirkungsquerschnitt faktorisiert in einen Bildungs- und einen Zerfallsquerschnitt, wie es der Bohrschen Hypothese entspricht.

Wir wollen auf die im einzelnen recht schwierige theoretische Begründung dieses Modells nicht eingehen, sondern die Unabhängigkeit von Bildung und Zerfall des Compound-Kerns für das Folgende als Annahme voraussetzen und eine Reihe von Folgerungen daraus ableiten.

Wir betrachten den totalen Wirkungsquerschnitt $\sigma_{\alpha\beta}$ für eine Reaktion, die vom Eingangskanal a in den Ausgangskanal β führt. Durch den Kanalindex sind also beispielsweise Projektil a und Targetkern A bereits spezifiziert. Die Compound-Kern-Hypothese bedeutet, daß wir schreiben dürfen

$$\sigma_{\alpha\beta} = \sigma_{\alpha c} \cdot G_\beta \tag{7.48}$$

wobei $\sigma_{\alpha c}$ der Wirkungsquerschnitt für die Bildung des Compound-Kerns im Kanal α und G_β die Wahrscheinlichkeit für Zerfall in den Kanal β ist. Summiert über alle Ausgangskanäle ist daher $\sum G_\beta = 1$. Da die Breite Γ ein direktes Maß für die Zerfallswahrscheinlichkeit eines Niveaus ist, gilt

$$G_\beta = \Gamma_\beta / \Gamma \quad \text{mit} \quad \Gamma = \sum_{\beta'} \Gamma_{\beta'} \tag{7.49}$$

Hier ist Γ die totale Zerfallsbreite, und die Summe läuft über alle möglichen Ausgangskanäle β', eingeschlossen β. Um eine Aussage über Γ_β zu machen, benutzen wir den Reziprozitätssatz (7.22) in der Form

$$\sigma_{\alpha\beta} k_\alpha^2 = \sigma_{\beta\alpha} k_\beta^2 \tag{7.50}$$

Von Drehimpulsen wollen wir zunächst absehen. Gehen wir auf der rechten Seite von (7.48) zur inversen Reaktion über, so gilt $\sigma_{\alpha c} \to \sigma_{\beta c}$, $G_\beta \to G_\alpha = \Gamma_\alpha / \Gamma$. Anwendung von (7.50) führt daher zu

$$\sigma_{\alpha\beta} k_\alpha^2 = \sigma_{\alpha c} k_\alpha^2 \frac{\Gamma_\beta}{\Gamma} = \sigma_{\beta c} k_\beta^2 \frac{\Gamma_\alpha}{\Gamma} \tag{7.51}$$

woraus sich ergibt

$$\Gamma_\beta = \sigma_{\beta c} k_\beta^2 \frac{\Theta_\alpha}{\sigma_{\alpha c} k_\alpha^2} \equiv \sigma_{\beta c} k_\beta^2 \cdot F \tag{7.52}$$

---

[1] Bei scharf definierter Einschlußenergie fluktuiert der Wirkungsquerschnitt bei Änderung der Energie, s. S. 264.

Den nicht von β abhängigen zweiten Faktor haben wir mit F abgekürzt. Mit Hilfe von (7.49) ergibt sich nun für G_β

$$G_\beta = \sigma_{\beta c} k_\beta^2 \cdot [\sum_{\beta'} \sigma_{\beta' c} k_\beta^2]^{-1}$$

und für den Reaktionsquerschnitt nach (7.48)

$$\sigma_{\alpha\beta} = \sigma_{\alpha c} \cdot \frac{\sigma_{\beta c} k_\beta^2}{\sum_{\beta'} \sigma_{\beta' c} k_\beta^2} \tag{7.53}$$

Der Faktor F hat sich hierbei fortgehoben. Der Ausdruck (7.53) zusammen mit (7.48) besagt, daß man den Wirkungsquerschnitt für die Reaktion angeben kann, sobald man den Bildungsquerschnitt für den Compound-Kern in allen Kanälen kennt.

Wir haben bisher schon mehrfach in qualitativer Weise von der Vorstellung Gebrauch gemacht, daß die Bildungswahrscheinlichkeit des Compound-Kerns vom Verhältnis der Amplituden der Wellenfunktionen im Außen- und Innenraum abhängt. Dieses Amplitudenverhältnis ist in den in den Gl. (3.21) und (3.23) definierten Transmissionskoeffizienten enthalten. Wir erwarten daher, daß der Bildungsquerschnitt in einem bestimmten Kanal α mit dem entsprechenden Transmissionskoeffizienten zusammenhängt. Wir überzeugen uns hiervon zunächst anhand eines trivialen Beispiels. Ein ungeladenes Teilchen der Energie E soll auf eine rechteckige Potentialstufe mit der Tiefe V_0 für $r < 0$ zulaufen. Das entspricht der in Fig. 55 b, Spalte 1 gezeichneten Situation, nur daß wir der Bequemlichkeit halber die Stufe nach $r = 0$ legen. Die Lösung der Schrödinger-Gleichung hat die Form (3.26). Außen gibt es ein- und auslaufende Wellen, daher ist $u_a(r) = \alpha \exp(ikr) + \beta \exp(-ikr)$, innen gibt es nur die einlaufende Welle $u_i(r) = \gamma \exp(-iKr)$. Für den Transmissionskoeffizienten zählt nur der einlaufende Teil von u_a. Daher ist nach (3.23) $T = \gamma^2 K / \beta^2 k$. Aus den Stetigkeitsbedingungen für $r = 0$ ergibt sich $\alpha + \beta = \gamma$ und $k(\beta - \alpha) = K\gamma$. Daraus erhält man für die Transmission durch die Potentialstufe

$$T = \frac{4kK}{(k+K)^2} \tag{7.54}$$

Wir stellen uns jetzt vor, daß das Teilchen einen Compound-Kern mit sehr vielen offenen Ausgangskanälen gebildet habe. Dann ist die Wahrscheinlichkeit eines Zerfalls durch den Eingangskanal klein, d. h. es gibt, wie im eben benutzten Beispiel der Potentialschwelle angenommen, keine von innen auf die Potentialschwelle zurücklaufende Welle. Für die Innenlösung $\exp(-iKr)$ finden wir mit (7.25) die logarithmische Ableitung $f_0 = -iKR$ und für den Reaktionsquerschnitt mit (7.31)

$$\sigma_{r,0} = \pi \lambda^2 \frac{4kK}{(K+k)^2} = \pi \lambda^2 T \tag{7.55}$$

Es zeigt sich in diesem Beispiel, daß T gerade die Stelle von $(1 - |\eta_0|^2)$ für $l = 0$ in Gl. (4.20) einnimmt. Man kann zeigen, daß dies für alle l gilt und daß man statt (4.20) schreiben kann

$$\sigma_c = \frac{\pi}{k^2} \sum_l (2l+1) T_l \quad \text{mit} \quad T_l = 1 - |\langle h_l \rangle|^2 \tag{7.56}$$

Wenn wir direkte Reaktionen ausschließen, ist σ_c gerade die Bildungswahrscheinlichkeit für den Compound-Kern. Daher haben wir hier σ_c statt σ_r geschrieben. Außerdem steht statt η_l der Energiemittelwert $\langle \eta_l \rangle$ aus den gleich zu erläuternden Gründen.

In konkreten Fällen müssen zur Berechnung der Transmissionskoeffizienten Wellenfunktionen benutzt werden, die sich aus der Lösung der Schrödinger-Gleichung (4.7b) mit einem realistischen Potential $V(r)$ ergeben. Zu diesem Potential tragen bei: 1) das mittlere Kernpotential (in Form des optischen Potentials Abschn. 7.6), 2) das Coulomb-Potential, 3) der Bahndrehimpulsterm aus (4.7b), d.h. das Zentrifugalpotential. Die praktische Berechnung erfolgt nach numerischen Methoden. Fig. 112a zeigt als Beispiel, welches effektive Potential sich ergibt, wenn Protonen mit $l = 2$ auf Cu geschossen

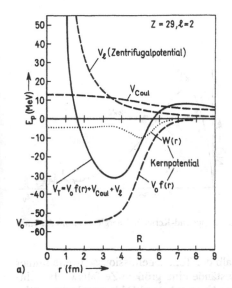

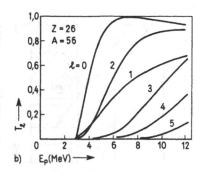

Fig. 112
a) Bestandteile des beim Einfall von $l = 2$ Protonen auf Cu wirksamen Potentials nach [Vog 68];
b) Transmissionskoeffizienten für den Einfall von Protonen auf ^{56}Fe

werden. In Fig. 112b sind einige berechnete Transmissionskoeffizienten aufgetragen. Ihr unregelmäßiges Verhalten wird verursacht durch das Auftreten von Einteilchen-Resonanzen in dem recht komplizierten realistischen Potential des Typs von Fig. 112a. Wir können nun im Prinzip die so bestimmten Transmissionskoeffizienten benutzen, um den Reaktionsquerschnitt einer Compound-Kern-Reaktion zu berechnen. In die Berechnung der Transmissionskoeffizienten geht allerdings nur das mittlere Kernpotential ein, ohne die Wechselwirkungen V_i, Gl. (7.47), zwischen den einzelnen Nukleonen. Die Transmissionskoeffizienten beschreiben daher nur die Bildungswahrscheinlichkeit für den Einteilchenzustand. Die berechneten Wirkungsquerschnitte enthalten also nicht die Einzelresonanzen, sondern nur den in Fig. 111 gestrichelt gezeichneten Energie-Mittelwert $\langle \sigma \rangle$ den wir durch eine eckige Klammer andeuten. Wir substituieren nun in Gl. (7.48) und (7.53) $\sigma_{\alpha c} \to \langle \sigma_{\alpha c} \rangle = (\pi/k_\alpha^2)T_\alpha$ und $\sigma_{\beta c} \to \langle \sigma_{\beta c} \rangle = (\pi/k_\beta^2)T_\beta$ und erhalten

$$\langle \sigma_{\alpha\beta} \rangle = \frac{\pi}{k_\alpha^2}T_\alpha \cdot \frac{T_\beta}{\sum_{\beta'} T_{\beta'}}$$

Diese Gleichung kann man durch Einschluß des Drehimpulses verallgemeinern. Es treten dann entsprechende Summen über die Transmissionskoeffizienten T_l auf. Nach diesem „Hauser-Feshbach-Verfahren" lassen sich mittlere Wirkungsquerschnitte für Compound-Kern-Reaktionen berechnen [Hau 52, Fes 60].

Wir wollen jetzt Aussagen über das Energiespektrum der vom Compoundkern emittierten Teilchen machen. Zunächst sind in Fig. 113a die Energieverhältnisse dargestellt. Der Compoundkern C sei durch das Projektil a mit der Energie E angeregt. Er emittiert ein Teilchen b mit der kinetischen Energie ε und hinterläßt den Restkern B mit der Anregungsenergie U. Bei Übergängen in den Grundzustand von B werden die Teilchen mit der Maximalenergie ε_0 emittiert. Im Spektrum der emittierten Teilchen (Fig. 113b) sieht man bei hohen Energien Linien, die zu diskreten angeregten Zuständen des Restkerns führen. Das Spektrum geht bei kleineren Energien schließlich in ein breites Kontinuum über. Das liegt daran, daß die Zahl der Niveaus pro Energieintervall im Endkern mit zunehmender Anregungsenergie immer größer wird

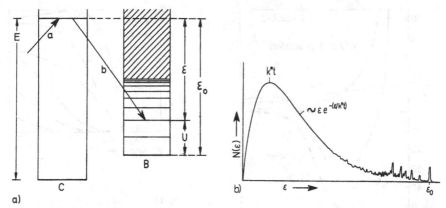

Fig. 113   a) Energieverhältnisse beim Zerfall eines Compound-Kerns, b) Energiespektrum der emittierten Teilchen (schematisch)

und daß gleichzeitig diese Niveaus oberhalb der Teilchenemissionsschwelle immer breiter werden, da die hochangeregten Zustände eine größere Zerfallswahrscheinlichkeit haben. Schließlich wird der mittlere Niveauabstand D kleiner als die mittlere Niveaubreite Γ, so daß man in den Bereich sich überlappender Resonanzen gerät (schraffiert in Fig. 113a): Ein typischer Wert für einen Kern mit $A \approx 60$ ist für 15 MeV Anregung $\Gamma = 3$ keV; $D = 0,25$ keV; $\Gamma/D = 12$. Im Spektrum der Teilchen, die zu einem hochangeregten Kern führen, ist daher keine Struktur mehr zu beobachten. Bei ganz kleinen Energien des emittierten Teilchens nimmt die Intensität schließlich stark ab, da nun die Transmission durch die Potentialbarriere und der den Teilchen zur Verfügung stehende Phasenraum immer kleiner wird. Um das Spektrum der emittierten Teilchen quantitativ zu beschreiben, greifen wir darauf zurück, daß der Compoundkern ein System ist, bei dem sich die Anregungsenergie durch viele Stöße auf eine große Zahl von Nukleonen verteilt hat. Wir können uns die Situation an einem einfachen Modell klarmachen. Wir stellen uns einen oben offenen Topf mit reflektierenden Wänden vor, in dem A Stahlkugeln hin- und herfliegen und untereinander stoßen können. Die gesamte kinetische Energie aller Kugeln soll so groß sein, daß dann, wenn ein erheblicher Bruchteil davon auf eine einzige Kugel übertragen wird, diese Kugel weit über den Rand des Topfes hinausfliegen kann. Auf diesen Fall müssen wir aber sehr lange warten, denn normalerweise wird die Energie ziemlich gleichmäßig auf alle Kugeln verteilt sein, so daß keine davon genug Energie hat, herauszufliegen. Wenn wir nach der ursprünglichen Anregung lange genug gewartet haben, wird zu jedem Zeitpunkt eine Zufallsverteilung der kinetischen Energien auf die einzelnen Kugeln im Sinne der statistischen Mechanik vorliegen. Wir können nun nach der Wahrscheinlichkeit dafür fragen, daß sich eine Konfiguration einstellt, bei der eine der Kugeln eine bestimmte kinetische Energie ε hat, die beispielsweise zur Emission aus dem Topf führen kann. Um sie anzugeben, können wir die gesamte zur Verfügung stehende Energie E in einzelne Intervalle ε_i einteilen und danach fragen, wieviele Möglichkeiten es gibt; die vorhandenen A Kugeln auf diese Intervalle so zu verteilen, daß die gesamte Energie konstant bleibt. Es ist klar, daß es nur eine Konfiguration gibt, bei der eine einzige Kugel die gesamte Energie hat und alle anderen in Ruhe sind, während es sehr viele Möglichkeiten gibt, die Energie so auf die Kugeln zu verteilen, daß eine davon beispielsweise ein Zehntel der verfügbaren Energie hat. Die statistische Annahme bedeutet, daß alle möglichen solchen Konfigurationen mit gleicher Wahrscheinlichkeit auftreten. Die Wahrscheinlichkeit, ein Teilchen mit der Energie ε vorzufinden, ist danach gegeben durch die Zahl der Möglichkeiten, die restlichen Energien $U = E - \varepsilon$ auf die verbleibenden $A - 1$ Teilchen aufzuteilen bezogen auf die Gesamtzahl der Möglichkeiten, die Energie E auf die A Teilchen aufzuteilen. Wenn wir dieses Modell der Gleichverteilung in der Besetzungswahrscheinlichkeit aller verfügbaren Freiheitsgrade auf Kerne anwenden, sprechen wir vom statistischen Modell für Kernreaktionen.

Um das Modell anwenden zu können, brauchen wir eine Angabe darüber, wieviele Verteilungsmöglichkeiten der Energie auf die A Teilchen jeweils bei einer bestimmten Energie vorhanden sind. Dies führt zum Begriff der Niveaudichte, der für das statistische Modell von zentraler Bedeutung ist. Wir werden uns im folgenden kleingedruckten Abschnitt daher zunächst kurz mit Niveaudichten beschäftigen. Das Emissionsspektrum der Teilchen ist allerdings durch die Angabe der Wahrscheinlichkeit, mit der ein Nukleon der Energie ε im Kern auftritt, noch nicht beschrieben: Vielmehr muß diese Wahrscheinlichkeit noch multipliziert werden mit der Wahrscheinlichkeit für das Durchdringen des Potentialsprungs am Kernrand, also im wesentlichen mit einem Transmissionskoeffizienten. Für ungeladene Teilchen entsteht dann die in Fig. 113b skizzierte Form des Spektrums. Da der Mechanismus ganz ähnlich ist, wie beim Austreten eines Moleküls aus der Oberfläche einer erhitzten Flüssigkeit, heißt ein solches Spektrum Verdampfungsspektrum. Wir wollen diese Vorstellung jetzt quantitativ formulieren.

Ein Kern sei mit der Energie U angeregt. Im Sinne des eben besprochenen Modells interessieren wir uns dafür, wie viele verschiedene Möglichkeiten es gibt, diese Energie auf die Nukleonen zu verteilen. Im strikten Einteilchenmodell werden alle diese Zustände entartet sein. In Wirklichkeit sind diese Entartungen aber aufgehoben, und jeder Konfiguration wird ein separates Energieniveau entsprechen. Daher ist die Zahl der Niveaus pro Energieintervall die Niveaudichte $\rho(U)$, ein direktes Maß für die gewünschte Zahl der Verteilungsmöglichkeiten.

Über das Verhalten der Niveaudichte $\rho(U)$ läßt sich am leichtesten eine Aussage machen, wenn man als einfachste Näherung annimmt, daß die Einteilchen-Zustände in einem begrenzten Energiebereich oberhalb der Fermi-Grenze äquidistant mit dem Abstand D_0 sind. Wenn man eine feste Anregungsenergie vorgibt, kann man abzählen, wieviele Möglichkeiten es gibt, die zur Verfügung stehenden Nukleonen auf die einzelnen Zustände so zu verteilen, daß sich gerade die Energie U ergibt. Nach Aufhebung der Entartung des Einteilchen-Modells wird diese Zahl ein Maß für die Niveaudichte sein. Die Lösung dieser kombinatorischen Aufgabe ergibt

$$\rho(U) \sim \frac{1}{U} e^{2\sqrt{aU}} \quad \text{mit} \quad a = \frac{\pi^2}{6D_0} \tag{7.57}$$

Man bezeichnet a als Niveaudichte-Parameter. Verbesserte Formeln für den praktischen Gebrauch erhält man, wenn man das Modell äquidistanter Niveaus durch das Fermigas-Modell ersetzt.

Die exponentielle Abhängigkeit der Nivesudichte von der Energie legt folgende Betrachtung nahe. Wir führen eine Größe S ein, die proportional zum Logarithmus der verfügbaren Quantenzustände sein soll, also proportional zu $\log \rho(U)$

$$S(U) = k * \log \frac{\rho(U)}{\rho(0)}$$

Das ist gleichbedeutend mit

$$\rho(U) = \rho(0)e^{S(U)/k^*}$$

wobei nach (7.57) $S = 2k^* \sqrt{aU}$. Wir entwickeln $S(U)$ für Energien $U = \varepsilon_0 - \varepsilon$ nahe ε_0

$$S(\varepsilon_0 - \varepsilon) = S(\varepsilon_0) - \varepsilon \left(\frac{dS}{d\varepsilon}\right)_{\varepsilon=0}$$

Wenn wir noch $(dS/d\varepsilon) \sim 1/t$ setzen, so erhalten wir für die Niveaudichte in dieser Näherung

$$\rho(U) = \text{const} \cdot e^{-\varepsilon/k^*t} \tag{7.58}$$

Vergleicht man dies mit entsprechenden Formeln der statistischen Mechanik, so hat offensichtlich S die Bedeutung einer Entropie und t die einer Temperatur. Man bezeichnet t häufig als Kerntemperatur. Die Konstante k^* spielt die Rolle der Boltzmann-Konstanten. Man setzt bei Kernen meist $k^* = 1$, so daß t in MeV angegeben wird.

Die Niveaudichte-Formel (7.57) läßt sich erweitern, wenn man berücksichtigt, daß die Niveaudichte noch vom Gesamt-Drehimpuls I abhängt. Berücksichtigung des Drehimpulses führt zu

$$\rho(U, I) \sim \frac{1}{U^2}(2I+1)e^{2\sqrt{aU}} \cdot e^{-E_{rot}/t} = \frac{1}{U^2}(2I+1)e^{\left\{2\sqrt{aU - \frac{I(I+1)}{2\sigma^2}}\right\}} \tag{7.59}$$

Ganz rechts haben wir für die Rotationsenergie gesetzt

$$E_{rot} = \frac{I(I+1)\hbar^2}{2\theta} = \frac{I(I+1)}{2\sigma^2} \quad \text{mit} \quad \sigma^2 = \frac{\theta}{\hbar^2}t$$

wobei θ das effektive Trägheitsmoment ist. Die hier zur Abkürzung eingeführte Größe σ^2 bezeichnet man als Spinverteilungsparameter (manchmal „Spinabschneidefaktor"). Um den Inhalt dieser Formeln anschaulich zu machen, ist in Fig. 114 der Verlauf der Niveaudichte als Funktion von U und

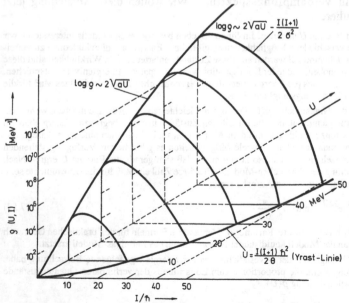

Fig. 114 Niveaudichte (in MeV^{-1}), aufgetragen gegen U und I. Die Zahlenwerte gelten für ^{65}Zn

I wiedergegeben. In der *U-I*-Ebene wird die Niveaudichte gleich Null bei der Yrast-Linie, da hier die gesamte Anregungsenergie zur Rotation verbraucht wird. (Näheres zu den Niveaudichten bei Eri 60, Lng 66, Boh 69, Hod 71.)

Wir wenden uns jetzt wieder dem Energiespektrum der emittierten Teilchen zu. Außer den Niveaudichten benötigen wir noch die Wahrscheinlichkeit dafür, daß ein Teilchen mit gegebener kinetischer Energie den Potentialrand des Kerns durchdringt. Da man diese Größe nicht unmittelbar ausrechnen kann, ersetzt man sie durch die für den inversen Prozeß, nämlich die Bildung eines Compound-Zustandes durch ein Teilchen mit der Energie ε. Wir müssen hierzu zunächst unsere Betrachtungen aus Abschn. 7.3 über inverse Wirkungsquerschnitte erweitern, indem wir jetzt die Zustandsdichte für innere Anregungen der Reaktionspartner mit in Betracht ziehen. Für die Übergangswahrscheinlichkeit $W_{if} = W(i \rightarrow f)$ zwischen den Zuständen i und f und für den inversen Übergang soll wieder gelten

$$W_{if} = \frac{2\pi}{\hbar} |\bar{H}_{fi}|^2 \rho_f \qquad W_{fi} = \frac{2\pi}{\hbar} |\bar{H}_{if}|^2 \rho_i$$

Die Zustandsdichten ρ_f und ρ_f beziehen sich aber jetzt nicht auf die Translationszustände freier Teilchen, deren innere Freiheitsgrade uns nicht interessieren (wie z.B. bei Kernen im Grundzustand oder in einem wohldefinierten einzelnen Niveau). Vielmehr soll mindestens eines der Teilchen im Ausgangskanal ein mit der Energie U angeregtes Compoundsystem sein mit der Niveaudichte $\rho(U)$. Der Querstrich über dem Matrixelement soll andeuten, daß wir das gleiche gemittelte Matrixelement für alle am Compound-Zustand beteiligten Konfigurationen verwenden, – darin liegt die statistische Annahme. Für $\Gamma > D$ müßten eigentlich Interferenzeffekte zwischen den Matrixelementen zu verschiedenen Konfigurationen auftreten. Diese Matrixelemente sollten aber für ein System mit so vielen Freiheitsgraden eine Zufallsverteilung der Phasen haben, so daß sich die Interferenzterme bei Mittelung über ein Energieintervall $\Delta E > \Gamma$ wegheben. Diese Zufallsphasennäherung ist die Basis des statistischen Modells. Da die in der Quantenmechanik typischen Interferenzterme wegfallen, bleiben die Eigenschaften eines klassischen Systems im statistischen Gleichgewicht. Für hermitische Operatoren ist deshalb wieder $|\bar{H}_{fi}|^2 = |\bar{H}_{if}|^2$, und wir erhalten nach Division der beiden Gleichungen durcheinander

$$\rho_i W_{if} = \rho_f W_{fi} \tag{7.60}$$

Wir interessieren uns für den Zerfall des Compoundkerns in den Endzustand und wollen als Zustand i den Compoundzustand des Kerns C wählen (Fig. 113) und als Zustand f den Zerfallskanal β, der aus Ejektil b und Restkern B besteht. Mit dieser Wahl für i und f schreiben wir jetzt

$$\rho_c W_{c\beta} = \rho_\beta W_{\beta c} \tag{7.61}$$

Hierin ist $\rho_c = \rho_c(E)$ die Niveaudichte des mit E angeregten Compoundkerns und $W_{c\beta}$ die Zerfallswahrscheinlichkeit in den Kanal β. Die Zustandsdichte ρ_β im Kanal β ist jedoch eine zusammengesetzte Größe. Da gleichzeitig ein freies Teilchen b und ein angeregter Kern B entstehen, ist ρ_β das Produkt aus der Dichte der Translationszustände für ein freies Teilchen ρ_b^{frei} und der Niveaudichte $\rho_B(U)$ des Restkerns B

$$\rho_\beta = \rho_b^{frei} \cdot \rho_\beta(U) \tag{7.62}$$

Wenn auch das Teilchen b komplex ist und eine innere Anregung U' hat (z.B. bei Stößen schwerer Ionen), kommt noch ein entsprechender Faktor $\rho_b(U')$ hinzu. Nach (7.16) ist

$$\rho_b^{frei} = \frac{\tau}{2\pi^2\hbar^3} m_\beta p_\beta \tag{7.63}$$

Dabei ist $p_\beta = p_b = -p_B$ der im Ausgangskanal auftretende Teilchenimpuls (Schwerpunktsystem). Wir benötigen jetzt noch den Zusammenhang zwischen W und dem Wirkungsquerschnitt. Für den totalen Wirkungsquerschnitt $\sigma_{\beta c}$ erhalten wir z.B. nach (7.19) (nach Multiplikation mit 4π)

$$\sigma_{\beta c} = \frac{W_{\beta c}\tau}{v_\beta}, \quad W_{\beta c} = \frac{v_\beta\sigma_{\beta c}}{\tau} \tag{7.64}$$

Wir setzen nun (7.64) und (7.62) in (7.61) ein und erhalten

$$\rho_c(E)W_{c\beta} = \frac{\tau}{2\pi^2\hbar^3} m_\beta p_\beta \cdot \rho_B(U) \cdot \frac{v_\beta\sigma_{\beta c}}{\tau}$$

oder, indem wir die kinetische Energie $\varepsilon_\beta = \frac{1}{2}v_\beta p_\beta = \frac{1}{2}m_\beta v_\beta^2$ im Ausgangskanal einführen

$$W_{c\beta}(\varepsilon_\beta) = \frac{\rho_B(U)}{\rho_c(E)} \cdot \frac{m_\beta\varepsilon_\beta\sigma_{\beta c}(\varepsilon_\beta)}{\pi^2\hbar^3} \tag{7.65}$$

Hierdurch ist die Form des Emissionsspektrums beschrieben. Die Gleichung enthält neben den Niveaudichten von Compoundkern und Restkern den Wirkungsquerschnitt $\sigma_{\beta c}$ für die Bildung des Compoundkerns C durch b als Projektil. Das ist aber der inverse Wirkungsquerschnitt zu dem Prozeß, den wir beobachten. Man kann ihn im Prinzip nach (7.56) aus den Transmissionskoeffizienten für ein realistisches Kernpotential berechnen, wobei man allerdings für den Targetkern das Potential im Grundzustand wählen muß, während die Emission in einen angeregten Zustand erfolgt. Man macht also prinzipiell einen Fehler, der jedoch wahrscheinlich klein ist. Gl. (7.63) gilt zunächst für Teilchen ohne Spin. Wenn das emittierte Teilchen den Spin s hat, muß noch ein Gewichtsfaktor $(2s + 1)$ hinzugefügt werden.

Um eine Vorstellung von der Form des Spektrums zu gewinnen, setzen wir für $\rho_B(U)$ die Näherung für konstante Temperatur (7.58) ein und erhalten

$$W(\varepsilon_b) = \text{const} \cdot \beta_{\beta c}(\varepsilon_\beta)\varepsilon_\beta e^{-\varepsilon_\beta/t} \quad (k^* = 1) \tag{7.66}$$

Wenn es sich um die Emission von Neutronen handelt, hängen die in $\sigma_{\beta c}$ enthaltenen Transmissionskoeffizienten wenig von der Energie ab. Das Spektrum hat dann die Form einer Maxwell-Verteilung. Dies ist die in Fig. 113b gezeichnete Form des Verdampfungsspektrums. Bei der Emission von geladenen Teilchen ändert sich die Verteilung, da $\sigma_{\beta c}$ wegen der Coulombbarriere stark von der Energie abhängt.

Wir können nun unter Benutzung von Gl. (7.48), (7.49) noch den absoluten Wirkungsquerschnitt für die Reaktion von Kanal α in Kanal β bei Emission mit der Energie ε_β angeben, nämlich

$$\sigma_{\alpha\beta}(\varepsilon_\beta) = \sigma_{\alpha c} \cdot \frac{W_{c\beta}(\varepsilon_\beta)}{\sum_\beta \int W_{c\beta}(\varepsilon) d\varepsilon} \qquad (7.67)$$

Wir haben einfach für das Verhältnis der Breiten Γ das Verhältnis der Zerfallswahrscheinlichkeiten eingesetzt. Diese Formel, die unter dem Namen Weißkopf-Ewing-Formel bekannt ist, enthält alle wesentlichen Charakteristika der Reaktion: Der Zerfall ist unabhängig von der Bildung des Compoundkerns, die Dynamik des Prozesses ist im inversen Wirkungsquerschnitt enthalten und der Rest hängt lediglich vom vorhandenen Phasenraum ab. Es ist wichtig anzumerken, daß diese Beschreibung für die Emission jeder Sorte von Teilchen aus einem System im statistischen Gleichgewicht gilt. Der Kanal β kann sich etwa auf ein Proton, ein Alpha-Teilchen oder ein schweres Fragment beziehen. Natürlich gehört zu jeder Sorte von emittierten Teilchen neben dem richtigen inversen Wirkungsquerschnitt auch eine entsprechende Niveaudichte, etwa bei Emission eines Alpha-Teilchens die Dichte der Zustände für Fraktionierung des Compoundkerns in Restkern plus Alphateilchen.

Die experimentell beobachteten Teilchenspektren zeigen vor allem bei höheren Anregungsenergien des Compoundkerns meist einen Überschuß an relativ energiereichen Teilchen. Dieser Präcompound-Anteil des Spektrums rührt von der Emission während der Übergangsphase in das statistische Gleichgewicht her. Er kann mit Modellen beschrieben werden, bei denen man der Reihe nach die durch den primären und die folgenden Stöße erzeugten Konfigurationen betrachtet, also etwa in der Reihenfolge (Zweiteilchen-Einloch) – (Dreiteilchen-Zweilöcher) – usw. (s. Figur 10e). Bei jeder Konfiguration muß man eine Angabe über die Wahrscheinlichkeit für das Auftreten eines Teilchens mit der kinetischen Energie ε, seinen inversen Wirkungsquerschnitt und über die relative Lebensdauer dieser Konfiguration machen (s. z.B. [Bla 75]).

In den Betrachtungen dieses Abschnitts haben wir die Drehimpulsverhältnisse weitgehend vernachlässigt. Da bei einer Kernreaktion Drehimpuls und Parität Erhaltungsgrößen sind, ist der Drehimpuls des Endzustands an den des Anfangszustands gekoppelt, so daß Bildung und Zerfall des Compound-Kerns in dieser Hinsicht keineswegs unabhängig sind. Man muß daher die Faktorisierung des Wirkungsquerschnitts separat für jeden Drehimpulszustand fordern. Unter dieser Voraussetzung haben sich die Compound-Kern-Vorstellungen als sehr erfolgreich erwiesen bei der Berechnung von Wirkungsquerschnitten nach den Hauser-Feshbach-Verfahren, das dann sogar in der Lage ist, Winkelverteilungen korrekt zu beschreiben.

Die Winkelverteilungen der Reaktionsprodukte bei Compound-Kern-Reaktionen sind im Schwerpunktsystem immer symmetrisch zu 90°. Nach der Vorstellung einer völligen Unabhängigkeit von Bildung und Zerfall würde man zunächst isotropen Zerfall erwarten, jedoch kann die Drehimpulskopplung zwischen Compound-Kern und Restkern eine symmetrische Anisotropie bewirken. Aufgrund des bei der Reaktion übertragenen Drehimpulses rotiert der Compound-Kern senkrecht zum Strahl.

Zum Schluß stellen wir noch die Frage nach dem Energiebereich, in dem die eben entwickelten Vorstellungen gültig sind. Ausgegangen waren wir von Resonanzerscheinungen bei relativ niedrigen Anregungsenergien des Compound-Kerns. Bei niedrigen Energien findet man scharfe Einzelresonanzen, beispielsweise bei der compoundelastischen Streuung von niederenergetischen Neutronen. Aus der kleinen Resonanzbreite Γ ergibt sich eine sehr lange Lebensdauer. Das hatte ursprünglich zur Idee des Compound-Kerns geführt.

Erhöht man die Einschußenergie, so wird die Breite der einzelnen Resonanzen größer, weil die Zerfallswahrscheinlichkeit zunimmt und gleichzeitig die Niveaudichte im Restkern exponentiell ansteigt. Bei Anregungsenergien zwischen 10 und 20 MeV beginnen die Niveaus sich zu überlappen, d. h. der Niveauabstand D wird kleiner als Γ. Sobald $T \gg D$ wird, sind in den Anregungsfunktionen keine Resonanzen mehr zu erkennen. Dies ist der Bereich, in dem die Verwendung von Niveaudichten im Rahmen des statistischen Modells sinnvoll ist. Wenn man, wie wir vorausgesetzt haben, über ein Energieintervall $\Delta E \gg \Gamma$ mittelt, bleibt die Compoundkernvorstellung richtig, d. h. Bildung und Zerfall können als unabhängige Prozesse beschrieben werden. Das ändert sich, wenn man eine Messung mit hoher Energieauflösung $\Delta E \ll \Gamma$ macht für einen Übergang zu einem festen Niveau im Endkern. Dann heben sich die Interferenzterme nicht mehr durch Energiemittelung fort. Man findet dann in der Anregungsfunktion statistische Fluktuationen. Das hat seine Ursache darin, daß der Wirkungsquerschnitt dann das Quadrat einer Summe von stochastisch verteilten Größen, nämlich der Amplituden der innerhalb $\pm \Gamma$ beitragenden Einzelniveaus, ist. Wenn wir die Einschußenergie um einen Betrag ändern, der klein ist gegen Γ, wird sich diese Summe, und folglich der Wirkungsquerschnitt, wenig ändern. Anders bei einer Einschußenergie, die sich von der ersten um wesentlich mehr als Γ unterscheidet. Dann bekommen wir eine völlig andere Summe von Amplituden. Das Resultat ist, daß der Wirkungsquerschnitt in statistischer Weise schwankt und daß die Breite der beobachteten Strukturen von der Größenordnung von Γ ist (s. z. B. [Eri 66]). In der Regel tragen aber bei diesen höheren Einschußenergien direkte Reaktionen erheblich zum Wirkungsquerschnitt bei. Trotzdem lassen sich für den Compound-Kern-Anteil die in diesem Abschnitt entwickelten Vorstellungen noch mit Erfolg anwenden.

Literatur zu Abschn. 7.5: [Bla 52, Eri 60, Bro 64, Bod 62, Bor 63, Lau 66, Vog 68, Hod 71].

7.6 Das optische Modell

Im letzten Abschnitt haben wir festgestellt, daß die Anregungsfunktion einer Kernreaktion nach Mittelung über die Einzelresonanzen den Charakter einer Einteilchen-Wechselwirkung mit einem mittleren Potential hat. Nach der Energiemittelung zeigen sich nicht nur Grobstrukturen in den Anregungsfunktionen, die der Einteilchenbreite Γ_e entsprechen, sondern außerdem weisen die Winkelverteilungen der elastisch gestreuten Teilchen Maxima in Vorwärtsrichtung auf, wie sie bei einem Beugungsvorgang entstehen. Dies entspricht dem Bild einer Potentialstreuung (Fig. 59), aber nicht dem einer compound-elastischen Streuung. Wir wollen in diesem Abschnitt die Frage stellen, welche Form das hierfür verantwortliche mittlere Potential hat.

Zunächst müssen wir im Rahmen unserer bisherigen Vorstellungen präzisieren, was dieses Potential leisten soll. Wir gehen aus von Gl. (4.19) für den elastischen Streuquerschnitt σ_s und mitteln über ein Energieintervall, das groß gegen die Breite einer Einzelresonanz, aber kleiner als Γ_e sein soll[1]).

[1]) Die Mittelung kann z. B. mit einer rechteckigen Gewichtsfunktion erfolgen [Fes 54].

Das ergibt[1])

$$\langle \sigma_{s,l} \rangle = \pi \lambdabar^2 (2l+1) \langle |1 - \eta_l|^2 \rangle$$

$$= \pi \lambdabar^2 (2l+1)(1 - 2\operatorname{Re}\langle \eta_l \rangle + \langle |\eta_l|^2 \rangle)$$

$$= \pi \lambdabar^2 (2l+1)\{\underbrace{|1 - \langle \eta_l \rangle|^2}_{\sigma_{s,l}^{\mathrm{opt}}} + \underbrace{\langle |\eta_l|^2 \rangle - |\langle \eta_l \rangle|^2}_{\sigma_{s,l}^{\mathrm{comp}}}\} \qquad (7.68)$$

Für den ersten Term der letzten Zeile führen wir die Bezeichnung ein

$$\sigma_{s,l}^{\mathrm{opt}} \equiv \pi \lambdabar^2 (2l+1)|1 - \langle \eta_l \rangle|^2$$

Dies entsteht gerade aus (4.19) durch Energiemittelung über die Streuwellenamplitude $\eta_l \to \langle \eta_l \rangle$. Wir wollen daher das mittlere Potential so wählen, daß es bei Potentialstreuung gerade diese gemittelte Amplitude liefert. Der zweite mit $\sigma_{s,l}^{\mathrm{comp}}$ bezeichnete Term in (7.68) ist das mittlere Schwankungsquadrat der Streuwellenamplitude.

$$\sigma_{s,l}^{\mathrm{comp}} \equiv \pi \lambdabar^2 (2l+1)(\langle |\eta_l|^2 \rangle - |\langle \eta_l \rangle|^2)$$

Wir identifizieren es mit dem Wirkungsquerschnitt für compound-elastische Streuung. Dies ist aufgrund der folgenden Überlegung plausibel. Analog zu dem Verfahren bei Gl. (7.68) können wir für den gemittelten Reaktionsquerschnitt $\langle \sigma_{r,2} \rangle$ aus (4.20) bilden

$$\langle \sigma_{r,l} \rangle = \pi \lambdabar^2 (2l+1)(1 - \langle |\eta_l|^2 \rangle) = \sigma_{c,l} - \sigma_{s,l}^{\mathrm{comp}}$$

wobei wir eingeführt haben

$$\sigma_{r,l} \equiv \pi \lambdabar^2 (2l+1)(1 - |\langle \eta_l \rangle|^2) = \pi \lambdabar^2 (2l+1)T_l \qquad (7.69)$$

Von der Richtigkeit überzeugt man sich durch Einsetzen von $\sigma_{s,l}^{\mathrm{comp}}$ aus Gl. (7.68): Der Ausdruck (7.69) entsteht wiederum durch $\eta_l \to \langle \eta_l \rangle$ aus (4.20). Er ist identisch mit dem Ausdruck (7.56), den wir für die Bildungswahrscheinlichkeit des Compound-Kerns gebraucht haben. Für den gemittelten totalen Wirkungsquerschnitt muß ferner gelten $\langle \sigma_T \rangle = \langle \sigma_s \rangle + \langle \sigma_r \rangle$. Man erhält daher die folgenden drei Beziehungen (den Index l lassen wir jetzt fort):

$$\langle \sigma_s \rangle = \sigma_s^{\mathrm{opt}} + \sigma_s^{\mathrm{comp}} \qquad (7.70a)$$

$$\langle \sigma_r \rangle = \sigma_c - \sigma_s^{\mathrm{comp}} \qquad (7.70b)$$

$$\langle \sigma_T \rangle = \sigma_s^{\mathrm{opt}} + \sigma_c \qquad (7.70c)$$

Hier stehen auch auf der rechten Seite überall gemittelte Größen. Die Bedeutung dieser drei Gleichungen ist nun unmittelbar einleuchtend. Der gemittelte Streuquerschnitt ist gleich dem Streuquerschnitt für Potentialstreuung am gesuchten mittleren Potential plus dem Querschnitt für compound-elastische Streuung[2]). Der Reaktions-

---

[1]) Man beachte, daß η komplex ist und daß für eine komplexe Zahl $\alpha = a + ib$ gilt $|1 - \alpha|^2 = (1 - a - ib)$ $(1 - a + ib) = 1 - 2\operatorname{Re}\alpha + |\alpha|^2$. Mit dieser Relation, angewandt für $|1 = \langle \eta \rangle|^2$ in Zeile 3 von Gl. (7.68), zeigt man auch die Identität der zweiten und dritten Zeile.

[2]) Vergleich mit (7.28) zeigt, daß bei Energiemittelung die Interferenzterme zwischen Resonanz und Potentialstreuung herausfallen $\langle \sigma_s \rangle \sim \langle A_{\mathrm{res}}^2 \rangle + \langle A_{\mathrm{pot}}^2 \rangle$, wenn wir A_{res} mit der Amplitude für compound-elastische Streuung identifizieren. Das ist einleuchtend, da A_{res} positives und negatives Vorzeichen haben kann. Die Interferenzterme enthalten A_{res} linear, so daß sie sich über ein viele Resonanzen enthaltendes Intervall wegmitteln.

querschnitt $\langle \sigma_r \rangle$ ist gleich der Differenz zwischen dem Bildungsquerschnitt des Compound-Kerns und dem Querschnitt für compound-elastische Streuung, und der totale Wirkungsquerschnitt $\langle \sigma_T \rangle$ ist gleich der Summe aus Bildungsquerschnitt des Compound-Kerns und Streuquerschnitt für Potentialstreuung.

Bei der Mittelung $\eta_l \rightarrow \langle \eta_l \rangle$ ist aus dem ursprünglichen Reaktionsquerschnitt (4.20) der Bildungsquerschnitt für den Compound-Kern, der die compound-elastische Streuung enthält, geworden. Das ist in einer zeitabhängigen Darstellung mit Wellenpaketen verständlich. Scharfe Energie bedeutet lange Wellenzüge und daher lange Reaktionsdauer. Compound-elastische und Potentialstreuung sind dabei zeitlich prinzipiell nicht zu trennen. Das bedeutet kohärente Addition der Streuamplituden und daher das Auftreten von Interferenzgliedern. Umgekehrt erlaubt die Energiemittelung eine zeitliche Trennung zwischen der sofort einsetzenden Potentialstreuung und der compound-elastischen Streuung. Daher fallen einerseits in (7.70) die Interferenzterme weg, andererseits wird ein compound-elastisch gestreutes Teilchen in diesem Bildes zuerst „absorbiert" und später re-emittiert. Es ist deshalb in σ_c enthalten. Man bezeichnet die sofort einsetzende Potentialstreuung mit dem Querschnitt σ_s^{opt} in diesem Zusammenhang auch oft als „formelastische Streuung".

Das Potential $U(r)$, das nach Einsetzen in die Schrödinger-Gleichung und Erfüllung der Randbedingungen für die Streuwellenfunktion gerade die gemittelte Streuamplitude $\langle \eta_l \rangle$ liefert, heißt optisches Potential. Man kann aus ihm sowohl den Streuquerschnitt σ_s^{opt} als auch den Wirkungsquerschnitt σ_c für das Eindringen des Teilchens in den Potentialwall berechnen (7.69). Darüber, was mit den absorbierten Teilchen im Innern des Potentialtopfes geschieht, gibt die Lösungsfunktion keinen Aufschluß. Der Eindringquerschnitt umfaßt daher auch Prozesse, die zu direkten Kernreaktionen führen. Wir hatten unsere frühere Betrachtung zunächst auf Compound-Kern-Reaktionen beschränkt, jedoch ist σ_c, das nach (7.56) mit den Transmissionskoeffizienten in Verbindung steht, lediglich ein Maß für die Wahrscheinlichkeit, mit der das Teilchen in den Kern eindringt. Die Situation ist daher die gleiche wie bei dem in Abschn. 4.3 entwickelten Streuformalismus: Es können nur zwei Mechanismen unterschieden werden, und zwar 1) die Potentialstreuung (formelastische Streuung) und 2) die Absorption des Teilchens im Potentialtopf. Das Modell macht weder eine Aussage über den Eompound-elastischen Anteil σ_s^{comp} noch über das Verhältnis von direkten zu Compoundkern-Reaktionen. Es heißt aus den in Abschn. 7.1 erläuterten Gründen optisches Modell.

Welche Form hat nun das optische Potential $U(r)$? Ein grundlegendes Verständnis dieses Potentials wäre gewonnen, wenn man es durch ein Selbstkonsistenz-Verfahren aus der Nukleon-Nukleon-Wechselwirkung herleiten könnte. Das ist ein bisher nur teilweise gelöstes und sehr schwieriges Problem, weil der Absorptionsterm des Potentials alle Wechselwirkungen V_i (Gl. (7.47)) zwischen dem einlaufenden Teilchen und den Targetnukleonen enthält. Man führt daher das optische Potential als empirisches Potential ein, indem man eine plausible Potentialform vorgibt, deren Parameter man durch Anpassung an die Streudaten bestimmt.

Wenn ein Potential vorgegeben ist, kann man daraus den differentiellen Wirkungsquerschnitt berechnen und mit den gemessenen Winkelverteilungen vergleichen. Wie dies geschieht, wurde bereits in Abschn. 4.4 explizit am Beispiel des Rechteckpotentials gezeigt. Am Schluß von Abschn. 4.4 haben wir darauf hingewiesen, wie man im allgemeinen Fall verfährt. Wenn man, wie beim optischen Modell, Reaktionen einschließt, muß man statt der reellen δ_l die komplexen η_l aus Gl. (4.13) bestimmen. Hinsichtlich der Form des Potentials ist zunächst klar, daß es komplex sein muß, damit neben der reinen Potentialstreuung auch der Absorption im Potential Rechnung getragen wird. Man kann dies explizit am Beispiel in Abschn. 4.4 nachprüfen. Dort muß δ_0 komplex werden, damit $|\eta_0| \neq 1$ wird (Gl. (4.24)). Das ist nur möglich, wenn entweder k_i oder k_a (4.43) komplex ist. Für k_a (4.40) ist dies nicht zu erfüllen, da $E > 0$ und reell ist, k_i (4.36) wird nur für ein komplexes Potential der Art $U_0 = V_0 + i W_0$ komplex. Man sieht den Zusammenhang zwischen Potential und Absorptionsterm auch direkt, da allgemein nur ein komplexes Potential zu einer komplexen Wellenzahl $k = k_1 + i k_2 = (1/\hbar) \sqrt{(E + V_0 + i W_0)2m}$ führt. Daraus ergeben sich Lösungen der Art

$$\exp (i k r) = \exp (-k_2 r) \cdot \exp (i k_1 r),$$

bei denen der erste Faktor die Absorption beschreibt.

Der einfachste Ansatz für das optische Potential besteht daher in einem lokalen Potential der Form

$$U(r) = V(r) + i W(r) \tag{7.71}$$

Der reelle Teil $V(r)$ soll von der Form des Schalenmodell-Potentials sein. Man benutzt daher meist die Woods-Saxon-Form (6.8). Wir bezeichnen die Tiefe des Potentials mit V_0 und schreiben für die Radialabhängigkeit

$$f(r) = \{ 1 + \exp [(r - R)/a] \}^{-1} \tag{7.72}$$

Hierbei ist a der Randunschärfe-Parameter (vgl. Fig.78a). Das Schalenmodell-Potential enthält weiter einen Spin-Bahn-Kopplungsterm. Es ist auch beim optischen Potential vonnöten, da man experimentell findet, daß unpolarisierte Teilchen bei der Streuung eine Polarisation erfahren. Für die Tiefe des Spin-Bahn-Potentials schreiben wir V_{ls}. Die Radialabhängigkeit wird meist in der Thomas-Form (6.14) angesetzt

$$h(r) = (\hbar/m_\pi c)^2 \frac{1}{r} \frac{df(r)}{dr} \tag{7.73}$$

Als Längenparameter wurde hier (etwas willkürlich) die für die Reichweite der Kernkräfte charakteristische Comptonwellenlänge des π-Mesons $\hbar/m_\pi c$ eingeführt (vgl. Gl. (2.12)).

Zusammengefaßt ergibt sich für den Realteil des Potentials

$$V(r) = - V_0 f(r) + V_{ls} h(r) \vec{l} \cdot \vec{s} \tag{7.74}$$

Für die Form des Imaginärteils $W(r)$, der für die Absorption verantwortlich ist, läßt sich weniger leicht eine vernünftige Annahme machen. Glücklicherweise hängen die Winkelverteilungen nicht sehr empfindlich von der Form von $W(r)$ ab. Bei niedrigen Einfallsenergien ($\lesssim 20$ MeV) hat es sich als sinnvoll erwiesen, das Potential so zu wählen, daß die Absorption im wesentlichen in der Kernoberfläche eintritt. Dies wird durch eine Radialabhängigkeit $g_D(r)$ erfüllt, die proportional zu $f'(r)$ ist. Normalerweise wählt man für die Oberflächenabsorption $g_D(r) = 4a_D f'(r)$. Das ist so gewählt, daß $g_D(R) = 1$ wird. Die Randunschärfe a_D kann hier im Prinzip verschieden sein von a im Realteil (7.74). Bei großen Energien ($\lesssim 80$ MeV) tritt vorwiegend Volumabsorption auf, deren Radialabhängigkeit man gleich $f(r)$ setzt. Grundsätzlich kann auch $W(r)$ einen Spin-Bahn-Anteil enthalten. Wir fügen ihn hinzu, obwohl es wenig experimentelle Hinweise auf seine Notwendigkeit gibt. Bezeichnen wir mit W_D bzw. W_V die zur Oberflächen- bzw. Volumenabsorption gehörenden Potentialtiefen und erlauben wir Mischungen zwischen beiden Absorptionsformen mit dem Mischungsparameter ε, so haben wir für den Imaginärteil des Potentials

$$W(r) = -\varepsilon W_V f(r) + 4a_D(1-\varepsilon)W_D f'(r) - W_{ls} h(r)\vec{l}\cdot\vec{s} \qquad (7.75)$$

Der Imaginärteil des Potentials muß negativ sein, damit Teilchenstrom absorbiert wird. Die beiden Anteile $W(r)$ und $V(r)$ ergeben nach (7.71) das optische Potential in einer häufig benutzten Form. Hinzu kommen das Zentrifugalpotential aus Gl. (4.7) sowie für geladene Teilchen das Coulomb-Potential V_{coul}, das man für $r < R$ meist gleich dem Potential einer gleichmäßig geladenen Kugel wählt. Wie sich die einzelnen Potentiale in einem konkreten Fall addieren, ist in Fig. 112 gezeigt.

Ein Potential der besprochenen Form hängt von den Potentialtiefen V_0, W_V, W_D, V_{ls}, (W_{ls}) und von den Formparametern r_0, a, (a_D) ab. Aus der Anpassung an gemessene Winkelverteilungen findet man meistens für einzelne Nukleonen ungefähr folgende Werte $V_0 \approx 50$ MeV, $W \approx 10$ MeV, $r_0 \approx 1,2$ fm, $a \approx 0,5$ fm. Im Einzelfall hängen die Parameter jedoch vom Targetkern, vom Projektil sowie von der Einschußenergie ab. Die Energieabhängigkeit hat, zumindest teilweise, ihren Grund darin, daß wir ein lokales Potential benutzt haben. Bei allen Ansätzen, das Potential aus den Kernkräften herzuleiten, findet man nämlich, daß es nichtlokal sein sollte. In der Tat lassen

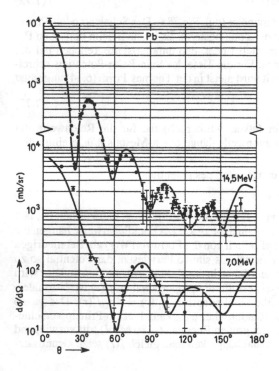

Fig. 115
Winkelverteilung für elastisch gestreute Neutronen und Anpassung mit Hilfe eines nichtlokalen optischen Potentials nach [Per 62]. Für 14,5 MeV gleiche Meßdaten wie in Fig. 59

sich etwa Neutronen-Streudaten zwischen 1 und 25 MeV ausgezeichnet mit einem einheitlichen nichtlokalen Potential beschreiben, das als Beispiel für ein nichtlokales Potential hier angegeben sei [Per 62]:

$$U(\vec{r}, \vec{r}') = U(\varrho)(\pi^{3/2}\beta^3)^{-1} \exp\left[-(\vec{r}, \vec{r}')^2/\beta^2\right] \tag{7.76}$$

Hierin bedeutet: β = Nichtlokalitätsbereich, $\varrho = \frac{1}{2}|\vec{r}+\vec{r}'|$, $U(\varrho)$ Radialfunktion wie beim lokalen Potential. Als Parameter wurden benutzt $V_0 = 71$ MeV, $W = 15$ MeV, $r_0 = 1,22$ fm, $a = 0,65$ fm, $\beta = 0,85$ fm und $V_{ls} \cdot (\hbar/m_\pi c)^2 = 28.7$ MeV $\cdot$ fm^2. Eine Anpassung mit diesem Potential zeigt Fig. 115. Es handelt sich bei 14,5 MeV um die gleichen Daten, die wir in Fig. 59 mit einem Rechteckpotential zu verstehen suchten. Die Intensitätsverhältnisse werden nun richtig wiedergegeben. Man kann übrigens zeigen, daß zu jedem nichtlokalen Potential ein äquivalentes energieabhängiges lokales Potential gehört. Aus Gründen der Rechenbequemlichkeit zieht man bei der Datenanalyse meist die lokalen Potentiale vor.

Abschließend sei bemerkt, daß sich das optische Modell in vieler Hinsicht verfeinern läßt. Neben den spinabhängigen Termen kann man isospinabhängige einführen, die den Asymmetrie-Parameter T_z/A enthalten. Das bedeutet, daß die Potentialtiefe für Protonen und Neutronen als etwas verschieden angenommen wird. Eine andere wichtige Erweiterung des optischen Modells besteht darin, die Reaktionskanäle nicht pauschal im Absorptionsterm zu behandeln, sondern die totale Wellenfunktion ψ_T nach Wellenfunktionen des elastischen Kanals und einzelner besonders starker Reaktionskanäle zu entwickeln. Nur der Rest der Reaktionskanäle wird dann durch den Absorptionsterm erfaßt. Es entsteht ein System gekoppelter Differentialgleichungen, das man beispielsweise dann lösen kann, wenn die speziell betrachteten Reaktionskanäle zu einfachen kollektiven Anregungen führen. Diese Methode der gekoppelten Kanäle hat sich sehr erfolgreich erwiesen [s. z.B. Tam 69).

Literatur zu Abschn. 7.6: (Hod 71, Gre 68, Hod 67; Hod 63, Bro 59).

7.7 Direkte Reaktionen

Der Wirkungsquerschnitt für elastische Streuung läßt sich nach den Erörterungen in Abschn. 7.6 in einen formelastischen und einen compound-elastischen Anteil zerlegen. Der formelastische Anteil gehört zur Potentialstreuung der einfallenden Welle, also einem Prozeß, der in sehr kurzer Zeit verläuft ($\lesssim 10^{-22}$ s). Ähnlich wie bei der Streuung ist es auch bei den Reaktionen. Neben den relativ langsam verlaufenden Compound-Kern-Reaktionen gibt es direkte Reaktionen. Sie sind dadurch charakterisiert, daß sich die Wellenfunktionen von Anfangs- und Endzustand relativ gut überlappen, so daß der Übergang schnell und mit einem Minimum an Umordnungsprozessen innerhalb der Kerne erfolgen kann. Man kann auch sagen; daß bei den direkten Reaktionen im Gegensatz zu den Compound-Kern-Reaktionen nur relativ wenige Freiheitsgrade des Systems betroffen werden.

Das typische Beispiel einer direkten Reaktion ist eine (d, p)-Reaktion, bei der das Neutron des vorbeifliegenden Deuterons in den Targetkern eingefangen wird, während das Proton ohne wesentliche Impulsänderung weiterläuft. Man bezeichnet dies als eine Abstreif-Reaktion ("Stripping-Reaktion"). Auch der umgekehrte Fall tritt auf, beispielsweise bei einer (^{3}He, α)-Reaktion, bei der ein Neutron aus dem Targetkern abgelöst wird ("pick-up-Reaktion"). Allgemein bezeichnet man den Austausch von einem oder mehreren Nukleonen durch einen direkten Prozeß als Trans-fer-Reaktion. Weitere typische Beispiele für solche Reaktionen sind die Prozesse (d, t), (d, ^{3}He), (t, α), (^{3}He, d), (p, α), (d, α) und die eventuell möglichen Umkehr-reaktionen.

Die experimentell bei einer direkten Reaktion beobachteten Größen unterscheiden sich in einer Reihe von Punkten wesentlich von dem, was man für eine Compound-Kern-Reaktion erwartet. Zunächst sind die Winkelverteilungen unsymmetrisch. Sie zeigen meist einen starken Anstieg der Intensität in Vorwärtsrichtung, verbunden mit einer Beugungsstruktur, ähnlich der bei der Potentialstreuung beobachteten (man vergleiche Fig. 115 mit Fig. 117). Ferner zeigen die Anregungsfunktionen keine Ein-zelresonanzen, sondern höchstens Strukturen von der Breite einer Einteilchen-Reso-nanz. Weiter enthält das Energiespektrum der Reaktionsprodukte einen wesentlich höheren Anteil an energiereichen Teilchen als es einem Verdampfungsspektrum ent-spricht: Und schließlich entspricht der relative Wirkungsquerschnitt verschiedener Prozesse nicht dem Compound-Kern-Modell. So ist beispielsweise bei Energien unterhalb des Coulomb-Walls der Wirkungsquerschnitt für (d, p)-Reaktionen größer als für (d, n)-Reaktionen, obwohl die Verdampfungswahrscheinlichkeit für Neutro-nen wegen des fehlenden Coulomb-Walls größer ist als die für Protonen. Bei den ex-perimentell gewonnenen Daten ist eine Abtrennung des direkten Anteils vom Com-pound-Kern-Anteil meist schwierig. Das führt oft zu Unsicherheiten in der Analyse der Daten. Manchmal läßt sich das Verhältnis der Wirkungsquerschnitte für die bei-den Reaktionsmechanismen durch eine Fluktuationsanalyse gewinnen [Eri 66].

Die charakteristischsten Beobachtungsgrößen bei direkten Reaktionen sind die Win-kelverteilungen und die absoluten Wirkungsquerschnitte. Im Gegensatz zu den Ver-hältnissen bei den Compound-Kern-Reaktionen läßt sich das Matrixelement H_{fi} in Gl. (7.20) und damit der Wirkungsquerschnitt für direkte Reaktionen im Prinzip berechnen. Wie weiter unten gezeigt wird, kann man den Wirkungsquerschnitt unter gewissen Näherungen in zwei Faktoren aufspalten. Der eine Faktor σ_{DWBA} hat kine-matischen Charakter. Es bestimmt im wesentlichen die Winkelverteilungen, die in charakteristischer Weise vom übertragenden Drehimpuls abhängen. Man kann daher die Drehimpulse der bei der Reaktion gebildeten Niveaus des Restkerns aus den Winkelverteilungen erschließen. Der andere Faktor, S, enthält die Kernwellenfunk-tionen von Anfangs- und Endzustand. Er heißt „spektroskopischer Faktor". Man kann ihn durch eine Messung des absoluten Wirkungsquerschnitts experimentell bestimmen und mit dem Ergebnis von Rechnungen aufgrund verschiedener Modell-annahmen vergleichen.

Um den Zusammenhang zwischen Winkelverteilung für das Reaktionsprodukt und übertragenem Drehimpuls anschaulich verständlich zu machen, betrachten wir ein sehr grobes Modell für eine (d, p)-Reaktion (Fig. 116). Das Deuteron soll streifend auf den Targetkern A mit Radius R_A einfallen. Das Neutron wird mit dem Bahndreh-impuls l_0 unter Bildung des Kerns B eingefangen, während das Proton unter dem Win-kel ϑ weiterfliegt. (Der Kern A soll so schwer sein, daß Lab- und CM-Koordinaten praktisch übereinstimmen.) Es gilt dann das Impulsdiagramm Fig. 116c, in dem $\hbar k$ der auf den Kern übertragene Impuls ist. Wenn R_A der Wechselwirkungsradius ist, gilt für den übertragenen Bahndrehimpuls $\vec{l}$ näherungsweise

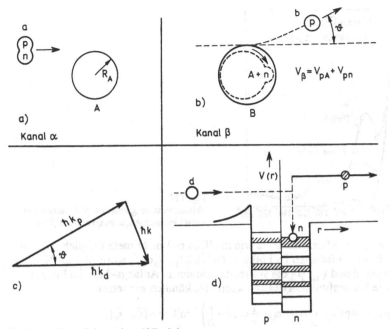

Fig.116   Verlauf einer Abstreif-Reaktion

$$|\vec{l}| = R_A \cdot \hbar k = \hbar \sqrt{l(l+1)} \tag{7.77}$$

Unter Anwendung des Cosinus-Satzes erhalten wir damit aus Fig. 116c

$$\cos\vartheta - [(k_p^2 + k_d^2) - l(l+1)/R_A^2](2k_p k_d)^{-1} \tag{7.78}$$

Hiernach besteht eine feste Beziehung zwischen l und ϑ. Bei der quantenmechanischen Behandlung tritt anstelle der eindeutigen Beziehung eine Verteilung, die ähnlich wie bei unserer Betrachtung in Kapitel 4 (Übergang von Fig. 48 zu Fig. 49) zu einem Wirkungsquerschnitt $\sigma \sim j_l^2(kR_A)$ führt und zwar im wesentlichen aus den gleichen Gründen. Trotzdem gibt (7.78) die Lage des Hauptmaximums der Winkelverteilung näherungsweise wieder. Wir prüfen dies an Fig. 117, in der die Winkelverteilung für die Reaktion $^{76}\mathrm{Se}_{42}(\mathrm{d},\mathrm{p})^{77}\mathrm{Se}_{43}$ gezeigt ist. Dabei wird in den Targetkern das 43. Neutron eingebaut. Hierfür kommen nach Fig. 80 die Niveaus g 9/2($l = 4$) und p1/2($l = 1$) in Frage. Berechnen wir nun mit (7.78) für $E_d = 7{,}8$ MeV und $E_p = 13$ MeV die zu den einzelnen l-Werten gehörenden Winkel, so finden wir

$$l = 1 \quad\quad 2 \quad\quad 3 \quad\quad 4 \quad\quad 5$$
$$\vartheta = 19° \quad 34° \quad 49° \quad 64° \quad 81°$$

Fig. 117 zeigt, daß der Wert $l = 1$ am besten zur beobachteten Verteilung paßt.

Die einfachste quantenmechanische Behandlung des eben besprochenen Beispiels läßt sich mit Hilfe der Bornschen Näherung mit ebenen Wellen durchführen (Abschn. 4.6). Da Anfangs- und Endzustand verschiedene Teilchen enthalten, ist eine

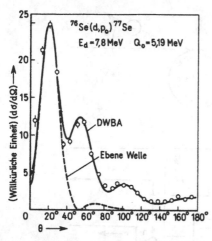

Fig. 117
Winkelverteilung einer (d, p)-Reaktion mit
verschiedenen Anpassungen; nach [Hin 62]

Vereinfachung des Matrixelements wie in Gl. (4.66} nicht mehr möglich. Wir müssen vielmehr im einfachsten Fall bilden $\sigma \sim |\int \psi_\beta^* V_{np} \psi_\alpha d\tau|^2$, worin V_{np} das Neutron-Proton-Potential und ψ_α, ψ_β^* die Wellenfunktionen im Anfangs- bzw. im Endzustand sind. Für die Wellenfunktion des Deuterons ψ_α könnten wir setzen

$$\psi_\alpha = \exp[i\vec{k}_d \cdot \frac{1}{2}(\vec{r}_p + \vec{r}_n)] \cdot \frac{1}{r} \exp\left(-\frac{r}{R}\right) \quad \text{mit} \quad r = |\vec{r}_p - \vec{r}_n|;$$

R aus Fig. 65. Entsprechend wäre

$$\psi_\beta = \exp[i\vec{k}_p \cdot \vec{r}_p] \cdot \phi_l.$$

Hier ist ϕ_l die Wellenfunktion des mit l eingefangenen Neutrons. Selbst wenn man für V_{np} eine δ-Kraft $V_{np} = D_0(r_p - r_n)$ ansetzt, ist die Rechnung etwas umständlich. Es ergibt sich, daß der differentielle Wirkungsquerschnitt proportional zu j_l^2 (kR_A) ist [But 57]. Der Vergleich mit dem Experiment zeigt jedoch, daß die Intensitätsverhältnisse durch eine solche Rechnung relativ schlecht wiedergegeben werden. Das hat seinen Grund darin, daß die einfallenden Teilchen unter dem Einfluß des effektiven Kernpotentials (wie z.B. in Fig. 112 dargestellt) keineswegs als ebene Welle aufgefaßt werden dürfen. Eine entscheidende Verbesserung wird daher erzielt, wenn man in der Bornschen Näherung die ebenen Wellen durch Streulösungen des optischen Potentials ersetzt. Die Wirkung ist ähnlich wie beim Übergang von Fig. 59 zu Fig. 115. Man nennt dieses Verfahren die Bornsche Näherung mit verzerrten Wellen (abgekürzt meist DWBA = Distorted Wave Born Approximation). Bei praktischen Rechnungen, die stets einen erheblichen numerischen Aufwand erfordern, spaltet man vom Wirkungsquerschnitt den Kernstrukturfaktor S ab. Man erhält dann aus der numerischen Rechnung den „kinematischen" Teil σ_{DWBA} des Wirkungsquerschnitts, der vom übertragenen Drehimpuls abhängt. In Fig. 117 sind zum Vergleich eine Rechnung mit ebenen Wellen und eine DWBA-Anpassung gezeigt.

Direkte Kernreaktionen sind ein hervorragendes Hilfsmittel der Kernspektroskopie. Aus dem Energiespektrum der emittierten Teilchen läßt sich das Termschema des

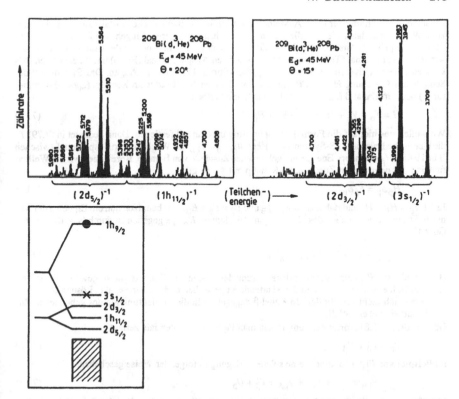

Fig. 118   Teilchenspektrum aus der Reaktion ^{209}Bi(d, ^{3}He)^{208}Pb. Das Spektrum wurde stückweise
mit einem Magnetspektrographen aufgenommen [Mai 83]. Die Teilchenenergie nimmt von
links nach rechts zu. Die Zahlen an den Linien bedeuten die Anregungsenergie des Restkerns. Die Liniengruppen entsprechen Teilchen-Lochzuständen im ^{208}Pb. Unten links ist
die Schalenmodellkofiguration des 1 $h_{9/2}$x(3$s_{1/2}$)$^{-1}$-Zustands skizziert (vgl. Fig. 80)

Endkerns ablesen und eine Analyse der Winkelverteilungen der einzelnen Linien erlaubt oft die Zuordnung von Spin und Parität der einzelnen Niveaus. Als Beispiel ist
in Fig. 118 das Teilchenspektrum bei der Reaktion ^{209}Bi(d, ^{3}He)^{208}Pb wiedergegeben. Das ist eine Proton-pick-up-Reaktion. Unten in der Figur sind die Schalenmodellzustände der Protonen im relevanten Bereich beim Schalenabschluß Z = 82
skizziert (vgl. Fig. 80). Bei ^{208}Pb ist der 3s 1/2-Zustand gefüllt, ^{209}Bi hat ein weiteres Proton im h9/2-Niveau. Bei der pick-up-Reaktion entstehen Löcher in den ^{208}Pb-
Konfigurationen, die sich nach dem früher Gesagten wie Teilchen verhalten. Ein
Loch im 3s-Zustand ist durch das Kreuz angedeutet. Das Teilchenspektrum spiegelt
direkt die Schalenstruktur des ^{208}Pb wider. Da zum Abtrennen eines 3s-Protons hier
am wenigsten Energie erforderlich ist, haben die entsprechenden Linien im Teilchenspektrum die höchste Energie. Die einzelnen Teilchen-Lochzustände sind aufgrund der Restwechselwirkungen jeweils in mehrere Linien aufgespalten.

Die mit der Einführung der DWBA-Methode verknüpften mathematischen Details sind recht kompliziert. Wir können daher hier nur die wesentlichen Schritte referieren. Eingehende Darstellungen findet man bei [Tib 61, Aus 63, Gle 63, Sat 65]. Wir gehen wieder aus von der Reaktion A(a,b)B, wobei wir den Eingangskanal (Teilchen a + A) mit α und den Ausgangskanal (B + b) mit β bezeichnen. Als konkretes Beispiel halten wir uns die (d, p)-Reaktion in Fig. 116 vor Augen. Das System soll der Schrödinger-Gleichung $H\Psi = E\Psi$ genügen. Wir können H entweder im Kanal α („prior-Formulierung") oder im Kanal β („post-Formulierung") anschreiben:

$$H = T_\alpha + V_\alpha + H_\alpha = T_\beta + V_\beta + H_\beta \tag{7.79}$$

Wir wollen uns hier auf die Formulierung im Ausgangskanal β festlegen. Dann bedeutet in (7.79) T_β die kinetische Energie im S-System $T_\beta = \hbar^2 k_\beta^2 / 2\mu_\beta$, $V_\beta = V_{bB}$ das Wechselwirkungspotential zwischen B und b und H_β die innere Energie der gebundenen Zustände von B und b. Bezeichnen wir die Wellenfunktion der gebundenen Zustände im Kanal β mit ϕ_β, so gilt

$$H_\beta \phi_\beta = E_\beta \phi_\beta \tag{7.80}$$

Es ist $H_\beta = H_B + H_b$ und daher $\phi_\beta = \phi_b \cdot \phi_B$ und $E_\beta = E_b + E_B$. Wir benutzen nun ein Ergebnis der formalen Streutheorie, wonach das Übergangsmatrixelement $H_{\alpha \to \beta}$ gegeben ist durch (s. z.B. [Tob 61, Gol 64]

$$H_{\alpha \to \beta} = \langle \phi_\beta e^{i\vec{k}_\beta \cdot \vec{r}_\beta} | V_\beta | \Psi_\alpha^{(+)} \rangle \tag{7.81}$$

Hierin bedeutet $\Psi_\alpha^{(+)}$ eine vollständige Lösung des Systems in Kanal α, die so gewählt ist, daß sie asymptotisch eine ebene Welle und auslaufende Kugelwellen enthält. Eine exakte Lösung dieser Art kann man sich nicht verschaffen. In Kanal β dagegen steht die Wellenfunktion des gebundenen Zustands und eine ebene Welle.

Den Ausdruck (7.81) formt man um, indem man V_β in zwei Potentiale zerlegt

$$V_\beta = V_\beta' + U_\beta \tag{7.82}$$

Im Beispiel von Fig. 116 könnte eine solche Zerlegung in folgender Weise geschehen

$$V_\beta = V_{bB} = V_{pB} = V_{pn} + V_{pA} = V_\beta' + U_\beta \tag{7.83}$$

Identifizieren wir das Proton-Neutron-Potential V_{pn} mit V_β', so ist $U_\beta = V_{pA}$ das Potential zwischen Proton und Targetkern. Hierfür können wir aber ein mittleres Potential wählen, wenn wir Anregungen des Targetkerns vernachlässigen. Wir setzen daher näherungsweise $U_\beta \approx U_{pB}$, wobei wir für U_{pB} das optische Potential zwischen Proton und Kern B wählen. Es beschreibt also V_β' die Wechselwirkung zwischen den Reaktionsteilchen in Kanal β, und U_β das optische Potential in diesem Kanal. Führt man die Zerlegung (7.82) in (7.81) ein, so gilt ganz allgemein, d.h. für jede beliebige Aufspaltung von V_β, eine von Gell-Mann und Goldberger [Ge153] angegebene Beziehung

$$H_{\alpha \to \beta} = \langle \phi_\beta \chi_\beta^{(-)} | V_\beta' | \Psi_\alpha^{(+)} \rangle + \langle \phi_\beta e^{i\vec{k}_\beta \cdot \vec{r}_\beta} | U_\beta | \phi_\alpha \chi_\alpha^{(+)} \rangle \tag{7.84}$$

wobei die Funktionen $\chi_\beta^{(\pm)}$ der Gleichung genügen

$$(T_\beta + U_\beta) \chi_a^{(+)} = E_\beta' \chi_\beta^{(+)} \tag{7.85}$$

Bei der eben eingeführten Zerlegung sind die Funktionen χ also Lösungen der Schrödinger-Gleichung für das optische Potential U_β. Sie seien asymptotisch auf das Verhalten einer einlaufenden (+) oder auslaufenden Streuwelle (−) festgelegt. Der zweite Term in (7.84) wird für das Weitere meist vernachlässigt, weil U_β nicht auf die inneren Wellenfunktionen ϕ wirkt. Er sollte daher (außer im Fall elastischer Streuung) klein sein. Im ersten Term steht die unbekannte Funktion Ψ_α. Man geht nun von der Vorstellung aus, daß auch das Verhalten von Ψ_α hauptsächlich vom mittleren Potential bestimmt ist. Dies ist vom Experiment her deshalb gerechtfertigt, weil die Amplitude des elastischen Kanals stets am größten ist. Daher führt man die weitere Näherung ein

$$\Psi_\alpha^{(+)} \to \chi_\alpha^{(+)} \cdot \phi_\alpha \quad \text{(1. Bornsche Näherung)} \tag{7.86}$$

Unter Fortlassen des zweiten Terms geht (7.84) damit über in

$$H_{\alpha \to \beta} = \langle \phi_\beta \chi_\beta^{(-)} | V_\beta' | \chi_\alpha^{(+)} \phi_\alpha \rangle \tag{7.87}$$

Dies ist das Übergangsmatrixelement in Bornscher Näherung mit verzerrten Wellen. Es enthält Lösungsfunktionen χ für das optische Potential (verzerrte Wellen) und das Wechselwirkungspotential V_β' zwischen den an der Reaktion beteiligten Teilchen. Die Näherung (7.86) ist nicht unbedenklich, da das optische Potential so eingeführt worden ist, daß es den Streuvorgang asymptotisch für $r \to \infty$ beschreibt. In (7.87) werden aber die Wellenfunktionen χ direkt am Kern verwendet.

Das Potential V_β' ist im Beispiel der (d, p)-Reaktion gerade das Neutron-Proton-Potential. Die Reichweite der Kernkräfte ist aber normalerweise klein gegenüber den Bereichen, in denen sich die Wellenfunktionen in (7.87) ändern. Man ersetzt daher V_{pn} oft durch eine δ-Kraft

$$V_{pn} = D_0 \delta(\vec{r}_p - \vec{r}_n) \tag{7.88}$$

Im allgemeinen Fall läuft das darauf hinaus daß man in (7.87) für die Integrationsvariablen setzt $\vec{r}_\beta = (M_A/M_B)\vec{r}_\alpha \equiv \vec{r}$ (Nullreichweite-Näherung). Dies hat zur Folge, daß sich das Matrixelement (7.87) vereinfacht zu

$$H_{\alpha \to \beta} = \int \chi_\beta^{(-)*} \langle \phi_\beta | V_\beta' | \phi_\alpha \rangle \chi_\alpha^{(+)} d\tau \times J \tag{7.89}$$

d. h., die Zahl der Integrationsvariablen ist um die Hälfte gesenkt worden. J ist die Jacobi-Determinante für die Transformation der Variablen auf die Relativkoordinaten. Die Kernwellenfunktionen befinden sich jetzt in einem separaten Faktor. Dieses Matrixelement muß noch über die nicht beobachteten Größen gemittelt werden. Dann ergibt sich die Größe $|H_{fi}|^2$, die in Gl. (7.20) benötigt wird, um $(d\sigma/dW)$ zu erhalten

$$|H_{fi}|^2 = \sum |\bar{H}_{\alpha \to \beta}|^2 \tag{7.90}$$

Hierin sei über die Endspins summiert und über die Anfangsspins gemittelt. Führt man diese Mittelungen aus, so nimmt der Wirkungsquerschnitt für einen Einteilchen-Transfer zu einem festen Niveau mit dem Drehimpulsübertrag l_j folgende Form an

$$\left(\frac{d\sigma}{d\Omega}\right)_{exp}^{lj} = S_{lj} \cdot \left(\frac{d\sigma}{d\Omega}\right)_{DWBA}^{lj} \tag{7.91}$$

mit
$$\left(\frac{d\sigma}{d\Omega}\right)_{DWBA}^{lj} = N \sum_m |\chi_\beta^{(-)*} u_{lj}(r) Y_l^m \chi_\alpha^{(+)} d\tau|^2 \tag{7.92}$$

Gl. (7.92) zeigt die wesentliche Struktur des kinematischen Anteils am Wirkungsquerschnitt. Er hängt ab von Einschußenergie E, Q-Wert, Drehimpulsübertrag l, j und Reaktionswinkel θ. In die Konstante N seien alle Phasenraum- und Spinfaktoren aufgenommen; u_{lj} ist eine Radialfunktion. Die Kernwellenfunktionen stecken allein im Faktor S_{lj} in (7.91). Durch Vergleich des beobachteten Wirkungsquerschnitts $(d\sigma/d\Omega)_{exp}$ mit dem berechneten $(d\sigma/d\Omega)_{DWBA}$ kann man S_{lj}, den spektroskopischen Faktor, als experimentelle Größe bestimmen. Andererseits läßt sich S_{lj} aufgrund spezieller Modellannahmen berechnen. Wird beispielsweise einer reinen Konfiguration von $k - 1$ Teilchen in derselben j-Schale ein weiteres Teilchen durch eine Reaktion hinzugefügt, so ist

$$S = k |\langle k - 1, j | \} k \rangle|^2 \tag{7.93}$$

wobei die Größe in Klammern der Abstammungskoeffizient aus Gl. (6.23) ist. Ist speziell $k = 1$, so ist $S = 1$; ist $k = 2$ und sind alle anderen Nukleonen gepaart, so ist der Abstammungskoeffizient gleich 1 und $S = 2$. Die experimentelle Bestimmung der spektroskopischen Faktoren ist daher ein wichtiges Hilfsmittel zur Prüfung von Kernmodellen [Tob 61, Sha 63, Mfa 69].

Zum Schluß seien nochmals die wichtigsten Näherungen zusammengestellt, die zum Ergebnis (7.91) geführt haben. Es sind die folgenden: 1) Benutzung der Wellenfunktion für den elastischen Kanal unter Vernachlässigung der Kopplung an andere Kanäle, 2) Verwendung der Wellenfunktion des optischen Modells direkt am Kern, 3) Vernachlässigung der Anregung des Targetkerns, d.h. Streichen des zweiten Terms in (7.84), 4) Nullreichweite-Näherung.

Literatur zu Abschn.7.7: [Hod 71, Tob 61, Aus 63, Gle 63, Go164, Sat 65].

7.8 Kernreaktionen mit schweren Ionen

In den vorangehenden Abschnitten wurde bereits mehrfach auf die Besonderheiten hingewiesen, die sich bei Reaktionen zwischen schweren Ionen ergeben. Viele Erscheinungen bei diesen Reaktionen lassen sich ohne weiteres mit den Betrachtungsweisen verstehen, die für Reaktionen mit leichten Projektilen entwickelt worden sind. Ein- oder Mehrnukleon-Transferprozesse spielen sich z.B. ganz ähnlich ab wie mit leichten Ionen (α, ^{3}He usw.), nur daß die Prozesse im einzelnen sehr viel komplizierter verlaufen können. Andererseits treten aber bei Schwerionenreaktionen eine Reihe prinzipiell neuer Erscheinungen auf, von denen einige in diesem Abschnitt besprochen werden sollen.

Wir schließen zunächst an die Besprechung der elastischen Streuung schwerer Ionen an (Abschn. 4.7). Wir haben dort auf die Tatsache hingewiesen, daß die Wellenlänge der Stoßpartner meist klein ist gegenüber ihren Abmessungen, daß dann sehr große Bahndrehimpulse auftreten und daß aus diesen Gründen oft eine näherungsweise Beschreibung mit klassischen Trajektorien möglich ist. Wir greifen jetzt insbesondere zurück auf Fig. 60, in der Stoßprozesse für verschiedene Stoßparameter b skizziert sind. Im Gegensatz zu früher interessieren wir uns aber jetzt für alle die Prozesse, bei denen das Projektil nicht elastisch gestreut wird, also für alle Reaktionsprozesse. Wir erwarten im klassischen Bilde, daß Reaktionen dann auftreten, wenn der Stoßparameter kleiner wird als der Stoßparameter b_g für eine Streifbahn. Zu b_g gehört der Streifwinkel ϑ_g und der Streif-Drehimpuls l_g (s. Gl. (4.96), (4.98)). Für relativ kleine Stoßparameter, d.h. für $b < b_g$ (Bahn 4 aus Fig. 60), wird normalerweise eine Kernreaktion zwischen den Stoßparametern eintreten, d.h. der Transmissionskoeffizient T_l ist gleich 1 für alle Bahndrehimpulse l zwischen 0 und einem Bahndrehimpuls, der nur wenig unter l_g liegt. Die Verhältnisse sind am Beispiel der Reaktionen ^{16}O + ^{58}Ni in Fig. 119 illustriert, wo oben der Streifdrehimpuls l_g gegen die Energie über dem Coulombwall aufgetragen ist (berechnet nach Gl. (4.98)).

Unten sind die z.B. nach dem optischen Modell (Gl. (7.69)) berechneten Transmissionskoeffizienten mit l als Parameter aufgezeichnet. Man sieht, daß beispielsweise bei 8 MeV über der Coulombbarriere der Streifdrehimpuls 20 $\hbar$ beträgt. Der Transmissionskoeffizient für diesen Bahndrehimpuls ist noch im Ansteigen, während die Transmissionskoeffizienten für alle Drehimpulse $l \leqslant 18$ bereits den Wert 1 haben. Alle Stöße, bei denen $T_l = 1$ ist, führen zu Reaktionen, da eine compoundelastische Re-Emission des Projektils bei schweren Ionen praktisch nicht vorkommen kann. Nach dem früher Gesagten gilt für den totalen Reaktionsquerschnitt

$$\sigma_r = \pi \lambda^2 \sum_l (2l+1)(1-|\langle \eta_l \rangle|^2) = \pi \lambda^2 \sum_l (2l+1) T_l \qquad (7.94)$$

(s. Gl. (4.20), (7.56)). Da die Transmissionskoeffizienten bis auf Stöße an der Randzone alle gleich 1 sind, liegt es nahe, als einfache Näherung einen „Abschneide-

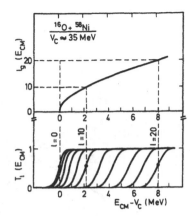

Fig. 119
Streifdrehimpuls und Transmissionskoeffizienten als
Funktion der kinetischen Energie über dem Coulomb-
wall für die Reaktion $^{16}O + ^{58}Ni$ [nach Nör 76]

Drehimpuls" l_a einzuführen und zu setzen

$$T_l = \begin{cases} 1 & \text{für } l \leqslant l_a \\ 0 & \text{für } l > l_a \end{cases} \tag{7.95}$$

Der in Fig. 120 oben dargestellte Verlauf der T_l wird also durch die gestrichelt gezeichnete rechteckige Form ersetzt. Für l_a kann man den Streifdrehimpuls l_g oder
einen sinnvollen in der Nähe liegenden Wert wählen. Man kann jetzt die Summation
in (7.94) ausführen und erhält

$$\sigma_r = \pi \lambdabar^2 \sum (2l+1) = \pi \lambdabar^2 (l_a+1)^2 \approx \pi \lambdabar^2 l_a^2 \tag{7.96}$$

Ganz rechts in der Gleichung haben wir vorausgesetzt $l_a \gg 1$. Wir haben, wie zu erwarten, einfach den Wirkungsquerschnitt für die klassische Näherung erhalten. Setzt
man nämlich $l_a = l_g = b_g k = b_g/\lambdabar$ ein, so ergibt sich $\sigma_r = \pi b_g^2$ wie früher in Gl. (4.97).
Das ist gerade die Fläche eines Scheibchens mit dem Durchmesser b_g[1]).
Die Zerlegung (7.96) des Reaktionsquerschnitts wird direkt durch unsere frühere Fig.
48 illustriert. Für den Reaktionsquerschnitt σ_l der zu einem Bahndrehimpuls zwischen l und $l + dl$ gehört, gilt für $l < l_a$ nach (7.96) einfach

$$\sigma_l = \frac{d\sigma}{dl} = 2\pi \lambdabar^2 l \tag{7.97}$$

In Fig. 120 unten ist der Verlauf von σ_l dargestellt. Gestrichelt gezeichnet ist bei l_a
wieder die Abschneide-Näherung. Wir wollen nun an Hand dieser Figur diskutieren,
welche Reaktionsprozesse bei den verschiedenen Stoßparametern bzw. Drehimpulsen auftreten. Wie zu erwarten, tritt für kleinere l, also mehr oder minder zentrale
Stöße, Verschmelzung der Reaktionsprodukte auf. In diesem Zusammenhang wollen
wir von Fusion reden, wenn die Identität der Reaktionspartner auch nicht annähernd
erhalten bleibt. Fusion bedeutet noch nicht Compoundkernbildung, da wir mit dieser

---

[1]) Man kann Gl. (7.96) benutzen, um den Abschneide-Drehimpuls l_a dadurch zu definieren, daß man
verlangt, l_a solle so gewählt sein, daß gerade der gleiche Reaktionsquerschnitt wie bei (7.94) heraus-
kommt.

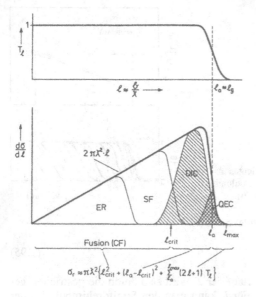

Fig. 120
Als Funktion des Bahndrehimpulses (bzw. des Stoßparameters) sind aufgetragen: oben der Transmissionskoeffizient, unten der Reaktionsquerschnitt. Bei der Aufteilung des Reaktionsquerschnitts bedeuten: CF Fusion (Complete Fusion), ER Verdampfungsrestkern (Evaporation Residue), SF (Symmetrische Spaltung), DIC stark unelastische Stöße (Deeply Inelastic Collision), QEC fastelastische Stöße (Quasielastic Collision)

ser eine Gleichverteilung in der Besetzungswahrscheinlichkeit aller zugänglichen Freiheitsgrade verbinden. Das durch Fusion gebildete System kann in einen Compoundkern übergehen, es kann aber auch vor Erreichen des thermischen Gleichgewichts zerfallen. Die Fusionsquerschnitte kann man messen, indem man die Endprodukte des Fusionsprozesses nachweist. Das sind zunächst einmal Verdampfungs-Restkerne, in der Figur mit ER bezeichnet. Bei steigenden Drehimpulsen ändert sich jedoch das Bild. Durch die Rotation des fusionierten Systems wird nämlich die Barriere gegenüber Spaltung stark erniedrigt, so daß schwerere Systeme bei höheren Drehimpulsen vorwiegend durch Spaltung zerfallen. Diese Spaltung aus dem Compoundsystem ist vorwiegend symmetrisch (in der Fig. SF). Die Spaltbarriere kann durch die Zentrifugalkräfte schließlich so stark erniedrigt werden, daß gar kein stabiles System mehr gebildet werden kann. Der zugehörige Bahndrehimpuls ist in der Figur als kritischer Drehimpuls l_{crit} bezeichnet worden[1]).

Oberhalb von l_{crit} sind zwar noch Reaktionen möglich, es kann sich aber aus dynamischen Gründen kein langlebiges Fusionsprodukt mehr bilden. Hier tritt ein neuer Reaktionsmechanismus auf, nämlich die stark unelastischen Stöße. Der entsprechende Bereich von l-Werten ist in der Figur mit DIC bezeichnet (für „Deeply Inelastic Collision"[2])). Bevor wir diesen Mechanismus etwas näher besprechen, wollen wir zur Vervollständigung der Übersicht noch feststellen, daß bei Stößen mit l in der Nähe des Streifdrehimpulses l_g schließlich Ein- und Mehrteilchen-Transferprozesse sowie Coulombanregung auftraten. Da sich hierbei die kinetische Energie der

[1]) In der Literatur wird manchmal auch für den Streifdrehimpuls die Bezeichnung „kritischer Drehimpuls" verwendet.
[2]) In der englischen Literatur werden daneben manchmal die Bezeichnungen „Strongly Damped Collision" und „Quasi Fission" gebraucht.

Reaktionspartner nur sehr wenig ändert, faßt man diesen Bereich oft unter der Bezeichnung „fastelastische Stöße" zusammen (in der Fig. QEC für „Quasi Elastic Collision"). In der Figur ist unten eine Formel angegeben, die in sehr grober Näherung zeigt, wie sich der Reaktionsquerschnitt aus den einzelnen Beiträgen zusammensetzt. Die Übergänge zwischen den einzelnen Reaktionsmechanismen sind natürlich nicht scharf, sondern kontinuierlich.

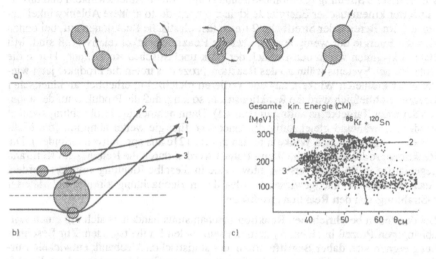

Fig. 121   Zum Ablauf stark unelastischer Stoßprozesse. a) schematische Darstellung des Reaktionsablaufs; b) Teilchenbahnen zu verschiedenen Stoßparametern; c) experimentelles Ergebnis für die Streuung von Krypton aus Zinn (Schwerpunktenergie 300 MeV). Jeder Punkt entspricht einem Streuereignis, registriert mit einer ortsempfindlichen Ionisationskammer. Ordinate: Summe der kinetischen Energien beider Reaktionsprodukte. Abszisse: Ablenkwinkel des leichteren Produkts. Die eingetragenen Zahlen entsprechen der Numerierung der Teilchenbahnen aus dem linken Teil der Figur. Bei kleinen Winkeln fehlen die Punkte aus apparativen Gründen. Das dünne Eintrittsfenster der Ionisationskammer wird durch Stege unterstützt. Die dadurch entstandenen unempfindlichen Bereiche sind in der Figur sichtbar [GSI 77]

Wir wollen nun an Hand von Fig. 121 beschreiben, worum es sich bei den stark unelastischen Stößen handelt. Unter a) ist zunächst der prinzipielle Verlauf der Reaktion dargestellt. Die beiden Kerne durchdringen sich beim Stoß in ihrer Randzone. Dabei tritt eine Art Reibungsprozeß auf, der zu einer starken Erhitzung des Systems; d. h. zu einer sehr hohen inneren Anregung führt. Solange sich die Kerne teilweise durchdringen, kann ferner ein Massenaustausch zwischen beiden Partnern stattfinden, bei dem, je nach Reaktionsdauer, ein mehr oder minder großer Teil an Nukleonen ausgetauscht werden kann. Während des ganzen Prozesses bleibt das System in Rotation und schließlich trennen sich die Teile wieder. Sie haben während des Prozesses ihre kinetische Energie weitgehend in innere Anregung umgewandelt und außerdem einen Teil ihrer Masse transferiert. Teil b) und c) der Figur sollen zeigen, wie man diesen Prozeß experimentell beobachten kann. Unter b) sind noch einmal einige Stößbahnen, ähnlich wie in Fig. 60, gezeichnet. Teil c) der Figur zeigt das Ergebnis eines Experiments mit der Reaktion $^{86}Kr + ^{120}Sn$ bei einer Einschußenergie von 514 MeV. Jeder Punkt entspricht einem registrierten Reaktionsereignis, wobei nach oben die Summe der kinetischen Energien der beiden Reaktionsprodukte und nach rechts der Ablenkwinkel des leichteren Produkts aufgetragen ist. Die eingetragenen Zahlen beziehen sich auf die Bahnen aus Teil b) der Figur. Bei großen Stoßparametern haben wir elastische Streuung (Coulomb-Streuung) mit kleinen Ablenkwinkeln und unverminderter kinematischer Energie. Je kleiner b wird, desto größere Ablenkwinkel treten auf. Im Bereich der Streifbahn 2 treten fast-elastische Reaktionen auf, bei denen sich die Energie nur wenig ändert, aber die Reaktionswinkel relativ groß sind. Mit Bahn 3 kommen wir in den Bereich der stark unelastischen Reaktionen. Durch die Rotation des Systems während des Reaktionsprozesses treten die Produkte jetzt wieder unter kleineren Winkeln aus und verlieren gleichzeitig erheblich an kinetischer Energie. Schließlich wird die Reaktionsdauer so lang, daß die Produkte auf der anderen Seite des Targetkerns auftreten (Bahn 4). Dann nehmen die Beobachtungswinkel wieder zu, während gleichzeitig die kinetische Energie weiter abnimmt (die Meßpunkte bei ganz kleinen Winkeln fehlen in Fig. 121c aus apparativen Gründen). Die Reaktionsprodukte von Bahn 3 und Bahn 4 werden durch die Reibung am Kernrand gegenläufig in Rotation versetzt, obwohl sie in dieselbe Richtung emittiert werden. Auch dies konnte nachgewiesen werden durch Beobachtung zirkular-polarisierter γ-Strahlung von den Reaktionsprodukten.

Bei dem eben beschriebenen Reaktionsmechanismus handelt es sich um einen zeitabhängigen Prozeß in einem System mit sehr vielen Freiheitsgraden. Zur Beschreibung eignen sich daher Begriffe, die in der statistischen Mechanik entwickelt wurden (sog. Transportphänomene). In diese Klasse von Erscheinungen gehört die Diffusion, und es läßt sich in der Tat der Massenaustausch bei den stark unelastischen Stößen als Diffusionsprozeß näherungsweise mit Hilfe einer Fokker-Planck-Gleichung beschreiben. Interessant ist, daß man aus Drehimpuls l und Trägheitsmoment θ der Reaktionspartner die Winkelgeschwindigkeit ω des rotierenden Systems und daher aus dem Reaktionswinkel σ die Reaktionszeit $t \approx \sigma/\omega$ in grober Näherung herleiten kann. Man kann daher in der Tat den Massenaustausch zwischen den beteiligten Kernen als Funktion der Zeit untersuchen.

Besondere Bedeutung hat das Studium von Fusionsprozessen schwerer Ionen erlangt bei der Synthese der schwersten Elemente. Dabei wird folgende Strategie eingeschlagen. Man versucht ein Fusionsprodukt mit möglichst geringer innerer Anregung und geringem Drehimpuls zu erzeugen. Dafür wählt man die Projektilenergie so, daß man bei zentralem Stoß gerade ein wenig über der Coulomb-Barriere ist und sich im Maximum der Anregungsfunktion für einen Prozeß mit nur einem Verdampfungsneutron befindet. Wenn man zudem einen der Reaktionspartner so wählt, daß er wenigstens eine abgeschlossene Nukleonenschale hat, lassen sich die gewünschten kalten Fusionsprozesse erzeugen. Als Target sind demnach besonders aussichtsreich $^{208}_{82}Pb_{126}$ und $^{209}_{83}Bi_{126}$. Die Pionierarbeit auf diesem Gebiet ist bei der GSI geleistet worden. Da die Wirkungsquerschnitte außerordentlich klein sind ($< 10^{-10}$ b) bedarf es eines Detektorsystems, das es erlaubt, die wenigen gesuchten Fusionsprodukte vom Rest abzutrennen. Dazu wurde bei der GSI das Geschwindigkeitsfilter SHIP

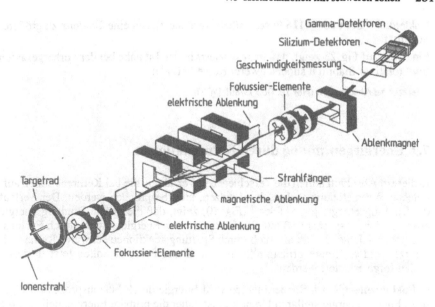

Bild 122 Schematische Darstellung des Geschwindigkeitsfilters SHIP der GSI zum Nachweis schwerster Fusionsprojekte. Die Länge der Anordnung beträgt ca. 11 Meter. Die mittlere elektrische Ladung der Produkte wird durch eine hier nicht extra bezeichnete Folie nach dem Target äquilibriert (Quelle: GSI)

(Separator for Heavy-Ion Products) verwendet, das in Fig. 122 dargestellt ist. Die Methode beruht darauf, daß die Fusionsprodukte langsamer fliegen, als die Projektile, da sich bei gleichem Impuls die Masse erheblich vergrößert hat. Ein Geschwindigkeitsfilter – auch Wien-Filter genannt – besteht im Prinzip aus homogenen elektrischen und magnetischen Feldern, die senkrecht zueinander und zum Strahl stehen. Das Teilchen bewegt sich kräftefrei, wenn elektrische und magnetische Ablenkungskraft gleich sind, also $qvB = qE$. Am Ende des Filters werden die Fusionsprodukte in einen ortsempfindlichen Silizium-Halbleiterdetektor implantiert, mit dem die Energie der Zerfallsereignisse registriert wird. In Kombination mit einem Laufzeitsignal erhält man auch die Masse. Auf diese Weise wurden sechs neue schwere Nuklide entdeckt, von denen drei bereits einen Namen erhalten haben. Es sind dies Bohrium $_{107}$Bh, Hassium $_{108}$Hs, Meitnerium $_{109}$Mt sowie die Elemente mit $Z = 110, 111$ und **112**. Das letztere hat eine Lebensdauer von 280 µs und zerfällt über eine Kette von sechs α-Zerfällen in ^{253}Fm.

Das überraschende an diesen Kernen ist, daß sie nicht sofort durch spontane Spaltung zerfallen, sondern über sukzessive α-Emission. Das weist darauf hin, daß diese Kerne sich der sphärischen Gestalt nähern, je weiter man in die Nähe der höheren magischen Zahlen für Superschwere Kerne kommt.

Mit einer ähnlichen Technik ist es am JINR in Dubna bei Moskau gelungen, mit einem ^{48}Ca-Strahl und einem Plutonium- bzw. Curium-Target einige Exemplare der

Nukleide ^{292}**114** und ^{296}**116** herzustellen. Auch sie zeigen eine Tendenz zu größerer Stabilität.

Ein Blick auf Fig. 23 zeigt, daß man sich jetzt in der Tat nahe bei der vorhergesagten Insel relativer Stabilität superschwerer Kerne befindet.

Literatur zu Abschn. 7.8: [Nör 76, Boc 79/80], [W 7].

7.9 Energiegewinnung durch Kernreaktionen

In diesem Abschnitt sollen die verschiedenen Verfahren, die bei Kernreaktionen auftretende Wärmetönung technisch zu nutzen, kurz besprochen werden. Der Verlauf der Bindungsenergie pro Nukleon (Fig. 10) zeigt, daß die größte Bindungsenergie etwa bei der Massenzahl 60 auftritt. Es kann daher Energie sowohl durch Fusionsreaktionen leichter Kerne als auch durch Spaltungsreaktionen schwerer Kerne freigesetzt werden. Einige prinzipielle Aspekte dieser Prozesse sollen jetzt in dieser Reihenfolge erläutert werden.

a) Fusionsenergie. Im Sonneninneren wird Energie durch Fusionsprozesse freigesetzt. Fusionsenergie stellaren Ursprungs ist daher die primäre Energiequelle für die Erde. Die technische Nutzung künstlich ausgelöster Fusionsprozesse ist jedoch schwierig. In unkontrollierter Form wird Fusionsenergie bei der Explosion von Wasserstoffbomben freigesetzt. Trotz intensiver Bemühungen ist es jedoch noch nicht gelungen, die Bedingungen für technisch nutzbare kontrollierte Fusionsprozesse zu schaffen.

Der bei einer einzelnen Fusionsreaktion freiwerdende Energiebetrag folgt unmittelbar aus den Massen der beteiligten Reaktionspartner. Er hat seine Ursache letztlich in den Eigenschaften der Kernkräfte.

Wenn ein kontinuierlicher Fusionsprozeß in Ma-terie aufrechterhalten werden soll, müssen bestimmte Bedingungen erfüllt sein. Es muß nämlich erstens die kinetische Energie der Reaktionspartner groß genug sein, um eine hinreichende Wahrscheinlichkeit für das Durchdringen des Coulombwalls sicherzustellen. Das ist bei ganz leichten Kernen der Fall bei Energien oberhalb 1 keV, entsprechend Temperaturen von mehr als 10^7 K (1 keV $\hat{=}$ $1,2 \cdot 10^7$ K). Bei diesen Temperaturen sind leichte Atome vollständig ionisiert, sie bilden ein Plasma. Die zweite Bedingung ist, daß die Dichte der Materie bei diesen Temperaturen groß genug sein muß, um eine Reaktionsrate zu erzeugen, die nicht nur die Temperatur aufrechterhält, sondern einen Überschuß an Energie liefert.

Diese Bedingungen sind im Sonneninneren erfüllt, wo bei einer Dichte von etwa 100 g/cm^3 eine Temperatur von $1,5 \cdot 10^7$ K herrscht. Der Fusionszyklus in der Sonne beginnt mit der Reaktion

$$p + p \rightarrow d + e^+ + \nu + 0,42 \text{ MeV (pp-Reaktion)} \qquad (7.98)$$

oder $\quad p + e^- + p \rightarrow d + \nu + 1,44 \text{ MeV (pep)} \qquad (7.98a)$

Da das Diproton ein instabiler Kern ist, erfolgt der Übergang in das Deuteron durch einen β-Zerfallsprozeß, also durch schwache Wechselwirkung. Die Reaktionsrate für diesen Primärprozeß ist entsprechend klein und wird durch die Kopplungskonstante der schwachen Wechselwirkung bestimmt. Die nachfolgenden Prozesse sind dann „echte" Kernreaktionen, z. B.

$$d + p \rightarrow {}^3He + \gamma \tag{7.99}$$

$\downarrow$(Kette 1)

$$^3He + {}^3He \rightarrow {}^4He + 2p \qquad {}^3He + {}^4He \rightarrow {}^7Be + \gamma \qquad {}^3He + p \rightarrow {}^4He + e^+ + \nu \,(hep) \tag{7.100}$$

$\downarrow$(Kette 3) $\qquad \downarrow$(Kette 2)

$$^7Be + e^- \rightarrow {}^7Li + \nu \qquad {}^7Be + p \rightarrow {}^8B + \gamma \tag{7.101}$$

$$^7Li + p \rightarrow 2\,{}^4He \qquad {}^8B + e^+ \rightarrow {}^8Be^* + \nu$$

$$2\,{}^4He$$

Die Bezeichnungen pep und hep haben sich für die entstehenden Neutrinos eingebürgert. Endprodukt dieser Prozesse ist in jedem Fall ^4He. Der Energiegewinn beträgt 26,7 MeV[1].

Für die technisch genutzte kontrollierte Fusion kommt reiner Wasserstoff als Brennstoff nicht in Frage, da die Reaktionsraten wegen der Verknüpfung über einen β-Zerfallsprozeß zu klein sind. Statt dessen bieten sich an die Reaktionen

$$d + d \rightarrow {}^3H + p + 4\,\text{MeV} \tag{7.102}$$
$$d + d \rightarrow {}^3He + n + 3\,\text{MeV}$$
$$d + {}^3H \rightarrow {}^3H + p + 17{,}6\,\text{MeV} \tag{7.103}$$

Das Gemisch aus Deuterium und Tritium eignet sich wegen des hohen Q-Werts besonders gut als Brennstoff. Das Problem besteht hauptsächlich darin, die nötigen Temperaturen und Dichten zu erzeugen. In der Sonne wird die nötige Dichte durch die Gravitationskraft erreicht. Ein Weg zur technischen Lösung besteht darin, ein Plasma aus dem Brennstoff zu erzeugen und durch geeignet elektromagnetische Felder aufzuheizen und gleichzeitig räumlich zu komprimieren (Plasma-Fusion). Eine andere Möglichkeit besteht darin, kleine Kügelchen, die ein Deuterium-Tritium-Gemisch enthalten, durch einen Laserstrahl sehr hoher Energiedichte so schnell auf die nötige Temperatur aufzuheizen, daß die Fusionsreaktion erfolgt, bevor das Gemisch Zeit hatte, thermisch zu expandieren (Laser-Fusion).

Literatur: [Rol 88].

---

[1] Neben diesem pp-Zyklus gibt es in der Sonne den katalytisch verlaufenden CNO-Zyklus, der bei Temperaturen oberhalb $1{,}5 \cdot 10^{-7}$ K wichtig wird (siehe Abschn. 7.10).

b) Spaltungsenergie. „The energy produced by the breaking down of the atom is a very poor kind of thing. Anyone who expects a source of power from the transformation of these atoms is talking moonshine". Diese Bemerkung Rutherfords von 1933 zeigt, wie überraschend sich die Möglichkeit der Gewinnung von Kernenergie eröffnete.

Bei der Kernspaltung, deren Mechanismus wir in Abschn. 3.4 besprochen haben, wird eine erhebliche Energie freigesetzt. Sie beträgt für Uran rund 200MeV/Spaltereignis. Hiervon wird etwa 160 MeV als kinetische Energie auf die Spaltbruchstücke übertragen. Bei der Abbremsung der Spaltbruchstücke im Brennelement wird Wärme erzeugt, die technisch nutzbar ist. Der Rest der Spaltungsenergie verteilt sich auf die Energien von Neutronen, Gamma-Quanten, Elektronen und Neutrinos, die als Folge der Spaltung emittiert werden.

Technisch genutzt wird die neutroneninduzierte Spaltung. Da beim Spaltprozeß selbst Neutronen freigesetzt werden, können sich die Spaltungsreaktionen bei geeigneten Bedingungen mit konstanter Rate selbst aufrechterhalten (Reaktor) oder explosionsartig entwickeln (Kernsprengstoff). Als Brennstoff steht zunächst natürliches Uran zur Verfügung. Es besteht aus einem Gemisch von etwa 0,7% ^{235}U und 99,3% ^{238}U. Die beiden Isotope unterscheiden sich in ihrer Spaltbarkeit durch Neutronen. Um die Spaltung einzuleiten, muß die Spaltschwelle überwunden werden. Sie ist in beiden Fällen ungefähr gleich hoch, nämlich 5,8 bzw. 6,3 MeV. Diese Energie wird aufgebracht durch die Bindungsenergie des eingefangenen Neutrons und durch dessen kinetische Energie. Bei ^{235}U ist die Bindungsenergie mit 6,4 MeV größer als die Schwellenenergie. Daher kann die Spaltung mit thermischen Neutronen (mittlere kinetische Energie 0,0253 eV bei 293 K) ausgelöst werden. Die hohe Bindungsenergie kommt daher, daß in ^{236}U ein gepaarter Neutronenzustand entsteht. Bei ^{238}U + n wird dagegen ein ungerades Neutron eingebaut. Die Bindungsenergie liegt mit 4,8 MeV entsprechend niedriger, so daß die Spaltung erst bei einer Neutronenenergie von ca. 1,5 MeV merklich einsetzt.

Betrachten wir nun beispielsweise den Spaltprozeß an ^{235}U. Nach der Spaltung entstehen die Bruchstücke X und Y sowie im Mittel v Neutronen mit Energien in der Größenordnung von 1 MeV, also

$$^{235}U + n \text{ (thermisch)} \rightarrow {}^{236}U \rightarrow X + Y + vn \text{ (schnell)} \qquad (7.104)$$

Damit eine Kettenreaktion einsetzen kann, muß offenbar $v > 1$ sein. In diesem Fall ist $v = 2,43$.

Da ^{235}U auch durch schnelle Neutronen gespalten wird, ist ein Stück ^{235}U explosiv, sofern es eine kritische Masse überschreitet, unterhalb derer die Neutronenverluste durch die Oberfläche das Einsetzen der Kettenreaktion verhindern. Eine Kernwaffe besteht daher z.B. aus ^{235}U in unterkritischer Massenverteilung, etwa als Kugelschale, die in sehr kurzer Zeit zu einem überkritischen Stück vereinigt wird, z.B. durch Implosion, ausgelöst mit einem normalen Sprengstoff.

Die beim einzelnen Spaltprozeß ausgelösten v Neutronen können ein sehr verschiedenes Schicksal erleiden. Abgesehen von Oberflächenverlusten können sie im Spaltstoff zu anderen als Spaltreaktionen führen und damit für den Spaltprozeß verlorengehen. Wichtig sind dabei vor allem (n, γ)-Reaktionen. Es ist daher nützlicher, statt

ν eine Größe η zu verwenden, die definiert ist durch

$$\eta = \frac{\text{Anzahl der Spaltneutronen}}{\text{Anzahl der absorbierten Neutronen}} = \nu \cdot \frac{\sigma_f}{\sigma_f + \sigma_r} \qquad (7.105)$$

Hier ist mit σ_f der Spaltquerschnitt und mit σ_r der Reaktionsquerschnitt für alle anderen neutroneninduzierten Reaktionen bezeichnet. Naturgemäß hängt η von der Energie ab. Einige Werte sind in Tab. 9 aufgeführt. Eine Kettenreaktion ist nur möglich, wenn die Bedingung $\eta > 1$ erfüllt ist.

Tab. 9 Eigenschaften von Spaltstoffen und Moderatoren

Spaltstoff Nuklid	$t_{1/2}$	natürliche Isotopenhäufigkeit	$\eta_{(therm)}$	η (MeV)
^{235}U	$7{,}04 \cdot 10^8$ a	0,720%	2,07	2,33
^{238}U	$4{,}47 \cdot 10^9$ a	99,28%	–	(bei 2 MeV ν = 2,6)
^{239}Pu	$2{,}44 \cdot 10^4$ a	–	2,12	2,93
^{233}U	$1{,}59 \cdot 10^4$ a	–	2,29	2,40
^{232}Th	$1{,}4 \cdot 10^{10}$ a	100%	–	(bei 2 MeV ν = 2)

Moderator	σ_{abs}(b)	Bremslänge schnell → thermisch		
H_2O	0,664	5,3 cm		
D_2O	0,001	11,2 cm		
Graphit	0,0045	19,1 cm		

Um nun das Verhalten eines spaltbaren Isotopengemischs im allgemeinen Fall zu untersuchen, müssen wir sowohl das Energiespektrum der Spaltneutronen als auch die Energieabhängigkeit der Querschnitte σ_f und σ_r betrachten. Das Energiespektrum der Spaltneutronen ist in Fig. 123 wiedergegeben, während Fig. 124 einige Reaktionsquerschnitte für die Isotope ^{235}U und ^{238}U zeigt. An Hand dieser Figuren wollen wir das Reaktionsverhalten von Natururan oder von einem schwach mit ^{235}U angereicherten Isotopengemisch diskutieren. Da hauptsächlich ^{238}U vorhanden ist, interessieren vor allem die Prozesse, die die Spaltneutronen in diesem Isotop auslösen. Man sieht nun, daß zwar die Spaltneutronen mit $E_n \gtrsim 1{,}4$ MeV Spaltung in ^{238}U auslösen können, daß dies aber nur ein Teil der verfügbaren Neutronen ist, und daß weiter eine große Wahrscheinlichkeit dafür besteht, daß die Neutronen durch unelastische Stoßprozesse (n, n') weiter Energie verlieren. Daher kann es in ^{238}U nicht zu einer Kettenreaktion kommen.

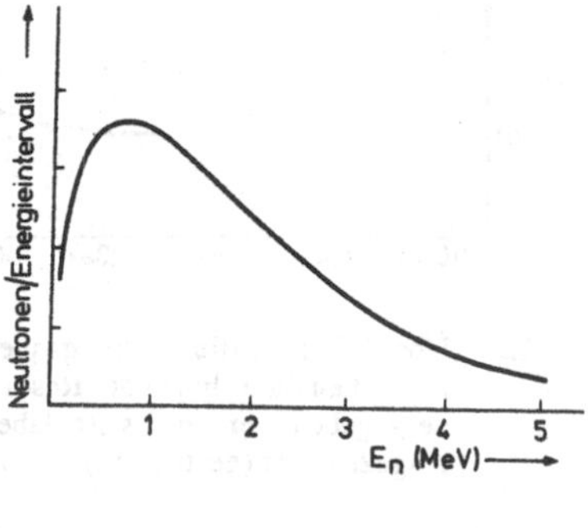

Fig. 123
Energieverteilung der Spaltneutronen

Wenn die Neutronen nun durch Stöße weiter abgebremst werden, kommen sie schließlich in den Bereich thermischer Energie, wo der Spaltquerschnitt für ^{235}U sehr groß ist. Hierbei müssen sie allerdings das Energiegebiet in der Gegend von 100 eV bis 1 eV durchlaufen, bei dem der Einfangquerschnitt für die Reaktion ^{238}U(n, γ) so große Werte annimmt, daß die Neutronen überwiegend durch Absorption verlorengehen. Natururan ist daher auch in großen Stücken nicht explosiv. Um einen Reaktor herzustellen, muß man die Neutronen außerhalb des Spaltstoffs in einem Moderator abbremsen. Das Prinzip der Anordnung ist in Fig. 125 skizziert. Als Moderator eignen sich Substanzen mit großem Bremsvermögen und kleiner Absorption für Neutronen. Einige Daten sind in Tab. 9 aufgeführt. Der einfachste Moderator ist Wasser. Wasser absorbiert allerdings durch die Einfangreaktion ^{1}H(n, γ)^{2}H soviel Neutronen, daß man damit keinen Natururan-Reaktor bauen kann. Wenn man jedoch den Gehalt an ^{235}U auf etwa 3% anreichert, läßt sich Wasser als Moderator verwenden: Es kann gleichzeitig zum Abtransport der Wärme dienen. Dies ist der heute in Kraftwerken meistens verwendete Reaktortyp (Druckwasser- oder Siedewasser-Reaktor). Um

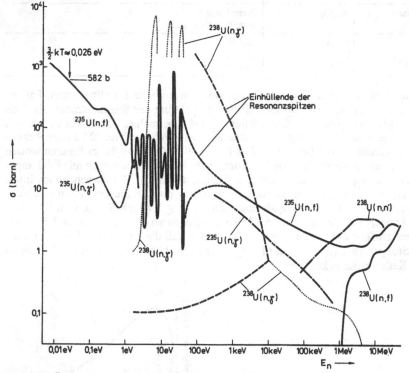

Fig. 124   Übersicht über die Wirkungsquerschnitte bei Reaktionen von Neutronen mit Uran. In den Bereichen dicht liegender Resonanzen können die Strukturen in der Zeichnung nicht wiedergegeben werden. Es ist daher nur die Einhüllende der Resonanzmaxima und -minima eingezeichnet (gestrichelt). Ein Detail ist in Fig. 107 wiedergegeben

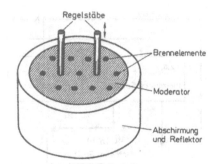

Fig. 125
Prinzipieller Aufbau eines heterogenen Reaktors
mit termischen Neutronen

einen Reaktor mit Natururan zu betreiben, muß man D_2O oder Graphit als Moderator verwenden.

Interessant ist, daß in Oklo (Gabun) in Afrika vor ca. $1{,}7 \cdot 10^9$ Jahren in einer Uranlagerstätte Kettenreaktionen auf natürliche Weise zustande gekommen sind, die sich 150000 Jahre aufrechterhalten haben. Wegen der verschiedenen Halbwertzeit der beiden Uranisotope betrug damals der Gehalt an ^{235}U ca. 3%. Durch Einsickern von Wasser in die Lagerstätte konnten daher Bedingungen entstehen, die einem heute üblichen technischen Leichtwasserreaktor entsprechen. Insgesamt sind in der gleichen Gegend 15 solcher Natururan-Reaktoren entdeckt worden. Auf die Spur hat eine Analyse der Isotopenhäufigkeitsverteilung der Uranerze geführt. Diese Natururan-Reaktoren werden untersucht, um Aufschluß über das Verhalten von Aktiniden und Spaltprodukten in geologischen Formationen zu gewinnen. Das ist wichtig im Hinblick auf Endlager für radioaktiven Abfall.

Es ist einleuchtend, daß die Funktionsweise eines Reaktors außerordentlich stark von geometrischen Bedingungen abhängt, d.h. von der Art der räumlichen Anordnung von Spaltstoff und Moderator. Die Hauptaufgabe der Reaktortheorie besteht darin, Brems- und Diffusionsvorgänge von Neutronen zu untersuchen und die Randwertprobleme für praktisch realisierbare Anordnungen zu lösen. Hierauf können wir naturgemäß nicht eingehen, doch wollen wir wenigstens einen Blick auf das Grundsätzliche der Neutronenbilanz eines thermischen Reaktors werfen. In Fig. 126 ist das Schicksal einer Neutronengeneration dargestellt. Zum Ausgangszeitpunkt sollen N thermische Neutronen vorhanden sein. Sie erzeugen $N\eta$ schnelle Neutronen in ^{235}U, der Rest wird eingefangen, teilweise unter Produktion von ^{239}Pu. Die Zahl der Neutronen wird noch etwas vermehrt durch schnelle Spaltprozesse an ^{238}U (schneller Spaltfaktor ε). Weiter unten im Schema sind vier Verlustquellen für Neutronen aufgeführt. Im Kästchen steht jeweils der Faktor, mit dem man die Neutronenzahl multiplizieren muß, um den Verlust zu erhalten. Die Größe p ist die Resonanz-Entkommwahrscheinlichkeit und f gibt an, mit welcher Wahrscheinlichkeit ein Neutron der Absorption im Moderator entgeht (thermischer Nutzfaktor). Die beiden Größen P_s und P_{th} sind geometrieabhängig und charakterisieren die Neutronenverluste durch die Reaktoroberfläche. Zum Schluß bleiben übrig $k_{eff} \cdot N$ Neutronen mit

$$k_{eff} = \eta \varepsilon p f \cdot P_s P_{th} \qquad (7.106)$$

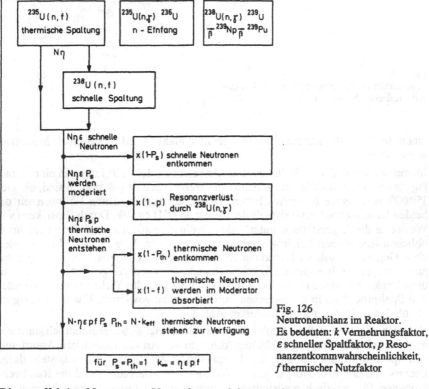

Fig. 126
Neutronenbilanz im Reaktor.
Es bedeuten: k Vermehrungsfaktor,
ε schneller Spaltfaktor, p Reso-
nanzentkommwahrscheinlichkeit,
f thermischer Nutzfaktor

Dieser effektive Neutronen-Vermehrungsfaktor muß größer als 1 sein, damit ein Reaktor kritisch wird. Wenn man die Oberflächenverluste vernachlässigt (formal für unendlich ausgedehnte Anordnung), hat man einfach

$$k_\infty = \eta \varepsilon p f \qquad (7.107)$$

Statt des Vermehrungsfaktors k verwendet man auch die Reaktivität $R = (k_{\text{eff}} - 1)/k_{\text{eff}}$. Wir fragen jetzt noch nach der Möglichkeit, einen Reaktor zu regeln; d. h. seine Energieproduktion durch einen Regelvorgang zeitlich im Mittel stationär zu halten. Es ist klar, daß für einen solchen Betrieb nur Neutronenvermehrungsfaktoren k in Frage kommen, die nur wenig über 1 liegen. Wir bezeichnen nun mit t_0 die Zeit für das Durchlaufen einer Neutronengeneration gemäß Fig. 126. Das ist natürlich eine gemittelte Größe, da die Neutronen individuelle Schicksale haben. Für das zeitliche Verhalten der Neutronendichte ρ folgt aus der Bedeutung von k unmittelbar

$$\frac{\Delta\rho}{\Delta t} = \frac{k\rho - \rho}{t_0}; \quad \frac{d\rho}{dt} = \rho\frac{k-1}{t_0}; \quad \rho = \rho_0 e^{(k-1)t/t_0} \qquad (7.108)$$

Es findet also ein exponentieller Anstieg mit der Zeitkonstante $\tau = t_0/(k-1)$ statt. Typische Werte sind etwa $k = 1,007$; $t_0 = 1$ ms; $\tau = 0,1$ s. Innerhalb dieser Zeit müßten also die Regelvorgänge erfolgen. Die Situation wird jedoch wesentlich verändert durch das Auftreten verzögerter Neutronen. Sie haben folgende Ursache. Die Spaltbruchstücke haben zunächst noch einen hohen Neutronenüberschuß und gehen schließlich durch sukzessive β-Zerfälle in stabile Nuklide über. In einigen Fällen führen die β-Übergänge zu so hoch angeregten Restkernen, daß Neutronenemission möglich ist. Diese Neutronen treten mit der Halbwertzeit des vorausgehenden β-Zerfalls auf. Ein Beispiel ist ^{87}Br mit einer Halbwertzeit von 55,6 s. Etwa 2% seiner β-Zerfälle führen zu einem Niveau in ^{87}Kr mit 5,4 MeV Anregungsenergie, das in ^{86}Kr + n zerfallen kann. Es gibt im wesentlichen sechs solcher Zerfallsketten, die bewirken, daß etwa 1% der Reaktorneutronen verzögert auftritt. Durch diese Neutronen wird die Reaktorperiode bei kleiner Reaktivität ganz wesentlich verlangsamt. Die Regelung selbst erfolgt durch das Einschieben von Bor- oder Cadmiumstäben in den Reaktorkern. Cadmium hat für thermische Neutronen den ungewöhnlich großen Einfangquerschnitt von 2450b, so daß es ein sehr effektiver Neutronenabsorber ist.

Ein Nachteil der heute gebräuchlichen Reaktoren besteht darin, daß nur das relativ rare ^{235}U als Brennstoff dient. Einen Ausweg bietet der Brutreaktor, bei dem das ^{238}U in Brennstoff verwandelt wird. Der Ablauf dieses Prozesses ist in Fig. 127 skizziert. Als Spaltstoff dient ^{239}Pu, das durch schnelle Neutronen gespalten wird. Der Verbrauch wird aus dem Brutstoff ^{238}U ersetzt, aus dem sogar ein Überschuß an Spaltstoff erzeugt werden kann. Eine andere ebenfalls in der Figur aufgeführte Brutkette benutzt ^{232}Th als Brutstoff und ^{233}U als Spaltstoff. Dieser Zyklus verläuft mit thermischen Neutronen. Der schnelle Brüter, der ^{238}U als Brutstoff verwendet,

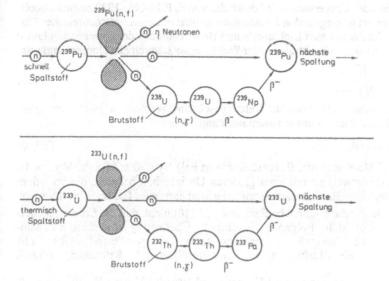

Fig. 127   Spalt-Brut-Ketten für den schnellen Brüter und den Thorium-Brüter

arbeitet ohne Moderator und hat eine sehr hohe Energiedichte. Das bedingt eine ganze Reihe technologischer Schwierigkeiten. Zum Wärmetransport muß man beispielsweise flüssiges Natrium verwenden. Dieser Reaktor hat jedoch eine hohe Brutrate. Der thermische Thoriumbrüter mit ^{232}Th als Brutstoff ist technologisch weniger heikel, erzielt aber nur geringe Brutraten. Dafür eignet sich der Prozeß zur Verwendung in einem graphitmoderierten Hochtemperaturreaktor mit Heliumkühlung. Hohe Temperaturen (700 bis 1000 °C) bedeuten nicht nur einen größeren Wirkungsgrad thermodynamischer Prozesse, also des Energieumsatzes, sondern erlauben auch die Anwendung für energiewirtschaftlich wichtige Verfahren, wie z.B. Kohlevergasung. Dieser Reaktortyp ist sogar inhärent sicher, weil seine Reaktivität einen negativen Temperaturkoeffizienten hat. Er schaltet sich von alleine ab, wenn er zu heiß wird.

Literatur zu Abschn. 7.9: [Gla 52, Eme 69, Sch 60, Wei 58, Wir 58].

7.10 Kern-Astrophysik

Kernphysik und Teilchenphysik sind wichtige Grundlagen der heutigen Kosmologie. Basierend auf astronomischen Beobachtungen und auf Laboratoriumsexperimenten ist es gelungen, konsistente Modelle für die Entwicklung des Universums zu entwickeln. Das heute von den meisten Astrophysikern akzeptierte Standardmodell der Kosmologie ist vor allem in Übereinstimmung mit den folgenden Beobachtungen: a) der Expansion des Universums, b) Der kosmischen Hintergrundstrahlung von 2,7 K und c) der Häufigkeitsverteilung der leichten Elemente.

Die Expansion des Universums wird durch die von E. P. Hubble 1929 erstmals beobachtete Rotverschiebung in den Spektralliniem weit entfernter astronomischer Objekte belegt. Entfernen sich Lichtquelle und Beobachter mit der Geschwindigkeit v voneinander, wird eine Spektrallinie der Wellenlänge λ, durch den Dopplereffekt um

$$\frac{\Delta\lambda}{\lambda} = \sqrt{\frac{1+v/c}{1-v/c}} \qquad (7.109)$$

verschoben. Daraus ergibt sich die Relativgeschwindigkeit v. Die Beobachtung ergibt, daß Distanz d und v linear zusammenhängen nach

$$v = H_0 \cdot d \qquad (7.110)$$

H_0 ist die Hubble-Konstante. Ein aktueller Wert ist[1] $H_0 = 70 \pm 7$ (km/s)/Mpc [w 1]. Der Beobachtungswert ist mit einer größeren Unsicherheit behaftet, die vor allem von der schwierigen Entfernungsbestimmung weit entfernter Galaxien herrührt.

Natürlich bedeutet die empirische Beziehung (7.110) nicht, daß die Erde im Mittelpunkt des Weltalls steht. Folgende anschauliche Überlegung ist in diesem Zusammenhang hilfreich. Man stelle sich zwei Punkte auf der expandierenden Oberfläche einer Kugel, etwa eines Luftballons vor. Mit Vergrößerung des Krümmungsradius R

---

[1] Für die astronomische Längeneinheit 1 Megaparsec = 1 Mpc gilt 1 Mpc = 3,08 · 10^{19} km = 3,26 MLj. Das ist ungefähr der mittlere Abstand benachbarter Galaxien.

vergrößert sich der Abstand d zwischen den Punkten, von denen keiner ausgezeichnet ist. Es gibt auf dieser zweidimensionalen Fläche keinen Mittelpunkt und keinen Rand. Verallgemeinert man das zur nächst höheren Dimension, nämlich einem in sphärischer Metrik zu beschreibendem gekrümmten und expandierenden Raum mit Radius $R(t)$, so erhält man das gängige Modell der Kosmologie. Der Zusammenhang zwischen der zeitlichen Änderung des Krümmungsradius $R(t)$ und der Hubble-Konstante ergibt sich unter Berücksichtigung der von der allgemeinen Relativitätstheorie vorgeschriebenen Metrik. Es ist

$$dR(t)/dt = H(t)R(t) \tag{7.111}$$

also ein ganz ähnlicher Zusammenhang wie bei (7.110). Wir haben $H(t)$ geschrieben, weil H nicht konstant sein muß. Bei der Rotverschiebung handelt es sich nicht um eine „Fluchtgeschwindigkeit" im üblichen Sinne, sondern vielmehr um eine Aufblähung des Raumes.

Eine Expansion der beschriebenen Art muß einen Ausgangspunkt in Raum und Zeit haben. Er muß zurückliegen um eine Zeitspanne, die in etwa durch die inverse Hubble-Konstante gegeben ist. Für plausible Werte der Hubble-Konstanten und der Expansionsgeschichte ergibt sich ein Expansionsalter von ca. 15 Ga (1 Ga = 10^9 Jahre). Allerdings bedeutet die einfache Rückwärtsextrapolation, daß zum Zeitpunkt Null das Universum den Radius Null und unendlich große Dichte gehabt haben muß – eine höchst unbefriedigende Singularität. Über so frühe Zeiten nachzudenken, ist höchst spekulativ. Gängige Feldtheorien sind ohnehin nicht mehr anwendbar in der Größenordnung der Planck-Zeit von $5 \cdot 10^{-44}$ s, bei der eine Quantenfeldtheorie der Gravitation benötigt würde. Wir wollen solchen Spekulationen nicht folgen, sondern die Entwicklung des Universums erst von jenem Zeitpunkt an verfolgen, zu dem unsere Kenntnisse aus Teilchen- und Kernphysik etwas Konkretes beitragen können.

Jedenfalls begann die Entwicklung mit einem Zustand extrem hoher Energiedichte und folgender rascher Expansion. Diese Ursuppe von Teilchen und Quanten mußte sich wegen der extrem hohen Wechselwirkungsraten im thermodynamischen Gleichgewicht befinden. Die Energien waren größer als die Ruhemassen der Teilchen, so daß ständig Erzeugungs- und Vernichtungsprozesse stattfanden. Die Zahl der Photonen war weitaus größer, als die der Teilchen, das System war strahlungsdominiert. Mit der Ausdehnung des Raumes nahm die Wellenlänge der Photonen zu, so daß deren Energie sank und sich das Maximum der Planck-Verteilung entsprechend verschob. Bei einer Abkühlung auf ca. 10^{15} GeV nach 10^{-36} s froren die sehr schweren X-Bosonen aus (s. Abschn. 8.8), die in Quarks und Leptonen zerfielen. Es bestand nun ein Plasma aus Photonen, Quarks, Gluonen sowie W- und Z-Bosonen. Wir wollen seine Entwicklung anhand von Fig. 128 verfolgen. Als Abszissen sind aufgetragen die Zeit nach dem Urknall sowie oben die Dichte und der Weltradius. Die Ordinate zeigt die Temperatur T im thermodynamischen Gleichgewicht sowie die Teilchenenergie kT im Maximum der Maxwell-Boltzmann-Verteilung. Alle Skalen sind logarithmisch. Zunächst, links oben, liegt das Quark-Gluon-Plasma vor. Bei etwa 300 GeV (10^{-10} s) verschwinden die W- und Z-Bosonen, weil die Energie zu ihrer Erzeugung nicht mehr ausreicht. Die elektroschwache Wechselwirkung spaltet in die elektromagnetische und die schwache Wechselwirkung. Die nächste Stufe tritt bei

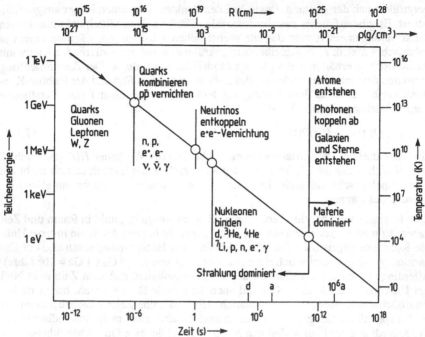

Fig. 128   Schematische Darstellung der Entwicklung des Kosmos nach dem kosmologischen Standard-Modell

10^{-6} s und einer Energie von 1 GeV auf. Die Quarks kondensieren zu Hadronen, das Confinement wird wirksam, stabile Nukleonen entstehen. Noch gibt es gleich viele Protonen und Antiprotonen. Sie vernichten sich durch Zerstrahlung, wobei ein kleiner Überschuß von 10^{-9} an Protonen übrigbleibt. Aus ihm besteht die heutige Materie. Auf die mögliche Ursache dieser Antisymmetrie kommen wir in Abschn. 8.8 zurück. Bei einer Sekunde ist die Dichte soweit abgesunken, daß die Neutrinos nicht mehr stoßen, sie sind jetzt von der Materie und den Photonen „abgekoppelt". Ungefähr gleichzeitig zerstrahlen unterhalb von 1 MeV Elektronen und Positronen bis auf einen kleinen Überschuß an Elektronen, der die Ladung der Protonen kompensiert. In einem relativ schmalen Zeitfenster von wenigen Minuten ging nun die Entstehung der leichten primordialen Nuklide vor sich, bei Energien von 0,1 bis 10 MeV. Diese Energien sind kleiner, als die Bindungsenergien der leichtesten Kerne aber noch groß genug, den Coulomb-Wall zu überwinden. Die Kette der Reaktionen startet mit p + n → D, dann können z. B. folgen D(D, n)^{3}He, D(p, γ)^{3}He, ^{3}He(d, p)^{4}He oder andere Reaktionen. Da sich alles im thermischen Gleichgewicht befindet, folgen die Reaktionsraten aus den Bindungsenergien. Die so berechenbaren Werte für die Häufigkeitsverteilung der leichtesten Elemente im Universum stimmen sehr genau mit den Beobachtungen überein. Das ist eine der starken Stützen des kosmologischen Standard-Modells. Das Zahlenverhältnis der Kerne Wasserstoff zu ^{4}He beträgt $7 \cdot 10^{-2}$, das zum schwersten primordialen Relikt ^{7}Li jedoch nur 10^{-9}.

Das nächste entscheidende Ereignis trat ein, als die Energie unter die Ionisierungs-energie der Atome fiel, also bei etwa 10 eV und einem Weltalter von 1000 Jahren. Die Elektronen wurden gebunden, es entstanden Atome. Das Verschwinden der frei-en Elekronen bewirkte gleichzeitig, daß die Streuung von Photonen an Elektronen (Thomson-Streuung) ein Ende fand. Der bisher trübe Kosmos wurde durchsichtig, die Photonen entkoppelten von der Materie. Die abgekoppelten Photonen sind mit der Expansion weiter langwelliger geworden und werden heute als 2,7 K-Strahlung im Mikrowellenbereich beobachtet. Die mittlere Energie der Quanten beträgt nur noch 0,7 meV.

Das dünne Gas aus Wasserstoff, Deuterium und Helium konnte klumpen und unter der Gravitationswirkung die erste Generation von Sternen und Galaxien bilden. In den Sternen fand dann die gleich zu besprechende Erzeugung der schwereren Elemente durch Kernreaktionen statt. Die massiveren Sterne hatten eine kürzere Lebensdauer und manche explodierten schließlich als Supernova. Dabei wurden die gebildeten Elemente in den freien Raum ausgestoßen und lieferten das Material für die folgenden Sterngenerationen, zu denen auch die Sonne gehört.

Wir wollen im Folgenden einige der eben kurz beschriebenen Erscheinungen näher betrachten, nämlich: a) das Quark-Gluon-Plasma, b) die Synthese der leichteren Ele-mente, und c) die Synthese der Transeisen-Elemente.

Das Quark-Gluon-Plasma. Nach dem geschilderten Modell existierte vor der Ha-dronisierung der Materie ein Plasma aus Quarks und Gluonen. In Stoßexperimenten mit relativistischen schweren Ionen versucht man im Laboratorium diesen Materie-zustand künstlich zu erzeugen und zu studieren. Ein ähnlicher Zustand könnte auch entstehen, wenn der Rumpf einer Supernova seinen endgültigen Kollaps erfährt und die hochkomprimierte Kernmaterie sich entweder zu einem superdichten Neutro-nenstern oder zu einem schwarzen Loch entwickelt. Am CERN stand in den letzten Jahren ein ^{208}Pb-Strahl mit einer Energie von rund 160 GeV/Nukleon (insgesamt 33 TeV) zur Verfügung, an dem 7 sich ergänzende Experimente durchgeführt wurden. Ziel war es, beim hochenergetischen Stoßprozeß die kurzreichweitige Abstoßung der Kernkräfte zu überwinden und einen Feuerball hoher Energiedichte zu erzeugen. Die theoretischen Vorhersagen über das, was dabei passieren sollte, sind nicht einfach zu treffen. Da sich normale Störungsrechnung in der QCD nicht anwenden läßt, benutzt man Gitter-Eich-Rechnungen, bei denen das Raum-Zeit-Kontinuum durch ein dis-kretes Gitter in einem euklidischen Raum ersetzt wird. Dann wird ein numerisches Integrationsverfahren über die Funktionswerte an den Gitterpunkten auf Großrech-nern durchgeführt. Solche Rechnungen sagen voraus, daß bei einer kritischen Ener-giedichte $>1,5$ GeV/fm^3 und bei einer kritischen Temperatur von $kT \approx 160-200$ MeV ein Phasenübergang der Kernmaterie stattfinden sollte. Das bedeutet unter anderem eine Änderung der Zahl der hadronischen Freiheitsgrade und der Quark-Massen-skala. Die Quarks verlieren ihre Konstituenten-Masse und erscheinen mit der viel kleineren „current mass". Gleichzeitig wird die von der Theorie der Wechselwirkun-gen geforderte ursprüngliche chirale Symmetrie wiederhergestellt. Kurzum, die Ha-dronen schmelzen und es entsteht der plasmaähnliche kontinuierliche QCD-Zustand in dem der Quark-Einschluß aufgehoben ist und der sich über eine Kerndimension von ca. 10 fm erstreckt.

Läßt sich das im Experiment beobachten? Das Problem ist, daß nach Expansion und Abkühlung des Feuerballs das Confinement wieder einsetzt und nur farbneutrale normale Hadronen ausfrieren und nachgewiesen werden können. Trotzdem gibt es bei dieser Miniexplosion, bei der mehrere Tausend Teilchen emittiert werden können, Signaturen, die einen Indizienbeweis für die Produktion des Quark-Gluon-Plasmas ermöglichen. Wir zählen einige davon auf. 1) Ist die kritische Temperatur erreicht? Das ergibt sich aus der transversalen Impulsverteilung der Produkte. Die Analyse der Daten zeigt, daß beim zentralen Pb-Pb-Stoß eine Energiedichte von ≈ 4 GeV/fm^3 erreicht wurde. 2) Man beobachtet eine Unterdrückung der J/ψ-Produktion (Quarkgehalt $c\bar{c}$) in Vergleich zu der Erwartung aufgrund der bekannten Querschnitte im Protonenstoß. Das hat folgenden Grund. Wegen ihrer großen Masse, können $c\bar{c}$-Paare nur in einem Stoß der ersten Generation erzeugt werden. Befänden sie sich in einer hadronischen Phase, könnten sie wegen des Confinement überleben. Im Plasma jedoch können sie aufbrechen und z.B. als D-Mesonen enden (Quarkgehalt c oder $\bar{c}$ plus ein u-oder d-Quark oder Antiquark). Dieser Effekt wird in dramatischer Weise sichtbar. 3) Auch die Ausbeute an s-Quarks ist signifikant. Im chemischen Gleichgewicht hängt die Population einer Spezies von der Masse ab. Für ungebundene s-Quarks im Plasma ergibt sich eine andere Häufigkeit als für gebundene s-Quarks in der hadronischen Phase. Beobachtungsgröße ist hier z.B. das K/π-Verhältnis in den Produkten. Es werden nur ca. 60% der s-Quarks produziert, die man in einem äquilibrierten System von Hadronen erwarten würde.

Solche und ähnliche Analysen sind konsistent mit der Produktion eines Quark-Gluon-Plasmas im Feuerball. Dieser dehnt sich rapide aus und hat schließlich das 30–50-fache des ursprünglichen Volumens. Den Durchmesser beim Ausfrieren der Hadronen kann man durch π-Interferometrie bestimmen. Die Häufigkeitsverteilung der gebildeten Hadronen folgt dem hadro-chemischen Gleichgewicht bei der kritischen Temperatur. Soweit der Indizienbeweis. Es gäbe indessen eine viel direktere Möglichkeit der Beobachtung des Quark-Gluon-Plasmas, nämlich die Vermessung des Photonenspektrums. Kommt es aus dem thermalisierten Plasma, muß es der Planckschen Verteilung folgen. Dieses Erxperiment ist jedoch sehr schwierig, da das ursprüngliche Photonenspektrum von den Zerstrahlungsprozessen der emittierten Hadronen, z.B. der π^0-Mesonen, überlagert wird. Diese sind weit in der Überzahl und müssen mit großer Genauigkeit subtrahiert werden.

Die CERN-Experimente haben gezeigt, daß sich das Quark-Gluon-Plasma im Laboratorium herstellen läßt. Bei ihnen betrug die invariante Masse $\sqrt{s} = 17$ GeV. Die nächste Generation von Experimenten wird am RHIC (Relativistic Heavy Ion Collider) im Brookhaven-Laboratorium mit $\sqrt{s} = 200$ GeV durchgeführt, bis schließlich das LHC am CERN nach Fertigstellung Beobachtungen mit $\sqrt{s} = 5$ TeV ermöglichen wird [w6], [w12].

b) Die Synthese der leichteren Elemente. Wenn die Temperatur in Inneren eines Sternes hoch genug ist, um den Teilchen bei Kernreaktionen ein Durchdringen des Coulomb-Walls zu ermöglichen, können durch Reaktionen schwerere Elemente aufgebaut werden. Dabei werden Nuklide mit zunehmend höherer Bindungsenergie erzeugt, bis in die Gegend von Eisen, wo B/A ein Maximum hat (vgl. Fig. 10). Die freiwerdende Energie stabilisiert den Stern, weil der thermische Druck der Gravitation entgegenwirkt. Für sonnenähnliche Sterne reichen die kinetischen Energien der Stoßpartner nicht aus, um den Coulomb-Wall zu überwinden. Ein sonnenähnlicher Stern hat eine Kerntemperatur von $15 \cdot 10^6$ K mit $kT = 1,6$ keV. Bei einer Supernova jedoch ist $T \approx 5 \cdot 10^9$ K mit $kT = 431$ keV. Um eine Reaktion zu erzielen, muß sich das energiereiche Ende der zugehörigen Maxwell-Boltzmann-Verteilung hinreichend mit der Kurve für den Transmissions-Koeffizienten für Durchtunnelung überlappen.

Wie die stellare Reaktionskette beginnt, nämlich mit dem Prozeß p + p $\rightarrow$ d + e$^+$ + ν und den folgenden zu ^{4}He führenden Reaktionen, steht bereits im letzten Abschnitt mit den Gln. (7.99) bis (7.101). Daneben gibt es einen anderen Produktionsweg, den bereits Ende der 30er Jahre H. Bethe und C. F. v. Weizsäcker vorgeschlagen haben, den CNO-Zyklus. Dazu muß bereits ^{12}C vorhanden sein. Es handelt sich um folgende Reaktionskette

$$^{12}C(p, \gamma)^{13}N(e^+\nu)^{13}C(p, \gamma)^{14}N(p, \gamma)^{15}O(e^+\nu)^{15}N(p, \alpha)\ ^{12}C \qquad (7.112)$$

Dabei bedeutet (e$^+\nu$) Positron-Zerfall. Die Bilanz der Reaktionskette ist 4p $\rightarrow$ ^{4}He + 2e$^+$ +2ν ($Q = 26,7$ MeV). Der Kohlenstoff wird offensichtlich nicht verbraucht, er wirkt nur katalytisch. Dieser Prozeß ist effektiver, als der vorher besprochene, ist aber in der Sonne nicht relevant, da er eine höhere Temperatur erfordert.

Wenn der Brennstoff für das Wasserstoff-Brennen zu Ende geht, kontrahiert das entstandene Helium durch Gravitation und erhitzt sich dabei. Der Helium-Rumpf des Sterns bleibt aber umgeben von einer Hülle, in der sich das Wasserstoff-Brennen fortsetzt. Unter dem thermischen Druck des heißen Rumpfes dehnt sich die Hülle enorm aus, bis zum 50-fachen des Radius. Ein roter Super-Riese entsteht. Der Rumpf ist nun heiß genug für die nächste Stufe, das Helium-Brennen. Der wichtigste Prozeß ist die Synthese von Kohlenstoff- und Sauerstoff-Kernen. Sie spielt sich über zwei Stufen ab. Zwei Helium-Kerne können einen ^{8}Be-Kern bilden, der aber instabil ist gegen Zerfall in zwei α-Teilchen. Bei großer Dichte entsteht dabei ein Gleichgewicht zwischen ^{4}He- und ^{8}Be-Kernen. Diese können über die Reaktion ^{8}Be(α, γ)^{12}C Kohlenstoff bilden (siehe für das Folgende Fig. 129). Sie findet vorwiegend über eine s-Wellenresonanz im System ^{8}Be + α statt, nämlich einem 0$^+$-Zustand im ^{12}C. Es ist der 7,66 MeV Zustand von Fig. 72. Aus ^{12}C kann durch weiteren α-Einfang ^{16}O entstehen, ^{12}C(α, γ)^{16}O. Er geht langsam vor sich, weil es kein passendes Resonanzniveau in ^{16}O gibt. Daher bleibt Kohlenstoff übrig, wenn das Helium verbraucht ist. In dem weiteren Einfangprozeß ^{16}O(α, γ)^{20}Ne kann Neon entstehen. Dies geschieht aber nur sehr langsam, da der α-Einfang in das energetisch eigentlich passende Niveau in ^{20}Ne aus Paritätsgründen verboten ist. Die Kette von α-Einfang-Prozessen findet damit ein Ende.

Die Reaktionskette, die zu den für uns lebenswichtigen Elementen Kohlenstoff und Sauerstoff führt, ist in Fig. 129 dargestellt. Sie enthält eine überraschende Tatsache. Damit die beiden Elemente entstehen können, bedarf es nämlich einer Feinabstimmung der Kernstruktur in folgender Weise (siehe die eingekreisten Zahlen): 1) Die Masse des instabilen ^{8}Be ist nahezu gleich der Masse zweier Heliumkerne. Das erlaubt die ständige Bildung von ^{8}Be im Reaktionsgleichgewicht. 2) Das 7,65 MeV-Niveau im ^{12}C liegt genau in dem Energiebereich, in dem bei Sterntemperaturen der

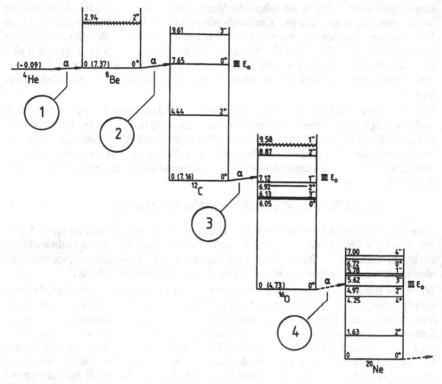

Fig. 129 Die Kernreaktionen, die zur Bildung der Elemente Kohlenstoff und Sauerstoff geführt haben. E_0 bezeichnet den Energiebereich der größten Teilchenbreite. (Nach Rolfs und Rodney [Rol 88].)

Einfang eines Heliumkerns erfolgen kann. 3) Im Gegensatz dazu gibt es in ^{16}O kein günstig gelegenes Niveau für weiteren Einfang. Der Zerfall des 7,12 Niveaus ist durch Isospin-Auswahlregeln behindert. Sauerstoff kann daher nur mit kleiner Rate produziert werden. Deshalb haben genügend Kohlenstoffkerne überlebt. 4) Der nächste direkte Schritt ist wegen der Paritätserhaltung blockiert. Daher überleben auch die gebildeten Sauerstoffkerne.

Alle vier Bedingungen müssen für die Synthese von Kohlenstoff und Sauerstoff gleichzeitig erfüllt sein. Eine winzige Änderung in den Kernkräften würde die Situation völlig zerstören. Das ist ein Beispiel für die subtile Abstimmung der Kräfte, die ein Entstehen unserer Lebensgrundlagen ermöglichte.

Wenn ein Brennstoff im Lebenszyklus eines hinreichend massiven Sternes verbraucht ist, kollabiert dieser und erhitzt sich durch Kompression so stark, daß Schwerionen-Reaktionen in der Asche des Helium-Brennens, nämlich vor allem Kohlenstoff und Sauerstoff, möglich werden. Dabei werden die meisten Nuklide zwischen Neon und Eisen erzeugt. Zuerst werden Reaktionen zwischen Kohlenstoffstoffkernen möglich, z.B. $^{12}C + ^{12}C \rightarrow ^{20}Ne + \alpha$ oder $\rightarrow ^{22}Na + p$ oder $\rightarrow ^{23}Mg + n$. Wenn der Kohlenstoff verbraucht ist, beginnt bei etwa $2 \cdot 10^9$ K das Sauerstoff-Brennen, das hauptsächlich Silizium und Schwefel liefert. Schließlich können Protonen und α-Teilchen aus Photospaltungsprozessen Reaktionen auslösen, die zu noch stärker gebundenen Kernen führen, z.B. $^{28}Si(\alpha, \gamma)^{32}S(\alpha, \gamma)^{36}Ar \ldots {}^{52}Fe(\alpha, \gamma)^{56}Ni$. Es lassen sich mehrere Hundert solcher Reaktionen angeben. Der Eisen-Nickel-Rumpf produziert keine Energie mehr. Kollaps kann schließlich zur Supernova-Explosion führen, die das gebildete Material im Raum verteilt als Baustoff für neue Sterne.

Die Synthese der Transeisen-Elemente. Die Synthese von Nukliden durch thermonukleare Fusion von Kernen mit α-Teilchen oder schwereren Ionen findet ein Ende in der Massengegend von Eisen, weil hier die relative Bindungsenergie am größten ist. Außerdem steigt die Coulomb-Barriere rapide an. Bei schwereren Kernen gewinnt man keine Energie mehr beim Einbau eines α-Teilchens, es wird im Gegenteil bei α-Emission Energie frei. Anders ist die Situation beim Einbau eines einzelnen Nukleons, vor allem eines Neutrons, das keine Coulomb-Abstoßung zu überwinden hat. Ein Neutron kann in einen freien Platz im obersten verfügbaren Niveau eingebaut werden (vgl. Fig. 18). Dann entsteht entweder ein stabiler Nachbarkern A + 1, oder aber ein Kern, dessen Neutronenüberschuß zu groß ist, so daß er sich durch β^--Zerfall entsprechend Fig. 20 in den Kern (A + 1, Z + 1) umwandelt. Daher führt vor allem Neutroneneinfang zur Bildung von Elementen, die schwerer sind als Eisen.

Es ist nötig zwischen zwei Prozessen zu unterscheiden, einem langsamen s-Prozeß (slow process) und einem schnellen r-Prozeß (rapid process). Welcher von beiden Prozessen dominiert, hängt vom Verhältnis der Neutronen-Einfangrate zur β-Lebensdauer des gebildeten Kerns ab. Ist die Einfangrate klein gegenüber der Lebensdauer, wird der erzeugte Kern zerfallen, bevor ein weiteres Neutron eingefangen wird. Dies ist der s-Prozeß. Im umgekehrten Fall, Einfangrate groß gegen β-Lebensdauer, kann sukzessiv eine große Anzahl von β-instabilen Kernen mit steigender Masse gebildet werden. Dies ist der r-Prozeß, der nur bei extrem hohen Neutronenflüssen eintritt.

Beim s-Prozeß herrscht über längere Zeit ein Neutronenfluß, der bei roten Riesen von Helium-Brennen des Sterns herrührt. Die Neutronen werden rasch thermalisiert und haben eine Energie $E_0 = kT \approx 30$ keV bei einer typischen Temperatur von ca. $0,4 \cdot 10^9$ K. Wenn die mittlere Zeit zwischen zwei Neutron-Einfangprozessen $\tau_{n\gamma}$ t_β ist, kann eine Einfangkette der Art $(Z, N)(n, \gamma)(Z, N + 1)(n, \gamma)(Z, N + 2)\beta$-Zerfall in Gang gesetzt werden. Die β-Lebensdauern liegen typischerweise zwischen Sekunden und Jahren, so daß die Einfangrate $\tau_{n\gamma}$ in der Größenordnung von 10 Jahren sein sollte. Das erfordert im Sterninneren eine Neutronendichte von $\approx 10^8$ n/cm^3. Ausgangspunkt der ganzen Prozeßkette sind die Eisen-Nickel-Nuklide. In Fig. 130 ist ein Ausschnitt aus dieser Kette dargestellt. Sie verläuft entlang dem Stabilitätstal (vgl. Fig. 22). Zwischen den Massenzahlen 122 und 126 können z.B. 5 stabile Kerne zu Z = 52 gebildet werden. Bei $A = 127$ tritt β-Zerfall ein (^{127}Te; 9,4 h), der zu ^{127}J führt. In ähnlicher Weise geht es weiter. Die s-Prozesse finden ihr Ende beim α-instabilen Kern ^{209}Bi.

Eine ganze Reihe stabiler Nuklide kann jedoch nicht vom s-Prozeß erreicht werden. In Fig. 130 sind dies z.B. $^{128, 130}Te$ oder $^{134, 136}Xe$. Sie entstehen bei r-Prozeß, der durch einen extrem hohen Neutronenfluß ausgelöst wird, wie er nur bei einer Super-

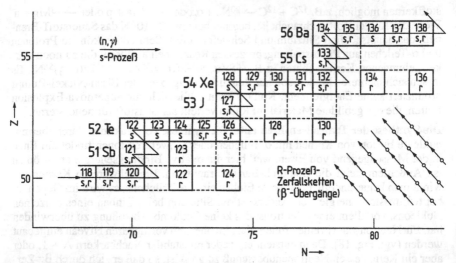

Fig. 130   Elementsynthese durch Neutroneneinfang im s- und r-Prozeß

nova-Explosion auftritt. Da beim r-Prozeß Kerne mit sehr kurzer Lebensdauer erreicht werden, ist eine Neutronendichte von ca. 10^{20} n/cm^3 erforderlich, also von 12 Größenordnungen mehr als beim s-Prozeß. Der r-Prozeß füllt die Kerne sukzessiv mit Neutronen auf, ausgehend wiederum vom Eisen. Neutronenüberschüsse von 10–20 können typischerweise erreicht werden. Das Auffüllen findet sein Ende bei der Neutronen-Drip-Linie, die in Fig. 22 gestrichelt eingezeichnet ist. Die erzeugten instabilen Kerne zerfallen entlang den Isobaren-Linien der Reihe nach in ihre stabilen Isobaren. Solche Zerfallspfade sind in Fig. 130 schematisch eingezeichnet. Manche Elemente werden nur über den *s*-Prozeß und manche nur über den r-Prozeß erzeugt, viele jedoch können über beide Prozesse entstehen. In Fig. 130 ist das durch die Buchstaben r oder s vermerkt. Der *r*-Prozeß findet seine Grenzen bei Kernen, die sehr schnell durch spontane Spaltung zerfallen. Das schwerste, das aufgrund seiner langen Halbwertzeit seit seiner Synthese überlebt hat, ist ^{238}U.

Die hier nur qualitativ geschilderten Vorgänge können mit Modellrechnungen weitgehend quantifiziert werden, basierend auf den im Laboratorium gemessenen Neutron-Einfangquerschnitten. Ziel dabei ist es, in einer mit Sternmodellen konsistenten Weise die Häufigkeitsverteilung der schweren Elemente im Universum zu reproduzieren.

Literatur zu Abschn. 7.10 [Rol 88, Kla 97, Kla 95]

8 β-Zerfall und schwache Wechselwirkung

8.1 Natur des Zerfallsprozesses, Neutrinoexperimente

Mit der Erforschung des β-Zerfalls verbinden sich einige der aufregendsten Episoden in der modernen Physik. Durch Messungen mit magnetischen Spektrometern war schon 1914 von Chadwick gezeigt worden, daß Kerne Elektronen mit einer kontinuierlichen Energieverteilung emittieren. Die Kernladungszahl des emittierenden Kerns ändert sich dabei um Eins (Soddy). Da es sich um einen Übergang zwischen Grundzuständen mit fest definierter Energie handelt, mußte die Gültigkeit des Energiesatzes bei diesem Prozeß in Zweifel gezogen werden. Ähnlich verhält es sich mit dem Drehimpuls: Bei der häufigsten Form des β-Zerfalls unterscheiden sich die Spins von Mutter- und Tochterkern um 0 oder 1, während man bei der Emission eines Spin-1/2-Elektrons eine halbzahlige Spinänderung erwarten sollte und zwar unabhängig vom eventuell mitgenommenen Bahndrehimpuls. Pauli zeigte 1930 einen hypothetischen Ausweg, indem er die Existenz eines weiteren emittierten Teilchens, des „Neutrino" forderte. Experimente zum direkten Nachweis des Neutrinos konnten aber erst in den 50er Jahren ausgeführt werden. Der erste theoretische Ansatz zur Beschreibung des Zerfallmechanismus wurde 1934 von Fermi vorgeschlagen. Es dauerte jedoch rund 30 Jahre bis eine einigermaßen gesicherte Formulierung des Wechselwirkungsgesetzes angegeben werden konnte. Fermis intuitiv gefundener ursprünglicher Ansatz ist dabei im wesentlichen bestätigt worden.

Die fundamentale Bedeutung des β-Zerfalls besteht darin, daß er durch eine Wechselwirkung zwischen physikalischen Objekten zustande kommt, die in der klassischen Physik nicht bekannt ist. Diese neue fundamentale Wechselwirkung tritt neben die anderen Wechselwirkungsgesetze: Gravitation, elektromagnetische Wechselwirkung und starke Wechselwirkung, die für die Kernkräfte verantwortlich ist. Da β-Zerfallprozesse eine sehr viel kleinere Übergangswahrscheinlichkeit haben als Prozesse, die durch Kernkräfte oder elektromagnetische Kräfte verursacht werden, spricht man beim β-Zerfall auch von „schwacher Wechselwirkung".

Eine der unerwartetsten Erscheinungen in der Physik wurde 1958 gefunden, als sich zeigte, daß β-Zerfallsprozesse nicht invariant gegen Raumspiegelungen sind (Lee und Yang). Die zur Beschreibung der Prozesse erforderlichen Wellenfunktionen haben keine definierte Parität. Das wird in Abschn. 8.6 ausführlich diskutiert.

Das Wesentliche des β-Zerfallprozesses besteht darin, daß unter Umwandlung der Ladung eines Nukleons ein (positives oder negatives) Elektron und ein Neutrino v im Kern erzeugt werden. Dabei ändert sich die Kernladungszahl Z um eine Einheit, die Massenzahl A bleibt konstant. Kernladung, Kernmasse und das emittierte Elektron lassen sich beim β-Zerfall relativ leicht beobachten. Schwieriger ist der Nachweis des gleichzeitig emittierten Neutrinos. Die Existenz der Neutrinos war postuliert worden, um die Gültigkeit von Energie- und Drehimpulssatz beim β-Zerfall zu gewährleisten. Neutrinos müssen daher den Spin 1/2 haben und neutral sein. Es läßt sich experimentell zeigen, daß ihre Masse sehr klein sein muß (Abschn. 8.3). Manches wird besonders einfach, wenn man annimmt, daß ihre Ruhemasse, ähnlich wie beim Photon, gleich Null ist (siehe hierzu jedoch Abschn. 8.7).

Masselose, neutrale Teilchen, die nur schwach wechselwirken, sind naturgemäß äußerst schwer zu beobachten. Trotzdem wird heute in der Hochenergiephysik mit Neutrinostrahlen in großem Stile experimentiert. Wir beschränken uns hier auf die Rolle, die das Neutrino in der Kernphysik spielt. Die ersten Versuche, Neutrinos wenigstens indirekt nachzuweisen, gingen davon aus, daß sie bei der Emission Impuls mitnehmen und daher einen Rückstoß verursachen müssen. Wir beschreiben als Beispiel ein typisches Experiment dieser Art [Rod 52]. Als Ausgangsisotop dient gasförmiges ^{37}Ar. Es zerfällt mit einer Halbwertszeit von 35 Tagen durch K-Einfang. Das ist ein β-Zerfallsprozeß, bei dem statt der Emission eines Positrons eine Elektron der K-Schale im Kern eingefangen wird.

$$^{37}\text{Ar} + e^- \rightleftarrows {}^{37}\text{Cl} + v + 0,8 \text{ MeV} \qquad (8.1)$$

Das Elektron verursacht daher keinen Rückstoß. Da bei diesem Prozeß die Energie des eingefangenen Elektrons festliegt, müssen auch die Neutrinos eine feste Energie haben. Sie ergibt sich aus der Massendifferenz zwischen Anfangs- und Endkern und aus der Bindungsenergie des eingefangenen K-Elektrons. Falls ein Neutrino emittiert wird, überträgt es daher auf den Restkern einen ganz bestimmten Rückstoß, der zu einer Geschwindigkeit führt, die sich durch eine Laufzeitmethode messen läßt. Um eine Laufzeit zu messen, muß man den genauen Zeitpunkt des β-Zerfalls kennen. Man legt ihn fest durch Nachweis der Auger-Elektronen, die als Folge des K-Einfangs ausgesandt werden. Die experimentelle Anordnung ist in Fig. 131a skizziert. Das wirksame Gasvolumen ist schraffiert. Die Auger-Elektronen werden im Detektor 1 nachgewiesen. Diejenigen ^{37}Cl-Rückstoßatome, die in Richtung des Detektors 3 laufen, passieren zunächst eine Strecke von 6 cm und werden nach dem Gitter 2 nachbeschleunigt, um ihren Nachweis in einem Sekundärelektronen-Vervielfacher zu ermöglichen. Als Folge des Auger-Prozesses sind sie bis zu dreifach positiv geladen.

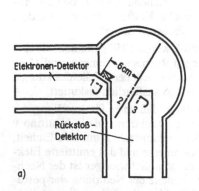
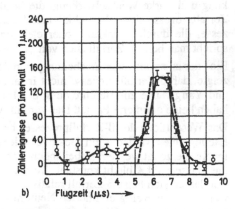

Fig. 131   Neutrino-Rückstoßexperiment an ^{37}Ar; nach [Rod 52]

Beobachtet wird die Zeitverzögerung zwischen Elektron- und Rückstoßsignal. Das Ergebnis zeigt Fig. 131b. Die gestrichelte Kurve entspricht der Erwartung für eine Rückstoßenergie des Cl-Atoms von 9,6 eV, wie sie sich bei einem Neutrino-impuls ergibt, der der Massendifferenz zwischen ^{37}Ar und ^{37}Cl entspricht ($\Delta m = 814$ keV. Das Meßergebnis ist offensichtlich in ausgezeichneter Übereinstimmung mit der Vorhersage.

Wesentlich schwieriger ist der direkte Nachweis des Neutrinos durch einen Wechselwirkungsprozeß. Als Beispiel soll eines der Experimente von Reines und Cowan beschrieben werden [Rei 59]. Man versucht den zum normalen β-Zerfallsprozeß

$$n \rightarrow p + e^- + \bar{\nu} \tag{8.2}$$

inversen Vorgang

$$\bar{\nu} + p \rightarrow e^+ + n \tag{8.3}$$

zu beobachten. Bei beiden Prozessen taucht das Antineutrino $\bar{\nu}$ auf. Antiteilchen muß es bei allen Fermionen geben, die der Dirac-Gleichung gehorchen. Es sind die Lösungen negativer Energie und umgekehrter Ladung, für die das Positron ein Beispiel ist. In Feynman-Graphen laufen die Teilchen rückwärts in der Zeitkoordinate (vgl. Fig. 137). Antiteilchen können mit ihren Teilchen, sofern sie Masse haben, zerstrahlen. Das Neutrino ist in dieser Hinsicht ein schwieriger Sonderfall. Da Neutrinos ungeladen und möglicherweise masselos sind, kann man die Frage stellen, was denn der Unterschied zwischen Neutrino und Antineutrino ist. Zwar geben die Abschn. 8.6 zu beschreibenden Helizitätsexperimente darauf eine Antwort, doch hat die Frage einen Aspekt, auf den wir erst am Ende von Abschn. 8.8 zurückkommen werden. Zunächst besprechen wir das Nachweisexperiment (8.3). Man benutzt hierzu den kräftigen Antineutrinostrom, der von einem Kernreaktor ausgeht. Alle irgendwie ionisierende Strahlung (Neutronen, γ-Strahlung) wird sorgfältig abgeschirmt. Der Nachweis der verbliebenen Untergrundereignisse wird durch Antikoinzidenzeinrichtungen unterdrückt. Die Ereignisse von Typ (8.3) werden in einem wasserstoffhaltigen, sehr großen Szintillator nachgewiesen, dem eine Cadmiumverbindung zugesetzt ist (vgl. Fig. 132). Beim gesuchten Prozeß werden ein Neutron und ein Positron erzeugt, mit denen folgendes geschieht. Das Positron wird gebremst. Es zerstrahlt dann mit einem Elektron unter Emission von zwei 511-KeV-γ-Quanten. Das Neutron diffundiert für einige Mikrosekunden im Szintillator und wird schließlich von einem Cd-Kern eingefangen. Dabei entsteht eine γ-Kaskade einer Gesamtenergie

Fig. 132
Schema des Experimentes von Reines und Cowan in der einfachsten Form. Das Experiment ist in verschiedenen Versionen ausgeführt worden, unter anderem mit speziellen Koinzidenz-Zählern zur Identifizierung der Vernichtungsquanten

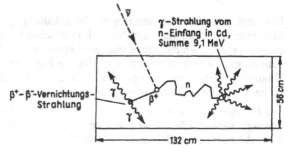

von 9,1 MeV. Um die gesuchten Ereignisse eindeutig zu identifizieren, registriert man: 1) Die vom Positron und den Vernichtungsquanten erzeugten Impulse, 2) die n-Einfangsstrahlung von Cadmium als verzögertes Koinzidenzereignis. Wenn Antineutrinofluß und Ansprechwahrscheinlichkeit des Szintillators bekannt sind, ergibt sich der Wirkungsquerschnitt für den Prozeß (8.3).

Für die bei der Kernspaltung emittierten Antineutrinos ergab sich ein Wert $7 \cdot 10^{-43} \, cm^2$. Er ist in guter Übereinstimmung mit der Vorhersage, die sich aus einer detaillierten Theorie des β-Zerfalls ergibt. Damit ist nicht nur die Existenz der Neutrinos erwiesen, sondern auch gezeigt, daß der β-Zerfall prinzipiell in der Form (8.2) verläuft. Je nachdem, ob ein Elektron (Teilchen) oder ein Positron (Antiteilchen) emittiert wird, läßt sich als, Bilanz des Prozesses schreiben

$$n \rightarrow p + e^- + \bar{v} \tag{8.4}$$

oder $\quad p \rightarrow n + e^+ + v \tag{8.5}$

Das Wesen des β-Zerfalls besteht also darin, daß sich ein Nukleon umwandelt und gleichzeitig ein Elektron und ein Neutrino erzeugt werden. Der Prozeß (8.4) läßt sich auch am freien Neutron mit einer Halbwertzeit von 10,6 Minuten direkt beobachten. Beim Zerfall komplizierter Kerne spielt sich im wesentlichen das Gleiche ab, doch ist die Übergangswahrscheinlichkeit durch die Wechselwirkung der Nukleonen untereinander geändert. Das freie Proton kann nicht zerfallen, da es leichter ist als das Neutron.

Entscheidend beim β-Zerfall ist also, daß neue Teilchen erzeugt werden. Elektron und Neutrino gehören zur Teilchenfamilie der Leptonen, die keine starke Wechselwirkung zeigen. Weitere Familienmitglieder sind das Myon und sein Neutrino v_μ sowie das τ-Lepton und sein Neutrino v_τ. Beim β-Zerfall wird also ein Leptonenpaar erzeugt. Die Beobachtung zeigt, daß das Leptonenpaar immer aus einem Teilchen, z.B. e^- und einem Antiteilchen $\bar{v}$ besteht. Man kann diesen Sachverhalt durch Einführung einer neuen empirischen Quantenzahl, der Leptonenzahl L, beschreiben. Man setzt fest, daß L für ein Lepton den Wert +1 und für ein Antilepton den Wert −1 hat und für alle anderen Teilchen den Wert Null. Bei (8.2) und (8.3) lauten die Zuordnungen demnach

$$n \rightarrow p + e^- + \bar{v} \quad \bar{v} + p \rightarrow e^+ + n$$
$$0 = 0 + 1 - 1 \quad\quad -1 + 0 = -1 + 0$$

Die Leptonenzahl L ist eine empirische Erhaltungsgröße. Sie folgt nicht aus einer Eichinvarianz. Man sieht am Beispiel, in welcher Weise man solche Reaktionsgleichungen umformen darf: man muß ein Lepton in sein Antilepton verwandeln, wenn man es auf die andere Seite bringt. Hinzugefügt werden muß, daß für Myonen und Tauonen jeweils separate Leptonenzahlen L_μ und L_τ gelten. Der Zerfall des μ in $e + \gamma$ ist im Experiment ausgeschlossen worden ($< 10^{-8}$).

Der Übergang (Kern A) $\rightarrow$ (Kern B + Leptonenpaar) legt eine Analogie nahe zu elektromagnetischen Übergängen, bei denen ein angeregtes Atom oder ein angeregter Kern A* sich umwandeln in (A + Photon):

β-Zerfall	Photonenzerfall
$A \rightarrow B + (e + \bar{\nu})$	$A^* \rightarrow A + \text{Photon}$
$\mathcal{N}{\downarrow} \rightarrow \mathcal{N}{\uparrow} + (e^- + \bar{\nu})$	$e{\uparrow} \rightarrow e{\downarrow} + \hbar\omega$
$n \rightarrow p + (\bar{e} + \bar{\nu})$	

$$(8.6)$$

In der zweiten Zeile ist beim β-Zerfall der zugrunde liegende Teilchenprozeß angegeben, wobei $\mathcal{N}$ ein Nukleon bedeutet und der Pfeil die Isospinrichtung angibt. In der dritten Zeile steht der Prozeß in der üblichen Schreibweise. Man kann sich vorstellen, daß in ähnlicher Weise bei einem Atom ein Elektron $e{\uparrow}$ (Spinrichtung nach oben) in ein Elekton $e{\downarrow}$ übergeht, wobei ein Photon erzeugt wird (in diesem Fall verbunden mit M1-Strahlung). Wir werden auf die hier angedeutete Verbindung zwischen elektromagnetischer und schwacher Wechselwirkung noch mehrfach zurückkommen.

Die in Gl. (8.1) aufgeführte Reaktion hat bei einer Reihe von anderen Experimenten eine wichtige Rolle gespielt. Sie wurde zum Test dafür verwendet, daß es tatsächlich zwei verschiedene Sorten von Neutrinos ν und $\bar{\nu}$ gibt. Man kann nämlich versuchen, die inverse Reaktion $\nu + {}^{37}\text{Cl} \rightarrow {}^{37}\text{Ar} + e^-$ auszulösen. Wenn die Behauptung richtig ist, daß zusammen mit dem negativen Elektron nur Antineutrinos $\bar{\nu}$ emittiert werden, muß das Resultat mit Reaktorneutrinos negativ sein, da im Reaktor neutronenreiche Bruchstücke entstehen, die durch β^--Übergänge zerfallen. Das wurde experimentell bestätigt. Der Versuch wird so durchgeführt, daß eine große Menge chlorhaltiger Substanz (C_2Cl_4) der Neutrinostrahlung ausgesetzt wird. Entstehendes ${}^{37}\text{Ar}$ kann mit Trägergas ausgewaschen und auf seine charakteristische Radioaktivität untersucht werden. Nach dem negativen Resultat mit den Antineutrinos von einem Reaktor läßt sich die Technik anwenden zur Messung des Neutrinostroms der Sonne (siehe Abschn. 8.7).

Allgemeine Literatur zum β-Zerfall: [Gro 89, Wu 66, Sho 66, Kon 66, Kof 62, Lip 62a].

8.2 Energieverhältnisse und Zerfallstypen

Innerhalb einer Reihe von isobaren Kernen tritt β-Zerfall immer dann auf, wenn es einen Nachbarkern mit geringerer Masse gibt. Die Verhältnisse sind bereits im Zusammenhang mit der Massenformel erläutert worden (vgl. Fig. 20). Je nach der Ladung der beiden Kerne, zwischen denen ein Übergang energetisch möglich ist, wird ein Negatron[1]) oder ein Positron ausgesandt. Die Verhältnisse sollen genauer anhand von Fig. 133 erläutert werden. Dargestellt ist die Energie (oder Masse) von zwei neutralen Atomen der Kernladung $Z + 1$ und Z. Als Nullpunkt der Energieskala wird das Atom der Ladung $Z + 1$ gewählt, wobei ein Hüllenelektron gerade bis zur Ionisierungsenergie angehoben sei. Seine Abspaltung erfordert also keine Energie. Für die Masse des Atoms der Ladung Z müssen wir jetzt 3 Fälle unterscheiden (m_0 = Elektronenmasse):

a) Masse größer als bei $Z + 1$

b) Masse kleiner als bei $Z + 1$, jedoch größer als $m_{Z+1} - 2\,m_0$

c) Masse kleiner als $m_{Z+1} - 2\,m_0$

---

[1]) Neben dem Namen Positron für das positiv geladene Elektron ist bei β-Spektroskopikern der Name „Negatron" für das negativ geladene gebräuchlich.

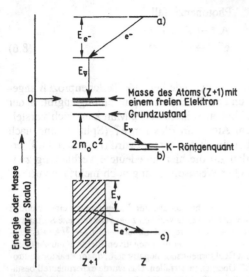

Fig.133
Skizze zur Energetik des β-Zerfalls. Die hier vergrößert eingezeichnete Ionisationsenergie des Kerns $Z + 1$ wird meistens gegenüber den β-Zerfallsenergien vernachlässigt; nach [Fer 50]

Für diese Fälle sind folgende β-Zerfallsprozesse möglich:

a) **Negatronenzerfall.** Die Zerfallsenergie verteilt sich auf Elektron und Antineutrino. Im Kern verwandelt sich ein Neutron in ein Proton, $n \to p + e^- + \bar{\nu}$.

b) **K-Einfang.** Obwohl die Masse des Atoms Z jetzt tiefer liegt als die des Atoms $Z + 1$, ist Positronenzerfall nicht möglich. Dafür müssen nämlich in unserer atomaren Energieskala zwei Elektronenmassen aufgewendet werden: die Masse des emittierten Positrons und die Masse des zusätzliche Elektrons[1]) vom neutralen Atom $Z + 1$. Diese Energie steht aber aufgrund der Massendifferenz nicht zur Verfügung. Experimentell beobachtet man in solchen Fällen die Emission eines charakteristischen Röntgenquants des Atoms Z, meist aus der K-Schale, oder die entsprechenden Auger-Elektronen. Offenbar wird ein Elektron aus der K-Schale des Atoms Z eingefangen. Die Zerfallsenergie verteilt sich auf die feste Energie des Neutrinos und auf die Bindungsenergie des Elektrons. Es verwandelt sich ein Proton in ein Neutron: $p + e^- \to n + \nu$.

c) **Positronenzerfall.** Der Zerfall unter Emission eines Positrons ist jetzt energetisch möglich, es wird von der Zerfallsenergie aber ein Betrag von $2m_0c^2$ verbraucht, der für die fehlenden zwei Elektronenmassen aufkommt. Der Rest der Zerfallsenergie verteilt sich auf die Energien des Positrons und des Neutrinos. Es verwandelt sich ein Proton in ein Neutron: $p \to n + e^+ + \nu$.

Der Vergleich der beiden Prozesse b) und c) in Fig. 133

$$p + e^- \to n + \nu \qquad p \to n + \nu + e^+$$

zeigt, daß bei der β-Wechselwirkung die Emission eines Teilchens offenbar der Absorption des „Antiteilchens" äquivalent ist. Ein Teilchen ist das Antiteilchen des anderen, wenn beide sich zu elektromagnetischer Strahlung vernichten können, wie

---

[1]) Diese Masse darf in der atomaren Skala bei m_z nicht mitgezählt werden!

das bei Positron und Negatron der Fall ist. Analog hatten wir in (8.1) und (8.2) geschrieben:

$$n + e^+ \to p + \bar{\nu} \qquad n \to p + \bar{\nu} + e^-$$

Wir fassen die Prozesse noch einmal in der symmetrischen Form zusammen:

$$n + \nu \rightleftarrows p + e^- \tag{8.9}$$

$$p + \bar{\nu} \rightleftarrows n + e^+ \tag{8.10}$$

Die gesamte Zerfallsenergie E_0 des Zerfalls ist durch folgende Ausdrücke gegeben

β^--Zerfall

$$\begin{aligned} E_0 &= \{[m(Z,A) - Zm_0][m(Z+1,A) - (Z+1)m_0 + m_0]\}c^2 \\ &= \{m(Z,A) - m(Z+1,A)\}c^2 \end{aligned} \tag{8.11}$$

β^+-Zerfall

$$E_0 = \{m(Z,A) - m(Z-1,A) - 2m_0\}c^2 \tag{8.12}$$

Die Energieverteilung der beim β-Zerfall emittierten Elektronen läßt sich am genauesten mit einem magnetischen β-Spektrometer untersuchen. Die Elektronen laufen in einem Magnetfeld auf einer gekrümmten Bahn von der Quelle zum Detektor: Durch geeignete Blenden wird dafür gesorgt, daß für eine gegebene Feldeinstellung nur Elektronen eines schmalen Energiebereichs den Detektor erreichen. Der Impuls p der Elektronen ist mit dem Krümmungsradius ρ der Bahn und der Magnetfeldstärke B verknüpft durch $p = eB\rho$. Durch das Blendensystem werden nur Bahnen in einem Intervall zwischen ρ und $\rho + \Delta\rho$ zugelassen. Für feste Feldstärke B erreichen dann nur Elektronen im Impulsintervall $\Delta p = eB\Delta\rho$ den Detektor. Da ρ und $\Delta\rho$ Apparatekonstanten sind, gilt $\Delta p = \text{const} \cdot B$ und $(\Delta p/p) = \text{const}$. Durch $(\Delta p/p)$ ist das Auflösungsvermögen des Instruments definiert. Mißt man die Elektronenzählrate N als Funktion von B, so erhält man die Form des Impulsspektrums, wenn man N/B gegen B aufträgt. Durch Umrechnung ergibt sich das Energiespektrum.

Ein Elektronenspektrum eines β-Strahlers ist später in Fig. 134 skizziert. Dem kontinuierlichen Spektrum überlagern sich häufig Linien mit scharfer Energie. Sie rühren von zwei völlig verschiedenen Effekten her:

a) **Auger-Elektronen.** Wenn durch K-Einfang oder einen Konversionsprozeß ein Elektron aus einer inneren Schale des Atoms entfernt wird, verbleibt die Hülle in einem angeregten Zustand. Die Anregungsenergie kann entweder als elektromagnetische Strahlung abgegeben oder auf ein anderes Hüllenelektron übertragen werden. Diesen Prozeß nennt man „Auger-Effekt". Die Energie der Auger-Elektronen ist durch Bindungsenergiedifferenzen in der Hülle gegeben.

b) **Konversionselektronen.** Ein angeregter Kern verliert seine Energie normalerweise durch Emission eines γ-Quants. Die Anregungsenergie kann jedoch auch durch elektromagnetische Wechselwirkung auf ein Hüllenelektron direkt übertragen werden, so daß es vom Atom emittiert wird. Dieser Prozeß, der mit der β-Wechselwirkung nichts zu tun hat, ist in Abschn. 3.6 näher behandelt worden. Da nach einem β-Zerfall der Tochterkern oft zunächst in einem angeregten Zustand entsteht, der

dann unter anderem durch einen Konversionsprozeß zerfallen kann, findet man in
β-Spektren häufig gleichzeitig Konversionslinien. Die Energie der Konversionselektronen ist durch die Anregungszustände des Kerns gegeben, sie ist also normalerweise größer als die der Auger-Elektronen.

8.3 Form des Spektrums, Übergangswahrscheinlichkeiten

Halbwertzeit und Energiespektrum der Elektronen eines β-Strahlers lassen sich relativ leicht beobachten. Wir wollen daher zunächst versuchen, diese beiden Größen zu
verstehen. Beobachtungsgrößen, die den Spin der Teilchen oder Winkelverteilungen
betreffen, werden später besprochen. Wir fragen also lediglich nach der Wahrscheinlichkeit dafür, daß ein Elektron mit einem bestimmten Impuls p emittiert wird. Einen
Ansatz liefert der schon mehrfach benutzte quantenmechanische Ausdruck für Übergangswahrscheinlichkeiten, der sich aus der zeitabhängigen Störungsrechnung erster
Ordnung ergibt (Goldene Regel, A, Gl. (6.42)). Die Voraussetzungen für die Anwendbarkeit dieser Näherung sind bei der schwachen Wechselwirkung besonders gut
erfüllt. Die Wahrscheinlichkeit pro Zeiteinheit $N(p)\mathrm{d}p$ dafür, daß ein Elektron im Impulsintervall zwischen p und $p + \mathrm{d}p$ ausgesandt wird, können wir dann schreiben

$$N(p)\mathrm{d}p = \frac{2\pi}{\hbar} |\langle f|H|i\rangle|^2 \frac{\mathrm{d}n}{\mathrm{d}E_0} \tag{8.13}$$

Die entscheidende Größe ist das Matrixelement $\langle f|H|i\rangle$ des Hamiltonoperators zwi-
schen Anfangszustand i und Endzustand f. Der Faktor $\mathrm{d}n/\mathrm{d}E_0$ gibt die Dichte der
möglichen Endzustände pro Energieintervall an. Das Matrixelement

$$\langle f|H|i\rangle = \int y_f^* H \psi_i \mathrm{d}\tau \equiv H_{fi} \tag{8.14}$$

ist zunächst unbekannt, da es den Hamilton-Operator enthält, der zur schwachen
Wechselwirkung gehört. Es zeigt sich jedoch experimentell, daß die Form der meisten β-Spektren nur durch den Faktor $\mathrm{d}n/\mathrm{d}E_0$ bestimmt wird. Das bedeutet, daß das
Matrixelement nicht oder nur sehr schwach energieabhängig ist. Wir können das Matrixelement daher als experimentell zu bestimmenden Faktor behandeln, der ein Maß
für die Übergangswahrscheinlichkeit ist und der daher mit der Halbwertzeit verknüpft ist.

Da beim β-Zerfall relativistische Elektronen erzeugt werden, lassen sich die Matrixelemente nur im Rahmen der Dirac-Theorie formulieren (s. Abschn. 8.4 und 8.5).
Wir können jedoch einige vorläufige Überlegungen zu ihrer Struktur anstellen. Sicher
wird $|H_{fi}|^2$ die Wahrscheinlichkeit dafür enthalten, die beiden Leptonen, Elektron
und Neutrino, bei der Entstehung am Kernort vorzufinden also einen Faktor
$|\psi_e(0)|^2 |\psi_{\bar{\nu}}(0)|^2$. Ferner wird es einen Faktor geben, der die Übergangswahrscheinlichkeit zwischen dem Anfangszustand des Kernes Ψ_i und dem Endzustand Ψ_f beschreibt. Wir schreiben ihn in Form eines „Kern-Matrixelementes" M

$$M = \int \Psi_f^* \Omega \Psi_i \mathrm{d}\tau \tag{8.15}$$

Der Operator Ω steht hier analog etwa dem elektrischen Dipoloperator D für die
Emission eines Photons beim elektromagnetischen Übergang $\Psi_i \rightarrow \Psi_f$, wobei das

Matrixelement die Form $\int \Psi_f^* D \Psi_i d\tau$ hat. Fügen wir einen konstanten Faktor g hinzu, der für die Stärke der β-Wechselwirkung charakteristisch ist, so erhalten wir

$$|H_{fi}|^2 = [g |\psi_e(0)| |\psi_\Gamma(0)| |M|]^2 \qquad (8.16)$$

Ein einfaches Argument zeigt, daß wir die Faktoren mit den Leptonenwellenfunktionen oft näherungsweise, gleich eins setzen können Wir schreiben die Wellenfunktion des Elektrons als ebene Welle $\psi_e(\vec{r}) = \exp[-i(\vec{k} \cdot \vec{r}]$. Nach der Näherungsformel $\lambda \approx (1{,}97/E) \cdot 10^{-11}$ cm (E in MeV, s. Anhang Zeile 65) ist für ein 2-MeV Elektron $k = 10^{11} \mathrm{cm}^{-1}$. Für einen Kernradius von 3,6 fm ($A = 27$) ist daher $kr \approx 4 \cdot 10^{-2}$, so daß wir näherungsweise setzen dürfen $\exp(ikr) = 1 + ikr + ... \approx 1$. Die Tatsache, daß λ meist viel größer als der Kernradius ist, bedeutet also Konstanz der Leptonenwellenfunktionen über das Kernvolumen. Aus (8.16) wird daher einfach

$$|H_{fi}|^2 = g^2 M^2$$

Nun haben wir allerdings unterstellt, daß es nur e i n e n Operator Ω gibt, mit dem wir das Matrixelement bilden können. Das ist aber nicht der Fall. Wie später in Abschn. 8.4 erläutert wird, gibt es zwei Kernmatrixelemente M_F und M_{GT}, die mit verschiedenen Stärken g_V und g_A zum Zerfall beitragen. Wir schreiben daher gleich

$$|H_{fi}|^2 = g_V^2 M_F^2 + g_A^2 M_{GT}^2 \qquad (8.17)$$

Die beiden Kernmatrixelemente sind durch die Kernstruktur bestimmte Größen, die wir probeweise als energieunabhängigen Faktor in den anschließenden Betrachtungen zur Form des Spektrums mitführen. Unter diesen Voraussetzungen haben wir zunächst nur noch den statistischen Faktor dn/dE_0 aus Gl. (8.13) zu betrachten. Es muß allerdings angemerkt werden, daß die erwähnten Voraussetzungen keineswegs immer erfüllt sind. Die Spins von Anfangs- und Endzustand können beispielsweise erfordern, daß das Elektron bei der Emission Bahndrehimpuls mitführt. Für $l \neq 0$ verschwindet aber $\psi_e(0)$. Anschaulich heißt das, daß nur Elektronen mit $l = 0$ aus dem „Zentrum" des Kerns kommen; der Fall $l \neq 0$ entspricht einem endlichen Stoßparameter. Trotzdem ist eine Emission möglich, da die Mittelwerte von $|\psi_e(r)|^2$ nicht gleich dem Wert für $r = 0$ sein müssen. Die Emissionswahrscheinlichkeit ist aber bei $l \neq 0$ meist wesentlich kleiner als bei $l = 0$. Man spricht dann von „verbotenem β-Zerfall". Wir sehen von dieser Komplikation zunächst ab und betrachten nur „erlaubte" Übergänge, bei denen die Leptonen ohne Bahndrehimpuls ausgesandt werden.

Da wir mit relativistischen Elektronenenergien zu rechnen haben, seien ein paar Formeln und Notationen hier vorausgeschickt. Zur Abkürzung sei gesetzt

$$\frac{v}{c} \equiv \beta \qquad \frac{1}{\sqrt{1-\beta^2}} \equiv \gamma$$

Weiter seien m_0 die Ruhemasse, m die Gesamtmasse, E die kinetische Energie und W die Gesamtenergie eines Elektrons. Es gilt

$$m = m_0 \gamma \qquad (8.18)$$

$$\vec{p} = m\vec{v} = m_0 \vec{v} \gamma \qquad (8.19)$$

$$W = m_0 c^2 + E = mc^2 = m_0 \gamma c^2 = \sqrt{c^2 p^2 + m_0^2 c^4} \qquad (8.20)$$

Zur Herleitung von (8.20) bilden wir aus (8.18)

$$m_0^2 = m^2 \left(\frac{c^2 - v^2}{c^2} \right)$$

$$m_0^2 c^2 = m^2 c^2 - m^2 v^2 = m^2 c^2 - p^2$$

$$c^2 p^2 = m_0^2 c^4 = W^2 \tag{8.21}$$

woraus (8.20) folgt. Beim β-Zerfall ist es praktisch, Energien und Impulse in den „natürlichen" Einheiten $m_0 c^2$ und $m_0 c$ zu messen. Zu diesem Zweck führen wir ein

$$\text{Impuls } \eta = \frac{p}{m_0 c} \qquad \text{Energie } \varepsilon = \frac{W}{m_0 c^2} \tag{8.22}$$

Hierfür ist $\varepsilon^2 - \eta^2 = 1$ (8.23)

wie man sieht, wenn man (8.2) durch $m_0^2 c^4$ dividiert. Da W die Gesamtenergie ist, ergibt sich für ein 1 MeV Elektron $\varepsilon \approx 3$.

Wir kommen jetzt auf die Form des Elektronenspektrums zurück. Sie ist allein durch den statistischen Faktor dn/dE_0 gegeben, sofern wir das Kernmatrixelement als Konstante betrachten. Der Faktor dn/dE_0 ergibt sich ganz analog zu dem Verfahren, das wir in Abschn. 7.3 bei den Kernreaktionen angewandt haben. Beim β-Zerfall ist die Summe der kinetischen Energien des Elektrons E und des Neutrinos E_v konstant

$$E + E_v = E_0 \tag{8.24}$$

Dabei haben wir angenommen, daß der Kern vernachlässigbar wenig Rückstoß aufnimmt. Wenn wir die Ruhemasse des Neutrinos $m_0^{(v)}$ vorderhand gleich Null setzen, gilt ferner für den Impuls des Neutrinos

$$p_v = m^{(v)} c \qquad E_v = m^{(v)} c^2 = p_v c$$

$$p_v = \frac{E_v}{c} = \frac{E_0 - E}{c} \tag{8.25}$$

Wir benutzen nun wieder den in Abschn. 2.3 abgeleiteten Ausdruck (2.36) für die Zahl der in einem bestimmten Volumen des Phasenraumes möglichen Zustände. Danach gilt für das Elektron bzw. das Neutrino

$$dn = \frac{\tau p_e^2 dp_e}{2\pi^2 \hbar^3} \qquad dn_v = \frac{\tau p_v^2 dp_v}{2\pi^2 \hbar^3} \tag{8.26}$$

Die Größen dn gehen direkt in die Übergangswahrscheinlichkeit (8.13) ein[1]. Die Wahrscheinlichkeit dafür, daß das Elektron in das Impulsintervall dp_e und gleichzei-

---

[1] Eigentlich fehlt hier sowohl beim Elektron als auch beim Neutrino ein Faktor $(2s + 1) = 2$, da jedes Teilchen zwei Spinorientierungen haben kann. Das hat folgenden Grund. Bei den hier angegebenen Phasenraumfaktoren für die Translationszustände der beiden Leptonen braucht der zerfallende Kern nicht berücksichtigt zu werden, da er wegen seiner großen Masse nur vernachlässigbar wenig Rückstoßenergie aufnimmt. Beim Drehimpuls ist das anders. Die Drehimpulse von Kernen sind von gleicher Größenordnung wie die der Leptonen und je nach Drehimpuls von Mutter- und Tochterkern des Zerfalls sind die Spins der beiden Leptonen in verschiedener Weise gekoppelt. So stehen z. B. bei Zerfällen mit der Kerndrehimpulsfolge $0 \to 0$ die Leptonenspins immer antiparallel, damit der Gesamtdrehimpuls des Systems erhalten bleibt (Fermi-Übergänge, s. Abschn. 8.5). Statt des Spinfaktors $2 \times 2 = 4$, der im Phasenraumfaktor (8.27) für unkorrelierte Fermionen auftauchen müßte, erhält man dann nur den Faktor 2. Bei anderen Drehimpulsverhältnissen ist die Situation aber komplizierter. Man berücksichtigt die verschiedenen unter Berücksichtigung der Drehimpulskopplung erlaubten Spinstellungen der Leptonen daher bei der Berechnung der Kernmatrixelemente durch geeignete Summation über die unbeobachteten Größen. Daher kann der Spin der Leptonen an dieser Stelle unberücksichtigt bleiben.

tig das Neutrino in das Impulsintervall dp_ν übergeht, ist gleich dem Produkt der Einzelwahrscheinlichkeit für die Übergänge in diese Intervalle. Die Impulse von Elektron und Neutrino sind nämlich nicht korreliert, da wir es mit einem Dreiteilchenzerfall zu tun haben (im Gegensatz zur Situation bei Gl. (7.13)).

Daher ist

$$\frac{dn}{dE_0} = \frac{dn_\nu \cdot dn_e}{dE_0} = \frac{\tau^2}{4\pi^4\hbar^6} p_e^2 dp_e \, p_\nu^2 dp_\nu \frac{1}{dE_0} \tag{8.27}$$

Den Neutrinoimpuls können wir mit Gl. (8.25) eliminieren, ferner ist für eine feste Elektronenenergie (die zu p_e gehört) $(dp_\nu/dE_0) = 1/c$, so daß wir erhalten

$$\frac{dn}{dE_0} = \frac{\tau^2}{4\pi^4\hbar^6 c^3} p_e^2 (E_0 - E)^2 dp_e \tag{8.28}$$

Wenn wir dies in (8.13) einsetzen, ergibt sich, unter Benutzung von (8.17), für das Impulsspektrum der β-Teilchen

$$N(p)dp = \frac{1}{2\pi^3\hbar^7 c^3} (g_V^2 M_F^2 + g_A^2 M_{GT}^2) p^2 (E_0 - E)^2 dp \tag{8.29}$$

Den Faktor τ^2 haben wir aus denselben Gründen wie bei Gl. (7.20) fortgelassen: Wenn die Wellenfunktionen im Matrixelement auf das Volumen normiert sind, enthält $|M|^2$ den Faktor $1/\tau^2$, der sich dann herauskürzt.

Für die meisten Anwendungen ist es praktisch, das Spektrum in den Größen η oder ε (Gl. (8.22)) zu schreiben. Zur Abkürzung führen wir ferner ein

$$B = \frac{2\pi^3\hbar^7}{m_0^5 c^4} \tag{8.30}$$

Damit ergeben sich folgende Darstellungen für die Form des β-Spektrums:

$$N(\eta)d\eta = \frac{g_V^2 M_F^2 + g_A^2 M_{GT}^2}{B} \eta^2 (\varepsilon_0 - \varepsilon)^2 d\eta \tag{8.31a}$$

$$= \frac{g_V^2 M_F^2 + g_A^2 M_{GT}^2}{B} \eta^2 (\sqrt{1+\eta_0} - \sqrt{1+\eta})\, d\eta \tag{8.31b}$$

$$N(\varepsilon)d\varepsilon = \frac{g_V^2 M_F^2 + g_A^2 M_{GT}^2}{B} \varepsilon \sqrt{\varepsilon^2 - 1}(\varepsilon_0 - \varepsilon)^2 d\varepsilon \tag{8.32}$$

Man sieht aus (8.31a), daß die Intensität für kleine Energien vorwiegend durch η^2 und für Energien nahe der Maximalenergie ε_0 durch $(\varepsilon_0 - \varepsilon)^2$ gegeben ist. Das Spektrum hat daher auf beiden Seiten einen parabolischen Verlauf (Fig. 134). Hätten wir

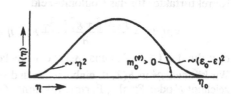

Fig. 134
Form des kontinuierlichen β-Spektrums
(schematisch)

nicht $m_0^{(\nu)} = 0$ gesetzt, wäre die Rechnung etwas komplizierter gewesen. Das Spektrum wäre in der Nähe der Maximalenergie dann wesentlich steiler verlaufen, wie es in Fig. 134 angedeutet ist. Man kann daher aus einer Untersuchung der Spektralform nahe dem Endpunkt Schlüsse auf die Ruhemasse des Neutrinos ziehen. Mit diesem Ziel ist vor allem das Beta-Spektrum des Tritiums ($E_0 = 18,5$ KeV, Halbwertzeit 12 Jahre) sehr sorgfältig studiert worden. Da es sich beim Zerfall von Tritium in ^{3}He um einen Übergang zwischen Spiegelkernen handelt, ist man sicher, daß hier eine erlaubte Spektralform vorliegt (siehe Abschn. 8.5). Die Grenze für die Neutrinomasse, die sich aus solchen direkten Messungen ergibt, liegt bei $m_\nu < 5$ eV. Wir kommen auf das Problem der Neutrinomassen noch mehrfach zurück.

Vor dem Vergleich mit dem Experiment müssen an der Spektralform noch Korrekturen angebracht werden. Die wichtigste führt vom Coulomb-Feld des Kerns her. Es bewirkt eine Beschleunigung der Positronen und eine Verzögerung der Negatronen. In Gl. (8.16) war die Wellenfunktion des Elektrons $|\psi_e(0)|^2$ am Kernort als ebene Welle eingegangen. Um den Einfluß des Coulomb-Feldes, das die Wellen verzerrt, Rechnung zu tragen, muß man mit einem Faktor

$$F(Z,\eta) = \frac{|\psi_e(0)_{coul}|^2}{|\psi_e(0)_{frei}|^2} \qquad (8.33)$$

multiplizieren. Er hängt von der Ladung Z und dem Impuls η ab. Die Funktion $\psi_e(0)_{coul}$ ergibt sich, wenn man die Streuung ebener Wellen am Coulomb-Feld betrachtet. Die Lösungen sind durch Näherungsmethoden numerisch berechnet worden. Man findet sie in Tabellen zur Analyse von β-Spektren [Bha 62, Fan 52, Dzh 56]. Der Effekt des Coulomb-Feldes ist in Fig. 135 schematisch für Positronen und Negatronen-Emission dargestellt. Der Intensitätsunterschied wird qualitativ verständlich, wenn man bedenkt, daß die Positronen ähnlich wie α-Teilchen beim Verlassen des Kernes die abstoßende Coulomb-Barriere überwinden müssen.

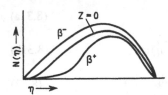

Fig. 135
Einfluß der Coulomb-Korrektur auf die Form des β-Spektrums (schematisch)

Eine weitere kleinere Korrektur ergibt sich aus der Abschirmung des Coulomb-Feldes durch die Hüllenelektronen. Sie ist nur für kleine Elektronenenergien von Belang (< 100 KeV). Auch hierfür gibt es keine einfache analytische Funktion, so daß man auf Tabellenwerte angewiesen ist. Für die Form des Spektrums erhalten wir mit dem Korrekturfaktor für das Coulomb-Feld

$$N(\eta)d\eta = \frac{g_V^2 M_F^2 + g_A^2 M_{GT}^2}{B} F(Z,\eta)\eta^2(\varepsilon_0 - \varepsilon)^2 d\eta \qquad (8.34)$$

bzw. die den Gl. (8.31) und (8.32) entsprechenden Ausdrücke.

Wir können η^2 in $F(Z,\eta)$ einbeziehen und schreiben $F^*(Z,\eta) = F(Z,\eta)\eta^2$. Man bezeichnet F oder F^* als „Fermifunktion". Gl. (8.34) läßt sich umformen zu

$$\sqrt{\frac{N(\eta)}{F^*(Z,\eta)}} = \text{const} \cdot (e_0 - e) \tag{8.35}$$

Trägt man $\sqrt{N/F^*}$ gegen ε auf, so ergibt sich die „Fermi-Darstellung" des β-Spektrums. Wenn alle bisherigen Voraussetzungen richtig waren, muß sich eine Gerade ergeben. In der Tat sind die Fermi-Darstellungen der meisten β-Spektren linear. Das bedeutet, daß die Kernmatrixelemente $|M|^2$ wie vorausgesetzt, nicht von den Impulskoordinaten abhängen.

Die Fermi-Darstellung ist sehr wichtig für die Analyse von β-Spektren, da sich mit ihrer Hilfe die Maximalenergie E_0 sehr genau bestimmen läßt. Wenn sich eine lineare Darstellung ergibt, spricht man von „erlaubter Spektralform". Sie ist kein eindeutiges Kriterium für einen erlaubten Übergang, da häufig auch verbotene Übergänge zu einer erlaubten Spektralform führen. Ein Beispiel für eine Fermi-Darstellung ist in Fig. 136 wiedergegeben. Wenn sich beim Zerfall eines Kernes mehrere β-Spektren überlagern, die zu verschiedenen Endniveaus führen, so beginnt man die Analyse, indem man in der Fermi-Darstellung das zum energiereichsten Spektrum gehörige Stück linear zu kleineren Energien extrapoliert und die entsprechende Intensität vom gemessenen Spektrum subtrahiert. Man setzt das Verfahren bei der Komponente mit der nächst niederen Energie fort und kann so oft alle Spektren voneinander trennen.

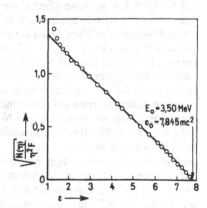

Fig. 136
Fermi-Darstellung des β-Spektrums von ^{6}He;
nach [Wu 66]

Um die totale Zerfallswahrscheinlichkeit λ zu erhalten, müssen wir in (8.34) über alle Impulse integrieren:

$$\lambda = \int\limits_0^{\eta_0} N(\eta) \, d\eta = \int\limits_1^{\varepsilon_0} N(\varepsilon) \, d\varepsilon = \frac{\ln 2}{t_{1/2}} \tag{8.36}$$

Hier ist $t_{1/2}$ die Halbwertzeit des Zerfalls (vgl. Abschn. 3.1). Im Integral (8.36) kommt die Fermi-Funktion vor, so daß die Integration numerisch ausgeführt werden muß. Wir benutzen (8.32) und definieren zur Abkürzung eine neue, von Z und e_0 abhängige Funktion

$$f(Z,\varepsilon_0) = \int\limits_1^{\varepsilon_0} F(Z,\varepsilon) \varepsilon \sqrt{\varepsilon^2 - 1} (\varepsilon_0 - \varepsilon)^2 \, d\varepsilon \tag{8.37}$$

Damit erhalten wir aus (8.36)

$$\int_1^{\varepsilon_0} N(\varepsilon)\mathrm{d}\varepsilon = \frac{g_V^2 M_V^2 + g_A^2 M_{GT}^2}{B} f(Z,\varepsilon_0) = \frac{\ln 2}{t_{1/2}} \tag{8.38}$$

Die Funktion $f(Z, \varepsilon_0)$ findet man ebenfalls tabelliert (z. B. [Mos 51, Fee 50]. Gl. (8.38) können wir in folgender Form schreiben

$$f(Z,\varepsilon_0) \cdot t_{1/2} = \frac{B \ln 2}{g_V^2 M_F^2 + g_A^2 M_{GT}^2} \tag{8.39}$$

Dabei enthält B nur bekannte Konstanten (s. Gl. (8.30)). Die Größe ft ist daher ein Maß für die Kernmatrixelemente und die Kopplungskonstanten. Ihre experimentelle Bestimmung erfordert nur die Messung der Halbwertzeit und der Maximalenergie eines β-Strahlers. In einigen besonders einfachen Fällen lassen sich die Kernmatrixelemente berechnen. Durch eine Messung von ft lassen sich daher Aussagen über die Kopplungskonstanten machen (Näheres in Abschn. 8.5).

Mit Hilfe der ft-Werte kann man die β-Zerfälle nach ihrer Übergangswahrscheinlichkeit und damit nach dem Grad der Verbotenheit klassifizieren. Meist wird dazu der dekadische $\log ft$ angegeben. Man findet Werte zwischen $\log ft = 2{,}95$ für ^{6}He und $\log ft = 22{,}7$ (^{115}In), entsprechend Halbwertzeiten zwischen etwa einer Sekunde und $6 \cdot 10^{14}$ Jahren. Eine Häufigkeitsverteilung der gemessenen $\log ft$-Werte läßt keine klare Gliederung erkennen. Die erste Gruppe bis zu Werten < 4 gehört zu den „übererlaubten" Zerfällen. Dann kommen die erlaubten Übergänge, die allmählich in die einfach verbotenen ($\log ft \approx 7{,}5$) übergehen. Zweifach verbotene Übergänge liegen bei $ft \approx 12$ und dreifach verbotene bei $ft \approx 18$ (vgl. hierzu auch Tab. 10 auf Seite 320). Die Übergänge, die ein besonders großes Kernmatrixelement haben und die wir als „übererlaubt" bezeichnet haben, treten nur bei leichten Kernen und dort meist zwischen Spiegelkernen auf. Das sind Kerne, deren Grundzustände sich nur durch einen Austausch von Protonen- und Neutronenzahl unterscheiden (Beispiel: $^{17}_9$F$_8 \rightarrow$ $^{17}_8$O$_9$, $\log ft = 3{,}38$). Ihre Energiedifferenz rührt nur von der Massendifferenz zwischen Proton und Neutron und der verschiedenen Coulomb-Energie her. Beim Übergang ändert sich die z-Komponente des Isospins, aber die Kern-Wellenfunktionen für Anfangs- und Endzustand sind identisch. Eine andere Art von übererlaubten Zerfällen tritt bei leichten Kernen mit $A = 4n + 2$ auf. Beispiele sind ^{6}He ($n = 1$) und ^{14}O ($n = 3$). Auf diese Zerfälle kommen wir bei der Bestimmung der Kopplungskonstanten zurück (Abschn. 8.5).

8.4 Zur theoretischen Beschreibung des Zerfallsprozesses

In den vorausgehenden Abschnitten hatten wir nur den „statistischen Faktor", also die Dichte der möglichen Endzustände für unsere Betrachtungen über die Spektralform verwendet. Für eine detailliertere Beschreibung des β-Zerfalls reicht das nicht aus. Vor allem haben wir über die Art des Wechselwirkungsgesetzes, das für den β-Zerfall verantwortlich ist, noch keine Aussage gemacht. Das in dem Ausdruck (8.13) für die Zerfallswahrscheinlichkeit auftretende Matrixelement hatten wir vorläufig als konstanten Faktor behandelt. Wir wollen in diesem Abschnitt einiges über den theoretischen Ansatz referieren, mit dem β-Zerfallsprozesse beschrieben werden können. Diese Betrachtungen werden dann in Abschn. 8.7 in einen weiteren Rahmen gestellt. Da wir es mit relativistischen Teilchen vom Spin 1/2 zu tun haben, benötigen wir zur Behandlung des Problems die Dirac-Gleichung (A, Gl. (4.50)). Sie ist relativistisch invariant. Die darin vorkommenden Operatoren sind vierreihige Matrizen und die Lösungen sind vierkomponentige Wellenfunktionen. Wir wollen auf die Gleichung und ihre Lösungen nicht eingehen, sondern die wesentlichen Ergebnisse referieren. Zunächst wollen wir uns aber klarmachen, daß die relativistische Behandlung eng mit dem Begriff des Antiteilchens verknüpft ist, der beim β-Zerfall eine große Rolle spielt. Das liegt daran, daß in dem relativistischen Ausdruck für die Gesamtenergie (8.20)

$$W = \pm \sqrt{(c\,p)^2 + (m_0 c^2)^2}$$

eine Wurzel auftritt, die beiderlei Vorzeichen haben kann. In der klassischen Physik läßt man die Zustände negativer Energie als unphysikalisch weg. In der Dirac-Gleichung ist aber neben $\psi(+\,W)$ auch $\psi(-\,W)$ eine Lösung. Im Prinzip sollte es Übergänge zwischen beiden Zuständen geben, und alle Zustände positiver Energie sollten schließlich verschwinden. Dirac versuchte, eine sinnvolle Interpretation in folgender Weise zu geben. Da Elektronen Fermi-Teilchen sind, sind alle Zustände negativer Energie normalerweise besetzt. Das Vakuum ist ein „See von Elektronen in negativem Energiezustand". Die Ladung wird nicht beobachtet, da sie gleichmäßig verteilt ist. Wenn ein Elektron in diesem See fehlt, äußert sich das Loch als Teilchen mit positiver Ladung und positiver Energie, als „Antiteilchen". Obwohl die Vorstellungen der Löchertheorie manchmal hilfreich sind, sollte man sie nicht zu ernst nehmen, da die Annahme einer unbegrenzten Zahl von Elektronen im negativen Zustand physikalisch recht unbefriedigend ist.

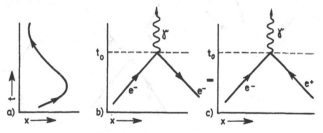

Fig. 137
Raum-Zeit-Diagramm
(Feynman-Diagramm)
für die Bewegung eines
Elektrons

Die modernere Beschreibung geht auf R. Feynman zurück. Wir betrachten ein Teilchen, das sich in einer Dimension, etwa entlang der x-Koordinate, bewegen kann, und zwar in beiden Richtungen. Ein Raum-Zeit-Diagramm sieht dann aus wie Fig. 137a. Dabei haben wir unterstellt, daß sich das Teilchen in der Zeitkoordinate nur vorwärts bewegt. Das ist aber eine unnötige Einschränkung: Wenn wir eine Rückwärtsbewegung in der Zeit zulassen, entsteht eine Figur der Art 137b. Für Zeiten $t >$ t_0 beobachten wir kein Teilchen, für Zeiten $t < t_0$ aber zwei. Ein physikalischer Prozeß, bei dem etwas Derartiges auftritt, ist zum Beispiel die Vernichtung eines Elektrons mit einem Positron. Wir interpretieren daher das in der Zeit rückwärtslaufende

Elektron als vorwärtslaufendes Positron entsprechend Fig. 137c. Das Antiteilchen ist in diesem Bilde also ein in der Zeit rückwärtslaufendes Teilchen. Wir können dieses Bild noch etwas präzisieren. Das mit positiver Zeitrichtung nach rechts laufende Elektron in Fig. 137c sei durch eine ebene Welle beschrieben

$$\psi(x, t) = e^{(i/\hbar)(px - Wt)} \tag{8.40}$$

Gehen wir zu den Zuständen negativer Energie über, müssen wir setzen $W \to -W$. Im Exponenten der ebenen Welle (8.40) läuft das aber auf das Gleiche hinaus, als wenn wir W positiv ließen und t durch $-t$ ersetzten. Das bedeutet ein Teilchen positiver Energie, das in der Zeit rückwärts läuft. Das nach dem Vertex in der Zeit rückwärts laufende Elektron positiver Energie ist daher mit einem vorwärts laufenden Teilchen negativer Energie identisch. Wenn wir uns nun ein Magnetfeld eingeschaltet denken, zeigt die Bewegungsgleichung, daß ein zeitlich rückwärts laufendes Teilchen die gleiche Bahn beschreibt, wie ein Teilchen umgekehrter Ladung:

$$m\vec{v} = -q[\vec{v} \times \vec{B}] = -q\left[\frac{d\vec{x}}{dt} \times \vec{B}\right] = +q\left[\frac{d\vec{x}}{d(-t)} \times \vec{B}\right]$$

Teilchen negativer Energie der Ladung q verhalten sich also wie Teilchen positiver Energie der Ladung $-q$. Dieses Konzept erlaubt es, Teilchen negativer Energie durch Antiteilchen positiver Energie zu ersetzen. Die Graphen geben ein sehr anschauliches Bild der Umwandlungsprozesse von Teilchen. Umwandlungen entsprechen einem Eckpunkt (Vertex) der Graphen. Es lassen sich präzise Vorschriften angeben für die Berechnung der Amplitude, die zu einem Vertex gehört, wenn die Teilchenfelder und die Kopplungskonstanten bekannt sind.

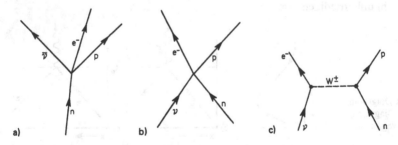

Fig. 138   Feynman-Graphen zum β-Zerfall des Neutrons

Nach dieser Vorbereitung kehren wir zum β-Zerfall zurück, beschränken uns aber zunächst auf den Elementarprozeß der Umwandlung eines Neutrons in ein Proton. Wir haben nun ein besseres Verständnis dafür, warum z.B. in Gl. (8.2) die Emission eines Teilchens mit der Absorption eines Antiteilchens gleichgesetzt wurde. In Fig. 138 sind zwei äquivalente Graphen für den Zerfall des Neutrons gezeigt, wobei a) Gl. (8.4) und b) der Schreibweise (8.9) entspricht. Die gesuchte Wechselwirkung muß alle vier Teilchen miteinander verbinden. Wie kann das geschehen? Fermi hat mit großer Intuition bereits 1933 vorgeschlagen, einen Wechselwirkungsmechanismus anzunehmen, der analog zur elektromagnetischen Wechselwirkung abläuft. Diese Vorstellung hat sich glänzend bewährt. Bei der elektromagnetischen Wechselwirkung ist die Wechselwirkungsenergie gegeben durch Stromdichte mal Vektorpotential

$$H_{em} \sim e \int \vec{j}(\vec{x}) \cdot \vec{A}(\vec{x}) d^3x \qquad (8.41)$$

wobei e die Rolle einer Kopplungskonstanten spielt. Fermis Vorschlag für die Beschreibung der neuen Wechselwirkung war, entsprechende Vektorgrößen für die Dirac-Teilchen zusammen mit einer neuen Kopplungskonstanten g_V zu verwenden („Vektorkopplung"). Man hat später, bei der Formulierung der Quantenelektrodynamik, gelernt, daß der klassischen Wechselwirkung (8.41) im Quantenbild der Austausch eines virtuellen Vektorbosons, des γ-Quants, entspricht. Konsequenterweise muß dann auch bei der schwachen Wechselwirkung ein Vektorboson ausgetauscht werden, nur daß dieses elektrische Ladung und Masse trägt wegen des Ladungswechsels bei der Umwandlung und wegen der kurzen Reichweite der Wechselwirkung. Dieses seit langem postulierte W-Boson konnte erst 1983 als freies Teilchen beim CERN erzeugt werden. Seine Masse wurde im Experiment zu 80 GeV/c^2 bestimmt. Die zugehörige Compton-Wellenlänge beträgt $\lambda_w = \hbar/m_w c = 2{,}5 \cdot 10^{-3}$ fm. Die Reichweite der Wechselwirkung ist von dieser Größenordnung (vgl. (2.12)) und daher außerordentlich kurz. Der korrekte Graph für den Neutron-Zerfall ist jetzt durch Fig. 138c gegeben.

Wir werden auf die Beschreibung der schwachen Wechselwirkung durch Boson-Austausch und die einheitliche Beschreibung zusammen mit der elektromagnetischen Wechselwirkung in Abschn. 8.7 zurückkommen und uns hier auf einfache Aspekte beschränken. Insbesondere können wir wegen der außerordentlich kurzen Reichweite der Wechselwirkung die räumliche Abhängigkeit durch eine δ-Funktion ersetzen (Punktwechselwirkung). Der Ausdruck für die Wechselwirkungsenergie enthält dann keine Radialfunktion mehr, sondern nur noch die entsprechend dimensionierte Kopplungskonstante. Weiter soll der Wechselwirkungssatz linear sein, in Übereinstimmung mit der allgemeinen Struktur der Quantenmechanik. Da vier Teilchen beteiligt sind, besteht der einfachste Ansatz für die Hamilton-Funktion darin, für die Energiedichte eine bilineare Größe der Form

$$(\bar{\psi}_p \Omega \psi_n)(\bar{\psi}_e \Omega \psi_\nu) \qquad (8.42)$$

mit geeigneten Dirac-Operatoren Ω zu bilden[1]). Entsprechend dem Graphen Fig. 138b können wir diesen Ausdruck auffassen als das Produkt der Amplituden für zwei simultane Prozesse: ein Neutrino geht über in ein Elektron und gleichzeitig ein Neutron in ein Proton.

Als nächstes muß man fragen, welche Operatoren überhaupt in Frage kommen, um dann durch das Experiment zu entscheiden, welche in der Natur wirklich auftreten. Da es 16 linear unabhängige (4 × 4)-Dirac-Matrizen gibt und die beiden Faktoren in (8.42) nicht a priori die gleichen Operatoren enthalten müssen, gibt es $16^2 = 256$ ma-

---

[1]) $\bar{\psi}$ ist der zu ψ adjungierte Operator, der folgendermaßen gebildet wird. Aus dem 4-zeiligen Spaltenvektor ψ wird zunächst der hermitische konjugierte Zeilenvektor ψ^* gebildet. Wir benutzen $\bar{\psi} = \gamma_4 \psi^*$. Das ist in der Dirac-Theorie praktischer.

thematisch mögliche Bilinearformen. Ihre Zahl wird durch die Forderung nach Lorentz-Invarianz drastisch eingeschränkt. Wenn wir verlangen, daß die bilinearen Ausdrücke echte Skalare sind, die unter den eigentlichen Lorentz-Transformationen invariant sind, verbleiben nur fünf Möglichkeiten, wobei in beiden Faktoren jeweils die gleichen Operatoren stehen. Diese fünf Operatoren sind, aufgeführt nach den Transformationseigenschaften von ($\bar{\psi}\,\Omega\,\psi$) in der üblichen kovarianten Schreibweise für die Dirac-Matrizen

$$\left.\begin{array}{lll} \Omega_S = 1 & \text{Skalar} & S \\ \Omega_P = \gamma_5 & \text{Pseudoskalar} & P \\ \Omega_V = \gamma_\mu \quad \mu = 1,2,3,4 & \text{Polarer Vektor} & V \\ \Omega_A = \gamma_5\gamma_\mu & \text{Axialer Vektor} & A \\ \Omega_T = (\gamma_\mu\gamma_\nu - \gamma_\nu\gamma_\mu) & \text{Tensor} & T \end{array}\right\} \qquad (8.43)$$

Für die Hamiltonfunktion des Neutronzerfalls ergibt sich also unter Voraussetzung einer Lorentz-invarianten linearen Punktwechselwirkung der Ansatz

$$H = \frac{1}{\sqrt{2}} \int \sum_k g_k (\bar{p}\,\Omega_k\, n)(\bar{e}\,\Omega_k\, \nu)d\tau \quad (k = S, P, V, A, T) \qquad (8.44)$$

Die Integration erstreckt sich über das Volumen. Der Einfachheit halber haben wir jetzt statt $\bar{\psi}_P$ einfach $\bar{p}$ geschrieben. Im Wechselwirkungsansatz stehen jetzt fünf mögliche Wechselwirkungsformen nebst fünf Kopplungskonstanten. Man muß aus diesem Ansatz nun die Konsequenzen für die beim Zerfall beobachtbaren Größen ausrechnen und die Ergebnisse mit dem Experiment vergleichen, um herauszufinden, welche Wechselwirkungsform in der Natur wirklich vorliegt und mit welcher Stärke. Es ergibt sich folgende Situation:

1) Welche der Wechselwirkungen vorliegt, kann nicht entschieden werden nur durch Beobachtung von Spektralform und Halbwertzeit. Nach Mittelung über die Kernorientierungen und Neutrinoimpulse ergeben sich für diese Beobachtungsgrößen Ausdrücke, die alle Kopplungsformen in solcher Kombination enthalten, daß über ihren relativen Beitrag keine Aussage gemacht werden kann. Man muß daher zusätzliche Information heranziehen, z.B. die Winkelverteilung zwischen Elektron und Neutrino. Den Weg zur Beobachtung dieser Größen haben die in Abschn. 8.6 zu beschreibenden Polarisationselemente eröffnet. Es war insbesondere möglich, den Zerfall des freien Neutrons sehr genau zu untersuchen, z.B. durch Messung der Korrelation zwischen β-Emissionsrichtung und Neutronenspin beim Zerfall polarisierter Neutronen. Dieses Experiment gestattet eine eindeutige Aussage über die Form der Wechselwirkung. Von den fünf möglichen Termen in Gl. (8.44) tragen in der Tat nur zwei bei, die den Transformationseigenschaften V und A entsprechen, wobei V die bereits von Fermi vorgeschlagene Vektorkopplung ist.

Wir nehmen an dieser Stelle noch ein experimentelles Ergebnis vorweg, das in Abschn. 8.6 beschrieben wird: Neutrinos werden immer mit nur einer Spinrichtung relativ zu ihrem Impuls emittiert. Um diesem Befund Rechnung zu tragen, muß auf die Neutrinowellenfunktion stets zusätzlich ein Operator wirken, der nur eine Spinorientierung zuläßt. Im Rahmen der Dirac-Theorie ist das der Projektionsoperator

$\mathcal{P} = (1 + \gamma_5)$. Wenn wir dies gleich berücksichtigen, lautet die Hamilton-Funktion nun

$$H_\beta = \frac{1}{\sqrt{2}} \int \{ g_V (\overline{p} \Omega_V n)(\overline{e} \Omega_V \mathcal{P} v) + g_A (\overline{p} \Omega_A n)(\overline{e} \Omega_A \mathcal{P} v) \} d\tau$$

$$= \frac{1}{\sqrt{2}} \int \{ g_V [\overline{p} \gamma_\mu n][\overline{e} \gamma_\mu (1 + \gamma_5) v] - g_A [\overline{p} \gamma_5 \gamma_\mu n][\overline{e} \gamma_\mu (1 + \gamma_5) v] \} d\tau$$

$$= \frac{g_V}{\sqrt{2}} \int [\overline{p} \gamma_\mu (1 + \lambda \gamma_5) n][\overline{e} \gamma_\mu (1 + \gamma_5) v] d\tau \qquad \lambda = \frac{g_A}{g_V} = 1,25 \qquad (8.45)$$

In der zweiten und dritten Zeile sind die Operatoren in der Notation mit γ-Matrizen ausgeschrieben, weiter wurde $\gamma_5(1 + \gamma_5) = (1 + \gamma_5)$ benutzt und in der dritten Zeile wurde g_V ausgeklammert. Wichtig ist, daß zwei Wechselwirkungsformen vorliegen, die vektorielle (V) und die axial vektorielle (A). Die Kopplungskonstanten sind nahezu gleich. Es gilt $g_A/g_V = -1,25$. Wegen des negativen Vorzeichens spricht man auch von (V−A)-Wechselwirkung.

2) Um das bisher in dem Ausdruck für die Übergangswahrscheinlichkeit (8.13) benutzte Matrixelement H_{fi} auszurechnen, muß man in den Wechselwirkungsansatz (8.45) die Wellenfunktionen eintragen und über die nicht beobachteten Größen mitteln. Zwei realistische Näherungen sind dabei naheliegend: Konstanz der Leptonenwellenfunktionen über das Kernvolumen und nichtrelativistische Näherung für die Nukleonenfunktionen. Unter diesen Voraussetzungen treten nur noch zwei relativ einfache Matrixelemente mit den Nukleonenwellenfunktionen auf. Für den Zerfall des Neutrons sind dies

$$M_F = \int (p^* 1 n) d\tau \qquad \text{Fermi-Matrixelement} \qquad (8.46)$$

und $\qquad \vec{M}_{GT} = \int (p^* \vec{\sigma} n) d\tau \qquad \text{Gamow-Teller-Matrixelement} \qquad (8.47)$

Der Operator im Fermi-Matrixelement ist die Einheitsmatrix. Im Gamow-Teller-Matrixelement steht der Spinoperator $\vec{\sigma}$, der die Form hat

$$\vec{\sigma} = -\gamma_5 \vec{\alpha} = \begin{pmatrix} & s & 0 & 0 \\ & & 0 & 0 \\ 0 & 0 & & s \\ 0 & 0 & & \end{pmatrix} \qquad \vec{s} = (s_x, s_y, s_z)$$

Die Komponenten von $\vec{s}$ sind die Pauli-Matrizen s_x, s_y, s_x (A, Gl. (4.39)). Die Wirkung von $\vec{\sigma}$ auf einen Spinor besteht darin, die Spinkomponenten umzuklappen. Das Gamow-Teller-Matrixelement (8.47) gehört, also zu den Zerfällen, bei denen das Proton umgekehrte Spinrichtung wie das Neutron hat. Mit den eben definierten Kern-Matrix-Elementen lautet das Quadrat des gemittelten Übergangsmatrixelements

$$|H_{fi}|^2 = g_V^2 M_F^2 + g_A^2 M_{GT}^2$$

Diesen Ausdruck haben wir bereits in Abschn. 8.3 benutzt.

8.5 Kernmatrixelemente, Kopplungskonstanten

Der Einfachheit halber waren die Betrachtungen des letzten Abschnitts auf den Zerfall eines einzelnen Neutrons beschränkt. Beim Übergang zu schwereren Kernen muß man über die Beiträge der einzelnen Nukleonen summieren. Da es nun prinzipiell nicht möglich ist, durch Beobachtung zu ermitteln, welches Nukleon an einem β-Übergang beteiligt ist, muß bei der Bildung des Kernmatrixelements über alle Nukleonen kohärent summiert werden. Mit den so gebildeten Kernmatrixelementen ändert sich nichts an (8.48). Die Kernmatrixelemente enthalten nur die Kernwellenfunktionen. Ihre Größe hängt daher von der Struktur des zerfallenden Kerns ab.

Wenn alle Nukleonen eines Kernes beitragen, formuliert man die Matrixelemente am besten mit Hilfe des Isospin-Operators τ_k^+, der das k-te Neutron in ein Proton verwandelt, Gl. (5.19). Die totalen Wellenfunktionen des Kerns im Anfangs- und Endzustand seien Ψ_i bzw. Ψ_f. Dann werden die Kernmatrixelemente durch folgende Integrale über alle Nukleonen ausgedrückt

$$|M_F|^2 = \sum_{m_f} |\int \Psi_f^* \sum_k \tau_k^+ \psi_i \, d\tau|^2 = \sum_{m_f} |\int \psi_f^* T^+ \Psi_i \, d\tau|^2 \tag{8.49}$$

$$|M_{GT}|^2 = \sum_{m_f} \sum_n |\int \Psi_f^* \sum_k \tau_k^+ s_n^{(k)} \psi_i \, d\tau|^2 \tag{8.50}$$

Hierbei läuft k über alle Nukleonen, m_f über alle Werte der magnetischen Quantenzahl m des Endniveaus und n über alle Komponenten des Spinoperators $\vec{\sigma}$. Nach diesen Formeln Kernmatrixelemente für konkrete Fälle auszurechnen, ist im allgemeinen recht schwierig. Einige allgemeinere Aussagen sind aber leicht zu machen. So folgt aus den Eigenschaften des Operators T^+ in (8.49), daß Fermi-Matrixelemente verschwinden, sofern Ψ_i und Ψ_f zum selben Isospin-Multiplett gehören. Für Fermi-Übergänge gilt also die Auswahlregel $\Delta T = 0$.

Die Definition der Kernmatrixelemente (8.46) und (8.47) hatte sich nach Einführung von zwei Näherungen ergeben, nämlich Konstanz der Leptonenwellenfunktion über das Kernvolumen und nichtrelativistische Behandlung der Nukleonen. Wenn sie erfüllt sind, spricht man vom „erlaubten" β-Zerfall. Erlaubte β-Zerfälle sind also solche, bei denen mindestens eines der Kernmatrixelemente M_F und M_{GT} nicht verschwindet. Je nachdem, welche Matrixelemente beitragen, spricht man von Fermi-Übergängen, Gamow-Teller-Übergängen oder gemischten Übergängen. Im Fermi-Matrixelement (8.46) steht zwischen den Nukleonenwellenfunktionen der Einheitsoperator. Man benutzt daher häufig die Schreibweise $M = \int 1$ und entsprechend $M_{GT} = \int \vec{\sigma}$. Da der Einheitsoperator weder Spin noch Parität der Wellenfunktion ändert, ergibt sich für Fermi-Übergänge die Auswahlregel $\Delta I = 0$, $\Delta \pi = 0$ und nach dem oben Gesagten $\Delta T = 0$. Der Operator $\vec{\sigma}$ hat dagegen die Eigenschaft, die z-Komponente des Spins zu ändern. Der Drehimpuls bleibt daher nur erhalten, wenn die beiden Leptonen zusammen den Spin 1 forttragen, also in einem Triplettzustand emittiert werden. Daraus ergibt sich unmittelbar die Auswahlregel für Gamow-Teller-Übergänge: $\Delta I = 0$ oder 1, keine $0 \rightarrow 0$-Übergänge, $\Delta \pi = 0$. Der Fall $\Delta I = 0$ ist möglich, da ein Triplettzustand mit der z-Komponente 0 existiert. Die Paritätsregel folgt aus den Eigenschaften von σ. Die Auswahlregeln sind noch einmal in Fig. 139 anschaulich erläutert.

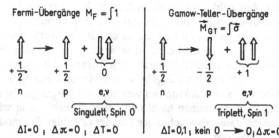

Fig. 139
Auswahlregeln beim β-Zerfall (die
Pfeile bedeuten die z-Komponente
des Spins)

Es kann durchaus vorkommen, daß die Matrixelemente M_F und M_{GT} für den Übergang zwischen zwei Kernzuständen beide verschwinden. Dann ist in unserer bisherigen Näherung kein Übergang möglich. Das ist insbesondere dann der Fall, wenn die Spinverhältnisse es erforderlich machen, daß Leptonen mit einem Bahndrehimpuls $l > 0$ emittiert werden, denn nur für $l = 0$ ist die Leptonenwellenfunktionen $\psi(r)$ bei $r = 0$ von Null verschieden, wie es in der bisherigen Näherung angenommen wurde. Man sieht das bei einer Entwicklung der Leptonenwellenfunktion nach Eigenfunktionen des Bahndrehimpulses. Für $l > 0$ ist daher $\psi(0) = 0$ und die Matrixelemente verschwinden in der bisherigen Näherung. Wir müssen daher die beiden Voraussetzungen a) Konstanz der Leptonenwellenfunktion über das Kernvolumen und b) nichtrelativistische Näherung für die Nukleonen aufgeben. Für das Neutrino hatte die Näherung darin bestanden, daß wir in der Entwicklung für eine ebene Welle

$$\psi_\nu(r) = e^{ikr} = 1 + ikr + \ldots \tag{8.51}$$

bereits den linearen Term vernachlässigt haben. Wenn man diesen Term der Entwicklung mitnimmt, resultiert ein Matrixelement

$$\int \vec{r} \equiv \vec{k} \int p^*(r)\vec{r}n(r)d\tau \tag{8.52}$$

dessen Quadrat in der Größenordnung von 10^{-2} bis 10^{-4} liegt. Es führt zu einem einfach verbotenen Übergang, dessen Halbwertzeit etwa 10^3 mal größer ist als die des entsprechenden erlaubten Übergangs. Das Matrixelement (8.52) verbindet im übrigen Zustände verschiedener Parität.

Etwas Ähnliches ergibt sich, wenn man die Näherung b) aufgibt. Da v/c für Nukleonen in der Größenordnung 1/10 ist, resultiert ein verbotenes Matrixelement ähnlicher Größenordnung. Elektronen und Neutrinos, die von einem Übergang herrühren, bei dem der lineare Term in (8.51) berücksichtigt werden muß, können mit einem Bahndrehimpuls $l > 0$ emittiert werden. Das entspricht dem anschaulichen Bild, daß das Elektron mit einer gewissen Wahrscheinlichkeit nicht vom Zentrum des Kerns emittiert wird, sondern vom Kernrand bei $r = R$ zu kommen scheint. Für einfach verbotene Spektren sind eine ganze Reihe verschiedener Matrixelemente möglich, außer (8.52) beispielsweise $\int \gamma_5, \int \vec{\sigma} \cdot \vec{r}, \int \vec{\sigma} \times \vec{r}, \int \alpha$. Wenn auch in der eben in Betracht gezogenen Näherung die Matrixelemente verschwinden, muß man zu höheren Näherungen greifen. Sie führen zu den zwei- und mehrfach verbotenen Übergängen. Für jeden Verbotenheitsgrad gibt es mehrere Matrixelemente, die jeweils mit bestimmten Auswahlregeln verknüpft sind: Je höher der Verbotenheitsgrad, desto geringer die Übergangswahrscheinlichkeit und desto höher der $\log ft$-Wert. In Tab. 10 sind die verschiedenen Auswahlregeln und $\log ft$-Werte zusammengestellt. Kernmatrixelemente oder deren Verhältnisse können in gewissen Fällen experimentell bestimmt werden. Bei diesen Versuchen muß eine Polarisationsgröße gemessen werden. Durch Vergleich mit dem Ergebnis von Modelrechnungen gewinnt man dann Aussagen über die Kernstruktur. Bei verbotenen Übergängen ist im übrigen das Matrixelement H_{fi} im allgemeinen nicht mehr energieunabhängig wie in Gl. (8.48). Die Spektren zeigen dann Abweichungen von der erlaubten Spektralform, wie sie in Gl. (8.32) angegeben war.

Tab. 10

Art des Übergangs	Auswahlregeln Spin	Pari- tät[1])	$\log ft$	Beispiel Isotop	Halbwert- zeit
Übererlaubt	$\Delta I = 0, \pm 1$	(+)	$3,5 \pm 0,2$	^{1}n	11,7 m
Erlaubt	$0, \pm 1$	(+)	$5,7 \pm 1,1$	^{35}S	87 d
Einfach verboten	$0, \pm 1$	(−)	$7,5 \pm 1,5$	^{198}Au	2,7d
„Unique" einfach verboten	± 2	(−)	$8,5 \pm 0,7$	^{91}Y	61 d
Zweifach verboten	± 2	(+)	$12,1 \pm 1,0$	^{137}Cs	30 a
Dreifach verboten	± 3	(−)	$18,2 \pm 0,6$	^{87}Rb	$6 \cdot 10^{10}$ a
Vierfach verboten	± 4	(+)	$22,7$	^{115}In	$6 \cdot 10^{14}$ a

[1]) (+) bedeutet „keine Paritätsänderung", (−) bedeutet „Paritätsänderung"

Wir kehren jetzt noch einmal zum Wechselwirkungsgesetz zurück und fragen, wie groß die darin enthaltenen Kopplungskonstanten g_V und g_A sind. Wir erinnern uns, daß nach (8.39) gilt

$$ft = \frac{B \ln 2}{g_V^2 M_F^2 + g_A^2 M_{GT}^2} \tag{8.53}$$

wo B die in (8.30) definierte Konstante ist.

Das Einfachste wäre nun, die Konstanten g_V und g_A separat aus den gemessenen ft-Werten für je einen reinen Fermi-Übergang und einen reinen Gamow-Teller-Übergang zu bestimmen, denn dann ist ja $M_{GT} = 0$ bzw. $M_F = 0$. Das ist im Prinzip auch möglich, da wir von den Auswahlregeln her wissen, daß ein $0 \to 0$-Übergang ein reiner Fermi-Übergang und andererseits ein $\Delta I = 1$-Übergang ein reiner Gamow-Teller-Übergang sein muß. Natürlich eignen sich nur Zerfälle, bei denen die Kernmatrixelemente berechenbar sind. Zur Bestimmung der Fermi-Kopplungskonstanten nimmt man am besten den Zerfall ^{14}O $\to$ ^{14}N. Das ist ein reiner $0 \to 0$-Übergang. Das Fermi-Matrixelement läßt sich hier zuverlässig berechnen, es ist $M_F^2 = 2$. Die gemessene Halbwertzeit beträgt 70,6 s, die Zerfallsenergie $(1810,6 \pm 1,5)$ KeV. Sie läßt sich durch Kernreaktionsmessungen genauer als aus dem β-Spektrum bestimmen. Mit diesen Werten liefert (8.53)

$$g_V = 1,41 \cdot 10^{-62} \, \text{Jm}^3 = 0,88 \cdot 10^{-4} \, \text{MeV fm}^3 \tag{8.54}$$

Die Einheit fm^3 ergibt sich daraus, daß in (8.54) links eine Energie steht und alle 4 Wellenfunktionen rechts auf das Volumen durch einen Faktor $1/\sqrt{\tau}$ normiert sein müs-

sein müssen[1]). In entsprechender Weise sollte sich die Konstante g_A bestimmen lassen. Ein Beispiel wäre der Zerfall von ^{6}He in ^{6}Li($0^+ \to 1^+$, $E_0 = 3,5$ MeV, $t_{1/2} = 0,8$ s). Leider hängt hierbei der Wert für das berechnete Gamow-Teller-Matrixelement von speziellen Annahmen über die Kernstruktur ab. Nach einem einfachen LS-Kopplungsmodell ist $M_{GT}^2 = 6$. Das Ergebnis ist daher mit einer gewissen Unsicherheit behaftet. Kein Zweifel besteht dagegen über die Matrixelemente beim Zerfall des freien Neutrons. Hier gelten die einfachen Formeln (8.46) und (8.47). Es ist in diesem Fall

$$|M_F|^2 = |\int (p^* \ln)d\tau|^2 = 1 \tag{8.55}$$

$$|M_{GT}|^2 = |\sum_{m_s} \int (p^* \vec{\sigma} n)d\tau|^2 = 3 \tag{8.56}$$

Die Halbwertzeit des Neutrons (10,6 min) kann man am freien Neutronenstrahl aus der Neutronendichte und der Zahl der pro Zeiteinheit und Raumwinkeleinheit beobachteten Zerfälle bestimmen. Genauere Werte ergeben sich mit Verfahren, bei denen man kalte Neutronen einschließt und die zeitliche Abnahme ihrer Zahl beobachtet. Der Einschluß kann in einer magnetischen Flasche geschehen, bei der ein magnetischer Feldgradient am magnetischen Dipolmoment des Neutrons angreift [Pau 89] oder aber durch Einfüllen von Neutronen sehr großer Wellenlänge in einen Kasten, dessen Wände diese Neutronen reflektieren [Mam 89]. Es ergibt sich eine mittlere Lebensdauer von (888,6 + 3,5) s. Zusammen mit der Zerfallsenergie des Neutrons, die sich aus der Proton-Neutron-Massendifferenz ergibt, erhält man den ft-Wert. Da das Verhältnis der Matrixelemente bekannt ist, läßt sich dann aus (8.53) das Verhältnis der Kopplungskonstanten bestimmen mit dem Resultat [w1]

$$g_A/g_V = -1,261 \pm 0,004 \tag{8.57}$$

Damit sind die Kopplungskonstanten eindeutig festgelegt.

8.6 Helizitätsexperimente

Wir kommen jetzt zurück auf die experimentellen Beobachtungen beim β-Zerfall. In Abschn. 8.3 hatten wir uns nur für Energiespektrum und Halbwertzeit von β-Strahlen interessiert. Es war nicht möglich, allein aus diesen Beobachtungsgrößen eine Entscheidung zu treffen über die in der Wechselwirkung auftretende Kopplungsform. Wir müssen daher, um weitere Informationen zu erhalten, die Beobachtung von Polarisationsgrößen hinzunehmen. Am einfachsten läßt sich die Polarisation der emittierten Elektronen beobachten. Wir wählen für unsere Betrachtung die Quantisierungsachse in Richtung des Impulses $\vec{p}$ der Elektronen. Für das einzelne Elektron kann dann in dieser Richtung die Spinkomponente $+ 1/2$ oder $- 1/2$ auftreten. Sei nun für einen Strahl von Elektronen N^+ bzw. N^- die Zahl der Elektronen mit der Spinkomponente $+1/2$ bzw. $-1/2$, so definieren wir als Polarisation des Strahles

---

[1]) In der Teilchenphysik wird die Kopplungskonstante merkwürdigerweise oft in reziproken Protonenmassen angegeben. Man bildet $g_V/\hbar c = 4,5 \cdot 10^{-7}$ fm$^2 = 10^{-5}$ $(\hbar/m_p c)^2$. Für $\hbar = c = 1$ ist $g \approx 10^{-5}$ m_p^{-2}. Siehe zu den Koppelungskonstanten auch Abschn. 8.8.

$$P_e = \frac{N^+ - N^-}{N^+ + N^-} \qquad (8.58)$$

Diese Größe ist gleich dem Erwartungswert der Spinkomponente in Impulsrichtung. Steht der Spin stets in Impulsrichtung, so ist $P_e = 1$. Da wir die Quantisierungsachse parallel zu $\vec{p}$ gelegt haben, sprechen wir von Longitudinalpolarisation.

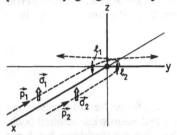

Fig. 140
Skizze zur Mott-Streuung

Wie läßt sich P_e messen? Am einfachsten durch Streuung von Elektronen an einem Coulomb-Feld. Wir betrachten hierbei aber zunächst die Streuung transversal polarisierter Elektronen, das sind Elektronen, bei denen der Erwartungswert des Spins in einer Richtung senkrecht zur Impulsrichtung von Null verschieden ist. Der Streuvorgang ist in Fig. 140 für zwei Elektronen mit den Impulsen p_1 und p_2 skizziert. Die streuende Ladung befinde sich im Zentrum des Koordinatensystems. Die Spinrichtung $\vec{\sigma}$, die mit dem magnetischen Moment gekoppelt ist, zeige für beide Elektronen nach oben. Der Bahndrehimpuls $\vec{l}$ der Elektronen zeigt aber in verschiedene Richtung, je nachdem, ob das Elektron nach links oder nach rechts gestreut wird. Mit dem Bahndrehimpuls einer bewegten Ladung ist aber ein magnetisches Moment verknüpft, das hier einmal parallel (Teilchen 2) und einmal antiparallel (Teilchen 1) zum Spin steht. Die Wechselwirkungsenergie ist also in beiden Fällen verschieden. Das macht anschaulich verständlich, daß sich für die Streuung transversal polarisierter Elektronen ein verschiedener Wirkungsquerschnitt für Rechts- und Linksstreuung ergibt. Aus der Zählratendifferenz zweier symmetrisch aufgestellter Zähler läßt sich also der Polarisationsgrad bestimmen. Die Formel für den Wirkungsquerschnitt muß aus der quantenmechanischen Streutheorie berechnet werden. Der Prozeß führt den Namen Mott-Streuung. Um die Longitudinalpolarisation von Elektronen durch Mott-Streuung zu bestimmen, muß zunächst die Longitudinalpolarisation in eine Transversalpolarisation verwandelt werden. Das kann durch Ablenkung der Elektronen um 90° in einem Kondensator geschehen. Da das elektrische Feld in erster Näherung nicht auf das magnetische Moment des Elektrons wirkt, ändert sich dabei die Spinrichtung nicht, sondern nur die Impulsrichtung. In Fig. 141 ist eine Anordnung für ein solches Experiment gezeigt. Es liefert ein sehr überraschendes Ergebnis: Die bei einem β-Zerfall ausgesandten Elektronen sind longitudinal polarisiert. Der Polarisationsgrad hängt nur von der Geschwindigkeit v ab. Er beträgt $P_e = \pm\, v/c$, wobei das positive Vorzeichen für Positronen, das negative für Elektronen gilt.

Das eben beschriebene Resultat ist deshalb so erstaunlich, weil es uns in die Lage versetzt, durch ein physikalisches Experiment eine Rechtsschraube von einer Linksschraube zu unterscheiden. Da der Elektronenspin einen Drehsinn definiert und der Impuls eine Richtung, ist durch die Longitudinalpolarisation der β-Teilchen ein be-

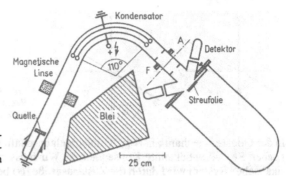

Fig. 141
Anordnung zur Messung der Longitudinalpolarisation von Elektronen durch Mott-Streuung; nach [Bie 58]

stimmter Schraubensinn ausgezeichnet. Schrauben sind aber nicht spiegelungsinvariant. Bei einer Raumspiegelung verwandelt sich eine Rechtsschraube in eine Linksschraube. Spiegelinvarianz der physikalischen Naturgesetze war ein altes und immer für selbstverständlich gehaltenes Postulat. Es besagt, anschaulich ausgedrückt, daß wir bei Beobachtung einer Erscheinung im Spiegel genau die gleichen Naturgesetze ableiten wie bei direkter Beobachtung. Für alle Erscheinungen der klassischen Physik trifft dies ebenso zu wie für die meisten Erscheinungen im atomaren Bereich. Die Maxwellschen Gleichungen beispielsweise sind invariant gegen eine Spiegelung des Koordinatensystems. Daraus folgt die Spiegelinvarianz aller Erscheinungen der Elektrodynamik.

Man hüte sich vor dem Irrtum, daß eine stromdurchflossene Leiterschleife und der Feldvektor $\vec{B}$ des zugehörigen magnetischen Feldes einen Schraubensinn definieren. Hier gibt es keinen polaren Vektor. Der axiale Vektor $\vec{B}$ ist durch die Stromschleife definiert. Die Zuordnung eines in eine bestimmte Richtung zeigenden Vektorpfeiles, etwa nach der „Rechte-Hand-Regel" ist pure Konvention. Das Auftreten nicht spiegelsymmetrischer Objekte in der organischen Natur, etwa von die Polarisationsebene drehenden Zuckern; beruht auf einem entwicklungsgeschichtlichen Zufall und spricht so wenig gegen die Spiegelinvarianz der physikalischen Gesetze wie die Tatsache, daß man in Eisenwarengeschäften nur Rechtsschrauben findet. Bei der Synthese von Zuckern im Laboratorium entstehen immer Razemate![1])

Um die Verhältnisse näher zu erläutern, betrachten wir jetzt ein Koordinatensystem K und das am Nullpunkt gespiegelte Koordinatensystem K' (Fig. 142). Bei der Spiegelung geht ein Rechts-System in ein Links-System über und umgekehrt. Ein polarer Vektor $\vec{r} = (x, y, z)$ geht beim Übergang $K \to K'$ über in $\vec{r}' = (-x, -y, -z) = -\vec{r}$. Ein polarer Vektor beschreibt eine Richtung im Raum. Im Gegensatz dazu definiert ein axialer Vektor $\vec{A} = [\vec{r}_1 \times \vec{r}_2]$ einen Drehsinn. Da bei $K \to K'$ sowohl $\vec{r}_1$ als auch $\vec{r}_2$ das Vorzeichen wechseln, ist offenbar $\vec{A}' = \vec{A}$. In der Tat ändert sich bei einer Spiegelung ein Drehsinn nicht. Wenn wir nun einen axialen Vektor mit einem polaren Vektor skalar multiplizieren, ergibt sich eine skalare Größe $S = (\vec{A} \cdot \vec{r})$, für die bei $K \to K'$ gilt $S \to S' = (-\vec{r} \cdot \vec{A}) = -S$. Eine nichtverschwindende Größe des Typs $(\vec{A} \cdot \vec{r})$ definiert gerade einen bestimmten Schraubensinn. Solche Pseudoskalare, die bei der Spiegelung des Koordinatepsystems ihre Vorzeichen wechseln, treten in der klassischen Physik niemals auf.

[1]) Bei der Entstehung der Biomoleküle wäre allerdings ein subtiler, aber entwicklungsgeschichtlich wirksamer Einfluß des paritätsverletzenden Anteils der elektroschwachen Wechselwirkung denkbar.

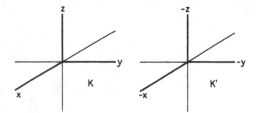

Fig. 142
Rechtskoordinatensystem K (x, y, z) und
Linkskoordinatensystem K' $(-x, -y, -z)$

In der Quantenmechanik haben Symmetrieeigenschaften viel tiefere und in der klassischen Physik unbekannte Konsequenzen. Wir müssen jetzt so vorgehen. Ein physikalisches System wird durch die Zustandsgröße $|\psi\rangle$ beschrieben, aus der die beobachtbaren Größen als Eigenwerte von Operatoren abgeleitet werden können. Die Forderung nach Spiegelinvarianz des Systems lautet nun: Die ableitbaren Beobachtungsgrößen sollen im gespiegelten System K' die gleichen sein wie in K. Das heißt, wir fordern die Existenz eines Zustandes $|\psi'\rangle$, in den $|\psi\rangle$ bei $K \rightarrow K'$ übergeht mit der Eigenschaft, daß sich in K' mit $|\psi'\rangle$ die gleichen Beobachtungswerte ergeben wie mit $|\psi\rangle$ in K. Da die Quantenmechanik eine lineare Theorie ist, muß es eine lineare Transformation P geben, so daß

$$|\psi'\rangle = P|\psi\rangle \tag{8.59}$$

Es ist klar, daß nochmalige Spiegelung auf das ursprüngliche System zurückführt, also $P|\psi'\rangle = P^2|\psi\rangle = |\psi\rangle$. Für die Eigenwerte π des Operators P ergibt sich daher $\pi = \pm 1$. Eine Wellenfunktion $\psi(\vec{r})$, die der Schrödinger-Gleichung genügt, hängt direkt von $\vec{r}$ ab. In diesem Fall ist $\psi'(\vec{r}) = \psi(-\vec{r}) = \pm \psi(\vec{r})$, Als Eigenwertgleichung ist $\psi'(\vec{r}) = \pm 1 \cdot \psi(\vec{r})$ immer richtig. Der Operator P kann aber eine kompliziertere Form annehmen. Ist beispielsweise $\psi(\vec{r})$ ein Spinor, der der Dirac-Gleichung genügt, so gilt

$$\psi'(\vec{r}) = \gamma_4 \psi(-\vec{r}) \tag{8.60}$$

Wegen $\gamma_\mu \gamma_\nu + \gamma_\nu \gamma_\mu = 2 \, \delta_{\mu\nu}$ ist natürlich $\gamma_4^2 = 1$. Wir ziehen jetzt eine einfache Folgerung hinsichtlich der Energieeigenwerte des Hamilton-Operators H. Unser Postulat der Spiegelinvarianz besagt, daß sich mit $|\psi\rangle$ und $|\psi'\rangle$ die gleichen Eigenwerte ergeben

$$H|\psi\rangle = E|\psi\rangle \qquad H|\psi'\rangle = E|\psi'\rangle$$

Da E eine Zahl ist, mit der jeder Operator vertauscht werden kann, folgt daraus mit (8.59) $HP|\psi\rangle = EP|\psi\rangle = PE|\psi\rangle = PH|\psi\rangle$, das heißt, H und P sind vertauschbar. Eine mit H vertauschbare Größe ist aber stets eine Konstante der Bewegung, oder anders ausgedrückt: Die Quantenzahl π ist eine Erhaltungsgröße. Sie heißt Parität. Wir können nun alle Folgerungen auch umgekehrt ziehen. Dann ergibt sich die Aussage: Wenn π keine Erhaltungsgröße ist, dann sind die Energie E im ursprünglichen und die Energie E' im gespiegelten System verschieden! Genau das tritt beim β-Zerfall ein. Ein negatives Elektron definiert eine Linksschraube. Hier läßt sich aus Spin $\vec{\sigma}$ und Impuls $\vec{p}$ der nicht-verschwindende Pseudoskalar $(\vec{\sigma} \cdot \vec{p})$ bilden. Bei der Spiegelung $K \rightarrow K'$ entsteht eine Rechtsschraube. Dieses Objekt existiert in der Natur nicht, die Spiegelinvarianz ist verletzt. Das Elektron, das eine Rechtsschraube definiert, ist das e^+-Teilchen. Es hat nach der Dirac-Gleichung die negative Energie. Hier ist also $E' = -E$. Wenn wir nun einen Operator C der „Ladungskonjugation" einführen, der die Eigenschaft haben soll, ein Teilchen in das Antiteilchen zu überführen, dann ist das System offenbar invariant gegenüber dem Produkt $P \cdot C$ der beiden Transformationen, bei dem gleichzeitig mit der Raumspiegelung das Teilchen in das Antiteilchen übergeht. Diese Verhältnisse sind noch einmal in Fig. 143 skizziert.

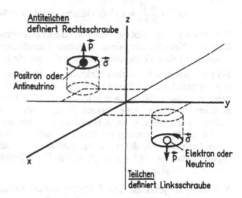

Fig. 143
Skizze zur Raumspiegelung (P) und Ladungskonjugation (C). Bei Raumspiegelung (P) kehrt sich $\vec{p}$ um, aber nicht $\vec{\sigma}$. Das gespiegelte Teilchen zeigt den Schraubensinn des Antiteilchens

Zum Schluß wollen wir noch fragen, wie eine das Elektron beschreibende Lösung der Dirac-Gleichung aussieht, wenn sie nicht spiegelinvariant sein soll: Es darf keine definierte Quantenzahl π existieren. Man muß den Zustand daher als Summe von zwei Funktionen ψ_+ und ψ_- mit entgegengesetzter Parität schreiben, mit einem Mischungsparameter F

$$\psi = \psi_+ + F\psi_- \qquad (8.61)$$

Offensichtlich ist

$$P\psi = P\psi_+ + FP\psi_- = + \psi_+ - F\psi_-$$

so daß es keine definierte Zahl $\pi = +1$ oder $\pi = -1$ mehr gibt, für die $P\psi = \pi\psi$ ist. Man kann zeigen, daß der Operator γ_5 gerade die Eigenschaft hat, die Parität einer Lösung der Dirac-Gleichung zu ändern: $\gamma_5 \psi_+ = \psi_-$. Daher ist $\psi = \psi_+ + F\gamma_5\psi_+$. Wenn man mit diesem Ansatz für die Leptonenwellenfunktionen in das β-Wechselwirkungsgesetz eingeht und die Elektronenpolarisation ausrechnet, dann erhält man den experimentell gefundenen Wert $|P_e| = v/c$ gerade dann, wenn man $F = 1$ setzt. Man spricht daher von „maximaler Paritätsverletzung". Dies ist der Grund, warum wir im Ansatz (8.45) für die Wechselwirkung den Operator $(1 + \gamma_5)$ in den Faktor mit den Leptonenwellenfunktionen geschrieben haben. Er ist nötig, um das beobachtete Polarisationsverhalten zu beschreiben. Natürlich ergeben sich aus diesem Ansatz noch eine Fülle anderer Konsequenzen, die ausnahmslos durch das Experiment bestätigt werden. Auf einige wichtige Experimente werden wir gleich zurückkommen. Das wichtige Ergebnis lautet: die schwache Wechselwirkung ist von solcher Natur, daß dabei Teilchen mit Schraubensinn emittiert werden. Die Prozesse sind nicht invariant unter Raumspiegelung.

Um den Schraubensinn eines Teilchens zu definieren, bedient man sich häufig eines besonderen Ausdrucks. Man bezeichnet den Erwartungswert des Spins in Impulsrichtung als Helizität $\mathscr{H}$. Sie ist so definiert, daß $\mathscr{H} = +1$ wird, wenn der Spin stets in Impulsrichtung zeigt (Rechtsschraube) und $\mathscr{H} = -1$, wenn das umgekehrte der Fall ist. Für Elektronen ist die Helizität gleich der Longitudinalpolarisation, also $\mathscr{H} = -v/c$ bei Negatronen. Für die masselosen Neutrinos ist $\mathscr{H} = \pm 1$.

In der klassischen Mechanik können wir für ein Geschoß mit Drall als Helizität definieren

$$\mathscr{H} = \frac{\vec{v} \cdot \vec{\omega}}{|v||\omega|} = \pm 1 \quad (\vec{v} \text{ Geschwindigkeit, } \omega \text{ Winkelgeschwindigkeit}).$$

Für $\mathscr{H} = +1$ beschreibt das Geschoß eine Rechtsschraube. Die Helizität ist aber nicht invariant gegenüber dem Koordinatensystem. In einem Koordinatensystem, das sich schneller bewegt als das Geschoß, dreht sich die Impulsrichtung und damit die Helizität um.

Für ein freies relativistisches Elektron, das der Dirac-Gleichung gehorcht, kann die Spinkomponente in einer beliebigen Richtung nicht gleichzeitig mit dem Impuls angegeben werden. Die Spinkomponente in Impulsrichtung kann jedoch nur $\pm 1/2$ betragen. Der Erwartungswert von $\vec{\sigma} \cdot \vec{p}$ ist auch hier nicht invariant gegen eine Lorentz-Transformation. Damit hängt zusammen, daß sich bei maximaler Paritätsverletzung, d.h. bei Anwendung des Operators $(1 + \gamma_5)$ auf die Wellenfunktion, die Helizität $|\mathscr{H}| = v/c$ für Elektronen ergibt. Es ist außerdem einleuchtend, daß ein Elektron mit $v = 0$ keinen Schraubensinn mehr definiert. Die masselosen Neutrinos bewegen sich immer mit Lichtgeschwindigkeit, daher ist $|\mathscr{H}| = 1$ möglich. Für Dirac-Teilchen ist $\mathscr{H}$ definiert als der Erwartungswert des Operators $\vec{\sigma} \cdot \vec{p}/|p|$.

Wir kehren jetzt zu den Experimenten zurück. Obwohl die Beobachtung der Elektronenpolarisation das einfachste Experiment ist, mit dem sich die Verletzung der Spiegelinvarianz bei β-Zerfall nachweisen läßt, hat man sie nicht auf diese Weise entdeckt. Die Möglichkeit einer Paritätsverletzung bei schwacher Wechselwirkung ist zuerst von Lee und Yang theoretisch diskutiert worden [Lee 56]. Der experimentelle Nachweis ist dann durch die Beobachtung der Winkelverteilung für Elektronen, die von ausgerichteten ^{60}Co-Kernen emittiert werden, erbracht worden [Wu 57]. Bei diesem Experiment wird der Erwartungswert des Pseudoskalars $(\vec{I} \cdot \vec{p})$ beobachtet, der aus Kernspin und Elektronenimpuls gebildet wird. Wenn Kerne, deren Spins ausgerichtet sind, Elektronen vorwiegend in eine bestimmte Richtung emittieren, ist ein Schraubensinn definiert.

Wir wollen zunächst das Experiment besprechen. Die Anordnung ist in Fig. 144 wiedergegeben. Die Ausrichtung der Kernspins durch ein Magnetfeld B ist nur bei Temperaturen möglich, die so tief sind, daß die magnetische Energie μB in der Größenordnung der thermischen Energie kT liegt. Die Abkühlung geschieht durch adiabatische Entmagnetisierung eines paramagnetischen Salzes, in diesem Falle CeMg-Nitrat. Es ist gegen Wärmeleitung isoliert in einem Gefäß angebracht, das von flüssigem Helium (1,2 K) umgeben ist. Durch ein starkes senkrecht zur Längsrichtung des Kryostaten stehendes Magnetfeld wird die Elektronenkonfiguration des Salzes polarisiert. Dabei entsteht Wärme, die durch gasförmiges Helium, das sich zunächst im Gefäß befindet, abgeleitet wird, bis Temperaturgleichgewicht herrscht. Dann wird das gasförmige Helium abgepumpt und anschließend das Magnetfeld langsam abgeschaltet. Die Probe kühlt sich dabei bis auf etwa 0,01 K ab. In die oberste Schicht des Salzes ist radioaktives ^{60}Co eingebracht. Ein in Längsrichtung des Kryostaten stehendes schwaches Magnetfeld sorgt dafür, daß die äußeren Elektronenschalen der paramagnetischen Ionen in dieser Richtung polarisiert bleiben. Man macht hierbei

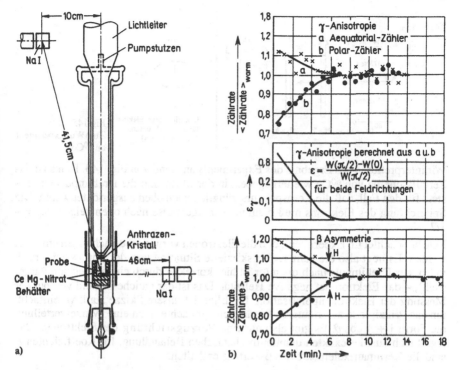

Fig. 144   a) Anordnung von C. S. Wu und Mitarbeitern zur Messung der Elektronen-Winkelverteilung beim Zerfall polarisierter ^{60}Co-Kerne, b) Ergebnis des Experimentes: γ- und β-Asymmetrie als Funktion der Zeit; nach [Wu 57]

davon Gebrauch,daß CeMg-Nitrat-Kristalle einen räumlich anisotropen g-Faktor haben. Am Ort der ^{60}Co-Kerne wird hierbei durch die Elektronen ein hinreichend starkes Feld erzeugt, um Ausrichtung des Kernspins zu bewirken. Orientierte Kerne senden γ-Strahlung mit einer zwar symmetrischen aber nicht isotropen Winkelverteilung aus (vgl. Fig. 39). Die Polarisation der Probe läßt sich daher durch das Verhältnis der γ-Intensitäten bestimmen, die in Richtung der Spins und senkrecht dazu beobachtet werden. Dazu dienen die beiden NaJ-Szintillationszähler. Oberhalb der Probe befindet sich im Kryostaten ein Anthrazenkristall zum Nachweis der β-Teilchen. Man beobachtet nun die Intensität der β-Teilchen für zwei entgegengesetzte Polarisationsrichtungen der Kernspins. Das Ergebnis ist in Fig. 144b wiedergegeben. Im Laufe der Zeit erwärmt sich die Probe und die Spinorientierung geht verloren. Die Zählraten sind daher als Funktion der Zeit aufgetragen. Die beiden oberen Diagramme zeigen die γ-Anisotropie, Sie hängt nicht von der Feldrichtung ab. Im unteren Teil sind die β-Zählraten aufgetragen. Sie hängen stark von der Spinorientierung ab. Mit diesem Experiment war zum erstenmal eine physikalische Erscheinung gefunden worden, die nicht spiegelinvariant ist.

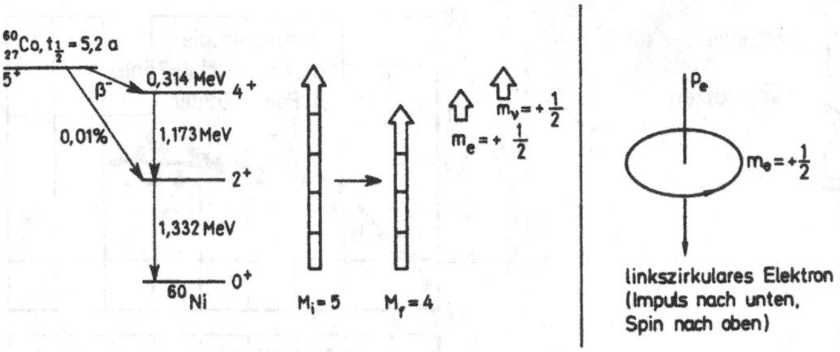

$^{60}_{27}$Co, $t_{\frac{1}{2}}$ = 5,2 a

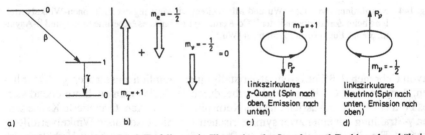

linkszirkulares Elektron
(Impuls nach unten,
Spin nach oben)

Fig.145
ZumWu-Experiment
an ^{60}Co

Wir interpretieren das Ergebnis des Experiments an Hand von Fig. 145. Links ist das Zerfallsschema von ^{60}Co wiedergegeben, in der Mitte sind die Drehimpulse dargestellt für den Fall, daß die Kernspins ursprünglich nach oben ausgerichtet waren. Die Spinrichtung des Elektrons muß dann notwendigerweise nach oben zeigen, m_e = + 1/2.

Man beobachtet im Experiment, daß die Elektronen vorwiegend nach unten emittiert werden. Es liegt also die ganz rechts skizzierte Situation vor: der Impuls zeigt nach unten, der Drehimpuls nach oben (er ist hier korrekter durch einen Drehsinn dargestellt), – das Elektron hat negative Helizität. Das ist der gleiche Befund wie bei der Messung der Elektronenpolarisation. Natürlich ist unsere Skizze stark vereinfacht, um das Prinzipielle zu erläutern. Tatsächlich beobachtet man eine Winkelverteilung der Form 1 + A cos ϑ. Es gibt also nur eine Vorzugsrichtung der Elektronen. Das ergibt sich aus der exakten quantenmechanischen Behandlung. Im Koeffizienten A sind die Kernmatrixelemente des β-Zerfalls enthalten.

Fig. 146   Schema eines 0-1-0-Zerfalls sowie Illustration der Impuls- und Drehimpulsverhältnisse beim Goldhaber-Experiment

Zum Schluß beschreiben wir noch ein berühmtes Experiment, mit dem es möglich war, die Helizität des Neutrinos direkt zu messen. Zunächst sei das Prinzip an Hand von Fig. 146 besprochen. Wir betrachten einen β-Zerfall, der unter a) gezeichneten Art mit der Spinfolge 0 – 1 – 0. Da das γ-Quant den Drehimpuls 1 mitführt, liegt eindeutig fest, daß die Spins von Elektron und Neutrino in der umgekehrten Richtung wie der Spin des emittierten Quants gestanden haben müssen. Zeigt etwa der Spin des Quants nach oben (Fig. 146b), so muß der Neutrino-Spin nach unten zeigen, also m_ν = −1/2. Die Spinrichtung beim γ-Quant kann man experimentell ermitteln durch Compton-Streuung an magnetisiertem Eisen. Bei magnetisiertem Eisen sind die Spins der zwei äußeren Elektronen der Eisenatome in Feldrichtung ausgerichtet. Der Wirkungsquerschnitt für Compton-Streuung hängt von der relativen Spinorientierung von Elektron und γ-Quant ab. Wenn man daher die Intensität entweder der absorbierten oder der gestreuten γ-Quanten als Funktion der Magnetisierungsrichtung mißt, kann man die Spinrichtung des γ-Quants erschließen. Wird das γ-Quant nach unten emittiert und steht sein Spin nach oben, spricht man von einem linkszirkularen Quant (Fig. 146c). Die Beobachtung eines von der Quelle nach unten ausgesandten linkszirkularen Quants bedeutet also im skizzierten Fall, daß der Spin des Neutrinos nach unten gezeigt hat. Wenn es nun noch möglich ist, eine Aussage über die Emissionsrichtung des Neutrinos zu machen, so ist die Helizität bekannt. Aber wie kann man dessen Emissionsrichtung nachweisen? Es gibt einen Zerfall, bei dem dies durch Zufall möglich ist. Der Kern ^{152}Eu zerfällt durch K-Einfang, s. Fig. 197, und zwar mit der eben besprochenen Spinfolge 0 – 1 – 0. Die Neutrinos haben daher eine feste Energie, die sich aus den Kernmassen zu $E_\nu = 950$ keV ergibt. Bei ihrer Emission erteilen sie dem Kern einen Rückstoßimpuls $p_n = E_\nu/c$. Auch das nachfolgende γ-Quant von 961 keV führt zu einem Rückstoß mit $p_\gamma = E_\gamma/c$. Wenn Neutrino und γ-Quant in genau entgegengesetzter Richtung ausgesandt werden, beträgt der dem Restkern übertragene Impuls $p_R = p_\nu - p_\gamma$ und die übertragene Energie $E_R = p_R^2/2M = (E_\nu E_\gamma)^2/2Mc^2$ = 4,3 · 10^{-4} eV. Die Rückstoßeffekte kompensieren sich also nahezu. Das heißt, das γ-Quant, das vom sich bewegenden Kern ausgesandt wird, hat gerade die richtige Energie, um Fluoreszenz auszulösen. Da die Lebensdauer des Niveaus 3 · 10^{-14} s und somit die natürliche Linienbreite 2,2 · 10^{-2} eV beträgt, ist für die γ-Strahlung Reso-

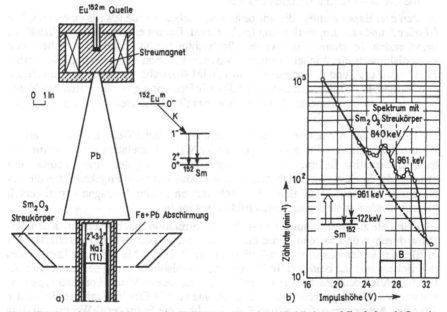

Fig. 147a) Anordnung zur Messung der Helizität des Neutrinos (Goldhaber u. Mitarbeiter; b) Impulsverteilung für das γ-Streuspektrum. Gestrichelt: nicht-resonanter Untergrund; nach [Gol 58]

nanzfluoreszenz möglich. Das eröffnet die Möglichkeit, die Richtung des Neutrinoimpulses zu bestimmen, da die Fluoreszensbedingung nur erfüllt ist, solange Neutrino und γ-Quant in entgegengesetzter Richtung emittiert werden.

In Fig. 147a ist die Anordnung des Experimentes wiedergegeben [Gol 58]. Die Quelle befindet sich in einem Streumagneten zur Analyse der Zirkularpolarisation der γ-Strahlung. Bei dem hier benutzten Magneten beobachtet man die ungestreut durchgehende Strahlung. Seine Wirkung beruht darauf, daß je nach Spinorientierung ein verschieden großer Anteil des Strahles herausgestreut wird und in der Intensität der ungestreuten γ-Quanten verloren geht. Die γ-Quanten werden anschließend an einem Streukörper aus Sm_2O_3 gestreut und in einem Szintillationszähler nachgewiesen. Fig. 147b zeigt das erhaltene Impulsspektrum. Die resonanzgestreute γ-Strahlung ist klar erkennbar. Der Untergrund an anderer Streuung wird durch eine Vergleichsmessung mit einem Nd_2O3-Streukörper bestimmt. Nach dem vorher Gesagten wissen wir nun, daß die Streuquanten fast ausschließlich von Zerfällen herrühren, bei denen das Neutrino nach oben emittiert wird. Aus der beim Umpolen des Analysiermagneten festgestellten Intensitätsänderung ergibt sich gleichzeitig die Zirkularpolarisation der γ-Strahlung. Im Originalexperiment betrug die relative Zählratendifferenz $2(N^+ - N^-)/(N^+ + N^-) = 0,017 \pm 0,003$, das entsprach einer Linkszirkularpolarisation von $(66 \pm 15)\%$. Die Verhältnisse entsprechen also den Skizzen von Fig. 146. Da wir aber nun gleichzeitig wissen, daß das Neutrino nach oben gelaufen war, kann es sich nur um ein linkshändiges Neutrino gehandelt haben (Fig. 146d). Innerhalb der Fehlergrenzen ist das experimentelle Ergebnis in Einklang mit der Annahme $\mathcal{H} = -1$ für die Helizität des Neutrinos.

In allen drei Experimenten, die wir besprochen haben, wurde jeweils eine Spingröße ($\vec{\sigma}$ oder $\vec{I}$ und eine Impulsrichtung ($\vec{p}$) bestimmt. Daraus ergab sich die Helizität des betreffenden Teilchens. Eine weitere Beobachtungsgröße haben wir bisher noch nicht diskutiert: die Winkelverteilung zwischen Elektron und Neutrino. Da hierbei zwei Impulse, $\vec{p}_e$ und $\vec{p}_\nu$ gemessen werden, wird sich dabei keine paritätsverletzende Größe ergeben. Wir können aber zusätzliche Information gewinnen. Aus den bisher beschriebenen Experimenten hatten sich bereits die Helizitäten von Negatron, Positron und Neutrino ergeben.

Die Helizität des Antineutrinos läßt sich nicht auf ähnliche Weise direkt bestimmen, wie die des Neutrinos. Die Messung einer e^--ν-Winkelkorrelation kann aber die fehlende Information liefern. Eine konsequente Anwendung der Dirac-Theorie führt zwar zu der Vorhersage; daß die Helizität des Antineutrinos umgekehrt wie die des Neutrinos sein muß, also gleich +1, doch müssen solche Aussagen experimentell geprüft werden, um ein gesichertes Bild zu gewinnen.

Experimente zur Bestimmung der e-ν-Winkelkorrelation sind bei verschiedenen Zerfällen durchgeführt worden. Eines dieser Experimente betrifft den β-Zerfall, von ^8Li in ^8Be, das seinerseits in zwei α-Teilchen zerfällt. Durch Messung der Impulse des β-Teilchens und der beiden α-Teilchen ist die Impulsbilanz völlig bestimmt [Nor 62, Gru 63]. Auch beim Zerfall des freien Neutrons ist die e-ν-Winkelkorrelation gemessen worden. Die Ergebnisse dieser Experimente sind in Einklang mit der Helizität + 1 für das Antineutrino. Endgültige Sicherheit über die Form der β-Wechselwirkung haben die Experimente über den Zerfall des freien Neutrons gebracht. Da es sich um den einfachsten möglichen β-Zerfallsprozeß handelt, spielen Fragen der Kernstruktur hier keine Rolle. Das Ergebnis all dieser Untersuchungen haben wir bereits mit dem Ansatz (8.45) für die Wechselwirkung vorweggenommen.

Wir haben im Zusammenhang mit Fig. 143 erläutert, daß β-Zerfallsprozesse invariant sind gegenüber der Transformation CP. Das ist bei β-Umwandlungen zwar ausnahmslos der Fall, gilt aber nicht für alle Prozesse der schwachen Wechselwirkung. Die bekannteste Ausnahme ist der Zerfall des neutralen K-Mesons, der an dieser Stelle nicht diskutiert werden soll. Es muß aber gesagt werden, daß es eine weitergehende Symmetrie gibt, nämlich die Transformation PCT, die um die Operation T, die $t \to (-t)$ bedeutet, erweitert ist („Zeitumkehr"). Es hat sich als unmöglich erwiesen, eine lorentzinvariante Hamiltonfunktion zu konstruieren, die diese erweiterte Symmetrie CPT verletzt. Aus diesem Grund muß jede Quantenfeldtheorie diese Symmetrie besitzen, d.h. für jede denkbare Hamiltonfunktion muß gelten

$$[CPT, H] = 0 \qquad (8.62)$$

Das ist das „CPT-Theorem". Es impliziert, daß eine Verletzung der CP-Invarianz mit einer Verletzung der Bewegungsumkehr-Invarianz verbunden ist.

Literatur zu Abschn. 8.6: [Wic 58, Wu 66, Sho 66, Hen 69].

8.7 Weiteres zu den Neutrinos

Neutrinos spielen eine zentrale Rolle in der Physik der Wechselwirkungen. Wegen der außerordentlich kleinen Wirkungsquerschnitte erfordern Neutrinoexperimente Detektoren mit riesigen Massen, sie sind daher sehr aufwendig. In der Tat hat sich die Neutrinophysik zu einem umfangreichen Spezialgebiet entwickelt. Wir können daher hier nur über einige wichtige Aspekte referieren. Vieles ist noch offen und bedarf zur Klärung langandauernder Beobachtungen. Zwei Fragestellungen stehen dabei im Vordergrund:

1) Was ist die Natur der Neutrinos und ihrer Wechselwirkungen? Sind sie masselos oder haben sie eine Masse? Was ist der Unterschied zwischen Neutrino und Antineutrino? Und 2) Was lernt man aus Neutrinoexperimenten über astronomische Sachverhalte, z.B. das Funktionieren der Sonne oder über Supernovaexplosionen? Welche kosmischen Neutrinoquellen gibt es?

Wir beginnen mit einer Beschreibung des ältesten Experimentes dieser Art, das von R. Davis und Mitarbeitern 1965 in der Homestake-Goldmine in South Dakota begonnen wurde (Tiefe 1480 m = 4100 m Wasseräquivalent). Es benutzt die bereits in Gl. (8.1) aufgeführte Reaktion $^{37}Cl + \nu \to ^{37}Ar + e^-$. Am Ende von Abschn. 8.2 wurde bereits beschrieben, wie man sie einsetzen kann, um die Verschiedenheit von Neutrino und Antineutrino nachzuweisen. Da sie nur auf Neutrinos empfindlich ist, kann man sie auch verwenden, um den Neutrinostrom der Sonne zu messen. Das ist das einzige Signal, das uns aus dem Sonneninneren direkt erreichen kann. Bei den Reaktionsketten, die in der Sonne zur Fusion von Wasserstoff zu Helium führen Gln. (7.99) bis (7.101), werden Neutrinos unterschiedlicher Energie freigesetzt. Diejenigen mit mehr als 0,8 MeV, nämlich vor allem die von ^7Be und ^8B, können Prozesse an

^{37}Cl auslösen, die zu ^{37}Ar führen. Dieses zerfällt mit einer Halbwertzeit von 35 Tagen durch Elektroneneinfang zurück in ^{37}Cl. Die beim Einfang freiwerdende Strahlung von 2,8 keV läßt sich leicht in einem Proportionalzählrohr nachweisen. Das Target besteht aus 615 t von flüssigem Perchloräthylen (C_2Cl_4) aus dem das ^{37}Ar mit stabilem Argon als Trägergas ausgewaschen wird. In 108 Meßläufen zwischen 1970 und 1994 wurde im Mittel alle zwei Tage ein Neutrino beobachtet. Der registrierte Neutrinofluß war 2,56 ± 0,22 SNU[1]), das sind nur ca. 40% des aufgrund der Sonnenmodelle erwarteten Wertes [Dav 96]. Dieses Defizit an Sonnenneutrinos, das durch die gleich zu erwähnenden Experimente bestätigt wird, bereitet bei der Interpretation bis heute große Schwierigkeiten. Alle Versuche, die Diskrepanzen durch Änderung der Sonnenmodelle zu beseitigen, stoßen auf Widersprüche zu den Beobachtungen. Man muß daher eine andere Erklärung in Erwägung ziehen. Sie besteht in der Vermutung, das Elektron-Neutrino ν_e könne auf seinem Weg von der Sonne dadurch verschwinden, daß es sich in ein Myon-Neutrino ν_μ umwandelt, wie es beim Zerfall des Myons

$$\mu^- \to e^- + \nu_e + \nu_\mu$$

entsteht. Auch das Myon ist ein schwach wechselwirkendes Lepton. Nun weiß man aber, daß ν_e und ν_μ verschieden sind und zwar aus Beschleunigerexperimenten mit hochenergetischen Myon-Neutrinos aus μ-Zerfällen. Sie sind in der Lage, an Nukleonen mit dem Prozeß

$$\nu_\mu + n \to \mu^- + p \quad \text{bzw.} \quad \nu_\mu + p \to \mu^+ + n \qquad (8.63)$$

Myonen auszulösen, nicht aber Elektronen. Elektronen und Myonen müssen daher mit verschiedenen Leptonenzahlen L_e und L_μ bilanziert werden, sie haben verschiedenen „Flavour" (siehe Abschn. 8.8). Es sei gleich angefügt, daß es eine dritte Generation von Leptonen gibt, nämlich das τ-Lepton (Masse 1777 MeV/c^2) sowie sein Neutrino ν_τ. Wir beschränken uns jedoch zunächst auf die experimentell leicht zugänglichen Flavours Elektron und Myon. Für den Übergang zwischen den beiden Neutrinosorten müßte es also einen speziellen Mechanismus geben, nämlich den der Neutrino-Oszillationen. Damit sie auftreten können, müssen zwei Bedingungen erfüllt sein, nämlich

1) Neutrinos haben Masse, aber nicht alle die gleiche und

2) Die Leptonenflavourzahlen sind keine strengen Erhaltungsgrößen, d.h. die Neutrinoarten mischen miteinander. Solche Mischungen sind aufgrund fundamentaler Symmetrien nicht ausgeschlossen.

Um unter diesen Voraussetzungen die Verhältnisse zu formulieren, erinnern wir uns zunächst an folgenden Zusammenhang. Wenn zwischen zwei orthogonalen stationären Zuständen $|1\rangle$ und $|2\rangle$ (jeweils mit der Energie E_0) eine Kopplung in Form einer Übergangsamplitude H_{12} eingeführt wird, so treten im gekoppelten System zwei neue Zustände $|I\rangle$ und $|II\rangle$ mit den Energien $E_0 + \Delta$ und $E_0 - \Delta$ auf, wo die Aufspaltung 2Δ von der Kopplungsstärke abhängt. Die Zustände $|I\rangle$ und $|II\rangle$ sind stationäre Eigenzustände zu den aufgespaltenen Energie-Eigenwerten und bilden ebenfalls

---

[1]) SNU (Solar Neutrino Unit) ist eine spezielle Einheit, die dem kleinen Reaktionsquerschnitt der Neutrinos Rechnung trägt. Es ist 1 SNU = 10^{-36} Neutroneneinfänge pro Sekunde pro Targetkern.

eine orthogonale Basis zur Beschreibung des Systems. Die beiden Basis-Systeme sind durch eine (unitäre) Transformation verbunden. Natürlich können wir statt E_0 und Δ die Massen $m_0 = E_0/c^2$ und $\delta m = \Delta/c^2$ schreiben. Identifizieren wir nun $|1\rangle$ und $|2\rangle$ mit zwei Flavour-Zuständen des Neutrinos, z.B. $|\nu_e\rangle$ und $|\nu_\mu\rangle$ mit der Masse m_0, so muß bei einer Übergangsamplitude zwischen beiden eine Massenaufspaltung auftreten. Die aufgespaltenen Zustände sind neue Eigenzustände, nämlich solche zur Masse. Diese seien $|\nu_1\rangle$ und $|\nu_2\rangle$ mit den Massen m_1 und m_2. Man kann die Zustände verbinden durch

$$|\nu_e\rangle = |\nu_1\rangle \cos\theta + |\nu_2\rangle \sin\theta$$
$$|\nu_\mu\rangle = |\nu_2\rangle \cos\theta - |\nu_1\rangle \sin\theta \tag{8.64}$$

Die Zustände $|\nu_2\rangle$ und $|\nu_2\rangle$ mischen also mit dem Winkel θ. Die Zustände sind stationär mit der Zeitabhängigkeit ihrer Phase

$$|\nu_1(t)\rangle = e^{-i\omega_1 t} |\nu_1\rangle \tag{8.65}$$

wo $$\omega_1 = E_1/\hbar = 1/\hbar \sqrt{c^2 p^2 + m_1^2 c^4} \tag{8.66}$$

(siehe Gl. (8.20)). Das ergibt

$$|\nu_e(t)\rangle = e^{-i\omega_1 t} |\nu_1\rangle \cos\theta + e^{-i\omega_2 t} |\nu_2\rangle \sin\theta$$
$$|\nu_\mu(t)\rangle = e^{-i\omega_1 t} |\nu_1\rangle \sin\theta + e^{-i\omega_2 t} |\nu_2\rangle \cos\theta \tag{8.67}$$

d. h. es treten Interferenzen zwischen den Termen mit ω_1 und ω_2 auf, die zu periodischem Verhalten führen. Aus (8.66) läßt sich die Wahrscheinlichkeit dafür berechnen, daß ein ursprünglicher ν_e-Zustand zur Zeit t in der Entfernung $L = ct$ als ν_μ-Zustand vorgefunden wird. Es ist

$$P_{e\to\mu} = |\langle \nu_\mu(t)| |\nu_e(0)\rangle|^2 = \sin^2 2\theta \sin^2 \Delta \tag{8.68}$$

Mit $$\Delta = \frac{m_1^2 - m_2^2}{4} \frac{L}{E} \tag{8.69}$$

Wenn wir die Oszillationslänge L_0

$$L_0 = 4\pi\hbar c \frac{E}{|m_1^2 - m_2^2|} = \frac{2{,}48 E}{|m_1^2 - m_2^2|} \text{ m} \tag{8.70}$$

(E in MeV, Massen in eV/c^2, L_0 in m)

einführen, schreibt sich (8.68) einfach

$$P_{e\to\mu} = \sin^2 2\theta \sin^2(\pi L/L_0) \tag{8.71}$$

Das ist die Wahrscheinlichkeit für das Auftreten eines ν_μ. Diejenige für das Verschwinden des ν_e ist $(1 - P_{e\to\mu})$. Der Verlauf von P ist in Fig. 148 dargestellt. Je nach dem, ob man das Verschwinden einer Neutrinosorte oder das Auftauchen einer anderen beobachten möchte, unterscheidet man zwischen einem „disappearance"- und einem „appearance"-Experiment. Das beschriebene ^{37}Cl-Experiment ist in diesem Sinne ein disappearance-Experiment. In jede Beobachtung dieser Art gehen zwei

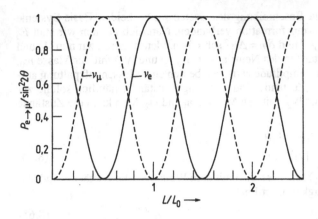

Fig. 148
Oszillationsverhalten bei Neutrino-Oszillationen nach Gl.
(8.71) am Beispiel $\nu_e \to \nu_\mu$

Größen ein, der Mischungswinkel θ, von dem die Amplitude der Oszillation abhängt und die Oszillationslänge L_0, die die Massendifferenz der Neutrinos enthält. Bei den meisten Experimenten steht jedoch überhaupt nur eine Beobachtungsentfernung L zur Verfügung, so daß die Analyse entsprechend schwierig ist.

Bevor man den fehlenden Neutrinofluß von der Sonne als Oszillation interpretieren darf, muß jedoch geklärt werden, ob das Phänomen der Neutrino-Oszillation überhaupt existiert. Die große Bedeutung einer solchen Erscheinung rührt daher, daß ein positiver Effekt mit der Existenz von Neutrinomasse verbunden sein muß, was von großer kosmologischer Bedeutung ist. Außerdem sind massebehaftete Neutrinos im Standardmodell der Teilchen und Wechselwirkungen nicht beschreibbar. Man hat deshalb nach Neutrino-Oszillationen auf verschiedene Weise mit terrestrischen Quellen gesucht. Hierzu gehören 1) Experimente mit hochenergetischen Neutrinos, 2) Experimente mit mittelenergetischen Neutrinos z. B. von Mesonenfabriken, und 3) Experimente mit Reaktorneutrinos. Alle diese Versuche sind bisher weitgehend ergebnislos verlaufen.

An Kraftwerksreaktoren mit bis zu 2800 MW Leistung wurden mindestens sieben große Experimente durchgeführt bei Abständen zwischen 9 und 230 m. Naturgemäß handelt es sich um disappearance-Experimente. Das erfordert eine Kenntnis der Neutrinoflüsse und Spektren, die nur mit erheblicher Unsicherheit zu ermitteln sind. Die Energien der Reaktor-Antineutrinos reichen bis etwa 10 MeV. Die bevorzugte Detektorreaktion ist $\bar{\nu}_e\,p \to e^+ n$ (Schwelle 1,8 MeV). Der Detektor funktioniert dann ähnlich, wie bereits bei Fig. 132 beschrieben, d.h. Detektormaterial ist ein Flüssig-szintillator. Zum Nachweis des Neutrons kann man anstelle der Einfangstrahlung in Kadmium eine mit ^{3}He gefüllte Drahtkammer als separate Detektoreinheit verwenden, in der das Neutron die Reaktion $^3\mathrm{He} + n \to {}^3\mathrm{H} + p$ auslöst. In keinem der Reaktorexperimente wurde ein positiver Effekt gefunden. Was man als Ergebnis erhält, sind Ausschluß-Diagramme, bei denen man $\sin^2 2\theta$ gegen $(m_1^2 - m_2^2)$ aufträgt und in dieser Ebene die Bereiche markiert, die aufgrund der Beobachtungen als Oszillationsparameter ausgeschlossen werden können. Reaktorexperimente sind typischerweise empfindlich für Differenzen der Massenquadrate zwischen 0,02 und 10 eV/c^2.

Etwas anders ist die Situation bei mittleren Energien, wo es zwei Experimente mit vergleichbaren Bedingungen gibt. Die Gruppe an LAMPF in Los Alamos hat über ein positives Ergebnis berichtet [Ath 96]. Bei diesem Experiment werden mit einem 780 MeV-Protonenstrahl π-Mesonen erzeugt, die nach $\pi^+ \to \mu^+ \nu_\mu$ $\mu^+ \to e^+ \nu_e \bar{\nu}_\mu$ zerfallen. Es entstehen also in gleicher Menge ν_μ, $\bar{\nu}_\mu$ und ν_e, aber keine $\bar{\nu}_e$. Im 30 m entfernten Flüssigszintillator wird nach dem Auftauchen von $\bar{\nu}_e$ mit der mehrfach erwähnten Reaktion $\bar{\nu}_e p \to e^+ n$ gesucht. Es wurde eine Reihe von Ereignissen gefunden, aus denen eine Oszillationswahrscheinlichkeit $P(\bar{\nu}_\mu \to \bar{\nu}_e) = 0,3\%$ abgeleitet wurde. Jedoch konnte das Karlsruhe-Rutherford-Mittelenergie-Neutrinoexperiment KARMEN am Beschleuniger der Spallationsquelle in Chilton, das unter ganz ähnlichen Bedingungen, wenngleich mit einem anders strukturierten Detektor arbeitet, dieses Ergebnis bislang nicht bestätigen.

Nach diesem Bericht über die Versuche, Oszillationen mit terrestrisch erzeugten Neutrinos zu finden, kehren wir zu den Sonnenneutrinos zurück. Das Pionierexperiment mit ^{37}Cl wurde inzwischen durch eine neue Generation empfindlicherer Experimente ergänzt. In Fig. 149 sind die Neutrinospektren gezeigt, die aufgrund der Standard-Sonnenmodelle erwartet werden. Die Nachweisschwellen für verschiedene Detektoren sind oben eingezeichnet. Man sieht, daß der ^{37}Cl-Detektor nur die energiereichen Neutrinos von ^{7}Be, pep und vor allem von ^{8}B erfassen kann. Den Hauptbeitrag zum Spektrum liefert aber der pp-Prozeß. Zwei wichtige neuere Experimente benutzen daher ^{71}Ga als Detektormaterial. Die Neutrinos reagieren dabei nach der Reaktion

$$^{71}\text{Ga} + \nu_e \to {}^{71}\text{Ge} + e^- \text{ (Schwelle 233 keV)} \tag{8.72}$$

Das erzeugte ^{71}Ge zerfällt durch e^--Einfang mit einer Halbwertzeit von 11,4 d zurück in ^{71}Ga bei einer Einfangenergie von 10,4 eV. Das Experiment ist im Gran-Sasso-Untergrundlaboratorium in den Abbruzzen unter 3500 m Wasseräquivalent aufgestellt. Das Target enthält 30,3 t Gallium in salzsaurer Galliumchlorid-Lösung zusam-

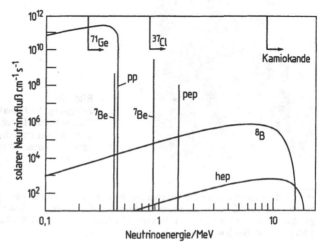

Fig. 149
Das Neutrinospektrum der Sonne nach Modellrechnungen. Zu den Komponenten pep und hep siehe Gln. (7.98a) und (7.100). Eingezeichnet sind die Energieschwellen für verschiedene Detektor-Reaktionen

men mit einer kleinen Menge von stabilem Germanium als Trägersubstanz. Nach jeweils einer Meßperiode wird das Germanium als gasförmiges $GeCl_4$ mit Stickstoff ausgewaschen und in das Gas German (GeH_4) umgewandelt. Dieses wird in kleine untergrundarme Proportionalzählrohre gefüllt. Die Nachweisrate beträgt ungefähr ein Ereignis pro Tag. Die Ansprechwahrscheinlichkeit des Detektors für den Neutrinonachweis wurde nachgeprüft mit einer künstlichen Neutrinoquelle in Form eines ^{51}Cr-Präparates mit einer bekannten Aktivität von 1,7 MCi (= 6,2 · 10^{16} Bq). Die ^{51}Cr-Quelle zerfällt durch e^- = Einfang (27,7 d) und sendet Neutrinos von 751 keV und 431 keV aus. Das Ergebnis von 53 Meßperioden ist ein Sonnenneutrino-Fluß von (69,7 ± 8) SNU [Ham 96]. Es ist in guter Übereinstimmung mit dem zweiten Gallium-Experiment SAGE, das im Baksa-Untergrundlaboratorium im Kaukasus durchgeführt wird. Es benutzt ein Target aus 57 t flüssigem metallischem Gallium. Auch hier wurde die Verläßlichkeit mit einer ^{51}Cr-Quelle geprüft. Das Ergebnis der SAGE-Kollaboration ist ein Fluß von (74 ± 13) SNU.

An dieser Stelle muß noch ein drittes Experiment von gänzlich anderem Charakter aufgeführt werden. Im Gegensatz zu den radiochemischen Detektoren mißt es in Echtzeit. Es handelt sich um Superkamiokande (Kamioka Nucleon Decay Experiment), einen Wasser-Cerenkov-Detektor in 1000 m Tiefe in der Kamioka-Mine 300 km westlich von Tokyo. Der Detektor wurde ursprünglich entworfen, um nach dem Zerfall des Protons zu suchen und ist dann mehrfach ausgebaut worden. Er besteht aus einem zylindrischen Tank mit 50 000 t reinen Wassers, das von 11000 großflächigen Photomultipliern, die 40% der Oberfläche abdecken, beobachtet wird (Fig. 150). Als Nachweisreaktion dient die elastische Elektron-Neutrino-Streuung $ve^- \rightarrow ve^-$. Das vom Rückstoßelektron erzeugte Cerenkov-Licht wird registriert[1].

Bild 150
Zeichnung des Superkamiokande-Detektors. Der Tank hat einen Durchmesser von 40 m und ist 41 m hoch (Mit freundlicher Genehmigung des Institute of Cosmic Ray Research, The University of Tokyo)

---

[1] Cerenkov-Licht tritt als elektromagnetische Stoßwelle auf, wenn sich ein geladenes Teilchen der Geschwindigkeit $\beta = v/c$ in einem Medium mit dem Brechungsindex n schneller als die Lichtgeschwindigkeit c/n im Medium bewegt. Der Öffnungswinkel α des Lichtkegels ist durch $\cos\alpha = 1/\beta n$ gegeben. Bei $\beta = 1$ ergibt sich für Wasser $\alpha = 42°$.

Die e^--Schwellenenergie beträgt ca. 7,5 MeV. Beim Nachweis von Sonnenneutrinos handelt es sich also hauptsächlich um den höherenergetischen Teil des ^{8}B-Neutrinospektrums (s. Fig. 149). Der Cerenkov-Detektor erlaubt es, für jedes Ereignis nicht nur die Energie, sondern auch den Winkel des Elektrons, der fast identisch mit dem des Neutrinos ist, relativ zur Sonne zu bestimmen. Damit konnte gezeigt werden, daß die registrierten Neutrinos tatsächlich von der Sonne kamen und daß die Form des ^{8}B-Neutrinospektrums mit der Erwartung aufgrund der Sonnenmodelle übereinstimmt. Für den Fluß an ^{8}B-Neutrinos ergab sich ein Wert von $2,8 \cdot 10^6$ cm^{-2} s^{-1}, das sind $(49 \pm 10)\%$ des vorausgesagten Flusses. Das Ergebnis ist gut verträglich mit den beiden Gallium-Experimenten, die $(53 \pm 7)\%$ (GALLEX) bzw. (56 ± 11) (SAGE) gemessen haben.

Auf die Frage, wie diese Diskrepanz zur Erwartung zu erklären ist, gibt es noch keine gesicherte Antwort. Der Versuch, in den Sonnenmodellen die Temperatur zu erniedrigen, führt insofern zu einem Widerspruch, als sich dann für das Kamiokande-Experiment eine stärkere Reduktion des Flusses ergibt als für das ^{37}Cl-Experiment, im Gegensatz zu den Meßergebnissen. Das Defizit könne von Neutrino-Oszillationen auf dem Weg zwischen Sonne und Erde herrühren. Die Oszillationslänge L_0 müßte dann von gleicher Größenordnung wie der Abstand von der Sonne zur Erde sein ($1,5 \cdot 10^{11}$m). Das wäre ein ungewöhnlicher Zufall. Gleichwohl läßt sich eine Analyse auf dieser Basis durchführen, die ungefähr folgende Werte der Parameter liefert: $\sin^2 2\theta > 0,7$, ($0,5 \cdot 10^{-10}$ $m_1^2 - m_2^2$ $1,1 \cdot 10^{-10}$)eV/c^2 [Kra 94]. Die große Oszillationslänge bedingt eine extrem kleine Massendifferenz. Es gibt jedoch noch eine andere Interpretationsmöglichkeit, nämlich das Auftreten von Neutrino-Oszillationen in Materie, hier speziell im Sonneninneren. Rechnungen zeigen, daß Neutrinos von verschiedenem Flavour, die Materie mit variabler Elektronendichte durchlaufen, einen Resonanzeffekt durch kohärente elastische Vorwärtsstreuung auslösen, der zu sehr viel kürzeren Oszillationslängen führt (MSW-Effekt, genannt nach Mikheyev-Smirnov-Wolfenstein). Rechnungen auf dieser Basis lassen sich in Übereinstimmung mit den Beobachtungen bringen und würden für folgende Parameter sprechen: $\sin^2 2\theta \approx 0,007$, $m_1^2 - m_2^2 \approx 6 \cdot 10^{-6}$)eV/$c^2$ [Hat 94]. Bei einem weiteren großen Detektor wurde im Jahr 2001 über die ersten Beobachtungsergebnisse berichtet. Es handelt sich um das Sudbury Neutrino Observatory SNO in Kanada. Der Detektor befindet sich in 2000 Metern Tiefe in einem Nickel-Bergwerk und besteht im wesentlichen aus einer Acrylglas-Kugel vom 12 m Durchmesser in der sich als Target 1000 Tonnen schweres Wasser befinden. Ähnlich wie bei Superkamiokande wird das Cerenkov-Licht registriert, hier mit 9500 Photomultipliern. Nachgewiesen wird unter anderem die Reakrion (8.9) $\nu_e + n \rightarrow p + e^-$. Da man aber kein Neutronen-Target herstellen kann, findet die Reaktion an den Neutronen des Deuterium-Targets statt: $\nu_e + d \rightarrow p + p + e^+$. Sie ist spezifisch für Elektron-Neutrinos. Gleichzeitig kann man, wie bei Kamiokande, elastische Neutrino-Streuung an Elektronen beobachten. Dieser Prozeß ist flavour-blind. Beobachtet wurde in der Tat für die ν_e-spezifische Reaktion ein geringerer Fluß als für die unspezifische elastische Neutrino-Streuung. Dieser Befund ist konsistent mit einem Oszillationsverhalten, bei dem die Neutrinos auf dem Weg von der Sonne teilweise ihren Flavour-Zustand geändert haben. Das Experiment, bei dem noch höhere Genauigkeit erreicht werden muß, ist insofern eine direktere Bestätigung von Oszillationen, als hier der ν_e-Fluß direkt mit dem Gesamtfluß an Sonnen-

Neutrinos verglichen wird und nicht mit einem aufgrund von Sonnenmodellen erwarteten Wert. Der Superkamiokande-Detektor hat zwar erfolgreich Sonneneutrinos beobachtet, aber das ist keinesfalls die Hauptstärke des Experiments. Ihrer Natur nach sind Cerenkov-Detektoren vor allem für die Beobachtung hochenergetischer Ereignisse geeignet. Außerdem kann der Detektor zwischen ausgelösten Elektronen und Myonen unterscheiden, weil Myonen einen scharfen Cerenkov-Lichtkegel erzeugen im Gegensatz zu Elektronen, bei denen der Kegel wegen Vielfach-Streuereignissen verwaschen ist. Kamiokande hat daher seine besondere Stärke bei der Beobachtung atmosphärischer Neutrinos. Sie entstehen, wenn energiereiche Protonen der primären kosmischen Strahlung in 10 bis 20 km Höhe auf die Atmosphäre treffen. Es werden zunächst π-Mesonen und Kaonen erzeugt, deren Zerfall unter anderem ν_μ, $\bar{\nu}_\mu$, ν_e und $\bar{\nu}_e$ liefert. Die Energien sind sehr hoch und gehen am energiereichen Ende über 10^4 GeV hinaus. Aufsehen erregende Messungen an energiereichen Neutrinos haben 1999 den bisher deutlichsten Hinweis auf Neutrino-Oszillationen erbracht. Zum einen ist es das Flavour-Verhältnis ν_μ/ν_e. Es hängt nicht vom absoluten Fluß ab und läßt sich daher gut vorhersagen. Das beobachtete Verhältnis dieser Neutrinosorten macht nur 63% des erwarteten aus, es gehen also offensichtlich Myon-Neutrinos verloren. Besonders signifikant ist aber die Registrierung der ν_μ-Ereignisse in Abhängigkeit vom Zenitwinkel. Da die Neutrinos nur in einer relativ dünnen Schicht in der Atmosphäre erzeugt werden, durchlaufen sie einen Weg von ca. 15 km, wenn sie von oben kommen, aber einen von rund 13 000 km wenn sie nach Durchquerung der Erde von unten in den Detektor eintreten. Auf diese Art ergibt sich eine Variation der Laufstrecke, wenn man die Ereignisse gegen den Zenitwinkel aufträgt. Während sich für Elektron-Neutrinos die erwartete Verteilung ergab, trat für Myon-Neutrinos eine drastische Reduktion für die lange Laufstrecke durch die Erde auf. Das Verhältnis von aufwärts- zu abwärts laufenden ν_μ-Ereignissen betrug nur 0,54 ± 0,06, das ist eine Abweichung von mehr als 6σ vom Wert 1. Die wahrscheinlichste Erklärung ist eine Oszillation in den τ-Kanal. Die beste Anpassung liefert die Parameter-Kombination $m_1^2 - m_2^2 = 2,2 \cdot 10^{-3}$ eV/c^2, $\sin^2 2\theta = 1$ (maximale Mischung).

Trotz der sich verdichtenden Evidenz für Oszillationen und damit für Neutrinomassen, wird es noch lange dauern und angesichts der kleinen Ereignisraten viel Geduld erfordern, bevor die anstehenden Probleme gelöst sind. Viele neue Projekte sind in Vorbereitung. Hervorzuheben sind vielleicht Versuche, hochenergetische Neutrinostrahlen von Beschleunigern zu weit entfernten Detektoren zu senden, z.B. vom CERN zum Gran-Sasso-Laboratorium (730 km) oder gar zu Superkamiokande (8750 km). Bemerkenswert sind auch die Unterwasser-Detektoren, die größere Volumina von Meer-wasser oder Süßwasser (Baikalsee) als Cerenkov-Medium benutzen. Das Projekt AMANDA schließlich benutzt das Eis der Antarktis in das in 1,5 bis 1,9 km Tiefe Photomultipolier eingelassen werden.

Hier konnte von alledem nur wenig Erwähnung finden. Auf das Meiste gibt es ohnehin noch keine Antworten. Auf die Bedeutung der Neutrinomassen und auf die Beschreibung der Neutrinozustände kommen wir am Ende von Abschn. 8.8 zurück.

8.8 Die elektroschwache Wechselwirkung, das Standard-Modell

Zwar ist die schwache Wechselwirkung beim β-Zerfall entdeckt worden, aber sie ist bei weitem nicht auf dieses Phänomen beschränkt. Außerdem weisen schwache und elektromagnetische Wechselwirkung eine so überraschende Ähnlichkeit auf, daß es nahe lag, eine einheitliche Beschreibung als „elektroschwache Wechselwirkung" zu versuchen.

Je nachdem, ob nur Leptonen, nur Hadronen oder beide Teilchenarten an einer Umwandlung beteiligt sind, lassen sich verschiedene Arten von schwachen Wechselwirkungsprozessen unterscheiden, für die folgende Beispiele angeführt seien:

$$\mu^- \to e^- + \nu_\mu + \bar{\nu}_e \quad \text{leptonischer Prozeß}$$
$$n \to p + e^- + \bar{\nu}_e \quad \text{semileptonischer Prozeß mit } \Delta S = 0$$
$$\Lambda \to p + e^- + \bar{\nu}_e \quad \text{semileptonischer Prozeß mit } \Delta S = 1$$
$$\Lambda \to p + \pi^- \quad \text{hadronischer schwacher Prozeß } (\Delta S = 1)$$

Der einfachste Prozeß ist der Zerfall des Myons. Das Myon ist ein Teilchen der Masse 106 MeV/c^2 mit einer Lebensdauer von $2,2 \cdot 10^{-6}$ s. Es gibt positive und negative, aber keine neutralen Myonen. Sie entstehen beim Zerfall der geladenen π-Me-sonen ($m_\pi = 139,6$ MeV/c^2, $\tau = 2,6 \cdot 10^{-8}$ s), wobei gleichzeitig ein Neutrino erzeugt wird:

$$\pi^+ \to \mu^+ + \nu_\mu \quad \pi^- \to \mu^- + \bar{\nu}_\mu \tag{8.73}$$

Das hierbei entstehende Neutrino ν_μ, ist nicht identisch mit dem Neutrino des β-Zerfalls. Das kann experimentell geprüft werden, indem man versucht, mit diesen Neutrinos inverse Prozesse auszulösen. Dabei beobachtet man zwar die Produktion von Myonen $\nu_\mu + n \to \mu^- + p$, aber nicht von Elektronen $\nu_e + n \to e^- + p$. Das Myon hat Spin 1/2 und den g-Faktor 2. Der sehr genau vermessene g-Faktor entspricht dem Wert, den man für ein Teilchen erwartet, das der Dirac-Gleichung gehorcht. Da ein „anomaler" Beitrag zum magnetischen Moment fehlt, nimmt das Myon offenbar nur an schwachen und elektromagnetischen, nicht aber an starken Wechselwirkungen teil. Man rechnet es deshalb zu den Leptonen. Das Myon zerfällt in ein Elektron und zwei Neutrinos:

$$\mu^- \to e^- + \bar{\nu}_e + \nu_\mu \quad \mu^+ \to e^+ + \nu_e + \bar{\nu}_\mu \tag{8.74}$$

Ähnlich wie beim β-Zerfall sind bei dieser Erzeugungsreaktion 4 Teilchen beteiligt. Man wird daher für die Wechselwirkung einen ähnlichen Ansatz versuchen. Da auch hier Neutrinos auftreten, liegt es nahe, wieder den Operator $(1 + \gamma_5)$ einzuführen, der zu Neutrinos mit der Helizität 1 führt. Wenn wir die Emission eines Antineutrinos wieder mit der Absorption eines Neutrinos gleichsetzen, können wir in Analogie zum β-Zerfall statt (8.45) schreiben

$$\tilde{H}_\mu = \frac{g_W}{\sqrt{2}} \int [\bar{\nu}_\mu \gamma_\mu (1+\gamma_5)\mu][\bar{e}\gamma_\mu(1+\gamma_5)\nu_e] d\tau \tag{8.75}$$

Beide Faktoren sind hier so konstruiert wie der Leptonen-Term in (8.45). Ferner ist g_W die Kopplungskonstante für den μ-Zerfall. Die Experimente erweisen, daß dieser Ansatz in der Tat richtig ist. Folgende Erscheinungen werden korrekt beschrieben:

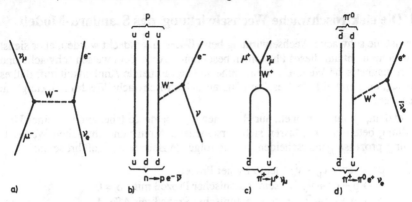

Fig. 151   Graphen zur schwachen Wechselwirkung

a) Die Form des Elektronenspektrums. Sie ist in Übereinstimmung mit der Tatsache, daß ein Neutrino und ein Antineutrino ausgesandt werden;

b) die Winkelverteilung der Elektronen relativ zur Flugrichtung der Myonen und ihre Energieabhängigkeit;

c) Die Helizitäten von Myon und Elektron.

Die Kopplungskonstante g_W ergibt sich aus der mittleren Lebensdauer. Sie stimmt innerhalb einiger Prozent mit der Fermi-Kopplungskonstante g_V überein. Überraschend ist auch die Gleichheit von Axialvektor- und Vektorkopplung. Da das Myon keine starken Wechselwirkungen aufweist, ist man versucht, diese Gleichheit von vornherein als den Normalfall anzusehen und das Auftreten des Korrekurfaktors λ beim Neutron-Zerfall (8.45) als einen Effekt der inneren Struktur des Nukleons zu deuten.

Wie in Abschn. 8.4 dargelegt, kommt der β-Zerfall durch Austausch eines W-Bosons zustande. Der rein leptonische Zerfall des Myons muß dann in gleicher Weise verlaufen. In Fig. 151a ist der zu Gl. (8.75) gehörende Graph dargestellt. Wenn die Idee richtig ist, daß der Faktor λ beim semileptonischen Neutronenzerfall (Gl. 8.45) von der Struktur des Nukleons herrührt, sollte der primäre Prozeß in der Umwandlung eines Quark bestehen. Den früheren Graphen Fig. 138c sollten wir dann durch Fig. 151b ersetzen. Das hat sich in der Tat als tragfähig erwiesen. Die Übergangsamplitude enthält nun den Übergang von einem d- in ein u-Quark anstelle des Übergangs von einem Neutron in ein Proton. Die Quarks nehmen also an der schwachen Wechselwirkung teil. Es ist bemerkenswert, daß man Quarks und Leptonen nach Flavour-Familien in folgender Weise ordnen kann

$$\begin{pmatrix} u & \nu_e \\ d & e \end{pmatrix} \begin{pmatrix} c & \nu_\mu \\ s & \mu \end{pmatrix} \begin{pmatrix} t & \nu_\tau \\ b & \tau \end{pmatrix} \tag{8.76}$$

Nur die Teilchen der ersten Familie kommen in der irdischen Materie vor. Diejenigen der zweiten und dritten Familie sind instabil und haben (möglicherweise mit Ausnahme der Neutrinos) größere Massen. Im frühen Kosmos haben sie eine Rolle gespielt. Die Leptonen der drei Familien sind durch ihre Leptonenzahlen getrennt, es gibt z. B. keine Übergänge $\mu \to e$. Das ist bei den Quarks aber nicht der Fall, weil schwache Übergänge zwischen den Quarks verschiedener Familien vorkommen. Die Quarks in (8.76) sind zwar Eigenzustände zu ihrem Flavour, aber nicht zur schwachen Ladung, die Träger der schwachen Wechselwirkung ist. Es lassen sich aber neue orthogonale Zustände konstruieren, die diese Eigenschaft haben. Als Basis kann man die Quarks mit der elektrischen Ladung – 1/3 wählen. Wie üblich werden beide Darstellungen durch eine unitäre Transformation verbunden. Da wir uns zunächst auf die ersten beiden Familien beschränken, ist die einfachste Wahl

$$|d'\rangle = |d'\rangle \cos\theta_c + |s\rangle \sin\theta_c \tag{8.77}$$
$$|s'\rangle = -|d'\rangle \sin\theta_c + |s\rangle \cos\theta_c$$

mit dem Mischungswinkel θ_c, der den Namen Cabibbo-Winkel trägt. Er läßt sich z. B. aus einem Vergleich der Zerfallsrate von Neutron und dem Strangeness enthaltenden Λ-Teilchen bestimmen zu $\theta_c = 12{,}8°$ (oder $\cos\theta_c = 0{,}79$). Die Normierungsbedingung ist durch $\sin^2\theta + \cos^2\theta = 1$ automatisch erfüllt. Die neuen Eigenzustände d' und s' zur ladungsändernden schwachen Wechselwirkung müssen wir bei den semileptonischen Prozessen benutzen. Die Übergangsamplitude ist damit

$$A = \frac{g_w}{\sqrt{2}} [\bar{\nu}_t \gamma_1 (1+\gamma_5) 1][\bar{d}' \gamma_1 (1+\gamma_5) u] \tag{8.78}$$

Die Amplitude für den Umkehrprozeß ist das komplex konjugierte hiervon. Der Buchstabe 1 steht für Elektron oder Myon, je nachdem, welche Leptonensorte emittiert wird. Speziell beim Neutronenzerfall geht ein d- in ein u-Quark über. Ein s-Quark ist im Neutron nicht enthalten. Durch Vergleich von (8.78) mit (8.45) erhalten wir daher für die Kopplungskonstanten die Relation

$$g_V = g_w \cdot \cos\theta_c \tag{8.79}$$

Sie verbindet die in (8.79) auftretende universelle Kopplungskonstante g_w mit der Vektor-Kopplungskonstanten für den β-Zerfall. Unter Berücksichtigung aller gemessenen Daten hat die universelle Fermi-Kopplungsvariante den Wert

$$g_w = 8{,}926 \cdot 10^{-5} \text{ MeV fm}^3.$$

Das bedeutet, daß Quarks und Leptonen mit gleicher Stärke an das W-Feld koppeln. Wären wir von allen drei Familien (8.76) ausgegangen, wäre die unitäre Transformationsmatrix für die Quarkzustände 3-reihig gewesen und wir hätten einen weiteren Zustand b' erhalten. Diese Transformation erfordert vier unabhängige Parameter, drei Winkel θ und eine Phase δ. Die 3×3-Matrix führt den Namen Kobayashi-Maskawa-Matrix. Wir wollen sie hier nicht aufschreiben, doch ist anzumerken, daß über die Phase wenigstens ein komplexer Koeffizient eingeführt wird. Es läßt sich allgemein zeigen, daß eine Hamiltonfunktion, die komplexe Zahlen enthält, die Zeitumkehrinvarianz verletzt. Nach dem CPT-Theorem (8.62) bedeutet das Verletzung der Invarianz CP. Sie ist möglicherweise eine Ursache für die Ladungsasymmetrie des Universums.

Die hier angeführte Modellvorstellung erlaubt es, eine Vielzahl von Zerfällen vorherzusagen. In Fig. 145c, d sind zwei Beispiele angeführt. Das Diagramm c) gilt für den π^+-Zerfall. Hier wird beim schwachen Wechselwirkungsprozeß kein d-Quark emittiert, sondern statt dessen ein Anti-Quark absorbiert. Teil d) der Figur zeigt den mit der gleichen Vorstellung zu beschreibenden Zerfall

$$\pi^+ \rightarrow \pi^0 + e^+ + \nu_e \tag{8.80}$$

Die Ausdrücke für die Wahrscheinlichkeitsamplitude, die wir bisher erhalten haben, gestatten noch eine bemerkenswerte Vereinfachung. In der Dirac-Theorie werden durch Ausdrücke wie $\bar\psi\gamma_\mu\psi$ oder $\bar\psi\gamma_\mu\gamma_5\psi$ Ströme beschrieben. Führen wir nun einen Leptonenstrom $J_1(x)$ und einen schwachen Hadronenstrom $J_h(x)$ ein durch

$$J_1(x) = \bar e\gamma_\mu(1 + \gamma_5)\nu_e + \bar\mu\gamma_\mu(1 + \gamma_5)\nu_\mu \tag{8.81}$$

$$J_h(x) = \bar d'\gamma_\mu(1 + \gamma_5)u \tag{8.82}$$

so können wir mit dem gesamten Viererstrom

$$J_\mu(x) = J_1 + J_h \tag{8.83}$$

die Amplitude

$$A = \frac{g_w}{\sqrt 2}\overline{J_\mu(x)} \cdot J_\mu(x) \tag{8.84}$$

bilden. Nach Einsetzen und Ausmultiplizieren erhält man unter anderem gerade die Ausdrücke für den μ-Zerfall (8.75) bzw. für den semileptonischen Zerfall (8.78) als Teilamplituden. Das führt zu einem naheliegenden Vergleich zwischen elektromagnetischer und schwacher Wechselwirkung. Auch die Wechselwirkungsenergie der durch Photonaustausch bewirkten elektromagnetischen Wechselwirkung zwischen zwei Elektronen (Fig. 152) läßt sich durch einen Ausdruck beschreiben, der das Produkt der elektrischen Viererströme $\bar J_{\mu,el} \cdot J_{el}^\mu$ enthält. Ordnet man den Teilchen, die schwache Wechselwirkung zeigen, in analoger Weise schwache Ladungen bzw. schwache Ströme zu, die die Träger der schwachen Wechselwirkung sind, so sieht man, daß Terme der Art $J_1 \cdot J_h$ für die Kopplung der schwachen Ströme J_1 und J_h gerade den Prozessen mit $W^\pm$ Austausch entsprechen. Da das $W^\pm$ geladen ist und einen Ladungsaustausch bei den Partnern bewirkt, spricht man auch von einem (elektrisch) geladenen schwachen Strom, der die Wechselwirkung vermittelt (Fig. 152).

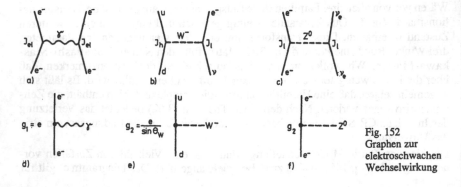

Fig. 152
Graphen zur
elektroschwachen
Wechselwirkung

Der Ansatz für die Strom-Strom-Kopplung (8.8) ist aber mehr, als nur eine kompakte Schreibweise. Man erhält nämlich beim Ausmultiplizieren Mischterme rein leptonischer bzw. rein hadronischer Art, z. B.

$$[\bar{e}\gamma_\mu(1 + \gamma_5)\nu]\ [\bar{e}\gamma_\mu(1 + \gamma_5)\nu] \tag{8.85}$$

oder $\quad [\bar{d}'\gamma_\mu(1 + \gamma_5)\nu]\ [\bar{d}'\gamma_\mu(1 + \gamma_5)\nu] \tag{8.86}$

Der erste Ausdruck entspricht einer elastischen $e\nu_e$-Streuung. Solche Prozesse sind auch tatsächlich beobachtet worden. Zu ihnen muß ein neutrales schweres Vektorboson als virtuelles Austauschteilchen gehören, das die Bezeichnung Z^0 erhalten hat. Es verursacht einen neutralen schwachen Strom und stellt eine Art „schweres Licht" dar (Fig. 152). Der hadronische Mischterm (Fig. 152) führt zu einem paritätsverletzenden schwachen Beitrag zur starken Wechselwirkung. Der Neutron-Proton-Kraft sollte daher ein paritätsverletzender schwacher Anteil beigemischt sein, so daß auch Kernzustände eine Wellenfunktion des Typs (8.61) besitzen. Nur ist, im Gegensatz zum β-Zerfall, die Amplitude F hier nicht gleich 1, sondern in der Größenordnung des Verhältnisses der Kopplungskonstanten von schwacher zu starker Wechselwirkung, nämlich $F \approx 10^{-6}$ bis 10^{-7}.

Ein paritätsverletzender Anteil in der Kernwellenfunktion bewirkt unter anderem, daß bei elektromagnetischen Übergängen Mischungen von E- und M-Strahlung gleicher Multipolarität auftreten können, die sonst nach Tab. 3 verboten sind, also beispielsweise eine kohärente Mischung von M1- und E1-Strahlung. Solche Strahlungsfelder sind zirkular polarisiert. Eine Messung der Zirkularpolarisation von γ-Strahlung durch Compton-Streuung an magnetisiertem Eisen eröffnet daher die Möglichkeit, die Größe F zu bestimmen. Besonders sorgfältig wurde mit diesem Ziel der 482 keV-Übergang in ^{181}Ta untersucht. Diese γ-Strahlung besteht aus einer E2(98%)-M1(2%)-Mischung, wobei aber die M1-Übergangswahrscheinlichkeit aus Drehimpulsgründen um einen Faktor ~ $3 \cdot 10^6$ retardiert ist. Daher sollte eine M1-E1-Interferenz hier besonders leicht zu finden sein. Trotzdem sind die meßbaren Effekte sehr klein. Die Ergebnisse der Experimente sind in Übereinstimmung mit den Vorhersagen aus dem Strom-Strom-Kopplungsansatz [Bod 69, Hen 69]. Eine direktere Beobachtungsgröße ist die Spinabhängigkeit des Proton-Proton-Streuquerschnitts, die in Abhängigkeit von der Energie gemessen werden kann.

Es ist bei den vielen auffallenden Ähnlichkeiten zwischen elektromagnetischer und schwacher Wechselwirkung sehr naheliegend, eine einheitliche Beschreibung beider Phänomene zu versuchen. Sie müßte nach dem Muster der höchst erfolgreichen Quantenelektrodynamik gebildet sein und diese als Spezialfall enthalten. Bei allen Ähnlichkeiten gibt es jedoch mindestens zwei entscheidende Unterschiede zwischen beiden Wechselwirkungen, die durch eine einheitliche Theorie erklärt werden müssen, nämlich der große Unterschied in den Kopplungskonstanten und das Auftreten von Zuständen definierter Helizität bei der schwachen Wechselwirkung. Im Folgenden soll kurz über die einheitliche Theorie der elektroschwachen Wechselwirkung berichtet werden.

Nach gegenwärtigem Verständnis sind die einzig exakten Symmetrien der Natur solche, die durch Invarianz unter (lokalen) Eichtransformationen beschrieben werden. Ein Beispiel für eine Eichtransformation haben wir am Ende von Abschn. 5.4 gegeben. Aus der Invarianz unter Eichtransformationen folgen nicht nur Erhaltungsgrößen, sondern auch die Existenz von Boson-Feldern, die sich wie die entsprechende Eichgruppe transformieren. Aus der Invarianz von Vektorfeldern unter räumlichen

Rotationen folgt beispielsweise, daß sie einen Spin 1 tragen. Teilchen, deren Wellenfeld ein Vektorfeld ist, sind daher Spin 1 Teilchen, z.B. das Photon, das durch ein Vektorpotential beschrieben wird. In der Quantenelektrodynamik lassen sich alle Prozesse auf den fundamentalen Vertex Fig. 152d zurückführen. Diese Prozesse haben die Eigenschaft, unter der Eichtransformation

$$U\psi_{el}(\vec{r}, t) = e^{i\varphi(\vec{r}, t)}\psi_{el}(\vec{r}, t) \tag{8.87}$$

mit einer beliebigen raumzeitlichen Phasenänderung der Wellenfunktion invariant zu sein. Umgekehrt ergeben sich aus der Invarianz unter (8.87) sowohl die Erhaltung der elektrischen Ladung als auch die Eigenschaften des Photons als „Eichboson" und der elektromagnetische Vertex. Die zugehörige eindimensionale unitäre, abelsche Transformationsgruppe des komplexen Raumes heißt $U(1)$. Die Kopplungsstärke g_1 am Vertex wird durch die Ladung e bestimmt.

Wenn man versucht, die schwache Wechselwirkung in ähnlicher Weise aus einer Eichvarianz herzuleiten, stößt man auf Schwierigkeiten. Sicher bedarf es einer zweidimensionalen Transformation, die Elektronen und Neutrinos in ähnlicher Weise verbinden kann, wie die $SU(2)$-Isospin-Gruppe Protonen und Neutronen verbindet. In der Tat setzt die vereinheitlichte Theorie bei einem älteren Gedanken von Yang und Mills an, eine Eichtheorie der starken Wechselwirkung aus der Isospininvarianz abzuleiten. Dies war nicht erfolgreich, da hier die fundamentale Invarianz mit dem Gluon-Feld verknüpft ist. Jedoch ließ sich die Idee, die nichtabelsche Gruppe $SU(2)$ als lokale Eichgruppe einzuführen, auf die schwache Wechselwirkung anwenden („lokal" bedeutet hier, daß die T_z-Komponente nicht invariant gegen Raum-Zeit-Verschiebungen ist). Dabei ordnet man den Leptonen einen schwachen Isospin T_W zu, durch dessen z-Komponente Elektron und Neutrino unterschieden werden, so daß gilt $T_{w,z}(\nu_e) = +1/2$ und $T_{w,z}(e^-) = -\frac{1}{2}$.

Die z-Komponente von T_w unterscheidet also die schwachen Ladungszustände des Leptons. Aus der Invarianz unter $SU(2)$-Transformationen im schwachen Isospinraum folgt nun die Existenz eines dreikomponentigen Eichfeldes (Yang-Mills-Feld) mit einer entsprechenden Kopplungskonstanten. Die drei Eichbosonen sind jedoch masselos und lassen sich daher nicht mit den Austauschteilchen $W^\pm$ und Z_0 identifizieren. Es ist jedoch Weinberg und Salam gelungen, eine allgemeinere Form dieser Theorie anzugeben, die zu schweren Vektorbosonen führt. Dabei wird von einem Mechanismus Gebrauch gemacht, der den Vektorbosonen durch spontane Symmetriebrechung Masse verleiht.

Die zugrunde liegende Idee soll im Folgenden qualitativ erläutert werden. Zunächst ein Wort zur spontanen Symmetriebrechung. Sie stellt sich immer ein, wenn ein System, das einer bestimmten ursprünglichen Symmetrie unterworfen ist, in ein System geringerer Symmetrie übergehen kann, der aber energetisch günstiger ist. Als einfaches Beispiel stellen wir uns ein Ei vor, das aufrecht auf dem Tisch steht. Seine Figurenachse stimmt mit der z-Achse (nach oben) überein und seine Hamiltonfunktion hat Rotationssymmetrie um diese Achse. Wenn wir es loslassen, fällt das Ei um. Es nimmt einen energetisch günstigeren Zustand geringerer Symmetrie ein. Seine Figurenachse definiert jetzt einen Winkel φ in der Tischplattenebene x–y. Er ist zufällig und Bewegung in diesem Freiheitsgrad erfordert keine Kraft. Die Menge aller Zustände zu diesem Parameter hat wieder die ursprüngliche Rotationssymmetrie. Soweit dieses triviale Beispiel.

Bei makroskopischen Systemen ergibt sich keine weitere Konsequenz. In der Welt gequantelter Systeme des Mikrokosmos ist das anders. Dort stellt sich in der Regel bei der Symmetriebrechung eine neue Eigenschaft ein, die in allgemeiner Weise als Steifigkeit bezeichnet werden kann. Das direkteste Beispiel ist Kristallisation. Bildet sich ein Kristall durch einen Phasenübergang aus der flüssigen Phase, geht die höhere Symmetrie der Moleküle verloren und es bildet sich ein energetisch günstigerer strukturierter Zustand, bei dem eine zufällige Achsenrichtung auftritt, die einen Winkel φ definiert. Der Kristall hat nun eine makroskopische Eigenschaft, die vorher nicht da war, nämlich mechanische Steifigkeit. Ein ähnliches und oft angeführtes Beispiel ist der Ferromagnetismus. Unterhalb der Curie-Temperatur koppeln die beteiligten Elektronenspins zu ferromagnetischen Bezirken, die wieder in eine Zufallsrichtung φ zeigen. Die makroskopische Steifigkeitseigenschaft ist der permanente Magnetismus. Würden wir als Zwerge im Inneren eines Kristalls oder eines Ferromagneten leben, fiele es schwer, die wahre Symmetrie der Naturgesetze zu erkennen. Wir müßten die Energie über den Schmelzpunkt bzw. über die Curie-Temperatur erhöhen.

Nach dieser Vorbereitung kommen wir zum letzten Beispiel, das unmittelbare Beziehung zum Problem des Eichfeldes der schwachen Wechselwirkung hat. Es handelt sich um die Supraleitung. Beim Phasenübergang in den supraleitenden Zustand koppeln je zwei Elektronen zu einem Boson, dem Cooper-Paar. Dabei wird die Phasensymmetrie des Systems der vielen Leitungselektronen mit allen möglichen zufälligen Phasen spontan gebrochen und es tritt eine starre Kopplung der Phasen aller Cooper-Paare ein. Der Phasenwinkel φ bleibt zufällig und das Feld der Cooper-Paare erzeugt die makroskopische Steifigkeitseigenschaft der Supraleitung.

In einem Supraleiter tritt jeweils nur eine hauchdünne stromführende Schicht auf, die das Magnetfeld aus seinem Inneren verdrängt (Meißner-Ochsenfeld-Effekt). Die kleine Eindringtiefe des elektromagnetischen Feldes hat nun einen interessanten Aspekt. Die Reichweite der Feldquanten des elektromagnetischen Feldes wird plötzlich ganz klein. Aufgrund des Zusammenhangs von Reichweite und Masse (vgl. Gln. (2.11) bis (2.18)) bedeutet das aber, daß die Photonen im Supraleiter plötzlich scheinbar Masse gewonnen haben.

Das zeigt, wie Eichbosonen im Prinzip Masse gewinnen können. Läßt sich dabei die Eichinvarianz erhalten? Nicht ohne weiteres. Ein masseloses Photon, das immer mit Lichtgeschwindigkeit fliegt, hat zwar Spin 1, aber bezogen auf seine Flugrichtung nur zwei Spinkomponenten. Eine dritte ist wegen der Lorentz-Invarianz nicht möglich. Sobald es Masse gewinnt, muß eine dritte Komponente auftreten und alle drei müssen gleichermaßen mit Masse behaftet sein. Woher kommt diese dritte Komponente beim Eindringen in den Supraleiter? Das erkennt man bei einer eichinvarianten Formulierung des Prozesses, die in der Tat möglich ist. Die Masse des eindringenden Photons entsteht zunächst durch die kurze Reichweite, die ihrerseits von der Dichte der Cooper-Paare abhängt. Mit der Phase φ bleibt aber ein Freiheitsgrad übrig. Die dritte Komponente des massiven Photons entsteht dann durch Anregung von Schwingungen mit endlicher Wellenlänge in der Phase der Cooper-Paare. Damit ist ein Modell gewonnen, wie Eichbosonen bei Erhaltung der Eichinvarianz Masse annehmen können.

Auf die eigentümliche konzeptionelle Verbindung von Supraleitung und Teilchenphysik hat zuerst P. W. Anderson hingewiesen. Die konsequente Anwendung dieser Idee geht aber auf den schottischen Physiker Peter Higgs zurück. Er schlug bereits 1964 einen Mechanismus vor, der den Weg zu einer Eichtheorie der schwachen Wechselwirkung endgültig ebnete. Higgs postulierte, daß es ein Feld geben müsse, das überall im Vakuum gleichmäßig vorhanden ist und das die Rolle des Feldes der Cooper-Paare beim Supraleiter spielt. Das Vakuum selbst ist dann ein Zustand gebrochener Symmetrie. In seinem Grundzustand, nämlich dem energetisch tiefsten Zustand, herrscht immer eine bestimmte Feldstärke H_0 des Higgs-Feldes. Wie beim Supraleiter ist es ein „steifes" makroskopisches Feld mit einer festen aber beliebigen Phase. Das Higgs-Feld schirmt nun das Eichfeld der schwachen Wechselwirkung in der gleichen Weise ab, wie der Supraleiter das Magnetfeld. Die W-Bosonen können daher nur ein ganz kurzes Stück ins solchermaßen abgeschirmte Vakuum eindringen und erhalten so ihre Masse. Auch mit der dritten Komponente kann man so verfahren wie vorher. Nur gibt es eine Komplikation. Da man es mit Leptonen-Dubletts zu tun hat, wird die mathematische Struktur komplizierter und man braucht ein zweikomponentiges komplexes Higgs-Feld, das durch insgesamt vier reelle Feldgrößen beschrieben wird. Drei seiner Komponenten werden verbraucht, um den drei Eichfeldern der schwachen Wechselwirkung Masse zu geben, eine bleibt übrig und muß als reelles neutrales skalares Teilchen, als Higgs-Boson, auftreten.

Dieses Teilchen wird an den Hochenergiebeschleunigern intensiv gesucht. Die zu erwartende Masse wird auf größer als 90 GeV/c^2 abgeschätzt, allerdings mit relativ großem Fehler. Wird das Higgs-Boson nicht gefunden, wird man sich von der Orthodoxie des Standard-Modells verabschieden müssen.

Zurück zur Salam-Weinberg-Theorie. Sie enthält das Photonenfeld der Quantenelektrodynamik und sagt die schweren Vektorbosonen W$^\pm$- und Z^0 voraus. Das entspricht den drei elementaren Vertices Fig. 152d bis f. Außerdem sollte noch das skalare Higgs-Boson existieren. Es war eine glänzende Bestätigung der Theorie, als Anfang 1983 das freie W-Boson mit der vorhergesagten Masse von 81 GeV/c^2 beim CERN nachgewiesen wurde. Das Experiment erfordert naturgemäß Schwerpunktenergien von einigen hundert GeV. Kurze Zeit später wurde das Z^0 nachgewiesen. Es hat eine Masse von 91 GeV/c^2.

Bei Beobachtungen mit riesigen Impulsüberträgen, die Distanzen entsprechen, die kleiner sind als die Reichweite der schwachen Wechselwirkung ($< 10^{-3}$ fm) sollte die ungebrochene Symmetrie zum Vorschein kommen. Solche Prozesse spielen sich bei Gesamtenergien ab, die groß sind gegenüber $M_W c^2$, so daß die W-Masse keine Rolle mehr spielt. Dann sind auch die Kopplungskonstanten $g_1 = e$ von elektromagnetischer und g_2 von schwacher Wechselwirkung größenordnungsmäßig gleich, d.h. es sollte gelten

$$g_2 = \frac{e}{\sin \theta_W} \tag{8.88}$$

Die Größe θ_W ist ein Normierungswinkel aus der Theorie, der die Mischung zwischen Z^0 und Photon angibt. Er heißt Weinberg-Winkel und kann aus Neutrinostreudaten experimentell bestimmt werden. Es ist $\sin^2\theta_W = 0{,}23$. Bei normalen Energien kommt die Symmetriebrechung ins Spiel und die Kopplungskonstante wird entsprechend der kurzen Reichweite reduziert. Die Reichweite wird charakterisiert durch die Compton-Wellenlänge des W-Bosons $\lambda_W = \hbar/m_W c$ (vgl. (2.12)). Es ist $\lambda_W = 2{,}5 \cdot 10^{-3}$ fm. Größenordnungmäßig gilt

$$\frac{g_W/\sqrt{2}}{\hbar c} \approx \frac{e^2}{\sin^2\theta_W \cdot \hbar c} \cdot \lambda_W^2 = \frac{\alpha}{\sin^2\theta_W} \cdot \lambda_W^2 \tag{8.89}$$

(Vgl. die Fußnote von S. 321. Es ist $g_W/\hbar c = 4{,}5 \cdot 10^{-7}$ fm^2).

Ganz anschaulich kann man sagen, daß schwache Prozesse deshalb so langsam ablaufen, weil man lange warten muß, bis sich zwei Teilchen auf eine Distanz in der Größenordnung von λ_W nähern, so daß ein virtueller W-Austausch möglich wird.

Durch die spontane Symmetriebrechung wird also der Unterschied zwischen den Kopplungskonstanten e^2 und $g_W/\sqrt{2}$ erklärt, der bei kleinen Distanzen oder großen Energien verschwinden sollte.

Vorhin haben wir den Leptonen e^- und ν_e eine schwache Ladung und die schwachen Isospinkomponenten $\pm 1/2$ zugeordnet. Beide Teilchen haben Helizität -1 und bilden Linksschrauben. Negative Rechts-Elektronen mit $\mathscr{H} = +1$ lassen sich im Laboratorium zwar herstellen, nehmen aber an der schwachen Wechselwirkung nicht teil, sondern nur an der elektromagnetischen. Sie tragen daher keine schwache Ladung und haben $T_w = 0$. Rechts-Neutrinos existieren nicht. Schwache Ladung und Helizität sind daher fest verbunden: nur Linksteilchen zeigen schwache Wechselwirkung. Das gilt übrigens auch für die Quarks, die ja in dem schwachen Strom (8.82) mit dem gleichen Projektionsoperator $(1 + \gamma_5)$ wie die Leptonen gekoppelt sind. Die $SU(2)$-Invarianz der schwachen Wechselwirkung impliziert Erhaltung der schwachen Ladung, die aber an den Schraubensinn des Teilchens fest gekoppelt ist. Bei einem mit weniger als Lichtgeschwindigkeit fliegenden Elektron dreht sich aber der Schraubensinn um, wenn man es aus einem schneller bewegten Koordinatensystem beobachtet. Daher ist auch die schwache Ladung unter diesen Bedingungen keine Erhaltungsgröße. Auch das ist eine Folge der Symmetriebrechung. Bei den erwähnten Energien $\gg m_W c^2$ fliegen Elektronen praktisch mit Lichtgeschwindigkeit so daß die schwache Ladung effektiv erhalten bleibt, wie es der ungebrochenen $SU(2)$-Invarianz entspricht.

Tab.11 Generationsordnung der elementaren Fermionen

Schwacher Isospin	Generation erste	Generation zweite	Generation dritte	schwache Übergänge
$T_z^w = +\frac{1}{2}$	$\begin{pmatrix} \nu_e \\ e^- \end{pmatrix}_L \begin{pmatrix} u \\ d' \end{pmatrix}_L$	$\begin{pmatrix} \nu_\mu \\ \mu^- \end{pmatrix}_L \begin{pmatrix} c \\ s' \end{pmatrix}_L$	$\begin{pmatrix} \nu_t \\ \tau^- \end{pmatrix}_L \begin{pmatrix} t \\ b' \end{pmatrix}_L$	$W^+ \quad W^-$
$T_z^w = -\frac{1}{2}$				
$T_z^w = 0$	$e_R^-; u_R d_R'$	$\mu_R^-; c_R s_R'$	$\tau_R^-; t_R b_R'$	

L = Linksdubletts (Helizität -1), R Rechtssinguletts (Helizität $+1$)

In dem Schema der drei Flavour-Familien (8.76) hatten wir die Quarks mit festen Flavour-Zuständen untereinander geschrieben. Bei der Beschreibung der schwachen Wechselwirkung ist es jedoch angemessener, die Eigenzustände zur schwachen Ladung d', s' und b' zu verwenden. Dieses Ordnungschema ist in Tab. 11 dargestellt, wo wir den Namen „Familie" durch „Generation" ersetzt haben.

Dabei sind nur die Linkszustände der Teilchen an der schwachen Wechselwirkung beteiligt und bilden Dubletts hinsichtlich des schwachen Isospin. Die Rechtszustände zeigen nur elektromagnetische, aber keine schwache Wechselwirkung und sind schwache Isospin-Singuletts. Tab. 11 enthält die elementaren Fermionen, sozusagen die „Materieteilchen" unserer Welt. Dazu kommen als Vermittler der Wechselwirkungen die Austauschbosonen, die zu den lokal invarianten Eichfeldern gehören. Es sind das die Bosonen $W^\pm$, Z^0, H^0 (Higgs) und γ für die elektroschwache sowie die 8 Gluonen des Farbfeldes für die starke Wechselwirkung. Damit ist unser gegenwärtiges Verständnis der elementarsten Stufe der Materie umrissen, soweit es durch experimentelle Ergebnisse gesichert ist[1]).

Was wir bisher beschrieben haben, ist als das Standard-Modell bekannt. Das Modell ist allerdings nicht frei von Parametern, und es kann vieles nicht vorhersagen, z.B. die Zahl der Generationen von Quarks und Leptonen. Diese ergibt sich jedoch aus Experimenten zum Zerfall der Z^0-Bosonen, da die Zerfallsbreite von dem für Neutrinos zur Verfügung stehenden Phasenraum abhängt. Das entscheidende Ergebnis ist in Fig. 153 dargestellt. Es zeigt die Z^0-Resonanz im Querschnitt für die Hadron-Produktion bei e^+e^--Stößen nebst drei aufgrund des Standard-Modells berechneten Kurven für zwei, drei und vier Neutrino-Generationen. Danach ist die Existenz einer vierten Neutrino-Generation mit einer Masse < 40 GeV mit einem Konfidenzgrad von 95 % ausgeschlossen.

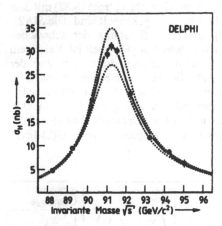

Fig. 153
Z^0-Resonanz im Wirkungsquerschnitt σ_H der Hadronerzeugung beim e^+e^--Stoß. Die durchgezogene Linie entspricht der Vorhersage des Standard-Modells mit drei Generationen von Neutrinos. Die obere Kurve würde zwei, die untere vier Generationen entsprechen (Daten CERN, Delphi-Collaboration [De190])

---

[1]) Von der Gravitation war in diesem Zusammenhang nicht die Rede. Sie sollte durch ein Graviton mit Spin 2 vermittelt werden, damit gibt es drei elementare Wechselwirkungen. Die Dreizahl spielt auch sonst eine auffällige Rolle: drei elektrische Quarkladungen bilden eine Elementarladung, es gibt drei Generationen von Quarks und Leptonen, und es gibt drei Farbladungen.

Das Standardmodell läßt viele Fragen offen, wovon die nach der Existenz des Higgs-Bosons nur eine ist. Man kann nun versuchen, einen Schritt weiterzugehen, und auch die starke Wechselwirkung in die Vereinheitlichung mit einzubeziehen. Dafür gibt es erfolgversprechende Ansätze. Man muß dazu die $SU(3)$-Farbgruppe des Gluonenfeldes bei der Beschreibung hinzunehmen, so daß man zu der Eichgruppe $U(1) \times SU(2) \times SU(3)$ kommt. Diese Gruppe ist als Untergruppe in der $SU(5)$ enthalten, auf der das einfachste Vereinigungsmodell, nämlich das von Georgi und Glashow beruht. Er faßt die zwei Leptonen- und die drei Farbzustände des Antiquarks d zu einem 5-komponentigen Feld zusammen $\psi_5 = (\nu_e, e^-, \bar{d}_r, \bar{d}_g, \bar{d}_b)$. Alle Teilchen sind jetzt Zustände des gleichen Objekts und können durch entsprechende Eichbosonen ineinander übergehen. Die Transformationsmatrix hat $5 \times 5 = 25$ Elemente. Davon gehören 3×3 zum Gluonenfeld, das die Quarks verbindet und 2×2 zum Bosonenfeld der Leptonen (γ, W $\pm$, Z°). Die restlichen 12 Elemente gehören zu Übergängen zwischen Leptonen und Quarks und erfordern konsequenterweise die Existenz von 12 neuen Vektorbosonen, die diese Übergänge vermitteln. Sie werden als X-Bosonen bezeichnet und tragen gleichzeitig elektrische, schwache und Farbladung. Ein elementarer Vertex für eine solche Wechselwirkung ist in Fig. 154a gezeichnet. Offensichtlich muß das hier auftretende X-Boson eine Ladung von $-4/3$ haben. Auch den Übergang Quark $\to$ Antiquark können X-Bosonen vermitteln. Solange $SU(5)$-Symmetrie gilt, genügt in diesem Schema eine einzige Kopplungskonstante zur Beschreibung der universellen Wechselwirkung. Aber wiederum ist die Symmetrie gebrochen. Sie sollte nur erhalten sein bei extrem kleinen Abständen von weniger als 10^{-29} cm.

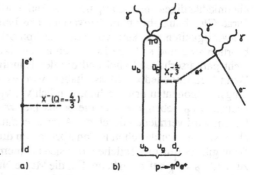

Fig. 154
Graphen zur superschwachen Wechselwirkung (r, g, b sind Farbladungsindizes)   a)   b)   p→π⁰e⁺

Dieser superstarken Symmetriebrechung entsprechen riesige Massen der X-Bosonen, nämlich von ca. 10^{15} GeV/c^2. Die Erzeugung reeller X-Bosonen wird dabei mit irdischen Mitteln nicht möglich sein. Dennoch gibt es beobachtbare Konsequenzen dieser Theorie. Bei der superschwachen Wechselwirkung, die durch das X-Boson vermittelt wird, gelten die Erhaltungssätze für die Baryonenzahl B und die Leptonenzahl L nicht mehr. Das hat unter anderem zur Folge, daß das Proton gemäß dem Graphen Fig. 154b zerfallen kann. Der bevorzugte Zerfallskanal sollte $\pi^0 e^+$ sein. Beide Produktteilchen werden zerstrahlen, so daß die gesamte Masse eines Wasserstoffatoms in Form von γ-Strahlung auftritt. Allerdings muß man lange warten, bis sich in einem Proton die Quarks einmal auf eine so kleine Distanz nähern, daß ein virtuelles X-Boson ausgetauscht werden kann.

Experimente zum Nachweis des Protonenzerfalls sind mit großen wasssergefüllten Cerenkov-Detektoren bereitsjahrelang durchgeführt worden, u.a. dem Kamiokande-Detektor. Die bisher gewonnenen Ergebnisse zeigen, daß die Proton-Lebensdauer größer ist als 10^{31} Jahre. Das liegt um einen Faktor 40 über der Vorhersage des $SU(5)$-Modells. Man hat daher kompliziertere Vereinigungsmodelle vorgeschlagen, wovon ein besonders „einfaches" auf der Gruppe $SO(10)$ basiert.

Solche Modelle haben aber noch andere Konsequenzen. Obwohl es möglich ist, daß alle Neutrinos masselos sind, gibt es doch keine zwingende Symmetrie, die das erfordert. Im Standardmodell werden alle Teilchen als masselose Fermionen konzipiert, die erst durch Symmetriebrechung Masse gewinnen – ausgenommen die Neutrinos. In den Vereinigungstheorien vom Typ der $SO(10)$-Theorie werden up- und down-Quarks ebenso wie Elektron und Elektron-Neutrino zunächst als Zustände des gleichen Fermionenfeldes betrachtet, und alle sollten durch Symmetriebrechung Masse gewinnen. Die Suche nach nichtmasselosen Neutrinos gewinnt daher einen wichtigen Aspekt: sie wird zu einem Prüfstein für die Vereinigungstheorien. Daraus resultiert die Bedeutung der Suche nach Neutrino-Oszillatoren.

Die Verletzung der Leptonenzahl-Erhaltung, die die Vereinigungstheorien implizieren, könnte noch durch eine andere Klasse von Experimenten aufgedeckt werden, nämlich durch die Beobachtung des neutrinolosen doppelten Betazerfalls. Wir müssen hier noch einmal zum Charakter des Neutrinos zurückkehren. In Abschn. 8.1 hatten wir die Frage aufgeworfen, was das Neutrino von seinem Antiteilchen unterscheidet. Die Antwort der Helizitätsexperimente ist relativ einfach: das Neutrino ist ein linkshändiges Teilchen ν_L und das Antineutrino ist rechtshändig ν_R. Nun ist die Dirac-Gleichung aber paritätsinvariant. Das bereitet für masselose Neutrinos keine Schwierigkeiten, da dann von den vier Spinorkomponenten der Lösung zwei entbehrlich sind und sich die Lösungen als zweikomponentige Spinoren ergeben, die nicht paritätserhaltend sind und die den Händigkeiten für ν_L und ν_R entsprechen. Wenn Neutrinos jedoch Masse haben, wird es schwieriger. Jetzt sind alle vier Lösungskomponenten erforderlich, nämlich ν_L, ν_R, $\vec{\nu}_L$ und $\vec{\nu}_R$, d.h. es sollte Rechtsneutrinos ν_R geben, die aber nie beobachtet wurden. Die Schwierigkeit, das zu erklären, wird vermieden durch die Annahme, daß das Neutrino sein eigenes Antiteilchen ist. Dies wurde schon in den 30er Jahren durch Ettore Majorana vorgeschlagen. Dann gibt es nur ein Teilchen, das sich in einem Linkszustand $\nu_L = \vec{\nu}_L$ oder Rechtszustand $\nu_R = \vec{\nu}_R$ befinden kann. Für die Masse Null wird die Beschreibung des Majorana-Neutrinos identisch mit der 2-Komponenten-Beschreibung des Dirac-Neutrinos, d.h. mit kleiner werdender Masse werden sich beide immer ähnlicher.

Die Möglichkeit zu einem experimentellen Test des Majorana-Charakters des Neutrino eröffnet der doppelte Betazerfall.

Die Betrachtung der rechten Hälfte von Fig. 20 läßt erkennen, daß in dem dort skizzierten Fall zwischen zwei benachbarten isobaren Kernen ein Betaübergang energetisch möglich ist, wenn sich die Kernladung um zwei Einheiten ändert, wenn also zwei Elektronen gleichzeitig ausgesandt werden. Das nennt man doppelten Betazerfall. Er ist schwer zu entdecken, da die Zerfallsraten extrem klein sind. Für diesen Vorgang sind zwei verschiedene Mechanismen denkbar, die anhand von Fig. 155 erläutert werden.

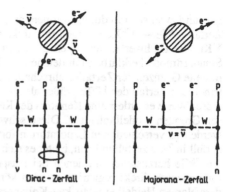

Fig. 155
Graphen für den doppelten Betazerfall
(Darstellung wie in Fig. 135c)

Wie beschrieben ist das Elektron-Neutrino ein Linksteilchen und das Antineutrino ein Rechtsteilchen. Beide sind als Dirac-Teilchen eindeutig unterschieden. Es ist deshalb nicht möglich, daß das beim Zerfall eines Neutrons im Kern emittierte Anti-Neutrino von einem zweiten Neutron reabsorbiert wird, denn die Absorption würde ein Neutrino erfordern. Es müssen daher gleichzeitig mit den beiden Elektronen auch zwei Antineutrinos emittiert werden. Das ist in der linken Hälfte der Figur unter der Bezeichnung „Dirac-Zerfall" dargestellt. Es ist der vom Standardmodell erlaubte Normalfall. Anders ist es bei den Vereinigungstheorien. So ist z. B. die $SO(10)$-Theorie im Ansatz zunächst links-rechts-symmetrisch, und die krasse Bevorzugung der Linksdubletts in unserer Beobachtungswelt tritt erst durch Symmetriebrechung ein. Es gibt dann allerdings zum Links-W-Boson noch ein Rechts-W-Boson, das aber so große Masse hat, daß es normalerweise ohne Einfluß ist.

Die Leptonenzahl ist nun keine gute Quantenzahl mehr und den linkshändigen Elektron-Neutrinos sind rechtshändige beigemischt. Dann kann aber der doppelte Betazerfall so ablaufen, daß ein virtuell emittiertes Neutrino reabsorbiert werden kann, was bei Neutrinos mit fester Helizität nicht möglich ist. Dieser Prozeß ist in der Figur rechts als „Majorana-Zerfall" dargestellt. Er ist nur möglich, wenn $v = \bar{v}$ gilt. Da zwei Elektronen ohne weitere Antiteilchen entstehen, ist ΔL, = 2, die Leptonenzahl ist nicht erhalten. Selbst dann bedarf es aber einer Helizitätsumkehr, die durch zweierlei bewirkt werden kann: 1) einer Masse des Neutrinos. Dann ist die Helizität kein fester Eigenzustand mehr, weil es eine Lorentz-Transformation gibt, die die Helizität in einem System, das sich schneller als das Neutrino bewegt, umkehrt. Und 2) einen Beitrag eines rechtshändigen Stromes, vermittelt durch ein Rechts-W-Boson. Dann gibt es eine rechtshändige Kopplung, deren relative Stärke mit η bezeichnet sei. Die Vorhersage der Zerfallswahrscheinlichkeit im Rahmen einer Vereinigungstheorie enthält daher eine Kombination von Parametern, nämlich im wesentlichen der Amplitude η des rechtshändigen Stroms und der Neutrinomasse m_v.

Die Beobachtung des neutrinolosen Betazerfalls wäre nach dem bisher Gesagten gleichbedeutend mit Experimenten in dem mit Beschleunigern unzugänglichen Energiebereich bis zu 10^{15} GeV. Eine einfache Signatur für den neutrinolosen Zerfall findet man im Betaspektrum, da hierbei die Summe der beiden Elektronenergien konstant sein muß. Bisher ist allerdings nur der Nachweis des Dirac-Zerfalls gelungen, und zwar sowohl durch Isotopenanalyse in alten geologischen Proben z. B. beim Zerfall ^{128}Te → ^{128}Xe als auch im direkten Zählerexperiment beim Zerfall ^{82}Se → ^{82}Kr. Die Halbwertzeiten liegen zwischen 10^{20} und 10^{21} Jahren und sind mit dem Standardmodell erklärbar. Für den neutrinolosen Zerfall gibt es nur experimentell ermittelte Grenzen der Zerfallswahrscheinlichkeit. So ist die Halbwertzeit für den neutrinolosen Zerfall des ^{128}Te größer als $5 \cdot 10^{24}$ Jahre. Die theoretische Interpretation dieser Werte erfordert eine Kenntnis der Kernmatrixelemente und ist damit in gewissen Grenzen modellabhängig. Diese schwierigen kernphysikalischen Experimente werden in verschiedenen Laboratorien fortgesetzt. Da ^{76}Ge durch doppelten Betazerfall in ^{76}Se zerfallen kann, bietet es sich an, großvolumige Germaniumdetektoren aus ^{76}Ge herzustellen, in denen bei entsprechender Untergrundreduktion die Zerfallsprozesse direkt registriert werden können. Ein solches Experiment, das unter dem Namen Heidelberg-Moskau-Kollaboration bekannt ist, wird seit einigen Jahren im Gran-Sasso-Untergrundlaboratorium mit einem Detektor aus 11,5 kg zu 86% angereichertem ^{76}Ge durchgeführt. Es liefert die bisher besten Werte über den doppelten Betazerfall. Da es viel Zeit erfordert, die Zählstatistik zu verbessern, dauert die Datenaufnahme an. Für den zweifelsfrei beobachteten Zwei-Neutrino-Zerfall des ^{76}Ge ergab sich eine Halbwertzeit von $1,4 \cdot 10^{21}$ a [Bal 94], sie ist in Übereinstimmung mit dem Standardmodell. Für den neutrinolosen Zerfall ergab sich bei einer Beobachtung über rund 3000 kg Tage eine Schranke von $1,1 \cdot 10^{21}$ a. Daraus läßt sich ableiten $m_v < 0,5$ eV, $\eta < 0,7 \cdot 10^{-8}$. Das Experiment hat bisher keinen Hinweis auf einen Majorana-Zerfall geliefert. Dte bisherigen Vereinigungstheorien scheinen sich daher hier nicht zu bestätigen.

Wir beschließen hiermit den kurzen Ausblick auf die Physik der elementaren Wechselwirkungen. Es bleibt abzuwarten, ob die heutigen Modelle zu einer letzten Vereinfachung im Verständnis der Materie führen oder ob sich nur der Vorhang vor einer neuen komplexen Unterstruktur in der subatomaren Welt ein wenig geöffne hat.

Literatur zu Abschn. 8.7: [Gro 89, Kla 94].

Anhang

Einheiten, Konstanten, Umrechnungsfaktoren und Formeln für kernphysikalische Rechnungen. Praktische Rechnungen werden bei kernphysikalischen Problemen sehr erleichtert durch Benutzung der im Folgenden aufgeführten speziellen Einheiten und Umrechnungsfaktoren.

Die Werte der Fundamentalkonstanten sind hier in der Regel auf vier Dezimalstellen gerundet. innerhalb dieser Genauigkeit sind keine Änderungen zu erwarten. Wer genauere Werte mit Fehlergrenzen nach den neuesten Ausgleichsrechnungen benötigt, sollte sie im Netz abrufen unter [w2], [w1], [w5].

Einheiten

	Größe	Einheit
1	Länge	1 Fermi $= 1$ fm $= 10^{-15}$ m $= 10^{-13}$ cm
2	Fläche	1 Barn $= 1$ b $= 10^{-24}$ cm^2 $= 10^{-28}$ m^2
		1 Millibarn $= 1$ mb $= 10^{-31}$ m^2
	Masse	1 atomare Masseneinheit $= 1$ u $= (1/12)$ m $\left({}^{12}_{6}C_6\right)$
3		1 u $= 1{,}660 \cdot 10^{-27}$ kg
4		$= 931{,}494$ MeV/c^2 $= 1822{,}89$ m$_e$
		Ruhemasse des Elektrons
5		$m_e = 9{,}109 \cdot 10^{-31}$ kg
6		$= 0{,}511$ MeV/c^2
7		$= 5{,}486 \cdot 10^{-4}$ u
8	Energie	1 MeV $= 1{,}602 \cdot 10^{-13}$ J
9		$= 1{,}073\,5 \cdot 10^{-3}$ uc^2
10	Impuls	1 MeV/$c = 5{,}344$ kg m/s
11	Drehimpuls	$\hbar = 6{,}58\,12 \cdot 10^{-19}$ MeVs
12		$= 1{,}0456 \cdot 10^{-19}$ Js
13		$= 197{,}33$ MeV fm/c
14	Elektrische	$e = 1{,}6022 \cdot 10^{-22}$ C
15	Ladung	$= 1{,}602 \cdot 10^{-13}$ J/V
16		$= 4{,}8032 \cdot 10^{-10}$ esE (oder $\sqrt{\text{erg cm}}$)
17		$= 1{,}2 \sqrt{\text{MeV}}$ fm
	Magnetisches	1 Kernmagneton
18	Dipolmoment	$\mu_B = 3{,}152\,5 \cdot 10^{-14}$ MeV/T
19		1 Bohrsches Magneton
		$\mu_B = 5{,}788\,4 \cdot 10^{-11}$ MeV/T

Wichtige Konstanten und Umrechnungsfaktoren

	Massen		
20	Neutron	$m_n = 1{,}008\,7$	u $= 939{,}565$ MeV/c^2
21	Proton	$m_p = 1{,}007\,3$	u $= 938{,}272$ MeV/c^2
22	Deuteron	$m_d =$	$1875{,}613$ MeV/c^2

Mayer-Kuckuk, Kernphysik, B.G.Teubner, Stuttgart

23	Myon	$m_\eta = 0{,}113428913(17)$	u = 105,658 MeV/c^2
24	Pi-Meson	$m_\pi^\pm =$	139,567 MeV/c^2
25	m_p/m_e		1836,152

| 26 | Elementarladung | $e^2 = 1{,}440$ MeV fm $= 10^{-12}$ (MeV)^2/V^2 |
| 27 | (s. a. Zeilen 14 bis 17) | $1/e = 0{,}624\ 1 \cdot 10^{13}\ (\mu C)^{-1}$ |

28	Wirkungsquantum	$h = 2\pi\hbar = 6{,}620\ 7 \cdot 10^{-34}$ Js
29	(s. a. 11 bis 13)	$= 4{,}135\ 1 \cdot 10^{-21}$ MeV s
30		$\hbar^{-1} = 1{,}519\ 5 \cdot 10^{21}$(MeVs)$^{-1}$
31		$\hbar c = 197{,}327$ MeVfm

32	Lichtgeschwindig-	$c = 2{,}99792458 \cdot 10^8$ m/s $\approx 3 \cdot 10^{23}$ fm/s
	keit	(exakt durch Definition)
33		$c^2 = 8{,}987\ 5 \cdot 10^{20}$ cm^2/s^2 (oder erg/g)
34		$= 931{,}49$ MeV/u

35	Boltzmann-	$k = 1{,}381 \cdot 10^{23}$ J/K
36	Konstante	$= 8{,}617 \cdot 10^{-21}$ MeV/K = 1 eV/11 604 K
37		$1/k = 1{,}1604 \cdot 10^4$ K/eV

| 38 | Avogadro-Konstante | $N_A = 6{,}022\ 1 \cdot 10^{23}$ mol^{-1} |

| 39 | molares Normvolumen | $V_m = 22{,}414$ l/mol (273,15 K; 101325 Pa) |

| 40 | Faraday-Konstante | $F = 96485$ C/mol |

Compton-Wellenlänge

41	des Protons	$\lambda_p = \hbar/m_p c = \quad 0{,}210\ 3$ fm
42	des Elektrons	$\lambda_e = \hbar/m_e c = 386{,}16$ fm
43	des Pions	$\lambda_\pi = \hbar/m_\pi^\pm c = \quad 1{,}413\ 9$ fm

44	Weitere Produkte	$\alpha = e^2/\hbar c = 1/137{,}036$
45	und Verhältnisse	$e/m_e = 1{,}758\ 8\ 2 \cdot 10^8$ C/g
46		$e^2/m_e c^2 = r_e = 2{,}817\ 9$ fm
47		$\hbar/m_e c^2 = 1{,}288 \cdot 10^{-21}$ s
48		$\hbar^2/m_e e^2 = a^0 = 0{,}529\ 2 \cdot 10^{-8}$ cm
49		$\hbar c/e = 6\ 582 \cdot 10^{-12}$ T cm^2

Einfache Umrechnungs- und Näherungsformeln

Frequenz und Wellenlänge

50	$E = h\nu$	1 MeV $\hat{=} 2{,}418 \cdot 10^{20}$Hz
51	$E\lambda = hc$	$E\lambda = 1{,}239\ 8 \cdot 10^{-10}$ MeVcm
52	$E\lambda = \hbar c$	$E\lambda = 197{,}33$ MeV fm

Geschwindigkeit

| 53 | (nichtrelativistische Näherung, $E \gg mc^2$) | $v = 1{,}389\ \sqrt{E/m} \cdot 10^9$ cm/s (oder 10^{22} fm/s) |
| 54 | E in MeV m in u | $E = \dfrac{1}{2}\, m v^2$ MeV(v in 10^9 cm/s oder 10^{22} fm/s) |

	Impuls	aus (8.20)
55	m_0 Ruhemasse E kinetische Energie	$p = \dfrac{1}{c}\sqrt{2\,m_0 c^2\,E + E^2}$
		$= \sqrt{1{,}867\ E + E^2}$ GeV/c (E in GeV) für Protonen
		$= \sqrt{1{,}022\ E + E^2}$ MeV/c (E in MeV) für Elektronen

Mayer-Kuckuk, Kernphysik, B. G. Teubner, Stuttgart

56a	m_0 in u E in MeV	nichtrelativistische Näherung ($E \ll m_0 c^2$) $p \approx \sqrt{2 m_0 E} = 43{,}16 \sqrt{m_0 E}$ MeV/c
56b		relativistisch ($E \gg m_0 c^2$) $p \approx E/c$

57	$B\rho$-Wert	$1\ e\mathrm{Tm} = 299{,}7$ MeV/c

	De Broglie-Wellenlänge	
58	E kinetische Energie im Schwerpunktsystem	$\lambda = \dfrac{\hbar}{p} = \hbar(2 m_0 E + E^2/c^2)^{-1/2}$ mit p aus (8.20)
59	m_0 reduzierteRuhemasse	$= \hbar(2 m_0 E)^{-1/2}(1 + E/2 m_0 c^2)^{-1/2}$
60	$m_0 = \dfrac{m_1 \cdot m_2}{m_1 + m_2}$	nichtrelativistische Näherung ($E \ll m_0 c^2$) $\lambda \approx \dfrac{\hbar}{\sqrt{2 m_0 E}} = \dfrac{4{,}572}{\sqrt{m_0 E}}$ fm
61	E in MeV (CM) m_0 in u	$= \dfrac{4{,}572}{\sqrt{E_1 m_1}} = \dfrac{m_1 + m_2}{m_2}$ fm ($E_2 = 0$)
62		$k = 1/\lambda = 0{,}219 \sqrt{m_0 E}$ fm^{-1}
63		Nukleonen $\lambda = (4{,}55/\sqrt{E})$ fm
64	E in eV	langsame Elektronen $\lambda = (1{,}95/\sqrt{E})$ fm $\cdot 10^{-8}$ cm
65	E in MeV	extrem relativistische Näherung für Quanten und relativistische Teilchen ($E \gg m_0 c^2$) $\lambda = \hbar c/E = (197/E$ fm)

66	**Energie der Coulomb-** **schwelle**	$V_c = \dfrac{Z_1 Z_2 e^2}{R} = 1{,}44 \dfrac{Z_1 Z_2}{R}$ MeV $R = r_0(A_1^{1/3} + A_2^{1/3})$ in fm

67	**Zentrifugal-Energie** m in fm, r in fm	$E_Z = \dfrac{l(l+1)\hbar^2}{2 m r^2} = \dfrac{20{,}9 l(l+1)}{2 m r^2}$ MeV

68	**Magnetostatische** **Energie**	$E_\mathrm{m} = 0{,}0159\ \mu_1 \mu_2/R^3$ MeV, R in fm

69	**Weisskopf-Einheiten** **für elektromagnetische** **Übergänge** (vgl. (3.65), (3.66))	El-Strahlung $\lambda_E(l) = \dfrac{4{,}4(l+1)10^{21}}{l[(2l+1)!!]^2} = \left(\dfrac{3}{l+3}\right)^2 \left(\dfrac{E_\gamma}{197}\right)^{2l+1} R^{2l}$s^{-1}
70	R in fm E_γ in MeV	Ml-Strahlung $\lambda_M(l) = \dfrac{1{,}9(l+1)10^{21}}{l[(2l+1)!!]^2} = \left(\dfrac{3}{l+3}\right)^2 \left(\dfrac{E_\gamma}{197}\right)^{2l+1} R^{2l-2}$s^{-1}

	Stöße im Coulombfeld	
71	$E_\mathrm{CM} = E_1 \dfrac{m_2}{m_1 + m_2}$	Wellenlänge auf dem Coulombwall $\lambda_\mathrm{coul} \approx \dfrac{4{,}572}{\sqrt{m_r(E_{CM} - V_C)}}$ fm (V_C nach 66)
72	1 = Projektil, 2=Target ($E_2 = 0$)	Sommerfeldparameter $n = 0{,}1575 Z_1 Z_2 \sqrt{\dfrac{m_r}{E_\mathrm{CM}}} = 0{,}16 Z_1 Z_2 \sqrt{\dfrac{m_1}{E_1}}$
73	E in MeV m in u	Streifdrehimpuls $l_g^\mathrm{Coul} = 0{,}219 R \sqrt{m_r(E_{CM} - V_C)}$

Mayer-Kuckuk, Kernphysik, B. G. Teubner, Stuttgart

74		Streifwinkel
	Kontaktradius $R = R_1 + R_2$ in fm	$\vartheta_g^{Coul} = 2\arctan{(n/l_g)}$
		$= 2\arctan{\dfrac{0,500}{\sqrt{a^2-a}}} \quad a = \dfrac{E_{CM}}{V_C}$
75		Minimalabstand beim Stoß im Coulombfeld Stoßparameter b
	r_{min}, b in fm	$r_{min} = \zeta(1+\sqrt{1+b/\zeta}) \quad \zeta = 0,720\dfrac{Z_1Z_2}{E_{CM}}$
76		zentraler Stoß
		$r_{min} = 1,44\dfrac{Z_1Z_2}{E_{CM}}$

Mayer-Kuckuk, Kernphysik, B. G. Teubner, Stuttgart

Einige wichtige URL-Adressen

[w1]	http://pdg.lbl.gov/	Particle Data Group
[w2]	www.codata.org	CODATA
[w3]	http://isotopes.lbl.gov	Table of Isotopes
[w4]	www.IAEA.org	IAEA Wien
[w5]	www.physics.nist.gov	Natl. Inst. of Standards and Technology (viele Daten)
[w6]	http://cern.web.ch/	CERN
[w7]	www.gsi.de	GSI Darmstadt
[w8]	www.desy.de	DESY Hamburg
[w9]	www.fnal.gov/	Fermilab
[w10]	www.fz-juelich.de	Forschungszentrum Jülich
[w11]	www.fzk.de	Forschungszentrum Karlsruhe
[w12]	www.bnl.gov	Brookhaven Laboratory
[w13]	www.dpg-physik.de	Deutsche Physikalische Gesellschaft
[w14]	www.aps.org	American Physical Society
[w15]	www.iop.org	Institute of Physics, London
[w16]	http://www-sk.icrr.u-tokyo.ac.jp	Superkamiokande
[w17]	www.strahlenschutz.de	Strahlenschutzvorschriften

Literatur

[Abr 65]   Abramowitz, M.; Stegun, I.: Handbook of Mathematical Functions. New York 1965

[Ajz 78,79, Ajzenberg-Selove, F.: Nucl. Phys. **A300** (1979) 1; **A320** (1979) 1; **A360** (1981) 1;
80, 81, 82] A 375 (1982) 1

[Ajz 75]   Ajzenberg-Selove, F.: Nucl. Phys. **A248** (1975) 1

[Ajz 60]   Ajzenberg-Selove, F. (Hrsg.): Nuclear Spectroscopy, Part A+B. New York 1960

[Ald 66]   Alder, K.; Winther, A. (Hrsg.): Coulomb Excitation. New York 1966

[And 69]   Anderson, J.; Bloom, S.; Cerny, J.; True, W. (Hrsg.): Nuclear Isospin. New York 1969

[Aus 63]   Austern, N. in: Selected Topics in Nuclear Theory, p. 17. IAEA Wien 1963

[Aus 70]   Austern, N.: Direct Nuclear Reaction Theories. New York 1970

[Bai 53]   Bainbridge, K.; Goldhaber, M.; Wilson, E.: Phys. Rev. **90** (1953) 430

[Bal 63]   Baldin/Goldanski/Rosental (Hrsg. Schintelmeister, J.): Kinematik der Kernreakti-
             onen. Berlin 1963
[Bal 94]   Balysh, A., et al.: Phys. Lett. B322 (1994) 176
[Bar 57]   Bardeen, J.; Cooper, L.; Schrieffer, L.: Phys. Rev. 108 (1975) 1175
[Bau 68]   Baumgärtner, G.; Schuck, P.: Kernmodelle (BI Hochschultaschenbuch 203). Mann-
             heim 1968
[Bec 81]   Becher, P.; Böhm, M.; Joos, H.: Eichtheorien der starken und elektroschwachen
             Wechselwirkung (Teubner Studienbücher). Stuttgart 1981
[Bei 61]   Beiner, M.; Bleuler, K.: Nucl. Phys. 11 (1961) 589
[Bei 64]   Beiner, M.: Forschungsber. d. Landes Nordrhein-Westfalen Nr. 1407. Köln 1964
[Ben 64]   De Benedetti, S.: Nuclear Interactions. New York 1964
[Ber 75]   Bertin, A., et al.: Phys. Lett. 55B (1975) 411
[Bha 62]   Bhalla, C.; Rose, M. E.: Phys. Rev. 128 (1962) 1774 und ORNL-Report 3207 (1962)
[Bie 55]   Bieri, R.; Everling, R; Mattauch, J.: Z. Naturforsch. 10a (1955) 659
[Bie 58]   Bienlein, H.; Fleischmann, R.; Wegener, H.: Z. Physik 150 (1958) 80
[Bla 52]   Blatt, J. M.; Weisskopf, V. R: Theoretical Nuclear Physics. New York 1952
[Bla 75]   Blann, M.: Ann. Rev. Nucl. Sci. 25 (1975) 123
[Blo 48]   Bloch, F.; Nicodemus, D.; Staub, H.: Phys. Rev. 74 (1948) 1025
[Boc 79/80] Bock, R. (Hrsg): Heavy Ion Collisions. Amsterdam: Vol. 1 1979, Vol. 2 1980
[Bod 61]   Bodenstedt, E.; Körner, H. J.; Strube, G.; Günther, C.; Radeloff, J.; Gerdau, E.:
             Z. Physik 163 (1961) 1
[Bod 62]   Bodanski, D.: Ann. Rev. Nucl. Sci 12 (1962) 79
[Bod 69]   Bodenstedt, E.; Ley, L.; Schlenz, H. O.; Wehmann, U.: Phys. Lett. 29B (1969) 165
[Bod 78/79] Bodenstedt, E.: Experimente der Kernphysik und ihre Deutung. 2. Aufl., Bd. 1 1979,
             Bd. 2 1978, Bd. 3 1979 Mannheim
[Bog 58]   Bogoliubov, N. N.: Soviet Phys. JETP, 7 (1958) 41
[Boh 36]   Bohr, N.: Nature 137 (1963) 344
[Boh 39]   Bohr, N.; Wheeler, J.: Phys. Rev. 56 1939) 426
[Boh 58]   Bohr, A.; Mottelson, B. R.; Pines, P.: Phys. Rev. 110 (1958) 936
[Boh 60]   Bohr, A.; Mottelson, B. R. in: [Ajz 60], Part B, p. 1009
[Boh 69]   Bohr, A.; Mottelson, B.: Nuclear Structure, Vol. I. New York 1969
[Boh 77]   Bohr, A.; Mottelson, B. R.: Proc. Int. Conf. Nuclear Structure, J. Phys. Soc. Japan 44
             (1978) Suppl. p. 157
[Bor 63]   Bormann, M.; Neuert, H.: Fortschr. d. Physik 11 (1963) 277
[Bra 58]   Bradley J. E. S.: Physics of Nuclear Fission. London 1958
[Brc 72]   Brack, M.; Damgaard, J.; Pauli, H. C.; Jensen, A. S.; Strutinski, V. M.; Wong,
             C. Y.: Rev. Mod. Phys. 44 (1972) 320
[Bri 77]   Brix, P.: Naturwiss. 64 (1977) 293
[Bro 51]   Brown, A.; Snyder, C.; Fowler, W.; Lauritsen, C. C.: Phys. Rev. 82 (1951) 159
[Bro 59]   Brown, G. E.: Rev. mod. Phys. 31 (1959) 893
[Bro 64]   Brown, G. E.: Unified Theory of Nuclear Models. Amsterdam 1964
[Bro 76]   Brown, G. E.; Jackson, A. D.: The Nucleon-Nucleon Interaction. Amsterdam 1976
[Buc 73]   Bucka, H.: Atomkerne und Elementarteilchen. Berlin 1973
[Buc 81]   Bucka H.: Nukleonenphysik. Berlin 1981
[Bud 76]   Proceedings of the Europhysics Conference on Radial Shape of Nuclei. (Hrsg. Budza-
             nowski, A.; Kapuscik, A.; Bobrowska, A.) 1976
[Bun 67]   Bundke, W.: 12stellige Tafel der Legendre-Polynome (BI-Taschenbuch 320). Mann-
             heim 1967
[Bur 79]   Burcham, W. E.: Elements of Nuclear Physics. London 1979
[Bur 60]   Burgy, M.; Krohn, V.; Novey, T.; Ringo, G.; Telegdi, V. L.: Phys. Rev. 120 (1960)
             1829
[Bur 73]   Burcham, W. E.: Nuclear Physics. 2. Aufl. New York 1973
[But 57]   Butler, S. T.: Nuclear Stripping Reactions. New York 1957
[But 64]   Butlar, H. V.: Einführung in die Grundlagen der Kernphysik. Frankfurt 1964
[Cas 50]   Case K.; Pais, A.: Phys. Rev. 80 (1950) 203

358   Anhang

[Cav 82]   Cavedon, J. M. et al.: Phys. Rev. Lett. **49** (1982) 978
[Cer 74/75] Cerny, J. (Hrsg): Nuclear-Spectroscopy and Reactions. New York, Part A + B + C 1974,
            Part D 1975
[Cha 20]   Chadwick, J.: Phil. Mag. **40** (1920) 734
[Clo 79]   Close, R E.: An Introduction to Quarks and Partons. London 1979
[Coh 65]   Cohen, E. R.; Dumond, J. W.: Rev. mod. Phys. **37** (1965) 537
[Con 53]   Condon, E. U.; Shortley, G. H.: The Theory of Atomic Spectra. London 1953
[Dar 65]   Darriulat, P.; Igo, G.; Pugh, H.; Holmgren, H.: Phys. Rev. **137** (1965) B 315
[Dal 69]   Dalrymple, G. B.; Lanphere, M. A.: Potassium-Argon Dating. San Francisco 1969
[Dav 66]   Davis, J. C.; Barshall, H. H.: Phys. Lett **27** B (1968) 636
[Del 90]   Delphi-Collaboration: Phys. Lett. **B241** (1990) 435
[Dzh 56]   Dzhelepov, B.; Zyrianova, L.: Izv. Akad. Nauk. Moskau 1956
[Edm 52]   Edmonds, A. R.; Flovers, B. H.: Proc. Roy. Soc. (London) **A214** (1952)512
[Edm 64]   Edmonds, A. R.: Drehimpulse in der Quantenmechanik (BI-Hochschultaschenbuch
            Nr. 53). Mannheim 1964
[Ege 81]   Egelhof, P.; Möbius, K. H.; Steffens, E.; Dreves, W.; Fick, D.: Naturwiss. **68**
            (1981) 385
[Eis 41]   Eisenbud, L.; Wigner, E. P.: Proc. Nat. Acad. Sci. U.S. **27** (1941) 281
[Eis 87]   Eisenberg, J. M.; Greiner, W.: Nuclear Theory 1: Nuclear Models. 3rd ed. Amster-
            dam: North Holland 1987
[Eme 69]   Emendörfer, D.; Höcker, K. H.: Theorie der Kernreaktoren. 2 Bde. Mannheim 1969
[End 62]   Endt, P. M.; Demeur M.; Smith, P. B. (Hrsg).: Nuclear Reactions. 2 Bände. Amster-
            dam 1962
[End 78]   Endt, P. M.; Van der Leun, C.: Nucl. Phys. **A310** (1978) 1
[Eng 66]   Enge, H.: Introduction to Nuclear Physics. Reading (Mass.) 1966
[Eri 60]   Ericson, T.: Advances of Physics **9** (1960) 425
[Eri 66]   Ericson, T.; Mayer-Kuckuk, T.: Ann. Rev. Nucl. Sci **16** (1966) 183
[Eva 55]   Evans, R. D.: The Atomic Nucleus. New York 1955
[Eve 61]   Everling, F.; König, L.; Mattauch, J.: Nuclear Data Tables. Washington 1961
[Ewa 65]   Ewan, G. T.; Graham, R. L. in: [Sie 65], p. 951
[Fae 90]   Faessler, A.: Fizika **22** (1991) 255
[Fan 52]   Fano, U,.: Tables for Analysis of Beta Spectra. Natl. Bureau of Standards (USA). Appl.
            Math. Ser **13** (1952)
[Fau 66]   Faul, H.: Ages of rocks planets and stars. New York 1966
[Fee 50]   Feenberg, E.; Trigg, G.: Rev. mod. Phys. **22** (1950) 399
[Fer 50]   Fermi, E.: Nuclear Physics. Chicago 1950
[Fer 58]   Fernbach S.: Rev. mod. Phys. **30** (1958) 414
[Fer 65]   Ferentz, M.; Rosenweig, N. in: [Sie 65] Appendix 8, p. 1687
[Fes 54]   Feshbach, H.; Porter, C.; Weisskopf, V. F.: Phys. Rev. **96** (1954) 448
[Fes 60]   Feshbach, H. in: [Ajz 60], part B p. 625
[Fey 58]   Feynman, R.; Gell-Mann, M.: Phys. Rev. **109** (1958) 193
[Fey 65]   Feynman, R. P.; Leighton, R.; Sands, M.: The Feynman Lectures on Physics. Rea-
            ding (Mass.) 1965
[Fia 73]   Fiarman, S.; Hanna, S.: Nucl. Phys. **A251** (1975) 1
[Fia 75]   Fiarman, S.; Meyerhof, W. E.: Nucl. Phys. **A206** (1973) 1
[Fio 72]   Fiorini, E.: Proc. XVII. Intern. Conf. on High Energy Physics. Vol. II, p. 187 Chicago
            1972
[Fli 77]   Fließbach, T.: Physik in unserer Zeit **8** (1977) 10
[Fol 51]   Foldy, L. L.: Phys. Rev. **83** (1951) 397
[Fow 64]   Fowler, W. A.; Hoyle, R: Astrophys. J. Suppl. **91** (1964)
[Fox 66]   Fox, J.; Robson, D. (Hrsg.): Isobaric Spin in Nuclear Physics. New York 1966
[Fra 63]   Frauenfelder, H.: The Mössbauer Effect. New York 1963
[Fra 65]   Frauenfelder, H.; Steffen, R.; de Groot, S.; Tolhoek, H.; Huiskamp, W. in: [Sie
            65], Vol. II, p. 997
[Fra 66]   Fraser, J. S.; Milton, J. C. D.: Ann. Rev. Nucl. Sci. **16** (1966) 379

[Fra 72]	Frahn, W. E.: Ann. of Phys. **72** (1972) 524
[Fra74]	Frauenfelder, H.; Henley, E. M.: Subatomic Physics. Englewood Cliffs, N. J. 1974
[Fri 39]	Frisch, O. R.: Nature **143** (1939) 276
[Fuc 77]	Fuchs, P.; Bokemeyer, H.; Emling, H.; Grosse, E.; Schwalm, D.; Wollersheim, H. J.: Jahresbericht GSI-J 1-77, S: 68 (Darmstadt)
[Gal 57]	Gallagher, C. J.; Rasmussen, J. O.: J. Inorg. Nucl. Chem **3** (1957) 333
[Ga194]	Gallex Collaboration. Phys. Lett. B (1994)
[Gar69]	Garvey, G.; Gerace, J.; Jaffe, R.; Talmi, I.; Kelson, I.: Rev. mod. Phys. **41** (1969) S 1
[Gar 76]	Garber, D. I.; Kinsey, R. R.: Neutron Cross Sections, BNL 325. National Technical Information Service, US Dept. of Commerce, Springfield (Va) 1976
[Gei 13]	Geiger, H.; Marsden, E.: Phil. Mag. **25** (1913) 604
[Gei 58]	Geiger, J.; Ewan, G.; Graham, R.; Mackenzie, D.: Phys. Rev. **112** (1958) 1684
[Gel 53]	Gell-Man, M.; Goldberger, M. L.: Phys. Rev. **91** (1953) 2
[Ger 55]	Gerstein, S.; Zel'dovich, B.: JETP (USSR) **29** (1955) 698
[Gla 52]	Glasstone, S.; Edlund, M.: The Elements of Nuclear Reactor Theory. London 1952
[Gle 63]	Glendenning, N.: Ann. Rev. Nucl. Sci. **13** (1963) 191
[Goe 82]	Goeke, K.; Speth, J.: Ann. Rev. Nucl. Part. Sci. **32** (1982)
[Gol 58]	Goldhaber, M.; Grodzins, L.; Sunyar, A. W.: Phys. Rev. **109** (1958) 1015
[Gol 63]	Goldstein, H.: Klassische Mechanik. Frankfurt 1963
[Gol 64]	Goldberger, M. L.; Watson, K. M.: Collision Theory. New York 1964
[Gol 65]	Goldhaber, M.; Sunyar, A.W.; Ewan, G.; Graham, R.; Gerholm, T.; Petterson, B. in: [Sie 65]. Vol. 2, S. 931
[Gom 58]	Gomes, L. C.; Walecka, J. D.; Weisskopf, V. R: Ann. Phys. (N.Y.) **3** (1958) 241
[Gov 66]	Gove, N.; Robinson, R.: Nuclear Spin-Parity Assignments. New York 1966
[Gov 72]	Gove, N. B.; Wapstra, A. H.: Nuclear Data Tables **11** (1972) 127
[Gre 53]	Green, A.; Engler, N.: Phys. Rev. **91** (1953) 40
[Gre 79]	Greiner, W.: Theoretische Physik, Band 5 (Symmetrien). Frankfurt 1979
[Gre 90]	Greiner, W.; Sandulescu, A.: Scient. American März 1958, p.58
[Gre 68]	Gren, A. E. S.; Sawada, T.; Saxon, D. S.: The Nuclear Independent Particle Model. New York 1968
[Gro 89]	Grotz, K.; Klapdor, H. V.: Die schwache Wechselwirkung in Kern-, Teilchen- und Astrophysik (Teubner Studienbuch). Stuttgart 1989
[Gru 63]	Gruhle, W.; Lauterjung, K. H.; Schimmer, B.; Schmidt-Rohr, U.: Nucl. Phys. **42** (1963) 321
[GSI 77]	Sann, H. et. al.: GSI-Bericht P-5-77 (1977)
[Hag 63]	Hagedorn, R.: Relativistic Kinematics. New York 1963
[Hag 68]	Hager, R.; Seltzer, E.: Nuclear Data A **4** (1968) 1 u. 397
[Hah 39]	Hahn, O.; Straßmann, R: Naturwiss. **27** (1939) 11 u. 89
[Hal 59]	Halpern, I.: Ann. Rev. Nucl. Sci. **9** (1959) 245
[Ham 62]	Hamada, T.; Johnston, I. D.: Nucl. Phys. **34** (1962) 382
[Ham 65]	Hamilton, E. I.: Applied Geochronology. New York 1965
[Ham 94]	Hampel, W.: Phil. Trans. R. Soc. Lond. A**346** (1994) 3
[Han 59]	Hanna, G. C. in: Experimental Nuclear Physics (Hrsg. E. Segrè). Vol. III. New York 1959
[Hau 52]	Hauser, W.; Feshbach, H.: Phys. Rev. **87** (1952) 366
[Hax 49]	Haxel, O.; Jensen, J. H. D.; Suess, H. E.: Phys. Rev. **75** (1949) 1769
[Hen 58]	Henley, E. M.: Rev. mod. Phys. **30** (1958) 438
[Hen 66]	Henley, E. M. in: [Fox 66], p. 3
[Hen 69]	Henley, E. M.: Ann. Rev. Nucl. Sci. **19** (1969) 367
[Her 63]	Hertz, G. (Hrsg.): Lehrbuch der Kernphysik. 3 Bände, Hanau 1963
[Her 99]	Hering, W. T.: Angewandte Kernphysik. Teubner Studienbuch 1999
[Hin 62]	Hinds, S.; Middleton, R.: Phys. Letters **1** (1962) 12
[Hin 75]	Hinterberger, F.; v. Rossen, P.; Ehrlich, H.G.; Schüller, B.; Jahn, R.; Bisping, J.; Welp, G.: Nucl. Phys. A**253** (1975) 125

[Hod 63]   Hodgson, P. E.: The Optical Model of Elastic Scattering. Oxford 1963
[Hod 67]   Hodgson, P. E.: Ann. Rev. Nucl. Sci. 17 (1967) 1
[Hod 71]   Hodgson, P. E.: Nuclear Reactions and Nuclear Structure. Oxford 1971
[Hof 57]   Hofstadter, R.: Ann. Rev. Nucl. Sci. 7 (1957) 231
[Hof 63]   Hofstadter, R.: Electron Scattering and Nuclear and Nucleon Structure. New York 1963
[Hof 73]   Hoffmann, D. C.; Ford, G. P.; Balagna, J. P.: Phys. Rev. C7 (1973) 276
[Hol 81]   Holinde, K.: Phys. Reports 68 (1981) 121
[Hps 64]   Hyde, E. K.; Perlman, I.; Seaborg, G. T.: The Nuclear Properties of Heavy Elements. Vol. I. Englewood-Cliffs 1964
[Hur 66]   Hurley, F. W.: Nuclear Data A 1 (1966) 773
[Hyd 64]   Hyde, E. K.: The nuclear Properties of the Heavy Elements. Vol. III. Fission Phenomena. Englewood-Cliffs 1964
[Ing 53]   Inglis, D. R.: Rev. Mod. Phys. 25 (1953) 390
[Jac 62]   Jackson, J. D.: Classical Electrodynamics. New York 1962
[Jac 70]   Jackson, D. R: Nuclear Reactions. London 1970
[Jah 51]   Jahn, H. A.; van Wieringen, H.: Proc. Roy. Soc. (London) A205 (1951) 192
[Jah 60]   Jahnke/Emde/Lösch: Tafeln höherer Funktionen. 6. Aufl. Stuttgart 1960
[Joh 71]   John, W.; Hulet, E. K.; Longheld, R. W.; Wesolowski, J. J.: Phys. Rev. Lett. 27 (1971) 45
[Kam 79]   Kamke, D.: Einführung in die Kernphysik. Braunschweig 1979
[Kel 40]   Kellog, J.; Rabi, I.; Ramsey, N.: Phys. Rev. 57 (1940) 677
[Kir 67]   Kirsten, T.; Gentner, W.; Schaeffer, O. A.: Z. Physik 202 (1967) 273
[Kir 78]   Kirsten, T.: Time and the Solar System, in: The Origin of the Solar System (Hrsg. Dermott, S. F.). London – New York – Sydney 1978
[Kis 60]   Kistner, O. C.; Sunyar, A. W.: Phys. Rev. Lett. 4 (1960) 412
[Kis 76]   Kiss, A.; Mayer-Böricke, C.; Rogge, M.; Turek, P.; Wiktor, S.: Phys. Rev. Lett. 37 (1976) 1188
[Kla 94]   Klapdor-Kleingrothaus, H. V.; Staudt, A.: Teilchenphysik ohne Beschleuniger. (Teubner Studienbuch). Stuttgart 1994
[Kla 95]   Klapdor-Kleingrothaus, H. V.; Staudt, A.: Teilchenphysik ohne Beschleuniger. Teubner Studienbuch 1995
[Kla 97]   Klapdor-Kleingrothaus, H. V.; Zuber, K.: Teilchenastrophysik. Teuber Studienbuch 1997
[Kli 52]   Klingenberg, P.: Rev. mod. Phys. 24 (1952) 63
[Kof 58]   Kofoed-Hansen, O.: Rev. mod. Phys. 30 (1958) 449
[Kof 62]   Kofoed-Hansen, O. M.; Christensen, C. J.: Handbuch der Physik (Hrsg. Flügge). Band XLI/2: Beta-Zerfall. Berlin-Göttingen-Heidelberg 1962
[Kön 62]   König, L.; Mattauch, J.; Wapstra, A.: Nucl. Phys. 31 (1962) 1
[Kon 66]   Konopinski, E. J.: The Theory of Beta Radioactivity. Oxford 1966
[Kon 68]   Konecny, E.; Schmitt, H. W.: Phys. Rev. 172 (1968) 1313
[Kur 60]   Kurath, D. in: [Ajz 60], Part B, p. 983
[Kur 65]   Kurath, D. in: [Sie 65], p. 583
[Lac 75]   Lacombe, M.; Loiseau, B.; Richard, J. M.; Vinh Mau, R.; Pires, P.; de Tourreil, R.: Phys. Rev. D12 (1975) 1495
[Lan 58]   Lane, A. M.; Thomas, R. G.: Rev. mod. Phys. 30 (1958) 257
[Lan 64]   Lane, A. M.: Nuclear Theory. New York 1964
[Lan 66]   Lane, A. M.; Robson, D.: Phys. Rev. 151 (1966) 774
[Lan 67]   Landolt/Börnstein: Zahlenwerte und Funktionen aus Physik, Chemie, Astronomie, Geophysik, Technik. Gruppe I, Band 2: Kernradien. Berlin – Heidelberg – New York 1967
[Lan 73]   Landolt/Börnstein: Zahlenwerte und Funktionen. Band I/5a: Q-Werte. Berlin – Heidelberg – New York 1973
[Led 78]   Lederer, C. M.; Shirley, V. S.: Table of Isotopes. 7. Aufl. New York 1978
[Lee 56]   Lee, T. D.; Yang, C. N.: Phys. Rev. 104 (1956) 254
[Lee 63]   Lee, Y. K.; Wu, C. S.: Phys. Rev. 132 (1963) 1200

[Lee 66]	Lee, T. D.; Wu, C. S.: Ann. Rev. Nucl. Sci **16** (1966) 471
[Lib 55]	Libby, W. R: Radiocarbon Dating. Chicago 1955
[Lie 78]	Lieder, R. M.; Ryde, H.: Advances Nucl. Phys. **10** (1978) 1
[Lie 97]	Lieber, R. M.: in Experimental Techniques in Nuclear Physics, Hrsg. Polam, D.N. und Greiner, W. p.137 ff, Berlin und NewYork 1997
[Lip 62a]	Lipkin, H. J.: Beta Decay for Pedestrians. Amsterdam 1962
[Lip 62]	Lipkin, H. J.: Ann. Phys. (N. Y.) **18** (1962) 182
[Lng 66]	Lang, D. W.: Nucl. Phys. **77** (1966) 545
[Loc 70]	Lock, W. O.; Measday, D. R: Intermediate Energy Nuclear Physics. London 1970
[Loh 81]	Lohrmann, E.: Hochenergiephysik, 2. Aufl. Stuttgart 1981 (4. Aufl. 1992)
[Mac 87]	Machleidt, R.; Holinde, K. und Elster, C.: Phys.Rep. **149** (1987) 149
[Mac 89]	Machleidt, R.: Advances Nucl. Physics **19** (1989) 189
[Mag 66]	Magnus, W.; Oberhettinger, F.; Soni, R. P.: Formulas and Theorems for the Special Functions of Mathematical Physics. Berlin – Heidelberg – New York 1966
[Mah 69]	Mahaux, C.; Weidenmüller, H. A.: Shell-Model Approach to Nuclear Reactions. Amsterdam 1969
[Mai 83]	Mairle, G.; Schindler, K.; Grabmayr, P.; Wagner, G. J.; Schmidt-Rohr, U.; Berg, G. A. P.; Hürlimann, W.; Martin, S. A.; Meissburger, T.; Römer, J. G. H.; Styczen, B.; Tain, J. L.: Phys. Lett **121B** (1983) 307
[Mam 89]	Mampe et al.: Phys. Rev. Lett. **63** (1989) 593
[Man 64]	Mang, H. J.: Ann. Rev. Nucl. Sci. **14** (1964) 1
[Man 68]	Mang, H. J.; Weidenmüller, H. A.: Ann. Rev. Nucl. Sci. **18** (1968) 1
[Map 66]	Maples C.; Goth, G.; Cerny, J.: Nuclear Data **A2** (1966) 429
[Mar 63]	Marshalek, E.; Person, L.; Sheline, R.: Rev. mod. Phys. **35** (1963) 108
[Mar 69]	Marmier, P.; Sheldon, E.: Physics of Nuclei and Particles. New York 1969
[Mar 72]	Maruhn, J.; Greiner W.: Z. Physik **251** (1972) 431
[Mat 65]	Mattauch, J. H. E.; Thiele, W.; Wapstra, A. W.: Nucl. Phys. **67** (1965) 1
[May 49]	Mayer, M. G.: Phys. Rev. **75** (1949) 1969; **78** (1950) 16
[May 55]	Goeppert-Mayer, M.; Jensen, J. H. D.: Elementary Theory of Nuclear Shell Structure. New York 1955
[May 65]	Mayer, M. G.; Jensen J. H. D. in: [Sie 65], p. 557
[May 89]	Mayer-Kuckuk, Th.: Der gebrochene Spiegel. Basel: Birkhäuser 1989
[Mca 68]	McCarthy, I. E.: Introduction to Nuclear Theory. New York 1968
[Mca 70]	McCarthy, J. E.: Nuclear Reactions. Oxford 1970
[Mcg 72]	McGowan, F. K.: Proceedings of Heavy-Ion Summer Study, Oak Ridge, CONF 720669. Natl. Techn. Inf. Service, US Dept. of Commerce, Springfield (Va) 1972
[Mei 39]	Meitner, L.; Frisch, O. R.: Nature **143** (1939) 239
[Mei 66]	Meier, H.: Fortschr. d. Chem. Forsch. **7** (1966) 2
[Mey 67]	Meyerhof, W. E.: Elements of Nuclear Physics. New York 1967
[Mfa 69]	MacFarlane, M. H.; French, J. B.: Rev. Mod. Phys. **32** (1969) 625
[Mic 67]	Michalowicz, A.: Kinematics of Nuclear Reactions. London 1967
[Mig 68]	Migdal, A. B.: Nuclear Theory: The Quasiparticle Method. Amsterdam 1968
[Mom 86]	Mommsen, H.: Archäometrie (Teubner Studienbuch). Stuttgart 1986
[Mor 63]	Moravcsik, M. J.: The Two-Nucleon Interaction, Oxford 1963
[Mos 51]	Moskowski, S. A.: Phys. Rev. **82** (1951) 35
[Mos 65]	Moskowski, S. A. in: [Sie 65], Vol. 2, S. 863
[Mös 58]	Mößbauer, R. L.: Physik **151** (1958) 124
[Mös 59]	Mößbauer, R. L.: Naturforsch. **14a** (1959) 211
[Mös 60]	Mößbauer, R. L.; Wiedemann, W. H.: Physik **159** (1960) 33
[Mös 62]	Mößbauer, R. L.: Ann. Rev. Nucl. Sci. **12** (1962) 123
[Mös 65]	Mößbauer, R. L. in: [Sie 65], Vol. II, p. 1293
[Mot 65]	Mott, N. R; Massey, H. S.: The Theory of Atomic Collissions. 3. Aufl. Oxford 1965
[Nat 65]	Nathan, O.; Nilsson, S. G. in: [Sie 65], 601ff.
[New 82]	Newton, R. G.: Scattering Theory of Waves and Particles. 2nd.ed. Berlin 1982
[Nil 55]	Nilsson, S. G.: Dan. Mat.-Fys. Medd. **29** (1955) No. 16

[Nör 76]   Nörenberg, W.; Weidenmüller, H. A.: Introduction to the Theory of Heavy-Ion Collisions (Lecture Notes in Physics 51). Berlin – Heidelberg – New York 1976
[Nor 62]   Nordburg, M.; Morinigo, R; Barnes, C. A.: Phys. Rev. 125 (1962) 321
[Noy 63]   Noyes, H. P.: Phys. Rev. 130 (1963) 2025
[Noy 71]   Noyes, H. P.; Lipinski, H. M.: Phys. Rev. C4 1971) 995
[Nuc A]   Nuclear Data, Section A: Tables. Hrsg. K. Way. New York 1965ff.
[Nuc B]   Nuclear Data, Section B: Sheets. Hrsg. Nuclear Data Group. New York 1966ff.
[Oku 58]   Okubo, S.; Marshak, R.: Ann Phys. 4 (1958) 166
[Par 90]   Review of Particle Properties; Particle Data Group: Phys. Lett 239 (1990) 1
[Pau 69]   Paul, E. B.: Nuclear and Particle Physics. Amsterdam 1969
[Pau 89]   Paul, W. et al.: Z. Phys. C45 (1989) 25
[Per 54]   Perlman, I.; Asaro, F.: Ann. Rev. Nucl. Sci. 4 (1954) 157
[Per 57]   Perlman, I.; Rasmussen, J. O. in: Handbuch der Physik. Band 42, S. 109. Berlin – Heidelberg – New York 1957
[Per 62]   Perey, G. G.; Buck, B.: Nucl. Phys. 32 (1962) 353
[Pla74]   Plasil, F.: Proc. Intern. Confer. on Reactions between Complex Nuclei, Nashville 1973. Amsterdam – Oxford 1974
[Pol 35]   Pollard, E. C.: Phys. Rev. 47 (1935) 611
[Pou 60]   Pound, R. V.; Rebka, G. A.: Phys. Rev. Lett. 4 (1960) 337
[Pre 62]   Preston, M. A.: Physics of the Nucleus. Reading (Mass.) 1962
[Qui 56]   Quisenberry, K.; Scolman, T.; Nier, A. O.: Phys. Rev. 102 (1956) 1071
[Rac 43]   Racah, G.: Phys. Rev. 63 (1943) 367
[Rac 49]   Racah, G.: Phys. Rev. 76 (194) 1352
[Ras 59]   Rasmussen, J. O.: Phys. Rev. 113 (1959) 1593
[Ras 65]   Rasmussen, J. O. in: [Sie 65], S. 701
[Ray 94]   Lord Rayleigh: Theory of Sound. London 1894
[Rei 68]   Reid, R.: Ann. of Physics 50 (1968) 411
[Rei 59]   Reines, E; Cowan, C. L.: Phys. Rev. 113 (1959) 273
[Rei 71]   Reisdorf, W.; Unik, J. P.; Griffin, H. C.; Glendenin, L. E.: Nucl. Phys. A177 (1971) 337
[Rob 66]   Robson , D.: Ann. Rev. Nucl. Sci. 16 (1966) 119
[Rod 52]   Rodeback, G. W.; Allen, J. S.: Phys. Rev. 86 (1952) 446
[Rod 67]   Rodberg, L. S.; Thaler, R. M.: Introduction to the Quantum Theory of Scattering. New York 1967
[Rol 88]   Rolfs, C. E.; Rodney, W. S.: Cauldrons in the Cosmos. Univ. Chicago Press 1988
[Ros 84]   Rose, H. J.; Jones, A.: Nature 307 (1984) 245
[Ros 55]   Rose, M. E.: Multipole Fields. New York 1955
[Ros 58]   Rose, M. E.: Internal Conversion Coefficients. Amsterdam 1958
[Ros 60]   Rose, M. E. in: [Ajz 60], Part B, p. 834
[Ros 65]   Rose, M. E. in: [Sie 65], Vol. 2, S. 887
[Roy 67]   Roy, R. R.; Nigam, B. P.: Nuclear Physics. New York 1967
[Rut 11]   Rutherford, E.: Phil. Mag 21 (1911) 669. Faksimile in „Foundations of Nuclear Physics" (Hrsg. R. Beyer), New York 1949
[Rut 19]   Rutherford, E.: Phil. Mag. 37 (1919) 537
[San 77]   Sanders, J. H.; Wapstra, A. H.: Proceedings of the fifth International Conference on Atomic Masses and Fundamental Constants, 1977
[Sat 65]   Satchler, G. R. in: Lectures in Theoretical Physics. Vol. VIIIC, p.73, Boulder 1966
[Sch 37]   Schwinger, J.; Teller, E.: Phys. Rev. 52 (1937) 286
[Sch 58]   Schopper, H.: Nucl. Instr. and Meth. 3 (1958) 158
[Sch 60]   Schulten, R.; Güth, W.: Reaktorphysik (BI-Hochschultaschenbücher Bände 6 und 11). Mannheim 1962
[Sch 66]   Schaeffer, O. A.; Zähringer, J.: Potassium Argon Dating. Berlin – Heidelberg – New York 1966
[Sho 66]   Schopper, H.: Weak Interactions and Nuclear Beta Decay. Amsterdam 1966
[See 61]   Seeger, A. P.: Nucl. Phys. 25 (1961) 1

[See 74]	Seelmann-Eggebert, W.; Pfennig, G.; Münzel, H.: Nuklidkarte. 4. Aufl. München 1974
[Seg 64]	Segrè, E.: Nuclei & Particles. New York 1964
[Seg 77]	Segrè, E.: Nuclei & Particles. 2. Aufl. Reading, MA, 1977
[Sha 63]	de Shalit, A.; Talmi, I.: Nuclear Shell Theory. New York 1963.
[Sha 74]	de Shalit, A.; Feshbach, H.: Theoretical Nuclear Physiks. New York 1974
[Sic 75]	Sick, I.: AIP Conf. Proc. 26 (1975) 388
[Sie 55]	Siegbahn, K. (Hrsg.): Beta- and Gamma-Ray Spectroscopy. Chapter XXII. Amsterdam 1955
[Sie 65]	Siegbahn, K. (Hrsg.): Alpha-, Beta- and Gamma-Ray Spectroscopy. Vol. I u. 2. Amsterdam 1965
[Sli 65]	Sliv, L. A.; Band, I. M. in: [Sie 65], Appendix 5
[Som 50]	Sommerfeld, A.: Vorlesungen über Theoretische Physik, Bd. V Optik. Wiesbaden 1950
[Spc 81]	Speth, J.; van der Woude, A.: Rep. Prog. Phys. 44 (1981) 719
[Ste 65]	Stephens F.; Lark, N.; Diamond, R.: Nucl. Phys. 63 (1965) 82
[Str 66]	Strutinski, V. M.: Sov. J. Nucl. Phys. 3 (1966) 449; Nucl. Phys. A 95 (1967) 420; Nucl. Phys. A 122 (1968) 1
[Str 67]	Strutinski, V. M.: Nucl. Phys. A 95 (1967) 420
[Swi 72]	Swiatecki, W. J.; Bjørnholm, S. B.: Phys. Rep. 4 C (1972) 325
[Tam 69]	Tamura T.: Ann. Rev. Nucl. Sci. 19 (1969) 99
[Tay 69]	Taylor, B. N.; Parker, W. H.; Langenberg, D. N.: Rev. Mod. Phys. 41 (1969) 375
[Tob 61]	Tobocman, W.: Theory of Direct Nuclear Reactions. Oxford 1961
[Tom 63]	Tombrello, T. A.; Senhouse, L. S.: Phys. Rev. 129 (1963) 2252
[Twi 86]	Twin, P. J. et al.: Phys. Rev. Lett. 57 (1986) 811
[Uni 69]	Unik, J. P.; Cunsingham, J. F.; Croall, I. F.: Second IAEA Symposium on Physics and Chemistry of Fission. Wien 1969
[Vin 79]	Vin Mau, R.: The Paris N. N. Potential in Mesons and Nuclei, Vol. I (Hrsg. Rho, M.; Wilkinson, D.); p. 151ff. Amsterdam 1979
[Vog 68]	Vogt, E.: Advances Nucl. Phys. 1 (1968) 261
[Wap 58]	Wapstra, A. H. in: Handbuch d. Physik. Band 38, Teil 1. Berlin – Göttingen – Heidelberg 1958
[Wap 71]	Wapstra, A. H.; Gove, N. B.: Nuclear Data Tables A9 (1971) 267
[Wea 70]	Weak Interactions. (Tracts in modern Physics, Band 52; Hrsg. Höhler, G.). Berlin – Heidelberg – New York 1970
[Weg 65]	Wegener, H.: Der Mößbauer-Effekt und seine Anwendungen in Physik und Chemie (BI-Hochschultaschenbuch). Mannheim 1965
[Wei 61]	Weisskopf, V. R: Physics Today 14 (1961) Nr.7, S. 18
[Wei 67]	Weisskopf, V. R: Physics Today 20 (1967) Nr. 5, S.23
[Wei 58]	Weinberg, A. M.; Wigner, E. P.: Physical Theory of Neutron Chain Reactors, Chicago 1958
[Wer 64]	Wertheim, G. K.: Mößbauer Effect. New York 1964
[Wer 72]	Werner, E.: Einführung in die Kernphysik (Studientext). Frankfurt/Main 1972
[Wic 58]	Wick, G. C.: Ann. Rev. Nucl. Sci. 8 (1958) 1
[Wil 64]	Wilets, L.: Theories of Nuclear Fission. Oxford 1964
[Wil 69]	Wilkinson, D. H. (Hrsg.): Isospin in Nuclear Physics. Amsterdam 1969
[Wir 58]	Wirtz, K.; Beckurts, K. H.: Elementare Neutronenphysik. Berlin 1958
[Wu 57]	Wu, C. S.; Ambler, E.; Hayward, R.; Hoppes, D.; Hudson, R.: Phys. Rev. 105 (1957) 1413
[Wu 60]	Wu, C. S. in: [Ajz 60], p. 139
[Wu 66]	Wu, C. S.; Moszkowski, S. A.: Beta-Decay. New York 1966
[Yam 61]	Yamada, M.; Matumoto, Z.: J. Phys. Soc. Japan 16 (1961) 1497

Sachverzeichnis